再生混凝土结构

曹万林　张建伟　董宏英　著

科 学 出 版 社

北　京

内 容 简 介

再生混凝土结构属于低碳混凝土结构。内容包括：再生混凝土制备，再生混凝土力学性能、冻融性能、碳化性能、徐变性能，钢筋与再生混凝土的黏结-滑移性能，再生混凝土构件的力学性能、耐火性能、徐变性能、氯离子侵蚀后的性能，再生混凝土框架及框架-剪力墙结构抗震性能，钢-再生混凝土组合梁、柱的力学性能。介绍了部分试验及理论研究成果，给出了再生混凝土结构设计方法。

本书可供建筑结构领域工程设计和研究人员及高等院校土建专业的师生参考。

图书在版编目（CIP）数据

再生混凝土结构/曹万林，张建伟，董宏英著. —北京：科学出版社，2023.11

ISBN 978-7-03-077219-0

Ⅰ. ①再… Ⅱ. ①曹… ②张… ③董… Ⅲ. ①再生混凝土-研究 Ⅳ. ①TU528.59

中国国家版本馆 CIP 数据核字（2023）第 230626 号

责任编辑：任加林 / 责任校对：赵丽杰

责任印制：吕春珉 / 封面设计：耕者设计工作室

科学出版社 出版

北京东黄城根北街 16 号

邮政编码：100717

http://www.sciencep.com

北京中科印刷有限公司印刷

科学出版社发行 各地新华书店经销

*

2023 年 11 月第 一 版 开本：787×1092 1/16

2023 年 11 月第一次印刷 印张：24 3/4

字数：566 000

定价：252.00 元

（如有印装质量问题，我社负责调换）

销售部电话 010-62136230 编辑部电话 010-62139281（BA08）

前　言

再生混凝土结构是一种低碳混凝土结构。废弃混凝土经破碎、筛分后可制备出再生粗骨料和再生细骨料，采用再生粗骨料、再生细骨料取代或部分取代天然粗骨料石子、天然细骨料砂子制备的混凝土称为再生混凝土。采用再生混凝土制作的构件称为再生混凝土构件。再生混凝土结构指以再生混凝土构件为主的结构，包括素再生混凝土结构和钢筋再生混凝土结构。再生混凝土组合结构指以钢-再生混凝土组合构件为主的结构。作者从 2006 年开始，围绕再生混凝土绿色与耐久、再生混凝土结构安全与适用的关键理论与技术问题，研究了再生混凝土制备，再生混凝土力学性能、冻融性能、碳化性能、徐变性能，钢筋-再生混凝土黏结滑移性能，再生混凝土构件的力学性能、耐火性能、徐变性能、氯离子侵蚀后的性能，再生混凝土框架及框架-剪力墙结构抗震性能，钢-再生混凝土组合梁及组合柱的力学性能，较系统地进行了试验、理论与技术研究，形成了再生混凝土结构设计方法。本书是作者从事再生混凝土结构研究的部分成果总结。

全书共分 16 章。第 1 章介绍了再生混凝土及再生混凝土结构的相关研究。第 2 章介绍了再生混凝土制备及基本力学性能。第 3 章介绍了再生混凝土冻融性能、碳化性能与徐变性能。第 4 章介绍了钢筋与再生混凝土的黏结-滑移性能。第 5 章分别介绍了中强再生混凝土梁、高强再生混凝土梁受弯及受剪性能。第 6 章介绍了再生混凝土楼板及梁板受弯性能。第 7～8 章分别介绍了再生混凝土柱的压弯性能、抗震性能。第 9～10 章分别介绍了再生混凝土剪力墙、再生混凝土双肢剪力墙的抗震性能。第 11～12 章分别介绍了再生混凝土框架及框架-剪力墙结构低周反复荷载作用下的抗震性能、模拟地震振动台激振下的抗震性能。第 13 章介绍了再生混凝土梁长期荷载下的徐变性能、再生混凝土梁氯离子侵蚀后的受弯及受剪性能。第 14 章介绍了再生混凝土柱及筒体的耐火性能。第 15 章介绍了钢-再生混凝土组合梁及组合柱的力学性能。第 16 章介绍了再生混凝土结构设计方法。

本书的研究成果是在作者及团队成员共同努力下取得的。博士生张亚齐、尹海鹏、周中一、张勇波、刘程炜、牛海成、刘亦斌、张嫚等，硕士生王攀峰、梁梦彬、池彦忠、丹珊、边建辉、李东华、许方方、韩丽、孟少宾、祝延涛、申宏权、马恒、刘方方、林栋朝、巩晓雪、彭世阳、刘熙、朱可睿、孙文娟、郭晏利、李艳娜、唐云鹏等，对本书的试验和理论研究做了大量的工作。张嫚、刘威亨、刘亦斌、赵迪为本书的出版做了大量细致的工作，做出了贡献。

本书研究工作得到了国家自然科学基金面上项目（项目编号：51878015）、国家自然科学基金重点项目（项目编号：E080501）、国家重点研发计划课题（课题编号：2017YFC0703304）、北京学者计划（2015—2021）和北京市自然科学基金面上项目（项目编号：8102010、8132016）的资助，特此致谢。

限于作者的经验与水平，书中难免存在不足之处，恳请同行批评指正。

作　者

2023 年 8 月于北京

目　录

第 1 章　绪论 …… 1

1.1　引言 …… 1
1.2　再生混凝土研究 …… 1
1.2.1　再生混凝土基本力学性能 …… 2
1.2.2　再生混凝土耐久性能 …… 2
1.2.3　钢筋与再生混凝土黏结-滑移性能 …… 3
1.3　再生混凝土构件研究 …… 3
1.3.1　再生混凝土梁 …… 3
1.3.2　再生混凝土板 …… 5
1.3.3　再生混凝土柱 …… 5
1.3.4　再生混凝土剪力墙 …… 7
1.4　再生混凝土结构研究 …… 7
1.5　本章小结 …… 7

第 2 章　再生混凝土制备与基本性能 …… 8

2.1　再生混凝土制备 …… 8
2.1.1　再生骨料制备 …… 8
2.1.2　再生骨料性能 …… 8
2.1.3　再生混凝土配合比 …… 9
2.2　抗压强度 …… 10
2.2.1　中强再生混凝土 …… 10
2.2.2　高强再生混凝土 …… 11
2.3　弹性模量 …… 11
2.3.1　中强再生混凝土 …… 11
2.3.2　高强再生混凝土 …… 11
2.4　再生混凝土单轴受压本构关系 …… 12
2.4.1　中强再生混凝土单轴受压应力-应变全曲线 …… 12
2.4.2　高强再生混凝土单轴受压应力-应变全曲线 …… 13
2.4.3　单轴受压应力-应变本构关系 …… 14
2.5　抗剪强度 …… 17
2.5.1　试验概况 …… 17

2.5.2 试验结果 …… 17
2.6 本章小结 …… 20

第 3 章 再生混凝土长期工作性能 …… 21

3.1 冻融性能 …… 21
3.1.1 试验概况 …… 21
3.1.2 立方体抗压强度 …… 21
3.1.3 棱柱体质量损失 …… 22
3.2 碳化性能 …… 23
3.2.1 试验概况 …… 23
3.2.2 立方体碳化性能 …… 24
3.2.3 棱柱体碳化性能 …… 26
3.3 徐变性能 …… 26
3.3.1 试验概况 …… 26
3.3.2 徐变影响因素 …… 28
3.3.3 徐变预测分析 …… 31
3.4 本章小结 …… 34

第 4 章 钢筋与再生混凝土的黏结-滑移性能 …… 35

4.1 拉拔试验 …… 35
4.1.1 试验概况 …… 35
4.1.2 黏结-滑移性能 …… 36
4.1.3 影响因素 …… 39
4.1.4 黏结应力-滑移本构关系 …… 43
4.2 梁式试验 …… 44
4.2.1 试验概况 …… 44
4.2.2 黏结-滑移性能 …… 46
4.2.3 影响因素 …… 50
4.2.4 黏结-滑移本构关系 …… 52
4.3 锈蚀钢筋与再生混凝土黏结-滑移性能 …… 54
4.3.1 试验概况 …… 54
4.3.2 钢筋快速锈蚀 …… 56
4.3.3 黏结-滑移性能 …… 59
4.3.4 影响因素 …… 64
4.3.5 黏结-滑移本构关系 …… 69
4.4 本章小结 …… 72

第 5 章　再生混凝土梁受弯及受剪性能……73

5.1　矩形截面中强再生混凝土梁受弯性能……73

5.1.1　试验概况……73

5.1.2　破坏特征……74

5.1.3　受弯性能及计算分析……75

5.2　矩形截面高强再生混凝土梁受弯性能……79

5.2.1　试验概况……79

5.2.2　破坏特征……79

5.2.3　受弯性能及计算分析……80

5.3　矩形截面再生混凝土梁受剪性能……83

5.3.1　试验概况……83

5.3.2　破坏特征……84

5.3.3　受剪性能及计算分析……84

5.4　矩形截面与 T 形截面高强再生混凝土梁受弯性能……87

5.4.1　试验概况……87

5.4.2　破坏特征……88

5.4.3　受弯性能及计算分析……88

5.5　矩形截面与 T 形截面高强再生混凝土梁受剪性能……92

5.5.1　试验概况……92

5.5.2　破坏特征……92

5.5.3　受剪性能及计算分析……93

5.6　本章小结……95

第 6 章　再生混凝土板受弯性能……96

6.1　再生混凝土楼板受弯性能……96

6.1.1　中强再生混凝土楼板受弯性能……96

6.1.2　带钢筋桁架高强再生混凝土楼板受弯性能……100

6.1.3　再生混凝土楼板受弯性能计算分析……104

6.2　L 形再生混凝土梁板工作性能……109

6.2.1　试验概况……109

6.2.2　梁板共同工作性能……111

6.2.3　肋梁加载下的梁板受弯性能……113

6.3　本章小结……116

第 7 章 再生混凝土柱压弯性能 …… 117
7.1 轴心受压性能 …… 117
7.1.1 试验概况 …… 117
7.1.2 破坏特征 …… 118
7.1.3 承载力、刚度与变形 …… 119
7.1.4 耗能能力 …… 121
7.2 小偏心受压性能 …… 122
7.2.1 试验概况 …… 122
7.2.2 破坏特征 …… 123
7.2.3 承载力、刚度与变形 …… 124
7.2.4 耗能能力 …… 126
7.2.5 侧向挠度分析 …… 126
7.2.6 承载力计算 …… 127
7.2.7 有限元分析 …… 128
7.3 大偏心受压性能 …… 131
7.3.1 中强再生混凝土柱大偏心受压性能 …… 131
7.3.2 高强再生混凝土柱大偏心受压性能 …… 136
7.3.3 有限元分析 …… 139
7.4 本章小结 …… 145

第 8 章 再生混凝土柱抗震性能 …… 146
8.1 全再生骨料混凝土柱抗震性能 …… 146
8.1.1 试验概况 …… 146
8.1.2 不同再生骨料取代率柱抗震性能 …… 148
8.1.3 不同配箍率再生混凝土柱抗震性能 …… 152
8.1.4 有限元分析 …… 157
8.2 再生混凝土足尺柱抗震性能 …… 159
8.2.1 试验概况 …… 159
8.2.2 破坏特征 …… 161
8.2.3 滞回特性 …… 162
8.2.4 特征荷载 …… 164
8.2.5 刚度及退化 …… 164
8.2.6 延性 …… 165
8.2.7 耗能能力 …… 166
8.2.8 恢复力模型 …… 166
8.3 本章小结 …… 172

第 9 章 再生混凝土剪力墙抗震性能 …… 173
9.1 试验概况 …… 173
9.2 低矮剪力墙 …… 179
9.2.1 破坏特征 …… 179
9.2.2 滞回特性 …… 180
9.2.3 承载力与变形 …… 182
9.2.4 刚度与退化 …… 183
9.2.5 耗能能力 …… 184
9.3 中高剪力墙 …… 184
9.3.1 破坏特征 …… 184
9.3.2 滞回特性 …… 185
9.3.3 承载力与变形 …… 187
9.3.4 刚度及退化 …… 188
9.3.5 耗能能力 …… 189
9.4 高剪力墙 …… 189
9.4.1 破坏特征 …… 189
9.4.2 滞回特性 …… 190
9.4.3 承载力与变形 …… 193
9.4.4 刚度及退化 …… 193
9.4.5 耗能能力 …… 194
9.5 剪跨比影响 …… 195
9.6 承载力计算 …… 196
9.6.1 计算假定 …… 196
9.6.2 正截面承载力计算 …… 197
9.6.3 斜截面承载力计算 …… 198
9.6.4 承载力计算结果与实测结果比较 …… 199
9.7 本章小结 …… 200
第 10 章 再生混凝土双肢剪力墙抗震性能 …… 201
10.1 试验概况 …… 201
10.2 破坏特征 …… 203
10.3 滞回特性 …… 204
10.4 承载力及刚度退化 …… 205
10.4.1 承载力 …… 205
10.4.2 刚度退化 …… 206

10.5 延性及耗能能力 …… 206
10.5.1 延性 …… 206
10.5.2 耗能能力 …… 207
10.6 承载力计算 …… 207
10.6.1 墙肢正截面承载力 …… 207
10.6.2 墙肢斜截面承载力 …… 211
10.6.3 双肢剪力墙连梁承载力 …… 212
10.6.4 承载力计算结果与实测结果比较 …… 212
10.7 本章小结 …… 212

第 11 章 再生混凝土框架与框剪结构抗震性能 …… 214

11.1 再生混凝土框架结构抗震性能 …… 214
11.1.1 试验概况 …… 214
11.1.2 破坏特征 …… 215
11.1.3 滞回曲线 …… 216
11.1.4 承载力及刚度退化 …… 217
11.1.5 延性及耗能能力 …… 218
11.1.6 有限元分析 …… 219
11.2 再生混凝土框架-剪力墙结构抗震性能 …… 220
11.2.1 试验概况 …… 220
11.2.2 破坏特征 …… 222
11.2.3 滞回曲线 …… 222
11.2.4 承载力及刚度退化 …… 223
11.2.5 延性及耗能能力 …… 224
11.2.6 有限元分析 …… 225
11.3 本章小结 …… 226

第 12 章 再生混凝土剪力墙与框剪结构振动台试验 …… 227

12.1 再生混凝土剪力墙振动台试验 …… 227
12.1.1 试验概况 …… 227
12.1.2 破坏特征 …… 233
12.1.3 自振频率 …… 235
12.1.4 加速度反应 …… 236
12.1.5 位移反应 …… 242
12.1.6 基底剪力 …… 247
12.1.7 有限元分析 …… 249

12.2 再生混凝土框架-剪力墙结构振动台试验……251
12.2.1 试验概况……251
12.2.2 破坏特征……256
12.2.3 自振频率……257
12.2.4 加速度反应……258
12.2.5 位移反应……261
12.2.6 有限元分析……263
12.3 本章小结……267

第 13 章 再生混凝土梁长期工作性能……269

13.1 再生混凝土梁徐变性能……269
13.1.1 试验概况……269
13.1.2 影响因素及试验结果……271
13.1.3 计算分析……277
13.2 再生混凝土梁氯离子侵蚀下受弯性能……281
13.2.1 试验概况……281
13.2.2 破坏特征……283
13.2.3 受弯性能及计算分析……286
13.3 再生混凝土梁氯离子侵蚀下受剪性能……291
13.3.1 试验概况……291
13.3.2 破坏特征……291
13.3.3 受剪性能及计算分析……293
13.4 本章小结……295

第 14 章 再生混凝土柱与筒体耐火性能……297

14.1 再生混凝土柱耐火性能……297
14.1.1 试验概况……297
14.1.2 破坏特征……299
14.1.3 耐火极限……300
14.1.4 测点温度……300
14.1.5 侧向挠度……301
14.1.6 轴向变形……303
14.1.7 有限元分析……303
14.2 再生混凝土筒体耐火性能……306
14.2.1 试验概况……306
14.2.2 破坏特征……308

14.2.3 测点温度 ······ 308
14.2.4 侧向挠度 ······ 309
14.2.5 轴向变形 ······ 310
14.2.6 有限元分析 ······ 310
14.3 本章小结 ······ 312

第 15 章 钢-再生混凝土组合构件力学性能 ······ 313

15.1 钢-再生混凝土组合梁受弯性能 ······ 313
15.1.1 型钢再生混凝土矩形截面梁受弯性能 ······ 313
15.1.2 钢-再生混凝土板组合 T 形截面梁受弯性能 ······ 317
15.2 钢-再生混凝土组合梁受剪性能 ······ 321
15.2.1 型钢再生混凝土矩形截面梁受剪性能 ······ 321
15.2.2 钢-再生混凝土板组合 T 形截面梁受剪性能 ······ 324
15.3 钢-再生混凝土组合梁徐变性能 ······ 326
15.3.1 型钢再生混凝土矩形截面梁徐变性能 ······ 326
15.3.2 钢-再生混凝土板组合 T 形截面梁徐变性能 ······ 329
15.4 钢-压型钢板再生混凝土板组合 T 形截面梁受弯性能 ······ 332
15.4.1 试验概况 ······ 332
15.4.2 破坏特征 ······ 334
15.4.3 受弯性能及计算分析 ······ 335
15.5 钢管再生混凝土柱压弯性能 ······ 337
15.5.1 足尺钢管再生混凝土柱轴心受压性能 ······ 337
15.5.2 足尺钢管混凝土柱小偏心受压性能 ······ 342
15.5.3 足尺钢管再生混凝土柱大偏心受压性能 ······ 348
15.6 钢-再生混凝土组合柱抗震性能 ······ 353
15.6.1 足尺型钢再生混凝土柱抗震性能 ······ 353
15.6.2 足尺钢管再生混凝土柱抗震性能 ······ 359
15.7 本章小结 ······ 365

第 16 章 再生混凝土结构设计 ······ 367

16.1 基本要求 ······ 367
16.1.1 适用规则 ······ 367
16.1.2 构造要求 ······ 367
16.1.3 设计规则 ······ 368
16.2 材料 ······ 368
16.2.1 配合比 ······ 368

16.2.2　力学性能 …… 369
16.2.3　耐久性 …… 370
16.3　再生混凝土结构极限状态验算 …… 370
16.3.1　承载力极限状态 …… 370
16.3.2　正常使用极限状态 …… 371
16.4　多层和高层再生混凝土房屋设计 …… 372
16.4.1　一般要求 …… 372
16.4.2　构造措施 …… 373
16.5　低层再生混凝土房屋设计 …… 374
16.5.1　一般要求 …… 374
16.5.2　构造措施 …… 375
16.6　装配式低层建筑单排配筋再生混凝土剪力墙设计 …… 375
16.7　本章小结 …… 376
参考文献 …… 377

第1章 绪　　论

1.1 引　　言

再生混凝土是将废弃混凝土块破碎、清洗、分级后，按一定比例混合形成再生骨料，将其部分或全部代替天然骨料配制而成的混凝土。再生混凝土结构的研究与应用，为解决大量危旧建筑拆除带来的废弃混凝土处理问题提供了重要途径，同时还可以减少天然砂石的开采，缓解天然骨料日趋匮乏的压力，降低因大量开采自然资源造成的生态环境破坏，对推进建筑垃圾资源化和建筑业可持续发展具有重大意义。

第二次世界大战之后，苏联、德国、美国、日本等国家意识到废弃混凝土的处理和再利用不容忽视，各国相继展开了建筑垃圾资源化的相关研究。我国早期废弃混凝土的回收与利用并未受到足够的重视，随着天然砂石的短缺以及建筑垃圾资源化应用效率低的问题日益凸显，各级政府开始重视对建筑垃圾的资源化利用，出台了一系列扶持政策，通过产学研用相融合，较快推进了再生混凝土及再生混凝土结构的研究与应用。

本书作者团队较系统地开展了再生混凝土材料、构件及结构的试验研究、数值模拟、理论分析及应用技术研发，形成了实用的再生混凝土结构设计理论与方法，并作为主编单位代表主编了国家行业标准《再生混凝土结构技术标准》（JGJ/T 443—2018），本书系统介绍相关研究成果。

1.2 再生混凝土研究

再生骨料表面粗糙，棱角分明，且有较多微裂纹，与天然骨料相比，孔隙率大、吸水率大、密度小，这会直接影响再生混凝土材料及构件的力学性能。

图 1-1 为不同粗骨料取代率再生混凝土内部界面过渡区（interfacial transition zone，ITZ）示意。经对比分析发现，再生粗骨料与天然粗骨料基本性能存在差异，主要与其表面附着的疏松多孔的老砂浆有关，即再生粗骨料自带“旧粗骨料-界面-老砂浆”属性。相同条件下再生混凝土较普通混凝土有更复杂的薄弱界面，这是普通混凝土和再生混凝土材料在细微观结构方面的关键差异，也是再生混凝土材料、构件及结构性能可能存在劣化的主要原因。

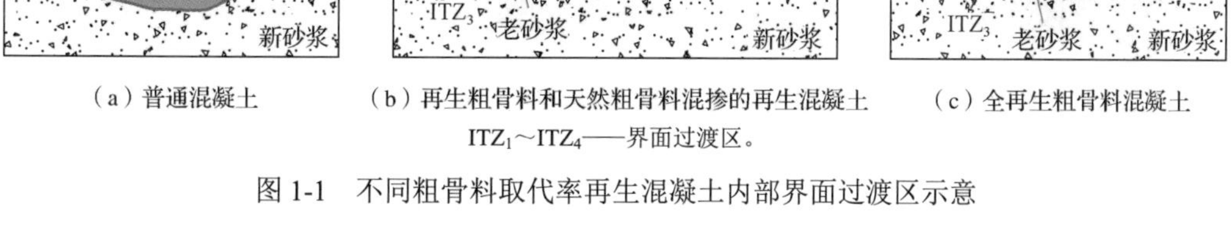

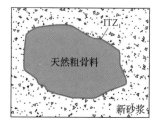

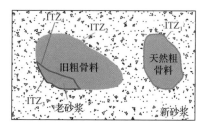

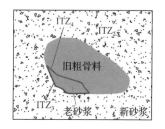

（a）普通混凝土　（b）再生粗骨料和天然粗骨料混掺的再生混凝土　（c）全再生粗骨料混凝土

ITZ_1～ITZ_4——界面过渡区。

图 1-1　不同粗骨料取代率再生混凝土内部界面过渡区示意

1.2.1 再生混凝土基本力学性能

1. 抗压强度

再生混凝土抗压强度与混凝土配合比、再生骨料取代率等因素有关。再生混凝土的抗压强度总体随再生粗骨料取代率提高而降低[1]。当再生粗骨料取代率较低时，再生混凝土与普通混凝土的抗压强度差别不大[2-3]。再生混凝土抗压强度随再生细骨料取代率的提高明显下降，同时掺入再生粗细骨料后，混凝土抗压强度的离散性变化较大[4]。

再生混凝土的抗压强度还与水胶比、矿物掺和料和外加剂等因素有关。添加硅灰能显著提高再生混凝土抗压强度并改善再生混凝土的和易性[5]。适量掺入粉煤灰、矿粉可提高再生混凝土的抗压强度[6]。

2. 抗拉强度

再生混凝土的抗拉强度低于普通混凝土，且有随再生粗骨料取代率提高而减小的趋势[7-11]，其破坏过程和破坏形态与普通混凝土基本一致[12]。再生混凝土的抗拉强度也与原生混凝土强度及矿物掺和料等因素有关。再生混凝土的抗拉强度随原生混凝土强度提高而增大[13]，而掺入粉煤灰会降低再生混凝土的抗拉强度[14]。

3. 弹性模量

再生骨料表面附着了大量老旧砂浆，造成再生混凝土的弹性模量比普通混凝土低，且基本随再生粗骨料取代率的增大而减小[15-20]。水胶比对再生混凝土的弹性模量有明显影响，再生混凝土的弹性模量随水胶比降低而增大[21]。再生混凝土弹性模量还与所用再生粗骨料自身性能、配合比、施工工艺等有关[22]。

4. 抗剪强度

再生混凝土剪切破坏形态和普通混凝土相似，但抗剪强度低于普通混凝土[23]，随着再生粗骨料取代率增大，再生混凝土断面上剪断骨料与碎屑增多，破坏面更酥碎[24]。再生混凝土的峰值剪应变、峰值剪应力、剪切模量均随再生粗骨料取代率增加而降低，随混凝土强度等级提高而增大[25]，混凝土强度对抗剪强度的影响较为显著[26]。

1.2.2 再生混凝土耐久性能

1. 抗氯离子渗透性

再生混凝土抗氯离子渗透性比普通混凝土低[27-28]，且随再生粗骨料取代率提高而降低[29-32]。再生混凝土的抗氯离子渗透性还与水胶比及矿物掺和料有关，其随水胶比增大而降低[33]。掺加粉煤灰后，再生混凝土抗氯离子渗透性提高[34]。

2. 碳化性能

再生混凝土碳化后，抗压强度提高，相同碳化天数下，再生混凝土碳化深度大于普通混凝土，且碳化深度随取代率提高而增大[35-39]。水胶比、外加剂等也会影响再生混凝土的碳化性能。随着水胶比增大，再生混凝土的碳化深度增大[40]。添加粉煤灰、硅灰和矿渣后，水泥用量减少，碱类物质含量降低，碳化深度增大[41]。

3. 冻融性能

由于再生骨料与天然骨料存在性能差异，再生混凝土冻融性能往往低于普通混凝土[42-43]。再生混凝土冻融性能受原生混凝土强度影响较小[44]，且与矿物掺和料也有关。当粉煤灰掺量较低时，粉煤灰掺量对再生混凝土冻融性能影响较小，而粉煤灰掺量提高后，其对冻融性能的影响增大[45]。

4. 徐变性能

再生骨料中含有大量砂浆，再生混凝土中总砂浆含量大于同配合比的普通混凝土，造成再生混凝土的徐变大于普通混凝土。再生混凝土徐变增长规律与普通混凝土相同，再生混凝土徐变随再生粗骨料取代率的增加而增大[46]。此外，混凝土强度、水胶比、外加剂等也会影响再生混凝土徐变，提高混凝土强度、减小水胶比均可减小再生混凝土徐变[47-49]。

1.2.3 钢筋与再生混凝土黏结-滑移性能

钢筋与再生混凝土黏结破坏形式和钢筋与普通混凝土相同，主要分为钢筋拉断破坏、混凝土劈裂破坏和钢筋拔出破坏，二者的黏结-滑移全曲线总体相似[50]。再生骨料取代率、混凝土强度、钢筋外形、钢筋锚固长度及钢筋直径是影响钢筋与再生混凝土黏结-滑移性能的主要因素，其对两者黏结强度的影响和钢筋与混凝土黏结强度规律基本相同。

锈蚀钢筋与再生混凝土的黏结破坏类型及黏结-滑移曲线和锈蚀钢筋与普通混凝土相似，随锈蚀率增加，锈蚀钢筋与再生混凝土黏结强度先上升后下降[51]。锈蚀钢筋与再生混凝土黏结强度随再生粗骨料取代率提高而降低[54]。

1.3 再生混凝土构件研究

梁、板、柱、剪力墙是建筑结构的基本受力构件，掌握其力学性能，进行合理设计，是再生混凝土结构推广应用的关键。

1.3.1 再生混凝土梁

1. 受弯性能

再生混凝土梁是再生混凝土结构中重要的水平构件。试验研究表明，再生混凝土梁与普通混凝土梁的受弯破坏过程及破坏形态相似[55]，同时掺入再生粗、细骨料后，梁的开裂荷载降低、裂缝宽度增大，跨中挠度也略有增加[56-58]，在进行相关计算时，应在《混凝土结构设计规范（2015 年版）》（GB 50010—2010）[59]基础上进行修正。图 1-2 展现了再生混凝土梁受弯承载力与再生骨料取代率的关系，图中纵坐标相对极限承载力是不同再生粗骨料取代率混凝土梁与普通混凝土梁受弯承载力的比值。可见，再生混凝土梁受弯承载力总体随再生粗骨料取代率提高而降低，主要原因有：①再生混凝土内部缺陷和微裂缝较普通混凝土多，抗压强度低；②再生混凝土弹性模量较普通混凝土低；③钢筋与再生混凝土间黏结强度随再生骨料取代率增加而减小[60]。总体上，再生混凝土梁受弯承载力受再生骨料影响较小，《混凝土结构设计规范（2015 年版）》（GB 50010—2010）中梁承载力计算公式仍可参照应用。合理添加掺和料也可有效改善再生混凝土梁的受弯性能，掺加硅粉和混杂纤维可提高再生混凝土梁的抗开裂能力和受弯承载力[61-62]。

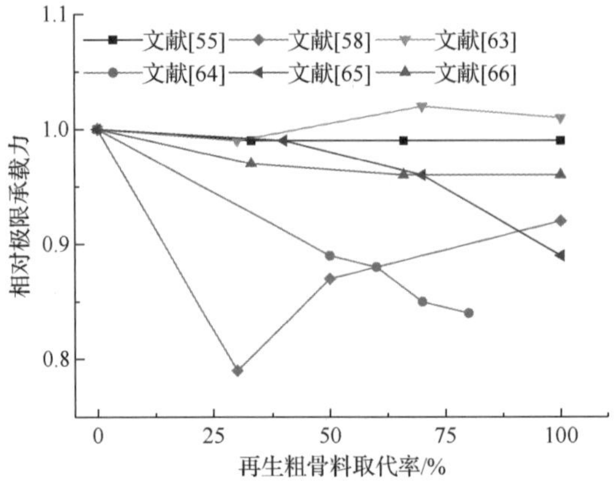

图 1-2 再生混凝土梁受弯承载力与再生粗骨料取代率的关系

此外，钢-再生混凝土组合梁的破坏过程与破坏形态与钢-混凝土组合梁相似，再生骨料的掺入会在一定程度上降低组合梁的受力性能[67-68]。组合梁的正截面平均应变仍近似符合平截面假定，《组合结构设计规范》（JGJ 138—2016）[69]中的受弯承载力及挠度计算公式可用于钢-再生混凝土组合梁，但需对再生骨料的影响加以修正[70]。

2. 受剪性能

试验研究表明，再生混凝土梁与普通混凝土梁的受剪破坏过程及破坏形态基本相同，相比普通混凝土梁，再生混凝土梁的开裂荷载略有减小，斜裂缝平均宽度稍有增大[71-73]。图 1-3 展现了一些关于再生混凝土梁受剪承载力与再生粗骨料取代率的结果。可见，总体上再生混凝土梁受剪承载力随再生粗骨料取代率增加而降低。钢-再生混凝土组合梁的受剪破坏过程也与钢-混凝土组合梁相似，受剪性能随再生骨料取代率增加而降低，但总体接近[74-75]。

再生混凝土的受剪性能可通过合理手段进行改善。采用等效砂浆体积（equivalent mortar volume，EMV）配合比设计法配制再生混凝土，可使再生混凝土梁达到与普通混凝土梁接近的受剪性能，合理增大配箍率也可使再生混凝土梁受剪性能大幅提高[78-80]。

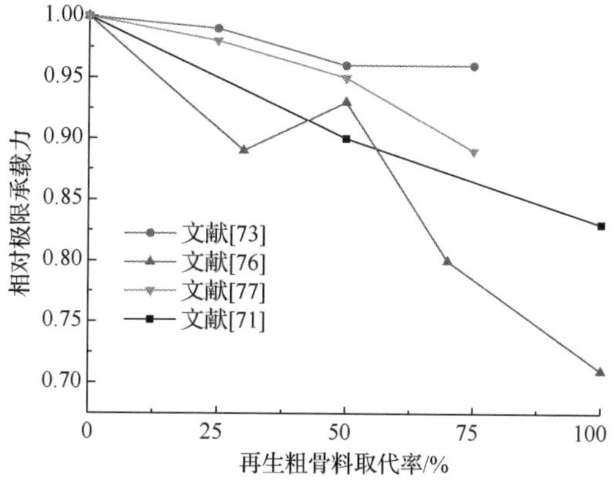

图 1-3 再生混凝土梁受剪承载力与再生粗骨料取代率关系

对于再生混凝土梁的弯剪性能，目前较多研究者提出的再生混凝土梁受弯、受剪承载力计算公式，所给出的修正方法及修正系数存在差异，需进一步深入分析探讨。已有的大部分试验研究，其构件尺寸小于实际工程构件，为避免尺寸效应影响，应多开展足尺构件试验研究。

1.3.2 再生混凝土板

试验研究表明，再生混凝土板的受弯破坏过程与普通混凝土板基本一致，再生混凝土板的最大裂缝宽度与普通混凝土板接近，开裂荷载、极限荷载随再生粗骨料取代率增加而降低[81-82]。图 1-4 展现了再生混凝土板受弯承载力与再生粗骨料取代率关系。

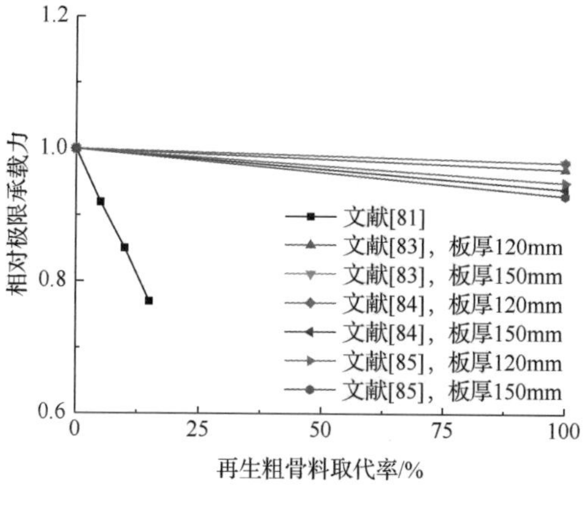

图 1-4 再生混凝土板受弯承载力与再生粗骨料取代率关系

1.3.3 再生混凝土柱

再生混凝土柱是再生混凝土结构中关键的竖向承重构件，其受压性能与抗震性能研究受到了重视。

1. 受压性能

试验研究表明，轴心和偏心受压再生混凝土柱的受力过程、破坏形态与普通混凝土柱基本相同，受再生骨料取代率影响较小[86-97]。再生混凝土柱和普通混凝土柱受压时的“N-M”相关曲线相似，承载力计算可参照现行规范中普通混凝土柱承载力计算方法[88]。再生混凝土柱的受压承载力与普通混凝土柱差异不明显，但变形明显增大[89]，图 1-5 展现了一些关于再生混凝土柱受压承载力与再生粗骨料取代率的关系。

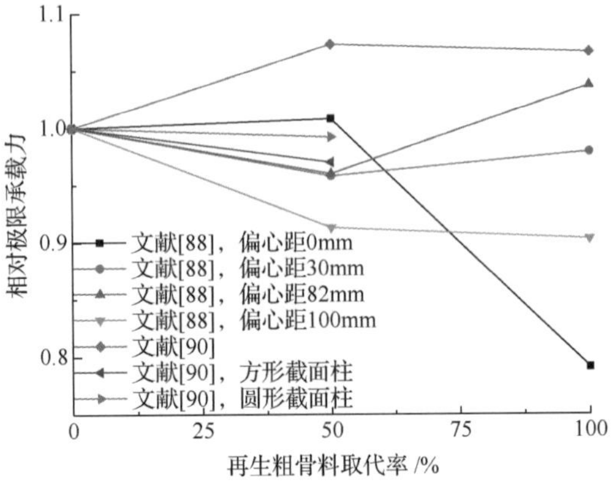

图 1-5 再生混凝土柱受压承载力与粗骨料取代率关系

此外，通过钢管约束再生混凝土可以改善再生混凝土柱的受压性能，且钢管约束的再生混凝土偏压柱与钢管约束的普通再生混凝土偏压柱受力过程及破坏形态相似，再生骨料取代率对钢管再生混凝土柱破坏机理影响不明显[92-95]。

2. 抗震性能

试验研究表明，再生混凝土柱具有与普通混凝土柱接近的抗震性能[96]。但考虑到再生混凝土柱的延性、耗能能力略有下降，在应用于抗震设计时，需要采用合理的构造措施[97]，如控制再生混凝土柱的轴压比不宜过大，适当提高配箍率等可有效改善再生混凝土柱的抗震性能[98]。

将型钢应用于再生混凝土柱中可有效改善再生混凝土柱的延性及耗能能力。试验结果表明，型钢再生混凝土柱具有与型钢混凝土柱接近的抗震性能；柱的抗震性能受再生骨料取代率影响不明显，而轴压比和配箍率对其承载力影响较大[99-101]。同时，试验过程中型钢再生混凝土柱滞回曲线较饱满，柱的位移延性系数大于 3，表现出良好的抗震性能及变形能力[102]。

对于再生混凝土柱的力学性能，目前较多研究集中于低、中强再生混凝土柱，应多进行高强再生混凝土柱的力学性能研究。已有的大部分试验研究，其构件尺寸小于实际工程构件，为避免尺寸效应影响，应多开展足尺构件试验研究。

1.3.4　再生混凝土剪力墙

再生混凝土剪力墙抗震性能相关研究较少。现有结果表明，剪跨比越大，再生混凝土剪力墙的抗震性能随再生粗骨料取代率增加而下降明显，且全再生剪力墙抗震性能降低明显，不建议将掺有再生细骨料的再生混凝土高剪力墙应用于实际工程[103]。此外，轴压比对再生混凝土剪力墙抗震性能影响明显，随着轴压比增大，再生混凝土剪力墙的刚度、承载力相应提高，但延性和耗能性能会大幅下降，因此，将再生混凝土剪力墙应用于实际工程时须合理设定轴压比限值[104]。

目前，再生混凝土剪力墙的研究多为小尺寸的缩尺模型试验，需多开展足尺试件的试验研究。同时，提高再生混凝土剪力墙性能的设计方法及构造措施需要深入研究，为再生混凝土剪力墙在工程实际中的应用奠定基础。

1.4　再生混凝土结构研究

同济大学的学者们开展了一系列再生混凝土框架结构抗震性能的相关研究[105-110]。研究表明，再生混凝土框架结构破坏模式符合“强柱弱梁，强节点弱构件”，且随再生粗骨料取代率增加，再生混凝土框架结构的抗震性能及安全储备略有降低，但相差不大，能够满足抗震设计要求。振动台试验结果表明，再生混凝土框架结构抗震性能良好，在7度罕遇（0.415g）地震烈度下，结构最大层间位移角为1/58，小于《建筑抗震设计规范（2016年版）》（GB 50011—2010）[111]规定的混凝土结构层间位移角限值1/50；在9度罕遇（1.170g）地震烈度下，框架未发生倒塌。在整个试验过程中，顶层相对扭转角数值非常小，框架扭转不明显。薛建阳团队针对再生混凝土空心砌块填充墙-型钢再生混凝土框架结构进行了研究[112-113]。研究结果表明，在同种加载工况下，再生混凝土空心砌块填充墙的破坏程度明显小于加气粉煤灰砌块填充墙，其破坏机制为“梁铰机制”；结构的位移延性系数均值达到了6.90，体现出良好的耗能性能。樊禹江等[114-115]提出一种通过掺入混杂再生纤维来提高再生混凝土性能的方法，并进行框架模型模拟振动台试验。结果表明，在7度地震烈度下，结构整体裂缝较少，仅在再生混凝土取代率为100%位置处出现细微裂缝；结构在7、8度罕遇地震作用下的弹塑性层间位移角限值均未超过《建筑抗震设计规范（2016年版）》（GB 50011—2010）中1/50的要求，纤维的掺入可以延缓裂缝开展，改善结构延性，提升结构整体抗震性能。

1.5　本章小结

国内外对再生混凝土构件及结构性能研究已取得了较丰硕的成果，本章介绍了再生混凝土材料、构件及结构的研究进展，在此基础上，本书将详细介绍作者在再生混凝土材料、构件及结构的基本力学性能以及抗震、耐火、徐变、耐久性能等方面的研究成果。

第 2 章　再生混凝土制备与基本性能

2.1　再生混凝土制备

2.1.1　再生骨料制备

本书涉及的再生混凝土构件及结构试验，其所用再生骨料主要由北京市某拆除建筑结构所产生的废弃混凝土制备，废弃混凝土来源于剪力墙、梁、楼板等拆除构件，经过破碎、清洗、分级等工序后制成再生骨料，通常将粒径为 5～25mm 的骨料用作粗骨料；当试验试件截面尺寸较小时，将粒径为 5～10mm 的骨料用作粗骨料，粒径为 0.16～4.75mm 的骨料用作细骨料。再生骨料制备如图 2-1 所示。

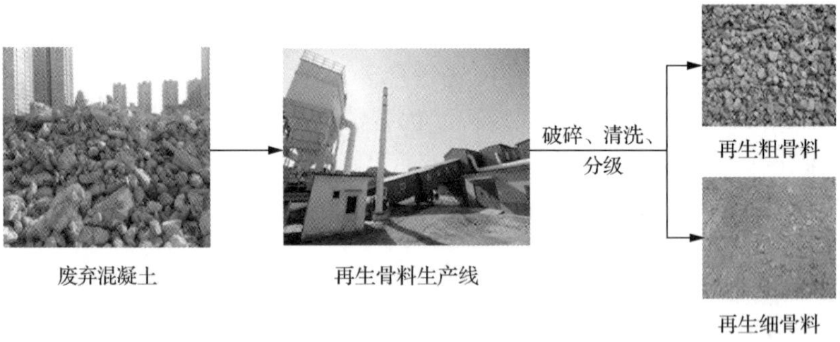

图 2-1　再生骨料制备

2.1.2　再生骨料性能

试验试件制作用的再生粗、细骨料的级配与性能按照《混凝土用再生粗骨料》（GB/T 25177—2010）[116]和《混凝土和砂浆用再生细骨料》（GB/T 25176—2010）[117]的规定进行测试。某一使用批次的再生粗、细骨料颗粒级配试验结果分别见表 2-1 和表 2-2。由表 2-1 和表 2-2 可见，再生粗骨料属于连续级配，再生细骨料属于粗砂。再生粗、细骨料材料基本性能见表 2-3 和表 2-4。由表 2-3 和表 2-4 可知，试验所用再生粗骨料属于Ⅱ类骨料，再生细骨料介于Ⅱ类～Ⅲ类骨料之间。

表 2-1　再生粗骨料颗粒级配试验结果

方孔直径/mm	筛余百分率/%	累计筛余百分率/%
19.00	12.12	12.12
16.00	14.48	26.60
9.50	48.68	75.28

续表

方孔直径/mm	筛余百分率/%	累计筛余百分率/%
4.75	22.96	98.24
2.36	0.56	98.80
2.36 以下	1.20	100.00

表 2-2　再生细骨料颗粒级配试验结果

方孔直径/mm	筛余百分率/%	累计筛余百分率/%	细度模数
5.000	12.0	12.0	3.44
2.500	22.0	34.0	
1.250	22.4	56.4	
0.630	22.0	78.4	
0.315	17.6	96.0	
0.160	2.2	98.2	

表 2-3　再生粗骨料基本性能

骨料类型	吸水率/%	针片状颗粒/%	压碎指标/%	表观密度/(kg/m^3)	微粉含量/%
再生粗骨料	3.0	3.0	13.0	2575	2.25

表 2-4　再生细骨料基本性能

骨料类型	细度模数	微粉含量/%	泥块含量/%	表观密度/(kg/m^3)	堆积密度/(kg/m^3)
再生细骨料	3.44	3.5	3.0	2455	1307

2.1.3　再生混凝土配合比

再生骨料表面附着大量老砂浆，内部存在微裂纹，且再生骨料成分复杂，含泥量和微粉含量均比天然骨料大，因此拌合再生混凝土的用水量需要考虑参与水化反应的理论需水量和再生骨料的附加吸水量。参照《普通混凝土配合比设计规程》(JGJ 55—2011) [118]，设计 2 种不同强度等级的再生混凝土，其配合比分别见表 2-5 和表 2-6。表 2-5 和表 2-6 中混凝土试块编号第一个字母表示试块的混凝土类型，N 表示全部为天然骨料的混凝土，R 表示掺有再生骨料的混凝土；第二个字母代表再生混凝土的设计强度等级，M 表示中强混凝土，H 表示高强混凝土，后续章节试件编号采用相同的符号来描述再生混凝土设计强度等级；编号后面的数字分别表示再生粗、细骨料的取代率。如 RM100-33 表示再生粗骨料取代率为 100%，再生细骨料取代率为 33%的中强再生混凝土。

试验混凝土制备用的材料：天然粗骨料为山碎石，连续级配；天然砂采用河砂，细度模数为 2.6；拌合胶凝材料采用 R42.5 普通硅酸盐水泥、Ⅰ级粉煤灰和 S95 级粒化高炉矿渣粉；拌合用水为普通自来水，理论水为参与水化反应的用水量，当掺入再生粗骨料后，根据再生粗骨料用量相应增加附加水，附加用水量为再生粗骨料 1h 吸水量。

表 2-5 中强再生混凝土配合比

试块编号	水胶比	胶凝材料/(kg/m³)			细骨料/(kg/m³)		粗骨料/(kg/m³)		理论水/(kg/m³)
		水泥	粉煤灰	矿粉	天然砂	再生细骨料	山碎石	再生粗骨料	
NM0-0	0.5	228	76	76	915	0	915	0	190
RM33-0	0.5	228	76	76	915	0	613	302	190
RM66-0	0.5	228	76	76	915	0	311	604	190
RM100-0	0.5	228	76	76	915	0	0	915	190
RM100-33	0.5	228	76	76	613	302	0	915	190
RM100-66	0.5	228	76	76	311	604	0	915	190
RM100-100	0.5	228	76	76	0	915	0	915	190

表 2-6 高强再生混凝土配合比

试件编号	水胶比	胶凝材料/(kg/m³)			细骨料/(kg/m³)		粗骨料/(kg/m³)		理论水/(kg/m³)
		水泥	粉煤灰	矿粉	天然砂	再生细骨料	山碎石	再生粗骨料	
NH0-0	0.32	434	54	54	757	0	926	0	175
RH33-0	0.32	434	54	54	757	0	620	305	175
RH66-0	0.32	434	54	54	757	0	315	611	175
RH100-0	0.32	434	54	54	757	0	0	926	175

2.2 抗压强度

由于所使用的立方体试块尺寸为 100mm×100mm×100mm，将其试验实测抗压强度结果乘以 0.95 得到 f_{cu}[119]。

2.2.1 中强再生混凝土

中强再生混凝土立方体抗压强度实测值见表 2-7。

表 2-7 中强再生混凝土立方体抗压强度实测值

试块编号	f_{cu}/MPa	试块编号	f_{cu}/MPa
NM0-0	50.5	RM100-33	45.5
RM33-0	52.2	RM100-66	39.6
RM66-0	48.0	RM100-100	38.4
RM100-0	47.6		

由表 2-7 可见：①再生粗骨料取代率为 33%时，立方体抗压强度与天然骨料混凝土接近，而当再生粗骨料取代率超过 33%后，再生混凝土立方体抗压强度随再生粗骨料取代率增大而降低。②再生粗骨料取代率相同时，立方体抗压强度随再生细骨料取代率的增加而明显降低，表明掺入再生细骨料对立方体抗压强度的影响较为明显。

2.2.2　高强再生混凝土

高强再生混凝土立方体抗压强度实测值见表 2-8。

表 2-8　高强再生混凝土立方体抗压强度实测值

试块编号	f_{cu}/MPa	试块编号	f_{cu}/MPa
NH0-0	76.1	RH66-0	67.2
RH33-0	76.1	RH100-0	63.6

由表 2-8 可知：①再生粗骨料取代率为 33%时，立方体抗压强度与天然骨料高强混凝土一致。②再生粗骨料取代率超过 33%后，立方体抗压强度随再生粗骨料取代率增大而降低，且比中强混凝土的降低幅度要大些。

2.3　弹 性 模 量

取单轴受压应力–应变全曲线上升段应力$\sigma = 0.4f_c$处的割线模量作为混凝土的弹性模量[121]。

2.3.1　中强再生混凝土

中强再生混凝土弹性模量实测值见表 2-9。

表 2-9　中强再生混凝土弹性模量实测值

试块编号	E_c/(10^3MPa)	试块编号	E_c/(10^3MPa)
NM0-0	42.8	RM100-33	34.6
RM33-0	41.9	RM100-66	33.4
RM66-0	36.5	RM100-100	35.9
RM100-0	38.0		

由表 2-9 可知：①总体上，含有再生骨料的混凝土弹性模量低于普通混凝土，这是由于再生骨料的弹性模量较低；②再生混凝土的强度也会对弹性模量造成一定影响。

2.3.2　高强再生混凝土

高强再生混凝土弹性模量实测值见表 2-10。

表 2-10 高强再生混凝土弹性模量实测值

试块编号	E_c/(10^3MPa)	试块编号	E_c/(10^3MPa)
NH0-0	46.8	RH66-0	41.9
RH33-0	43.9	RH100-0	40.1

由表 2-10 可知：①高强再生混凝土的弹性模量随再生粗骨料取代率增大而减小。②相比普通混凝土试件 NH0-0，当再生粗骨料取代率为 33%、66%和 100%时，弹性模量分别降低了 6.2%、10.5%和 14.3%。

2.4 再生混凝土单轴受压本构关系

2.4.1 中强再生混凝土单轴受压应力-应变全曲线

1. 全曲线几何形态

实测所得中强再生混凝土单轴受压应力-应变全曲线如图 2-2 所示。

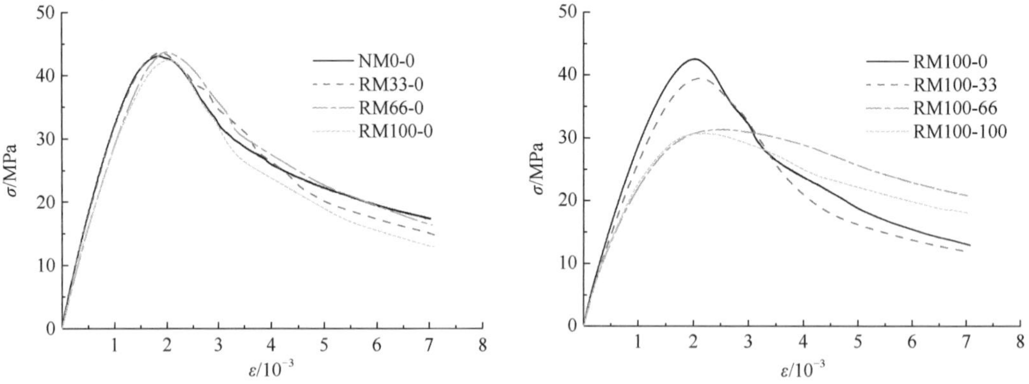

图 2-2 中强再生混凝土试件单轴受压应力-应变全曲线

2. 应变

1）峰值应变

实测所得中强再生混凝土峰值应变 ε^r 见表 2-11。

表 2-11 中强再生混凝土峰值应变

试块编号	ε^r /10^{-3}	试块编号	ε^r /10^{-3}
NM0-0	1.848	RM100-33	2.088
RM33-0	1.893	RM100-66	2.533
RM66-0	1.984	RM100-100	2.173
RM100-0	2.017		

由表 2-11 可见：①中强再生混凝土峰值应变随再生粗骨料取代率的提高而有所增大。②RM33-0、RM66-0、RM100-0 比 NM0-0 峰值应变分别增大 2.4%、7.4%、9.1%；

RM100-33、RM100-66、RM100-0 较 RM100-0 峰值应变分别增大 3.5%、25.6%、7.7%。

2）极限应变

取再生混凝土应力-应变全曲线下降段 85%峰值应力处的应变为极限应变。实测所得中强再生混凝土极限应变见表 2-12。

表 2-12　中强再生混凝土极限应变

试块编号	极限应变/10^{-3}	试块编号	极限应变/10^{-3}
NM0-0	2.633	RM100-33	2.909
RM33-0	2.813	RM100-66	4.702
RM66-0	2.841	RM100-100	3.739
RM100-0	2.641		

由表 2-12 可见：①中强再生混凝土的极限应变比普通混凝土大。②RM33-0、RM66-0、RM100-0 较 NM0-0 极限应变分别增大了 6.8%、7.9%、0.3%；RM100-33、RM100-66、RM100-100 较 RM100-0 极限应变分别增大 10.1%、78.0%、41.6%。

2.4.2　高强再生混凝土单轴受压应力-应变全曲线

1. 全曲线几何形态

实测所得高强再生混凝土单轴受压应力-应变全曲线如图 2-3 所示。

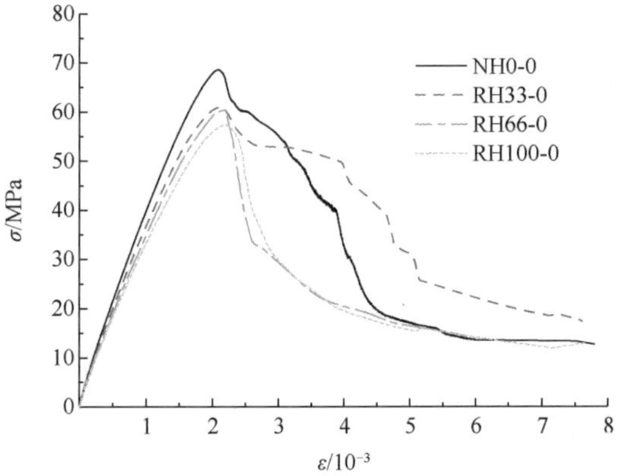

图 2-3　高强再生混凝土单轴受压应力-应变全曲线

2. 应变

1）峰值应变

实测所得高强再生混凝土峰值应变见表 2-13。

表 2-13　高强再生混凝土峰值应变

试块编号	峰值应变/10^{-3}	试块编号	峰值应变/10^{-3}
NH0-0	2.080	RH66-0	2.186
RH33-0	2.116	RH100-0	2.187

由表 2-13 可见：①高强再生混凝土峰值应变随再生粗骨料取代率提高而增大。②再生粗骨料取代率为 33%、66%和 100%时试件的峰值应变分别比普通混凝土试件增大了 1.7%、5.1%和 5.2%。

2）极限应变

取再生混凝土应力-应变全曲线下降段 85%峰值应力处的应变为极限应变。实测所得高强再生混凝土极限应变见表 2-14。

表 2-14　高强再生混凝土极限应变

试块编号	极限应变/10^{-3}	试块编号	极限应变/10^{-3}
NH0-0	2.689	RH66-0	2.336
RH33-0	3.441	RH100-0	2.481

由表 2-14 可见：①高强再生粗骨料混凝土的极限应变总体上与普通高强混凝土相差不大。②试验所得再生粗骨料取代率为 33%的试件的混凝土极限应变较大。

2.4.3　单轴受压应力-应变本构关系

1. 中强再生混凝土应力-应变全曲线公式拟合

中强再生混凝土采用过镇海教授提出的分段曲线进行全曲线公式拟合[6]，即

$$\begin{cases} y = ax + (3-2a)x^2 + (a-2)x^3, 0 \leqslant x < 1 \\ y = \dfrac{x}{b(x-1)^2 + x}, x \geqslant 1 \end{cases} \tag{2-1}$$

将中强再生混凝土应力-应变全曲线进行无量纲化处理。拟合曲线与试验曲线对比如图 2-4 所示。全曲线上升段和下降度拟合系数 a、b 的取值及拟合相关系数见表 2-15。由拟合结果可知，上升段拟合系数 a 为 1.5～3，a、b 拟合相关系数 R^2 均大于 0.95。式（2-1）所示的分段曲线可较好表达中强再生混凝土单轴受压应力-应变关系。

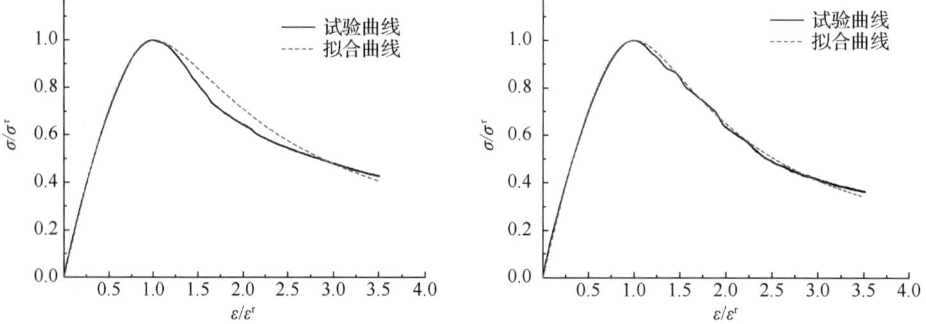

（a）NM0-0　　（b）RM33-0

图 2-4　中强再生混凝土单轴受压应力-应变全曲线

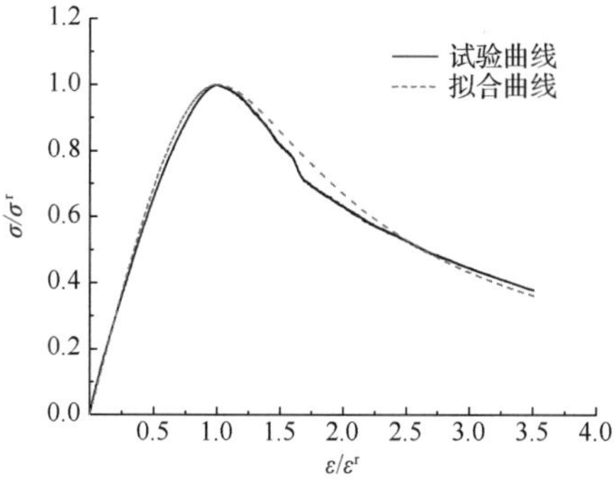

（c）RM66-0

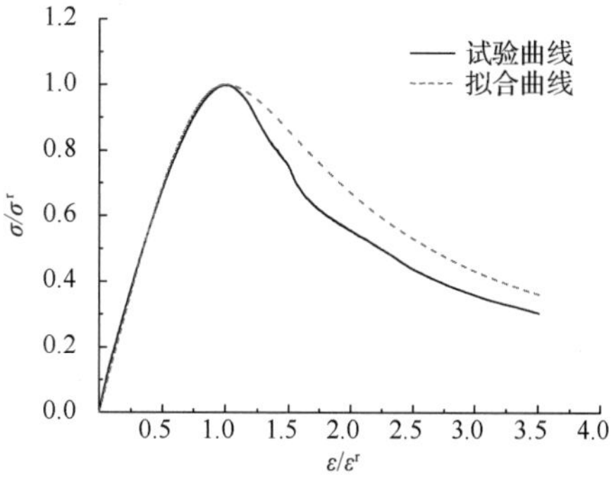

（d）RM100-0

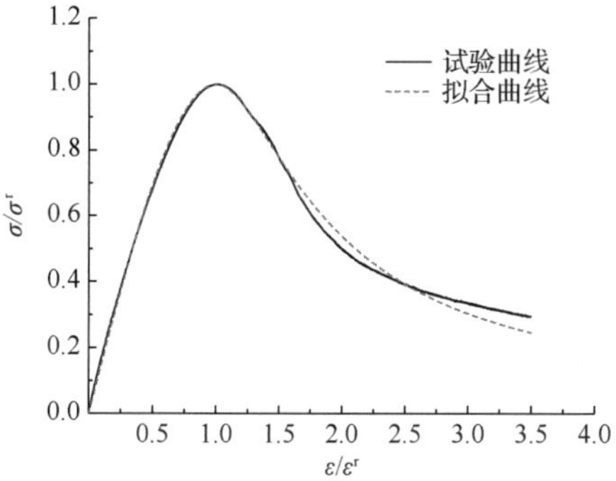

（e）RM100-33

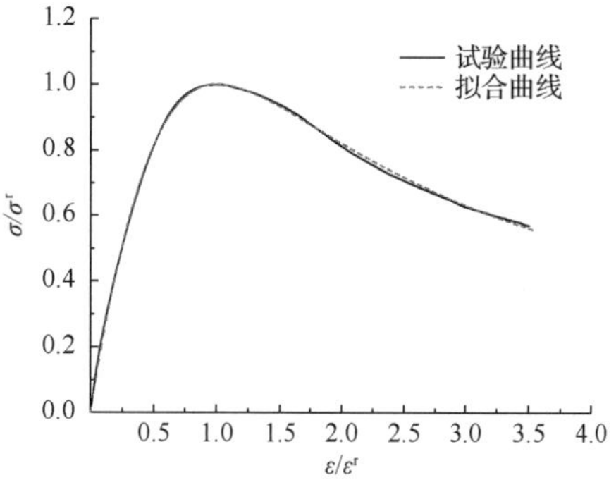

（f）RM100-66

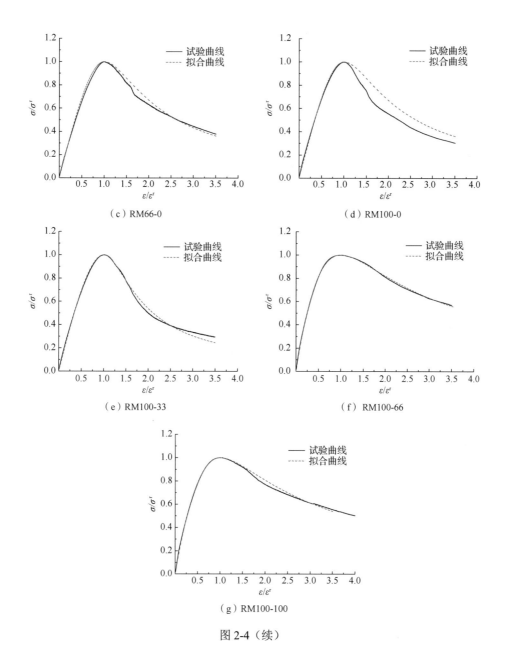

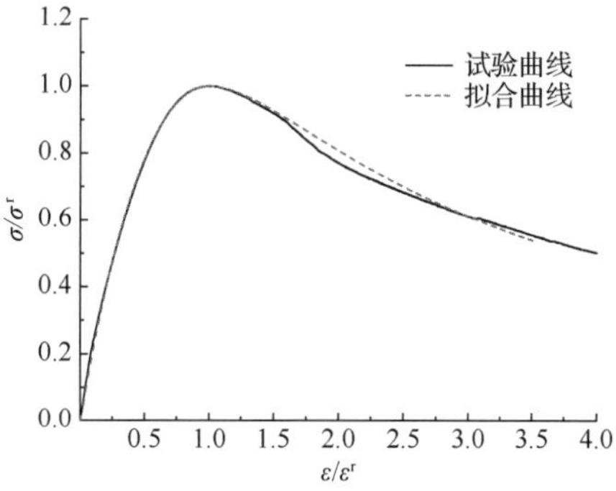

（g）RM100-100

图 2-4（续）

表 2-15　中强再生粗骨料混凝土应力-应变全曲线方程拟合系数

试块编号	上升段系数 a	下降段系数 b	试块编号	上升段系数 a	下降段系数 b
NM0-0	1.662	0.819	RM100-33	1.551	1.718
RM33-0	1.655	1.080	RM100-66	2.530	0.439
RM66-0	1.512	0.986	RM100-100	2.256	0.477
RM100-0	1.521	1.446			

2. 高强再生混凝土应力-应变全曲线方程

采用CEB-FIP[122]欧洲提出的公式对高强再生混凝土应力-应变全曲线上升段进行拟合，应力-应变全曲线的下降段较为离散，因此采用式（2-3）的指数型函数进行拟合。拟合结果如图2-5所示，拟合系数见表2-16。由拟合结果可见，拟合相关系数R^2均大于0.96。采用式（2-2）及式（2-3）可较好拟合高强再生混凝土单轴受压应力-应变全曲线上升段和下降段。

$$y=\frac{\alpha x-x^2}{1+(a-2)x},0\leqslant x<1 \tag{2-2}$$

$$y=\alpha \mathrm{e}^{-\frac{(x-1)^2}{2\beta_1^2}}+(1-\alpha)\mathrm{e}^{-\frac{(x-1)^2}{2\beta_2^2}},1\leqslant x \tag{2-3}$$

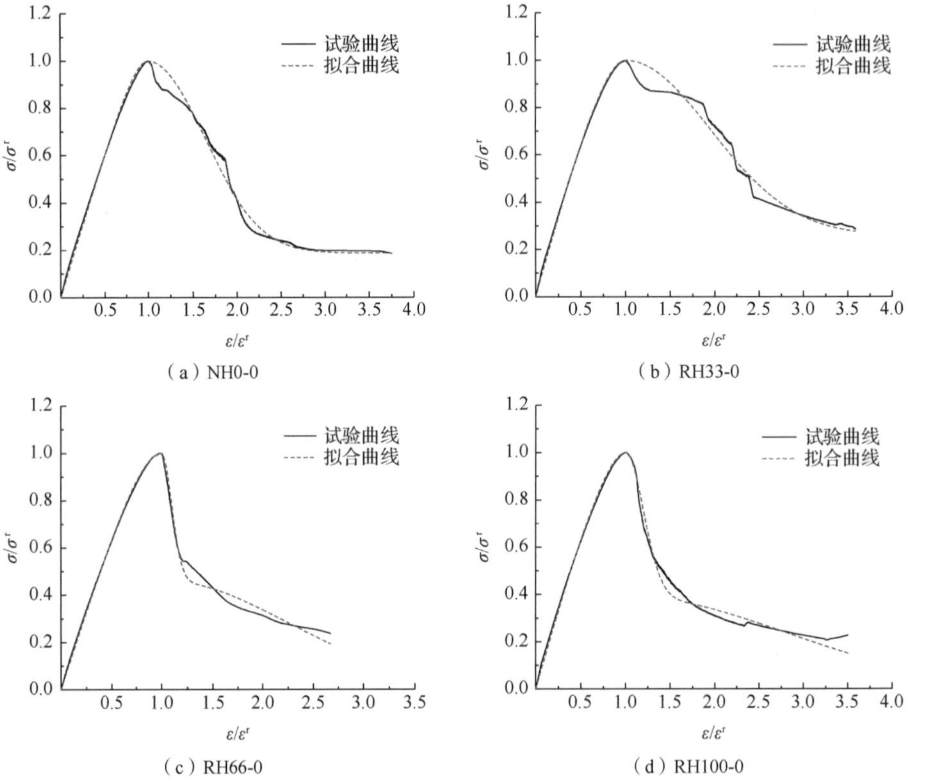

（a）NH0-0　（b）RH33-0　（c）RH66-0　（d）RH100-0

图2-5　高强再生混凝土拟合应力-应变全曲线

表2-16　高强再生混凝土应力-应变全曲线方程拟合系数

试块编号	上升段系数α	下降段系数α	下降段系数β_1	下降段系数β_2
NH0-0	1.254	0.815	0.629	0.164
RH33-0	1.385	0.258	1.646	0.950
RH66-0	1.357	0.539	0.098	1.267
RH100-0	1.349	0.609	0.198	1.815

2.5 抗剪强度

2.5.1 试验概况

设计 2 种不同强度等级的再生混凝土，试件编号、配合比及实测立方体抗压强度见表 2-17。试验采用单剪面 Z 形试件法，试件尺寸为 150mm×150mm×330mm，纵筋采用直径为 6mm 的 HPB300 钢筋，在试件抗剪区域双侧对称设置三角形凹槽，此凹槽对应截面为试件抗剪薄弱截面，该截面尺寸为 140mm×140mm。试件几何尺寸及配筋、加载装置如图 2-6 所示。

表 2-17　再生混凝土配合比及实测立方体抗压强度

试件编号	水泥/(kg/m³)	粉煤灰/(kg/m³)	矿粉/(kg/m³)	天然细骨料/(kg/m³)	再生细骨料/(kg/m³)	天然粗骨料/(kg/m³)	再生粗骨料/(kg/m³)	理论水/(kg/m³)	f_{cu}/MPa
CM-0/0	270	92	90	899	0	899	0	190	47.6
CM-33/0	270	92	90	896	0	600	296	190	49.4
CM-66/0	270	92	90	892	0	303	589	190	44.5
CM-100/0	270	92	90	889	0	0	889	190	39.0
CM-100/50	270	92	90	435	435	0	871	190	29.3
CM-100/100	270	92	90	0	854	0	854	190	28.4
CH-0/0	436	52	52	800	0	979	0	210	60.4
CH-33/0	436	52	52	758	0	623	305	210	57.9
CH-66/0	436	52	52	757	0	317	613	210	56.9
CH-100/0	436	52	52	758	0	0	928	210	55.5

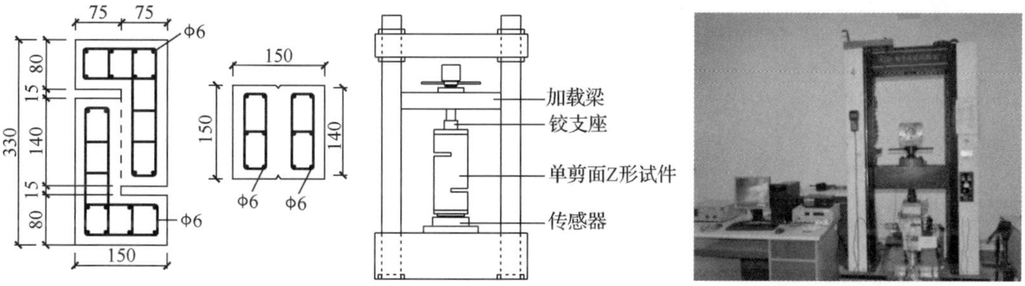

（a）试件几何尺寸及配筋　（b）加载示意图　（c）试验现场

图 2-6　试验尺寸及加载装置图（单位：mm）

2.5.2 试验结果

实测所得 10 个单剪面 Z 形试件抗剪试验结果见表 2-18，F_u 为试件抗剪承载力，f_v 为试件抗剪强度。

表 2-18 抗剪强度实测值

试件编号	F_u/kN	f_v/MPa
CM-0/0	101.91	5.20
CM-33/0	105.35	5.38
CM-66/0	90.86	4.64
CM-100/0	75.96	3.88
CM-100/50	71.72	3.66
CM-100/100	55.38	2.83
CH-0/0	112.85	5.76
CH-33/0	110.21	5.62
CH-66/0	101.28	5.17
CH-100/0	99.51	5.08

1. 抗剪承载力-位移曲线

实测所得再生粗骨料混凝土试件抗剪承载力-位移曲线如图 2-7 所示。

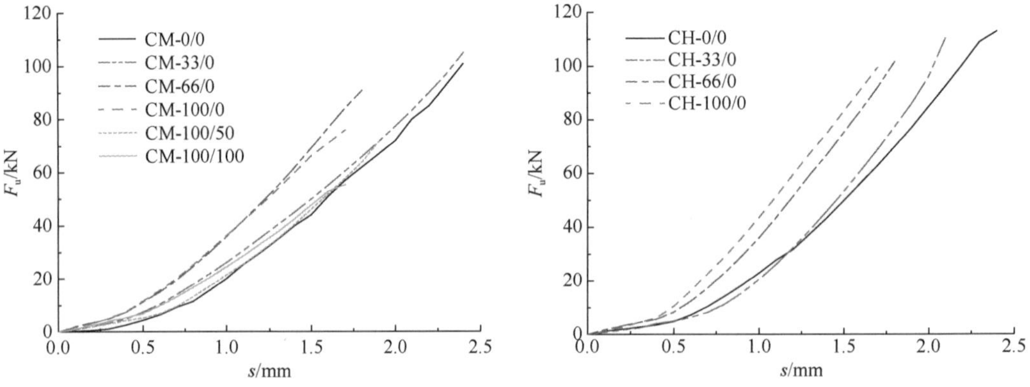

（a）中强再生混凝土　（b）高强再生混凝土

图 2-7 不同强度再生混凝土抗剪承载力-位移曲线

由图 2-7 可见：①试件受剪时，再生混凝土的极限位移整体小于普通混凝土，且掺入再生骨料后试件的抗剪承载力降低。②相同荷载下，掺有再生细骨料的试件变形相对较大。

2. 影响因素

1）混凝土强度

实测所得不同混凝土强度等级的各试件抗剪承载力如图 2-8 所示。

由图 2-8 可见：①高强再生混凝土的抗剪强度整体高于中强再生混凝土。②相同再生粗骨料取代率下，高强再生混凝土的抗剪承载力比中强再生混凝土抗剪承载力分别提高了 10.7%、4.6%、11.5%和 31.0%。

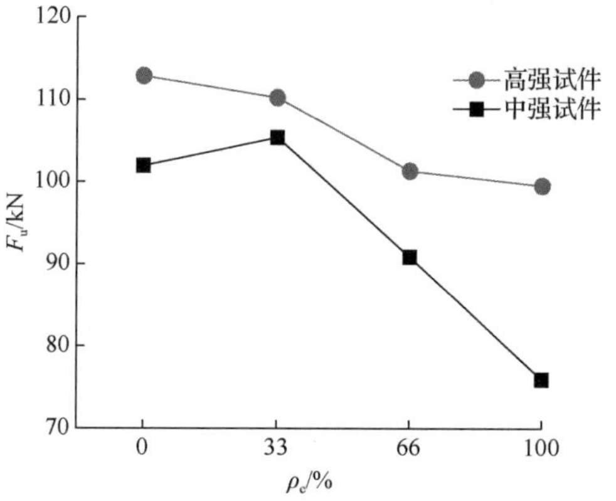

图 2-8　不同再生粗骨料取代率试件抗剪承载力

2）再生骨料取代率

各试件抗剪强度比较的柱状图如图 2-9 所示。

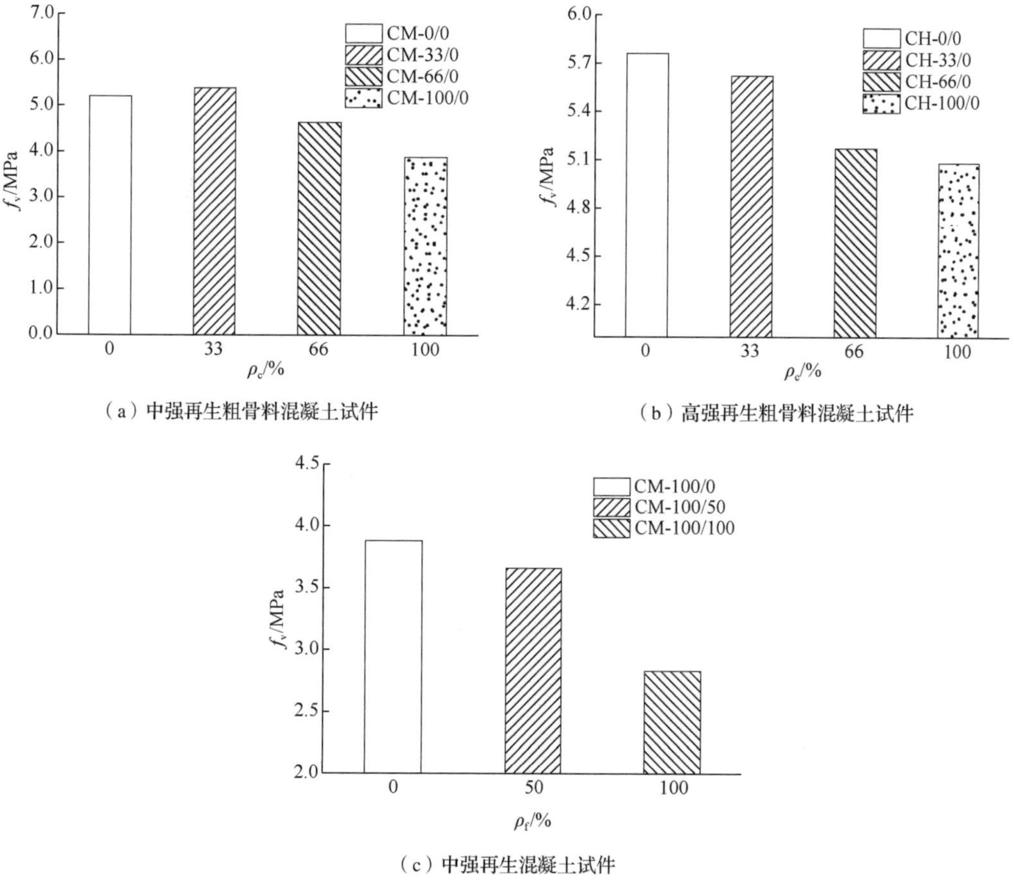

图 2-9　抗剪强度比较

由图 2-9 可见：①掺入再生骨料后，中、高强再生混凝土抗剪强度均有所下降。②当再生粗、细骨料取代率均为 100%时，再生混凝土抗剪强度明显下降。

2.6 本章小结

本章介绍了再生骨料制备与材料性能、再生混凝土配合比设计及基本力学性能试验结果，主要结论如下。

（1）中、高强再生混凝土抗压强度均随再生骨料取代率提高呈降低趋势。

（2）中、高强再生混凝土弹性模量均随再生骨料取代率提高而减小。

（3）中、高强再生混凝土抗剪强度均随再生骨料取代率提高而降低，当再生粗、细骨料取代率均为 100%时，再生混凝土抗剪强度下降明显。

（4）基于试验结果拟合得出的中高强再生混凝土单轴受压应力-应变本构关系，适于再生混凝土结构的计算分析。

第 3 章　再生混凝土长期工作性能

3.1　冻 融 性 能

3.1.1　试验概况

1. 试件设计

本节设计制作了 54 个 100mm×100mm×100mm 不同再生骨料取代率的立方体试块及 27 个 100mm×100mm×400mm 棱柱体试块。试块编号规则：R0 为未经历冻融的立方体试块，RF1、RF2 分别为经历冻融循环的立方体、棱柱体试块。如 RF1-50/100 表示再生粗骨料取代率 50%，再生细骨料取代率 100%，经受冻融循环的立方体试块。

2. 试验方案

参照《普通混凝土长期性能和耐久性能试验方法标准》（GB/T 50082—2009）[123]，将一次冻融循环时间控制为 3h，试件中心最低温度控制在（−18±2）℃，最高温度控制在（5±2）℃。测试未经历冻融循环和经历 100 次冻融循环后再生混凝土立方体抗压强度，以及经历不同冻融循环次数后的棱柱体质量。

3.1.2　立方体抗压强度

冻融循环 100 次后实测再生混凝土立方体抗压强度及退化率见表 3-1，抗压强度退化率变化如图 3-1 所示。

表 3-1　实测再生混凝土立方体抗压强度及强度退化率

冻融前		冻融后		抗压强度退化率/%
试块编号	抗压强度平均值/MPa	试块编号	抗压强度平均值/MPa	
R0-0/0	29.26	RF1-0/0	26.22	10.40
R0-50/0	27.74	RF1-50/0	23.69	14.60
R0-100/0	26.98	RF1-100/0	21.29	21.10
R0-50/50	24.13	RF1-50/50	17.66	26.80
R0-50/100	28.98	RF1-50/100	19.18	33.80
R0-100/50	29.83	RF1-100/50	20.22	32.20
R0-100/100	28.05	RF1-100/100	16.33	41.80
R0-0/50	26.29	RF1-0/50	21.37	18.70
R0-0/100	30.17	RF1-0/100	21.75	27.90
均值	27.94	均值	20.86	25.26

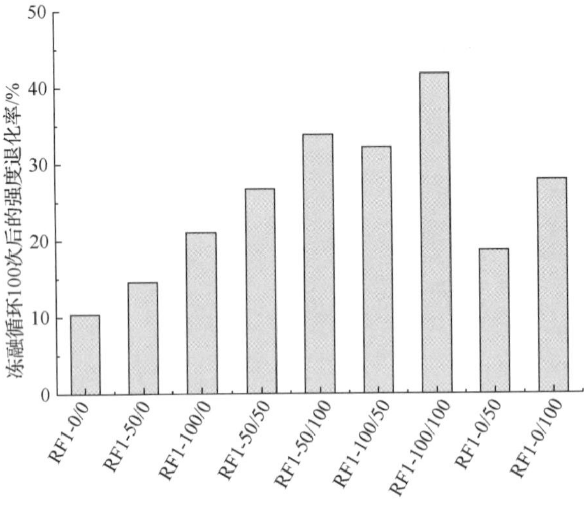

图 3-1　试块抗压强度退化率

由表 3-1 和图 3-1 可见：①不同再生骨料取代率的再生混凝土经历冻融循环后抗压强度均有退化。②经历冻融循环 100 次后，试块 RF1-0/0 的抗压强度退化率最小，试块 RF1-100/100 的抗压强度退化率最大。

3.1.3　棱柱体质量损失

参照《普通混凝土长期性能和耐久性能试验方法标准》（GB/T 50082—2009）[123]规定，观察棱柱体试块每经历 25 次冻融循环后的外观及质量变化。不同再生骨料取代率的棱柱体试块在经历不同冻融循环次数后表观特征如图 3-2 所示。

由图 3-2 可见：①各试块表观特征相似，随冻融循环次数增加，试件表面砂浆脱落变重，与冻融前相比，冻融循环 25 次时表面砂浆略有脱落。②掺入再生粗骨料对试件冻融前后表观损伤影响不明显。③掺入再生细骨料对试件冻融前后表观损伤影响明显，冻融后损伤相对严重。

实测所得 9 组不同再生骨料取代率棱柱体试块质量及质量损失率见表 3-2。

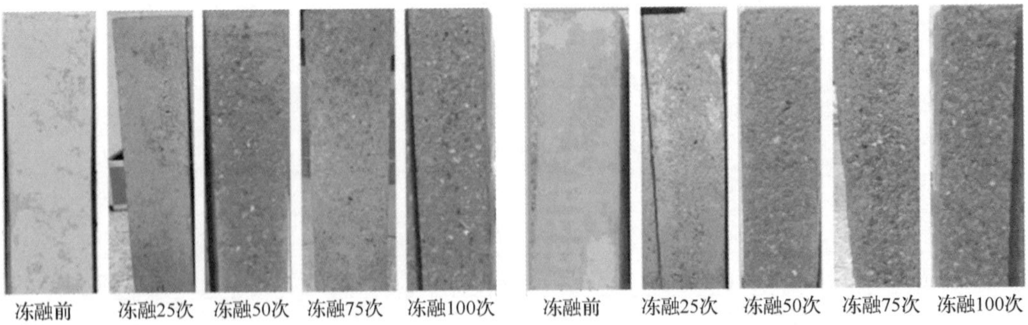

（a）RF2-0/0　　（b）RF2-50/0

图 3-2　棱柱体试块冻融表观特征变化比较

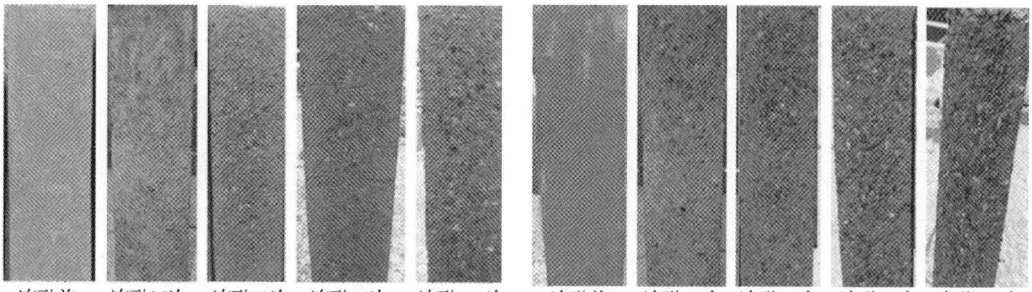

冻融前　冻融25次　冻融50次　冻融75次　冻融100次

（c）RF2-100/0

冻融前　冻融25次　冻融50次　冻融75次　冻融100次

（d）RF2-100/100

图 3-2（续）

表 3-2　每 25 次冻融循环后试块的质量及损失率

试块编号	初始质量/kg	第 25 次		第 50 次		第 75 次		第 100 次	
		质量/kg	质量损失率/%	质量/kg	质量损失率/%	质量/kg	质量损失率/%	质量/kg	质量损失率/%
RF2-0/0	9.940	9.945	−0.05	9.915	0.30	9.875	0.40	9.806	0.70
RF2-50/0	9.910	9.910	0.00	9.880	0.30	9.830	0.51	9.750	0.81
RF2-100/0	9.670	9.680	−0.10	9.631	0.50	9.559	0.75	9.444	1.20
RF2-50/50	9.960	9.975	−0.15	9.914	0.61	9.834	0.81	9.712	1.24
RF2-50/100	9.910	9.925	−0.15	9.877	0.48	9.787	0.91	9.622	1.69
RF2-100/50	9.860	9.870	−0.10	9.830	0.40	9.758	0.74	9.630	1.31
RF2-100/100	9.750	9.770	−0.20	9.710	0.60	9.613	1.01	9.436	1.84
RF2-0/50	9.920	9.925	−0.05	9.894	0.31	9.830	0.68	9.736	0.93
RF2-0/100	9.950	9.970	−0.20	9.919	0.51	9.837	0.83	9.697	1.42

由表 3-2 可见：①再生混凝土经历冻融循环后质量损失比普通混凝土大。②当再生粗、细骨料取代率均为 100%时，再生混凝土质量损失率最大。

3.2　碳 化 性 能

3.2.1　试验概况

1. 试件设计

本节设计制作了 135 个 100mm×100mm×100mm 不同再生骨料取代率立方体试块及 36 个 100mm×100mm×300mm 钢筋再生混凝土棱柱体试件。钢筋再生混凝土棱柱体试件几何尺寸及配筋如图 3-3 所示，所用钢筋实测力学性能见表 3-3。试块编号规则：R0 为未经历碳化的立方体试块，RC1 为经历 28d 碳化后立方体试块，RC2 为经历不同碳化天数的立方体试块，RC3 为经历 28d 碳化后棱柱体试件，如 RC1-50/100 表示经历 28d 碳化后，再生粗骨料取代率为 50%、再生细骨料取代率为 100%的立方体试块。

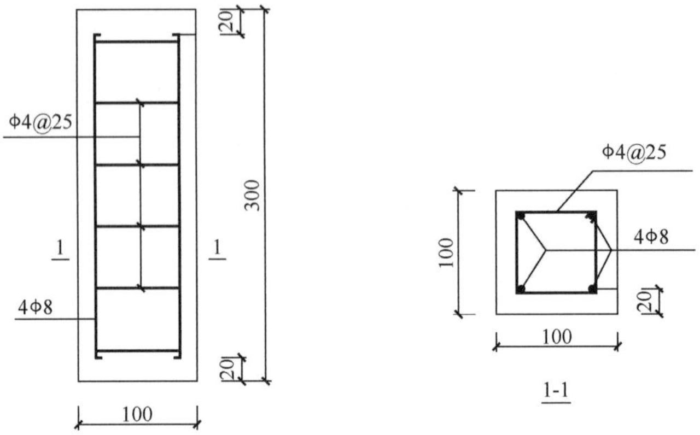

图 3-3 钢筋再生混凝土棱柱体试件几何尺寸及配筋（单位：mm）

表 3-3 钢筋实测力学性能

钢筋直径/mm	屈服强度 f_y/MPa	极限强度 f_u/MPa	弹性模量 E_s/(10^5MPa)
8	327	438	2.0

2. 试验方案

参照《普通混凝土长期性能和耐久性能试验方法标准》（GB/T 50082—2009），再生混凝土的碳化试验在碳化箱中进行，控制二氧化碳浓度为（20±3）%、温度为（20±2）℃，箱内湿度为（70±5）%。碳化试验前 2d，将龄期达到 28d 的立方体试块置于干燥箱中烘干。当碳化 3d、7d、14d 和 28d 时，分别取出立方体试块，在中部劈裂破型，采用 1%的酚酞酒精溶液做指示剂，测定破型后立方体试块的碳化深度。

3.2.2 立方体碳化性能

再生混凝土立方体试块碳化 28d 后抗压强度实测值 f_{cu} 及抗压强度提高率见表 3-4。

表 3-4 再生混凝土立方体试块碳化 28d 后抗压强度对比及提高率

碳化前		碳化后		抗压强度提高率/%
试块编号	f_{cu}/ MPa	试块编号	f_{cu}/ MPa	
R0-0/0	29.26	RC1-0/0	33.12	13.18
R0-50/0	27.74	RC1-50/0	32.02	15.41
R0-100/0	26.98	RC1-100/0	30.21	11.97
R0-50/50	24.13	RC1-50/50	29.31	21.46
R0-50/100	28.98	RC1-50/100	33.91	17.05
R0-100/50	29.83	RC1-100/50	36.73	23.12
R0-100/100	28.05	RC1-100/100	36.10	28.68
R0-0/50	26.29	RC1-0/50	30.97	17.82

续表

碳化前		碳化后		抗压强度提高率/%
试块编号	f_{cu}/ MPa	试块编号	f_{cu}/ MPa	
R0-0/100	30.17	RC1-0/100	36.43	20.75
均值	27.94	均值	32.22	18.83

由表 3-4 可见：①碳化 28d 后，再生混凝土抗压强度均有所提高。②当再生粗、细骨料取代率均为 100%时，再生混凝土立方体试块的抗压强度提高明显，原因是碳化作用下，混凝土内部生成的碳酸钙使混凝土更密实，总孔隙率减小，提高了混凝土的抗压强度[124-125]，抗压强度的提高与再生粗骨料和再生细骨料的取代率相关。

参照《普通混凝土长期性能和耐久性能试验方法标准》(GB/T 50082—2009)，测试再生混凝土试块碳化深度，刷去劈裂破型后立方体试块断面上的粉末，用酚酞酒精溶液喷洒试块断面，每隔 10mm 用钢尺测量各测点的碳化深度，并取各测点碳化深度的平均值作为该试块的碳化深度测定值。试件碳化后显色照片如图 3-4 所示。实测所得不同再生骨料取代率立方体试块的碳化深度见表 3-5。

图 3-4　立方体试块碳化后显色

表 3-5　试件的碳化深度

试块编号	3d 深度/mm	7d 深度/mm	14d 深度/mm	28d 深度/mm
RC2-0/0	5.7	7.8	10.6	12.0
RC2-50/0	5.9	8.9	12.3	14.7
RC2-100/0	6.8	10.0	15.1	18.1
RC2-50/50	6.3	9.1	14.0	17.5
RC2-50/100	7.1	10.3	14.5	18.0
RC2-100/50	7.7	11.5	17.7	19.6
RC2-100/100	8.5	12.1	17.6	20.8
RC2-0/50	6.0	8.5	11.8	13.9
RC2-0/100	7.6	9.7	13.5	16.3

由表 3-5 可见：①各试块的碳化深度均随碳化天数增加而增大。②随着再生骨料取代率增大，立方体试块碳化深度增加，表明掺入再生骨料会使混凝土碳化速度加快。

3.2.3 棱柱体碳化性能

碳化 28d 前后钢筋再生混凝土棱柱体试件轴压破坏形态对比如图 3-5 所示，钢筋再生混凝土棱柱体轴压承载力实测值见表 3-6。

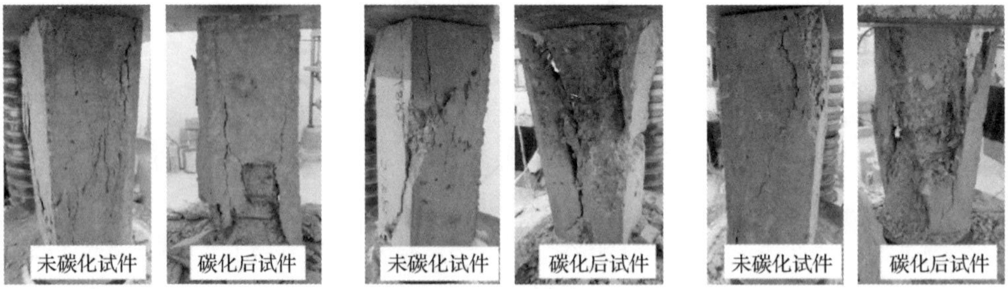

（a）RC3-100/0　（b）RC3-0/50　（c）RC3-0/100

图 3-5 碳化 28d 前后钢筋再生混凝土棱柱体轴压破坏形态比较

表 3-6 钢筋再生混凝土棱柱体轴心受压承载力实测值

试件编号	未碳化承载力/kN	碳化 28d 后承载力/kN	承载力提高率/%
RC3-0/0	267.75	361.25	34.92
RC3-50/0	254.00	368.50	45.08
RC3-100/0	242.25	320.00	32.09
RC3-50/50	232.00	301.50	29.96
RC3-50/100	270.50	326.50	20.70
RC3-100/50	273.50	354.25	29.52
RC3-100/100	253.75	322.75	27.19
RC3-0/50	232.75	319.00	37.06
RC3-0/100	284.00	316.75	11.53

由表 3-6 可见：①相同再生骨料取代率碳化 28d 后的钢筋再生混凝土棱柱体试件轴压承载力均比未碳化试件有所提高。②适量掺入再生骨料的混凝土碳化后强度有所提高。

3.3 徐变性能

3.3.1 试验概况

1. 试件设计

本节设计制作了 11 个 150mm×150mm×450mm 钢筋再生混凝土棱柱体试件，试件几何尺寸及配筋如图 3-6 所示，实测钢筋力学性能指标见表 3-7。

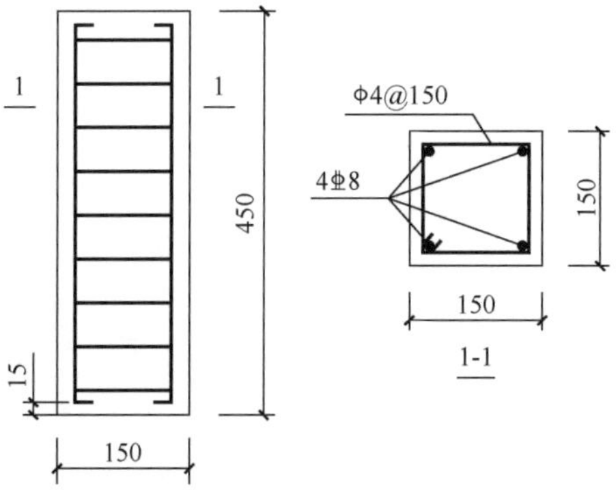

图 3-6　试件几何尺寸及配筋（单位：mm）

表 3-7　实测钢筋力学性能指标

钢筋直径/mm	屈服强度 f_y/MPa	极限强度 f_u/MPa	弹性模量 E_s/(10^5MPa)
8	421	596	2.0

试件编号、实测混凝土立方体抗压强度和应力比见表 3-8。表 3-8 中 N_L 为施加的长期轴压荷载，N_u 为试件的轴压承载力，N_L/N_u 为应力比，f_{cu} 为实测混凝土立方体抗压强度。试件编号中，H 表示应力比大于 0.4 的高应力比试件；M 表示应力比为 0.3～0.4 的中应力比试件；L 表示应力比小于 0.3 的低应力比试件。

表 3-8　试件立方体抗压强度和应力比

试件编号	f_{cu}/MPa	N_L/kN	N_u/kN	N_L/N_u
Z1-0/0M	51.8	433	1165.5	0.37
Z2-33/0M	51.0	376	1147.5	0.33
Z3-66/0M	61.8	433	1390.5	0.31
Z4-100/0M	54.1	416	1217.3	0.34
Z5-100/0M	48.5	370	1091.2	0.34
Z6-100/50M	41.5	288	933.8	0.31
Z7-100/100M	37.5	288	843.7	0.34
Z8-0/0L	51.8	334	1165.5	0.28
Z9-100/0L	54.1	334	1217.3	0.27
Z10-0/0L	36.5	190	821.2	0.23
Z11-0/0H	36.5	376	821.2	0.46

2. 试验方案

试验使用哈尔滨工业大学郑文忠教授团队设计制作的棱柱体轴压徐变加载装置加载[126]。加载情况如图 3-7 所示。试验荷载靠拧紧螺栓张拉，高强预应力螺杆作为拉杆的目的是减小拉杆的横截面积，在钢的弹性模量变化很小的情况下，减小拉杆的刚度，增大钢拉杆受力后的变形，最终使试件徐变后钢拉杆的力卸载较小，同时又能做到在试验荷载下，钢拉杆应力小于40%的屈服应力，减少钢拉杆自身的松弛效应。

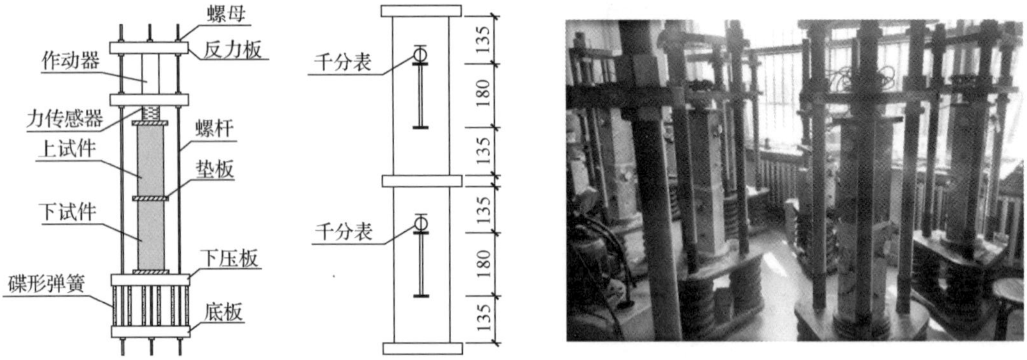

（a）加载装置示意　（b）测点布置　（c）加载现场

图 3-7　加载情况（单位：mm）

两个棱柱体叠合放置，千分表对称布置在棱柱体两个侧面，以采集棱柱体应变。加载至徐变应力并稳定后，对应的两侧千分表读数均值即为徐变初始应变值。试件在自然环境条件下加载，试验平均温度为18℃，平均湿度为53%，试件加载时龄期为28d。

3.3.2　徐变影响因素

定义 t_0 为试件加载至长期轴压荷载值并稳定住该荷载的初始时刻，$t_0=0$ 时，钢筋混凝土棱柱体试件产生的初始弹性应变为ε_0；t 为长期加载过程中任一时间点，此时混凝土徐变产生的试件徐变应变为ε_1，钢筋混凝土试件产生的总应变为$\varepsilon=\varepsilon_0+\varepsilon_1$。混凝土徐变系数$\varphi$为混凝土徐变应变与加载时初始弹性应变的比值，即 $\varphi=\varepsilon_1/\varepsilon_0$，是量化表征混凝土徐变的指标。实测各试件应变及徐变系数见表 3-9。

表 3-9　实测各试件应变与徐变系数

试件编号	$\varepsilon_0/10^{-6}$	$\varepsilon_1/10^{-6}$	$\varepsilon/10^{-6}$	φ
Z1-0/0M	558.33	200.00	758.33	0.358
Z2-33/0M	719.44	320.00	1039.44	0.445
Z3-66/0M	699.35	404.44	1143.79	0.635
Z4-100/0M	586.11	462.78	1048.89	0.790
Z5-100/0M	777.78	411.11	1188.89	0.529
Z6-100/50M	791.67	594.44	1386.11	0.751
Z7-100/100M	1133.33	997.22	2130.56	0.880
Z8-0/0L	497.22	211.11	708.33	0.425
Z9-100/0L	544.44	444.44	988.89	0.816
Z10-0/0L	591.67	444.44	1036.11	0.751
Z11-0/0H	697.22	613.89	1311.11	0.880

1. 再生粗骨料

实测所得 4 个不同再生粗骨料取代率棱柱体试件的徐变系数-持荷时间（φ-t）曲线如图 3-8 所示。

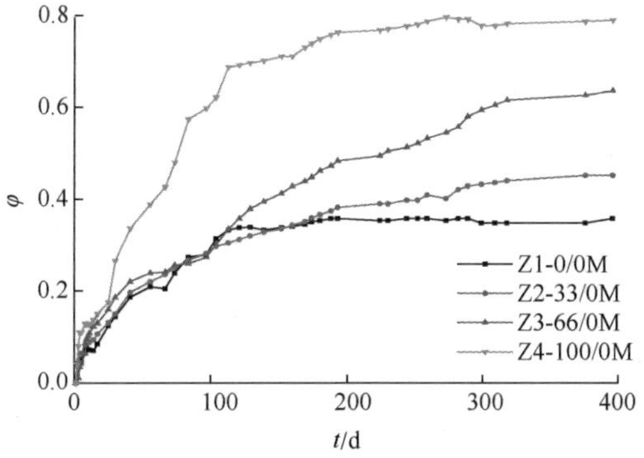

图 3-8　φ-t 曲线

由图 3-8 可见：①各曲线的变化趋势较为接近。②试件徐变大致可分为四个阶段：第一阶段，试件加载前 30d，徐变增长较快，加之此阶段再生混凝土龄期较短，产生的徐变变形较大；第二阶段，试件加载 30～100d，徐变系数曲线的斜率明显减小；第三阶段，试件加载 100～300d，徐变系数曲线斜率进一步减小；第四阶段，试件加载 300d 以后，徐变变形基本稳定。③与试件 Z1-0/0M 相比，再生粗骨料取代率越高，试件徐变系数越大，其中试件 Z4-100/0M 前 100d 徐变发展比例明显大于其他试件。

2. 再生细骨料

实测所得不同再生细骨料取代率棱柱体的徐变系数-持荷时间（φ-t）曲线如图 3-9 所示。

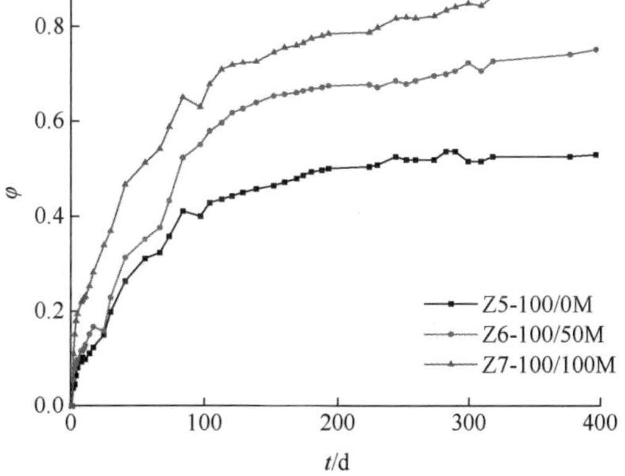

图 3-9　不同再生细骨料取代率试件的 φ-t 曲线

由图 3-9 可见：①含有再生细骨料试件的徐变系数明显大于不含再生细骨料试件的

徐变系数，且再生细骨料取代率越高徐变系数越大。②试件徐变同样可分为 4 个阶段，掺入细骨料对试件徐变系数的影响规律与掺入粗骨料大体相似，但再生细骨料的掺入对早期徐变快速增长的影响更为显著。

3. 应力比

实测所得再生粗、细骨料取代率均为 0 的中应力比、低应力比混凝土强度试件的 φ-t 曲线如图 3-10（a）所示；实测所得再生粗骨料取代率为 100%、再生细骨料取代率为 0 的中应力比、低应力比混凝土强度试件的 φ-t 曲线如图 3-10（b）所示；实测所得再生粗、细骨料取代率均为 0 的低应力比、高应力比混凝土强度试件的 φ-t 曲线如图 3-10（c）所示。

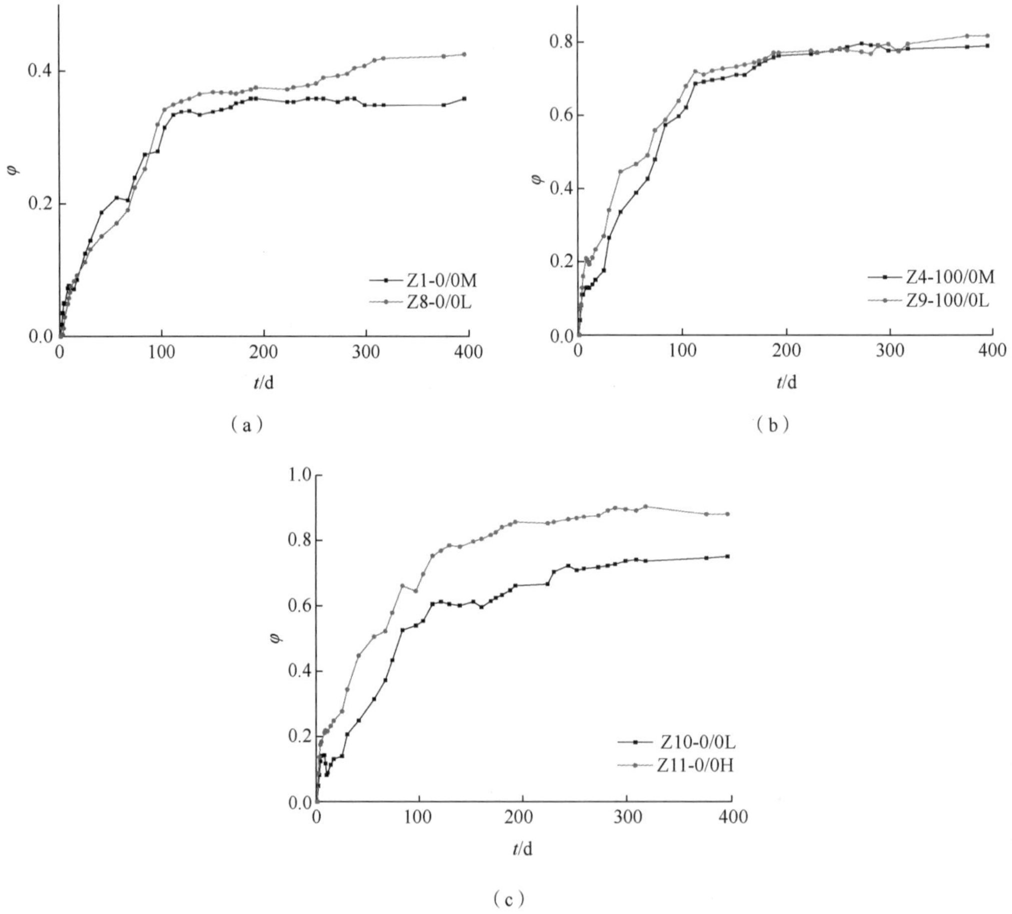

图 3-10　应力比对试件 φ-t 曲线的影响

由图 3-10 可见：①低、中应力比下，试件的 φ-t 曲线较接近，说明再生混凝土和普通混凝土在不同应力比下的徐变系数变化规律类似，应力比小于 0.4 时，对徐变系数的影响均不明显。②高应力比试件的徐变系数发展比低应力比试件快，说明随应力比增大，应力比对混凝土徐变系数的影响逐渐增强。

3.3.3　徐变预测分析

1. 应变分析

定义 N_0 为棱柱体试件在 t_0 时刻加载完成的轴向压力，因钢筋和混凝土协同工作，且试件截面变形符合平截面假定，可得 t_0 时刻力平衡方程为

$$N_0 = N_{c0}+N_{s0}=\varepsilon_0(E_cA_c + E_sA_s) \tag{3-1}$$

式中，N_{c0} 为初始混凝土的内力；N_{s0} 为初始钢筋的内力；E_c、E_s 分别为混凝土和钢筋的弹性模量；A_c、A_s 分别为混凝土和钢筋的截面积。

t_0 时刻，钢筋混凝土的弹性应变 ε_0 为

$$\varepsilon_0 = \frac{N}{E_cA_c + E_sA_s} = \frac{N}{E_c(A_c + nA_s)} = \frac{N}{E_cA_c(1+n\rho)} \tag{3-2}$$

式中，n 为钢筋与混凝土弹性模量的比值；ρ 为试件的配筋率。

在长期轴向荷载作用过程中，按变形协调规律，混凝土应变和钢筋应变始终相等。由于钢筋徐变相对混凝土很小，可忽略钢筋徐变，所以随混凝土徐变发展，试件截面混凝土和钢筋分担轴向荷载的比例发生变化，在徐变完成之前，钢筋分担轴力的比例会增大，混凝土分担轴力的比例会减小。

定义加载至 t 时刻钢筋与混凝土轴力重分布调整值为 ΔN，则 t 时刻轴力 $N(t)$ 的表达式为

$$N(t) = (N_{c0} - \Delta N)+(N_{s0}+\Delta N)=N_c + N_s \tag{3-3}$$

式中，N_c 为 t 时刻混凝土分担的轴力；N_s 为 t 时刻钢筋分担的轴力。

加载至 t 时刻，混凝土应变 ε_{cr}、钢筋应变 ε_s 分别为

$$\varepsilon_{cr} = \varepsilon_0 + \varepsilon_0\varphi - \frac{\Delta N}{E_cA_c} \tag{3-4}$$

$$\varepsilon_s = \varepsilon_0 + \frac{\Delta N}{E_sA_s} \tag{3-5}$$

式中，φ 为混凝土的徐变系数。

由变形协调规律，$\varepsilon_{cr}=\varepsilon_s$，可得

$$\varepsilon_0 + \varepsilon_0\varphi - \frac{\Delta N}{E_cA_c} = \varepsilon_0 + \frac{\Delta N}{E_sA_s} \tag{3-6}$$

整理得 ΔN 的计算式为

$$\Delta N = \frac{\varepsilon_0\varphi \cdot E_cA_c}{1+\dfrac{1}{n\rho}} \tag{3-7}$$

按照无配筋混凝土棱柱体计算得到徐变系数 φ，代入式（3-7）可算得 ΔN。

钢筋混凝土棱柱体应变计算式为

$$\varepsilon=\varepsilon_{\mathrm{cr}}=\varepsilon_{\mathrm{s}}=\varepsilon_0+\frac{\Delta N}{E_{\mathrm{s}}A_{\mathrm{s}}}=\varepsilon_0+\frac{\varepsilon_0\varphi}{1+n\rho} \tag{3-8}$$

假设钢筋与混凝土弹性模量的比值 n=7，配筋率ρ为 1%时，按式（3-8）计算得到钢筋混凝土棱柱体的应变与混凝土棱柱体应变仅相差 7%左右。设计中，当配筋率不超过 1%时，若忽略配筋对徐变的影响，近似按照混凝土棱柱体计算徐变，计算所得徐变比实际略大，偏于安全。若按照钢筋与混凝土弹性模量比将钢筋面积等效成混凝土面积，这样计算的初始应变是等效的，但计算所得徐变会比实际大，这是由于忽略了钢筋徐变相对混凝土很小。本试验中棱柱体试件配筋率为 0.89%，可近似采用钢筋等效成混凝土面积的方法计算徐变。

2. 徐变系数计算模型

采用常用的徐变预测模型计算本试验中两个低应力比、再生骨料取代率为 0 的普通混凝土试件的徐变，结果表明，采用《混凝土结构设计规范（2015 年版）》（GB 50010—2010）[59]中混凝土徐变预测模型（简称 GB 50010—2010 模型）的计算结果与试验符合较好，故选用该模型作为再生混凝土棱柱体徐变计算的模型，并考虑再生骨料取代率对徐变的影响，计算结果如图 3-11 所示。

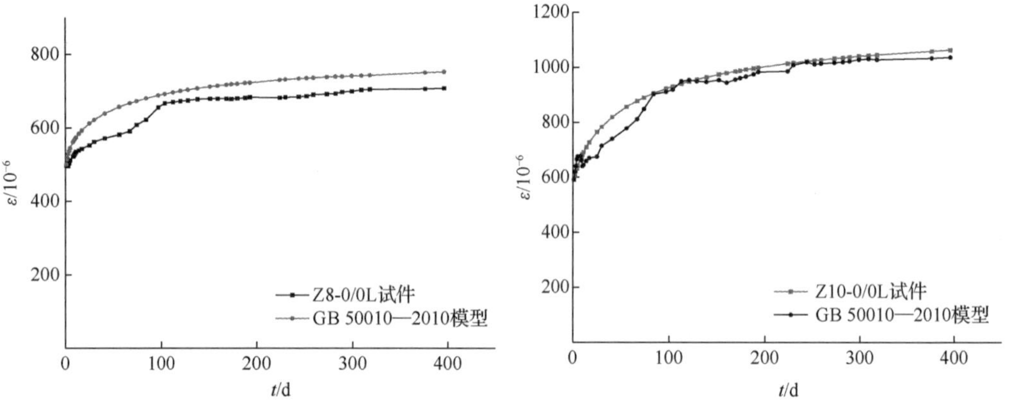

（a）试件Z8-0/0L　　（b）试件Z10-0/0L

图 3-11　普通混凝土试件的总应变-持荷时间曲线计算与试验结果比较

国家行业标准《再生混凝土结构技术标准》（JGJ/T 443—2018）[127]，对仅掺入再生粗骨料的混凝土做了技术规定，其中，给出了荷载长期作用下再生混凝土构件裂缝、变形附加增大系数α_θ的确定方法。

试验中的再生粗骨料为Ⅱ类再生粗骨料，采用《混凝土结构设计规范（2015 年版）》（GB 50010—2010）混凝土徐变预测模型[59]计算混凝土棱柱体徐变，并按照《再生混凝土结构技术标准》（JGJ/T 443—2018）有关规定，用系数α_θ对试件总应变计算结果进行修正，计算所得 5 种钢筋再生粗骨料混凝土棱柱体试件的总应变-持荷时间（ε-t）曲线与实测结果比较，如图 3-12 所示。若干持荷时间点的试件总应变计算值ε_{c}与实测值ε_{t}的比值见表 3-10。

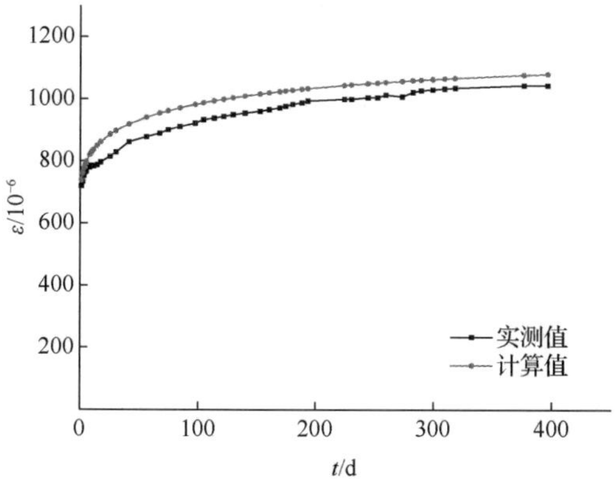

（a）试件Z2-33/0M

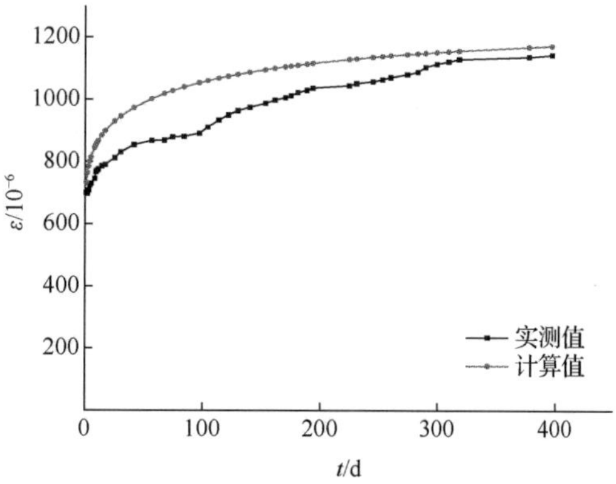

（b）试件Z3-66/0M

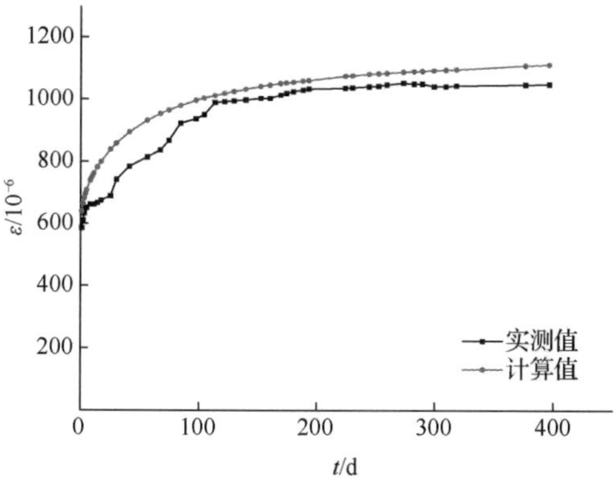

（c）试件Z4-100/0M

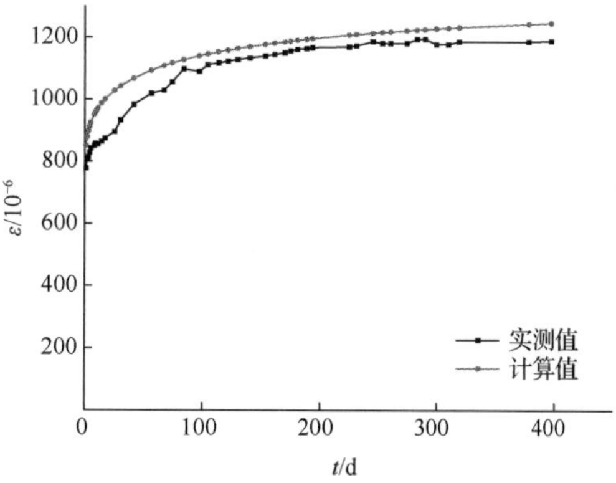

（d）试件Z5-100/0M

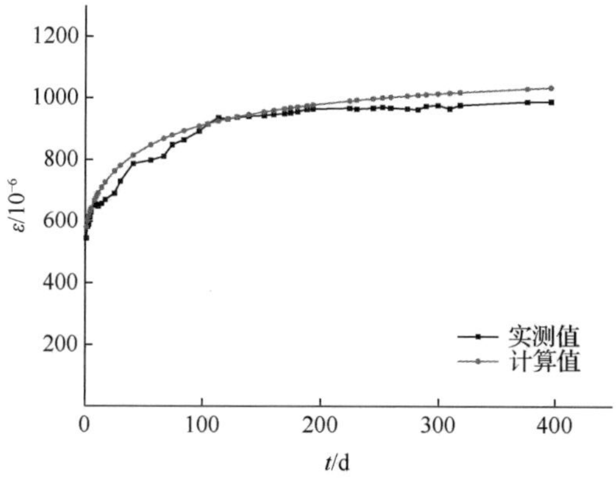

（e）试件Z9-100/0L

图 3-12　试件ε-t曲线计算结果与实测曲线对比

表 3-10 若干持荷时间点的试件总应变计算值与实测值的比值

试件编号	$\varepsilon_c/\varepsilon_t$								
	1d	14d	28d	60d	90d	120d	180d	270d	396d
Z2-33/0M	1.033	1.079	1.084	1.072	1.066	1.065	1.058	1.046	1.049
Z3-66/0M	1.066	1.125	1.140	1.156	1.181	1.183	1.131	1.086	1.060
Z4-100/0M	1.099	1.171	1.156	1.144	1.061	1.063	1.027	1.030	1.033
Z5-100/0M	1.099	1.142	1.118	1.072	1.027	1.046	1.032	1.025	1.034
Z9-100/0L	1.101	1.079	1.070	1.063	1.033	1.018	1.000	1.016	1.043
均值	1.080	1.119	1.114	1.101	1.074	1.075	1.050	1.041	1.044

由图 3-11 和图 3-12 可见：①持荷时间在 1～90d，因前期徐变易受外界因素影响，徐变发展容易产生波动，而公式计算偏于理想，未考虑以上因素，故前期计算所得应变与实测误差相对较大。②持荷时间超过 90d，各试件应变计算与实测误差均值小于 8%，符合较好。③采用《混凝土结构设计规范（2015 年版）》（GB 50010—2010）混凝土徐变预测模型[59]，并按照《再生混凝土结构技术标准》（JGJ/T 443—2018）中规定的α_θ对计算所得试件总应变进行修正，修正后的计算结果与试验符合较好。

3.4 本章小结

本章介绍了再生混凝土试件冻融试验、碳化试验，以及钢筋再生混凝土棱柱体徐变试验结果，主要结论如下。

（1）再生混凝土的长期工作性能较普通混凝土整体下降，但可通过合理措施保证再生混凝土与普通混凝土长期工作性能接近。

（2）掺入再生骨料使再生混凝土的冻融性能有所下降，再生细骨料对试件的冻融性能影响相对较大。

（3）再生混凝土的碳化性能略低于普通混凝土，且随再生骨料取代率提高降低明显，再生混凝土的碳化深度大于普通混凝土。

（4）钢筋再生混凝土棱柱体的徐变发展规律与普通混凝土大体一致，都呈现出前期快、后期慢，直至趋于稳定的规律。掺入再生骨料会增大再生混凝土徐变变形，再生细骨料对其影响更为明显。应力比较低时，应力比对再生混凝土的徐变变形影响不明显；应力比较高时，应力比越大对构件徐变变形的影响越明显。

第 4 章　钢筋与再生混凝土的黏结-滑移性能

4.1　拉 拔 试 验

4.1.1　试验概况

本节设计制作了 66 个不同再生骨料取代率的中心拉拔试件，试件的几何尺寸及配筋如图 4-1 所示。试件轴线位置埋置锚固钢筋，钢筋与混凝土的无黏结段以 PVC 管隔离。试件加载端为锚固钢筋一端，另一端为自由端。试验研究变量包括混凝土强度、再生粗骨料取代率（0、33%、66%、100%）、再生细骨料取代率（0、50%、100%）、钢筋外形（光圆、带肋）、钢筋直径（10mm、14mm、20mm）及钢筋锚固长度（5*d*、10*d*、20*d*，*d* 为钢筋直径）。试件编号及含义：CM-33/0-D14/L140，CM 表示中强混凝土；33/0 表示再生粗骨料取代率为 33%，再生细骨料取代率为 0；D14 表示钢筋直径为 14mm 的带肋钢筋（P 为光圆钢筋）；L140 表示钢筋锚固长度为 140mm。

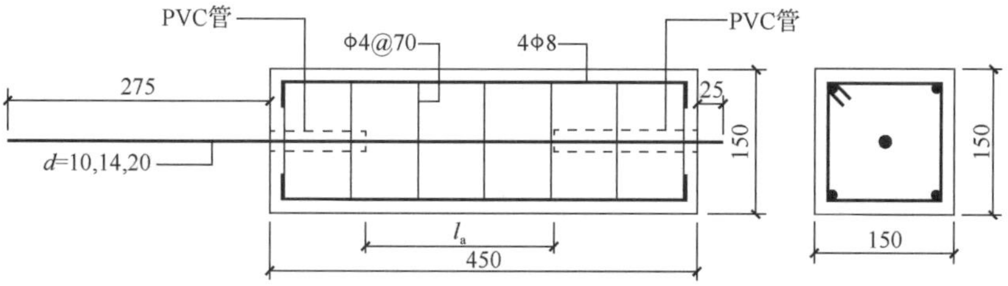

图 4-1　拉拔试件几何尺寸及配筋（单位：mm）

试验采用试件承台加载装置，将试件与荷载传感器通过连接件连接，并通过 4 根螺杆将试件承台悬挂于万能试验机的上梁；试件锚固钢筋穿过支承钢板中部的圆孔，并与试验机端头卡牢，试验装置及加载示意如图 4-2 所示。测量加载过程中各阶段荷载以及钢筋自由端的滑移值。

（a）试验装置

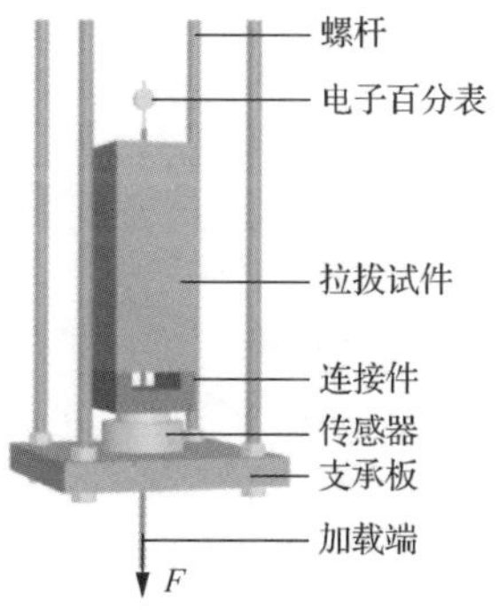

（b）试件承台加载示意

图 4-2　试验装置及加载示意

4.1.2 黏结-滑移性能

1. 试验现象

实测所得各试件拉拔试验结果见表 4-1。表 4-1 中，f_{cu} 为实测混凝土立方体抗压强度；F_u 为极限荷载；τ_u 为黏结强度，由式（4-1）计算得出。对于钢筋拉断试件，因未发生黏结破坏，黏结强度未测得。

$$\tau_u = \frac{F_u}{\pi d l_a} \tag{4-1}$$

式中，d 为钢筋直径；l_a 为钢筋与混凝土间的锚固长度。

表 4-1 拉拔试验结果

试件编号	破坏形态	f_{cu}/MPa	F_u/kN	τ_u/MPa
CM-0/0-D10/L50	钢筋拔出破坏	35.91	24.11	15.36
CM-33/0-D10/L50	钢筋拔出破坏	46.36	24.07	16.60
CM-66/0-D10/L50	钢筋拔出破坏	39.96	33.64	21.43
CM-100/0-D10/L50	钢筋拔出破坏	41.39	29.62	18.87
CM-0/0-D10/L100	混凝土劈裂破坏	35.91	45.63	14.53
CM-33/0-D10/L100	钢筋拔出破坏	46.36	48.57	15.47
CM-66/0-D10/L100	钢筋拔出破坏	39.96	42.64	13.58
CM-100/0-D10/L100	钢筋拔出破坏	41.39	39.98	12.73
CM-0/0-D10/L200	钢筋拔出破坏	35.91	48.84	7.78
CM-33/0-D10/L200	钢筋拉断破坏	46.36	48.57	
CM-66/0-D10/L200	钢筋拉断破坏	39.96	42.38	
CM-100/0-D10/L200	钢筋拉断破坏	41.39	39.68	
CM-0/0-D14/L70	钢筋拔出破坏	35.91	65.31	21.22
CM-33/0-D14/L70	钢筋拔出破坏	46.36	78.55	25.53
CM-66/0-D14/L70	钢筋拔出破坏	39.96	37.38	12.15
CM-100/0-D14/L70	钢筋拔出破坏	41.39	72.70	23.62
CM-0/0-D14/L140	钢筋拔出破坏	35.91	87.96	14.29
CM-33/0-D14/L140	钢筋拔出破坏	46.36	92.94	15.10
CM-66/0-D14/L140	钢筋拔出破坏	39.96	89.20	14.49
CM-100/0-D14/L140	钢筋拔出破坏	41.39	93.11	15.13
CM-0/0-D14/L280	钢筋拉断破坏	35.91	91.66	
CM-33/0-D14/L280	钢筋拉断破坏	46.36	90.67	
CM-66/0-D14/L280	钢筋拉断破坏	39.96	92.32	
CM-100/0-D14/L280	钢筋拉断破坏	41.39	90.90	
CM-0/0-D20/L100	钢筋拔出破坏	35.91	98.05	15.61

续表

试件编号	破坏形态	f_{cu}/MPa	F_u/kN	τ_u/MPa
CM-33/0-D20/L100	钢筋拔出破坏	46.36	124.95	19.90
CM-66/0-D20/L100	混凝土劈裂破坏	39.96	132.47	21.09
CM-100/0-D20/L100	钢筋拔出破坏	41.39	99.42	15.83
CM-0/0-D20/L200	混凝土劈裂破坏	35.91	148.77	11.84
CM-33/0-D20/L200	钢筋拔出破坏	46.36	187.97	14.97
CM-66/0-D20/L200	混凝土劈裂破坏	39.96	174.27	13.87
CM-100/0-D20/L200	钢筋拔出破坏	41.39	181.31	14.44
CM-0/0-D20/L400	混凝土劈裂破坏	35.91	193.49	7.70
CM-33/0-D20/L400	钢筋拉断破坏	46.36	190.15	
CM-66/0-D20/L400	钢筋拉断破坏	39.96	187.14	
CM-100/0-D20/L400	钢筋拉断破坏	41.39	190.35	
CM-100/50-D14/L140	钢筋拔出破坏	39.20	85.95	13.97
CM-100/100-D14/L140	钢筋拔出破坏	34.30	77.12	12.53
CM-66/50-D14/L140	钢筋拔出破坏	40.19	90.67	14.73
CM-0/0-P14/L140	钢筋拔出破坏	35.91	36.52	5.93
CM-33/0-P14/L140	钢筋拔出破坏	46.36	41.44	6.73
CM-66/0-P14/L140	钢筋拔出破坏	39.96	37.86	6.15
CM-100/0-P14/L140	钢筋拔出破坏	41.39	39.98	6.50
CH-0/0-D14/L140	钢筋拔出破坏	63.90	92.82	15.08
CH-33/0-D14/L140	钢筋拔出破坏	58.13	91.98	14.94
CH-66/0-D14/L140	钢筋拔出破坏	57.89	91.03	14.79
CH-100/0-D14/L140	钢筋拔出破坏	56.59	93.89	15.26
CH-0/0-P14/L140	钢筋拔出破坏	63.90	59.12	9.61
CH-33/0-P14/L140	钢筋拔出破坏	58.13	52.20	8.48
CH-66/0-P14/L140	钢筋拔出破坏	57.89	50.83	8.26
CH-100/0-P14/L140	钢筋拔出破坏	56.59	49.34	8.02

2. 破坏形态

试件的 3 种典型破坏形态如图 4-3 所示。

光圆钢筋和带肋钢筋试件呈现不同的破坏形态，所有光圆钢筋试件均为钢筋拔出破坏。光圆钢筋表面平滑，与混凝土之间的黏结力只有化学胶着力及周围混凝土对钢筋的摩阻力。当施加在钢筋自由端的荷载逐渐增大，钢筋与混凝土间黏结应力逐渐发展至自由端，钢筋与混凝土间的化学胶着力逐渐失效，只剩摩阻力，拔出荷载逐渐减小，同时钢筋被缓缓拔出。

（a）钢筋拔出破坏

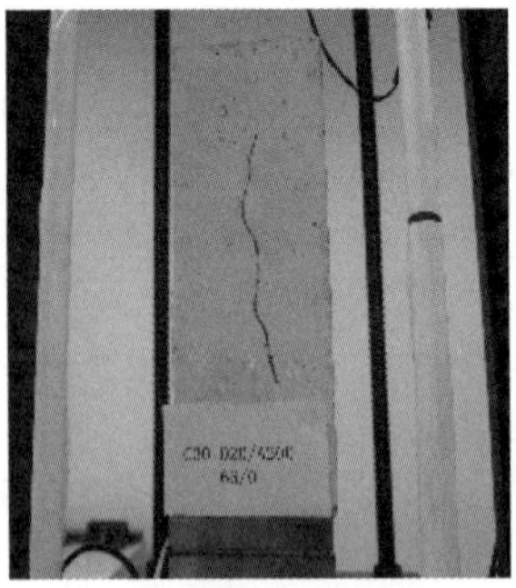
（b）混凝土劈裂破坏

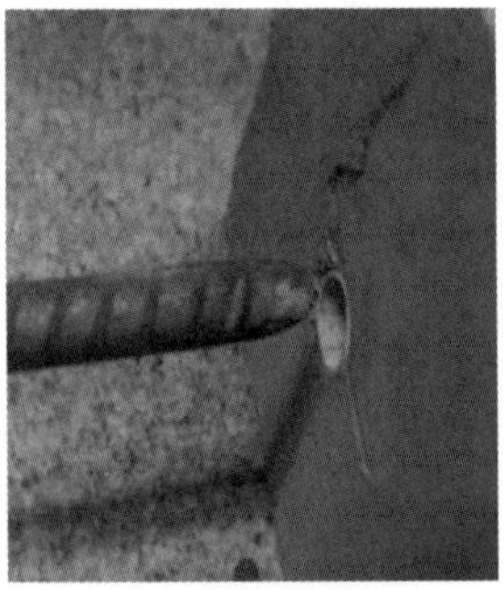
（c）钢筋拉断破坏

图 4-3　3 种典型破坏形态

对于带肋钢筋试件，当钢筋与混凝土的锚固长度为 5*d* 时，试件的破坏形态为钢筋拔出破坏。随着钢筋的缓慢拔出，可以观察到试件底部有许多混凝土碎屑。试件破坏时，钢筋未屈服，黏结应力达到极限。试件表面没有明显现象，只在试件底面和侧面出现一些裂缝。

当钢筋与混凝土的锚固长度为 10*d* 和 15*d* 时，试件的破坏形态为混凝土劈裂破坏。加载初期，只有钢筋加载端出现滑移，钢筋自由端并没有滑移；随荷载增加，裂缝开始出现，加载端混凝土因内裂缝开展而劈裂或脱落；荷载达到峰值后，继续加载，钢筋与混凝土的界面黏结失效，荷载不断下降，钢筋被拔出。

当钢筋与混凝土的锚固长度为 20*d* 时，试件破坏形态为钢筋拉断破坏。钢筋与混凝土间的黏结力会大于钢筋的抗拉强度，钢筋发生断裂，而钢筋自由端在整个过程中均未发生滑移。

3. 荷载-滑移曲线

3 种不同黏结破坏形态下的荷载-滑移（*F*-*s*）曲线如图 4-4 所示。

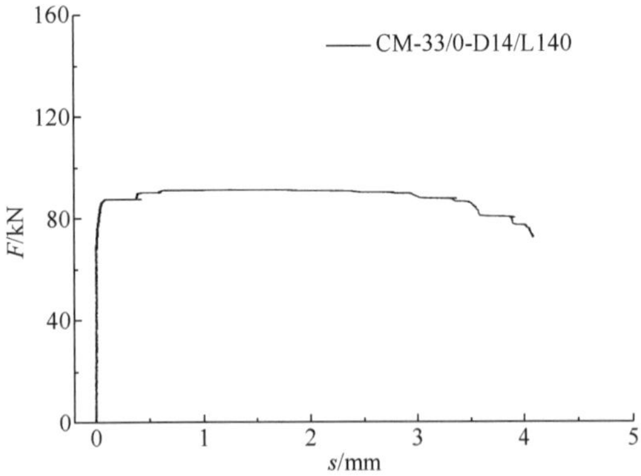

（a）钢筋拔出破坏

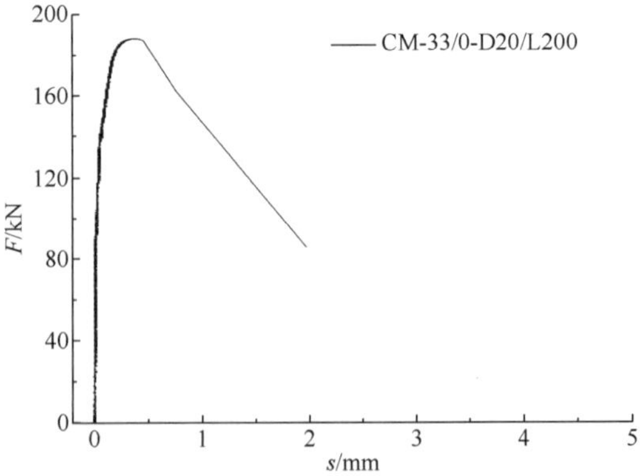

（b）混凝土劈裂破坏

图 4-4　典型荷载-滑移曲线

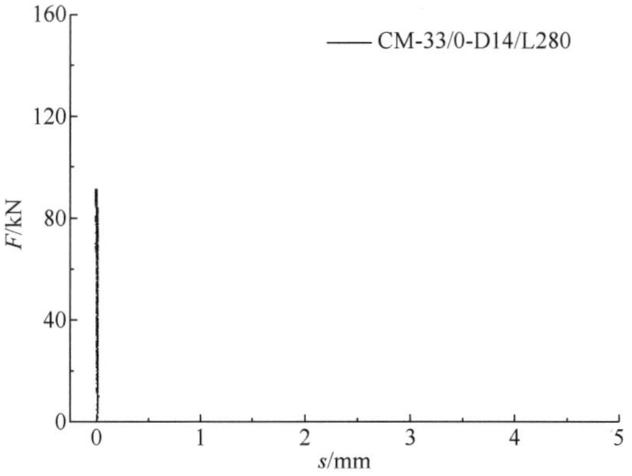

（c）钢筋拉断破坏

图 4-4（续）

由图 4-4 可见，钢筋与再生混凝土的 *F-s* 曲线和钢筋与普通混凝土的 *F-s* 曲线相似，主要可分为以下几个阶段。

（1）微滑移阶段。加载初期，钢筋的加载端出现微量滑移，而钢筋自由端并没有明显变化，*F-s* 曲线在此阶段成一条直线，钢筋与混凝土间的黏结应力正在由加载端向自由端传递。

（2）内裂阶段。随荷载逐渐增大，混凝土试件内出现裂缝，但横向钢筋约束了内裂缝的开展，试件抗阻力提高，所以 *F-s* 曲线呈非线性且曲线斜率较大。该阶段钢筋与混凝土间的化学胶着力已逐渐消失，并且黏结应力已从钢筋加载端传递到钢筋自由端。

（3）劈裂阶段。接近极限荷载时，混凝土试件的内裂缝逐渐开展，而横向钢筋的约束会限制其进一步开展，试件不会劈开，拉拔力继续增大，此时钢筋与混凝土间还存在机械咬合力。

（4）下降阶段。荷载值达到极限荷载后，随钢筋滑移增大，钢筋肋间的混凝土逐渐被剪坏，钢筋被缓缓拔出，肋间带有破碎混凝土，形成 *F-s* 曲线下降段。

（5）残余阶段。由于钢筋与混凝土间还存在一定的摩阻力，试件仍有残余抗拔力，曲线仍继续下降。

4.1.3　影响因素

1. 再生粗骨料

不同强度再生粗骨料混凝土试件的钢筋与混凝土黏结强度-再生粗骨料取代率（τ_u-ρ_c）关系如图 4-5 所示。

由图 4-5 可见：①钢筋与中强再生混凝土的黏结强度随再生粗骨料取代率提高先增大后减小，原因是再生粗骨料取代率较低时，再生骨料吸水率高、表面粗糙等特点明显，骨料与水泥石界面黏结力较强。②随再生粗骨料取代率进一步提高，再生骨料压碎指标高、含泥量高等特点会影响钢筋与再生混凝土间的黏结性能，降低黏结强度。高强再生混凝土试件钢筋与再生混凝土的黏结强度整体较为接近。

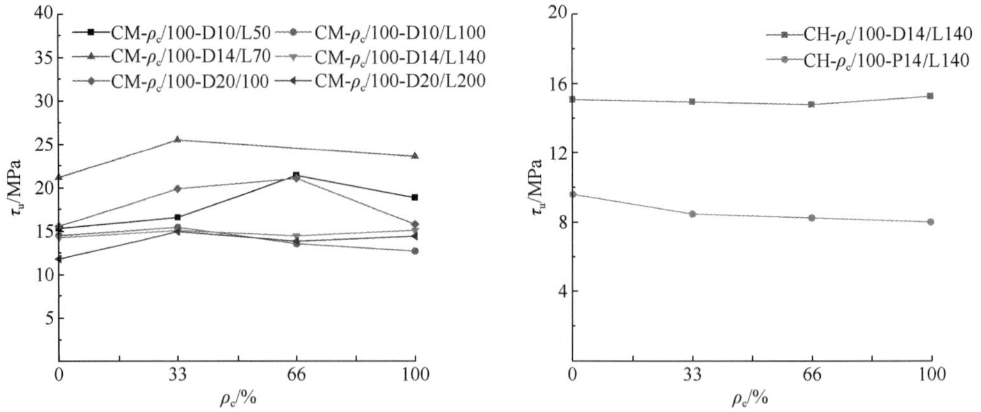

（a）中强再生混凝土试件　　（b）高强再生混凝土试件

图 4-5　不同再生粗骨料取代率混凝土试件的黏结强度变化规律

2. 再生细骨料

不同再生细骨料取代率ρ_f的中强再生混凝土试件的钢筋与混凝土黏结强度变化如图 4-6 所示。可见，钢筋与混凝土黏结强度随再生细骨料取代率提高明显下降，表明掺入再生细骨料会使再生混凝土黏结性能大幅降低。

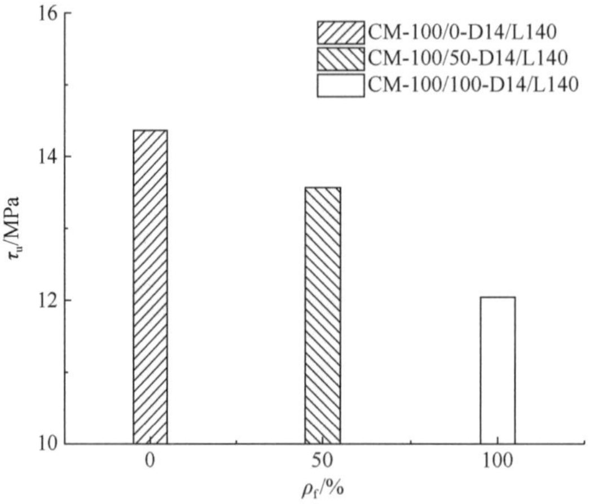

图 4-6　不同再生细骨料取代率试件的黏结强度

3. 混凝土强度

不同混凝土强度的光圆钢筋-再生混凝土试件黏结强度比较如图 4-7 所示。可见，钢筋与再生混凝土黏结性能变化规律和钢筋与普通混凝土基本一致，黏结强度整体随混凝土强度提高而增大。

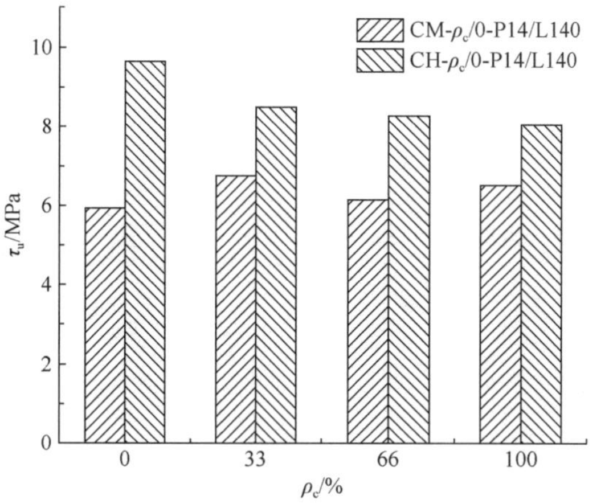

图 4-7　不同混凝土强度试件的黏结强度比较

4. 锚固长度

不同锚固长度试件的钢筋与混凝土黏结强度如图 4-8 所示。可见，钢筋直径相同时，钢筋与混凝土黏结强度随钢筋锚固长度增大而减小。原因是加载端钢筋滑移早于自由端，试件中钢筋埋置越深，钢筋锚固长度内黏结应力分布越不均匀。

5. 钢筋外形

不同钢筋外形的再生混凝土试件黏结强度比较如图 4-9 所示。钢筋与混凝土的黏结机理如图 4-10 所示。

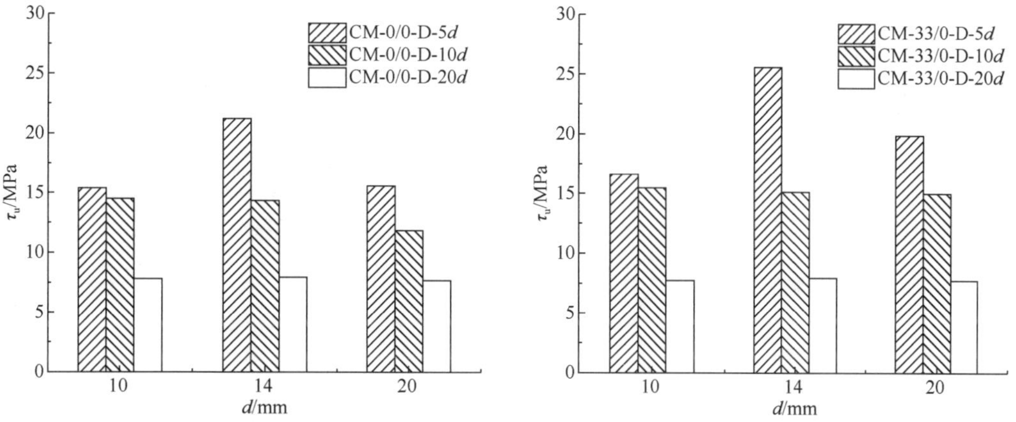

（a）ρ_c为0的中强混凝土试件　（b）ρ_c为33%的中强混凝土试件

图 4-8　不同锚固长度试件的黏结强度比较

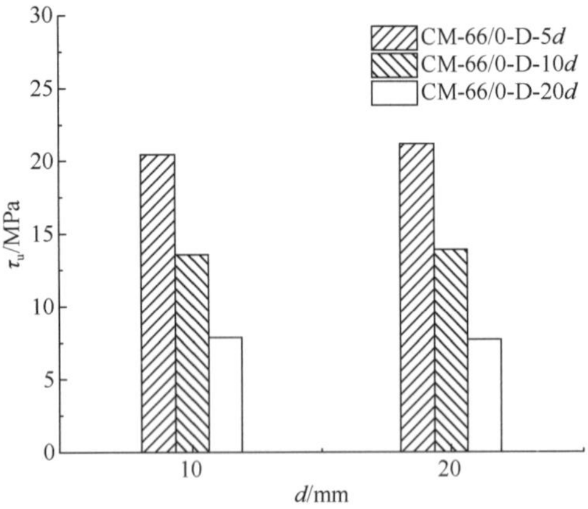

（c）ρ_c为66%的中强混凝土试件

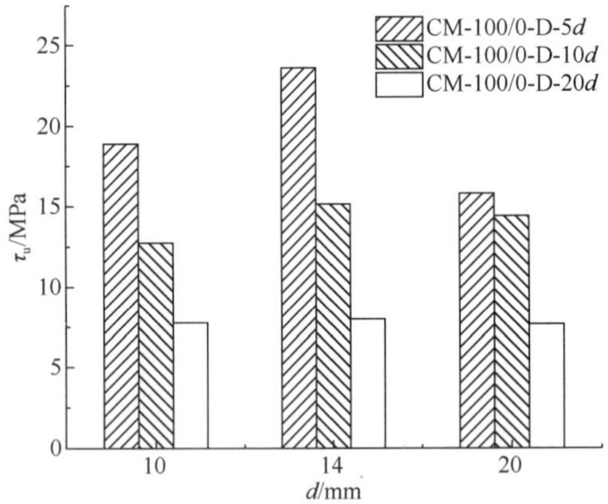

（d）ρ_c为100%的中强混凝土试件

图 4-8（续）

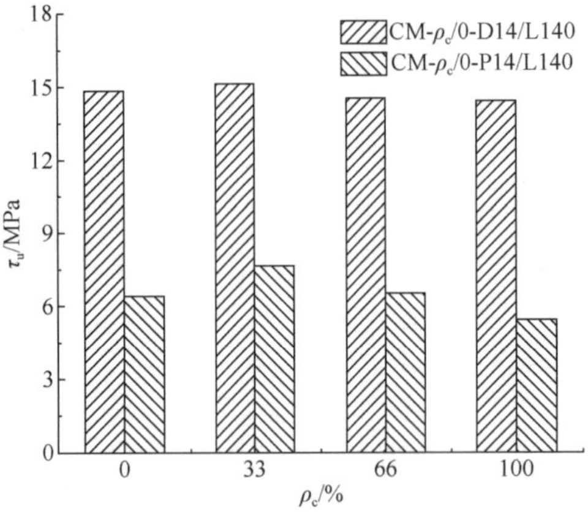

（a）中强再生混凝土试件

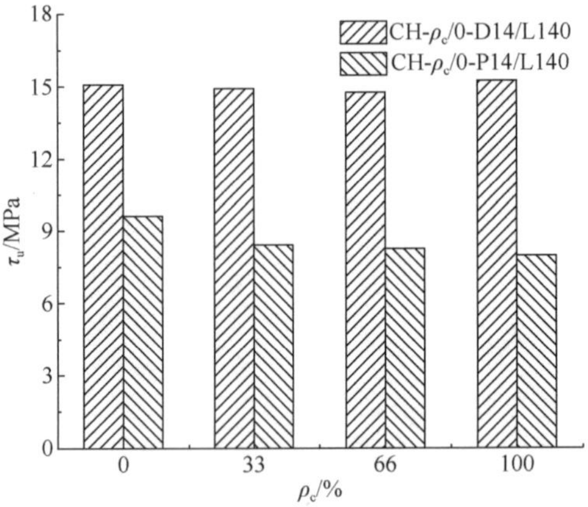

（b）高强再生混凝土试件

图 4-9　不同钢筋外形试件的黏结强度比较

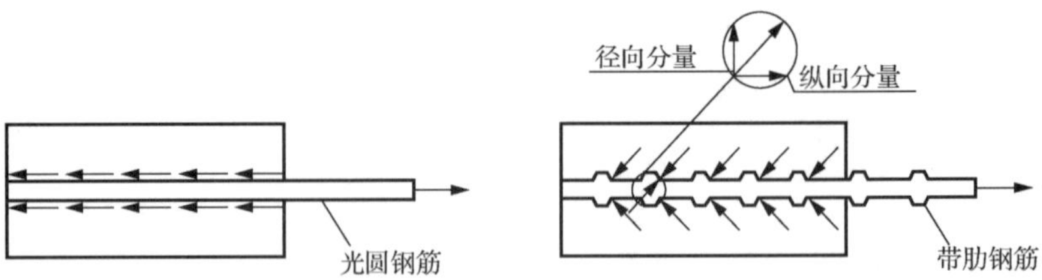

图 4-10　钢筋与混凝土的黏结机理

由图 4-9 可见：①中强、高强再生混凝土与带肋钢筋试件的黏结强度远大于光圆钢筋试件，其原因是不同外形钢筋与混凝土的黏结机理（图 4-10）不同，光圆钢筋与混凝土的黏结作用主要由混凝土中的水泥胶凝体在钢筋表面产生的化学胶着力和钢筋表面与混凝土的摩阻力提供。②带肋钢筋有纵肋、横肋，钢筋与混凝土间的黏结作用主要由化学胶着力、摩阻力和机械咬合力组成，机械咬合力对带肋钢筋与混凝土间的黏结作用远大于化学胶着力和摩阻力的贡献，所以相比光圆钢筋，带肋钢筋与再生混凝土之间的黏结强度大幅提高。

4.1.4　黏结应力-滑移本构关系

钢筋与再生混凝土间的黏结应力-滑移（τ-s）本构关系可采用如下计算模型[128-129]，上升段方程见式（4-2），下降段方程见式（4-3）。

上升段

$$\frac{\tau}{\tau_u}=\left(\frac{s}{s_u}\right)^a \tag{4-2}$$

下降段

$$\frac{\tau}{\tau_u}=\frac{\dfrac{s}{s_u}}{b\left(\dfrac{s}{s_u}\right)^2+\dfrac{s}{s_u}} \tag{4-3}$$

式中，τ为不同荷载下的黏结应力；s 为对应黏结应力的滑移量；τ_u 为黏结强度；s_u 为对应黏结强度的滑移量。

拟合所得黏结滑移试件的上升段曲线方程参数 a、下降段曲线方程参数 b，见表 4-2。τ-s 拟合曲线与试验曲线对比如图 4-11 所示，拟合曲线与试验曲线符合较好。

表 4-2　拟合所得方程参数 a、b

试件编号	a	b
CM-0/0-P20/L100	0.25	0.13
CM-33/0-P20/L100	0.25	0.11
CM-66/0-P20/L100	0.23	0.09
CM-100/0-P20/L100	0.29	0.13
CM-66/50-P14/L140	0.04	0.22
CH-100/0-P14/L140	0.10	0.16

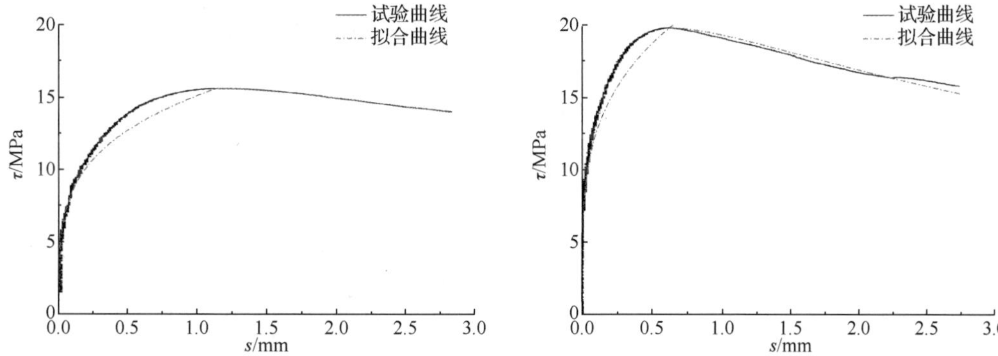

（a）CM-0/0-P20/L100　（b）CM-33/0-P20/L100

图 4-11　τ-s 拟合曲线与试验曲线对比

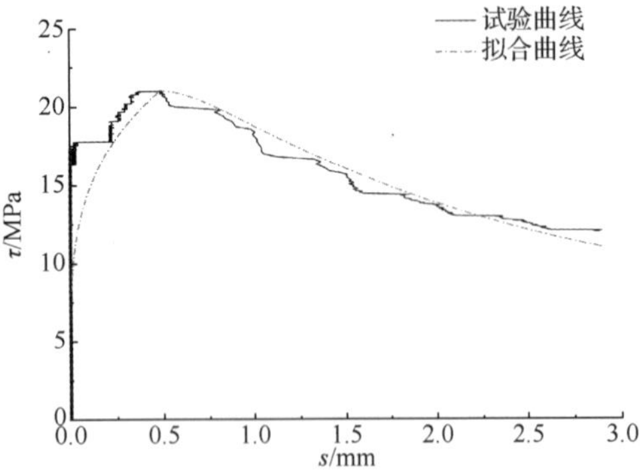

（c）CM-66/0-P20/L100

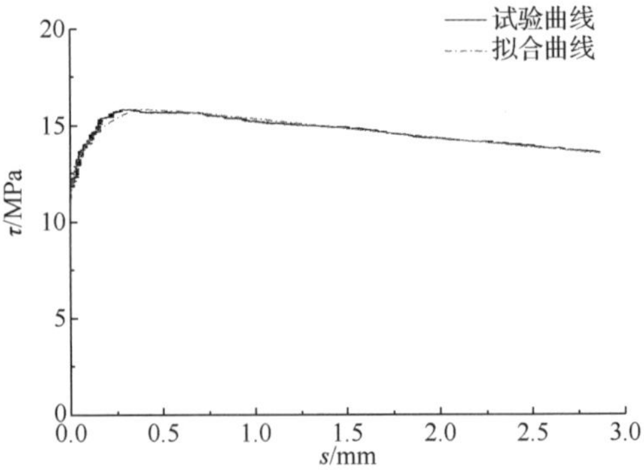

（d）CM-100/0-P20/L100

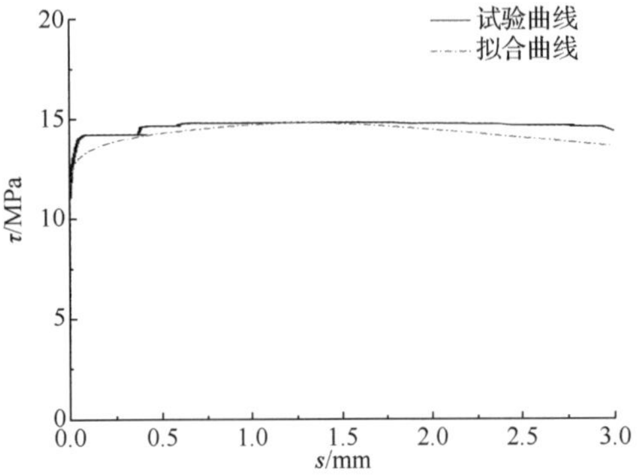

（e）CM-66/50-P14/L140

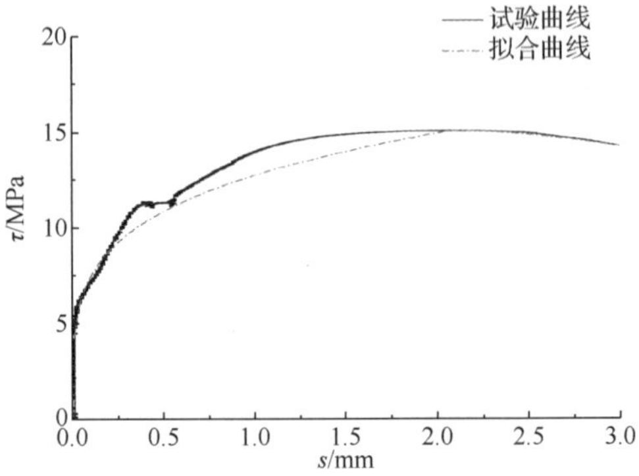

（f）CH-100/0-P14/L140

图 4-11（续）

4.2 梁式试验

4.2.1 试验概况

本节设计制作了 59 个不同再生骨料取代率的梁式试件，所有试件的尺寸相同，各试件均由两个半梁组成，半梁尺寸为 150mm×300mm×500mm，两侧钢筋锚固长度不同。试件的几何尺寸及配筋如图 4-12 所示，试件制作过程如图 4-13 所示。钢筋外伸出混凝土梁段各 200mm，以安装锚具及固定电子百分表的钢筋夹具。左侧为钢筋长锚固一侧，右侧为钢筋短锚固一侧，锚固段在左右梁段的中间部位，非锚固段用 PVC 管将钢筋与混凝土隔离。试件梁段内配置 1 根弯折钢筋，对试件左右梁段起定位作用并可防止试件在搬运过程中左右梁段扭转，试验加载前需将其切断。试验时，短锚固一侧梁段钢筋与混凝土发生黏结破坏后，安装锚具限制该侧钢筋位移，继续进行长锚固一侧半梁的黏结试验。试验的研究变量包括再生粗骨料取代率（0、33%、50%、66%、100%），再生细骨料取代率（0、50%、100%），钢筋外形（带肋钢筋、光圆钢筋），钢筋直径（10mm、14mm、20mm），钢筋锚固长度（10*d*、15*d*、20*d*、25*d*，*d* 为钢筋直径），以及混凝土强度。由于采用左右梁段钢筋锚固长度不同的试验方法，为保证试验时仅一侧梁段黏结破坏，适当增大左右梁段的锚固长度差距，即试验梁短锚固一侧长度为 10d，长锚固一侧长度设为 20d；试验梁短锚固一侧长度为 15d，长锚固一侧长度设为 25d。试件编号及含义：如 CM-66/0-D20/L300，CM 表示中强再生混凝土梁式试件；66/0 表示试件的再生粗骨料取代率为 66%，再生细骨料取代率为 0；D20/L300 表示带肋钢筋直径为 20mm，锚固长度为 300mm。

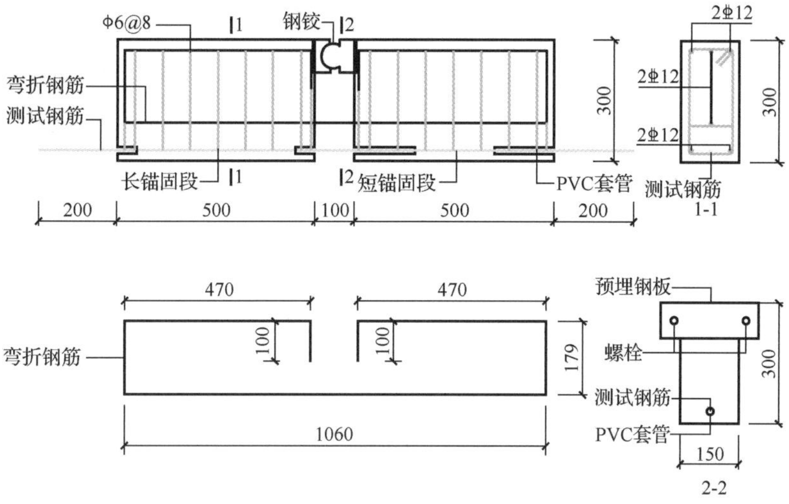

图 4-12　梁式试件几何尺寸及配筋（单位：mm）

（a）支模、绑扎钢筋　　（b）浇筑混凝土

图 4-13　试件制作过程

试验采用 100t 多功能电液伺服试验机进行加载，加载装置如图 4-14 所示。试验机加载端头设置轮辐式荷载传感器，并通过设置在梁跨中的净跨 200mm 的分配钢板施加荷载。在两侧锚固钢筋的自由端分别布置电子百分表测量其滑动位移。

试验分为两个阶段：①进行短锚固梁段钢筋-混凝土黏结滑移性能试验，该侧钢筋与混凝土发生黏结破坏，结束试验。用锚具限制该侧钢筋与混凝土的相对滑移。②进行第二阶段长锚固梁段黏结滑移试验，直至长锚固侧钢筋自由端滑移较大或钢筋拉断结束试验。主要测量梁式试件所受荷载和不同荷载下钢筋自由端的滑移值。

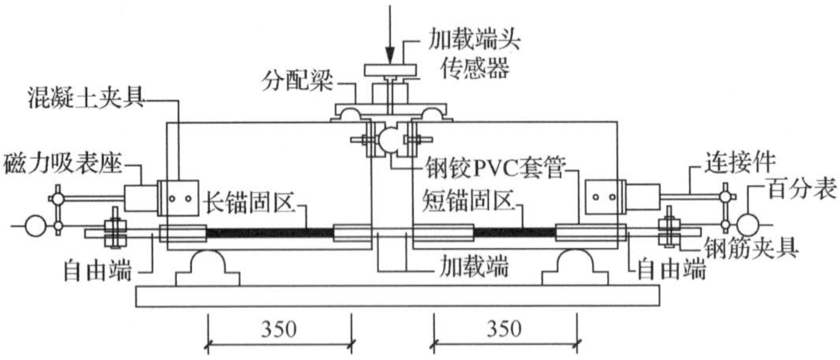

（a）加载装置示意

（b）加载装置照片

图 4-14　加载装置（单位：mm）

4.2.2　黏结-滑移性能

1. 试验结果

实测所得各试件的黏结-滑移试验结果见表 4-3，其中，f_{cu} 为实测混凝土立方体抗压强度；F_u 为极限荷载；τ_u 为黏结强度。

表 4-3　黏结-滑移试验结果

梁段编号	破坏形态	f_{cu}/MPa	F_u/kN	τ_u/MPa
CM-0/0-D20/L300	混凝土劈裂破坏	37.02	231.66	12.30
CM-0/0-D20/L500	钢筋拉断破坏	37.02	259.56	
CM-50/0-D20/L300	混凝土劈裂破坏	36.31	221.73	11.77
CM-50/0-D20/L500	钢筋拉断破坏	36.31	252.74	
CM-50/0-P20/L300	钢筋拔出破坏	36.31	95.97	5.09
CM-50/0-P20/L500	钢筋拔出破坏	36.31	99.95	3.18
CM-66/0-D20/L300	混凝土劈裂破坏	36.34	180.05	9.56
CM-66/0-D20/L500	钢筋拉断破坏	36.34	260.34	
CM-66/0-P20/L300	钢筋拔出破坏	36.34	115.01	6.10
CM-66/0-P20/L500	钢筋拔出破坏	36.34	126.52	4.03
CM-100/0-D20/L300	混凝土劈裂破坏	33.10	247.87	13.16
CM-100/0-D20/L500	钢筋拉断破坏	33.10	262.69	
CM-100/50-D20/L300	混凝土劈裂破坏	27.81	216.21	11.48
CM-100/50-D20/L500	钢筋拉断破坏	27.81	258.43	
CM-100/100-D20/L300	混凝土劈裂破坏	25.33	192.22	10.20
CM-100/100-D20/L500	钢筋拉断破坏	25.33	248.87	
CM-0/0-D20/L200	钢筋拔出破坏	37.02	171.68	13.66
CM-0/0-D20/L400	钢筋拉断破坏	37.02	212.84	

续表

梁段编号	破坏形态	f_{cu}/MPa	F_u/kN	τ_u/MPa
CM-50/0-D20/L200	钢筋拔出破坏	36.31	180.98	14.40
CM-50/0-D20/L300	钢筋拔出破坏	36.31	218.49	11.59
CM-50/0-D20/L400	钢筋拉断破坏	36.31	198.96	
CM-50/0-D20/L500	钢筋拉断破坏	36.31	222.41	
CM-66/0-D20/L200	钢筋拔出破坏	36.34	166.53	13.25
CM-66/0-D20/L400	钢筋拉断破坏	36.34	211.09	
CM-100/0-D20/L200	钢筋拔出破坏	33.10	153.70	12.23
CM-100/0-D20/L400	钢筋拉断破坏	33.10	205.44	
CM-66/50-D20/L200	钢筋拔出破坏	31.02	152.45	12.13
CM-66/50-D20/L400	钢筋拉断破坏	31.02	190.37	
CM-100/50-D20/L200	钢筋拔出破坏	27.81	138.75	11.04
CM-100/50-D20/L400	钢筋拉断破坏	27.81	191.56	
CM-100/100-D20/L200	钢筋拔出破坏	25.33	114.25	9.09
CM-100/100-D20/L300	钢筋拔出破坏	50.36	192.24	10.20
CM-100/100-D20/L400	钢筋拔出破坏	25.33	206.89	8.23
CM-100/100-D20/L500	钢筋拉断破坏	25.33	210.38	
CM-50/0-P20/L200	钢筋拔出破坏	36.31	67.57	5.38
CM-66/0-P20/L200	钢筋拔出破坏	36.34	65.98	5.25
CM-66/0-P20/L400	钢筋拔出破坏	36.34	104.77	4.17
CM-33/0-D10/L100	钢筋拔出破坏	37.28	65.49	20.85
CM-33/0-D10/L200	钢筋拉断破坏	37.28	62.80	
CM-66/0-D10/L100	钢筋拔出破坏	36.34	67.00	21.33
CM-66/0-D10/L200	钢筋拉断破坏	36.34	77.06	
CM-66/0-D10/L150	钢筋拉断破坏	36.34	70.67	
CM-66/0-P10/L100	钢筋拔出破坏	36.34	22.01	7.01
CM-66/0-P10/L200	钢筋拔出破坏	36.34	41.65	6.63
CM-100/100-D10/L100	钢筋拔出破坏	25.33	52.31	16.65
CM-100/100-D10/L200	钢筋拉断破坏	25.33	60.07	
CM-100/100-D10/L150	钢筋拔出破坏	25.33	70.39	14.94
CM-100/100-D10/L250	钢筋拉断破坏	25.33	79.03	
CM-66/0-D14/L140	钢筋拔出破坏	36.34	89.70	14.57
CM-66/0-D14/L280	钢筋拉断破坏	36.34	98.62	
CM-66/0-P14/L140	钢筋拔出破坏	36.34	32.61	5.30
CM-66/0-P14/L280	钢筋拔出破坏	36.34	62.68	4.49
CM-100/100-D14/L140	钢筋拔出破坏	25.33	74.55	12.11

续表

梁段编号	破坏形态	f_{cu}/MPa	F_u/kN	τ_u/MPa
CM-100/100-D14/L280	钢筋拉断破坏	25.33	89.18	
CH-0/0-D20/L200	钢筋拔出破坏	62.61	197.32	15.7
CH-0/0-D20/L400	钢筋拔出破坏	62.61	212.97	8.47
CH-33/0-D20/L200	钢筋拔出破坏	57.67	192.04	15.28
CH-33/0-D20/L400	钢筋拔出破坏	57.67	208.05	8.28
CH-50/0-D20/L200	钢筋拔出破坏	60.40	207.37	16.50
CH-50/0-D20/L400	钢筋拔出破坏	60.40	211.90	8.43
CH-66/0-D20/L200	钢筋拔出破坏	56.80	194.55	15.48
CH-66/0-D20/L400	钢筋拔出破坏	56.80	210.38	8.37
CH-100/0-D20/L200	钢筋拔出破坏	50.36	173.94	13.84
CH-100/0-D20/L400	钢筋拔出破坏	50.36	205.95	8.19

2. 破坏形态

实测所得钢筋-再生混凝土梁式试验典型破坏形态分为钢筋拉断破坏、混凝土劈裂破坏和钢筋拔出破坏。3 种不同的破坏形态如图 4-15 所示。

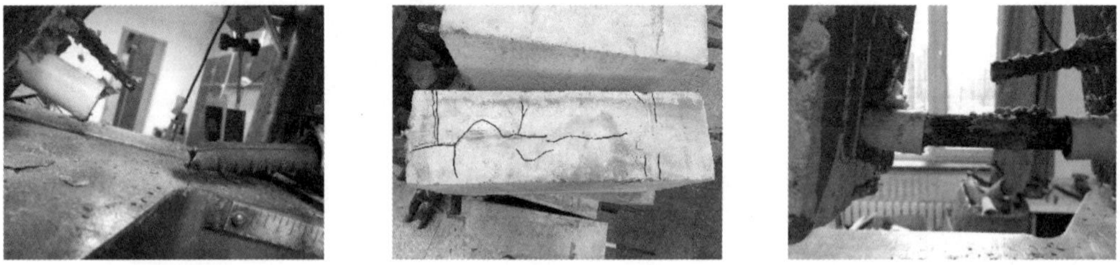

（a）钢筋拉断破坏　（b）混凝土劈裂破坏　（c）钢筋拔出破坏

图 4-15　梁式试验典型破坏形态

（1）钢筋拉断破坏主要出现在锚固长度为 20*d* 和 25*d* 的带肋钢筋梁段。加载过程中，梁侧面出现由支座处向加载点方向发展的斜裂缝，随荷载增加，裂缝不断变宽，钢筋加载端的混凝土因内裂缝开展而劈裂或脱落。最终因钢筋与混凝土之间的黏结力大于钢筋的极限抗拉承载力，钢筋拉断，钢筋自由端始终未产生滑移。

（2）混凝土劈裂破坏主要出现在锚固长度为 10*d* 和 15*d* 的带肋钢筋梁段。加载后，钢筋加载端出现滑移，而自由端未产生滑移；荷载继续增大，裂缝开展状况与钢筋拉断破坏试件类似，但裂缝数量更多，待新裂缝不再出现时，加载端混凝土因内裂缝开展而劈裂或脱落，荷载达至峰值；随后荷载不断下降，梁跨中挠度增大，钢筋与混凝土的界面黏结失效，梁段内钢筋被拔出。

（3）钢筋拔出破坏主要出现在光圆钢筋梁段，再生骨料取代率对其破坏影响不大。由于光圆钢筋与混凝土界面之间不存在机械咬合，黏结强度比带肋钢筋试件明显降低。

加载过程中，梁挠度变化幅度比带肋钢筋试件小，试件没有明显裂缝，荷载达到峰值后未大幅下降，钢筋自由端位移持续增加。

3. 荷载-滑移曲线

实测所得钢筋与再生混凝土黏结-滑移试验的梁式试件 3 种典型黏结破坏的荷载-滑移（F-s）曲线如图 4-16 所示。

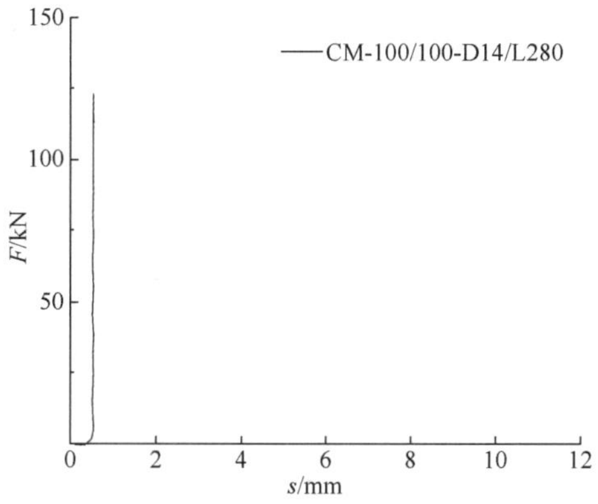

（a）钢筋拉断破坏

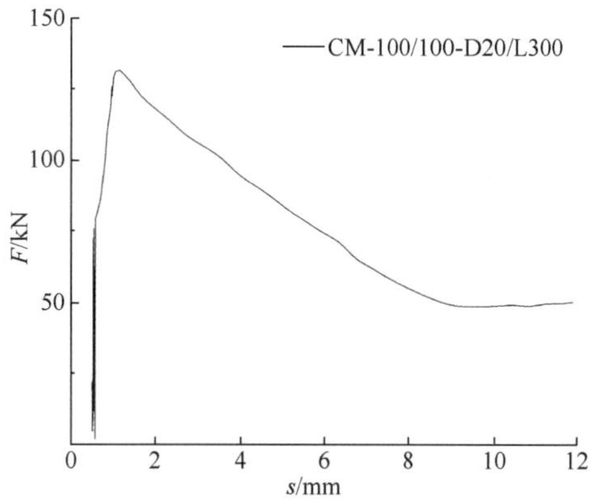

（b）混凝土劈裂破坏

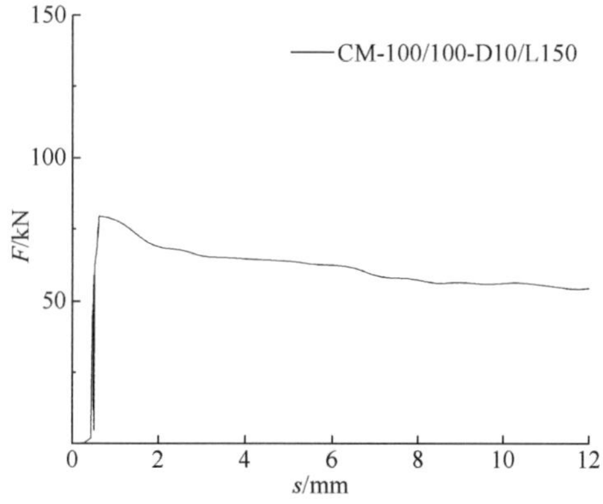

（c）钢筋拔出破坏

图 4-16　梁式试件典型黏结破坏的 F-s 曲线

由图 4-16 可见：①钢筋拉断破坏试件 F-s 曲线近似一条平行纵坐标轴的直线，钢筋拉断时黏结应力未达到黏结强度，自由端滑移量为 0。②混凝土劈裂破坏试件的曲线在微滑阶段近似一条直线，经历短暂的滑移阶段后进入劈裂阶段，黏结应力达到黏结强度后曲线进入下降段，荷载下降较快且滑移量大幅度增加，残余段滑移量继续增加而荷载几乎不变。③钢筋拔出破坏试件的曲线形状与混凝土劈裂破坏试件类似，但拔出破坏试件滑移阶段极小，黏结应力增加至黏结强度后，曲线下降，较早进入残余变形阶段。

钢筋与再生混凝土拉拔试验测得的平均黏结强度是梁式试验的 1.05～1.2 倍。主要原因是梁式试件的相对保护层厚度（c/d）小于拉拔试件的相对保护层厚度。此外，梁式试验的钢筋与混凝土黏结界面承受弯矩和剪力的共同作用，与拉拔试验相比，梁式试验的钢筋应力状态更复杂，钢筋周围混凝土的应力状态也不同。

4.2.3 影响因素

1. 再生粗骨料

实测所得不同强度再生粗骨料混凝土试件的黏结强度-再生粗骨料取代率（τ_u-ρ_c）曲线如图 4-17 所示。可见，再生粗骨料混凝土试件的黏结强度整体与普通混凝土试件接近，表明再生粗骨料对试件黏结性能的影响并不明显。

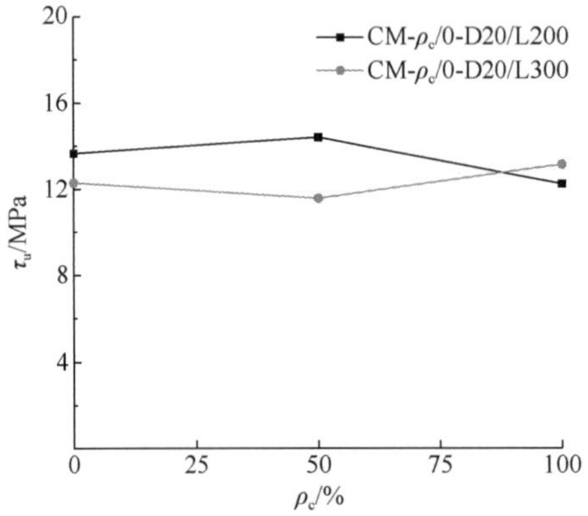

（a）中强混凝土试件

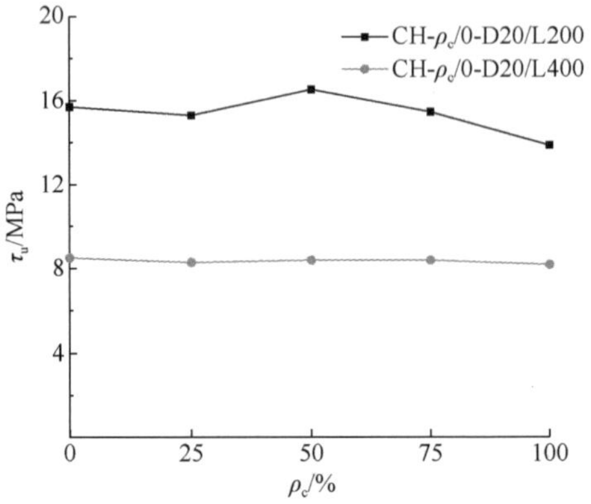

（b）高强混凝土试件

图 4-17 不同强度再生粗骨料混凝土试件的τ_u-ρ_c变化规律

2. 再生细骨料

实测所得不同再生混凝土细骨料取代率试件的黏结强度变化规律如图 4-18 所示。可见，当再生粗骨料取代率一定时，掺入再生细骨料会明显降低钢筋与再生混凝土的黏结性能。

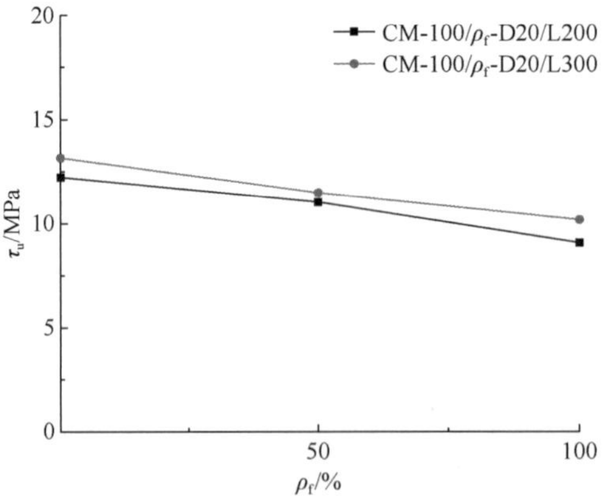

图 4-18 不同再生混凝土细骨料取代率试件的黏结强度变化规律

3. 混凝土强度

不同混凝土强度试件的钢筋与混凝土黏结强度比较如图 4-19 所示。可见，和钢筋与普通混凝土间的黏结性能变化规律一致，钢筋与再生混凝土的黏结强度随混凝土强度提高而增大。

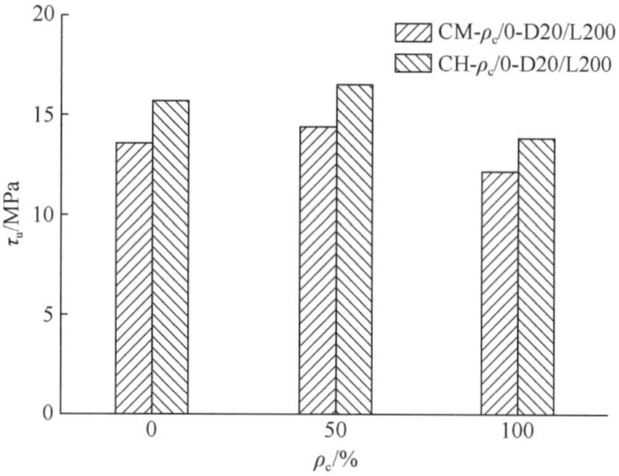

图 4-19　不同混凝土强度试件的钢筋与混凝土黏结强度比较

4. 钢筋直径

不同钢筋直径试件的平均黏结强度变化比较如图 4-20 所示。可见，黏结强度随钢筋直径增加而降低，原因是钢筋直径增加，相对黏结面积减小，钢筋与混凝土的平均黏结强度下降[130]。

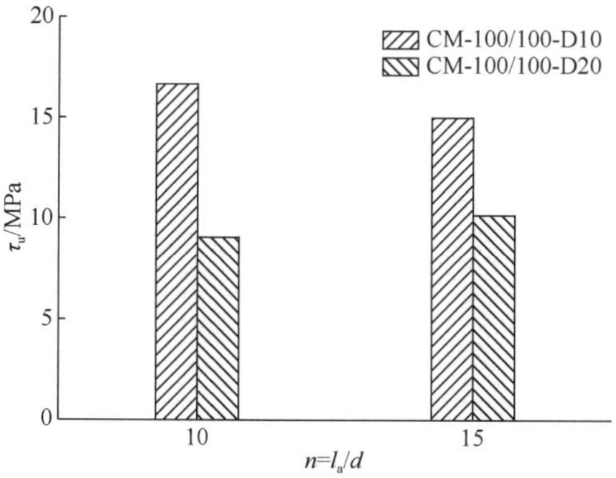

（a）ρ_c、ρ_f均为100%的带肋钢筋试件

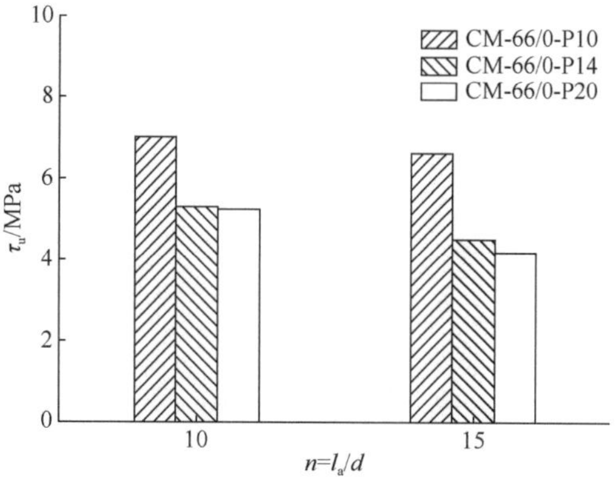

（b）ρ_c、ρ_f分别为66%和0的光圆钢筋试件

图 4-20　不同钢筋直径试件的平均黏结强度比较

5. 锚固长度

不同锚固长度试件的黏结强度变化比较如图 4-21 所示。各试件黏结强度随锚固长度增加而降低，这与拉拔试验中所得黏结强度与钢筋锚固长度的规律一致。

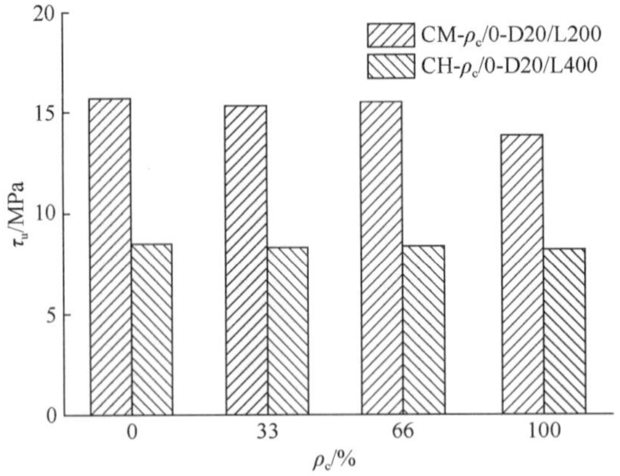

图 4-21　不同锚固长度试件的黏结强度变化比较

6. 钢筋外形

不同钢筋外形试件的黏结强度变化比较如图 4-22 所示。可见，带肋钢筋-再生混凝土黏结强度为光圆钢筋-再生混凝土黏结强度的 1.6～2.3 倍，原因是光圆钢筋与再生混凝土界面的机械咬合作用较弱，而机械咬合力对钢筋与再生混凝土黏结强度贡献最大，因而光圆钢筋试件比带肋钢筋试件的黏结强度小很多。

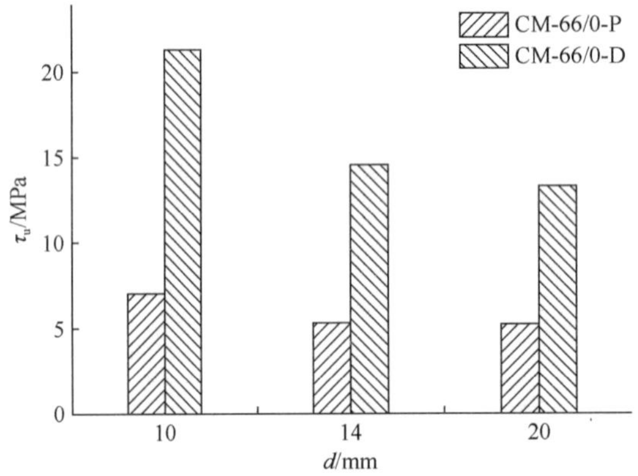

图 4-22　不同钢筋外形试件的黏结强度变化比较

4.2.4　黏结-滑移本构关系

计算时假定黏结应力沿钢筋纵向分布均匀。对黏结应力进行无量纲化处理，采用肖建庄教授提出的两段式本构模型[131]对带肋钢筋的试验结果进行拟合，拟合关系式为

$$\frac{s}{s_u} \leqslant 1, \quad \frac{\tau}{\tau_u} = \left(\frac{s}{s_u}\right)^a \tag{4-4}$$

$$\frac{s}{s_u}>1, \quad \frac{\tau}{\tau_u}=\frac{\dfrac{s}{s_u}}{b\left(\dfrac{s}{s_u}-1\right)+\dfrac{s}{s_u}} \tag{4-5}$$

式中，τ为不同荷载下的黏结应力；s 为对应黏结应力的滑移量；τ_u 为黏结强度；s_u 为黏结强度对应的钢筋自由端滑移量；a 为曲线上升段形状参数；b 为曲线下降段形状参数。

梁式试件拟合参数 a、b 的拟合值见表 4-4。

表 4-4　梁式试件拟合参数 a、b 取值

梁段编号	a	b
CM-0/0-D20/L300	0.09	0.09
CM-50/0-D20/L300	0.27	0.09
CM-66/0-D20/L300	0.25	0.17
CM-100/0-D20/L300	0.24	0.07
CH-0/0-D20/L200	0.15	0.09
CH-33/0-D20/L200	0.12	0.07
CH-66/0-D20/L200	0.21	0.11
CH-100/0-D20/L200	0.16	0.10
CM-100/50-D20/L300	0.26	0.13
CM-100/100-D20/L300	0.24	0.06

部分梁式试件的τ-s 拟合曲线与试验曲线比较如图 4-23 所示，拟合结果与试验整体符合较好。

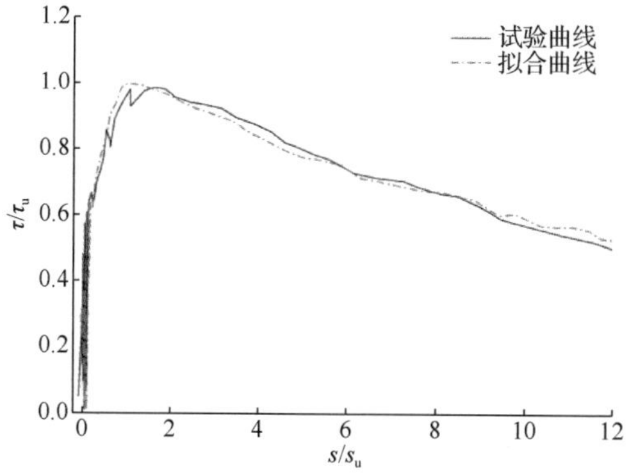

（a）CM-50/0-D20-L300

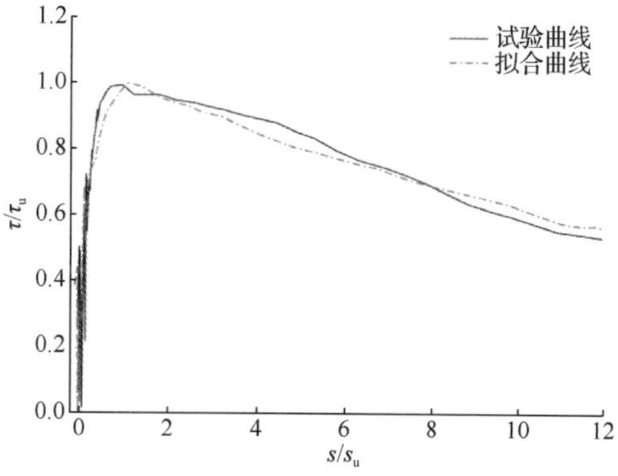

（b）CM-100/0-D20-L300

图 4-23　梁式试件的τ-s 拟合曲线与试验曲线比较

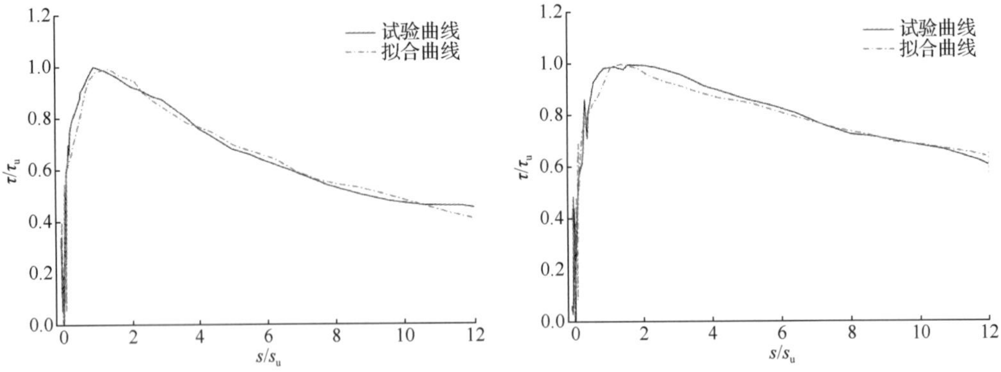

（c）CM4-100/50-D20-L300

（d）CM-100/100-D20-L300

图 4-23（续）

4.3 锈蚀钢筋与再生混凝土黏结-滑移性能

4.3.1 试验概况

本节设计制作了 102 个不同再生骨料取代率的锈蚀钢筋与再生混凝土拉拔试件，所有试件的尺寸均相同，四周设有纵向钢筋和横向约束箍筋，并于长度方向沿全长正中距中心拉拔钢筋 25mm 处预留 10mm×50mm 的条形洞口，模拟混凝土保护层厚度，便于溶液渗入混凝土内部。试件尺寸及配筋如图 4-24 所示。试验研究变量包括混凝土强度，再生粗骨料取代率（0、50%、100%），钢筋外形（光圆、带肋），钢筋直径（14mm、20mm），钢筋锚固长度（10d、15d、20d、25d，d 为钢筋直径）及钢筋锈蚀率（5%、10%、15%）。试件编号及含义：如 C30-100-D20/L200-10%，表示再生粗骨料取代率为 100%的 C30 再生混凝土试件，试件采用 20mm 的带肋钢筋，锚固长度为 200mm，钢筋的目标锈蚀率为 10%。混凝土分两次浇筑振捣，钢筋锈蚀拉拔试件制作过程如图 4-25 所示。

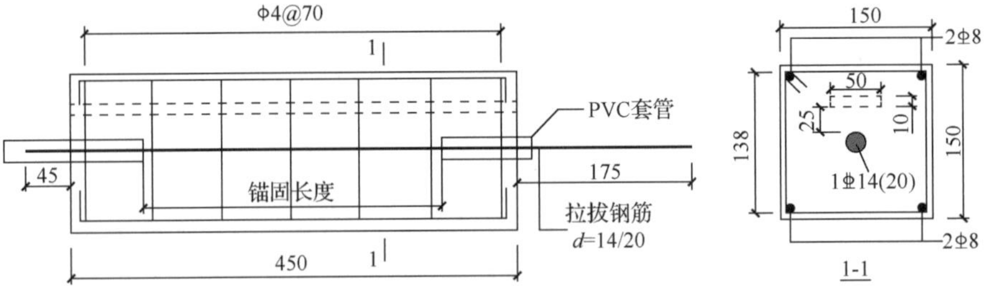

图 4-24 试件尺寸及配筋（单位：mm）

为在短期内达到钢筋锈蚀目标，采用通电加速锈蚀法锈蚀钢筋。将拉拔试件沿长度方向完全浸泡于质量浓度为5%的NaCl溶液中 5～7d，随后将试件平放于浓度5%的NaCl溶液，液面高度不接触中心拉拔钢筋下表面。接通直流稳压电源，阳极连接拉拔钢筋，阴极连接置于溶液中的不锈钢管，以 NaCl 溶液形成回路，电流密度控制为 1～

2mA/cm^{2}[132]。通电加速锈蚀装置如图 4-26 所示。

（a）支模板

（b）第一次浇筑混凝土

（c）插入 PVC 板

（d）第二次浇筑振捣

图 4-25　钢筋锈蚀拉拔试件制作过程

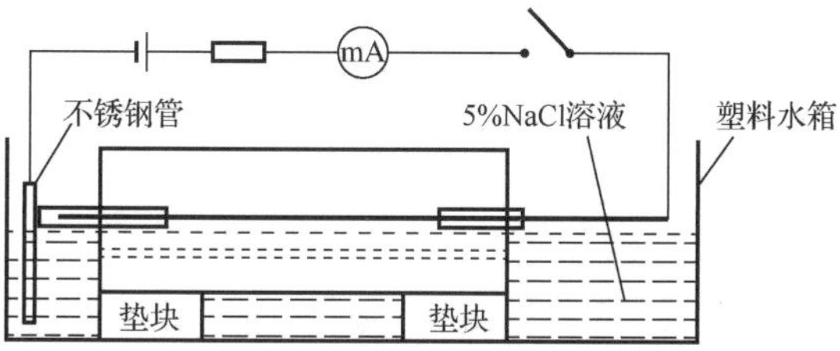

（a）通电锈蚀示意图

（b）浸泡试件

（c）通电时溶液高度

（d）通电锈蚀

图 4-26　通电加速锈蚀装置

4.3.2 钢筋快速锈蚀

1. 试件锈胀裂缝分布

通电结束，清洗晾晒试件，观测锈蚀情况，测量并记录各试件锈胀裂缝宽度及长度，结果见表4-5。其中，w_{max}表示最大锈胀裂缝宽度；l_{max}表示最大锈胀裂缝长度；κ表示钢筋实际锈蚀率与理论锈蚀率的比值；κ_0表示同组试件中κ与再生粗骨料取代率为0试件κ的比值。

表4-5 通电加速锈蚀试验结果

试件编号	w_{max}/mm	l_{max}/mm	理论锈蚀率/%	实际锈蚀率/%	κ	κ_0
C30-0-P14/L280-10%	0.00	0	10.01	11.55	1.054	1.00
C30-50-P14/L280-10%	0.08	100	9.94	10.11	1.017	0.97
C30-100-P14/L280-10%	0.42	350	10.04	10.71	1.067	1.01
C30-0-P14/L350-10%	0.60	450	9.88	10.18	1.030	1.00
C30-50-P14/L350-10%	0.62	280	9.84	10.62	1.079	1.05
C30-100-P14/L350-10%	1.20	400	9.95	11.17	1.123	1.09
C30-0-D14/L210-5%	0.20	310	5.14	6.23	1.212	1.00
C30-50-D14/L210-5%	0.24	220	5.09	5.54	1.088	0.90
C30-100-D14/L210-5%	0.30	250	5.90	6.20	1.051	0.87
C30-0-D14/L210-10%	0.26	230	10.27	10.79	1.051	1.00
C30-50-D14/L210-10%	0.40	330	10.13	9.60	0.948	0.90
C30-100-D14/L210-10%	0.42	310	9.89	10.85	1.097	1.04
C30-0-D14/L280-10%	0.28	350	9.95	10.38	1.043	1.00
C30-50-D14/L280-10%	0.32	350	9.97	10.91	1.094	1.05
C30-100-D14/L280-10%	0.46	450	10.06	11.02	1.095	1.05
C30-0-D14/L280-15%	0.34	250	15.05	15.84	1.052	1.00
C30-50-D14/L280-15%	0.40	310	14.98	15.98	1.067	1.01
C30-100-D14/L280-15%	0.58	400	15.04	16.20	1.077	1.02
C30-0-D20/L300-5%	0.26	290	5.36	5.68	1.060	1.00
C30-50-D20/L300-5%	0.36	350	5.30	5.52	1.042	0.98
C30-100-D20/L300-5%	0.50	370	5.19	5.39	1.039	0.98
C30-0-D20/L300-10%	0.40	390	10.38	11.65	1.122	1.00
C30-50-D20/L300-10%	0.60	370	10.35	11.10	1.072	0.96
C30-100-D20/L300-10%	0.70	440	10.42	11.07	1.062	0.95
C30-0-D20/L400-10%	0.30	420	10.36	11.42	1.102	1.00
C30-50-D20/L400-10%	0.70	450	10.41	11.37	1.092	0.99
C30-100-D20/L400-10%	1.70	450	10.44	11.88	1.138	1.03

续表

试件编号	w_{max}/mm	l_{max}/mm	理论锈蚀率/%	实际锈蚀率/%	κ	κ_0
C30-0-D20/L400-15%	0.50	400	15.54	14.06	0.905	1.00
C30-50-D20/L400-15%	0.60	450	16.11	16.60	1.030	1.14
C30-100-D20/L400-15%	0.90	450	16.12	16.73	1.038	1.15
C45-0-P14/L280-10%	0.30	330	10.02	10.53	1.051	1.00
C45-50-P14/L280-10%	0.40	250	10.06	11.90	1.183	1.13
C45-100-P14/L280-10%	0.46	430	9.99	11.50	1.151	1.10
C45-0-P14/L350-10%	0.30	280	9.88	11.30	1.144	1.00
C45-50-P14/L350-10%	0.40	250	9.86	11.43	1.159	1.01
C45-100-P14/L350-10%	1.20	420	10.00	12.05	1.205	1.05
C45-50-D14/L210-5%	0.18	320	4.99	5.97	1.196	1.00
C45-100-D14/L210-5%	0.30	410	5.52	5.75	1.042	0.87
C45-0-D14/L210-10%	0.18	200	10.00	10.75	1.075	1.00
C45-50-D14/L210-10%	0.44	260	9.94	10.44	1.050	0.98
C45-100-D14/L210-10%	0.52	300	10.07	11.11	1.103	1.03
C45-0-D14/L280-10%	0.08	240	10.03	11.52	1.149	1.00
C45-50-D14/L280-10%	0.40	350	9.68	10.94	1.130	0.98
C45-100-D14/L280-10%	0.48	370	9.77	11.16	1.142	0.99
C45-0-D14/L280-15%	0.30	350	15.06	15.14	1.005	1.00
C45-50-D14/L280-15%	0.48	370	14.99	13.14	0.877	0.87
C45-100-D14/L280-15%	0.66	420	14.88	16.27	1.093	1.09
C45-50-D20/L300-5%	0.28	420	5.13	5.40	1.053	1.00
C45-100-D20/L300-5%	0.38	450	5.21	6.19	1.188	1.13
C45-0-D20/L300-10%	0.22	220	10.43	10.63	1.019	1.00
C45-50-D20/L300-10%	0.22	320	10.94	11.89	1.087	1.07
C45-100-D20/L300-10%	0.42	380	10.37	10.64	1.026	1.01
C45-0-D20/L400-10%	0.50	450	10.45	10.30	0.986	1.00
C45-50-D20/L400-10%	0.60	450	10.12	10.83	1.070	1.09
C45-100-D20/L400-10%	2.20	450	9.14	10.43	1.141	1.16
C45-0-D20/L400-15%	0.50	450	15.73	14.76	0.938	1.00
C45-50-D20/L400-15%	0.56	450	15.65	15.99	1.022	1.09
C45-100-D20/L400-15%	6.00	450	16.51	16.39	0.993	1.06
C60-50-P14/L210-10%	0.26	270	9.99	11.84	1.185	1.00
C60-100-P14/L210-10%	0.26	360	10.12	12.70	1.255	1.06
C60-50-P14/L280-10%	0.50	360	10.16	12.65	1.245	1.00
C60-100-P14/L280-10%	0.90	350	10.10	13.52	1.339	1.08

续表

试件编号	w_{max}/mm	l_{max}/mm	理论锈蚀率/%	实际锈蚀率/%	κ	κ_0
C60-0-P20/L300-10%	0.30	360	10.43	10.09	0.967	1.00
C60-50-P20/L300-10%	0.30	370	10.38	8.01	0.772	0.80
C60-100-P20/L300-10%	0.30	310	10.67	10.11	0.948	0.98
C60-0-P20/L400-10%	0.60	400	10.48	8.60	0.821	1.00
C60-50-P20/L400-10%	1.00	450	10.44	8.01	0.767	0.93
C60-100-P20/L400-10%	1.40	450	10.41	8.91	0.856	1.04
C60-0-D14/L140-5%	0.10	280	5.04	5.24	1.040	1.00
C60-100-D14/L140-5%	0.20	170	7.67	5.73	0.747	0.72
C60-50-D14/L140-10%	0.06	150	10.00	9.99	0.999	1.00
C60-100-D14/L140-10%	0.20	200	10.10	10.28	1.018	1.02
C60-0-D14/L210-5%	0.20	240	5.29	5.45	1.030	1.03
C60-50-D14/L210-5%	0.20	250	5.05	5.80	1.149	1.11
C60-100-D14/L210-5%	0.30	250	5.85	6.46	1.104	1.07
C60-50-D14/L210-10%	0.24	330	10.11	11.56	1.143	1.00
C60-100-D14/L210-10%	0.40	300	10.16	11.82	1.163	1.02
C60-0-D14/L280-10%	0.20	170	10.08	10.14	1.006	1.00
C60-50-D14/L280-10%	0.40	350	9.66	9.93	1.028	1.02
C60-100-D14/L280-10%	1.20	400	9.67	10.68	1.104	1.10
C60-0-D14/L280-15%	0.20	310	15.49	14.86	0.959	1.00
C60-50-D14/L280-15%	0.20	310	15.01	12.51	0.833	0.87
C60-100-D14/L280-15%	0.30	300	15.06	15.44	1.025	1.07
C60-0-D20/L200-5%	0.24	250	5.22	5.26	1.008	1.00
C60-50-D20/L200-5%	0.34	340	5.25	5.24	0.998	0.99
C60-100-D20/L200-5%	0.56	280	4.95	6.20	1.253	1.24
C60-0-D20/L200-10%	0.24	290	10.39	11.09	1.067	1.00
C60-50-D20/L200-10%	0.30	300	10.41	11.56	1.110	1.04
C60-100-D20/L200-10%	0.42	300	10.39	11.62	1.118	1.05
C60-0-D20/L300-5%	0.30	370	5.17	5.84	1.130	1.00
C60-50-D20/L300-5%	0.36	450	5.01	6.37	1.271	1.13
C60-100-D20/L300-5%	0.52	380	5.21	6.27	1.203	1.07
C60-0-D20/L300-10%	0.80	450	10.31	12.64	1.226	1.00
C60-50-D20/L300-10%	1.16	450	10.52	13.48	1.281	1.05
C60-100-D20/L300-10%	1.60	370	10.48	12.12	1.156	0.94

由表 4-5 可见，试件表面最大锈胀裂缝大部分出现在开槽侧，且试件表面最大锈胀

裂缝宽度和长度随再生粗骨料取代率、钢筋锈蚀率及锚固长度的增加呈不同程度的增宽和延伸。

2. 钢筋锈蚀检测

拉拔试验结束，破开试件，取出中心拉拔钢筋并截取锚固段锈蚀钢筋，酸洗除锈，按式（4-6）计算钢筋实际锈蚀率，结果见表 4-5。

$$\eta_{\mathrm{m}} = \frac{m_0 - m}{m_0} \times 100\% \tag{4-6}$$

式中，η_{m} 为钢筋实际质量锈蚀率；m_0 为钢筋未锈蚀前质量；m 为钢筋酸洗除锈后的质量。

由表 4-5 可见，再生粗骨料取代率为 100%试件的实际锈蚀率相较再生粗骨料取代率为 0 和 50%的试件有增大趋势。

4.3.3　黏结-滑移性能

1. 试验结果

钢筋锈蚀拉拔试件黏结滑移试验结果见表 4-6。其中，f_{cu} 为实测混凝土立方体抗压强度；F_{u} 为极限荷载；τ_{u} 为黏结强度。

表 4-6　钢筋锈蚀拉拔试件黏结滑移试验结果

试件编号	破坏形态	f_{cu}/MPa	F_{u}/kN	τ_{u}/MPa
C30-0-P14/L280-10%	钢筋拔出破坏	37.02	54.99	4.47
C30-50-P14/L280-10%	钢筋拔出破坏	36.31	48.62	3.95
C30-100-P14/L280-10%	钢筋拔出破坏	33.11	43.99	3.57
C30-0-P14/L350-10%	钢筋拔出破坏	37.02	54.30	3.53
C30-50-P14/L350-10%	钢筋拔出破坏	36.31	51.92	3.37
C30-100-P14/L350-10%	钢筋拔出破坏	33.11	45.23	2.94
C30-0-D14/L210-5%	钢筋拉断破坏	37.02	100.53	
C30-50-D14/L210-5%	钢筋拔出破坏	36.31	98.91	10.71
C30-100-D14/L210-5%	钢筋拔出破坏	33.11	98.31	10.65
C30-0-D14/L210-10%	钢筋拔出破坏	37.02	93.28	10.10
C30-50-D14/L210-10%	钢筋拉断破坏	36.31	88.14	
C30-100-D14/L210-10%	钢筋拔出破坏	33.11	88.19	9.55
C30-0-D14/L280-10%	钢筋拉断破坏	37.02	97.17	
C30-50-D14/L280-10%	钢筋拉断破坏	36.31	94.99	
C30-100-D14/L280-10%	钢筋拉断破坏	33.11	90.69	
C30-0-D14/L280-15%	钢筋拔出破坏	37.02	88.41	7.18
C30-50-D14/L280-15%	钢筋拔出破坏	36.31	80.15	6.51

续表

试件编号	破坏形态	f_{cu}/MPa	F_u/kN	τ_u/MPa
C30-100-D14/L280-15%	钢筋拔出破坏	33.11	80.70	6.56
C30-0-D20/L300-5%	钢筋拔出破坏	37.02	172.46	9.15
C30-50-D20/L300-5%	钢筋拔出破坏	36.31	170.05	9.03
C30-100-D20/L300-5%	钢筋拔出破坏	33.11	163.97	8.70
C30-0-D20/L300-10%	钢筋拔出破坏	37.02	149.07	7.91
C30-50-D20/L300-10%	钢筋拔出破坏	36.31	134.95	7.16
C30-100-D20/L300-10%	钢筋拔出破坏	33.11	130.52	6.93
C30-0-D20/L400-10%	钢筋拔出破坏	37.02	168.39	6.70
C30-50-D20/L400-10%	钢筋拔出破坏	36.31	148.29	5.90
C30-100-D20/L400-10%	混凝土劈裂破坏	33.11	128.30	5.11
C30-0-D20/L400-15%	钢筋拔出破坏	37.02	158.93	6.33
C30-50-D20/L400-15%	钢筋拔出破坏	36.31	148.44	5.91
C30-100-D20/L400-15%	钢筋拔出破坏	33.11	143.45	5.71
C45-0-P14/L280-10%	钢筋拔出破坏	43.89	50.32	4.09
C45-50-P14/L280-10%	钢筋拔出破坏	42.63	46.75	3.80
C45-100-P14/L280-10%	钢筋拔出破坏	40.59	46.04	3.74
C45-0-P14/L350-10%	钢筋拔出破坏	43.89	44.54	2.89
C45-50-P14/L350-10%	钢筋拔出破坏	42.63	36.02	2.34
C45-100-P14/L350-10%	钢筋拔出破坏	40.59	32.04	2.08
C45-0-D14/L210-5%	钢筋拔出破坏	43.89	99.83	10.81
C45-50-D14/L210-5%	钢筋拉断破坏	42.63	90.46	
C45-100-D14/L210-5%	钢筋拔出破坏	40.59	96.84	10.49
C45-0-D14/L210-10%	钢筋拔出破坏	43.89	96.13	10.41
C45-50-D14/L210-10%	钢筋拔出破坏	42.63	81.71	8.85
C45-100-D14/L210-10%	钢筋拉断破坏	40.59	92.79	
C45-0-D14/L280-10%	钢筋拉断破坏	43.89	98.02	
C45-50-D14/L280-10%	钢筋拉断破坏	42.63	92.93	
C45-100-D14/L280-10%	钢筋拉断破坏	40.59	90.55	
C45-0-D14/L280-15%	钢筋拔出破坏	43.89	78.86	6.41
C45-50-D14/L280-15%	钢筋拔出破坏	42.63	66.89	5.43
C45-100-D14/L280-15%	钢筋拔出破坏	40.59	42.93	3.49
C45-0-D20/L300-5%	钢筋拔出破坏	43.89	177.15	9.40
C45-50-D20/L300-5%	钢筋拔出破坏	42.63	169.37	8.99
C45-100-D20/L300-5%	钢筋拔出破坏	40.59	164.04	8.71
C45-0-D20/L300-10%	钢筋拔出破坏	43.89	155.61	8.26

续表

试件编号	破坏形态	f_{cu}/MPa	F_u/kN	τ_u/MPa
C45-50-D20/L300-10%	钢筋拔出破坏	42.63	147.46	7.83
C45-100-D20/L300-10%	钢筋拔出破坏	40.59	139.89	7.43
C45-0-D20/L400-10%	钢筋拔出破坏	43.89	169.77	6.76
C45-50-D20/L400-10%	钢筋拔出破坏	42.63	166.00	6.61
C45-100-D20/L400-10%	钢筋拔出破坏	40.59	143.54	5.71
C45-0-D20/L400-15%	钢筋拔出破坏	43.89	114.42	4.55
C45-50-D20/L400-15%	钢筋拔出破坏	42.63	108.22	4.31
C45-100-D20/L400-15%	钢筋拔出破坏	40.59	19.87	0.79
C60-50-P14/L210-10%	钢筋拔出破坏	66.56	54.24	5.88
C60-100-P14/L210-10%	钢筋拔出破坏	60.76	49.45	5.36
C60-0-P14/L280-10%	钢筋拔出破坏	63.74	52.11	4.23
C60-50-P14/L280-10%	钢筋拔出破坏	66.56	55.17	4.48
C60-100-P14/L280-10%	钢筋拔出破坏	60.76	50.88	4.13
C60-0-P20/L300-10%	钢筋拔出破坏	63.74	93.99	4.99
C60-50-P20/L300-10%	钢筋拔出破坏	66.56	91.01	4.83
C60-100-P20/L300-10%	钢筋拔出破坏	60.76	87.03	4.62
C60-0-P20/L400-10%	钢筋拔出破坏	63.74	86.18	3.43
C60-50-P20/L400-10%	钢筋拔出破坏	66.56	81.81	3.26
C60-100-P20/L400-10%	钢筋拔出破坏	60.76	84.27	3.35
C60-50-D14/L140-5%	钢筋拉断破坏	66.56	96.87	
C60-100-D14/L140-5%	钢筋拔出破坏	60.76	87.65	14.24
C60-0-D14/L140-10%	钢筋拔出破坏	63.74	91.04	14.79
C60-50-D14/L140-10%	钢筋拉断破坏	66.56	85.73	
C60-100-D14/L140-10%	钢筋拉断破坏	60.76	77.53	
C60-100-D14/L210-5%	钢筋拔出破坏	60.76	94.73	10.26
C60-100-D14/L210-10%	钢筋拉断破坏	60.76	87.49	
C60-0-D14/L280-10%	钢筋拉断破坏	63.74	90.39	
C60-50-D14/L280-10%	钢筋拉断破坏	66.56	83.60	
C60-100-D14/L280-10%	钢筋拉断破坏	60.76	73.60	
C60-0-D14/L280-15%	钢筋拉断破坏	63.74	89.62	
C60-50-D14/L280-15%	混凝土劈裂破坏	66.56	90.98	7.39
C60-100-D14/L280-15%	钢筋拉断破坏	60.76	75.75	
C60-0-D20/L200-5%	钢筋拔出破坏	63.74	161.14	12.83
C60-50-D20/L200-5%	混凝土劈裂破坏	66.56	159.76	12.72
C60-100-D20/L200-5%	钢筋拔出破坏	60.76	152.23	12.12

续表

试件编号	破坏形态	f_{cu}/MPa	F_u/kN	τ_u/MPa
C60-0-D20/L200-10%	钢筋拔出破坏	63.74	152.15	12.11
C60-50-D20/L200-10%	混凝土劈裂破坏	66.56	151.89	12.09
C60-100-D20/L200-10%	混凝土劈裂破坏	60.76	118.27	9.42
C60-0-D20/L300-5%	钢筋拉断破坏	63.74	170.71	
C60-50-D20/L300-5%	钢筋拉断破坏	66.56	167.21	
C60-100-D20/L300-5%	混凝土劈裂破坏	60.76	159.27	8.45
C60-0-D20/L300-10%	钢筋拔出破坏	63.74	142.01	7.54
C60-50-D20/L300-10%	混凝土劈裂破坏	66.56	142.91	7.59
C60-100-D20/L300-10%	钢筋拉断破坏	60.76	112.53	

2. 破坏形态

钢筋锈蚀拉拔试件典型破坏形态分为钢筋拉断破坏、钢筋拔出破坏和混凝土劈裂破坏。

钢筋锈蚀拉拔试件钢筋拉断破坏如图 4-27 所示，主要出现在锚固长度大、锈蚀率低的带肋钢筋试件。随荷载逐步增大，中心受拉钢筋发生屈服、颈缩现象，钢筋自由端与混凝土间未产生滑移，最终加载端钢筋拉断破坏。

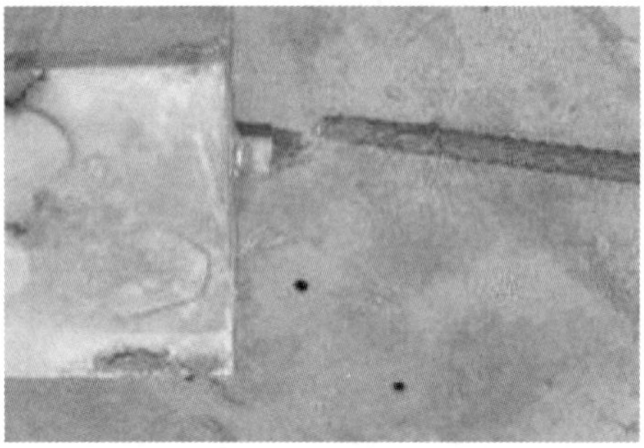

（a）钢筋在加载段被拉断

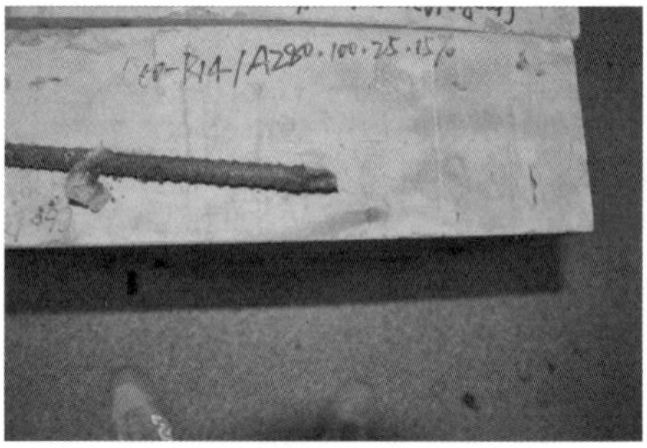

（b）钢筋从内部被拉断

图 4-27　钢筋锈蚀拉拔试件钢筋拉断破坏

钢筋锈蚀拉拔试件钢筋拔出破坏如图 4-28 所示，主要出现在锚固长度不大、锈蚀率较高的光圆钢筋试件。荷载较小时，钢筋自由端无明显滑移现象；随荷载增大，钢筋自由端滑动，最终受拉钢筋被拔出，钢筋滑移量增大，荷载减小。

钢筋锈蚀拉拔试件混凝土劈裂破坏如图 4-29 所示，主要出现在锚固长度较大、锈蚀率较高的带肋钢筋试件。受拉钢筋被拔出过程中，试件表面锈胀裂缝突然增宽并继续发展，直至受拉钢筋完全脱离混凝土。受拉钢筋被突然拔出，同时混凝土被劈裂成两块，钢筋自由端的滑移量增大，荷载骤降。

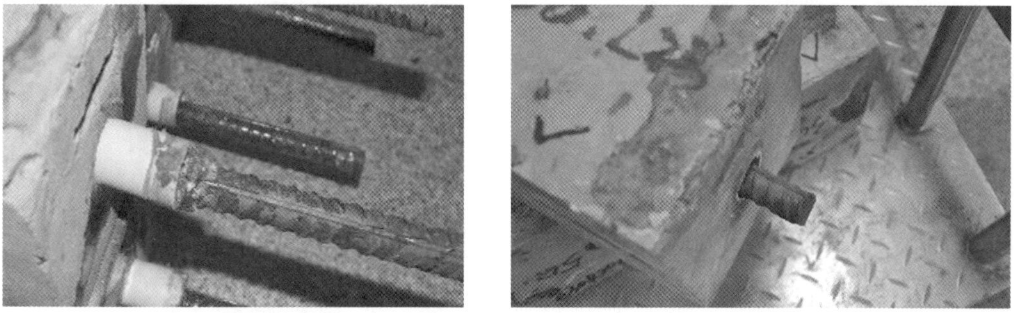

（a）中心拉拔钢筋加载端　　（b）中心拉拔钢筋自由端

图 4-28　钢筋锈蚀拉拔试件钢筋拔出破坏

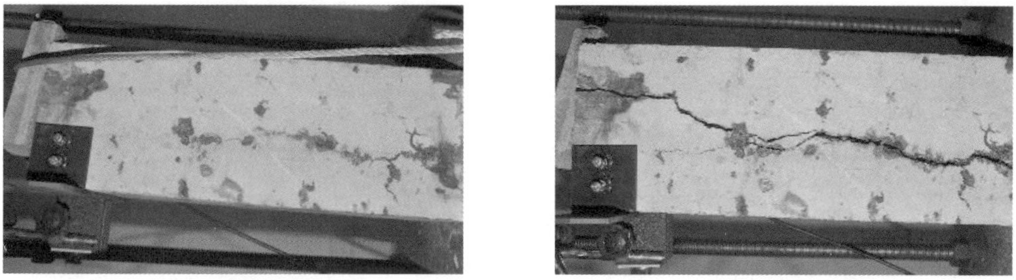

（a）试件加载前　　（b）试件加载后

图 4-29　钢筋锈蚀拉拔试件混凝土劈裂破坏

3. 荷载-滑移曲线

实测所得 3 种破坏形态的荷载-滑移（*F-s*）曲线如图 4-30～图 4-32 所示。

钢筋拉断破坏试件 *F-s* 曲线如图 4-30 所示，锈蚀钢筋与混凝土间黏结强度较高，钢筋先后经历屈服、颈缩、断裂，曲线特征表现为荷载增加，钢筋自由端滑移量一直保持为 0。

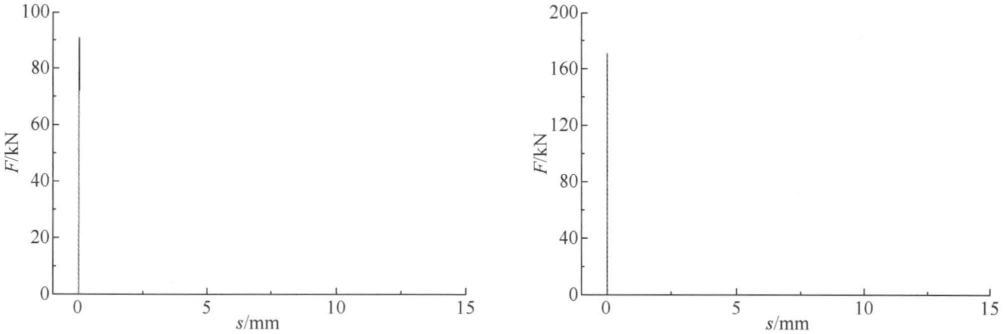

（a）C30-0-D14/L280-10%　　（b）C60-0-D20/L300-5%

图 4-30　钢筋锈蚀拉拔试件钢筋拉断破坏 *F-s* 曲线

钢筋拔出破坏的试件中，不同钢筋外形的拉拔试件拔出过程稍有不同，可见，锈蚀带肋钢筋与再生混凝土间的黏结滑移 *F-s* 曲线与普通混凝土相似，主要经历微滑移、内裂、劈裂、下降及残余五个阶段。由于钢筋锈蚀的不均匀分布，摩阻力分布不同，*F-s* 曲线残余阶段呈现形态不同的波浪式下降。采用光圆钢筋的试件 *F-s* 曲线整体上与带肋钢筋试件相似，但钢筋拔出后，下降段较短，幅度较小，快速进入较为平缓的残余阶段。

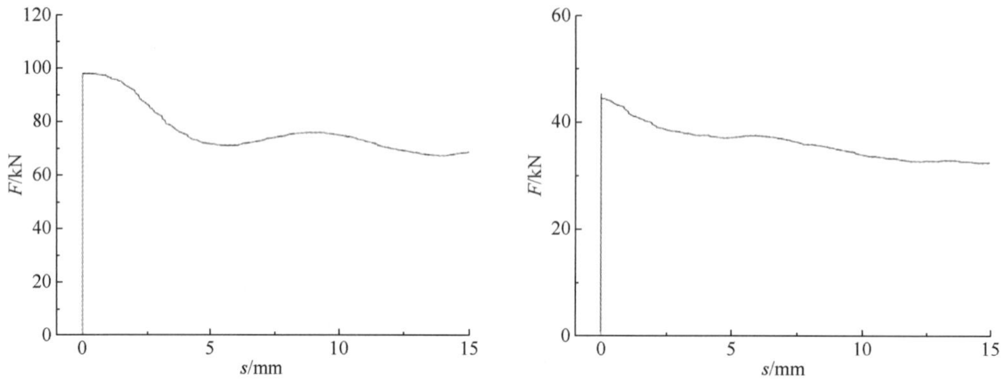

（a）C30-100-D14/L210-5%　　（b）C30-100-P14/L350-10%

图 4-31　钢筋锈蚀拉拔试件钢筋拔出破坏 *F-s* 曲线

混凝土劈裂破坏 *F-s* 曲线如图 4-32 所示。可见，混凝土劈裂破坏试件主要经历微滑移、拔出和下降三个阶段。加载至钢筋极限荷载前，钢筋仅有加载端滑移，未见明显自由端滑移，试件内部锈胀裂缝扩展、延伸。加载至极限荷载后，试件外侧锈胀裂缝突增，箍筋断裂，混凝土试件发生劈裂，钢筋被拔出，自由端的滑移量增加，加载端荷载急剧下降。

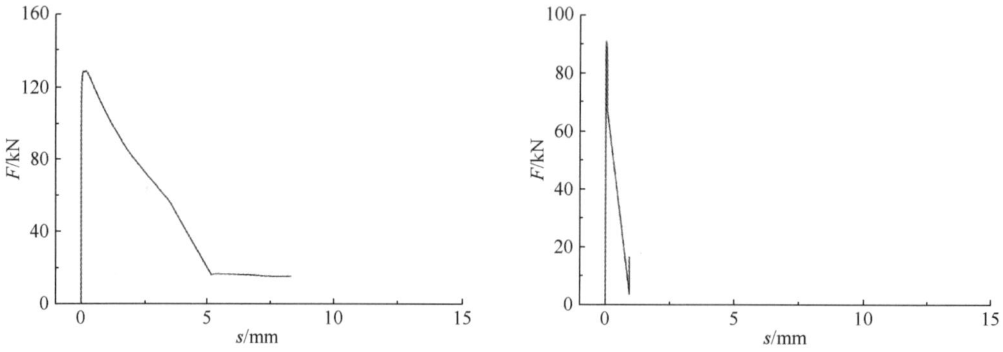

（a）C30-100-D20/L400-10%　　（b）C60-50-D14/L280-15%

图 4-32　钢筋锈蚀拉拔试件混凝土劈裂破坏 *F-s* 曲线

4.3.4　影响因素

1. 再生粗骨料

不同再生粗骨料取代率钢筋锈蚀拉拔试件的黏结强度比较如图 4-33 所示。

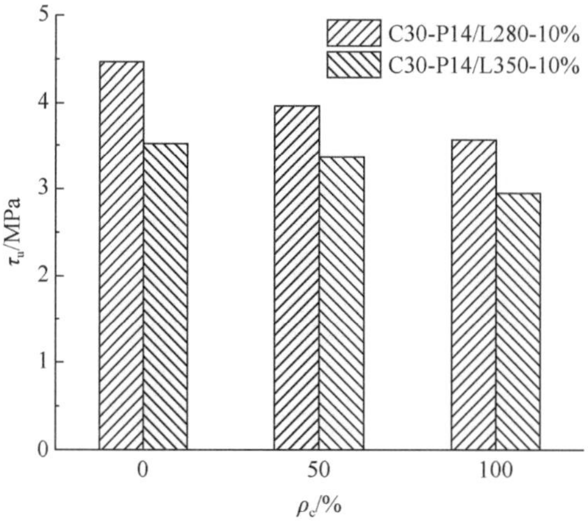

（a）C30混凝土-光圆钢筋试件

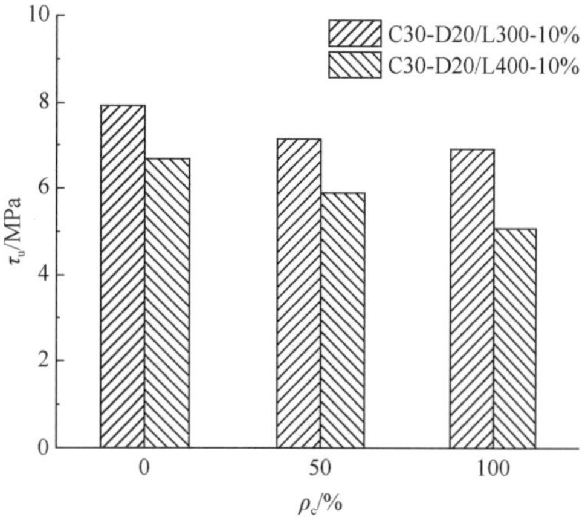

（b）C30混凝土-带肋钢筋试件

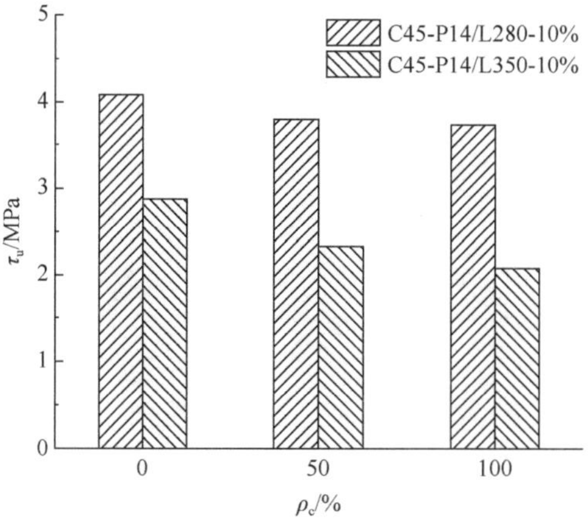

（c）C45混凝土-光圆钢筋试件

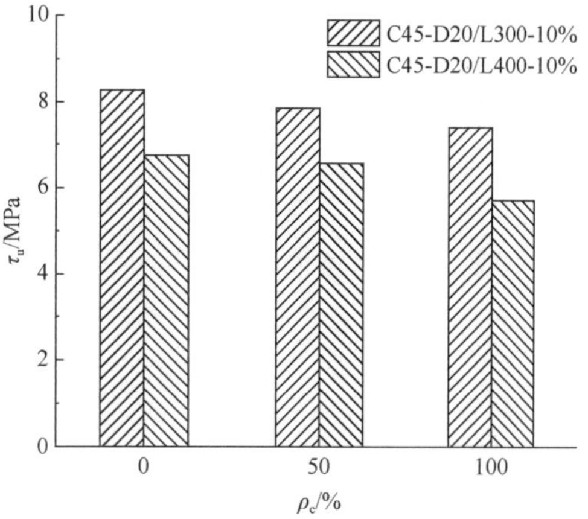

（d）C45混凝土-带肋钢筋试件

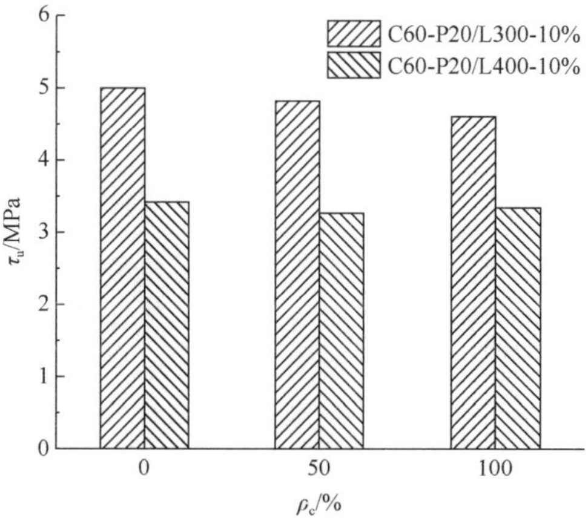

（e）C60混凝土-光圆钢筋试件

图 4-33　不同再生粗骨料取代率钢筋锈蚀拉拔试件的黏结强度比较

由图 4-33 可见：①锈蚀钢筋与再生混凝土间的黏结强度整体随再生粗骨料取代率提高呈下降趋势。②再生粗骨料压碎指标大，弹性模量低，混凝土干缩大，会降低钢筋与混凝土的黏结性能；随再生粗骨料取代率提高，再生混凝土抗氯离子渗透性能降低[30]，中心拉拔钢筋锈蚀加重，进一步影响黏结强度。

2. 锚固长度

不同锚固长度钢筋锈蚀试件黏结强度比较如图 4-34 所示。可见，钢筋锚固长度越大，加载后钢筋的黏结应力分布越不均匀，黏结强度呈下降趋势。锚固长度每增加 $5d$，黏结强度减小约 25%。

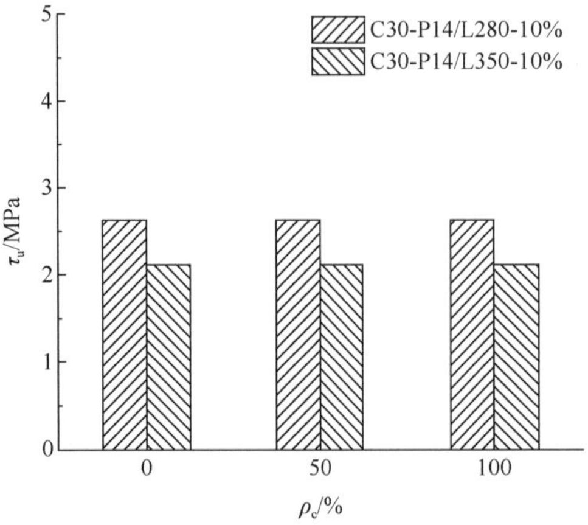

（a）C30混凝土–直径14mm光圆钢筋试件

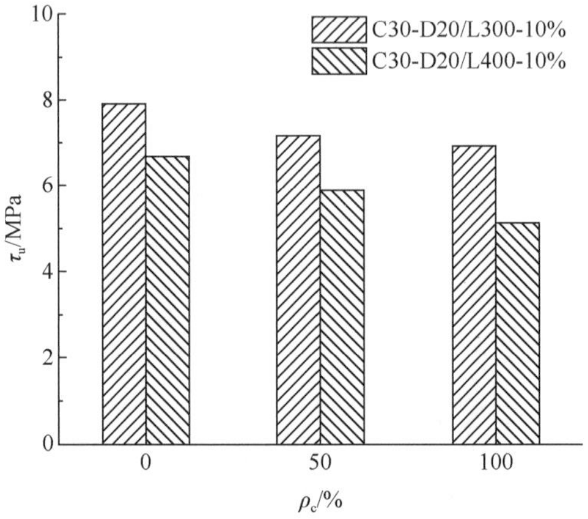

（b）C30混凝土–直径20mm光圆钢筋试件

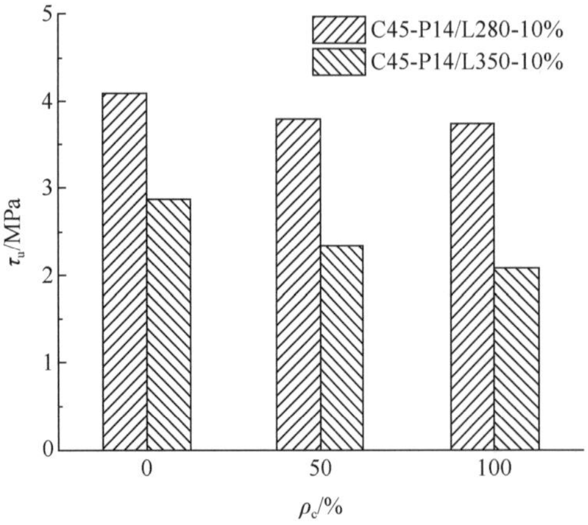

（c）C45混凝土–直径14mm光圆钢筋试件

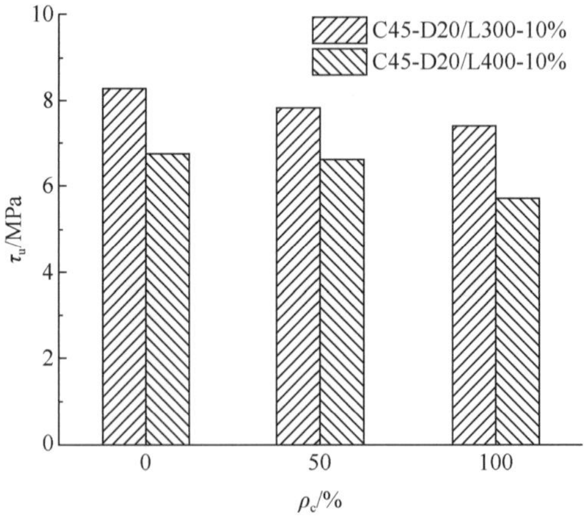

（d）C45混凝土–直径20mm带肋钢筋试件

图 4-34　不同锚固长度钢筋锈蚀试件黏结强度

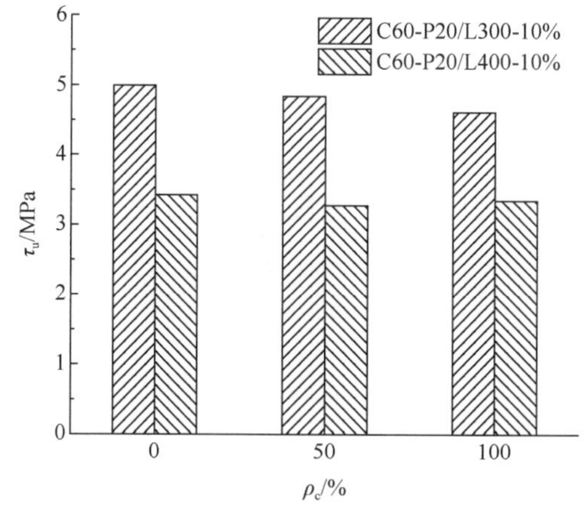

（e）C60混凝土-直径20mm光圆钢筋试件

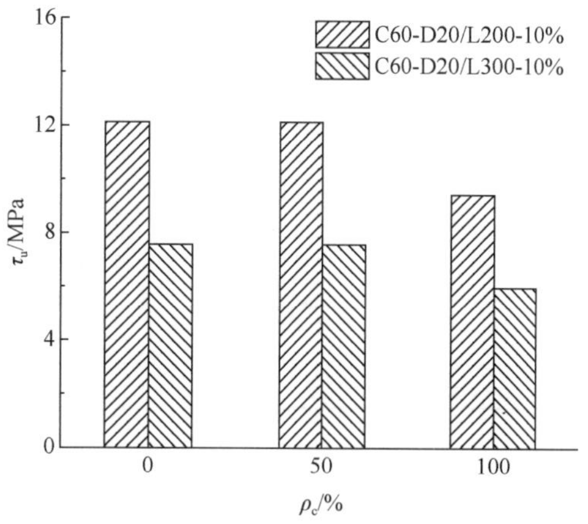

（f）C60混凝土-直径20mm带肋钢筋试件

图4-34（续）

3. 钢筋外形

不同外形锈蚀钢筋试件的黏结强度比较如图4-35所示。可见，锈蚀带肋钢筋再生混凝土试件的黏结性能明显优于锈蚀光圆钢筋试件，参与比较的4组试件中，锈蚀带肋钢筋普通混凝土试件的黏结强度较锈蚀光圆钢筋普通混凝土试件平均提高了 51.1%，锈蚀带肋钢筋再生混凝土试件的黏结强度较锈蚀光圆钢筋再生混凝土试件平均提高了 57.1%。

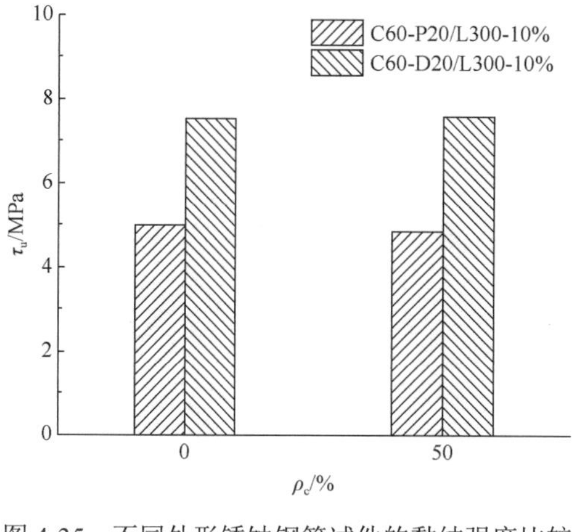

图4-35 不同外形锈蚀钢筋试件的黏结强度比较

4. 钢筋直径

不同直径锈蚀钢筋试件的黏结强度比较如图4-36所示。

由图4-36可见，钢筋直径为20mm的试件黏结强度均低于钢筋直径为14mm的试件，降低幅度为8.5%～25.0%。

5. 钢筋锈蚀率

不同钢筋锈蚀率试件的黏结强度比较如图4-37所示。

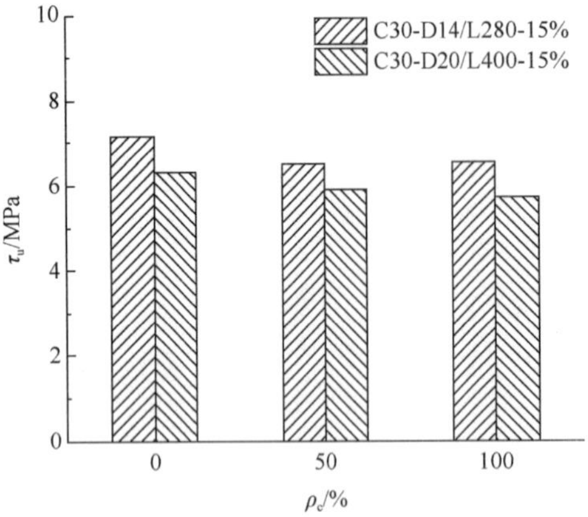

（a）C30混凝土–锚固长度20*d*–锈蚀率15%试件

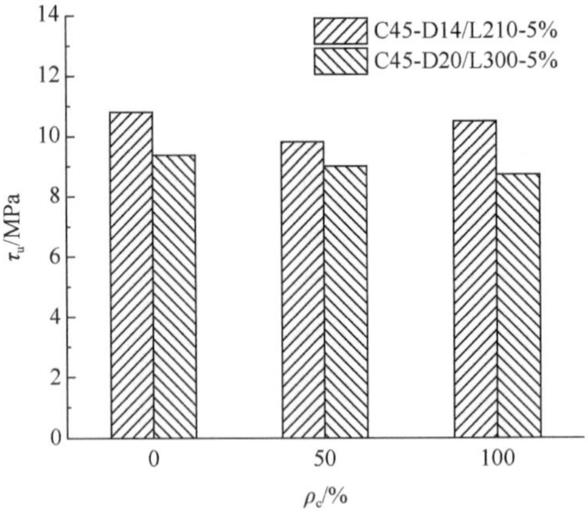

（b）C45混凝土–锚固长度15*d*–锈蚀率5%试件

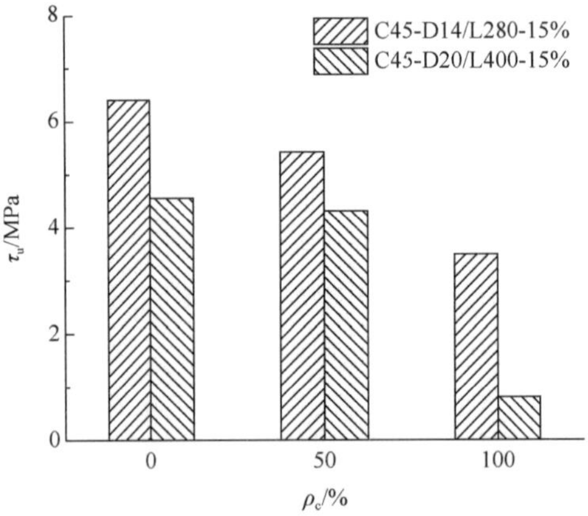

（c）C45混凝土–锚固长度20*d*–锈蚀率15%试件

图 4-36　不同直径锈蚀钢筋试件的黏结强度比较

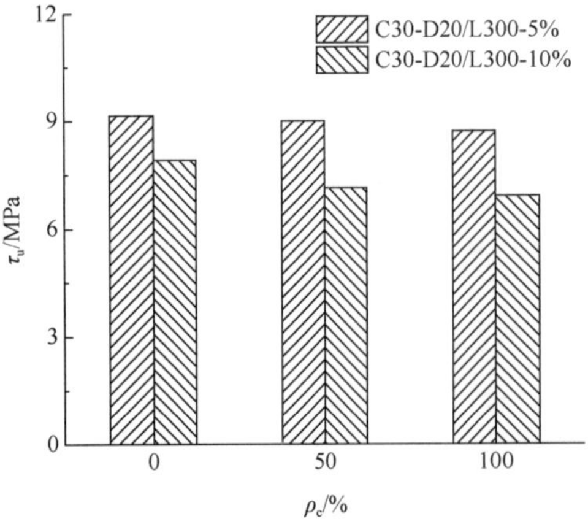

（a）C30混凝土–钢筋直径20mm–锚固长度15*d*试件

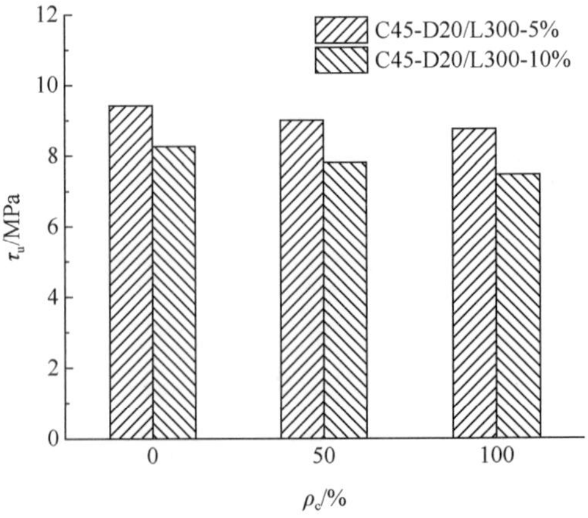

（b）C45混凝土–钢筋直径20mm–锚固长度15*d*试件

图 4-37　不同钢筋锈蚀率试件的黏结强度比较

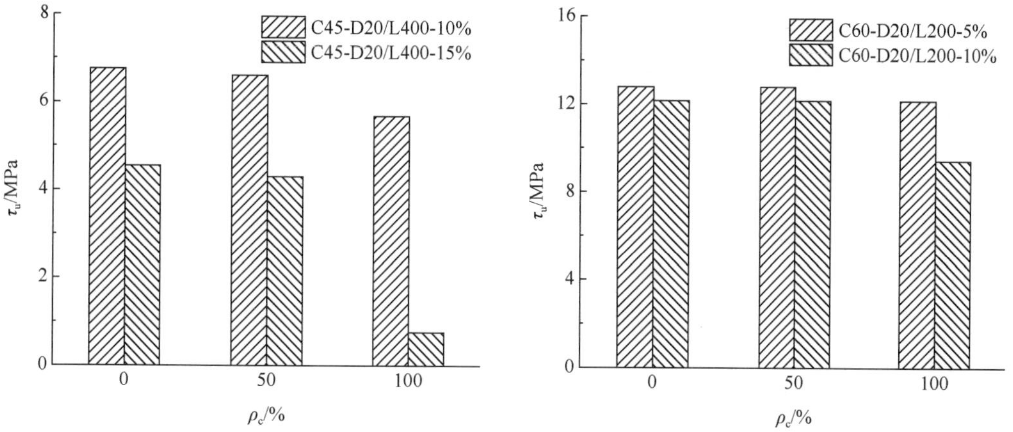

（c）C45混凝土-钢筋直径20mm-锚固长度20d试件　　（d）C60混凝土-钢筋直径20mm-锚固长度10d试件

图 4-37（续）

由图 4-37 可见：①锈蚀钢筋与再生混凝土间的黏结性能整体随钢筋锈蚀率提高而降低，且锚固长度越大，降幅越大。②随锈蚀率提高，锚固钢筋周围混凝土开裂，混凝土对其约束作用降低，进而造成黏结强度降低。③钢筋锈蚀产生的铁锈附着于钢筋表面，影响钢筋与混凝土间的化学胶着力和摩阻力。④相同条件下，锈蚀率及锚固长度越大，产生铁锈越多，对钢筋与混凝土间的黏结性能影响越大。

4.3.5 黏结-滑移本构关系

钢筋锚固长度及锈蚀率较大的带肋钢筋试件 F-s 曲线在上升阶段无明显的内裂滑移阶段，多数近似为一条平行于纵轴的直线，下降段可采用式（4-3）进行拟合。拟合后各试件参数 b 取值见表 4-7，试验曲线与计算曲线如图 4-38 所示。由图 4-38 可见，整体符合较好，表明式（4-3）适用于锈蚀带肋钢筋和再生混凝土黏结滑移曲线下降段。

表 4-7 锈蚀钢筋拉拔试件黏结滑移本构关系中的参数 b 取值

试件编号	b
C30-0-D20/L300-10%	0.13
C30-50-D20/L300-10%	0.15
C30-100-D20/L300-10%	0.11
C30-50-D20/L400-10%	0.16
C30-100-D20/L400-15%	0.16
C45-100-D14/L210-5%	0.10
C45-50-D20/L300-5%	0.17
C45-100-D20/L300-5%	0.14
C45-50-D20/L300-10%	0.12
C45-0-D20/L400-10%	0.13
C45-100-D20/L400-10%	0.28
C45-0-D20/L400-15%	0.19

续表

试件编号	b
C60-0-D20/L200-5%	0.20
C60-100-D20/L200-5%	0.15
C60-0-D20/L200-10%	0.21
C60-0-D20/L300-10%	0.34

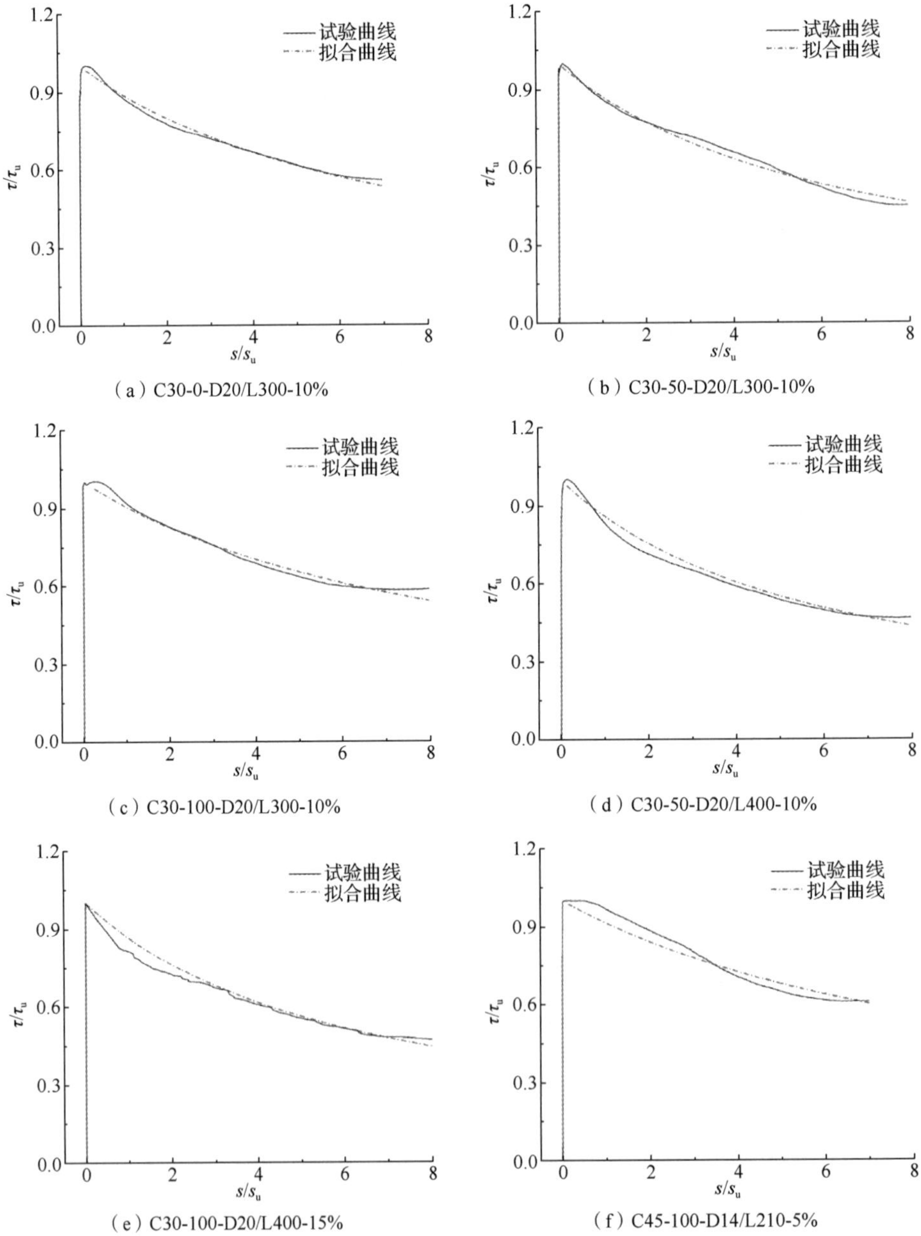

（a）C30-0-D20/L300-10%

（b）C30-50-D20/L300-10%

（c）C30-100-D20/L300-10%

（d）C30-50-D20/L400-10%

（e）C30-100-D20/L400-15%

（f）C45-100-D14/L210-5%

图 4-38 锈蚀钢筋拉拔试件的τ-s拟合曲线与试验曲线比较

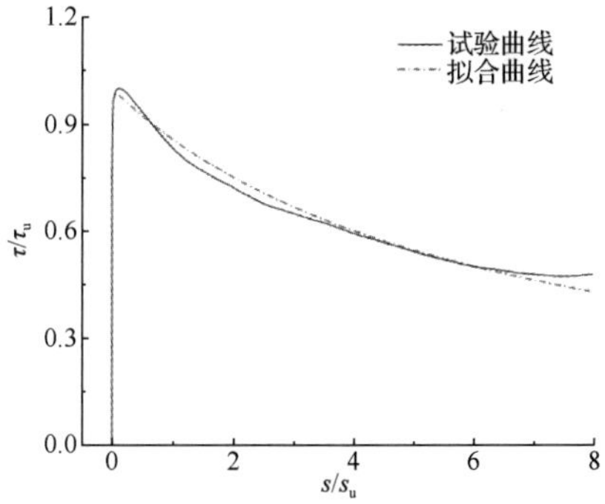

（g）C45-50-D20/L300-5%

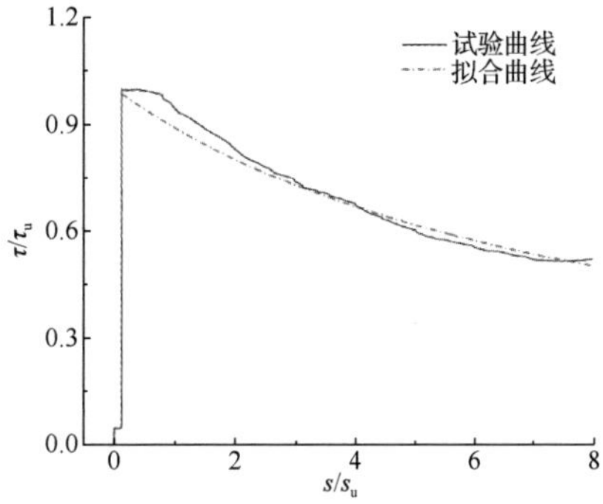

（h）C45-50-D20/L300-10%

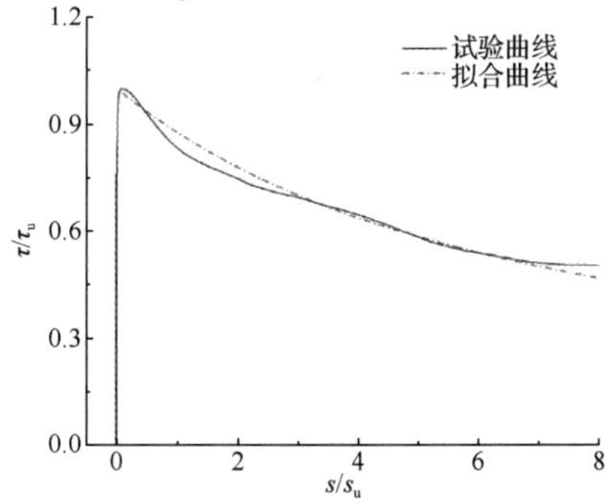

（i）C45-100-D20/L300-5%

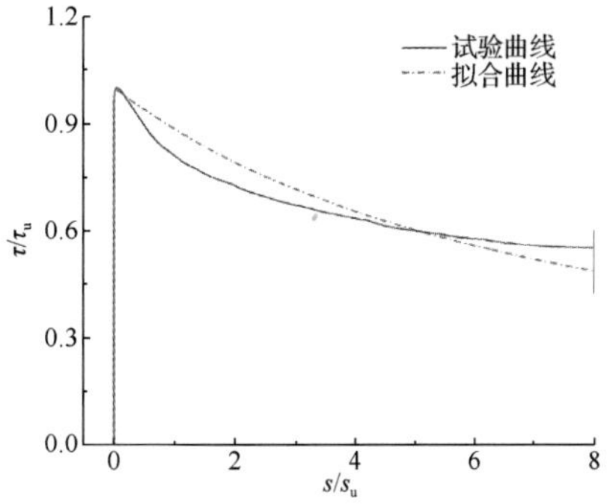

（j）C45-0-D20/L400-10%

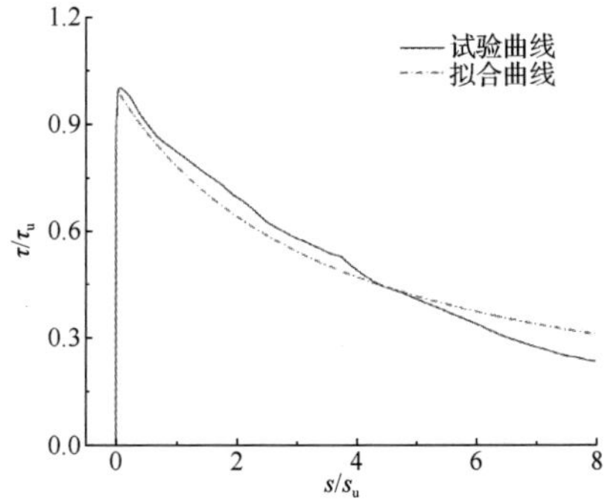

（k）C45-100-D20/L400-10%

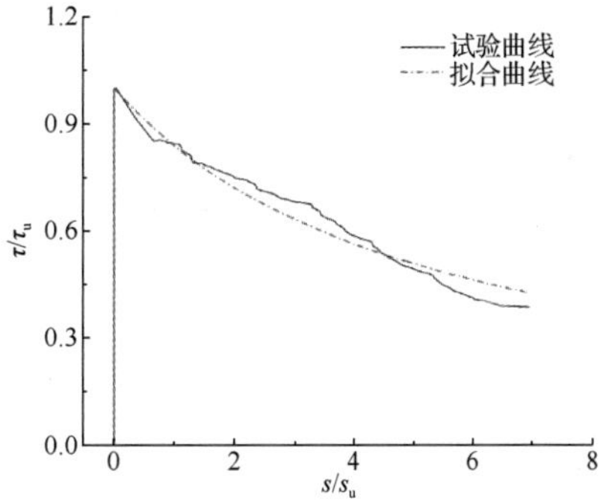

（l）C45-0-D20/L400-15%

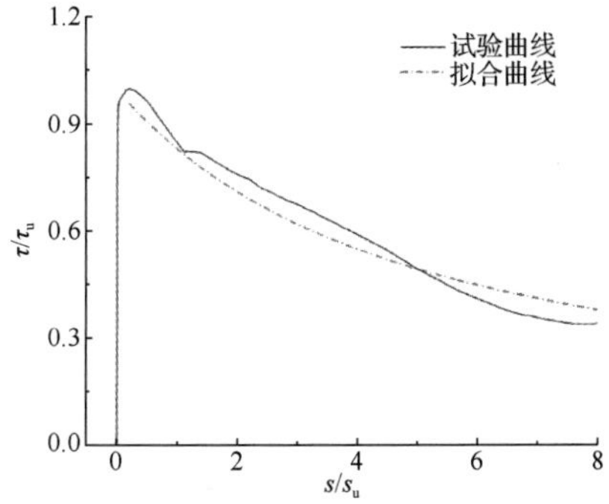

（m）C60-0-D20/L200-5%

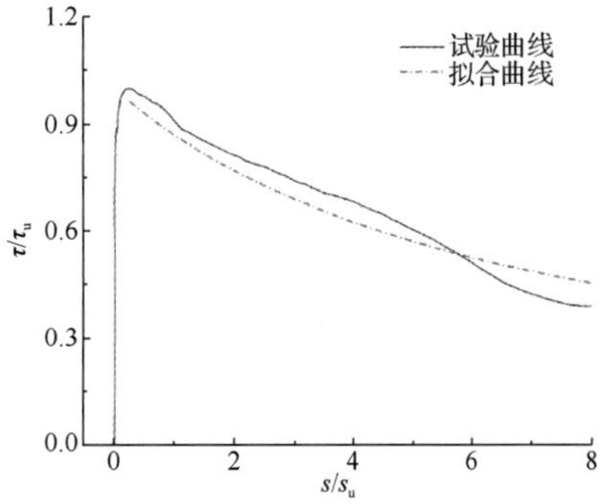

（n）C60-100-D20/L200-5%

图 4-38（续）

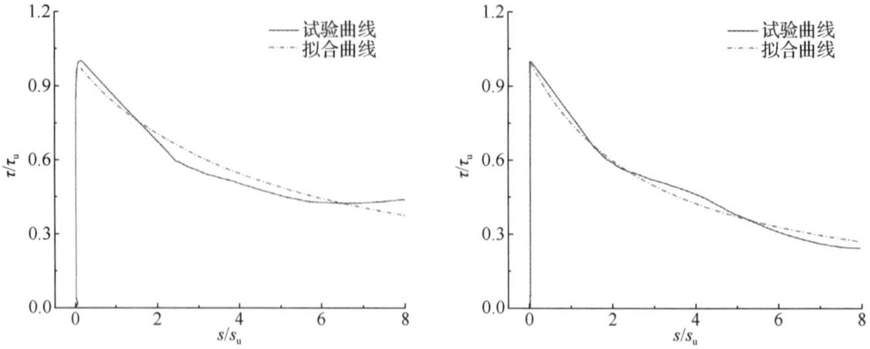

（o）C60-0-D20/L200-10%　（p）C60-0-D20/L300-10%

图 4-38（续）

4.4 本章小结

本章介绍了钢筋与再生混凝土黏结-滑移性能拉拔试验、钢筋与再生混凝土黏结-滑移性能梁式试验和锈蚀钢筋与再生混凝土黏结-滑移性能拉拔试验及分析，主要结论如下。

（1）钢筋与再生混凝土的黏结破坏分为 3 种形式：钢筋拔出破坏、混凝土劈裂破坏和钢筋拉断破坏。钢筋与再生混凝土黏结-滑移性能和钢筋与普通混凝土黏结-滑移性能接近。

（2）钢筋与再生混凝土黏结滑移梁式试验的规律整体上与拉拔试验接近。

（3）再生粗骨料对钢筋与再生粗骨料混凝土的黏结强度影响不大，但钢筋与再生粗骨料混凝土的黏结强度有随再生粗骨料取代率提高先增大后减小的趋势；掺入再生细骨料使钢筋与再生混凝土黏结性能明显降低；钢筋与再生混凝土的黏结强度整体随混凝土强度提高而增大。

（4）钢筋直径相同时，钢筋与再生混凝土黏结强度随钢筋锚固长度增大而减小；带肋钢筋-再生混凝土黏结强度明显优于光圆钢筋-再生混凝土黏结强度；随钢筋直径增加，钢筋与再生混凝土黏结强度降低。

（5）锈蚀带肋钢筋与再生混凝土的黏结性能明显优于锈蚀光圆钢筋；黏结强度随再生粗骨料取代率提高整体呈减小趋势；钢筋直径、钢筋锚固长度以及钢筋锈蚀率增大也会使黏结性能降低。

第 5 章　再生混凝土梁受弯及受剪性能

5.1　矩形截面中强再生混凝土梁受弯性能

5.1.1　试验概况

本节设计制作了 7 个矩形截面中强混凝土梁受弯试件，混凝土设计强度等级为 C40，各试件尺寸及配筋相同，试件主要参数变量为再生骨料取代率。矩形截面中强混凝土梁受弯试件编号及设计参数见表 5-1，试件尺寸及配筋如图 5-1 所示。

表 5-1　矩形截面中强混凝土梁受弯试件设计参数

试件编号	再生粗骨料取代率ρ_c/%	再生细骨料取代率ρ_f/%	纵筋配筋率/%	体积配箍率/%
SBM-0/0	0	0	1.15	0.65
SBM-33/0	33	0		
SBM-66/0	66	0		
SBM-100/0	100	0		
SBM-66/50	66	50		
SBM-100/50	100	50		
SBM-100/100	100	100		

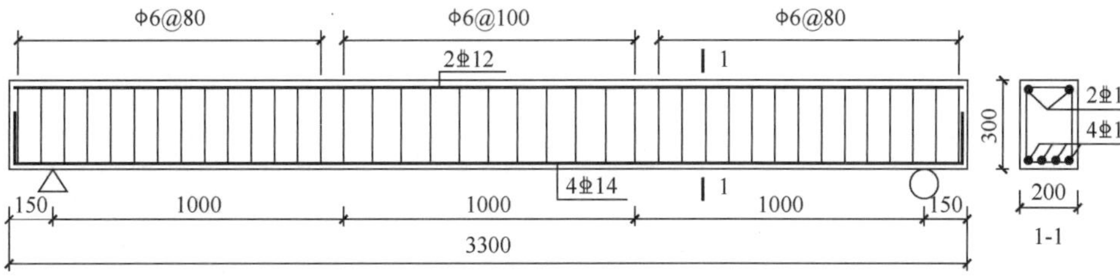

图 5-1　矩形截面中强混凝土梁受弯试件的几何尺寸及配筋（单位：mm）

实测混凝土立方体抗压强度见表 5-2，实测钢筋力学性能见表 5-3。

表 5-2　实测混凝土立方体抗压强度

试件编号	立方体抗压强度f_{cu}/MPa
SBM-0/0	35.9
SBM-33/0	46.4
SBM-66/0	40.0

续表

试件编号	立方体抗压强度 f_{cu}/MPa
SBM-100/0	41.4
SBM-66/50	38.2
SBM-100/50	41.3
SBM-100/100	34.3

表 5-3 实测钢筋力学性能

钢筋型号	直径 D/mm	屈服强度 f_y/MPa	极限强度 f_u/MPa	弹性模量 E_s/(10^5MPa)	伸长率 δ/%
HRB400	12	421	596	1.98	25.8
	14	441	600	2.04	26.7

试验采用三分点加载，在梁跨中形成 1000mm 纯弯段。试验过程中，采用单向重复加载，并由力和位移分别控制弹性和弹塑性阶段加载，直至受压区混凝土压溃结束试验，试验位移测点布置如图 5-2 所示。

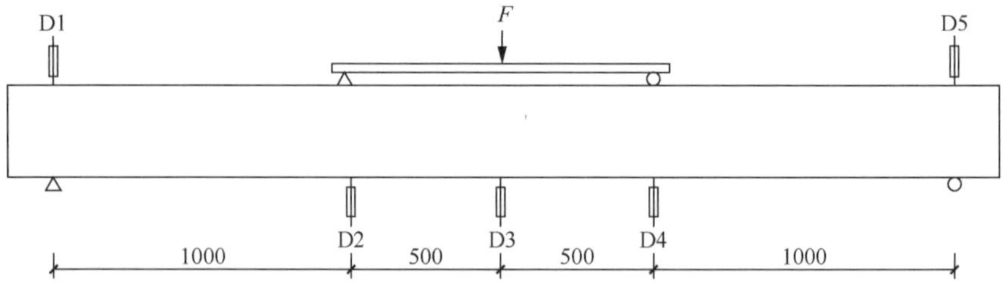

图 5-2 矩形截面中强混凝土梁受弯试验的位移测点布置（单位：mm）

5.1.2 破坏特征

实测所得中强混凝土梁受弯试件最终破坏形态如图 5-3 所示，试件均为弯曲破坏。

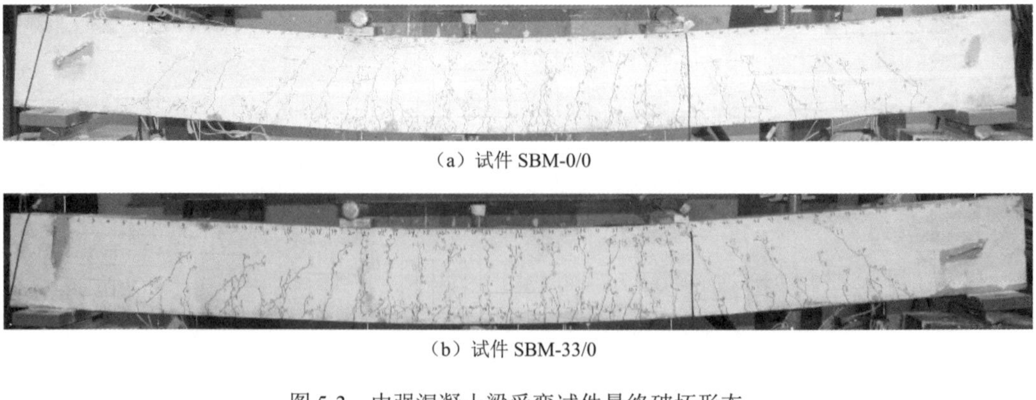

（a）试件 SBM-0/0

（b）试件 SBM-33/0

图 5-3 中强混凝土梁受弯试件最终破坏形态

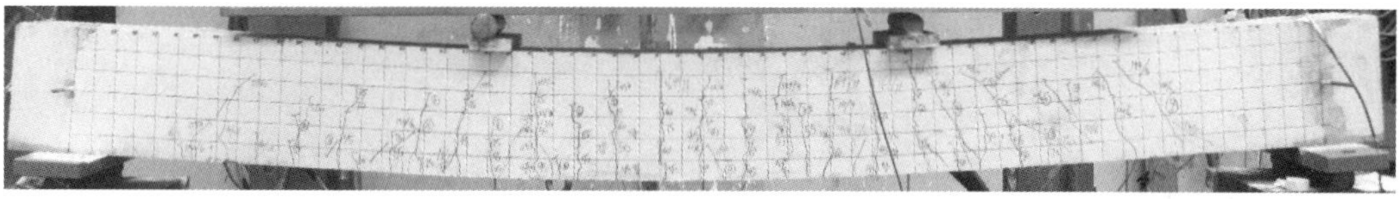

（c）试件 SBM-66/0

（d）试件 SBM-100/0

（e）试件 SBM-66/50

（f）试件 SBM-100/50

（g）试件 SBM-100/100

图 5-3（续）

由图 5-3 可见：①加载过程中再生粗骨料梁的纯弯段裂缝发展过程与普通混凝土梁接近；掺有再生粗、细骨料梁的纯弯段最大裂缝宽度比普通混凝土梁小，原因是掺入再生细骨料后，梁的斜裂缝扩展速度加快，延缓了跨中弯曲裂缝开展。②各试件达到受弯承载力时，再生混凝土梁最大裂缝宽度均大于普通混凝土梁。

5.1.3　受弯性能及计算分析

1. 荷载-挠度曲线

实测所得矩形截面中强混凝土梁受弯试件的荷载-跨中挠度（F-f）曲线如图 5-4 所示，骨架曲线比较如图 5-5 所示。

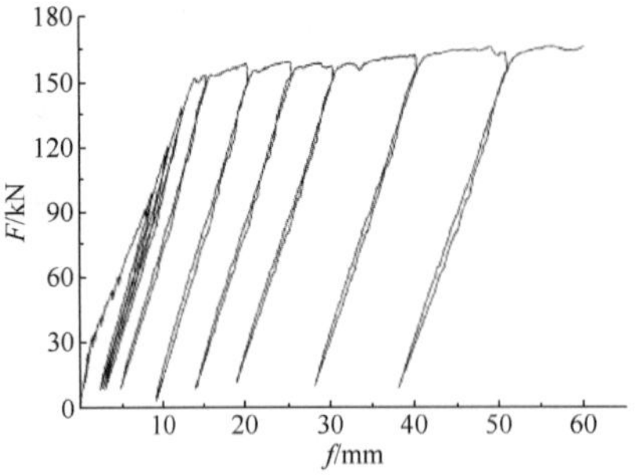

（a）SBM-0/0

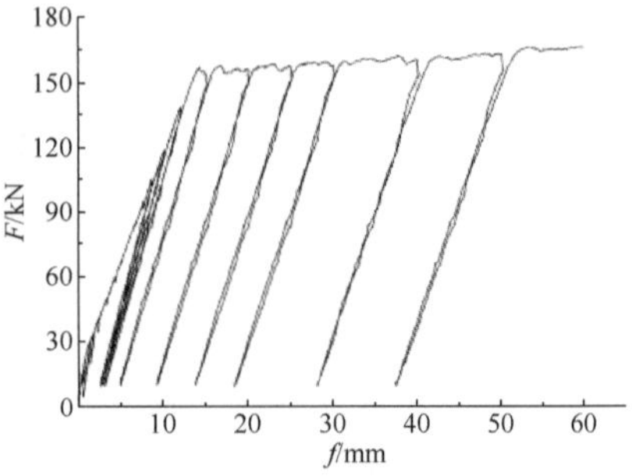

（b）SBM-33/0

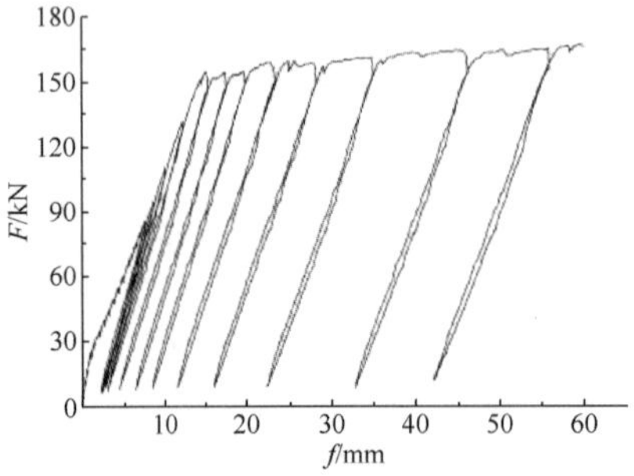

（c）SBM-66/0

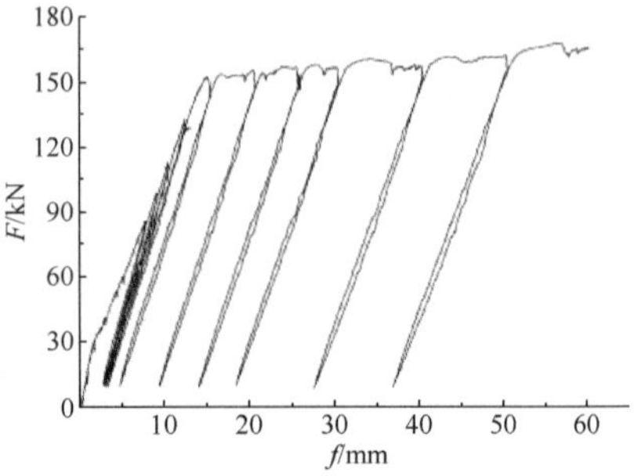

（d）SBM-100/0

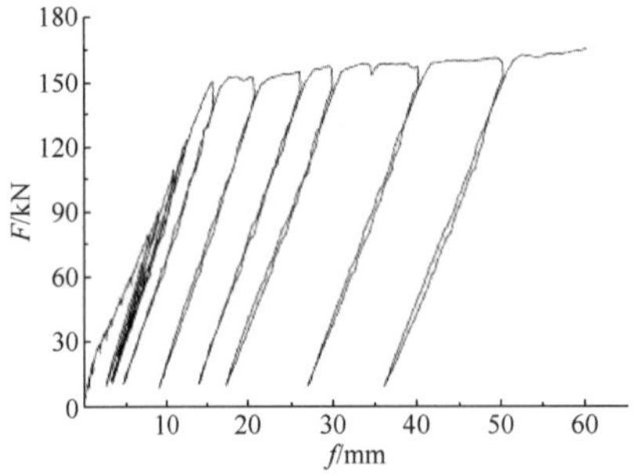

（e）SBM-66/50

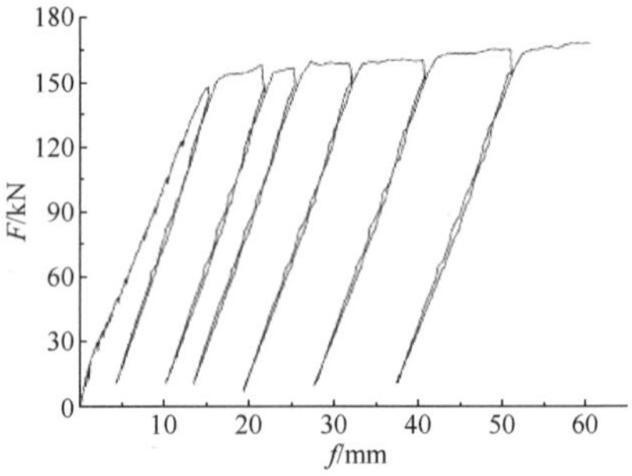

（f）SBM-100/50

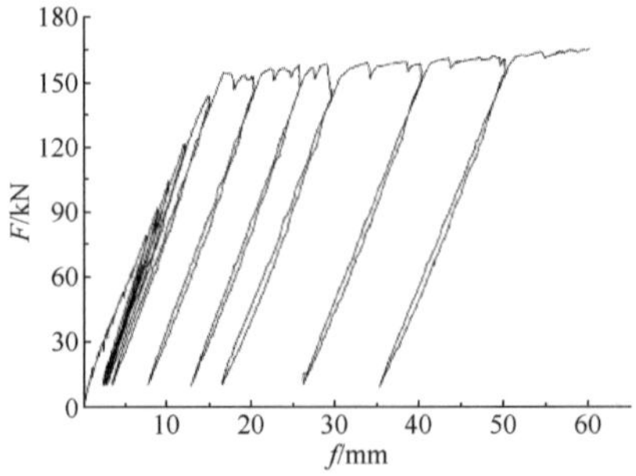

（g）SBM-100/100

图 5-4　矩形截面中强混凝土梁受弯试件 F-f 曲线

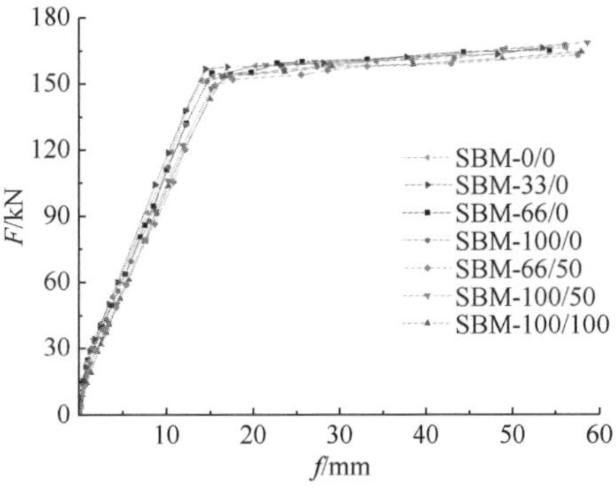

图 5-5　矩形截面中强混凝土梁受弯试件骨架曲线比较

由图 5-4 和图 5-5 可见：①整个加载过程梁受弯试件经历了三个阶段，即弹性阶段、弹塑性阶段和破坏阶段；加载初期，F-f 曲线基本呈线性，试件残余变形较小；随着荷载增加，残余变形逐渐变大；钢筋屈服后曲线逐渐平缓，跨中挠度迅速增加，随跨中挠度增大，各试件截面抗弯刚度逐渐退化，卸载后残余变形明显增大。②加载初期，各试件骨架曲线基本重合，再生骨料掺量对初始刚度影响不明显。③随荷载增加，同时掺入再生粗、细骨料的再生混凝土梁试件的刚度略低于其他试件，变形能力也有一定下降。

2. 特征荷载

实测所得中强混凝土梁受弯试件的开裂荷载 F_{cr}、屈服荷载 F_y、极限荷载 F_u 见表 5-4。

表 5-4　中强混凝土梁受弯试件的特征荷载实测值

试件编号	F_{cr}/kN	F_y/kN	F_u/kN
SBM-0/0	44.18	133.06	170.44
SBM-33/0	43.06	135.18	169.22
SBM-66/0	41.30	115.24	172.41
SBM-100/0	36.45	122.29	170.15
SBM-66/50	37.29	106.34	167.26
SBM-100/50	35.17	115.16	170.19
SBM-100/100	31.26	105.35	168.42

由表 5-4 可见：①矩形截面中强混凝土梁受弯试件中，不同再生粗骨料取代率的再生粗骨料混凝土梁的开裂荷载、屈服荷载，随再生粗骨料取代率的增大而略有减小，但极限荷载接近。②同时掺入再生粗、细骨料的再生混凝土梁试件，其开裂荷载随再生骨料取代率的增大略有减小，而极限荷载接近。

3. 挠度计算

各矩形截面中强混凝土梁受弯试件的跨中挠度按式（5-1）计算，其中截面刚度依据《混凝土结构设计规范（2015 年版）》（GB 50010—2010）[59]中的刚度计算方法进行计算。

$$f=\frac{23Fl^3}{648B_s} \tag{5-1}$$

按式（5-1）计算所得各试件在不同荷载下的挠度f_{cal}与实测挠度f_{exp}的比较，见表 5-5。

表 5-5 矩形截面中强混凝土梁的跨中挠度计算值与试验值比较

试件编号	F/kN	f_{cal}/mm	f_{exp}/mm	f_{cal}/f_{exp}
SBM-0/0	75	7.51	6.15	1.221
	80	7.99	6.69	1.194
	85	8.49	7.25	1.171
	95	9.59	8.57	1.119
SBM-33/0	75	7.51	6.1	1.231
	80	7.99	6.59	1.212
	85	8.49	7.14	1.189
	95	9.53	8.28	1.151
SBM-66/0	75	7.51	6.88	1.092
	80	7.99	7.44	1.074
	85	8.49	8.05	1.055
	95	9.53	9.16	1.040
SBM-100/0	75	7.52	6.96	1.080
	80	8.02	7.57	1.059
	85	8.52	8.15	1.045
	95	9.68	9.60	1.008
SBM-66/50	75	7.46	7.40	1.008
	80	7.91	8.20	0.965
	85	8.44	8.78	0.961
	95	9.68	10.00	0.968
SBM-100/50	75	7.54	7.47	1.009
	80	7.99	8.16	0.979
	85	8.52	8.68	0.982
	95	9.56	9.77	0.979
SBM-100/100	75	7.51	7.61	0.987
	80	7.99	8.32	0.960
	85	8.55	8.82	0.969
	95	9.70	10.15	0.956

由表 5-5 可见：①只掺入再生粗骨料的矩形截面中强混凝土梁受弯试件，跨中挠度计算值均大于实测值，误差为 0.8%～23.1%。②同时掺入再生粗、细骨料的矩形截面中强混凝土梁受弯试件，跨中挠度计算值与实测值非常接近。

5.2　矩形截面高强再生混凝土梁受弯性能

5.2.1　试验概况

本节设计制作了 4 个矩形截面高强混凝土梁受弯试件，混凝土设计强度等级为 C60，再生混凝土为再生粗骨料混凝土，试件几何尺寸及配筋如图 5-1 所示，试件编号及设计参数见表 5-6。实测混凝土力学性能见表 5-7，实测钢筋力学性能同表 5-3。

表 5-6　矩形截面高强混凝土梁受弯试件设计参数

试件编号	混凝土设计强度等级	再生粗骨料取代率ρ_c/%	纵筋配筋率/%	体积配箍率/%
SBH-0	C60	0	1.15	0.65
SBH-33		33		
SBH-66		66		
SBH-100		100		

表 5-7　实测混凝土力学性能

试件编号	立方体抗压强度 f_{cu}/MPa	弹性模量 E_c/(10^4MPa)
SBH-0	63.9	3.7
SBH-33	57.1	3.3
SBH-66	57.9	3.0
SBH-100	56.6	2.9

5.2.2　破坏特征

实测所得矩形截面高强混凝土梁受弯试件的最终破坏形态如图 5-6～图 5-9 所示。

（a）整体破坏形态

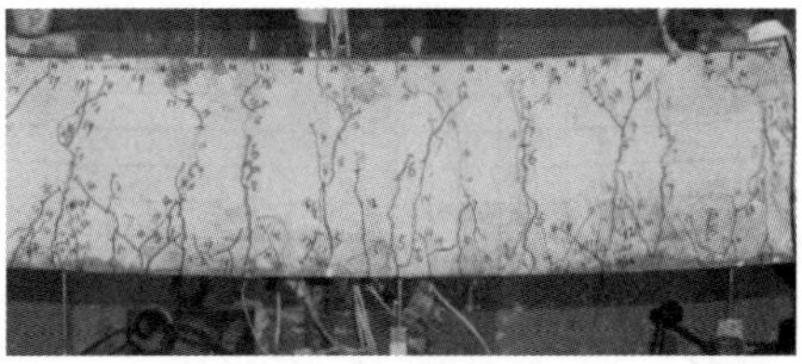

（b）纯弯段裂缝

图 5-6　SBH-0 最终破坏形态

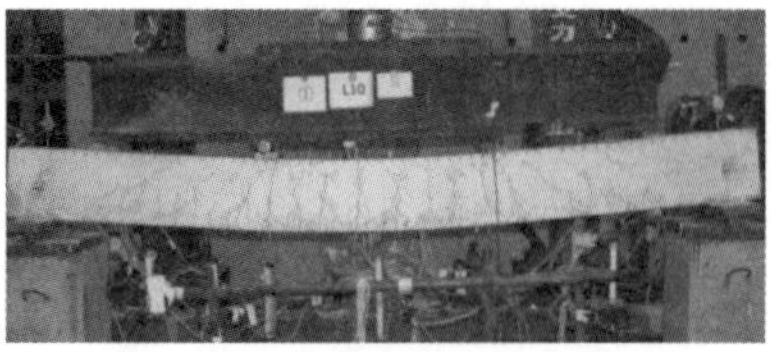

（a）整体破坏形态

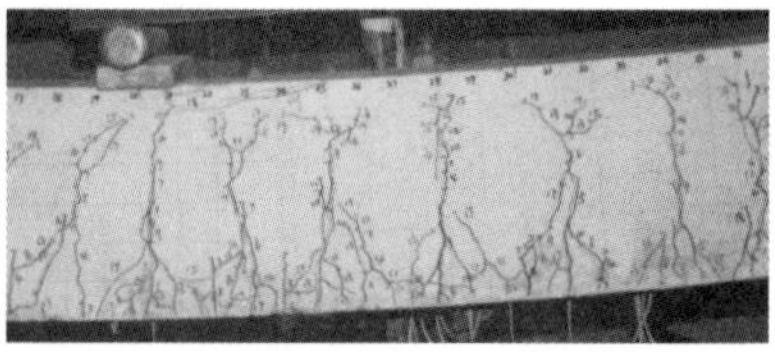

（b）纯弯段裂缝

图 5-7　SBH-33 最终破坏形态

（a）整体破坏形态

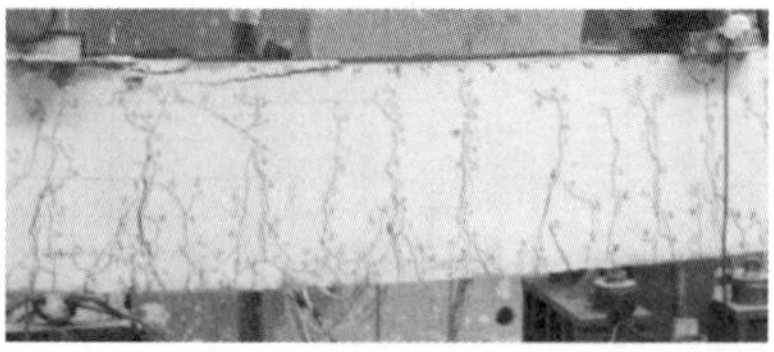

（b）纯弯段裂缝

图 5-8　SBH-66 最终破坏形态

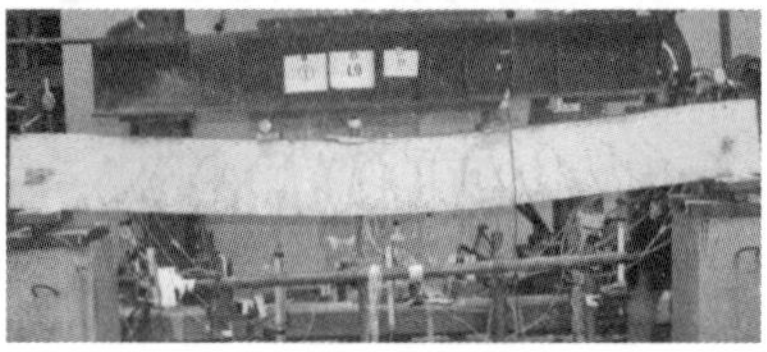

（a）整体破坏形态

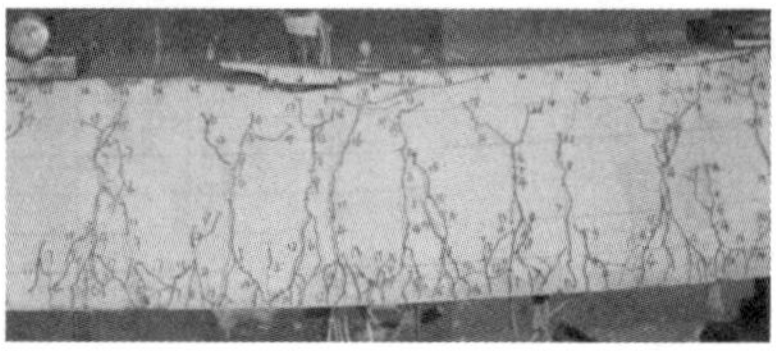

（b）纯弯段裂缝

图 5-9　SBH-100 最终破坏形态

由图 5-6～图 5-9 可见：①矩形截面高强混凝土梁受弯试件，各试件的破坏形态相近，均呈典型受弯破坏。②各试件破坏前产生较大塑性变形，有明显破坏预兆，为延性破坏。

5.2.3　受弯性能及计算分析

1. 荷载-挠度曲线

实测所得矩形截面高强混凝土梁受弯试件的荷载-跨中挠度（F-f）曲线如图 5-10 所示，骨架曲线比较如图 5-11 所示。

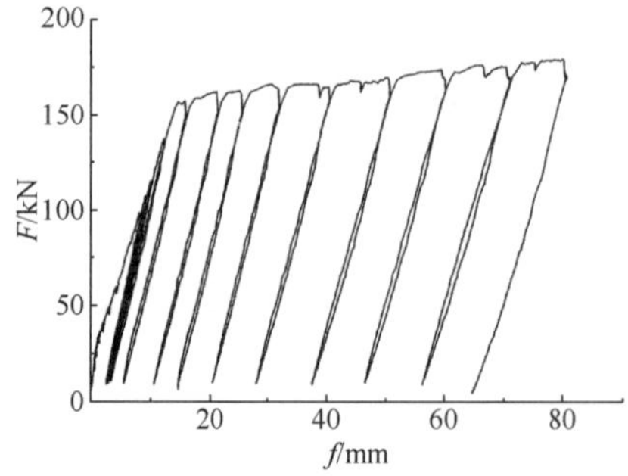

（a）SBH-0

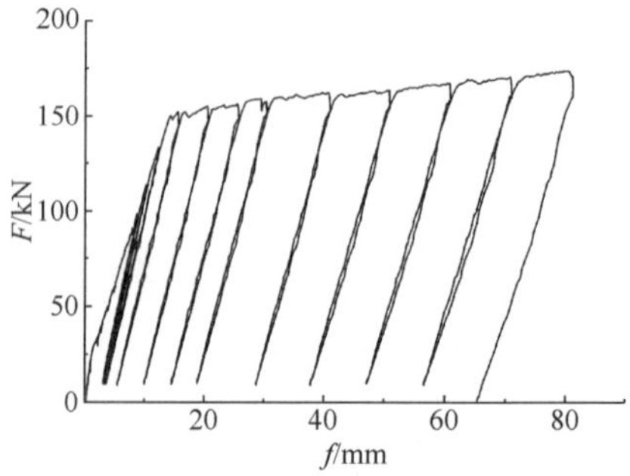

（b）SBH-33

图 5-10　矩形截面高强混凝土梁受弯试件 F-f 曲线

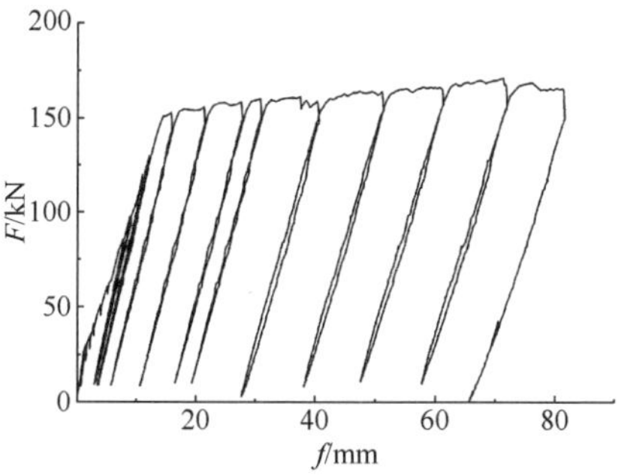

（c）SBH-66

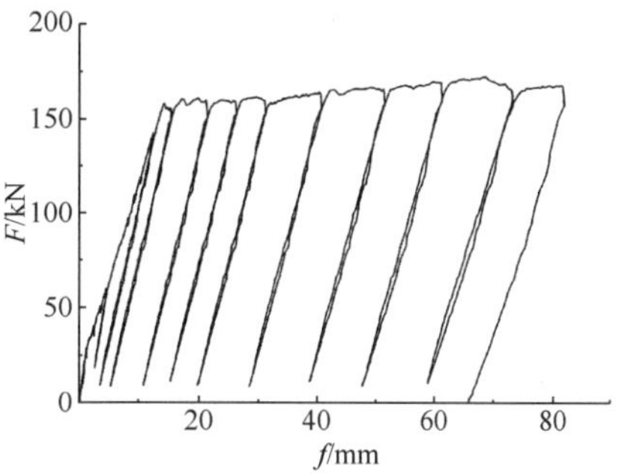

（d）SBH-100

图 5-10（续）

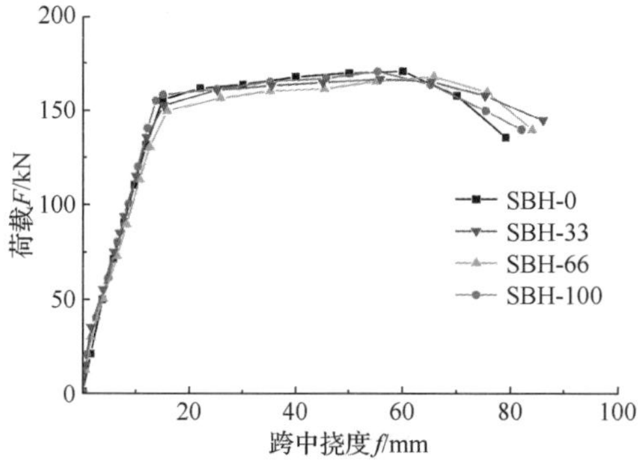

图 5-11　矩形截面高强混凝土梁受弯试件骨架曲线比较

由图 5-10 和图 5-11 可见：①矩形截面高强混凝土梁受弯试件，加载初期各试件处于弹性阶段，卸载后残余变形较小；随荷载增大，试件进入弹塑性阶段，塑性变形迅速增大，卸载后残余变形也不断增大，直至试件破坏。②从开始加载到纵筋屈服，各试件的骨架曲线基本重合，抗弯刚度接近；加载后期，各试件受弯承载力接近，峰值荷载后挠度发展略有不同。③各试件在正常使用极限状态（$M=0.6M_u$）下的挠度均小于《混凝土结构设计规范（2015 年版）》（GB 50010—2010）[59]中正常使用状态下的挠度限值 $l/200$（15mm），满足设计要求。

2. 特征荷载

各矩形截面高强混凝土梁受弯试件的开裂荷载 F_{cr}、屈服荷载 F_y、极限荷载 F_u 的实测值见表 5-8。

表 5-8　高强混凝土梁受弯试件的特征荷载实测值

试件编号	F_{cr}/kN	F_y/kN	F_u/kN
SBH-0	31.32	155.68	184.96
SBH-33	28.78	152.34	178.76
SBH-66	29.64	152.12	178.37
SBH-100	30.42	155.26	176.89

由表 5-8 可见：矩形截面高强混凝土梁受弯试件的特征荷载值相近，再生粗骨料混凝土的粗骨料取代率对试件的受弯性能影响不明显。

3. 延性及耗能

定义延性系数μ为矩形截面高强混凝土梁受弯试件跨中最大挠度与屈服挠度的比值，各试件延性系数μ的比较如图 5-12 所示。根据各试件的骨架曲线，取曲线所围面积作为试件耗能能力代表值 E，其结果比较见表 5-9。表 5-9 中，E/E_0 为试件的耗能能力代表值与普通混凝土试件耗能能力代表值之比。

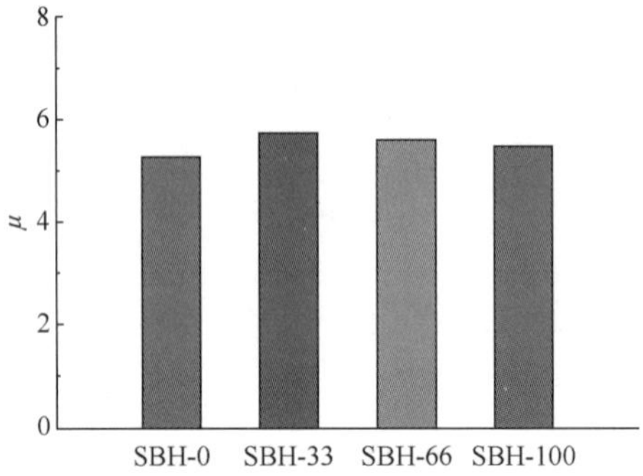

图 5-12　矩形截面高强混凝土梁受弯试件的延性系数比较

表 5-9　矩形截面高强混凝土梁受弯试件耗能代表值

试件编号	E/(kN·mm)	E/E_0
SBH-0	11734.92	1.00
SBH-33	12789.15	1.090
SBH-66	12270.02	1.046
SBH-100	12204.22	1.040

由图 5-12 和表 5-9 可见：①矩形截面高强再生混凝土梁受弯试件的延性系数略大于矩形截面高强普通混凝土梁。②矩形截面高强再生混凝土梁受弯试件的耗能能力略大于矩形截面高强普通混凝土梁。

4. 承载力计算

参照《混凝土结构设计规范（2015 年版）》（GB 50010—2010）[59]中梁受弯承载力计算公式，计算矩形截面高强混凝土梁受弯试件的承载力。其中，再生混凝土抗压强度按《再生混凝土结构技术标准》（JGJ/T 443—2018）[127]中相关技术规定进行折减。各试件受弯承载力计算值 $M_{u,cal}$ 与实测值 $M_{u,exp}$ 见表 5-10。

表 5-10　矩形截面高强混凝土梁受弯试件受弯承载力计算值与实测值

试件编号	$M_{u,cal}$/(kN·m)	$M_{u,exp}$/(kN·m)	$M_{u,cal}$ / $M_{u,exp}$
SBH-0	97.33	92.48	1.052
SBH-33	95.96	89.38	1.074
SBH-66	95.39	89.19	1.070
SBH-100	95.33	88.45	1.078

由表 5-10 可见：①各矩形截面高强混凝土梁受弯试件，承载力计算值与实测值误差为 5.2%～7.8%。②矩形截面高强再生混凝土梁受弯承载力，可近似采用矩形截面高强普通混凝土梁受弯承载力计算公式计算。

5.3　矩形截面再生混凝土梁受剪性能

5.3.1　试验概况

本节设计制作了 5 个矩形截面混凝土梁受剪试件，再生混凝土均采用再生粗骨料混凝土，混凝土设计强度等级分别为 C40、C60，试件的几何尺寸及配筋同图 5-1，试件设计参数见表 5-11。实测混凝土力学性能见表 5-12，实测钢材的力学性能同表 5-3。

表 5-11　矩形截面混凝土梁受剪试件设计参数

试件编号	混凝土设计强度等级	再生粗骨料取代率ρ_c/%	纵筋配筋率/%	体积配箍率/%
SBM-0	C40	0		
SBM-33	C40	33		
SBH-33	C60	33	1.15	0.65
SBH-66	C60	66		
SBH-100	C60	100		

表 5-12　实测混凝土力学性能

混凝土强度等级	再生粗骨料取代率ρ_c/%	立方体抗压强度f_{cu}/MPa	弹性模量E_c/(10^4MPa)
C30	0	35.9	3.6
	33	46.4	3.4
C60	33	57.1	3.3
	66	57.9	3.0
	100	56.6	2.9

试验通过分配梁进行两点加载，加载点与支座间梁段的剪跨比为 1.08。采用单向重

复加载，并由力和位移分别控制弹性和弹塑性阶段加载，直至弯剪区段梁的混凝土破坏。试件各位移测点布置如图 5-13 所示。

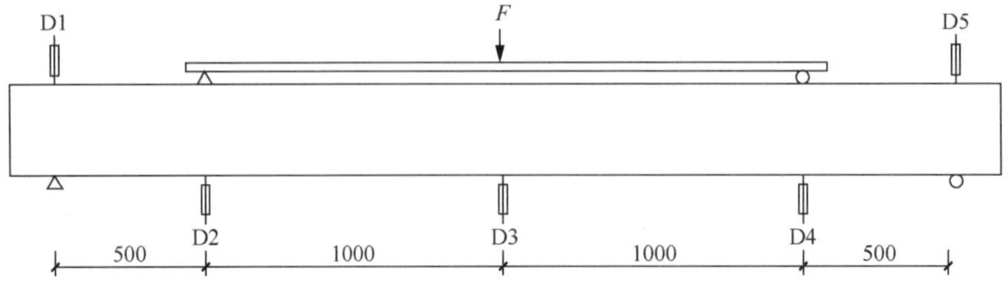

图 5-13 试件的位移测点布置（单位：mm）

5.3.2 破坏特征

实测所得矩形截面混凝土梁受剪试件的破坏形态如图 5-14 所示。

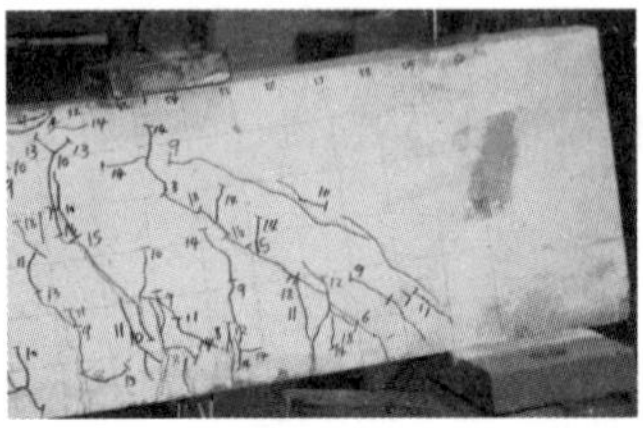

（a）SBM-0

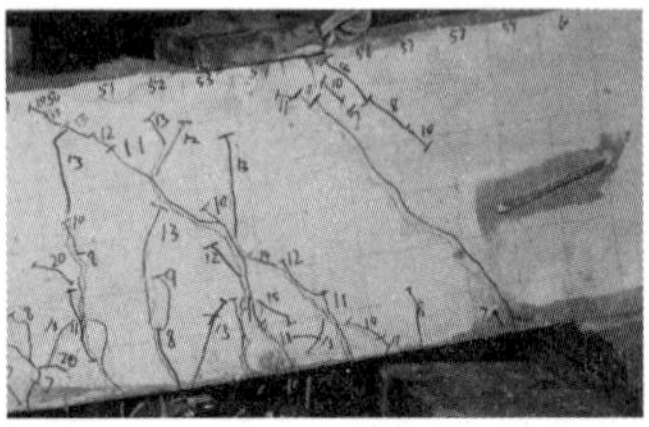

（b）SBM-33

（c）SBH-33

（d）SBH-66

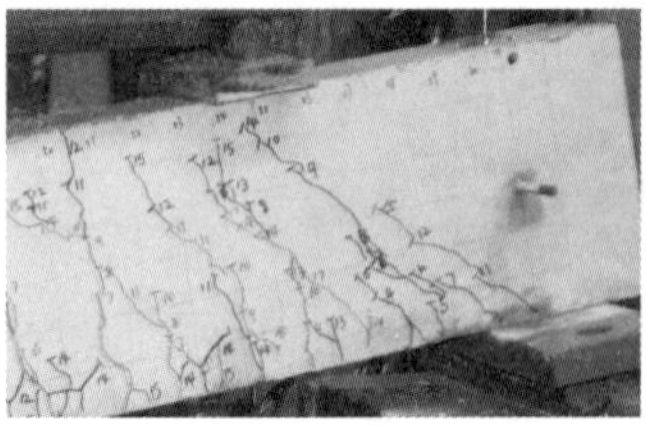

（e）SBH-100

图 5-14 矩形截面混凝土梁受剪试件破坏形态

由图 5-14 可见：①矩形截面混凝土梁受剪试件的破坏形态相近，均属于剪压破坏。②矩形截面再生混凝土梁受剪试件，其弯剪区段斜裂缝数量比矩形截面普通混凝土梁弯剪区段裂缝多且裂缝相对较宽。

5.3.3 受剪性能及计算分析

1. 荷载-挠度曲线

实测所得矩形截面混凝土梁受剪试件的荷载-跨中挠度（F-f）曲线如图 5-15 所示，骨架曲线比较如图 5-16 所示。

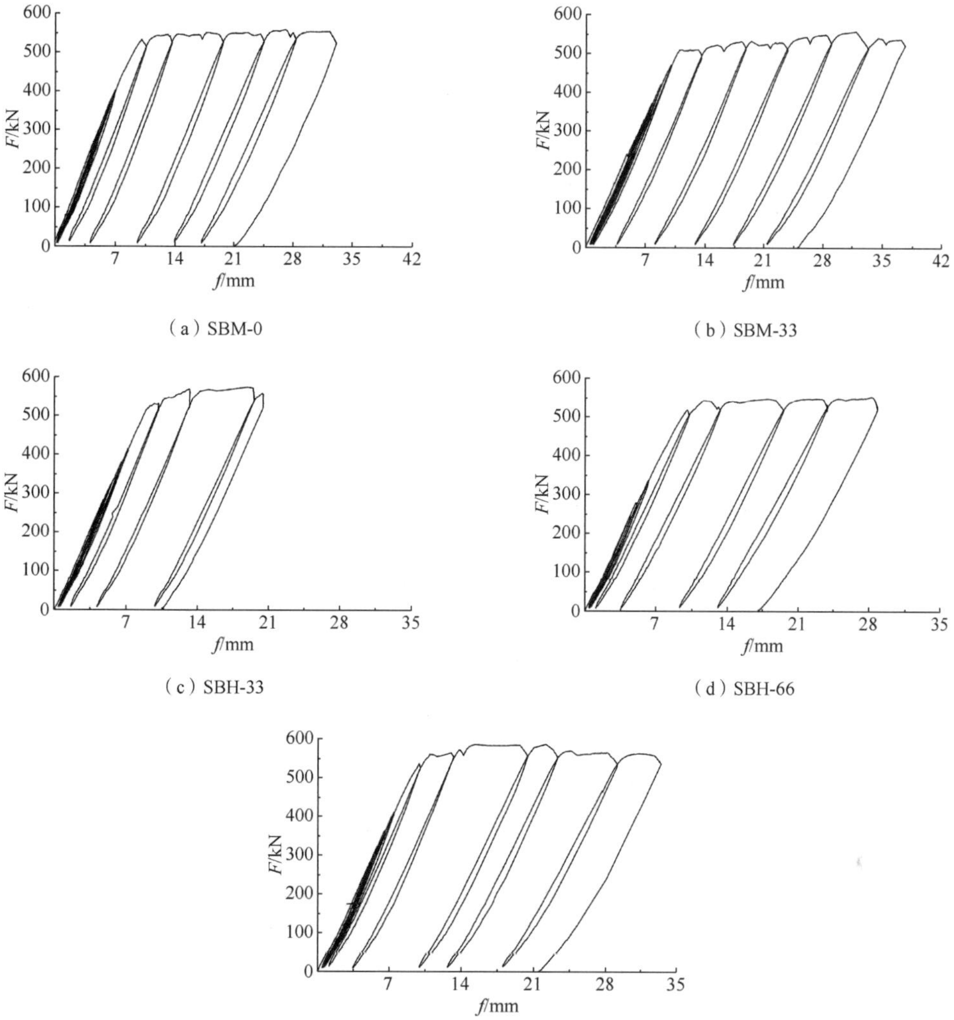

（a）SBM-0　（b）SBM-33

（c）SBH-33　（d）SBH-66

（e）SBH-100

图 5-15　矩形截面混凝土梁受剪试件的 F-f 曲线

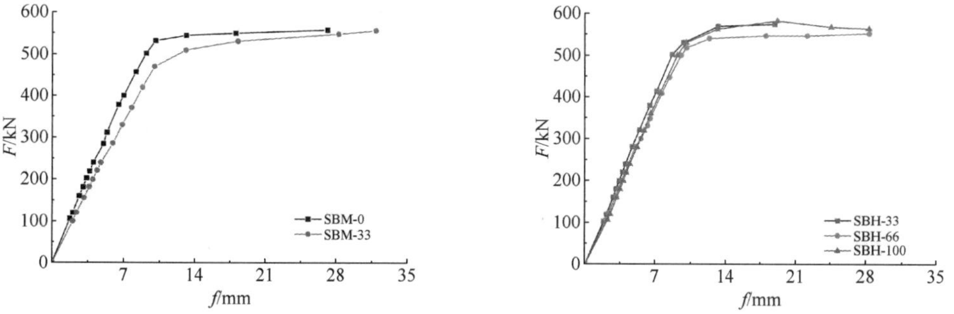

（a）中强混凝土梁受剪试件　（b）高强混凝土梁受剪试件

图 5-16　矩形截面混凝土梁受剪试件的骨架曲线比较

由图 5-15 和图 5-16 可见：①矩形截面混凝土梁受剪试件的 F-f 曲线走势相同，加载初期各试件均处于弹性阶段，试件开裂后进入弹塑性阶段，达到屈服荷载后各试件跨中挠度迅速增加，骨架曲线斜率越来越小，直至试件破坏。②矩形截面再生混凝土梁受剪试件的初始刚度、受剪承载力略低于矩形截面普通混凝土梁试件。③不同再生粗骨料取代率的再生混凝土梁试件的骨架曲线较为接近，表明再生粗骨料取代率对再生粗骨料混凝土梁的受剪性能影响不明显。

2. 特征荷载

矩形截面混凝土梁受剪试件的开裂荷载 F_{cr}、屈服荷载 F_y、极限荷载 F_u 的实测值见表 5-13。

表 5-13　矩形截面混凝土梁受剪试件特征荷载实测值

试件编号	F_{cr}/kN	F_y/kN	F_u/kN
SBM-0	280.08	530.06	553.08
SBM-33	240.12	470.14	548.04
SBH-33	242.05	532.27	562.31
SBH-66	223.32	516.15	556.47
SBH-100	200.48	500.33	560.49

由表 5-13 可见：①矩形截面混凝土梁受剪试件，相同混凝土强度等级下，再生混凝土梁开裂荷载、屈服荷载随再生粗骨料取代率增加而有所减小，但极限荷载变化较小。②矩形截面混凝土梁受剪试件，再生混凝土强度较高试件的极限荷载相应较大。

3. 承载力计算

参照《混凝土结构设计规范（2015 年版）》（GB 50010—2010）中适筋梁受剪承载力计算公式，对各矩形截面混凝土梁受剪试件进行受剪承载力计算。其中，再生混凝土抗压强度按《再生混凝土结构技术标准》（JGJ/T 443—2018）中相关规定进行折减。各矩形截面混凝土梁受剪试件的受剪承载力计算值 V_{cal} 与实测值 V_{exp} 比较见表 5-14。

表 5-14　矩形截面混凝土梁受剪试件的受剪承载力实测值与计算值比较

试件编号	V_{cal}/kN	V_{exp} /kN	V_{cal} /V_{exp}
SBM-0	536.97	553.08	0.971
SBM-33	504.20	548.04	0.920
SBH-33	551.06	562.31	0.980
SBH-66	550.91	556.47	0.990
SBH-100	549.28	560.49	0.980

由表 5-14 可见：①矩形截面混凝土梁受剪试件，各试件受剪承载力计算值略小于实测值，误差为 1.0%～8.0%。②矩形截面再生混凝土梁受剪试件的受剪承载力，可近

似采用普通混凝土梁受剪承载力计算公式计算。

5.4　矩形截面与 T 形截面高强再生混凝土梁受弯性能

5.4.1　试验概况

本节设计制作了 6 个高强混凝土梁试件，其中，3 个为矩形截面梁试件、3 个为 T 形截面梁试件。试件混凝土设计强度等级为 C60，不同截面高强混凝土梁受弯试件编号及设计参数见表 5-15，试件的几何尺寸及配筋如图 5-17 所示。

表 5-15　不同截面高强混凝土梁受弯试件设计参数

试件编号	混凝土设计强度等级	再生粗骨料取代率ρ_c/%	梁截面形式	翼缘尺寸	纵筋配筋率/%
SBH-0	C60	0	矩形截面		1.2
SBH-50		50			
SBH-100		100			
TBH-0		0	T 形截面	1400mm×100mm	
TBH-50		50			
TBH-100		100			

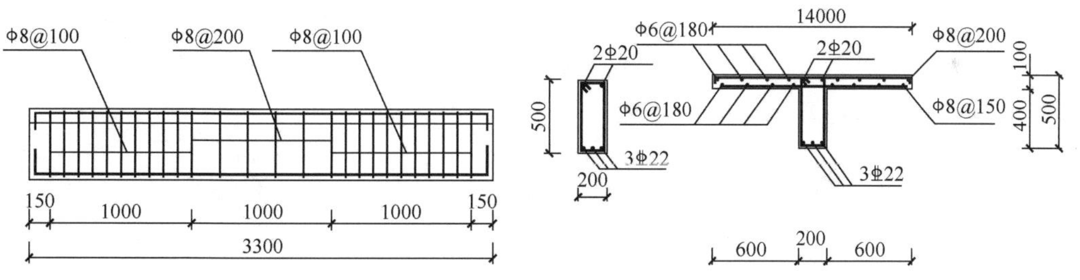

（a）矩形截面梁　　（b）T形截面梁

图 5-17　试件的几何尺寸及配筋（单位：mm）

实测混凝土力学性能见表 5-16，实测钢筋力学性能见表 5-17。

表 5-16　实测混凝土力学性能

混凝土强度等级	再生粗骨料取代率ρ_c/%	立方体抗压强度f_{cu}/MPa	弹性模量 E_c/(10^4MPa)
C60	0	67.5	3.5
	50	67.9	3.4
	100	60.6	3.2

表 5-17 实测钢筋力学性能

钢筋类型	钢筋直径 D/mm	屈服强度 f_y/MPa	极限强度 f_u/MPa	弹性模量 E_s/(10^5MPa)
HRB400	22	422	586	2.01
HPB300	8	334	445	2.10

试验采用三分点加载，在梁跨中形成 1000mm 纯弯段。试验采用单向逐级加载，并由力和位移分别控制弹性和弹塑性阶段加载，直至受压区混凝土破坏结束试验，试验测点布置同图 5-2。

5.4.2 破坏特征

实测所得矩形截面和 T 形截面高强混凝土梁受弯试件的破坏形态如图 5-18 所示。

（a）SBH-0　（b）SBH-50　（c）SBH-100

（d）TBH-0　（e）TBH-50　（f）TBH-100

图 5-18 矩形截面和 T 形截面高强混凝土梁受弯试件的破坏形态

由图 5-18 可见：①不同截面高强混凝土梁受弯试件的破坏形态为弯曲破坏。②相同截面形式的再生混凝土梁裂缝开展过程接近。③T 形截面梁的破坏过程与矩形梁不同，当 T 形截面梁跨中出现竖向裂缝后，跨中裂缝会较早延伸至梁翼缘板底部，形成竖向裂缝。④T 形截面梁纵筋屈服前跨中竖向裂缝开展比矩形截面梁略慢，但纵筋屈服后 T 形截面梁的中和轴位置高，竖向裂缝延伸至梁翼缘板底且梁腹板裂缝宽度逐渐大于矩形截面梁。

5.4.3 受弯性能及计算分析

1. 荷载-挠度曲线

实测所得不同截面高强混凝土梁受弯试件的荷载-跨中挠度（F-f）曲线如图 5-19 所示。

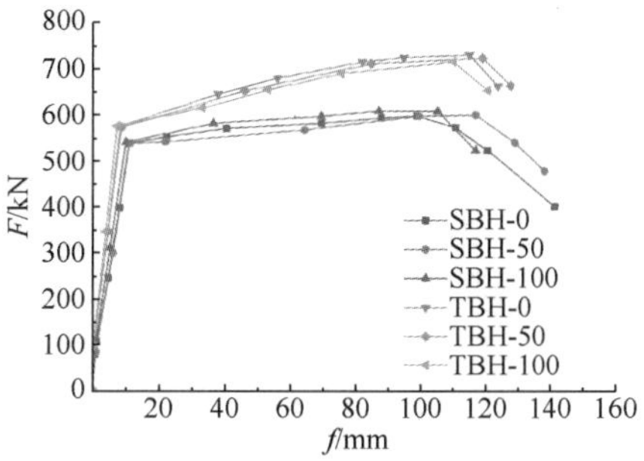

图 5-19 不同截面高强混凝土梁试件的 F-f 曲线比较

由图 5-19 可见：①随荷载增加，两种不同截面形式的高强混凝土梁受弯试件均经历弹性阶段、弹塑性阶段和破坏阶段。②T 形截面梁在纵筋屈服前，整体刚度大于矩形截面梁，且在加载后期试件刚度也明显大于矩形截面梁。③T 形截面高强混凝土梁受弯试件的全过程受力性能明显好于矩形截面梁。

2. 特征荷载

不同截面高强混凝土梁受弯试件的开裂荷载 F_{cr}、屈服荷载 F_y、极限荷载 F_u 的实测值见表 5-18。

表 5-18 不同截面高强混凝土梁受弯试件的特征荷载实测值

试件编号	F_{cr}/kN	F_y/kN	F_u/kN
SBH-0	106.52	540.56	594.48
SBH-50	105.22	540.89	600.62
SBH-100	107.54	545.20	604.89
TBH-0	111.44	576.14	715.48
TBH-50	108.56	572.88	723.38
TBH-100	106.48	576.98	730.25

由表 5-18 可见：①T 形截面高强混凝土梁受弯试件的开裂荷载与矩形截面梁受弯试件接近，但屈服荷载和极限荷载明显大于矩形截面梁受弯试件。②相同截面形式下，不同再生粗骨料取代率的再生粗骨料混凝土梁的受弯开裂荷载、屈服荷载和极限荷载接近，再生粗骨料取代率对梁受弯性能影响并不明显。

3. 延性及耗能

实测所得不同截面高强混凝土梁受弯试件的延性系数μ比较如图 5-20 所示。采取 5.2.3 节的耗能计算方法，计算所得各受弯试件的耗能能力代表值 E 见表 5-19，其中 E/E_0 为各试件的耗能能力代表值与普通混凝土试件的耗能能力代表值之比。

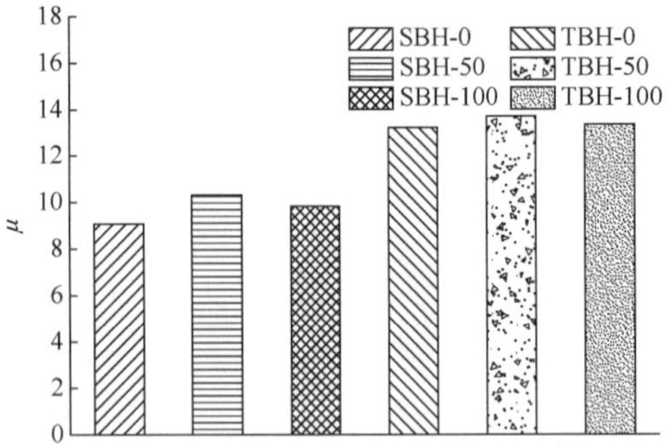

图 5-20　不同截面高强混凝土梁试件的延性系数比较

表 5-19　受弯试件的耗能实测值比较

试件编号	E/(kN·mm)	E/E_0
SBH-0	59743.03	1.000[a]
SBH-50	66133.61	1.107[a]
SBH-100	58973.55	0.987[a]
TBH-0	85112.00	1.000[b]
TBH-50	90182.35	1.060[b]
TBH-100	83485.41	0.981[b]

a SBH-0、SBH-50、SBH-100 分别与 SBH-0 的比值。

b TBH-0、TBH-50 和 TBH-100 与 TBH-0 的比值。

由图 5-20 和表 5-19 可见：①相同截面形状下，不同再生粗骨料取代率的再生粗骨料混凝土梁受弯试件的延性系数及耗能能力接近。②T 形截面梁受弯试件的延性及耗能能力比矩形截面梁受弯试件明显提高。

4. 承载力计算

《混凝土结构设计规范（2015 年版）》（GB 50010—2010）给出了不同截面形式的混凝土梁受弯承载力计算公式，按该规范公式计算不同截面高强混凝土梁受弯试件的受弯承载力，并将计算值 $M_{u,cal}$ 与实测值 $M_{u,exp}$ 进行比较，见表 5-20。计算中，对再生粗骨料混凝土试件，按《再生混凝土结构技术标准》（JGJ/T 443—2018）中相关技术规定对再生混凝土抗压强度进行了折减。

表 5-20　不同截面高强混凝土梁受弯试件承载力实测值与计算值

试件编号	$M_{u,cal}$/(kN·m)	$M_{u,exp}$/(kN·m)	$M_{u,cal}/M_{u,exp}$
SBH-0	297.24	272.76	1.090
SBH-50	300.31	272.20	1.103
SBH-100	302.45	270.59	1.118
TBH-0	357.52	327.08	1.093

续表

试件编号	$M_{u,cal}$/(kN • m)	$M_{u,exp}$/(kN • m)	$M_{u,cal}$ /$M_{u,exp}$
TBH-50	361.73	326.66	1.107
TBH-100	365.24	321.22	1.137

由表 5-20 可见：①不同截面高强混凝土梁受弯试件，受弯承载力计算值与实测值误差为 9.0%～13.7%。②不同截面的高强再生混凝土梁受弯试件受弯承载力，可近似采用普通混凝土梁受弯承载力计算公式计算。

5. 挠度计算

采用 5.1.3 节计算方法，计算 $0.5M_u$～$0.7M_u$ 状态下不同截面高强混凝土梁受弯试件的跨中挠度，计算结果 f_{cal} 与实测值 f_{exp} 比较见表 5-21。其中，对再生粗骨料混凝土试件，按《再生混凝土结构技术标准》（JGJ/T 443—2018）中相关规定对变形计算值进行修正。

表 5-21 不同截面高强再生混凝土梁受弯试件跨中挠度实测值与计算值比较

编号	M/(kN • m)	B_s/(10^{13}N • mm^2)	f_{cal}/mm	f_{exp}/mm	f_{exp}/ f_{cal}
SBH-0	160.13	2.85	5.39	5.83	1.082
	175.41		5.91	6.26	1.059
	190.40		6.41	6.82	1.064
SBH-50	160.15	2.83	5.43	6.41	1.180
	175.14		5.94	6.92	1.165
	190.56		6.46	7.69	1.190
SBH-100	160.00	2.77	5.53	5.61	1.014
	175.14		6.06	6.07	1.002
	190.41		6.59	6.62	1.005
TBH-0	198.08	3.48	5.46	5.55	1.016
	222.09		6.12	6.08	0.993
	243.10		6.70	6.70	1.000
TBH-50	200.55	3.47	5.54	5.21	0.940
	215.63		6.10	6.19	1.015
	240.64		6.65	6.86	1.032
TBH-100	200.56	3.45	5.57	5.20	0.934
	223.29		6.20	5.91	0.953
	243.35		6.76	6.67	0.987

由表 5-21 可见：①不同截面高强混凝土梁受弯试件，跨中挠度计算值与实测值误差为 0.2%～19.0%。②不同截面高强再生混凝土梁受弯试件挠度，可近似采用普通混凝土梁受弯试件挠度计算公式计算。

5.5　矩形截面与 T 形截面高强再生混凝土梁受剪性能

5.5.1　试验概况

本节设计制作了 6 个不同截面高强再生混凝土梁受剪试件，其中，3 个为矩形截面试件，3 个为 T 形截面试件。试件混凝土设计强度等级为 C60，试件设计参数见表 5-22，试件几何尺寸及配筋如图 5-21 所示，实测混凝土力学性能和实测钢筋力学性能同表 5-16、表 5-17。

表 5-22　不同截面高强混凝土梁受剪试件设计参数

试件编号	再生粗骨料取代率 ρ_c/%	截面形式	翼缘尺寸	纵筋配筋率/%
SBH-0	0	矩形截面		1.2
SBH-50	50			
SBH-100	100			
TBH-0	0	T 形截面	1400mm×100mm	
TBH-50	50			
TBH-100	100			

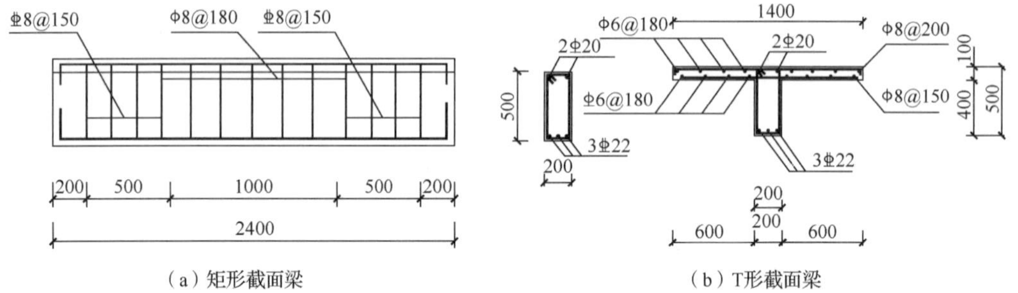

图 5-21　不同截面高强再生混凝土梁受剪试件几何尺寸及配筋（单位：mm）

试验通过分配梁进行两点加载，加载点与支座间梁段的剪跨比为 1.08。采用单向重复加载，并由力和位移分别控制弹性和弹塑性阶段加载，直至弯剪区段混凝土破坏。试件各位移测点布置同图 5-13。

5.5.2　破坏特征

矩形截面和 T 形截面高强混凝土梁受剪试件的破坏形态如图 5-22 所示。

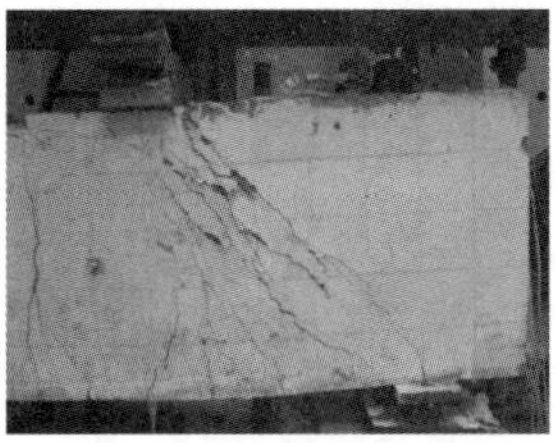

（a）SBH-0

（b）SBH-50

（c）SBH-100

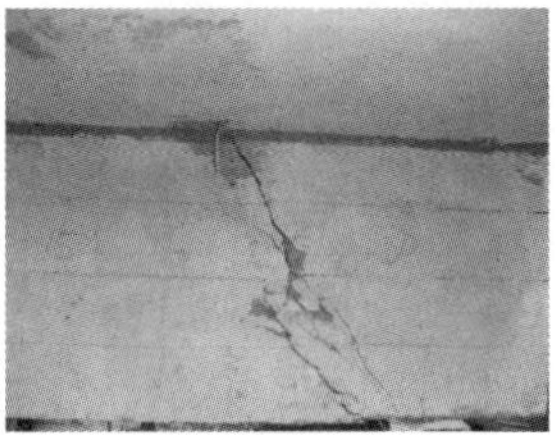

（d）TBH-0

（e）TBH-50

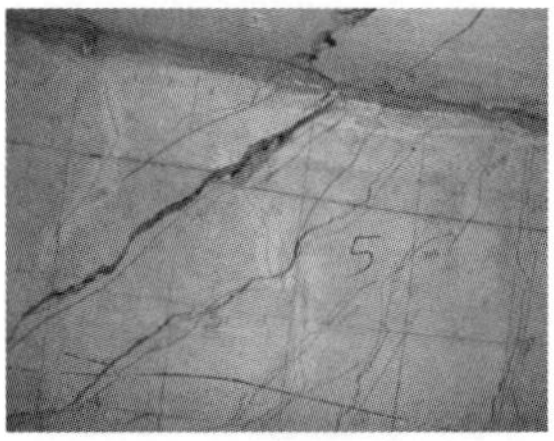

（f）TBH-100

图 5-22　矩形截面和 T 形截面高强混凝土梁受剪试件的破坏形态

由图 5-22 可见：①不同截面高强混凝土梁受剪试件，其破坏形态均为剪切破坏。②T 形截面梁弯剪段开裂后，梁斜裂缝数量新增不多，随荷载增加，T 形截面梁逐渐形成一条主斜裂缝且裂缝宽度明显大于矩形截面梁受剪试件。③T 形截面梁箍筋被拉断，梁有沿斜裂缝被剪成两部分的趋势。④相同截面的试件破坏过程相近，再生混凝土试件的斜裂缝相对宽些。

5.5.3　受剪性能及计算分析

1. 荷载-挠度曲线

不同截面高强混凝土梁受剪试件的荷载-跨中挠度（*F*-*f*）曲线如图 5-23 所示。

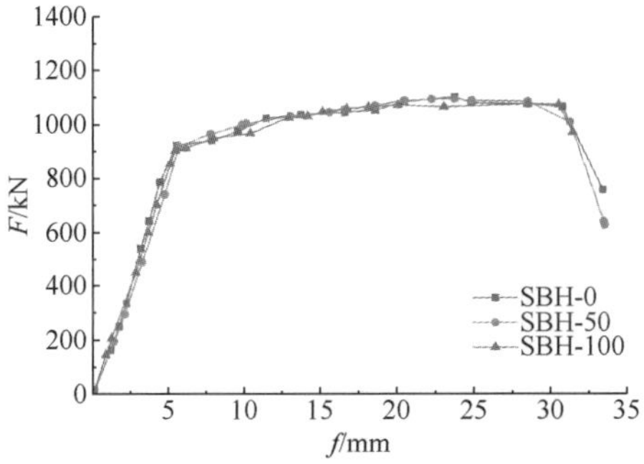

（a）矩形截面梁

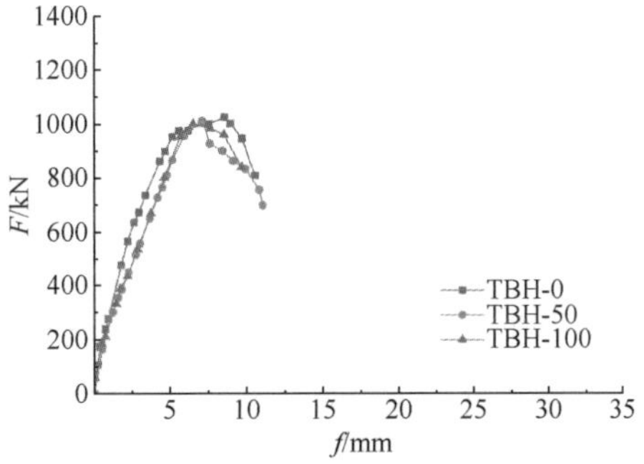

（b）T形截面梁

图 5-23　不同截面高强混凝土梁受剪试件的 *F*-*f* 曲线

由图 5-23 可见：①两种不同截面梁的受剪过程均经历弹性阶段、弹塑性阶段和破坏阶段；两种截面形式梁的斜截面承载力接近。②矩形截面梁在加载过程中有较好的变形能力。

2. 特征荷载

不同截面高强混凝土梁受剪试件的开裂荷载 F_{cr} 和极限荷载 F_u 实测值见表 5-23。

表 5-23 不同截面高强混凝土梁受剪试件的特征荷载实测值

试件编号	F_{cr}/kN	F_u/kN
SBH-0	310.34	1101.54
SBH-50	314.65	1093.88
SBH-100	302.97	1075.50
TBH-0	298.28	1025.59
TBH-50	293.67	1012.11
TBH-100	290.43	1008.48

由表 5-23 可见：①相同截面高强混凝土梁受剪试件的开裂荷载、极限荷载接近。②再生粗骨料取代率对高强再生混凝土梁受剪承载力影响不明显。

3. 承载力计算

参照《混凝土结构设计规范（2015 年版）》（GB 50010—2010）中仅配置箍筋的矩形、T 形截面构件斜截面受剪承载力计算公式，计算高强混凝土梁受剪试件的受剪承载力，并将试验结果 V_t 与计算值 V_c 进行比较，见表 5-24。其中，对再生粗骨料混凝土试件，按《再生混凝土结构技术标准》（JGJ/T 443—2018）中相关技术规定对再生混凝土强度进行折减。

表 5-24 不同截面高强混凝土梁受剪试件承载力计算值与实测值比较

试件编号	V_c/kN	V_t/kN	V_c/V_t
SBH-0	930.87	1101.54	0.845
SBH-50	937.26	1093.88	0.857
SBH-100	905.27	1075.50	0.842
TBH-0	930.87	1025.59	0.908
TBH-50	937.26	1012.11	0.926
TBH-100	905.27	1008.48	0.898

由表 5-24 可见：①不同截面高强混凝土梁受剪试件，各试件承载力计算值与实测值误差为 7.4%～15.8%。②不同截面高强再生混凝土梁试件受剪承载力，可近似采用普通混凝土梁受剪承载力计算公式计算。

5.6 本章小结

本章进行了不同设计参数的矩形截面和 T 形截面再生混凝土梁受弯及受剪性能试验，分析了梁的破坏过程、承载力、刚度与变形，结果如下。

（1）对于矩形截面中强混凝土梁受弯试件，同时掺入再生粗、细骨料的再生混凝土梁试件的刚度略低于其他试件，变形能力也有一定下降。

（2）矩形截面高强混凝土梁受弯试件的特征荷载值相近，再生粗骨料混凝土试件的粗骨料取代率对试件的受弯性能影响并不明显。

（3）矩形截面再生混凝土梁受剪试件的初始刚度及受剪承载力略低于矩形截面普通混凝土梁试件；再生粗骨料取代率对再生粗骨料混凝土梁的受剪性能影响不明显。

（4）矩形截面与 T 形截面高强混凝土梁受弯试件在相同截面形式下，不同再生粗骨料取代率的再生粗骨料混凝土梁的受弯开裂荷载、屈服荷载和极限荷载接近；T 形截面梁受弯试件的延性及耗能能力比矩形截面梁受弯试件明显提高。

（5）矩形截面与 T 形截面高强混凝土梁受剪试件，受剪过程均经历弹性阶段、弹塑性阶段和破坏阶段；相同截面高强混凝土梁受剪试件的开裂荷载、极限荷载接近，再生粗骨料取代率对高强再生混凝土梁受剪承载力影响并不明显；矩形截面高强混凝土梁受剪试件具有相对好的变形能力。

（6）《混凝土结构设计规范（2015 年版）》（GB 50010—2010）中，关于矩形截面、T 形截面普通混凝土梁受弯、受剪承载力的计算公式，可用于计算再生粗骨料混凝土梁受弯、受剪承载力，但对梁的再生粗骨料混凝土强度应按《再生混凝土结构技术标准》（JGJ/T 443—2018）中相关规定进行折减。

第 6 章　再生混凝土板受弯性能

6.1　再生混凝土楼板受弯性能

6.1.1　中强再生混凝土楼板受弯性能

1. 试验概况

本节设计制作了 4 个中强混凝土楼板，试件长度为 3200mm，宽度为 720mm，试件的设计参数见表 6-1，试件的尺寸及配筋如图 6-1 所示。

表 6-1　再生混凝土楼板试件的设计参数

试件编号	混凝土强度等级	再生粗骨料取代率ρ_c/%	楼板厚度/mm	楼板配筋率/%
MB120-1	C40	0	120	0.55
MB120-2		100	120	0.55
MB150-1		0	150	0.75
MB150-2		100	150	0.75

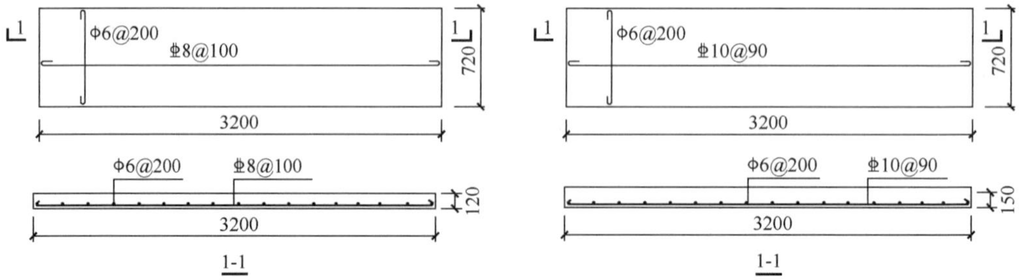

（a）试件MB120-1、MB120-2　　（b）试件MB150-1、MB150-2

图 6-1　试件的几何尺寸及配筋（尺寸单位：mm）

实测混凝土力学性能见表 6-2，所用钢筋实测力学性能见表 6-3。

表 6-2　实测混凝土力学性能

混凝土设计强度等级	再生粗骨料取代率ρ_c/%	立方体抗压强度f_{cu}/MPa	弹性模量E_c/(10^4MPa)
C40	0	39.7	3.09
	100	40.9	2.85

表 6-3　钢筋实测力学性能

钢筋类型	钢筋直径 D/mm	屈服强度 f_y/MPa	极限强度 f_u/MPa	弹性模量 E_s/(10^5MPa)
HPB300	6	383	453	1.87
HRB400	8	445	660	2.01
HRB400	10	428	643	1.98

荷载通过分配梁加载至楼板的三分点。加载初期采用单向逐级加载，进入弹塑性阶段后改为单向重复加载；采用力和位移联合控制弹性阶段和弹塑性阶段加载，当试件承载力明显下降或者受压区压坏时停止加载。测点布置与加载装置如图 6-2 所示。

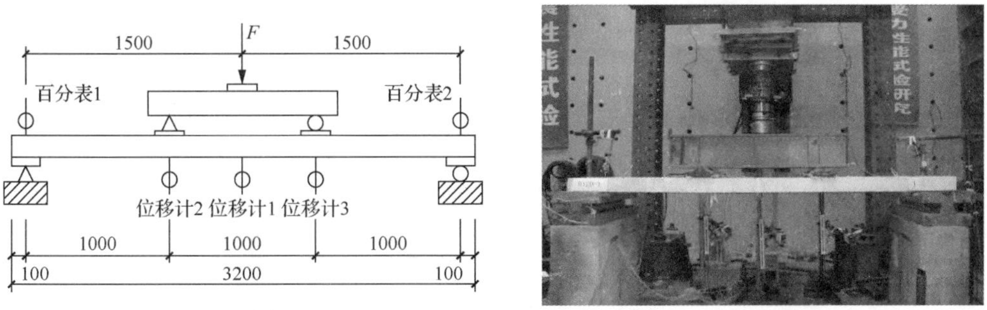

（a）测点布置　（b）加载装置

图 6-2　测点布置与加载装置（单位：mm）

2. 破坏特征

中强再生混凝土楼板的破坏形态如图 6-3～图 6-6 所示。

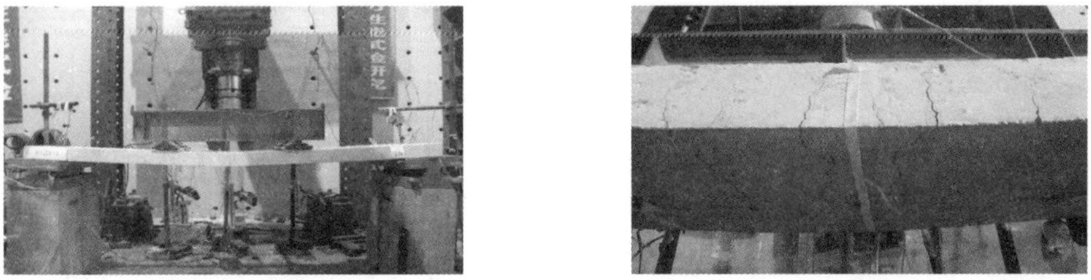

（a）整体破坏形态　（b）跨中裂缝

图 6-3　MB120-1 破坏形态

（a）整体破坏形态　（b）跨中裂缝

图 6-4　MB120-2 破坏形态

（a）整体破坏形态　　　　（b）跨中裂缝

图 6-5　MB150-1 破坏形态

（a）整体破坏形态　　　　（b）跨中裂缝

图 6-6　MB150-2 破坏形态

由图 6-3～图 6-6 可见：①各试件加载过程中均经历了混凝土开裂、混凝土裂缝由板底向上扩展、受拉纵筋屈服、楼板上部混凝土受压破坏、承载力下降等阶段，破坏形态均为弯曲破坏，裂缝分布也较接近；②与普通混凝土楼板试件相比，掺入再生粗骨料的楼板裂缝发展更充分、延性更好。

3. 受弯性能

各试件的开裂荷载 F_{cr}、屈服荷载 F_y、极限荷载 F_u 的实测值见表 6-4。

表 6-4　再生混凝土楼板试件的特征荷载实测值

编号	F_{cr}/kN	F_y/kN	F_u/kN
MB120-1	14.17	51.85	54.32
MB120-2	14.23	51.60	52.81
MB150-1	22.80	118.95	121.07
MB150-2	22.20	115.26	118.67

由表 6-4 可见：①对比板厚相同试件，再生混凝土楼板与普通混凝土楼板的开裂、屈服荷载接近，极限荷载略有下降；②对比相同再生粗骨料取代率的两组试件，因配筋率提高 36.4%，板厚增加 25%，楼板的开裂、屈服及极限荷载均大幅提高。

各试件的荷载-跨中挠度曲线如图 6-7 所示，骨架曲线比较如图 6-8 所示。

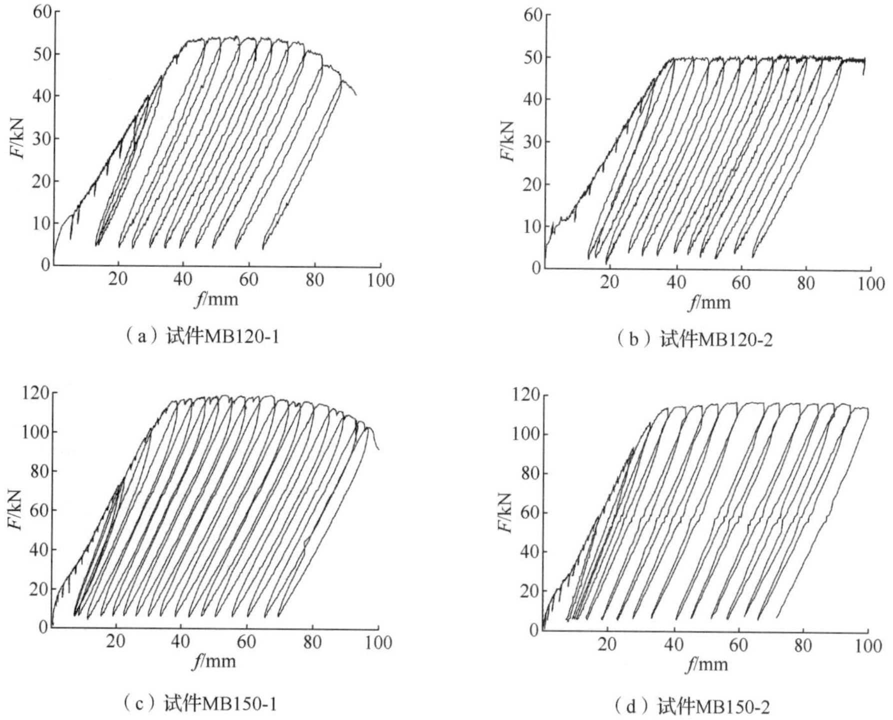

（a）试件MB120-1　（b）试件MB120-2

（c）试件MB150-1　（d）试件MB150-2

图 6-7　再生混凝土楼板试件的 *P-f* 曲线

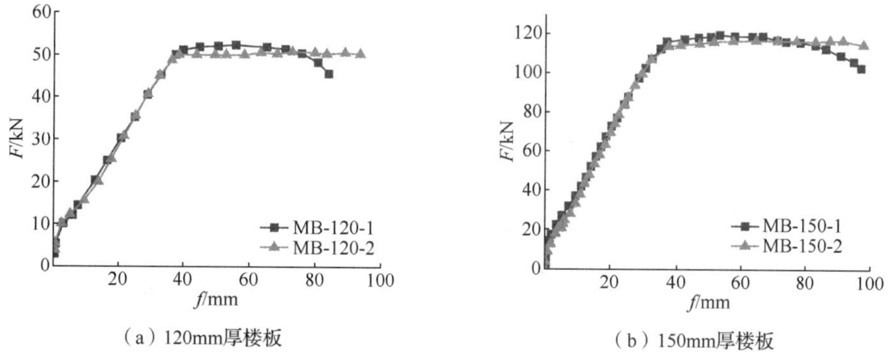

（a）120mm厚楼板　（b）150mm厚楼板

图 6-8　再生混凝土楼板试件的骨架曲线比较

由图 6-7 和图 6-8 可见，试件加载过程共经历三个阶段，即弹性阶段、弹塑性阶段和破坏阶段。加载初期，各试件处于弹性阶段；开裂后进入弹塑性阶段，此时 *P-f* 曲线仍近似直线；继续加载，各试件承载力随位移增加基本保持不变，随后承载力逐渐下降，再生混凝土楼板下降段更缓，延性更好。

6.1.2 带钢筋桁架高强再生混凝土楼板受弯性能

1. 试验概况

本节设计制作了 6 个高强混凝土楼板，试验研究变量包括再生粗骨料取代率、板厚、配筋率及是否设置钢筋桁架。试件的设计参数见表 6-5。试件 HB150-2、HB150-3 在两端和中部沿板宽设置 3 榀钢筋桁架，钢筋桁架上弦杆钢筋采用直径 10mm 的 HRB400 钢筋，下弦杆钢筋为试件对应的受力纵筋，腹杆钢筋用直径 6mm 的 HPB300 钢筋弯折成型并与弦杆焊接。各试件几何尺寸及配筋如图 6-9 所示。

表 6-5 高强再生混凝土楼板试件的设计参数

试件编号	混凝土设计强度等级	再生粗骨料取代率 ρ_c/%	楼板厚度/mm	楼板配筋率/%	钢筋桁架设置
HB120-1	C60	100	120	0.55	无
HB120-2	C60	100	120	0.83	无
HB120-3	C60	0	120	0.83	无
HB150-1	C60	100	150	0.75	无
HB150-2	C60	100	150	0.75	有
HB150-3	C60	0	150	0.75	有

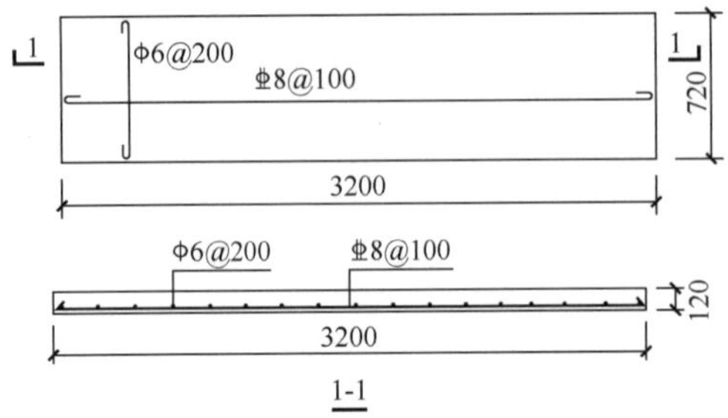

(a) HB120-1

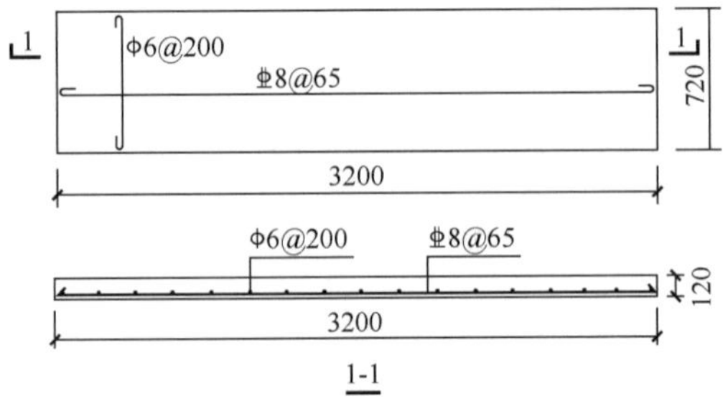

(b) HB120-2、HB120-3

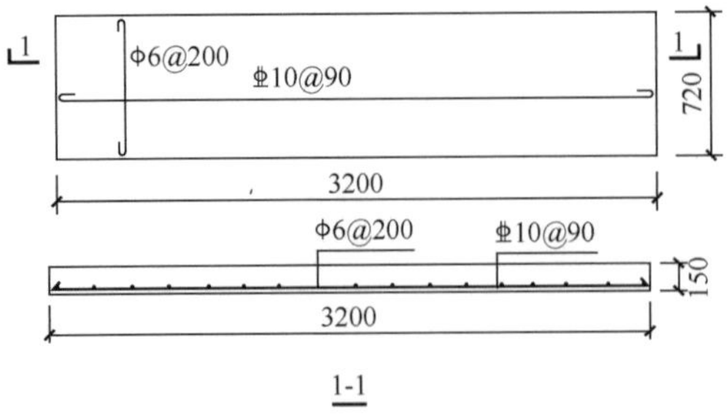

(c) HB150-1

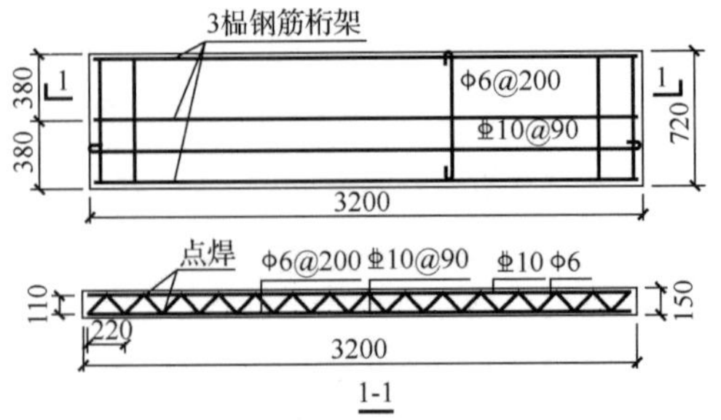

(d) HB150-2、HB150-3

图 6-9 高强再生混凝土楼板试件的几何尺寸及配筋（单位：mm）

实测混凝土力学性能见表 6-6，所用钢筋的力学性能及试验加载方案同 6.1 节。

表 6-6 高强再生混凝土楼板的实测混凝土力学性能

混凝土设计强度等级	再生粗骨料取代率ρ_c/%	立方体抗压强度f_{cu}/MPa	弹性模量 E_c/(10^4MPa)
C60	0	67.0	3.54
	100	60.6	3.17

2. 破坏特征

高强再生混凝土楼板的破坏形态如图 6-10～图 6-15 所示。

（a）整体破坏形态 （b）板侧裂缝

图 6-10 HB120-1 破坏形态

（a）整体破坏形态 （b）板侧裂缝

图 6-11 HB120-2 破坏形态

（a）整体破坏形态 （b）板侧裂缝

图 6-12 HB120-3 破坏形态

（a）整体破坏形态

（b）板侧裂缝

图 6-13 HB150-1 破坏形态

（a）整体破坏形态

（b）板侧裂缝

图 6-14 HB150-2 破坏形态

（a）整体破坏形态

（b）板侧裂缝

图 6-15 HB150-3 破坏形态

由图 6-10～图 6-15 可见：①各试件加载过程中均经历混凝土开裂、混凝土裂缝由板底向上扩展、受拉纵筋屈服、楼板上部混凝土受压破坏阶段，破坏形态均为弯曲破坏，裂缝分布也接近。②高强再生混凝土楼板与高强普通混凝土楼板相比，承载力略有下降，变形略有增大。③带钢筋桁架高强再生混凝土楼板与普通高强再生混凝土楼板相比，裂缝发展减缓，变形能力提高，上部混凝土受压损伤发展也减缓。

3. 受弯性能

各试件的开裂荷载 F_{cr}、屈服荷载 F_y、极限荷载 F_u 的实测值见表 6-7。

表 6-7　高强再生混凝土楼板试件的特征荷载实测值

试件编号	F_{cr}/kN	F_y/kN	F_u/kN
HB120-1	17.26	52.10	54.40
HB120-2	16.98	81.06	82.57
HB120-3	17.57	82.34	84.22
HB150-1	26.68	124.16	128.90
HB150-2	27.06	122.08	131.81
HB150-3	27.25	127.32	140.66

由表 6-7 可见：①相同板厚试件开裂荷载接近；②试件 HB120-2 比 HB120-1 的屈服荷载和极限荷载均提升 50%以上，表明提高配筋率可有效提高再生混凝土楼板承载力；③与板厚为 120mm 的再生混凝土楼板试件相比，试件 HB150-1 的开裂荷载、屈服荷载和极限荷载均明显更高，表明增加楼板厚度可显著提高再生混凝土楼板的受弯性能；④试件 HB120-2 和 HB120-3 的开裂荷载、屈服荷载、极限荷载均接近，表明再生粗骨料掺入对高强混凝土楼板的受弯性能影响不明显；⑤试件 HB150-1 和 HB150-2 的开裂荷载、屈服荷载、极限荷载均接近，表明加设钢筋桁架对楼板的承载能力影响不明显。

各试件的荷载-跨中挠度曲线如图 6-16 所示，骨架曲线比较如图 6-17 所示。

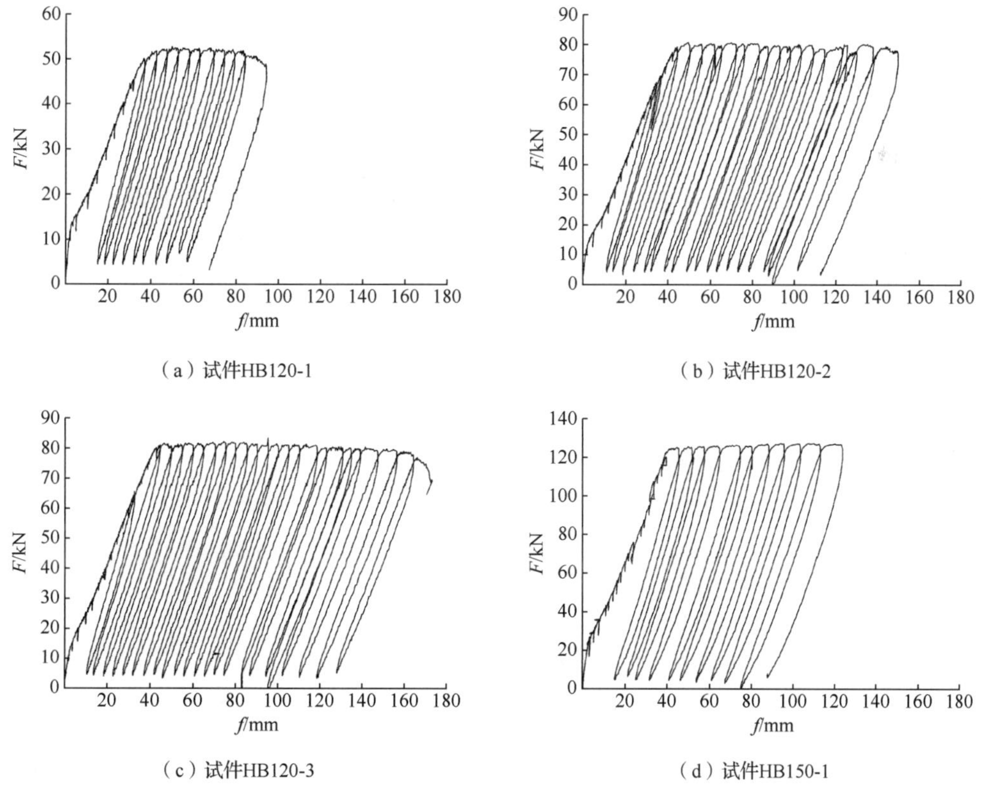

（a）试件HB120-1　（b）试件HB120-2

（c）试件HB120-3　（d）试件HB150-1

图 6-16　试件的 F-f 曲线

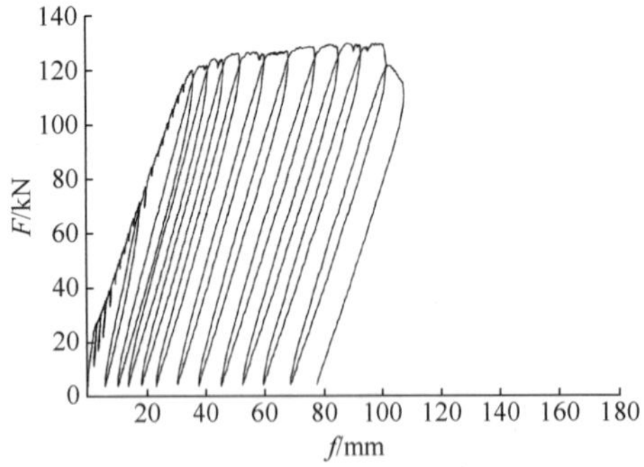

（e）试件HB150-2

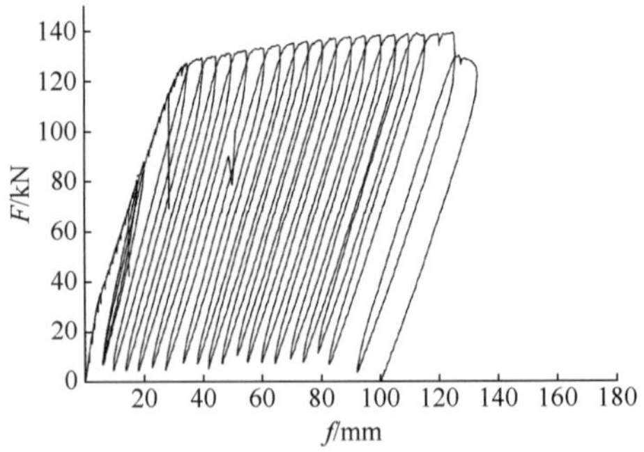

（f）试件HB150-3

图 6-16（续）

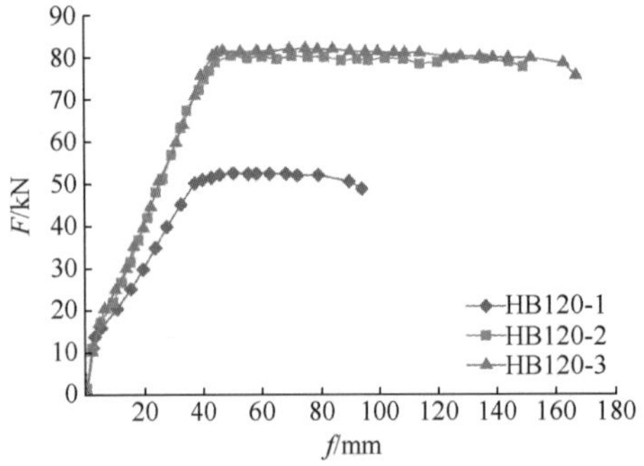

（a）120mm厚楼板

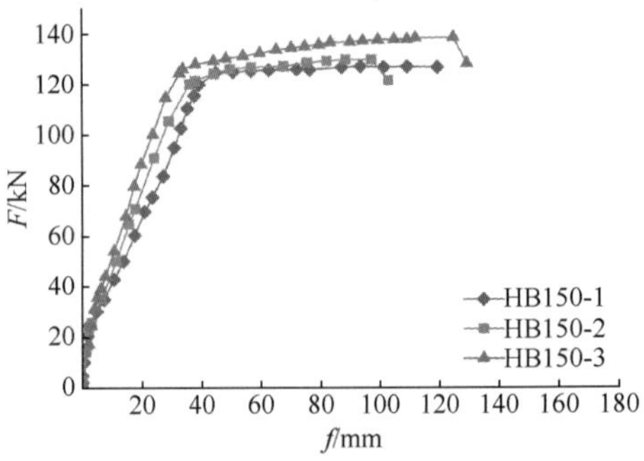

（b）150mm厚楼板

图 6-17 试件的骨架曲线比较

由图 6-16 和图 6-17 可见：①板厚 120mm 的试件，配筋率较小的试件 HB120-1 的承载力、刚度较小，变形能力也相对小些，配筋率相同的再生混凝土楼板与普通混凝土楼板的承载力、刚度和变形能力接近；②板厚 150mm 的试件，加设钢筋桁架可增大试件开裂后的刚度，HB150-2 和 HB150-3 的力学性能相近，再生粗骨料掺入对其受力性能影响不明显。

6.1.3 再生混凝土楼板受弯性能计算分析

1. 计算基本假定

再生混凝土楼板承载力计算基本假定如下。

（1）截面变形符合平截面假定。

（2）不考虑受拉区混凝土的抗拉作用。

（3）混凝土受压的应力与应变本构关系曲线按《混凝土结构设计规范（2015 年版）》（GB 50010—2010）确定，本构关系中再生混凝土的弹性模量和强度按《再生混凝土结构技术标准》（JGJ/T 443—2018）进行折减。

（4）钢筋的应力-应变关系：屈服前为线弹性关系，屈服后应力取屈服强度。

2. 受弯承载力计算

参照《混凝土结构设计规范（2015 年版）》（GB 50010—2010），再生混凝土楼板的受弯承载力计算公式为式（6-1）、式（6-2）。

$$\alpha_1 f_c bx = f_y A_s \tag{6-1}$$

$$M_u = f_y A_s \left(h_0 - \frac{x}{2}\right) = \alpha_1 f_c bx \left(h_0 - \frac{x}{2}\right) \tag{6-2}$$

式中，M_u 为构件受弯承载力；f_c 为再生混凝土轴心抗压强度；f_y 为板底受拉钢筋的屈服强度；A_s 为板底纵向受拉钢筋面积；b 为板截面宽度；h_0 为板截面有效高度；x 为混凝土受压区高度；α_1 为等效矩形应力图系数，取α_1=1.0。

利用公式计算得到各试件受弯承载力，并将实测值 $M_{u,exp}$ 与计算结果 $M_{u,cal}$ 进行比较，结果见表 6-8。

表 6-8　再生混凝土楼板的极限弯矩实测值与计算值比较

试件编号	$M_{u,exp}$/(kN·m)	$M_{u,cal}$/(kN·m)	$M_{u,cal}/M_{u,exp}$
MB120-1	27.16	24.96	0.919
MB120-2	26.41	25.01	0.947
MB150-1	60.54	53.69	0.887
MB150-2	59.34	53.85	0.907
HB120-1	27.20	25.50	0.937
HB120-2	41.29	37.27	0.903
HB120-3	42.11	37.55	0.892
HB150-1	64.45	55.28	0.858
HB150-2	61.04	55.28	0.906
HB150-3	63.66	55.64	0.874

由表 6-8 可见，各试件承载力计算值小于实测值，偏于安全，误差为 5.3%～14.2%，再生混凝土楼板可近似采用普通混凝土楼板受弯承载力计算公式进行计算。

3. 挠度计算

为便于工程计算，再生混凝土楼板刚度计算公式仍然采用普通混凝土的公式，使用短期刚度进行计算。

$$B_s = \frac{E_s A_s h_0^2}{1.15\psi + 0.2 + \dfrac{6\alpha_E \rho}{1 + 3.5\gamma_f}} \tag{6-3}$$

式中，ψ 为裂缝间纵向受拉普通钢筋应变不均匀系数，按规范取值；α_E 为钢筋弹性模量与混凝土弹性模量的比值；γ_f 为受拉翼缘截面面积与腹板有效截面面积的比值；A_s 为受拉钢筋截面面积；ρ 为纵向受拉钢筋配筋率。

两点加载简支楼板对应的跨中挠度计算公式为

$$f=\frac{M(3l_0^2-4a^2)}{24B_s} \tag{6-4}$$

式中，M 为楼板挠度计算取用的弯矩值；B_s 为短期刚度；l_0 为楼板计算跨度；a 为力作用点到支座的距离。

在构件使用阶段（$0.5 \leqslant M/M_u \leqslant 0.7$）弯矩-曲率关系比较稳定，刚度变化幅度小，在工程应用中可取近似值进行计算。参照文献[133]，对板厚相同的试件采用相同 M 值进行计算与比较。

计算配置钢筋桁架再生混凝土楼板挠度时，按式（6-4）计算所得挠度比实测挠度大10%～25%，考虑刚度计算公式中未考虑钢筋桁架对刚度的影响，按式（6-4）计算挠度后应再乘以修正系数γ。γ的具体取值可按设置桁架方式进行统计分析，本书偏保守，取γ=0.9。

利用公式计算得到各试件挠度，并将计算结果f_{cal}与实测值f_{exp}进行比较，结果见表 6-9。其中，对掺入再生粗骨料的试件，参照《再生混凝土结构技术标准》（JGJ/T 443—2018）中相关技术规定对变形进行相应修正。

表 6-9 再生混凝土楼板的挠度计算值与实测值比较

试件编号	M/(kN·m)	B_s/(kN·m^2)	f_{cal} /mm	f_{exp} /mm	f_{cal}/f_{exp}
MB120-1	15.21	674.11	21.62	19.04	1.136
MB120-2	15.21	668.92	21.79	19.93	1.093
MB150-1	35.00	1674.11	20.04	18.65	1.075
MB150-2	35.00	1653.13	20.29	19.51	1.040
HB120-1	20.04	648.01	29.64	25.61	1.157
HB120-2	20.04	917.49	20.93	18.24	1.147
HB120-3	20.04	959.08	20.02	18.01	1.112
HB150-1	38.07	1710.48	21.33	22.89	0.932
HB150-2	38.07	1710.48	19.20	18.91	1.015
HB150-3	38.07	1776.21	18.49	16.06	1.151

由表 6-9 可见，除试件 HB150-1 外，其余试件挠度计算值大于实测值，总体上偏于安全，误差为 1.5%～15.1%，再生混凝土楼板挠度计算可近似采用普通混凝土楼板的挠度计算公式计算，如设置钢筋桁架则需加以适当修正。

4. 有限元分析

1）本构关系与单元选取

混凝土本构关系使用普通混凝土本构，即《混凝土结构设计规范（2015 年版）》（GB 50010—2010）建议的混凝土本构关系，并应用到损伤塑性模型。钢筋本构采用理想弹塑性模型，钢筋的弹性模量按试验取值，泊松比取 0.3。混凝土单元类型采用三维实体单元，即 C3D8R 单元；钢筋单元类型采用三维桁架单元，即 T3D2 单元。

2）试件破坏形态对比

以 MB120-2 为例，对比楼板破坏形态与有限元模拟结果，如图 6-18 所示。

（a）楼板试验情况

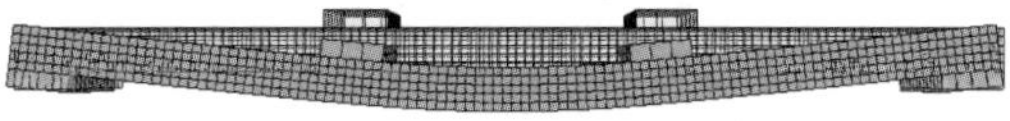

（b）模拟楼板变形情况

（c）模拟楼板混凝土受拉损伤

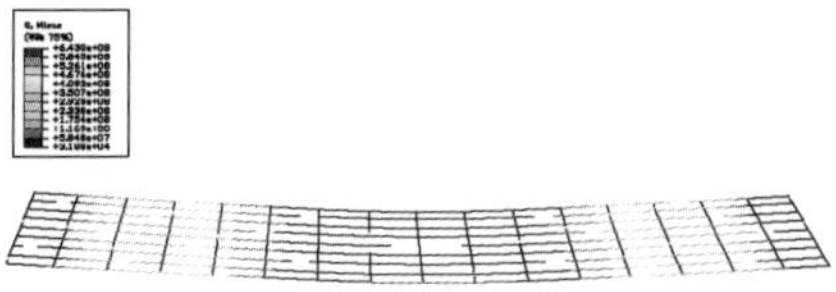

（d）模拟楼板钢筋应力

图 6-18　试验楼板破坏形态与有限元模拟结果比较

由图 6-18 可见，有限元模拟结果与试验现象基本符合。模拟结果：再生混凝土楼板为铰接约束，跨中最大挠度与试验结果符合较好；再生混凝土受拉损伤最大处和钢筋拉应力最大处与试验中最大裂缝处相对应，且由楼板跨中向两边受拉损伤逐渐减小。

3）荷载-挠度曲线

试件模拟与试验的荷载-跨中挠度（*F-f*）曲线比较如图 6-19 所示。

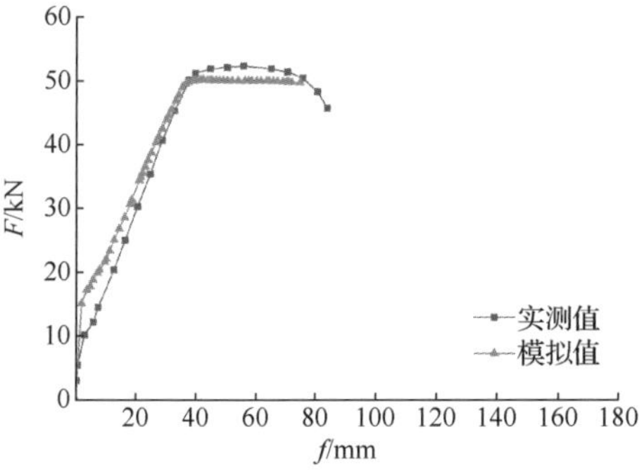

（a）MB120-1

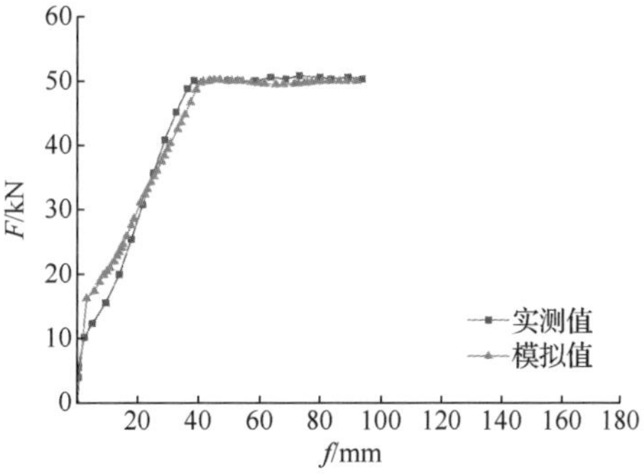

（b）MB120-2

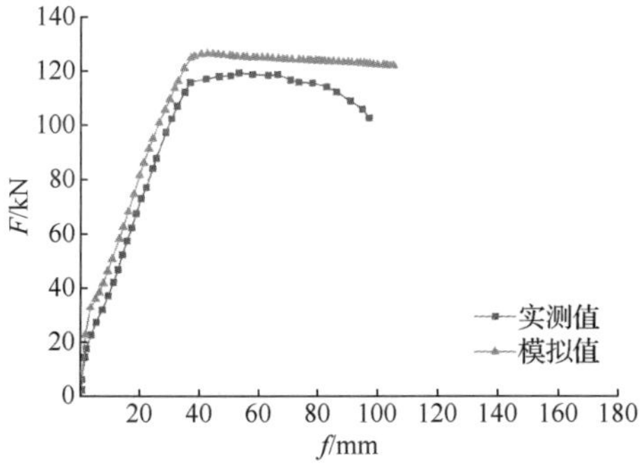

（c）MB150-1

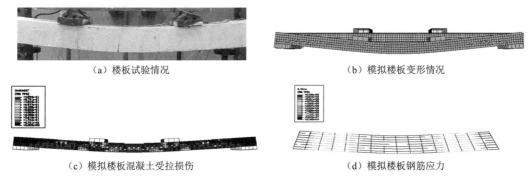

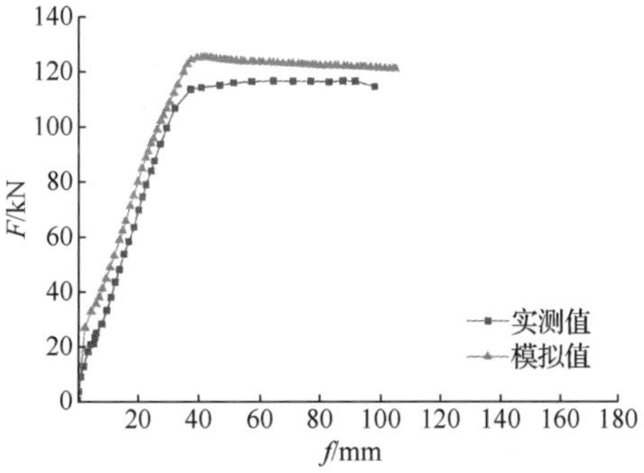

（d）MB150-2

图 6-19　试件模拟与试验的 *F-f* 曲线比较

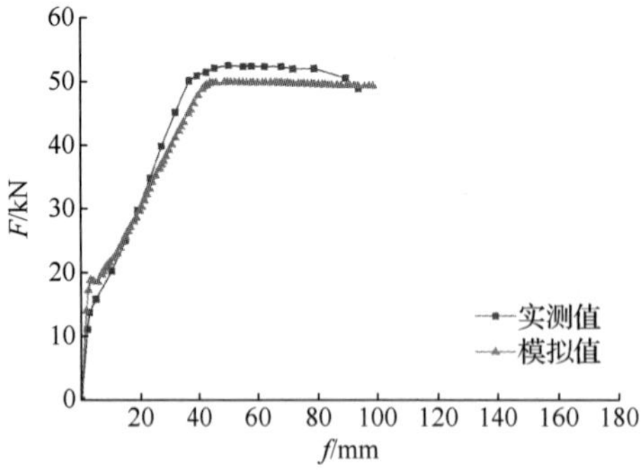

（e）HB120-1

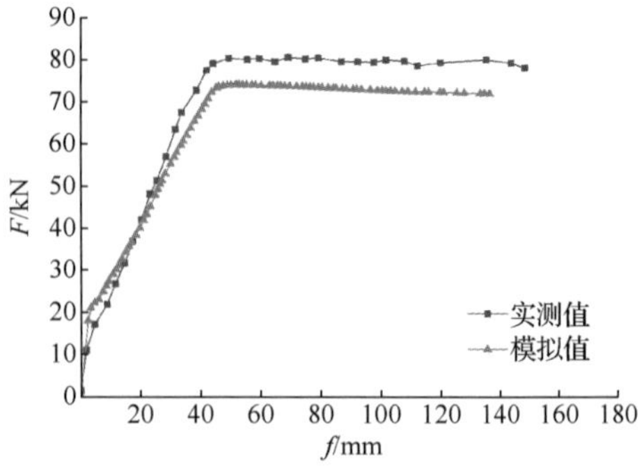

（f）HB120-2

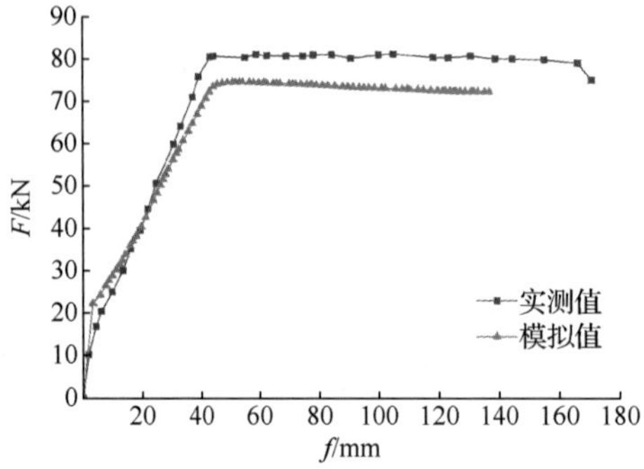

（g）HB120-3

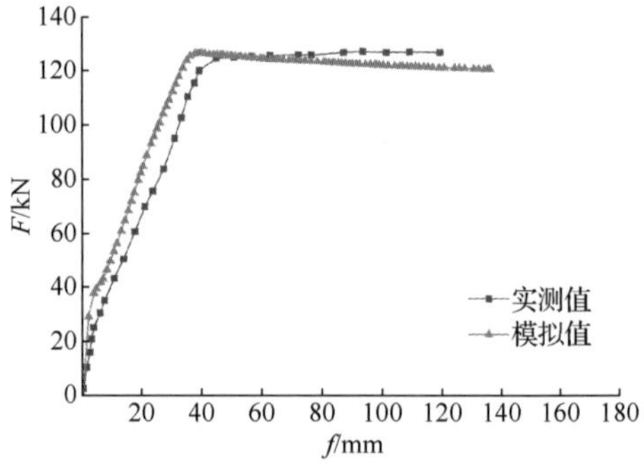

（h）HB150-1

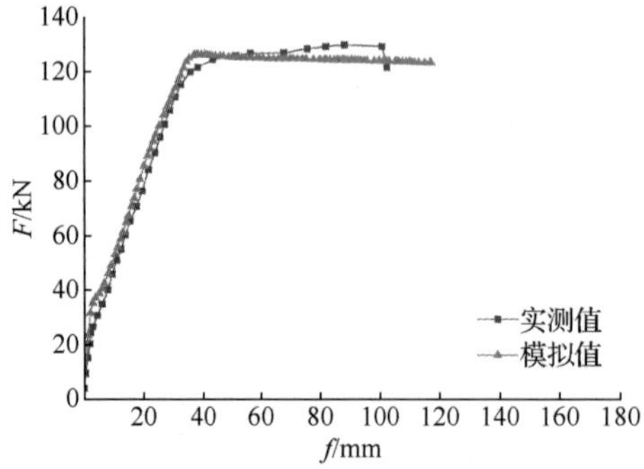

（i）HB150-2

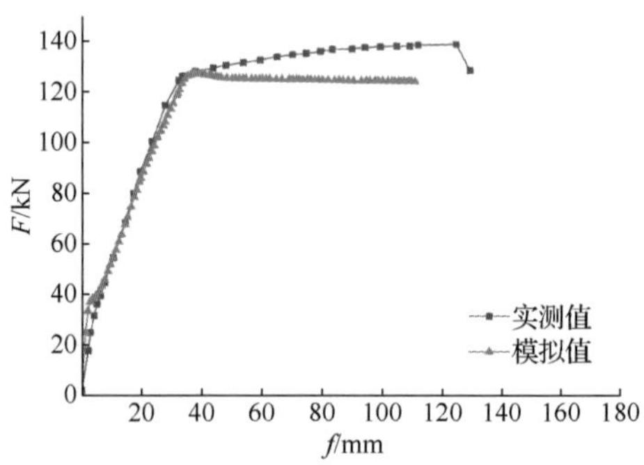

（j）HB150-3

图 6-19（续）

由图 6-19 可见，数值模拟结果与试验结果符合较好，再生混凝土可近似采用普通混凝土本构关系进行数值模拟计算。

6.2　L 形再生混凝土梁板工作性能

6.2.1　试验概况

本节设计制作了 3 个 L 形再生混凝土梁板，试件尺寸及配筋相同。L 形再生混凝土梁板试件的设计参数见表 6-10，试件的几何尺寸及配筋如图 6-20 所示。

所用混凝土的实测立方体抗压强度为 46.7MPa，所用钢筋均为 HRB400 钢筋，实测钢筋力学性能见表 6-11。

表 6-10　L 形再生混凝土梁板设计参数

试件编号	混凝土设计强度等级	再生粗骨料取代率ρ_c/%	板配筋率/%	肋梁配筋率/%	肋梁体积配箍率/%	加载净跨/mm	加载方式
S-3.9A	C45	30	0.34	1.07	1.28	3900	三分点加载
S-2.7A						2700	三分点加载
S-3.9B						3900	中心点加载

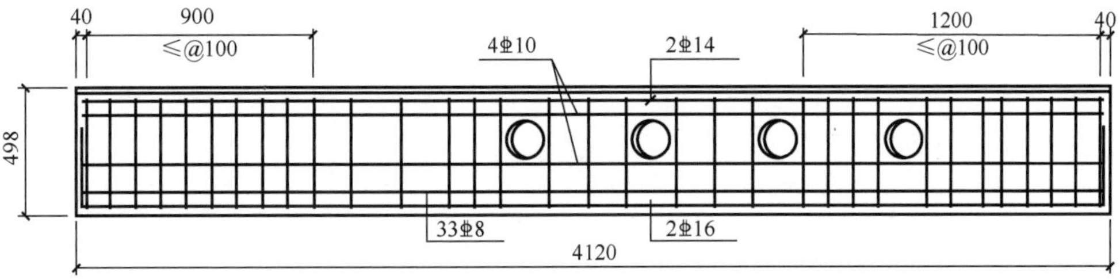

（a）肋梁配筋

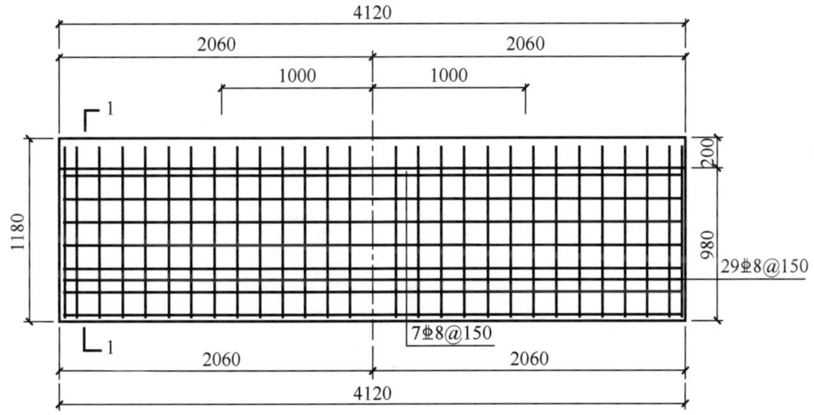

（b）板配筋图

图 6-20　L 形再生混凝土梁板几何尺寸及配筋（单位：mm）

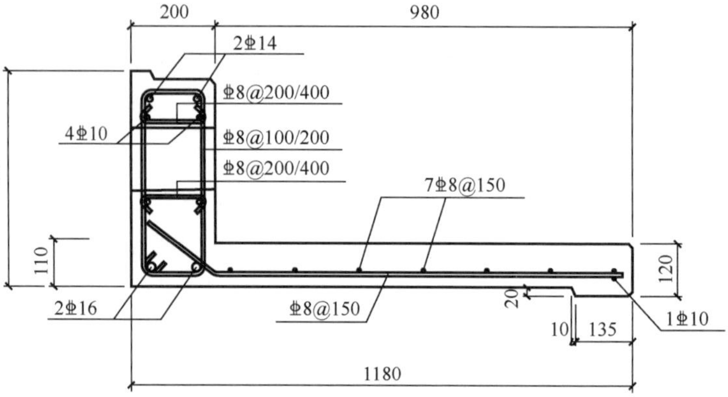

（c）L形梁板截面配筋

图 6-20（续）

表 6-11　L 形再生混凝土梁板钢筋实测力学性能

直径 D/mm	屈服强度 f_y/MPa	极限强度 f_u/MPa	弹性模量 E_s/(10^5MPa)
8	422	601	1.98
10	421	596	1.98
14	454	635	2.00
16	460	644	1.97

试验分为两阶段：第一阶段，荷载作用于板上，测试梁板整体的受弯性能；第二阶段，考虑梁板整体破坏后，肋梁自身仍有承载力储备，故将荷载作用于肋梁上，虽然主要是肋梁受弯，但梁板仍有一定的共同工作性能。

第一阶段试验：根据不同的加载形式采用在三分点加载或中心点加载，当梁和板结合处裂缝过大时停止加载。第二阶段试验：对肋梁进行加载，根据不同的加载形式采用三分点加载或中心点加载。两个阶段试验均采用力和位移联合控制加载，试件屈服前后分别采用力和位移控制加载，在试件最大挠度达到跨度的 1/50 或受压区混凝土被压碎时停止加载，加载试验现场如图 6-21 所示。

图 6-21　L 形再生混凝土梁板加载试验现场

力传感器布置：当采用三分点加载时，力传感器布置在竖向千斤顶与简支加载钢梁之间，简支加载梁两个简支端各采用与简支加载梁垂直的短钢梁分配荷载，分配荷载点为试件板短向尺寸的三分点；当采用中心点加载时，力传感器布置在竖向千斤顶与加载钢垫板之间。位移计布置：在梁板两端支座及中点处布置位移计，梁板试件板的中心和三分点加载位置布置位移计。

6.2.2　梁板共同工作性能

1. 破坏特征

L 形再生混凝土梁板破坏形态如图 6-22 所示。由图 6-22 可见：①各试件从加载至结束均经历 3 个受力阶段，分别是开裂前的弹性阶段、开裂后的带裂缝工作阶段以及板钢筋屈服后阶段；②不同试件的破坏过程基本相似，裂缝分布和破坏形态也接近，由于肋梁的存在，试件在弯剪扭共同作用下破坏。

（a）S-3.9A

（b）S-2.7A

（c）S-3.9B

图 6-22　L 形再生混凝土梁板破坏形态

各试件的裂缝发展过程类似，以 S-3.9A 为例，其裂缝如图 6-23 所示。裂缝发展经历了以下过程：离梁远的一侧板首先开裂，裂缝较为细小，之后随着板内钢筋屈服，板底产生较多由板边缘延伸至梁板结合处的裂缝，裂缝随着加载进程不断加宽；总体上远离梁的板侧裂缝较多，而梁和离梁较近范围的板附近裂缝较少；梁板结合处裂缝宽度最大达到 10mm；梁内钢筋未发生屈服。

（a）远离梁的板侧裂缝

（b）梁上裂缝

（c）梁板结合处裂缝

图 6-23 试件 S-3.9A 裂缝分布

2. 共同工作性能

各试件的开裂荷载 F_{cr}、屈服荷载 F_y、极限荷载 F_u 的实测值见表 6-12。由表 6-12 可知，中心点加载试件的极限承载力略低于三分点加载试件的承载力，净跨较小试件的承载力较大。

表 6-12 L 形再生混凝土梁板特征荷载的实测值

试件编号	F_{cr}/kN	F_y/kN	F_u/kN
S-3.9A	19.6	59.8	86.0
S-2.7A	30.0	65.0	109.1
S-3.9B	16.0	54.7	80.0

由于肋梁的存在，板在有肋梁的一端和无肋梁的一端抵抗变形的能力并不相同，因此，试件在不同位置的挠度发展速度也不相同。以试件 S-3.9A 为例，实测所得板不同测点处弯矩-挠度（M-f）曲线如图 6-24 所示。其中，纵坐标为试件承受的弯矩 M，横坐标为不同测点位置 y 处的挠度 f（y 为距梁的距离，测点在梁内时 y=0）。

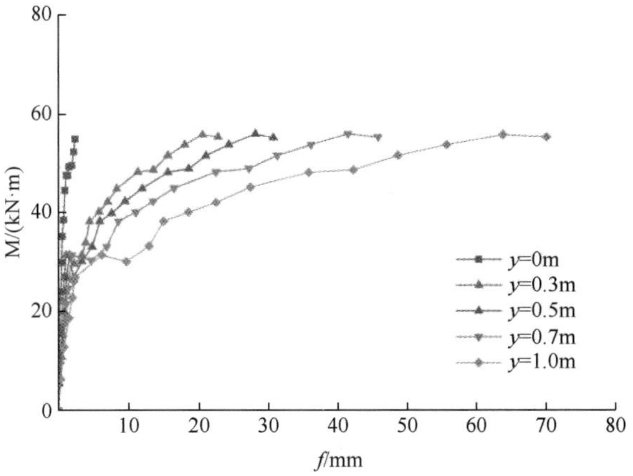

图 6-24　试件 S-3.9A 不同测点的 M-f 曲线

由图 6-24 可见：①试件不同测点的变形趋势相同，大致可以分为变形快速增长、变形增幅变缓、变形基本稳定三个阶段；②测点的挠度随测点到肋梁距离增长而增大，结束加载时，离肋梁最远测点 y=1.0m 处挠度为靠近肋梁测点 y=0.3m 处挠度的 3.18 倍，说明板靠近肋梁的部分受到了较强的约束。

实测所得各试件的荷载-跨中挠度（F-f）曲线如图 6-24 所示。由图 6-25 可知，试件在中心点加载时的挠度比三分点加载的挠度大，但试件达到屈服荷载时的最大挠度均小于《混凝土结构设计规范（2015 年版）》（GB 50010—2010）中正常使用状态下的挠度限值（l/200）。

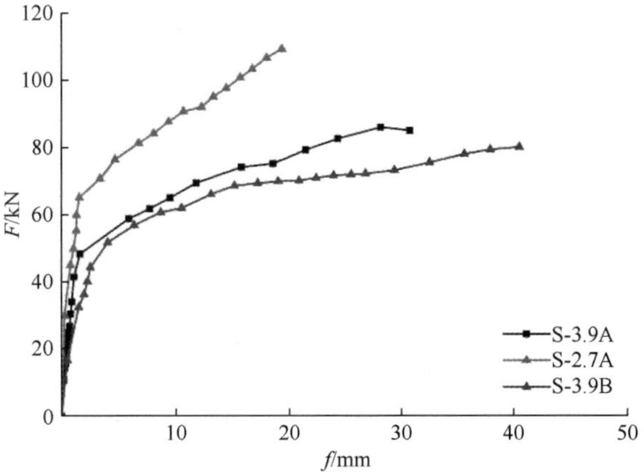

图 6-25　L 形再生混凝土梁板 F-f 曲线

6.2.3　肋梁加载下的梁板受弯性能

1. 破坏特征

第一阶段加载过程中，肋梁已经产生细小裂缝。第二阶段加载初期，梁仍处于弹性工作阶段，荷载-挠度曲线近似呈直线变化。梁和板原有裂缝不断延伸并加宽，但未产生新的裂缝。随荷载不断增大，梁产生了新的细小裂缝，下部的裂缝逐渐向板底延伸。加载后期，承载力上升缓慢、挠度增长加快，直至梁上部受压区混凝土破坏并伴有混凝土剥落。各试件在不同加载形式下的破坏形态如图 6-26～图 6-28 所示。

（a）肋梁最终变形　　（b）梁板整体变形

图 6-26　加载于肋梁时试件 S-3.9A 的破坏形态

（a）肋梁最终变形　　（b）梁板整体变形

图 6-27　加载于肋梁时试件 S-2.7A 的破坏形态

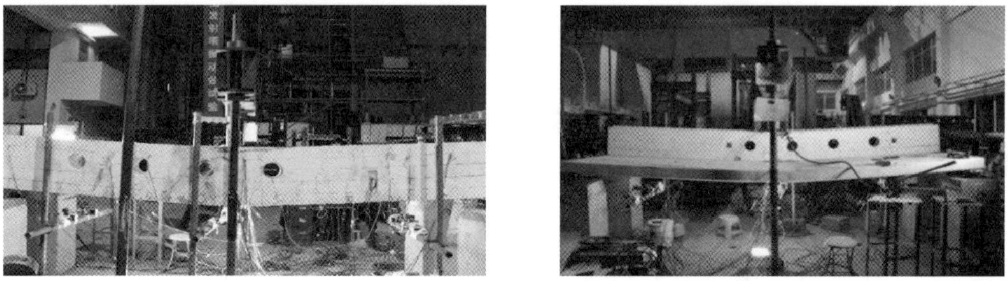

（a）肋梁最终变形　　（b）梁板整体变形

图 6-28　加载于肋梁时试件 S-3.9B 的破坏形态

由图 6-26～图 6-28 可知：①各试件肋梁破坏过程基本相似，裂缝分布和破坏形态也接近，属于受弯破坏；②加载过程中板变形不断增大，板底裂缝不断延伸，随着梁变形增大，梁板结合处的裂缝不断加宽。

各试件肋梁的裂缝分布类似，以 S-3.9A 为例，其裂缝如图 6-29 所示。由图 6-29 可见：肋梁的裂缝发展规律与一般受弯梁的裂缝发展规律相似，即梁跨中附近区域开裂，之后逐步沿跨中向两边发展，较大的裂缝主要集中在跨中区域；由于试件肋梁设置了功能性圆孔，梁在该区域出现局部应力集中现象，试件圆孔处出现了较多裂缝。

（a）梁中间区域裂缝较多

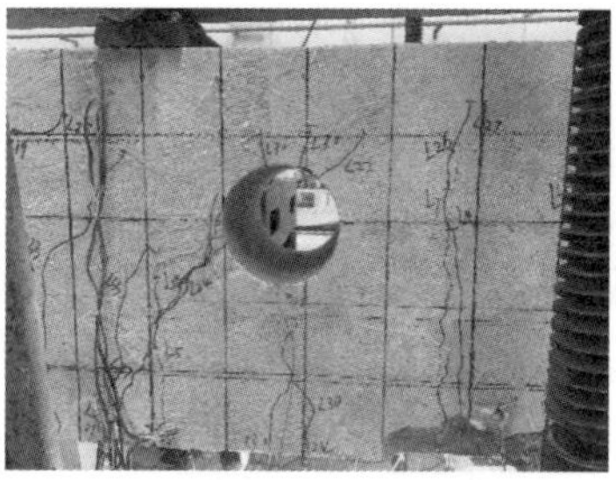

（b）圆孔处产生较多裂缝

图 6-29　肋梁裂缝

2. 受弯性能

各试件屈服荷载 F_y 和极限荷载 F_u 的实测值见表 6-13。

表 6-13　肋梁加载下的梁板特征荷载的实测值

试件编号	F_y/kN	F_u/kN
S-3.9A	172.1	203.3
S-2.7A	240.2	304.1
S-3.9B	144.1	164.4

由表 6-13 可知：与第一阶段试验相比，第二阶段试验后试件的屈服荷载和极限荷载均显著提高。其中，试件 S-3.9A 的屈服荷载、极限荷载分别提高了 187.6%、136.0%；试件 S-2.7A 的屈服荷载、极限荷载分别提高了 269.2%、178.6%；试件 S-3.9B 的屈服荷载、极限荷载分别提高了 163.3%、105.0%。

各试件的荷载-梁跨中挠度增量（F-Δf）曲线如图 6-30 所示。由图 6-30 可见：①荷载作用于肋梁时，试件经历了弹性阶段、带裂缝工作阶段、梁内钢筋屈服阶段；②相比三分点加载，中心点加载试件的损伤发展较快。

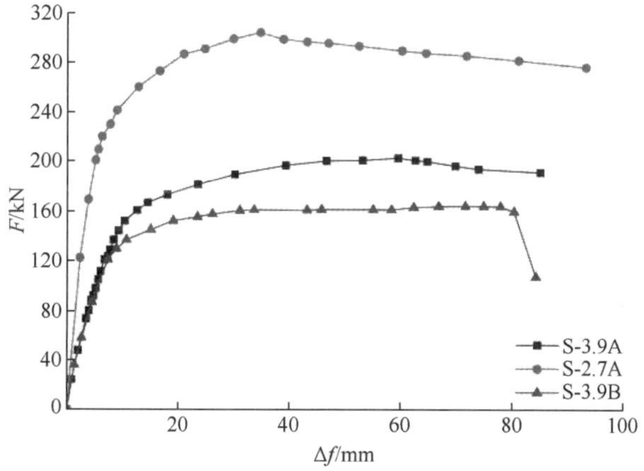

图 6-30　肋梁加载下的梁板跨中 F-Δf 曲线

6.3 本章小结

本章介绍了中高强再生混凝土楼板和L形再生混凝土梁板的受弯试验，分析了各试件的破坏过程、承载力、刚度、变形等性能指标，阐明了不同设计参数对楼板受弯性能的影响规律。基于试验，给出了再生混凝土楼板承载力、挠度计算方法，建立了有限元分析模型。研究结果如下：

（1）再生混凝土楼板与普通混凝土楼板破坏过程、裂缝分布接近，再生混凝土楼板承载力略有下降，但延性相对好些；加大配筋率和增加楼板厚度可显著提高楼板受弯性能。

（2）加设钢筋桁架对楼板承载能力影响较小，但可以约束楼板裂缝发展，延缓楼板刚度退化。

（3）现行混凝土结构设计规范中对普通混凝土楼板受弯承载力及挠度的计算方法同样适用于再生混凝土楼板。

（4）L形再生混凝土梁板整体工作性能良好，能够满足工程所需的刚度、承载力要求。

第 7 章　再生混凝土柱压弯性能

7.1　轴心受压性能

7.1.1　试验概况

本节设计制作了 6 根钢筋混凝土柱，各试件几何尺寸相同，研究变量为箍筋间距、再生粗骨料取代率及混凝土强度。轴压再生混凝土柱的设计参数见表 7-1，试件具体尺寸及配筋如图 7-1 所示。

表 7-1　轴压再生混凝土柱的设计参数

试件编号	混凝土设计强度等级	再生粗骨料取代率ρ_c/%	纵筋配筋率/%	箍筋间距/mm
ZYZ-1	C40	0	1.27	150
ZYZ -2	C40	50		150
ZYZ -3	C40	100		150
ZYZ -4	C40	100		100
ZYZ -5	C60	0		150
ZYZ -6	C60	50		150

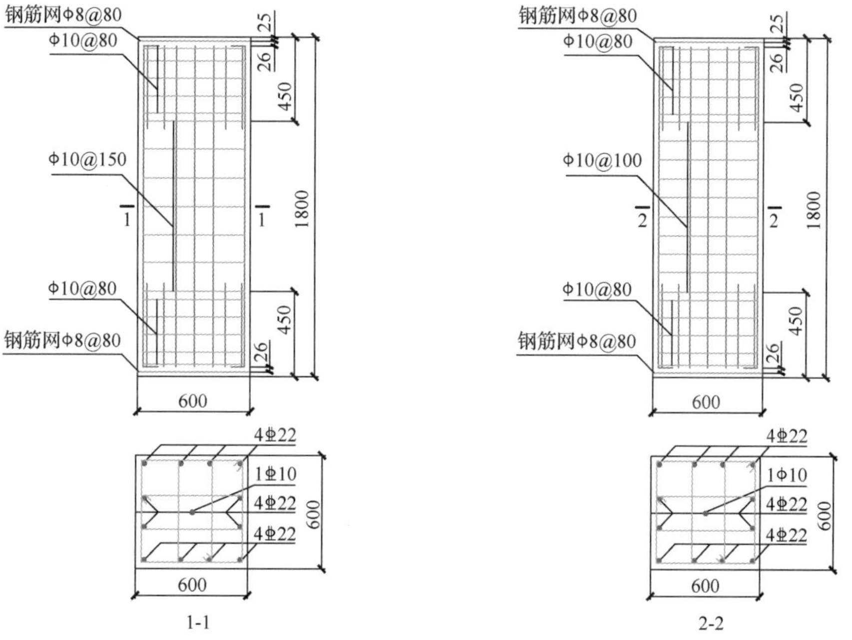

（a）ZYZ-1~ZYZ-3、ZYZ-5、ZYZ-6　　（b）ZYZ-4

图 7-1　轴压柱的几何尺寸及配筋（单位：mm）

实测混凝土力学性能见表 7-2，钢筋力学性能见表 7-3。

表 7-2 实测混凝土力学性能

混凝土设计强度等级	再生粗骨料取代率ρ_c/%	立方体抗压强度f_{cu}/MPa	弹性模量E_c/(10^4MPa)
C40	0	41.9	3.09
	50	44.6	2.97
	100	44.5	2.85
C60	0	66.8	3.64
	50	66.4	3.54

表 7-3 钢筋力学性能

钢筋等级	直径 D/mm	屈服强度 f_y/MPa	极限强度 f_u/MPa	弹性模量 E_s/(10^5MPa)	伸长率δ/%
HRB400	22	456	639	1.93	26.9
HPB235	10	428	461	2.05	19.7

试验采用竖向重复加载，当试件承载力下降至极限荷载的 85%时，试验结束。轴压柱的加载装置如图 7-2 所示。

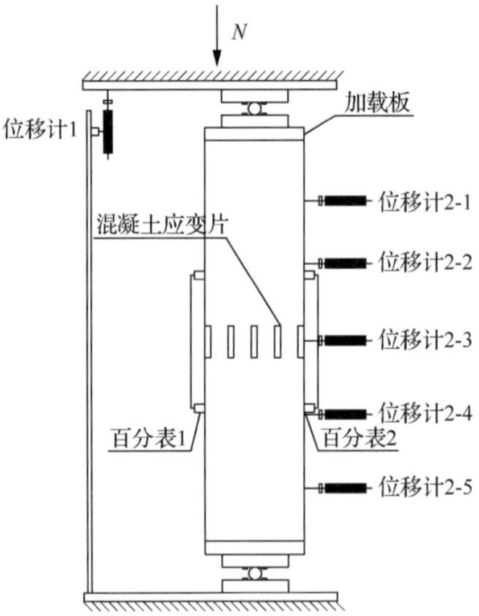

图 7-2 轴压柱的加载装置

7.1.2 破坏特征

轴压柱的破坏形态如图 7-3 所示。各试件破坏过程接近。加载初期，再生混凝土柱上部竖向裂缝比普通混凝土柱多；随荷载增大，再生混凝土柱上部竖向裂缝发展速度更快。各试件临近破坏时，竖向裂缝逐渐贯通整个柱截面，中部出现横向贯通裂缝，试件箍筋间的纵筋屈服并向外凸起，混凝土保护层掉落。随着变形继续增大，试件混凝土压碎。

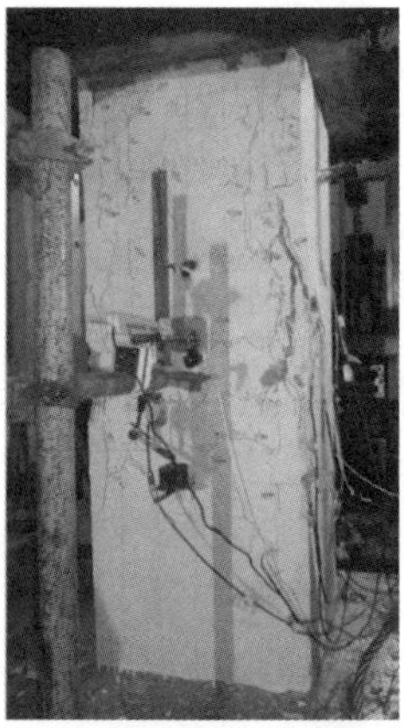
(a) ZYZ-1

(b) ZYZ-2

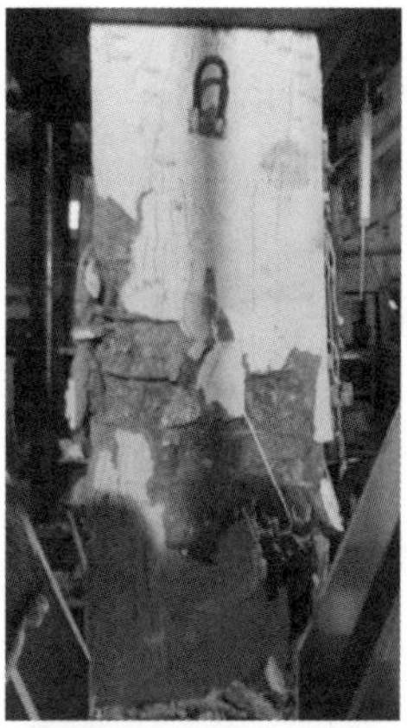
(c) ZYZ-3

(d) ZYZ-4

(e) ZYZ-5

(f) ZYZ-6

图 7-3 轴压柱的破坏形态

7.1.3 承载力、刚度与变形

各轴压试件的承载力 N_u 及 N_u/N_{u0} 的实测值见表 7-4。其中，N_u/N_{u0} 为该轴压试件承载力与相同混凝土强度等级的普通混凝土柱轴压试件承载力之比。

表 7-4 轴压柱的承载力实测值

试件编号	N_u/kN	N_u/N_{u0}
ZYZ-1	17450.42	1.00
ZYZ-2	18720.28	1.073
ZYZ-3	18600.33	1.066
ZYZ-4	20520.19	1.176
ZYZ-5	22020.28	1.000[a]
ZYZ-6	23100.44	1.049[a]

a ZYZ-5、ZYZ-6 分别与 ZYZ5 的比较。

由表 7-4 可见：①相同混凝土设计强度等级下，再生混凝土柱轴压承载力与普通混凝土柱接近，再生粗骨料取代率对柱轴压承载力影响不明显；②试件 ZYZ-4 轴压承载力比 ZYZ-3 提高 10.3%，表明箍筋加密可有效提高再生混凝土柱轴压承载力；③试件 ZYZ-6 的轴压承载力比 ZYZ-2 提高 23.4%，表明提高混凝土强度可显著提高再生混凝土柱轴压承载力。

实测各试件的轴向荷载-位移（*N*-*U*）曲线如图 7-4 所示，骨架曲线比较如图 7-5 所示。

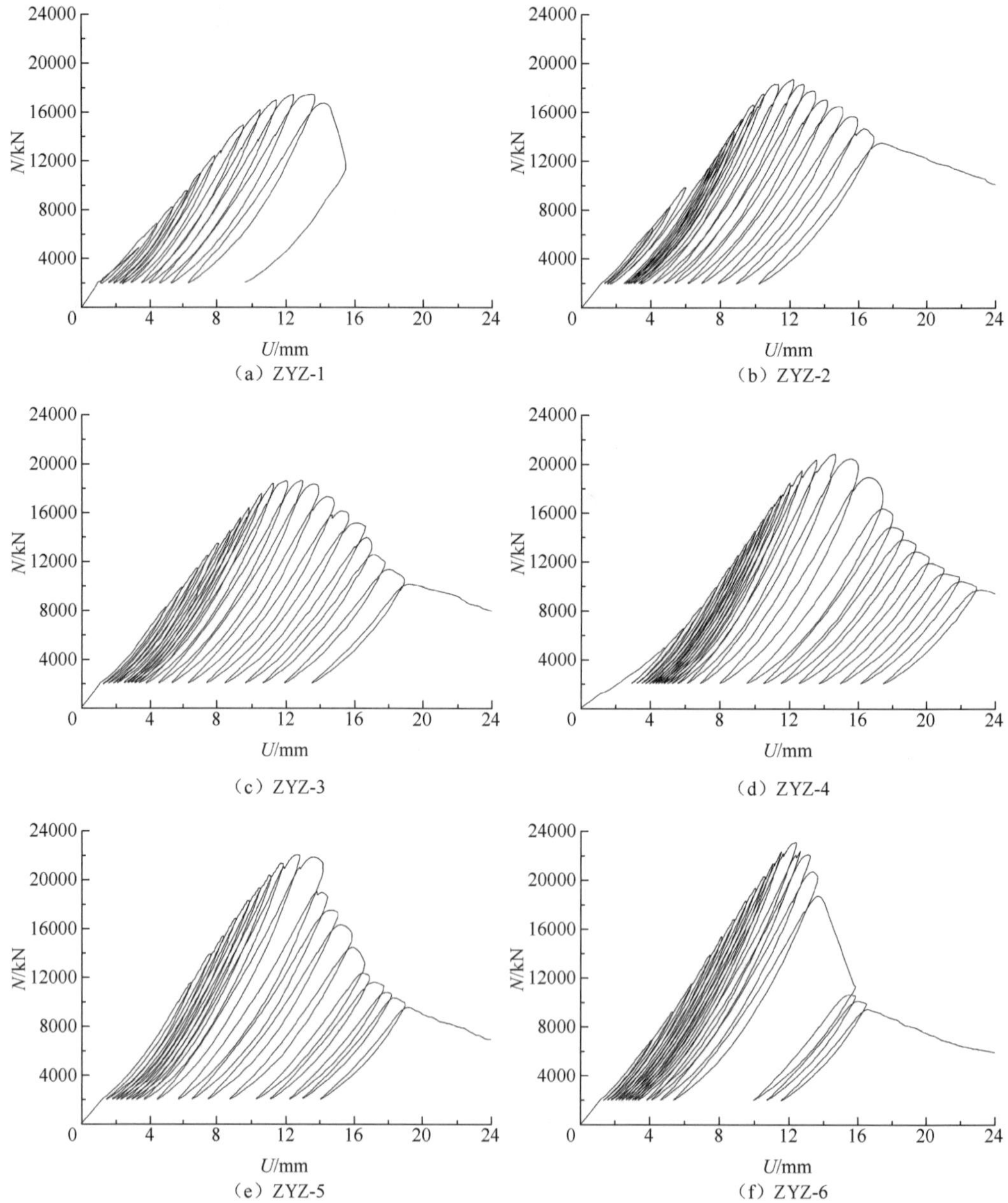

图 7-4　轴压柱的 *N*-*U* 曲线

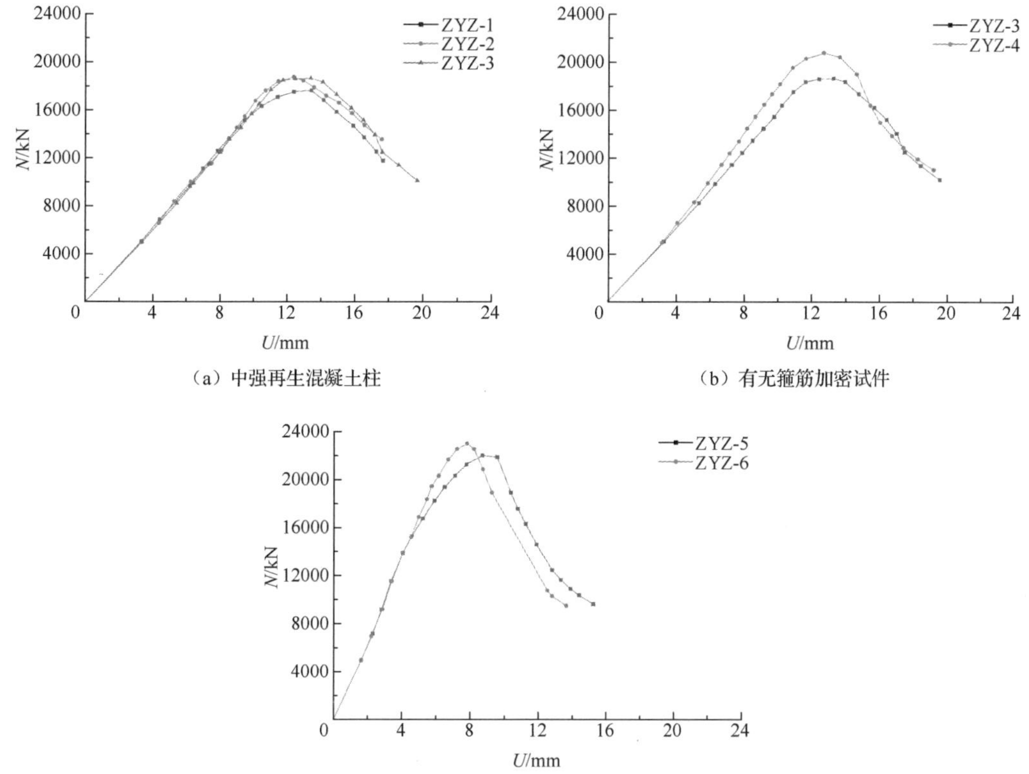

（a）中强再生混凝土柱

（b）有无箍筋加密试件

（c）高强再生混凝土柱

图 7-5　轴压柱的骨架曲线

由图 7-4 可见，各试件加载初期残余变形小，随荷载增大，卸载后残余变形有所增加；加载至极限荷载后卸载，残余变形显著增大，再生混凝土柱变形能力整体优于普通混凝土柱。

由图 7-5 可见：①相同混凝土设计强度等级下，再生混凝土柱的轴压承载力与普通混凝土柱接近，但刚度退化相对慢些；②箍筋加密可有效延缓再生混凝土柱刚度退化，提高承载力。

7.1.4　耗能能力

取试件骨架曲线与横坐标轴所围面积作为该试件达到极限荷载时的耗能能力代表值，各试件耗能能力代表值见表 7-5。由表 7-5 可见：①相同混凝土强度等级试件的耗能能力接近，再生骨料取代率对耗能能力无明显影响；②提高混凝土强度、加密箍筋均可有效提高试件耗能能力。

表 7-5　轴压柱的耗能能力代表值

试件编号	耗能能力代表值/(10^3kN・mm)	试件编号	耗能能力代表值/(10^3kN・mm)
ZYZ-1	192.02	ZYZ-4	197.35
ZYZ-2	197.35	ZYZ-5	210.63
ZYZ-3	197.35	ZYZ-6	212.62

7.2 小偏心受压性能

7.2.1 试验概况

本节设计制作了 4 个钢筋混凝土柱，研究变量为截面形状、再生粗骨料取代率。小偏压再生混凝土柱的设计参数见表 7-6，试件几何尺寸及配筋如图 7-6 所示。

表 7-6 小偏压再生混凝土柱的设计参数

试件编号	截面形状	混凝土设计强度等级	再生粗骨料取代率	受压偏心率/%	纵筋配筋率/%	配箍率/%
FXPY-1	方形	C60	0	0.2	1.27	0.78
FXPY-2	方形		50			
YXPY-1	圆形		0			
YXPY-2	圆形		50			

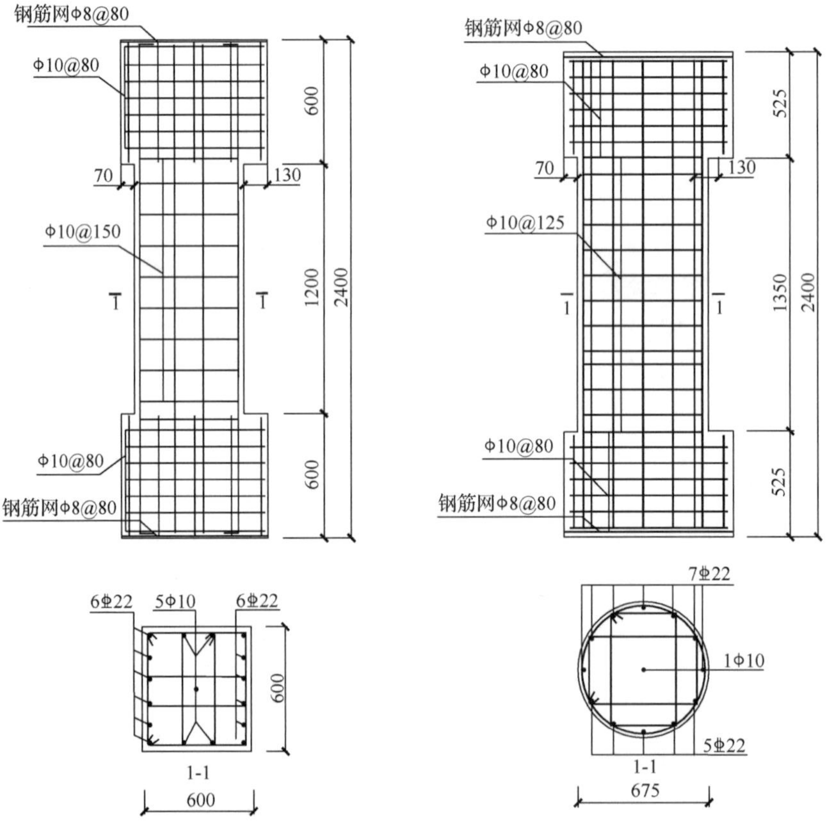

（a）FXPY-1、FXPY-2　　（b）YXPY-1、YXPY-2

图 7-6 小偏压柱的几何尺寸及配筋（单位：mm）

实测混凝土力学性能见表 7-7，钢筋力学性能见表 7-8。

表 7-7　小偏压柱的实测混凝土力学性能

混凝土设计强度等级	再生粗骨料取代率ρ_c/%	立方体抗压强度f_{cu}/MPa	弹性模量E_c/(10^4MPa)
C60	0	67.0	3.64
	50	63.8	3.54

表 7-8　小偏压柱的实测钢筋力学性能

钢筋等级	直径 D/mm	屈服强度f_y/MPa	极限强度f_u/MPa	弹性模量E_s/(10^5MPa)
HPB300	10	428	461	2.05
HRB400	22	461	645	1.97

试验加载同 7.1.1 节，各测点布置如图 7-7 所示。

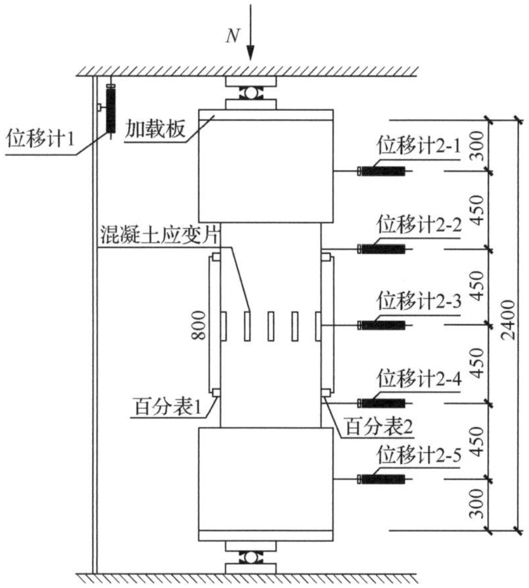

图 7-7　小偏压柱试验的测点布置（单位：mm）

7.2.2　破坏特征

小偏压柱的破坏形态如图 7-8 所示。相同截面形式下再生混凝土柱与普通混凝土柱的破坏过程和损伤情况相似，区别在于再生混凝土方形截面柱的裂缝出现较晚，裂缝细小且相对较多；再生混凝土圆形截面柱受拉侧裂缝沿柱高分布更均匀，裂缝较细小密集，受压侧中部混凝土保护层掉落较多。

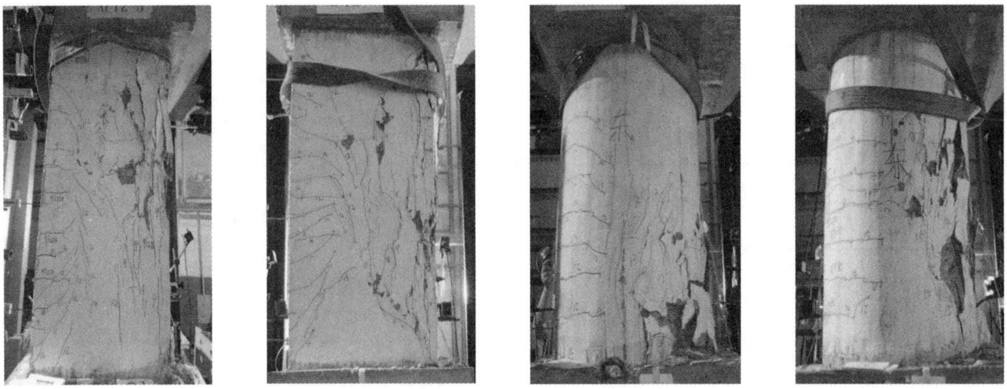

（a）FXPY-1　（b）FXPY-2　（c）YXPY-1　（d）YXPY-2

图 7-8　小偏压柱的破坏形态

7.2.3　承载力、刚度与变形

各试件承载力 N_u 及 N_u/N_{u0} 的实测值见表 7-9。其中，N_u/N_{u0} 为小偏压试件承载力与相同混凝土强度等级的普通混凝土柱小偏压试件承载力之比。

表 7-9　小偏压柱的承载力实测值

试件编号	N_u/kN	N_u/N_{u0}
FXPY-1	12195.08	1.000
FXPY-2	13436.21	1.102
YXPY-1	12635.17	1.000
YXPY-2	13628.36	1.079

由表 7-9 可见，相同截面形式下再生混凝土柱的小偏心受压承载力略高于普通混凝土柱；圆形截面柱的承载力略高于方形截面柱。

小偏压柱的竖向荷载-柱高中部侧向位移（*N-U*）曲线如图 7-9 所示，骨架曲线比较如图 7-10 所示。

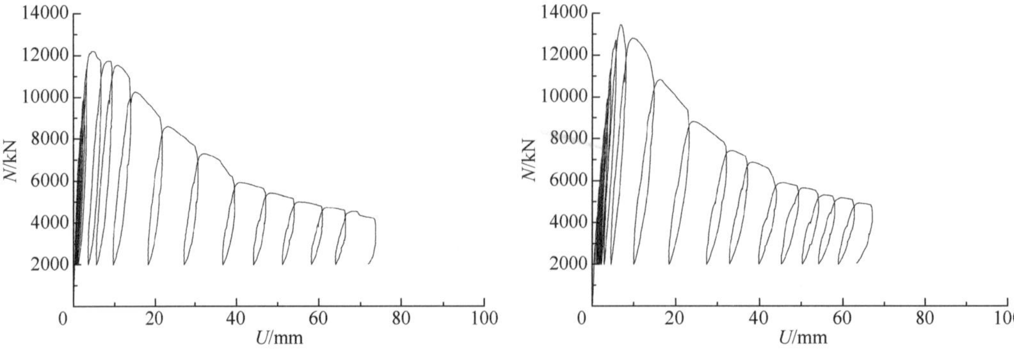

（a）FXPY-1　（b）FXPY-2

图 7-9　小偏压柱的 *N-U* 曲线

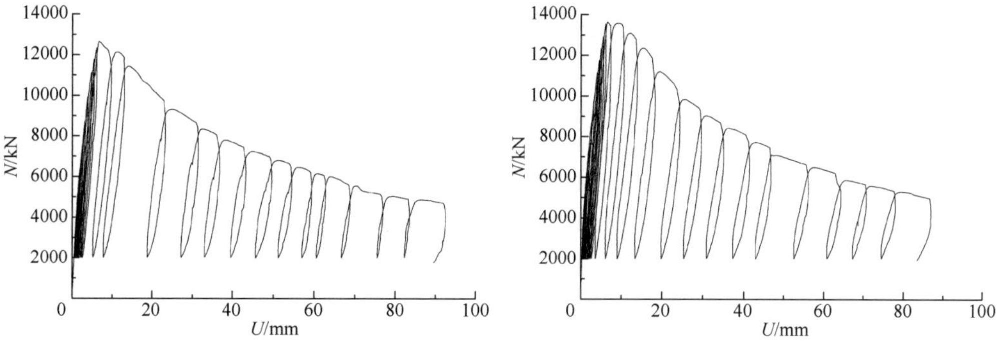

（c）PXPY-1　　（d）PXPY-2

图 7-9（续）

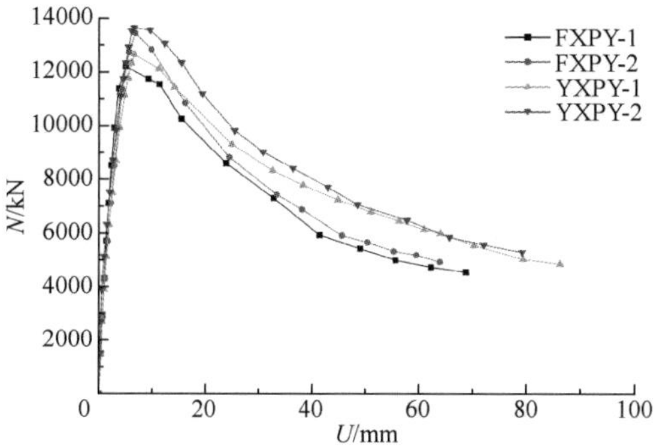

图 7-10　小偏压柱的骨架曲线

由图 7-9 可见，各试件在加载初期处于弹性阶段，残余变形较小，随荷载增加，试件侧向位移逐渐增大；达到极限承载力后，刚度退化加剧，残余变形不断增大。

由图 7-10 可见，各试件弹性阶段刚度接近，再生混凝土柱承载力略高于普通混凝土柱。加载至峰值荷载后，再生混凝土柱承载力下降略快，圆形截面柱的承载力整体高于方形截面柱。

小偏压柱的刚度退化曲线如图 7-11 所示。纵坐标 K 为考虑二阶挠曲效应的侧向弯曲刚度，$K = NL^2 \cdot \left(\dfrac{e}{8U} + \dfrac{1}{\pi^2}\right)$，$U$ 为对应侧向挠度，L 为柱高；横坐标 U/L 为相对值。

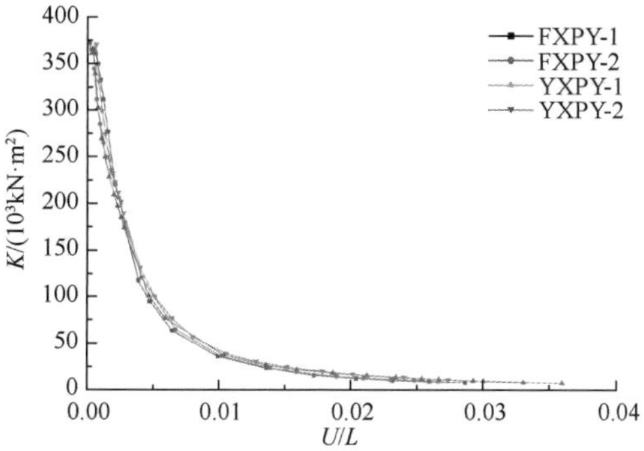

图 7-11　小偏压柱的刚度退化曲线

由图 7-11 可见，各试件刚度退化曲线均经历速降阶段、次速降阶段和缓降阶段，侧向弯曲刚度退化过程接近，曲线基本重合，表明再生粗骨料对小偏心受压柱的刚度退化影响较小。

7.2.4　耗能能力

采用 7.1 节的构件耗能计算方法，计算各试件达到屈服荷载、峰值荷载、极限荷载（取峰值荷载的 85%）时累积耗能 E_y、E_p 和 E_u，结果见表 7-10。小偏压柱的累积耗能如图 7-12 所示。

表 7-10　小偏压柱的特征点累积耗能值

试件编号	E_y/(10^3kN・mm)	E_p/(10^3kN・mm)	E_u/(10^3kN・mm)
FXPY-1	21.27	39.55	154.96
FXPY-2	27.03	59.30	154.99
YXPY-1	23.06	54.22	183.66
YXPY-2	31.33	59.75	206.46

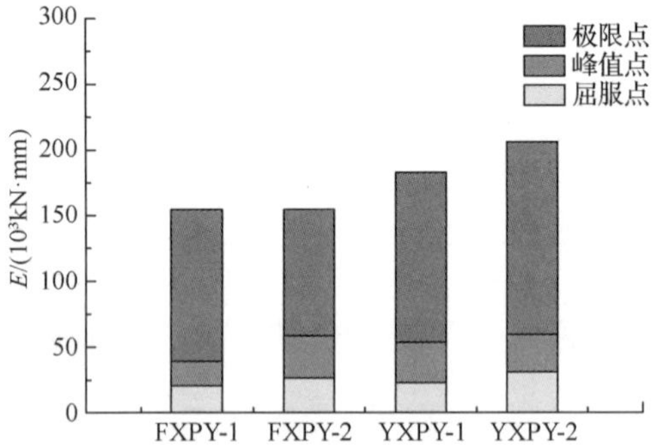

图 7-12　小偏压柱的累积耗能

由表 7-10 和图 7-12 可见：①高强再生混凝土柱的耗能能力优于普通混凝土柱，方形、圆形截面再生混凝土柱的屈服点累积耗能分别比普通混凝土柱提高了 27.1%和 35.9%，峰值点累积耗能分别提高 49.9%和 10.2%，圆形截面柱的极限点累积耗能提高了 12.4%；②圆形截面柱的耗能能力优于方形截面柱，相同再生粗骨料取代率下，圆形截面柱的各特征点累积耗能均高于方形截面柱，2 个圆形截面柱的屈服点累积耗能分别比方形截面柱提高了 9.2%和 15.9%，峰值点累积耗能分别提高了 37.1%和 0.8%，极限点累积耗能分别提高了 18.5%和 33.2%。

7.2.5　侧向挠度分析

不同循环最大荷载下，小偏压柱沿试件高度分布的侧向挠度如图 7-13 所示。其中，U 为试件各循环最大荷载下侧向挠度值，H 为不同测点距离试件底部高度。

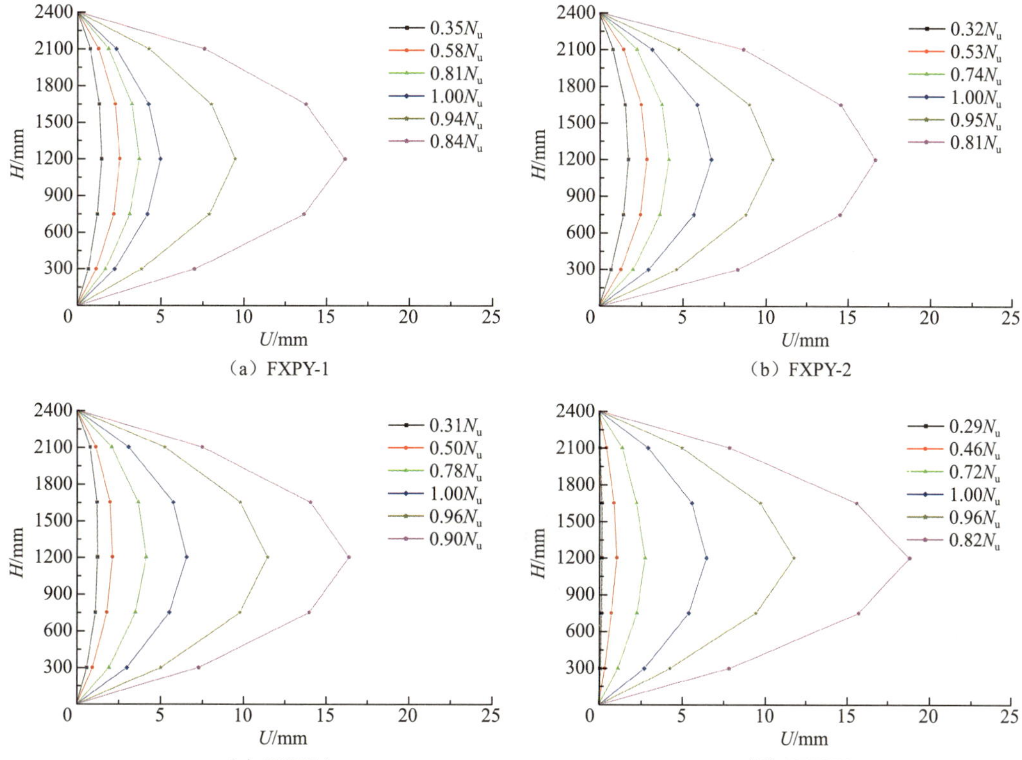

（a）FXPY-1　（b）FXPY-2

（c）YXPY-1　（d）YXPY-2

图 7-13　小偏压柱沿试件高度分布的侧向挠度

由图 7-13 可见，再生混凝土柱与普通混凝土柱侧向挠度分布规律接近，加载初期，试件侧向挠度发展缓慢；随荷载增加，试件侧向挠度增长速率变大；达到峰值荷载后，试件侧向挠度急剧增大。加载过程中各试件侧向挠度曲线沿试件高度中点基本对称，接近正弦曲线。

7.2.6 承载力计算

参照《混凝土结构设计规范（2015 年版）》（GB 50010—2010）计算各小偏压试件承载力，并将计算值 N_u 与实测值 N_c 进行比较，结果见表 7-11。

表 7-11　小偏压柱的承载力计算值和实测值比较

试件编号	N_u/kN	N_c/kN	N_u/N_c
FXPY-1	12195.08	11770.46	1.036
FXPY-2	13436.21	11821.29	1.137
YXPY-1	12635.17	12397.43	1.019
YXPY-2	13628.36	12234.22	1.114

由表 7-11 可见，各试件承载力计算值与实测值误差为 1.9%～13.7%，整体符合较好。

7.2.7 有限元分析

1. 本构关系及单元选取

混凝土采用损伤塑性模型，再生混凝土本构关系采用《混凝土结构设计规范（2015年版）》（GB 50010—2010）中的混凝土本构关系。钢筋本构关系采用理想弹塑性模型。混凝土采用 8 节点三维积分线性实体单元 C3D8R，钢筋采用三维桁架单元 T3D2。

2. 损伤分析结果

对各试件进行有限元模拟，模拟所得混凝土受拉、受压损伤云图与各试件实际破坏形态，如图 7-14～图 7-17 所示。

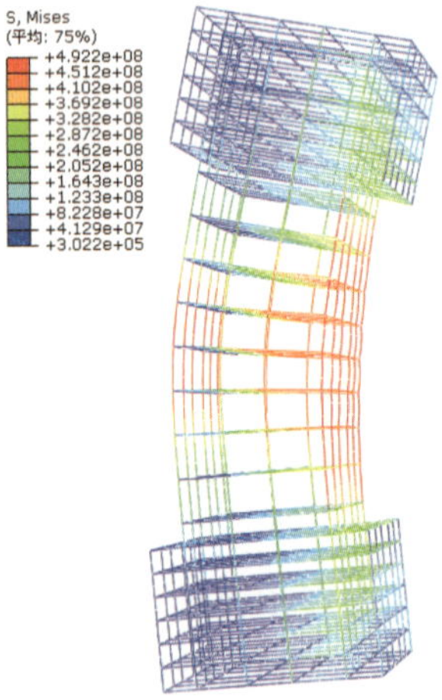

（a）钢筋应力云图

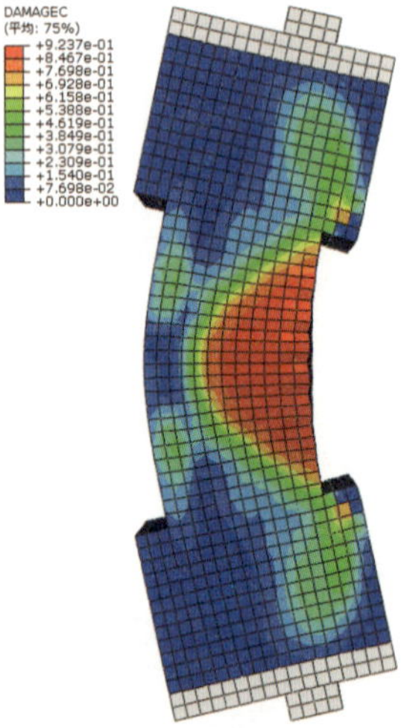

（b）混凝土受压损伤云图

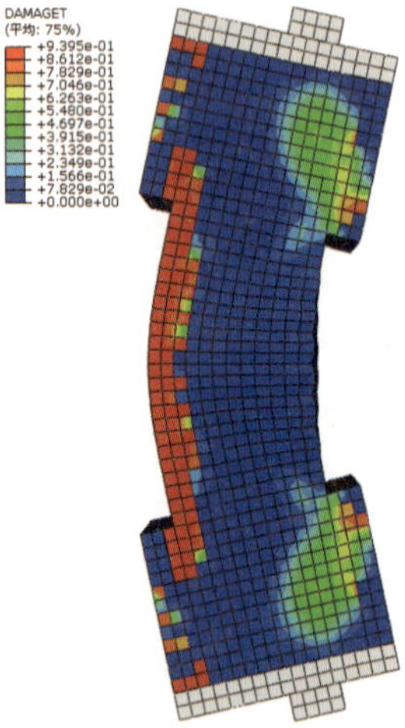

（c）混凝土受拉损伤云图

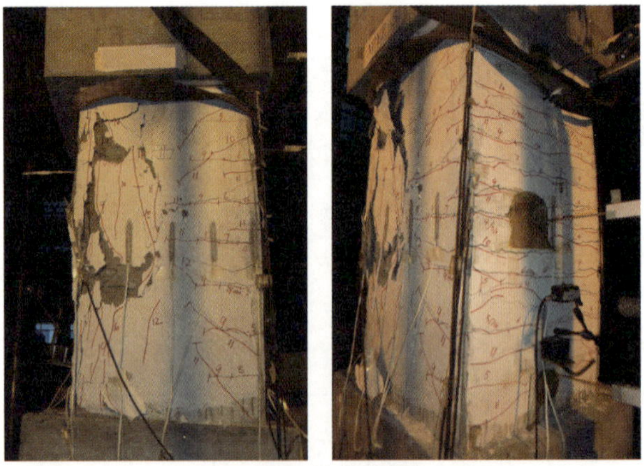

（d）实际损伤状态

图 7-14　FXPY-1 模拟结果及实际破坏形态

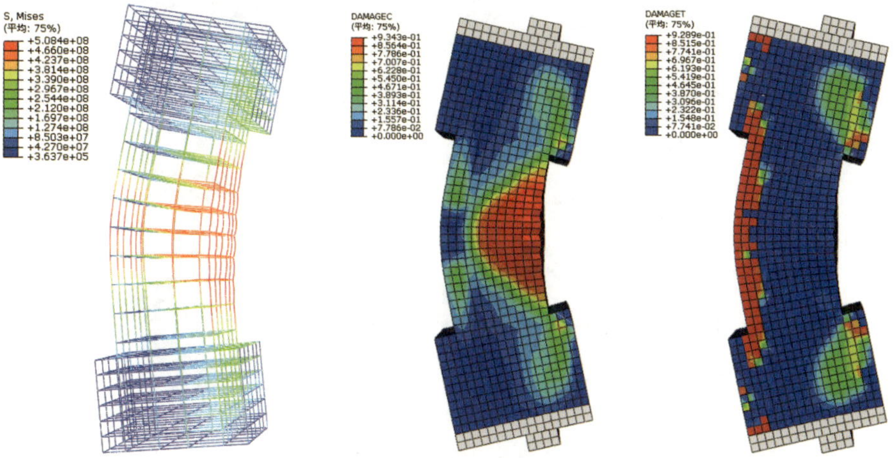

（a）钢筋应力云图　　（b）混凝土受压损伤云图　　（c）混凝土受拉损伤云图

（d）实际损伤状态

图 7-15　FXPY-2 模拟结果及实际破坏形态

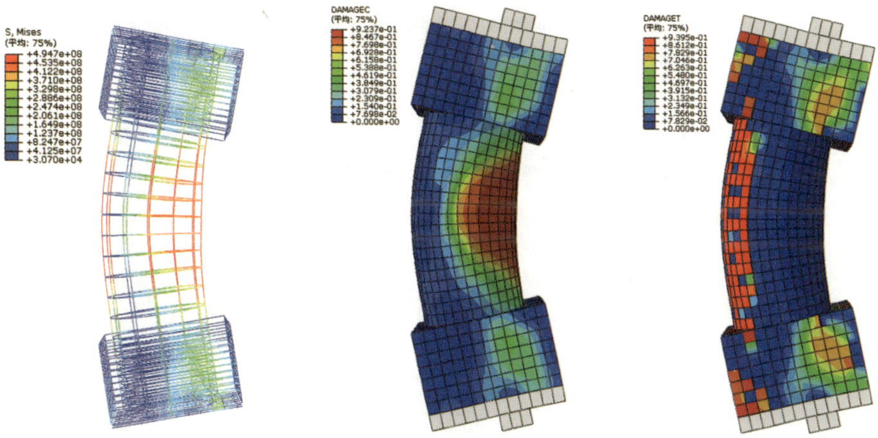

（a）钢筋应力云图　　（b）混凝土受压损伤云图　　（c）混凝土受拉损伤云图

图 7-16　YXPY-1 模拟结果及实际破坏形态

（d）实际损伤状态

图 7-16（续）

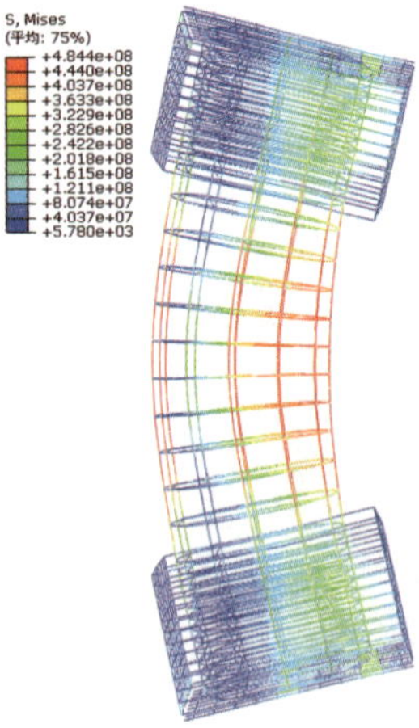

（a）钢筋应力云图

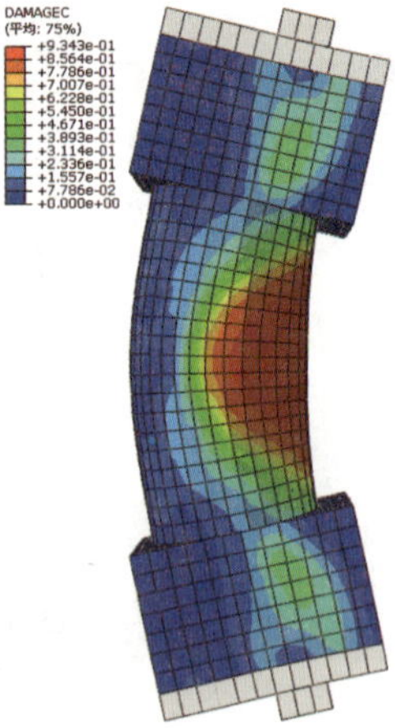

（b）混凝土受压损伤云图

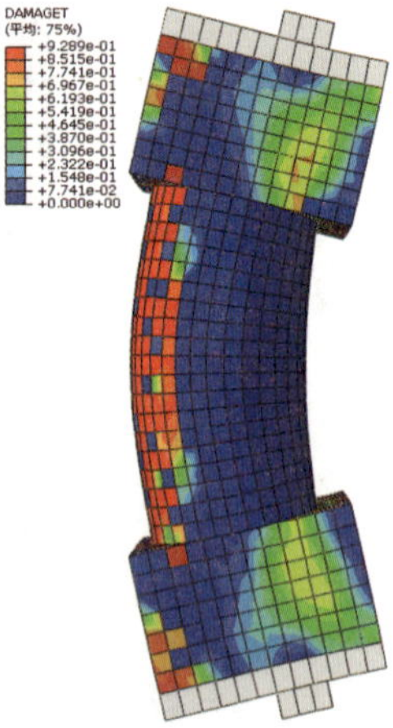

（c）混凝土受拉损伤云图

（d）实际损伤状态

图 7-17　YXPY-2 模拟结果及实际破坏形态

由图 7-14～图 7-17 可见，数值模拟结果与试验现象相符，柱高中部位置的钢筋应力最大，并逐渐向柱两端递减。混凝土受压损伤处与试验受压侧混凝土压碎位置相符，混凝土受拉损伤处与试验受拉侧裂缝开展情况相符，混凝土受拉、受压损伤情况与试验现象基本一致。

3. 荷载-侧向位移曲线模拟结果

小偏压柱的数值模拟及试验所得 N-U 曲线比较如图 7-18 所示。

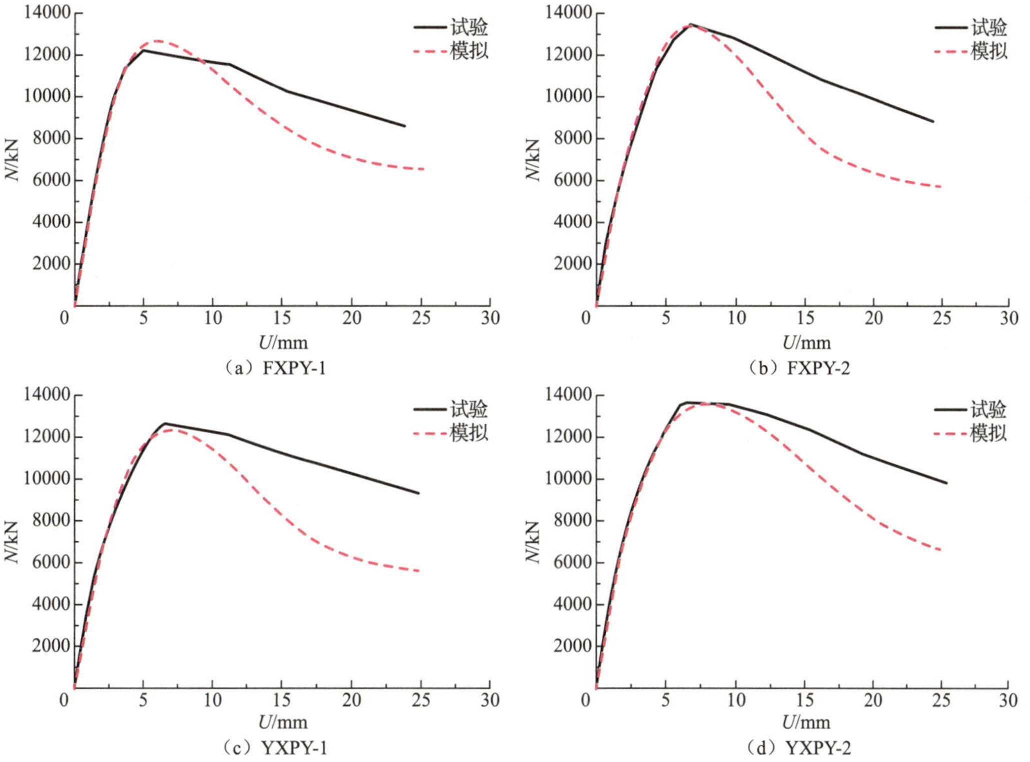

（a）FXPY-1　（b）FXPY-2　（c）YXPY-1　（d）YXPY-2

图 7-18　小偏压柱的数值模拟与试验所得 N-U 曲线比较

由图 7-18 可见，数值模拟曲线与试验曲线上升段基本重合，承载力接近，下降段存在一定差异，数值模拟曲线承载力下降速率比试验结果要快些。

7.3　大偏心受压性能

7.3.1　中强再生混凝土柱大偏心受压性能

1. 试验概况

本节设计制作了 4 个钢筋混凝土柱，设计参数见表 7-12。为防止柱两端局部受压破坏，在柱端部设置牛腿，牛腿配筋按构造要求配置，大偏压柱的几何尺寸及配筋如图 7-19 所示。

表 7-12　大偏压中强再生混凝土柱的设计参数

试件编号	截面形状	混凝土设计强度等级	再生粗骨料取代率ρ_c/%	偏心距/mm	纵筋配筋率/%	配箍率/%
DPYZ-1	方形	C40	0	300	1.27	0.78
DPYZ-2	方形		50			0.78
DPYZ-3	方形		100			0.78
DPYZ-4	方形		100			1.12

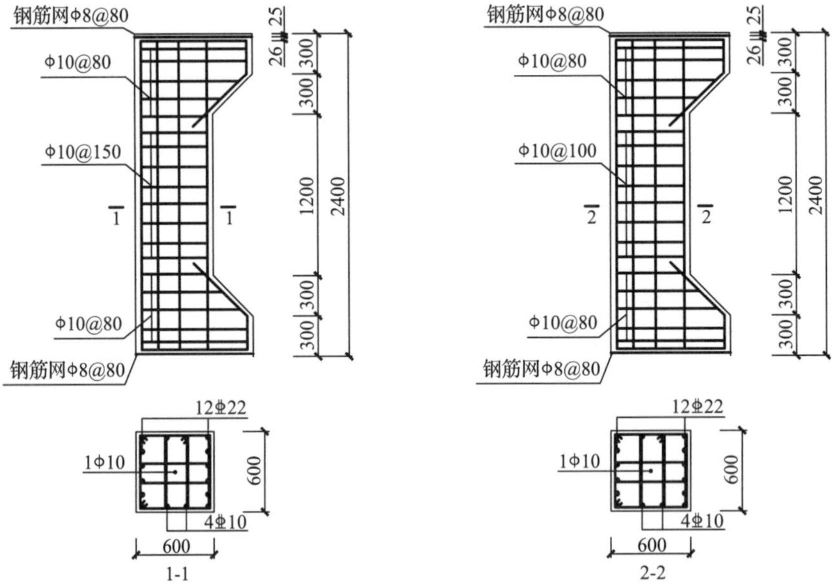

（a）试件DPYZ-1~DPYZ-3　　（b）试件DPYZ-4

图 7-19　大偏压柱的几何尺寸及配筋（单位：mm）

大偏压柱实测混凝土力学性能见表 7-13，钢筋力学性能见表 7-14。

表 7-13　大偏压柱实测混凝土力学性能

混凝土设计强度等级	再生粗骨料取代率ρ_c/%	立方体抗压强度f_{cu}/MPa	弹性模量E_c/(10^4MPa)
C40	0	41.9	3.09
	50	44.0	2.97
	100	44.5	2.85

表 7-14　大偏压柱实测钢筋力学性能

钢筋等级	直径 D/mm	屈服强度 f_y/MPa	极限强度 f_u/MPa	弹性模量 E_s/(10^5MPa)
HPB300	10	428	461	2.05
HRB400	22	461	645	1.97

试验加载同 7.1.1 节，大偏压柱的测点布置如图 7-20 所示。

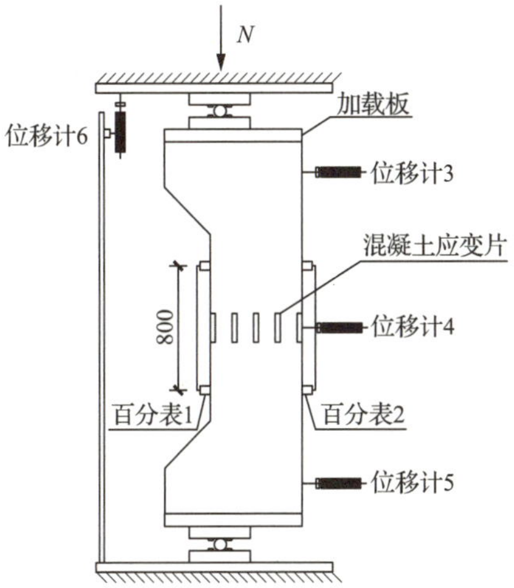

图 7-20　大偏压柱的测点布置

2. 破坏特征

大偏压柱的破坏形态如图 7-21 所示。由图 7-21 可见：①各试件破坏过程接近，再生粗骨料对再生混凝土柱大偏压损伤过程无明显影响；②对比普通混凝土柱，再生混凝土柱后期裂缝开展更充分，耗能能力更好，但后期损伤相对严重；③箍筋加密可有效提高再生混凝土柱承载力和延性。

（a）DPYZ-1　（b）DPYZ-2　（c）DPYZ-3　（d）DPYZ-4

图 7-21　大偏压柱的破坏形态

3. 承载力、刚度与变形

各试件承载力 N_u 及 N_u/N_{u0} 的实测值见表 7-15，其中 N_u/N_{u0} 为该试件极限承载力与相同混凝土设计强度等级的普通混凝土柱极限承载力之比。

表 7-15 大偏压柱的承载力实测值

试件编号	N_u/kN	N_u/N_{u0}
DPYZ-1	5142.07	1.000
DPYZ-2	5087.36	0.989
DPYZ-3	5132.21	1.000
DPYZ-4	5711.65	1.113

由表 7-15 可见，不同再生粗骨料取代率柱的承载力接近，表明再生粗骨料对再生混凝土柱大偏压承载力影响不明显；箍筋加密可提高再生混凝土柱大偏压承载力，试件 DPYZ-4 的承载力比 DPYZ-3 提高了 11.3%。

大偏压柱的 N-U 曲线如图 7-22 所示，骨架曲线如图 7-23 所示。

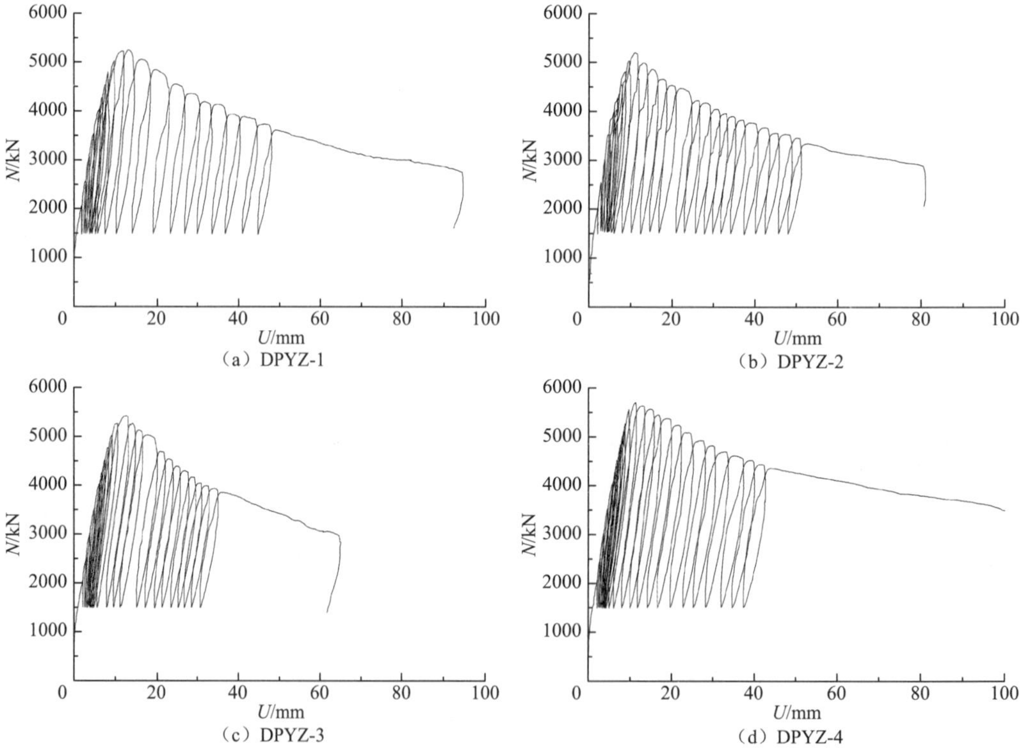

（a）DPYZ-1 （b）DPYZ-2 （c）DPYZ-3 （d）DPYZ-4

图 7-22 大偏压柱的 N-U 曲线

由图 7-22 可见，各试件加载初期处于弹性阶段，残余变形相对较小；屈服后各试件塑性变形发展迅速，且随侧向位移增大，各试件刚度逐渐退化，残余变形也逐渐增大。

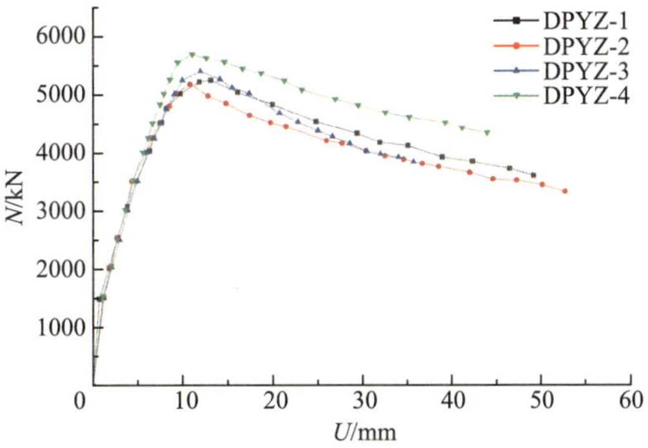

图 7-23　大偏压柱的骨架曲线

由图 7-23 可见，各试件屈服前骨架曲线基本重合，达到极限荷载后，试件 DPYZ-2 承载力下降速度与普通混凝土试件 DPYZ-1 接近，再生粗骨料取代率为 100%的试件 DPYZ-3 承载力下降速度略快，变形能力弱于 DPYZ-1、DPYZ-2 试件。试件 DPYZ-4 承载力明显高于其他试件，表明箍筋加密可有效提高再生混凝土柱压弯性能。

大偏压柱的侧向弯曲刚度退化曲线如图 7-24 所示，其中侧向弯曲刚度考虑挠曲二阶效应影响。

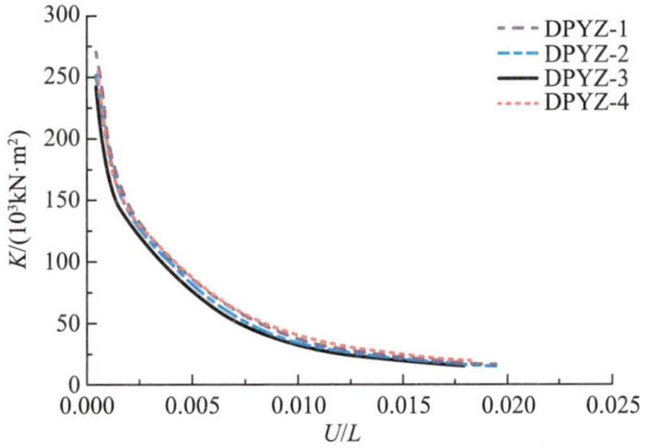

图 7-24　大偏压柱的侧向弯曲刚度退化曲线

由图 7-24 可见，各试件侧向弯曲刚度退化曲线均经历速降阶段、次速降阶段和缓降阶段，试件 DPYZ-2 刚度退化速率与普通混凝土试件 DPYZ-1 相近，再生粗骨料取代率为 100%的试件 DPYZ-3 刚度退化速率略快于试件 DPYZ-1、试件 DPYZ-2；试件 DPYZ-4 受箍筋约束影响，刚度退化速率慢于其他试件。

4. 承载力计算

参照《混凝土结构设计规范（2015 年版）》（GB 50010—2010）计算各试件的极限承载力，并将实测值 N_u 与计算值 N_c 进行比较，见表 7-16。

表 7-16　大偏压柱的承载力实测值与计算值比较

试件编号	N_u/kN	N_c/kN	N_c/N_u
DPYZ-1	5142.07	4591.13	0.893

续表

试件编号	N_u/kN	N_c/kN	N_c/N_u
DPYZ-2	5087.36	4667.30	0.917
DPYZ-3	5132.21	4708.45	0.917
DPYZ-4	5711.65	5054.56	0.885

由表 7-16 可见，计算结果与实测结果误差为 8.3%～11.5%，表明可近似采用普通混凝土大偏心受压承载力计算公式计算。

7.3.2 高强再生混凝土柱大偏心受压性能

1. 试验概况

本节设计制作了 4 个钢筋混凝土柱，设计参数见表 7-17。为防止柱两端局部受压破坏，在柱端部设置牛腿，牛腿配筋按构造要求配置，大偏压高强混凝土柱的具体尺寸及配筋如图 7-25 所示。

表 7-17 大偏压高强再生混凝土柱的设计参数

试件编号	截面形状	混凝土设计强度等级	再生粗骨料取代率ρ_c/%	偏心距/mm	纵筋配筋率/%	配箍率/%
DPYZ-5	方形	C60	0	300	1.27	0.78
DPYZ-6	方形		50			
DPYZ-7	圆形		0			
DPYZ-8	圆形		50			

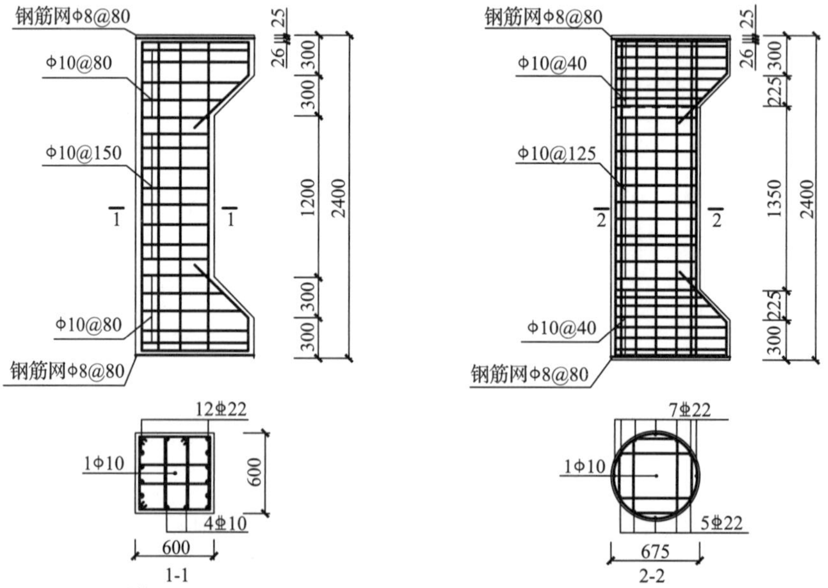

(a) 试件DPYZ-5、DPYZ-6　　(b) 试件DPYZ-7、DPYZ-8

图 7-25 大偏压高强混凝土柱的几何尺寸及配筋（单位：mm）

试件与 7.3.1 节试件为同批制作，所用钢筋相同，钢筋实测力学性能、柱的加载方案与测点布置见 7.3.1 节，所用高强混凝土实测力学性能见表 7-7。

2. 破坏特征

大偏压高强混凝土柱的破坏形态如图 7-26 所示。由图 7-26 可见：①相同截面形式试件破坏过程和损伤情况接近，高强再生混凝土柱后期裂缝发展更均匀，分布更广；②圆形截面柱比方形截面柱裂缝开展更充分，分布范围更广，延性更好。

（a）DPYZ-5　（b）DPYZ-6　（c）DPYZ-7　（d）DPYZ-8

图 7-26　大偏压高强混凝土柱的破坏形态

3. 承载力、刚度与变形

大偏压高强混凝土柱的极限承载力 N_u 及 N_u/N_{u0} 见表 7-18，其中，N_u/N_{u0} 为该试件极限承载力与相同混凝土设计强度等级的普通混凝土柱极限承载力之比。

表 7-18　大偏压高强混凝土柱的极限承载力实测值

试件编号	N_u/kN	N_u/N_{u0}
DPYZ-5	5725.63	1.000
DPYZ-6	5552.42	0.970
DPYZ-7	4586.77	1.000
DPYZ-8	4549.29	0.992

由表 7-18 可见，相同截面形式的高强混凝土柱极限承载力接近；方形截面柱的极限承载力比圆形截面柱提高均值为 23.4%。

大偏压高强混凝土柱的竖向荷载-跨中侧向位移（N-U）曲线如图 7-27 所示，骨架曲线如图 7-28 所示。

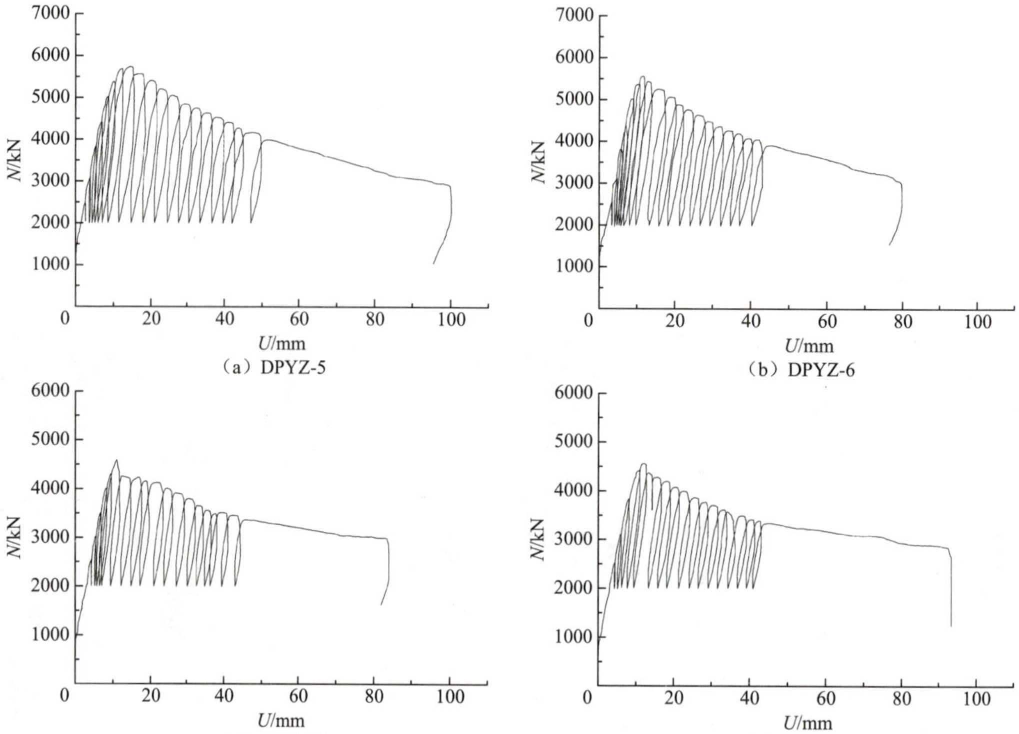

（a）DPYZ-5　（b）DPYZ-6　（c）DPYZ-7　（d）DPYZ-8

图 7-27　大偏压高强混凝土柱的 *N-U* 曲线

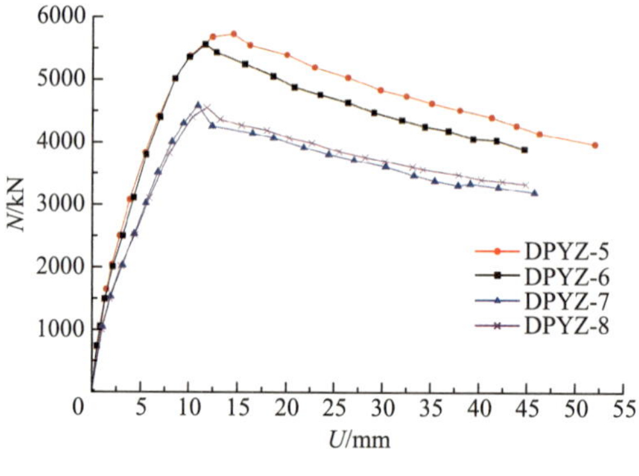

图 7-28　大偏压高强混凝土柱的骨架曲线

由图 7-27 可见，各试件加载初期处于弹性阶段，残余变形较小；屈服后塑性变形发展迅速，且随侧向位移增大，各试件刚度逐渐退化，残余变形逐渐增大。

由图 7-28 可见，试件屈服前，方形截面柱骨架曲线基本重合，试件屈服后，骨架曲线逐渐分离，达到峰值荷载后，方形高强再生混凝土柱承载力略低于普通高强混凝土柱，但两者承载力下降速度接近；圆形截面柱骨架曲线全过程基本重合。圆形箍筋对混凝土约束效果优于方形箍筋，圆形截面柱承载力下降速度慢于方形截面柱；再生粗骨料对圆形高强混凝土柱大偏压承载能力影响不明显。

大偏压高强混凝土柱的侧向弯曲刚度退化曲线如图 7-29 所示，其中侧向弯曲刚度考虑挠曲二阶效应影响。

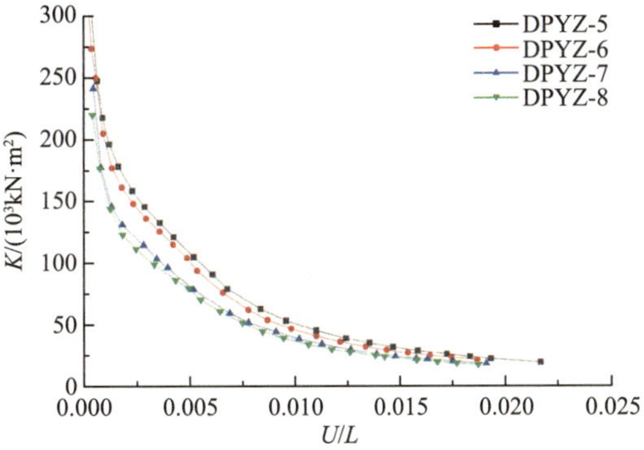

图 7-29　大偏压高强混凝土柱的侧向弯曲刚度退化曲线

由图 7-29 可见，各试件刚度退化曲线均经历速降阶段、次速降阶段和缓降阶段，相同截面形式试件的侧向弯曲刚度退化曲线基本重合，再生粗骨料掺入对其影响较小，方形截面柱的侧向弯曲刚度退化过程比圆形截面柱平缓些。

4. 承载力计算

参照《混凝土结构设计规范（2015 年版）》（GB 50010—2010）中相关公式计算各试件的极限承载力，实测值 N_u 与计算值 N_c 比较见表 7-19。可见，计算值与实测值误差最大不超过 6.5%。

表 7-19　承载力实测值和计算值

试件编号	N_u/kN	N_c/kN	N_c/N_u
DPYZ-5	5725.63	5723.86	1.000
DPYZ-6	5552.42	5724.14	1.031
DPYZ-7	4586.77	4286.71	0.935
DPYZ-8	4549.29	4506.27	0.991

7.3.3　有限元分析

各试件本构关系及单元选取与 7.2.7 节一致，数值模拟所得试件 DPYZ-1～DPYZ-8 的混凝土损伤云图、钢筋的应力云图及荷载-位移曲线如图 7-30～图 7-37 所示。可见，数值模拟结果与试验结果符合较好，荷载-位移曲线上升段与试验接近，承载力略高于实测值，下降段下降相对快些。

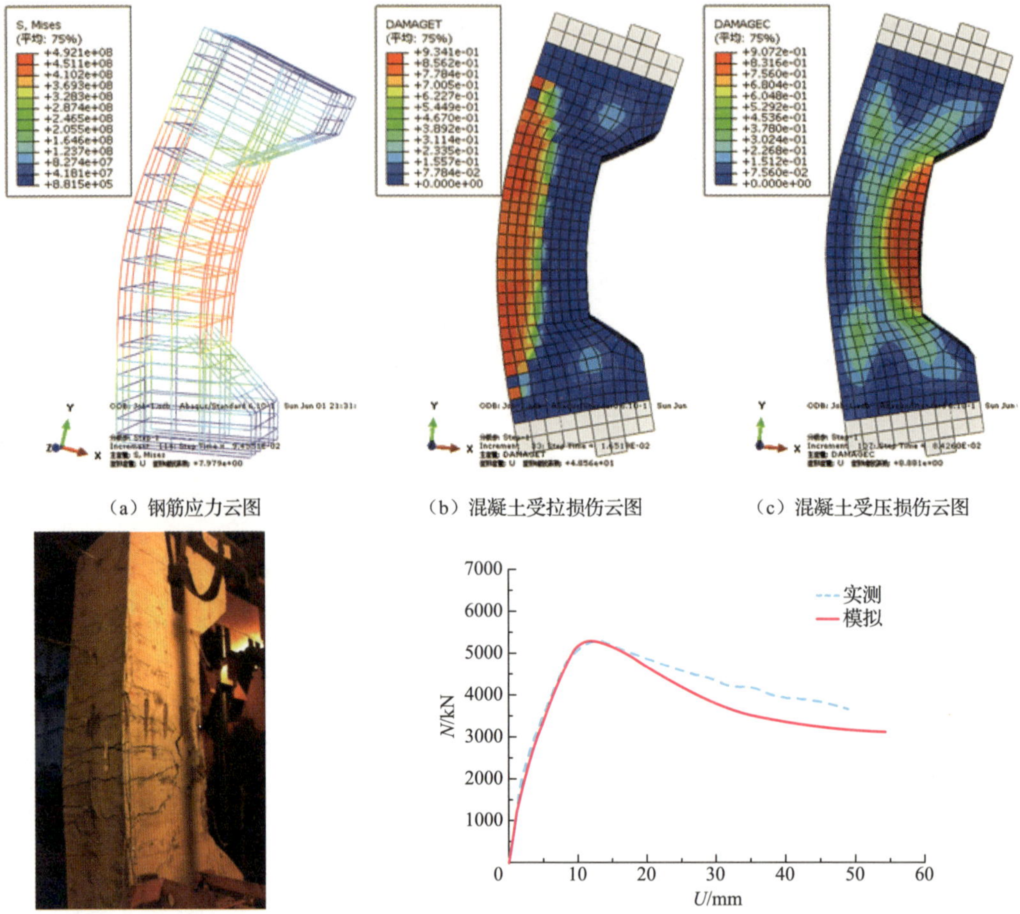

（a）钢筋应力云图　（b）混凝土受拉损伤云图　（c）混凝土受压损伤云图

（d）实际损伤状态　（e）数值模拟与试验荷载–位移曲线比较

图 7-30　DPYZ-1 数值模拟结果

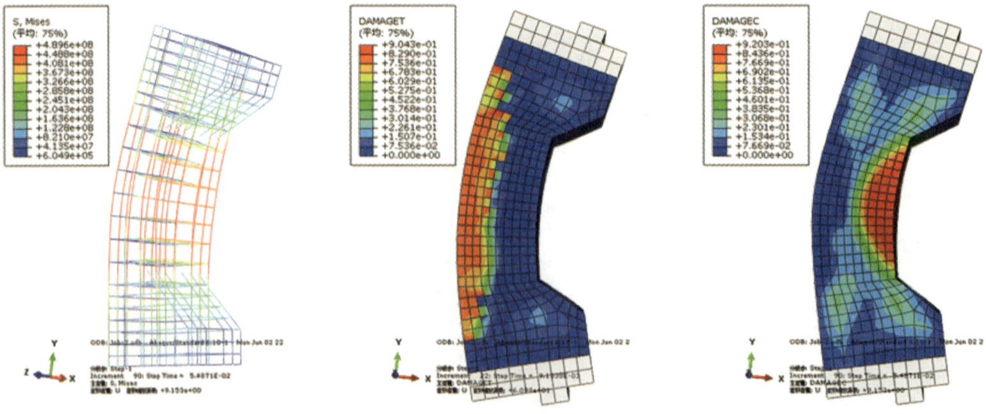

（a）钢筋应力云图　（b）混凝土受拉损伤云图　（c）混凝土受压损伤云图

图 7-31　DPYZ-2 数值模拟结果

（d）实际损伤状态

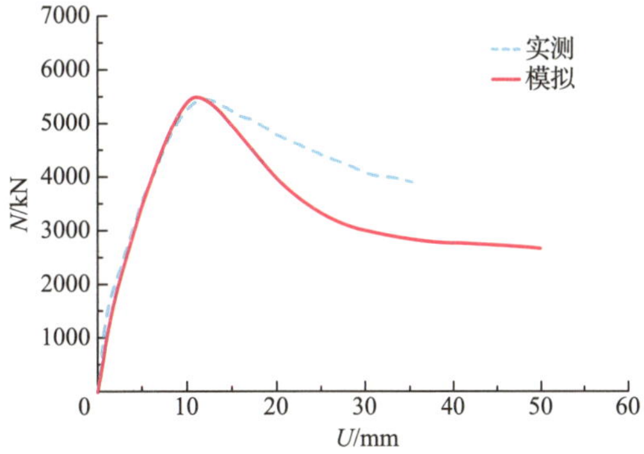

（e）数值模拟与试验荷载-位移曲线比较

图 7-31（续）

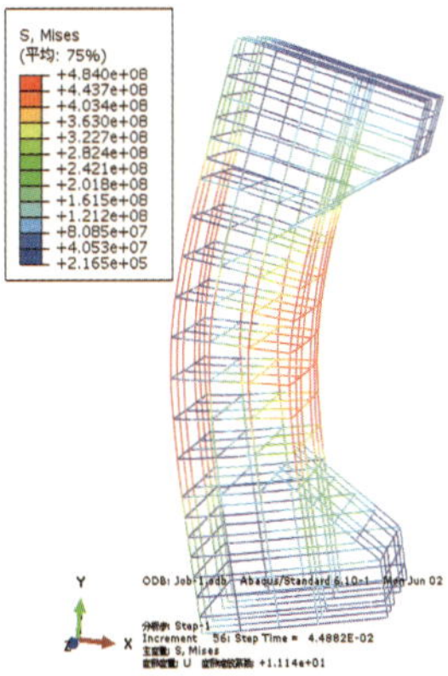

（a）钢筋应力云图

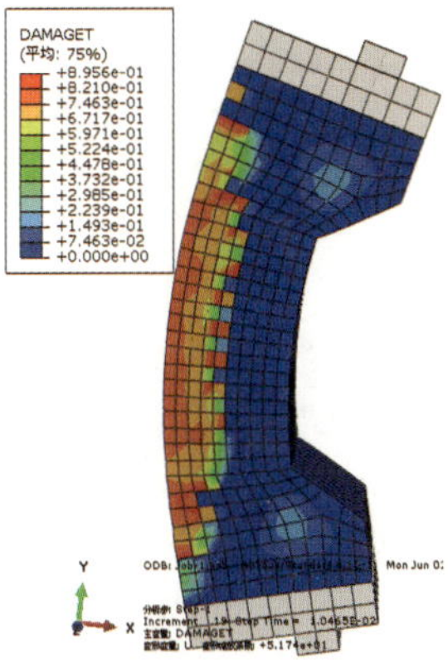

（b）混凝土受拉损伤云图

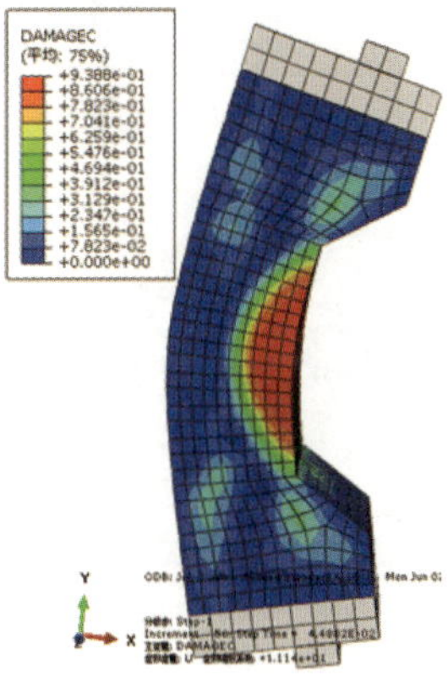

（c）混凝土受压损伤云图

（d）实际损伤状态

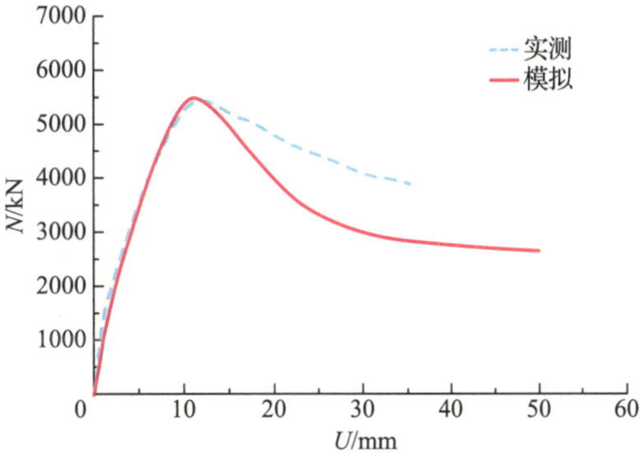

（e）数值模拟与试验荷载-位移曲线比较

图 7-32 DPYZ-3 数值模拟结果

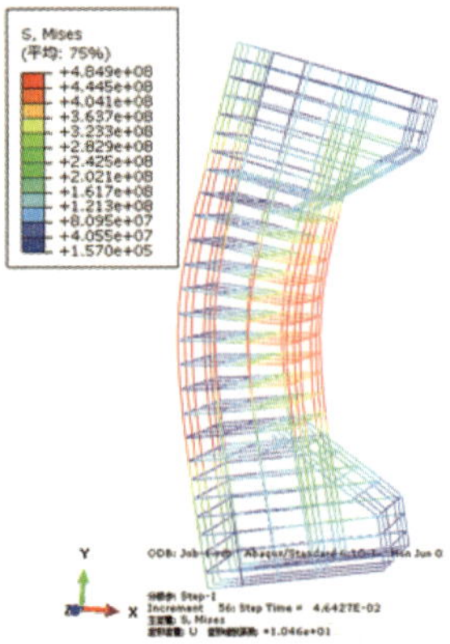

（a）钢筋应力云图

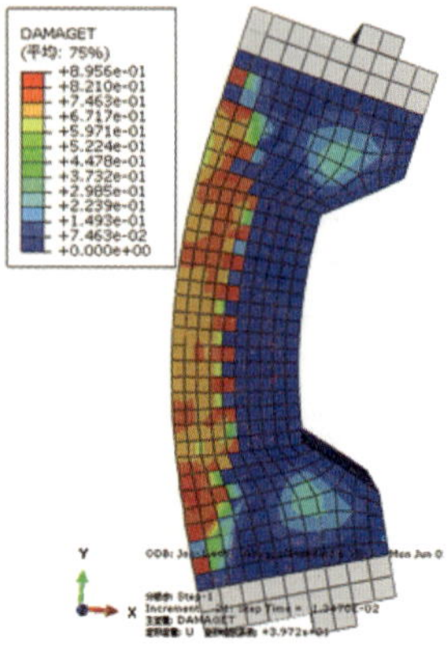

（b）混凝土受拉损伤云图

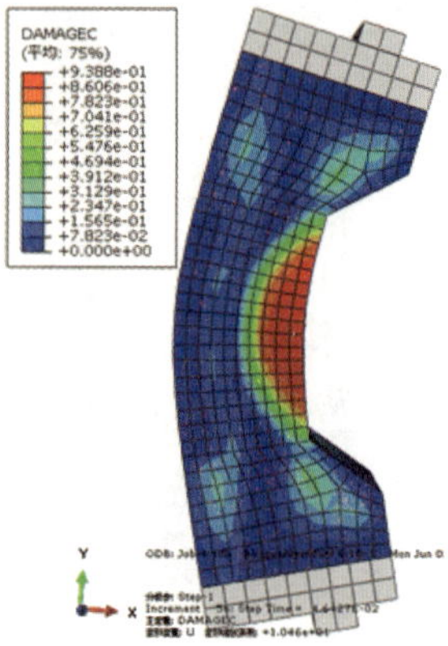

（c）混凝土受压损伤云图

（d）实际损伤状态

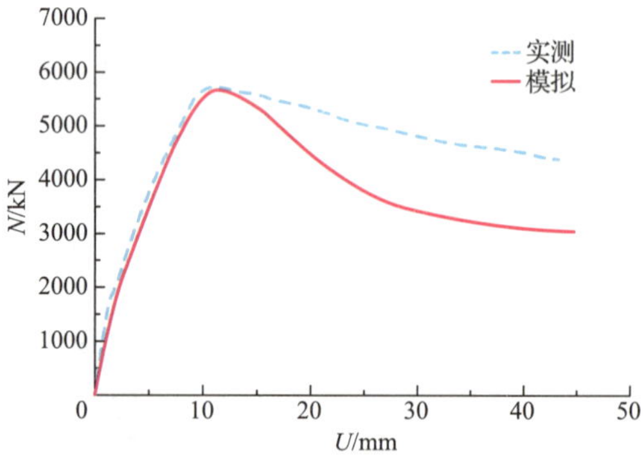

（e）数值模拟与试验荷载-位移曲线比较

图 7-33 DPYZ-4 数值模拟结果

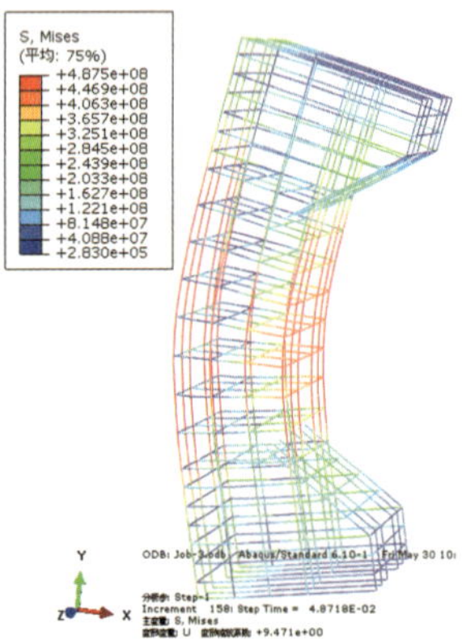

（a）钢筋应力云图

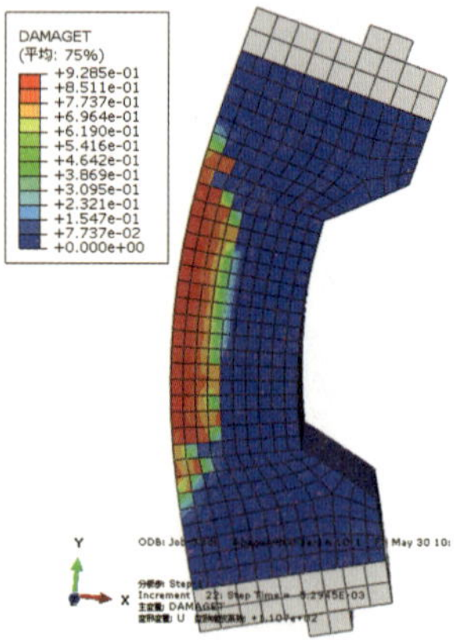

（b）混凝土受拉损伤云图

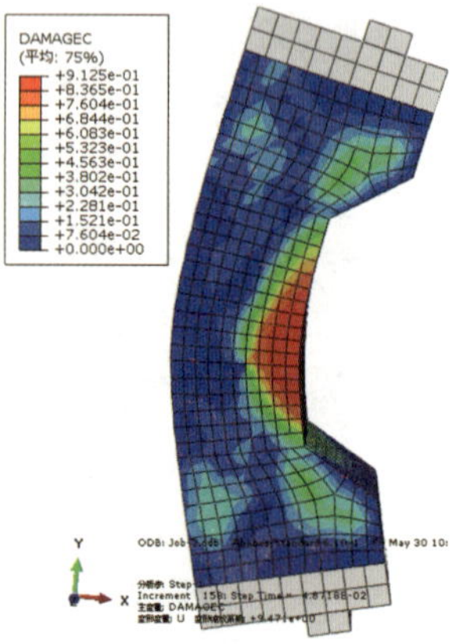

（c）混凝土受压损伤云图

图 7-34 DPYZ-5 数值模拟结果

（d）实际损伤状态

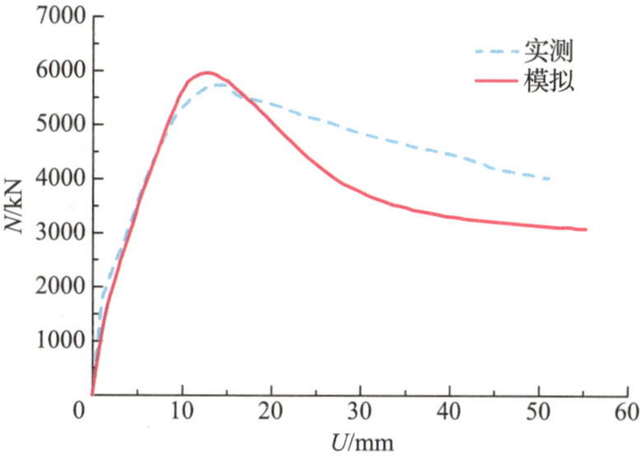

（e）数值模拟与试验荷载-位移曲线比较

图 7-34（续）

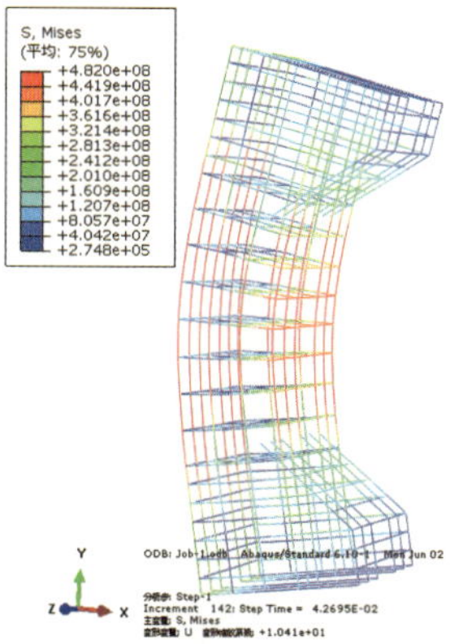

（a）钢筋应力云图

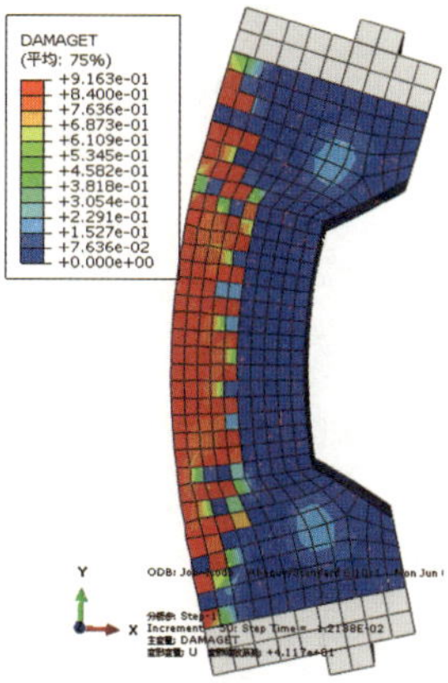

（b）混凝土受拉损伤云图

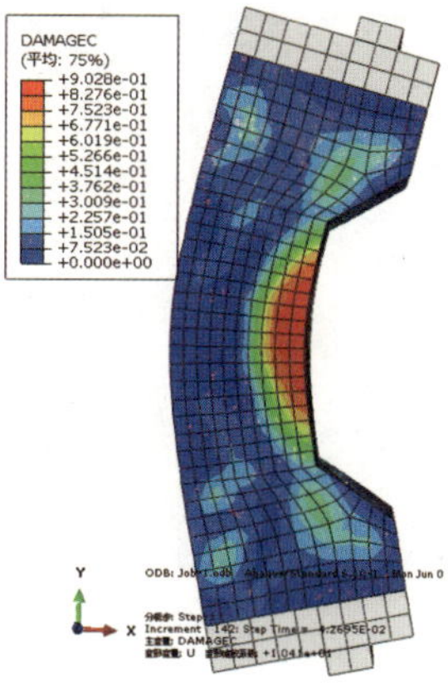

（c）混凝土受压损伤云图

（d）实际损伤状态

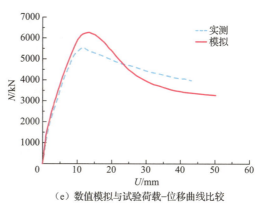

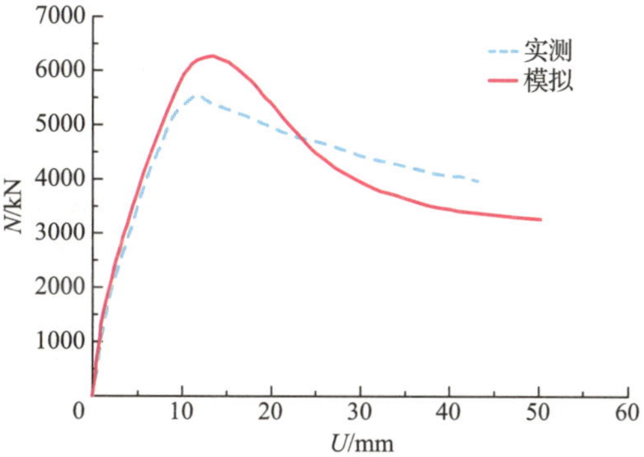

（e）数值模拟与试验荷载-位移曲线比较

图 7-35　DPYZ-6 数值模拟结果

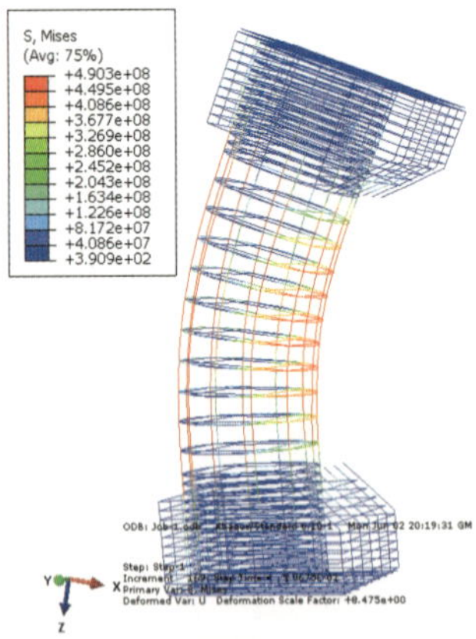

（a）钢筋应力云图

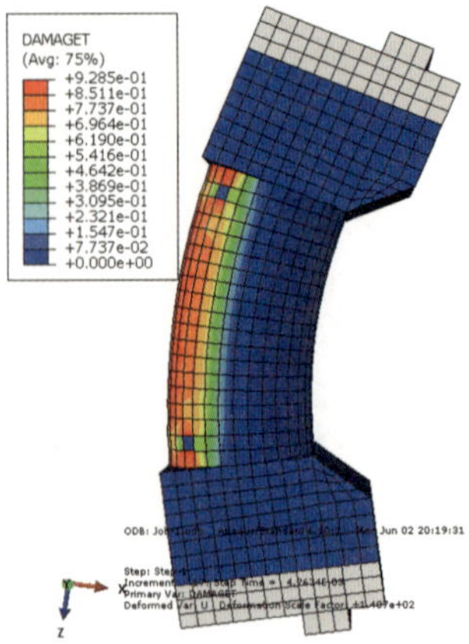

（b）混凝土受拉损伤云图

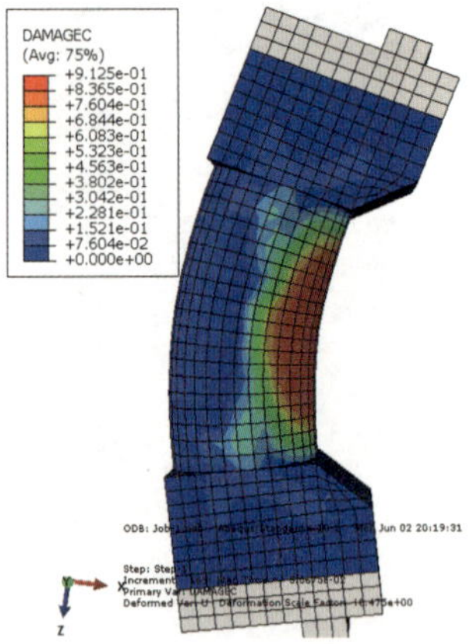

（c）混凝土受压损伤云图

（d）实际损伤状态

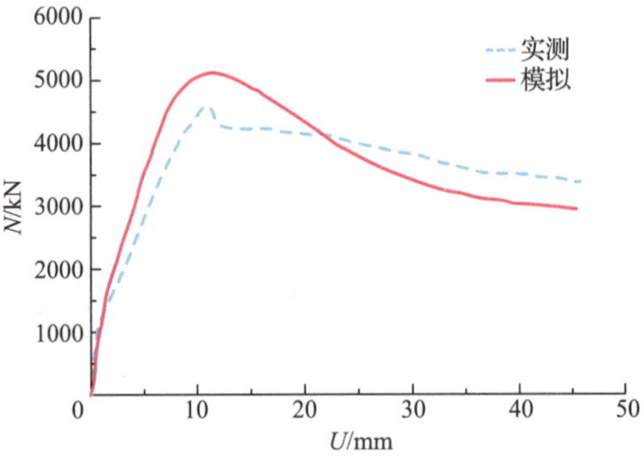

（e）数值模拟与试验荷载-位移曲线比较

图 7-36　DPYZ-7 数值模拟结果

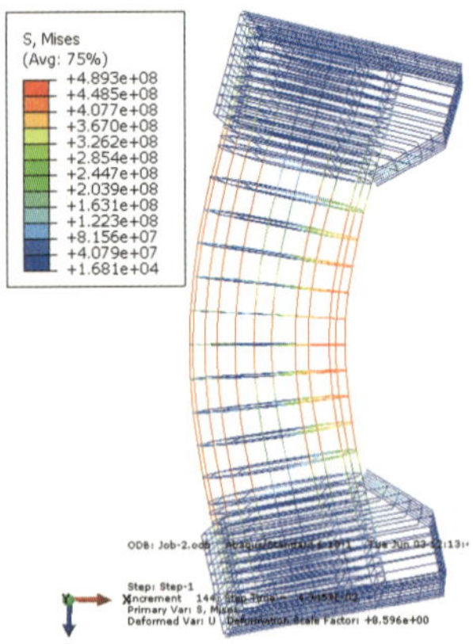

（a）钢筋应力云图

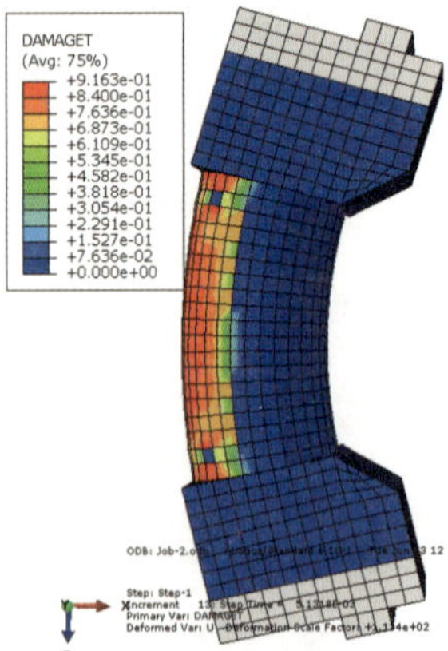

（b）混凝土受拉损伤云图

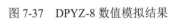

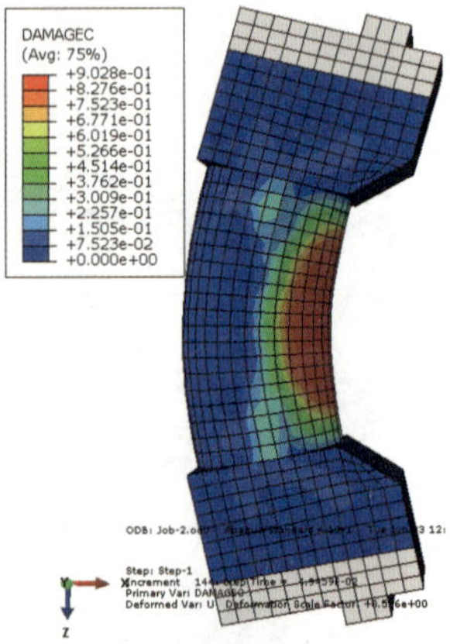

（c）混凝土受压损伤云图

图 7-37　DPYZ-8 数值模拟结果

（d）实际损伤状态

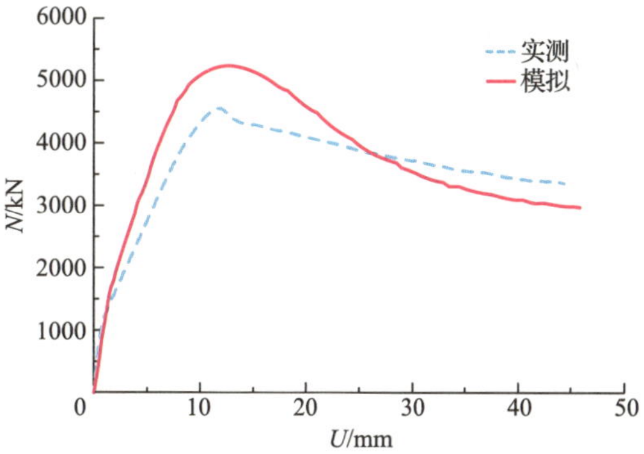

（e）数值模拟与试验荷载–位移曲线比较

图 7-37（续）

7.4　本章小结

本章介绍了不同设计参数的再生混凝土柱轴心受压试验、小偏心受压试验及大偏心受压试验结果，分析比较了各试件的破坏形态、承载力、刚度退化、变形能力等，基于试验建立了试件的有限元分析模型并进行了数值模拟，模拟结果与试验结果符合较好。研究结果表明：

（1）轴心受压状态下，再生混凝土柱与普通混凝土柱的轴压承载力接近，再生混凝土柱的变形能力相对好些。

（2）小偏心受压状态下，再生混凝土柱与普通混凝土柱的压弯性能接近；相同截面面积及配筋率条件下，方形截面柱与圆形截面柱的压弯性能接近。

（3）大偏心受压状态下，再生混凝土柱与普通混凝土柱的压弯性能接近；相同截面面积及配筋率条件下，方形截面柱的压弯性能优于圆形截面柱；加密箍筋可有效提高再生混凝土柱的压弯性能。

（4）再生混凝土柱的压弯承载力计算方法可参照《混凝土结构设计规范（2015 年版）》（GB 50010—2010）。

第 8 章　再生混凝土柱抗震性能

8.1　全再生骨料混凝土柱抗震性能

8.1.1　试验概况

本节设计制作了 7 个混凝土柱试件，设计变量为再生粗骨料取代率、再生细骨料取代率、配箍率及是否设置斜筋。其中 5 个试件为粗、细骨料 100%采用再生骨料的全再生骨料混凝土柱，设计参数见表 8-1，试件具体尺寸及配筋如图 8-1 所示。

表 8-1　再生混凝土柱的基本设计参数

试件编号	混凝土设计强度等级	剪跨比	轴压比	再生粗骨料取代率ρ_c/%	再生细骨料取代率ρ_f/%	配筋率/%	是否设置斜筋	配箍率/%
DZ-1				0	0		否	0.9
DZ-2				50	50		否	0.9
DZ-3				100	100		否	0.9
DZ-4	C30	1.75	0.4	100	100	2.3	是	0.9
DZ-5				100	100		否	0.4
DZ-6				100	100		否	1.3
DZ-7				100	100		是	0.4

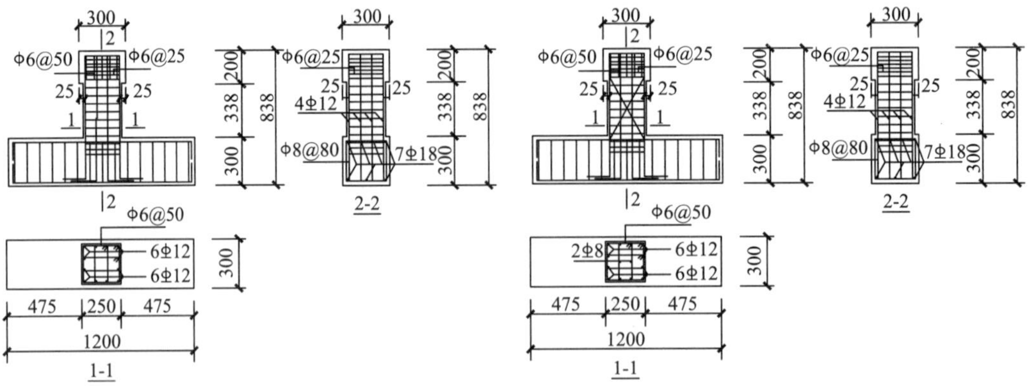

（a）DZ-1~DZ-3　　（b）DZ-4

图 8-1　柱试件的几何尺寸及配筋（单位：mm）

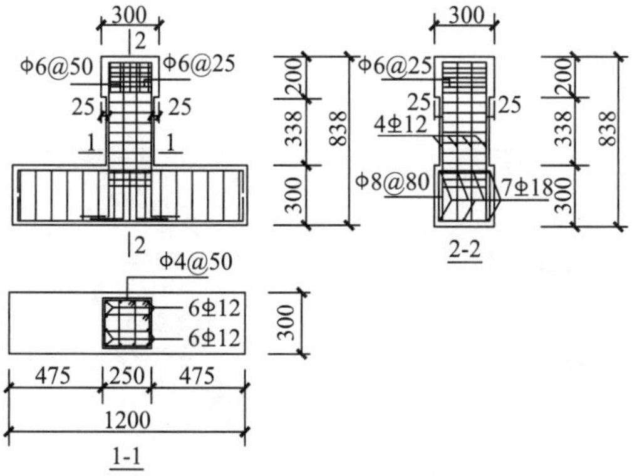

（c）DZ-5

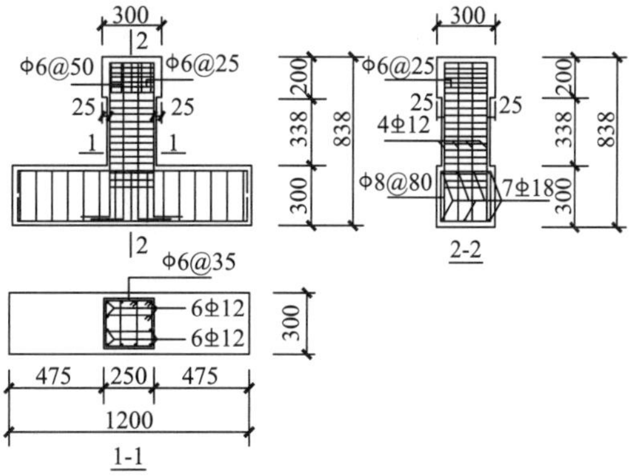

（d）DZ-6

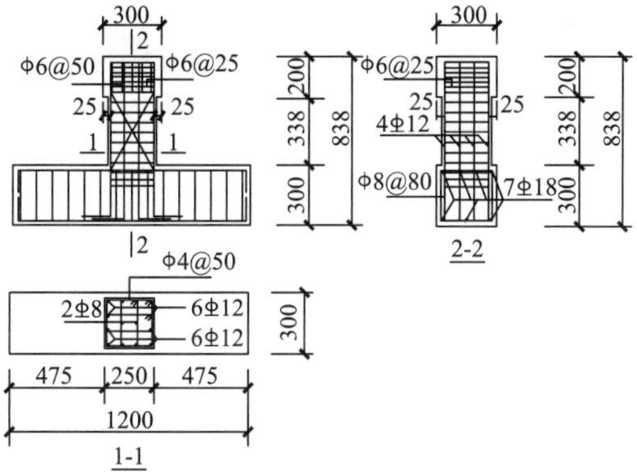

（e）DZ-7

图 8-1（续）

柱的混凝土实测力学性能见表 8-2，钢筋力学性能见表 8-3。

表 8-2　柱的混凝土实测力学性能

混凝土等级	再生粗骨料取代率ρ_c/%	再生细骨料取代率ρ_f/%	立方体抗压强度f_{cu}/MPa	弹性模量E_c/(10^4MPa)
C30	0	0	34.8	3.1
	50	50	32.7	2.6
	100	100	32.0	2.4

表 8-3　钢筋力学性能

钢筋等级	直径 D/mm	屈服强度f_y/MPa	极限强度f_u/MPa	弹性模量E_s/(10^5MPa)
8#铅丝	4	312	352	1.79
HPB235	6	536	591	1.77
HRB335	12	376	593	1.92

试验时，先施加轴力并保持恒定，然后施加低周反复水平力。试件屈服前采用荷载控制加载，屈服后采用位移控制加载。再生混凝土柱抗震试验加载装置如图 8-2 所示。

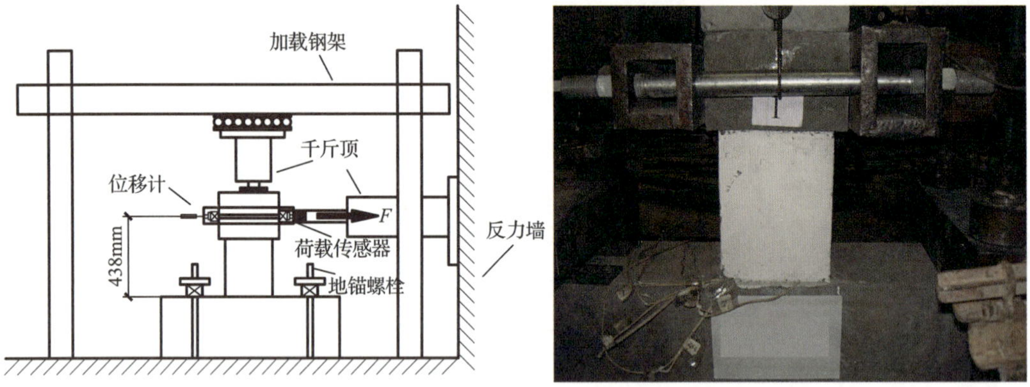

（a）加载装置示意图　　（b）加载现场

图 8-2　再生混凝土柱抗震试验加载装置

8.1.2　不同再生骨料取代率柱抗震性能

1. 破坏特征

不同再生骨料取代率柱的最终破坏形态如图 8-3 所示。

（a）DZ-1　（b）DZ-2　（c）DZ-3　（d）DZ-4

图 8-3　不同再生骨料取代率柱的最终破坏形态

由图 8-3 可见：①各试件破坏形态接近，均发生弯剪破坏。②随再生骨料取代率增大，试件底部混凝土脱落程度加重。③斜筋的设置对减轻再生混凝土柱剪切破坏、实现延性破坏机制效果明显。

2. 滞回曲线

不同再生骨料取代率柱的水平力-水平位移（F-U）滞回曲线及骨架曲线分别如图 8-4 和图 8-5 所示。

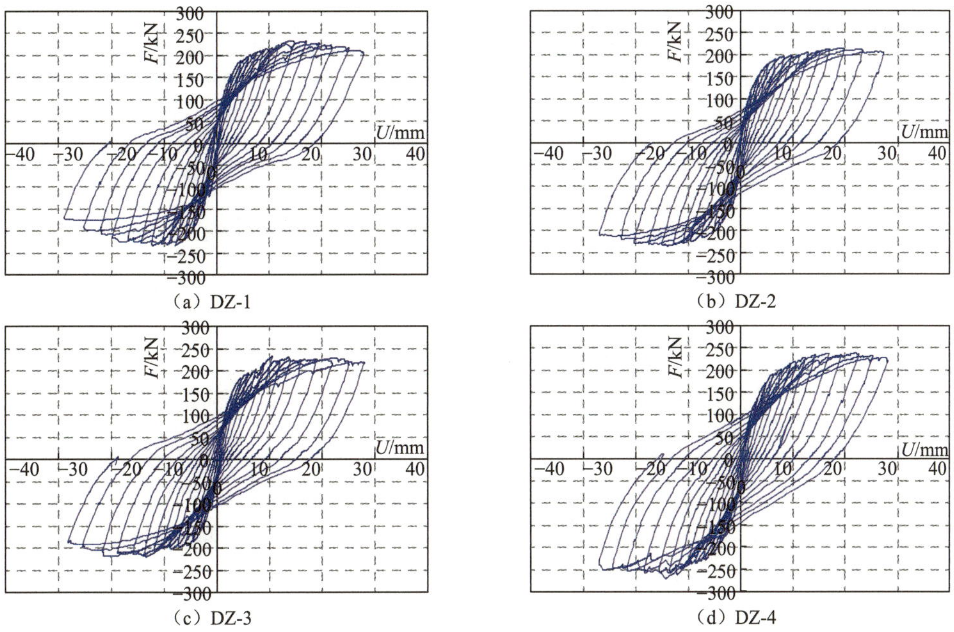

（a）DZ-1　（b）DZ-2　（c）DZ-3　（d）DZ-4

图 8-4　不同再生骨料取代率柱的 *F-U* 滞回曲线

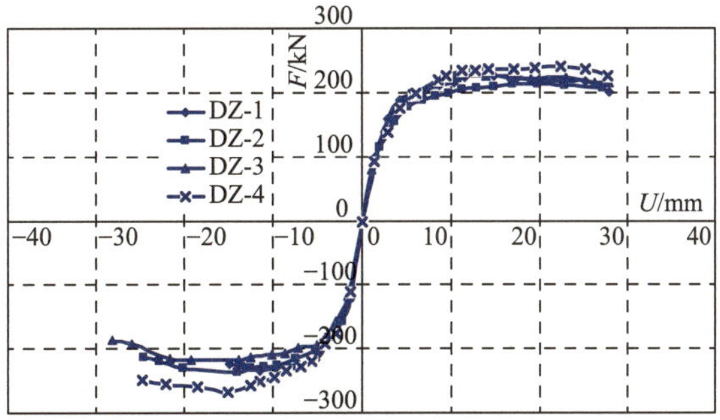

图 8-5　不同再生骨料取代率柱的骨架曲线

由图 8-4、图 8-5 可见：①试件 DZ-1、DZ-2、DZ-3 和 DZ-4 的滞回曲线形状基本相同，滞回性能良好，各试件在加载初期水平力随位移线性增长，卸载后残余变形很小；随水平位移增大，试件屈服，滞回曲线切线斜率明显减小，残余变形显著增大。②随再生骨料取代率增大，试件滞回曲线饱满程度降低，普通混凝土柱比再生骨料混凝土柱初始刚度大、承载力高、延性好，设置斜筋的全再生骨料混凝土柱 DZ-4 的滞回曲线更加饱满，其承载力、延性和耗能能力明显高于全再生骨料混凝土柱 DZ-3。

3. 特征荷载

不同再生骨料取代率柱的开裂荷载 F_{cr}、屈服荷载 F_y、峰值荷载 F_p、极限荷载 F_u 的实测值见表 8-4。

表 8-4 不同再生骨料取代率柱的特征荷载实测值

试件编号	加载方向	F_{cr}/kN	F_y/kN	F_p/kN	F_u/kN
DZ-1	正向	90.00	192.84	229.06	212.63
	负向	115.00	209.31	230.75	219.38
	均值	102.50	201.08	229.91	216.01
DZ-2	正向	92.00	205.34	214.53	218.92
	负向	100.00	223.50	235.84	200.01
	均值	96.00	214.42	225.19	209.47
DZ-3	正向	105.00	206.35	224.93	223.91
	负向	95.00	199.11	216.74	211.44
	均值	100.00	202.73	220.84	217.68
DZ-4	正向	110.00	205.30	241.06	240.77
	负向	108.00	227.26	266.57	254.26
	均值	109.00	216.28	253.82	247.52

由表 8-4 可见：①再生骨料取代率对再生混凝土柱的开裂荷载、屈服荷载影响不大。②随再生骨料取代率增大，再生混凝土柱承载力略有下降。③试件 DZ-4 比 DZ-3 的峰值荷载提高 15.0%，表明设置斜筋后，再生混凝土柱峰值荷载明显提高。

4. 刚度及退化

定义试件各特征点刚度为水平特征荷载与对应位移的比值，不同再生骨料取代率柱的初始刚度 K_0、开裂刚度 K_{cr}、屈服刚度 K_y 的实测值见表 8-5，刚度-柱顶水平位移角（K-θ）关系曲线如图 8-6 所示。

表 8-5 不同再生骨料取代率柱的抗侧刚度实测值

试件编号	加载方向	K_0/(kN/mm)	K_{cr}/(kN/mm)	K_y/(kN/mm)
DZ-1	正向	288.3	60.5	27.6
	负向	296.8	80.7	31.5
	均值	292.6	70.6	29.6
DZ-2	正向	229.3	64.3	27.9
	负向	263.8	73.7	28.6
	均值	246.6	69.0	28.3
DZ-3	正向	216.4	64.0	27.7
	负向	234.5	70.9	27.9
	均值	225.5	67.5	27.8

续表

试件编号	加载方向	K_0/(kN/mm)	K_{cr}/(kN/mm)	K_y/(kN/mm)
DZ-4	正向	218.4	61.1	31.1
	负向	247.0	84.4	33.5
	均值	232.7	72.8	32.3

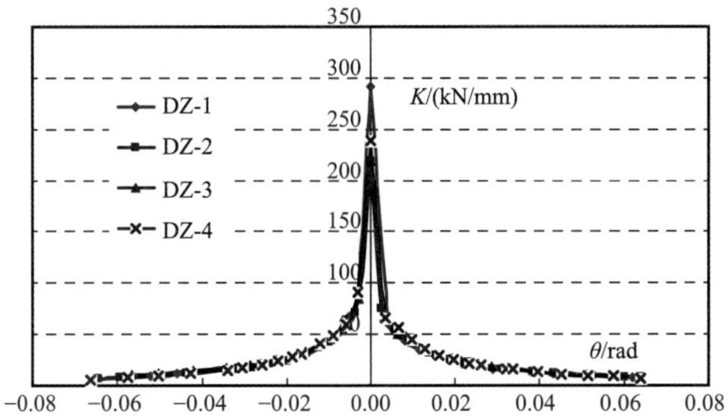

图 8-6　不同再生骨料取代率柱的 K-θ 曲线

由表 8-5 和图 8-6 可见：①各试件刚度退化规律接近，可分为速降阶段、次速降阶段、缓降阶段，加载初期试件刚度退化较快，达到屈服位移时刚度退化速度明显变缓，后期刚度退化进一步变慢。②随再生骨料取代率增大，试件初始刚度、开裂刚度、屈服刚度均有降低，初始刚度下降较明显，主要原因是再生骨料取代率增大后混凝土弹性模量降低。

5. 延性

不同再生骨料取代率柱的开裂位移 U_{cr}、屈服位移 U_y、峰值位移 U_p、极限位移 U_u 的实测值见表 8-6。μ为位移延性系数，即极限位移 U_u 与屈服位移 U_y 的比值。表 8-6 中，μ 为试件正负向位移延性系数的平均值。

表 8-6　不同再生骨料取代率柱的特征位移实测值

试件编号	加载方向	U_{cr}/mm	U_y/mm	U_p/mm	U_u/mm	μ
DZ-1	正向	1.52	7.58	20.77	27.15	3.67
	负向	1.24	6.52	18.91	24.61	
	均值	1.38	7.05	19.84	25.88	
DZ-2	正向	1.40	6.92	14.06	25.31	3.60
	负向	1.10	7.33	11.33	25.96	
	均值	1.25	7.13	12.70	25.64	
DZ-3	正向	1.64	7.44	16.79	25.16	3.42
	负向	1.34	7.15	19.23	24.82	
	均值	1.49	7.30	18.01	24.99	

续表

试件编号	加载方向	U_{cr}/mm	U_y/mm	U_p/mm	U_u/mm	μ
DZ-4	正向	1.90	6.60	21.13	27.94	4.14
	负向	1.28	6.79	15.05	27.59	
	均值	1.59	6.70	18.09	27.77	

由表 8-6 可见：①再生骨料掺量对再生混凝土柱的开裂位移、屈服位移影响不明显。②随再生骨料取代率增大，再生混凝土柱延性系数略有下降；设置斜筋会显著提高再生混凝土柱的延性。

6. 耗能能力

不同再生骨料取代率柱的累积耗能 E_p 见表 8-7。其中，耗能相对值 n 为各试件与对比试件 DZ-1 累积耗能的比值。

表 8-7 不同再生骨料取代率柱的累积耗能 E_p 实测值

试件编号	E_p/(kN・mm)	n
DZ-1	11445.40	1.000
DZ-2	11110.97	0.971
DZ-3	10673.97	0.933
DZ-4	12881.40	1.125

由表 8-7 可见：①不同再生骨料取代率柱的耗能能力接近。②与试件 DZ-3 相比，设置交叉筋试件 DZ-4 的累积耗能提高了 21.0%，说明设置斜筋可明显提高再生混凝土柱的耗能能力。

8.1.3 不同配箍率再生混凝土柱抗震性能

1. 破坏特征

不同配箍率再生混凝土柱的最终破坏形态如图 8-7 所示。

（a）DZ-3　（b）DZ-4　（c）DZ-5　（d）DZ-6　（e）DZ-7

图 8-7 不同配箍率再生混凝土柱的最终破坏形态

由图 8-7 可见：①配箍率为 0.4%的试件 DZ-5 和 DZ-7 呈现出明显的剪切破坏特征，随着配箍率提高，试件破坏形态由剪切破坏变为弯剪破坏。②带斜筋试件 DZ-7 与 DZ-5 相比，剪切破坏脆性程度减轻，带斜筋试件 DZ-4 以弯曲破坏为主，说明设置斜筋可以有效减轻再生混凝土柱的剪切脆性破坏特征，箍筋与斜筋合理配置可实现延性破坏模式。

2. 滞回曲线

实测所得不同配箍率的再生混凝土柱滞回曲线及骨架曲线如图 8-8 和图 8-9 所示。

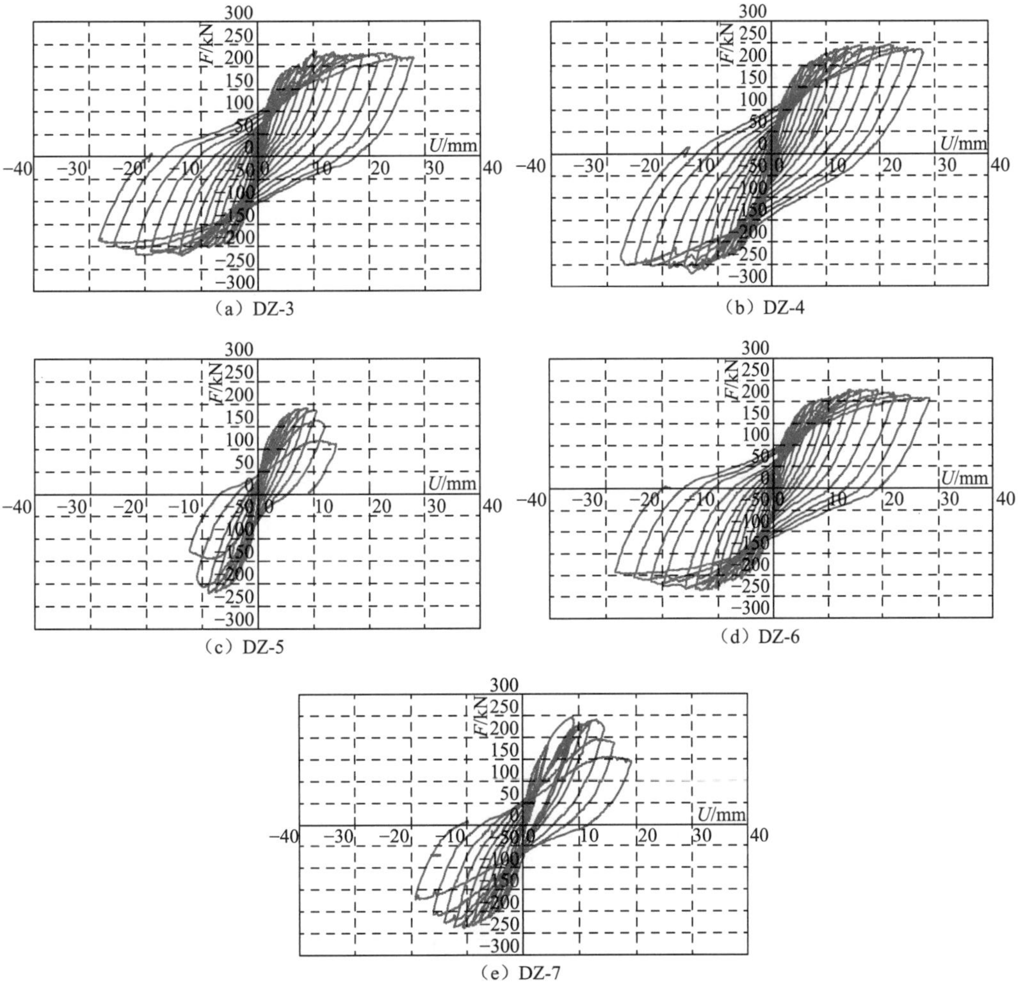

图 8-8　不同配箍率再生混凝土柱滞回曲线

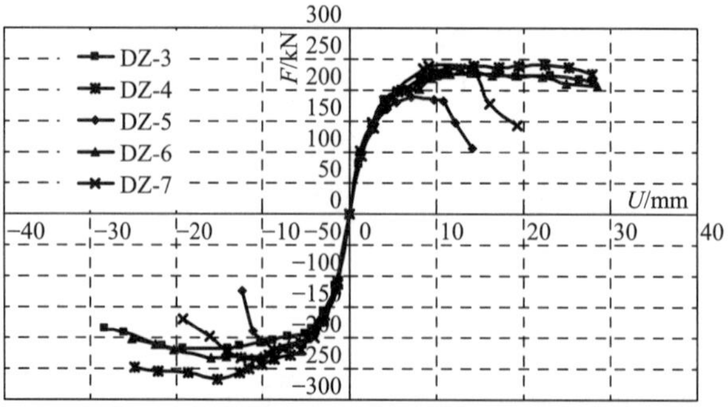

图 8-9 不同配箍率再生混凝土柱骨架曲线

由图 8-8、图 8-9 可见：①加载初期各试件水平力随位移增加近似线性增长，卸载后残余变形很小，屈服后试件残余变形增大。②对比 DZ-3、DZ-4 及 DZ-5、DZ-7 两组试件，配箍率较大试件的滞回曲线更加饱满，捏拢程度较轻，变形能力明显提高，说明适当增大配箍率可提高再生混凝土柱的抗震性能。③试件 DZ-6 与 DZ-3 相比，配箍率由 0.9%增大到 1.3%，但两者滞回曲线较为接近，表明再生混凝土柱配箍率较大时，继续提高配箍率对再生混凝土柱的滞回性能影响不明显。④配箍率相同的两组试件，带斜筋试件的滞回环更加饱满，说明设置斜筋可有效提高再生混凝土柱的耗能能力。

3. 特征荷载

不同配箍率再生混凝土柱的开裂荷载 F_{cr}、屈服荷载 F_y、峰值荷载 F_p、极限荷载 F_u 的实测值见表 8-8。

表 8-8 不同配箍率再生混凝土柱的特征荷载实测值

试件编号	加载方向	F_{cr}/kN	F_y/kN	F_p/kN	F_u/kN
DZ-3	正向	105.00	206.40	225.00	223.90
	负向	95.00	199.10	216.70	211.40
	均值	100.00	202.75	220.85	217.65
DZ-4	正向	110.00	205.30	241.10	240.80
	负向	108.00	227.30	266.60	254.30
	均值	109.00	216.30	253.85	247.55
DZ-5	正向	90.00	155.40	188.60	160.30
	负向	126.00	189.70	190.60	187.50
	均值	108.00	172.55	189.60	173.90
DZ-6	正向	140.00	198.40	228.10	190.70
	负向	93.00	197.90	231.70	197.00
	均值	116.50	198.15	229.90	193.85
DZ-7	正向	130.00	197.90	230.20	204.20
	负向	85.00	203.00	224.00	198.90
	均值	107.50	200.45	227.10	201.55

由表 8-8 可见：①试件 DZ-3、DZ-4 极限荷载分别比 DZ-5 提高 25.2%和 42.3%，说明随配箍率增大，再生混凝土柱承载力提高。②配箍率相同的两组试件，DZ-4、DZ-7 峰值荷载分别比 DZ-3、DZ-5 提高了 14.9%和 19.8%，说明设置斜筋可有效提高再生混凝土柱的承载力。

4. 刚度及退化

不同配箍率再生混凝土柱的初始刚度 K_0、开裂刚度 K_{cr}、屈服刚度 K_y 的实测值见表 8-9，刚度-柱顶水平位移角（K-θ）关系曲线如图 8-10 所示。

表 8-9　不同配箍率再生混凝土柱的刚度实测值

试件编号	加载方向	K_0/(kN/mm)	K_{cr}/(kN/mm)	K_y/(kN/mm)
DZ-5	正向	227.0	80.4	34.0
	负向	229.3	66.0	45.2
	均值	228.1	73.2	39.6
DZ-3	正向	216.4	64.0	27.7
	负向	234.5	70.9	27.9
	均值	225.5	67.5	27.8
DZ-6	正向	207.1	56.0	25.0
	负向	238.0	81.6	28.0
	均值	222.5	68.8	26.5
DZ-7	正向	215.8	62.5	37.9
	负向	230.9	85.0	42.1
	均值	223.3	73.8	40.0
DZ-4	正向	218.4	61.1	31.1
	负向	247.0	84.4	33.5
	均值	232.7	72.8	32.3

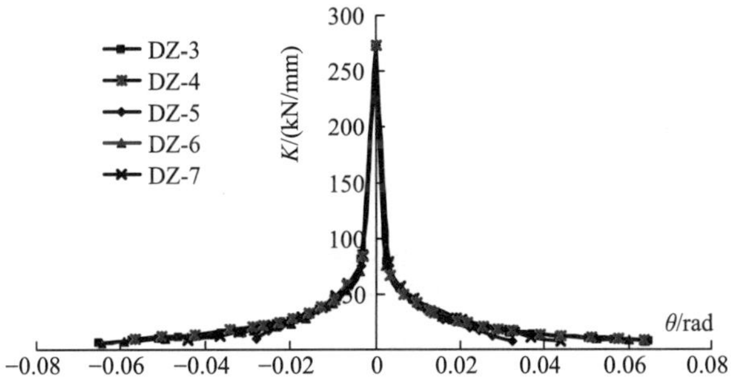

图 8-10　不同配箍率再生混凝土柱的 K-θ 曲线

由表 8-9、图 8-10 可见：①各试件刚度退化规律接近，可分为速降阶段、次速降阶段、缓降阶段。加载初期试件刚度退化较快，达到屈服位移时刚度退化速度明显变缓，后期刚度退化进一步变缓。②初始阶段混凝土性能对试件刚度起主要作用，因各试件混凝土弹性模量接近，故各试件初始刚度相近；各试件刚度退化速率接近，配箍率对柱刚度退化影响不明显。

5. 延性

不同配箍率再生混凝土柱的开裂位移 U_{cr}、屈服位移 U_y、峰值位移 U_p、极限位移 U_u 以及延性系数μ的实测值见表 8-10。

表 8-10　不同配箍率再生混凝土柱的特征位移实测值

试件编号	加载方向	U_{cr}/mm	U_y/mm	U_p/mm	U_u/mm	μ
DZ-3	正向	1.64	7.44	16.79	25.16	3.43
	负向	1.34	7.15	19.23	24.82	
DZ-4	正向	1.90	6.60	21.13	27.94	4.25
	负向	1.28	6.79	15.05	29.03	
DZ-5	正向	1.12	4.57	7.02	11.54	2.56
	负向	1.91	4.20	8.63	10.98	
DZ-6	正向	2.50	6.93	19.16	24.42	3.54
	负向	1.14	7.06	15.80	25.06	
DZ-7	正向	2.08	5.22	8.98	16.07	3.19
	负向	1.00	4.82	10.63	16.00	

由表 8-10 可见：①试件 DZ-3 延性系数比 DZ-5 提高了 34.0%，表明配箍率在适当范围内，再生混凝土柱延性会随配箍率增大而大幅提高。②试件 DZ-3 与 DZ-6 延性系数较为接近，表明当配箍率超过 0.9%后，配箍率对再生混凝土柱延性影响逐渐降低。③试件 DZ-4、DZ-7 分别比 DZ-3、DZ-5 的延性系数提高 23.9%、24.6%，表明设置斜筋能显著提高再生混凝土柱的延性。

6. 耗能能力

不同配箍率再生混凝土柱的累积耗能 E_p 实测值见表 8-11。其中，耗能相对值 n 为各试件与对比试件 DZ-5 累积耗能的比值。

表 8-11　不同配箍率再生混凝土柱的累积耗能实测值

试件编号	E_p/(kN・mm)	n
DZ-3	10673.97	2.620
DZ-4	12881.40	3.160
DZ-5	4076.36	1.000

续表

试件编号	E_p/(kN·mm)	n
DZ-6	11980.70	2.939
DZ-7	7132.94	1.750

由表 8-11 可见：①增大配箍率可显著提高再生混凝土柱的耗能能力，当配箍率超过 0.9%后，继续提高配箍率对再生混凝土柱耗能能力的影响程度降低。②设置斜筋可以有效提高再生混凝土柱的耗能能力，但其影响会随配箍率提高逐渐降低。

8.1.4　有限元分析

1. 不同再生骨料取代率的柱

混凝土采用损伤塑性模型，再生混凝土本构关系采用《混凝土结构设计规范（2015年版）》（GB 50010—2010）中的混凝土本构关系。钢筋本构关系采用理想弹塑性模型。混凝土采用 8 节点三维积分线性实体单元 C3D8R，钢筋采用三维桁架单元 T3D2。

有限元模拟计算柱 DZ-1～DZ-4 的水平力-水平位移（F-U）曲线与试验骨架曲线比较如图 8-11 所示，计算结果与试验结果符合较好。

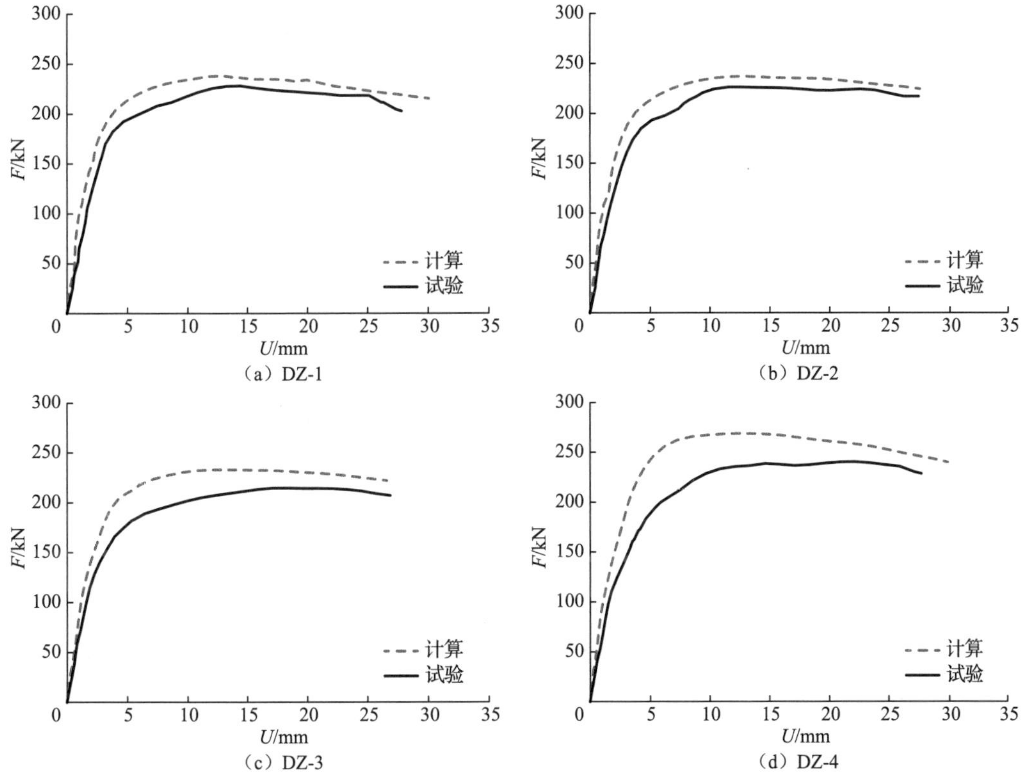

（a）DZ-1　（b）DZ-2　（c）DZ-3　（d）DZ-4

图 8-11　有限元模拟计算柱的 F-U 曲线与试验骨架曲线比较

单调加载情况下柱的开裂荷载 F_{cr}、峰值荷载 F_{p} 的有限元模拟计算与试验值比较见表 8-12。柱开裂荷载的误差较大，其值约为 15%，而峰值荷载的误差小于 10%，计算结果与试验结果总体上符合较好。

表 8-12　单调加载情况下柱的承载力模拟和试验比较

试件编号	F_{cr}/kN			F_{p}/kN		
	计算	试验	计算/试验	计算	试验	计算/试验
DZ-1	88.56	102.50	0.864	246.10	229.91	1.070
DZ-2	86.21	96.00	0.898	243.87	225.18	1.083
DZ-3	85.39	100.00	0.854	236.55	220.83	1.071
DZ-4	92.54	109.00	0.849	270.81	253.81	1.067

2. 不同配箍率的再生混凝土柱

单调加载情况下计算所得再生混凝土柱 DZ-3～DZ-7 的 *F-U* 曲线与试验骨架曲线比较如图 8-12 所示，计算结果与试验结果符合较好。

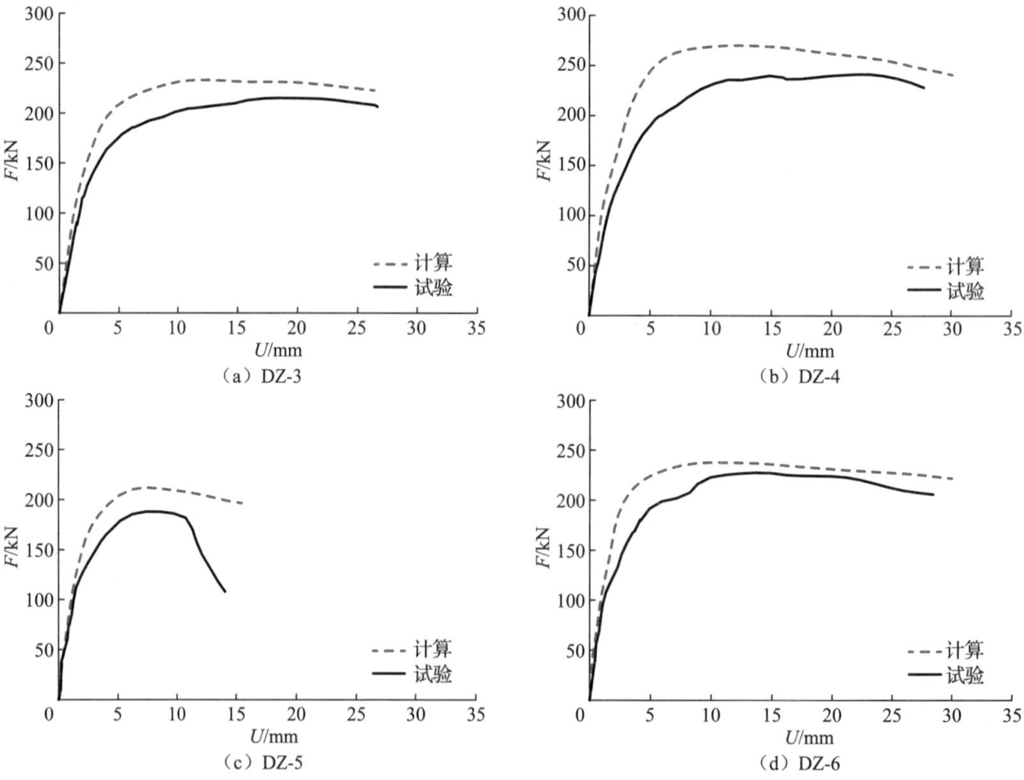

图 8-12　单调加载情况下计算所得再生混凝土柱的 *F-U* 曲线与试验骨架曲线比较

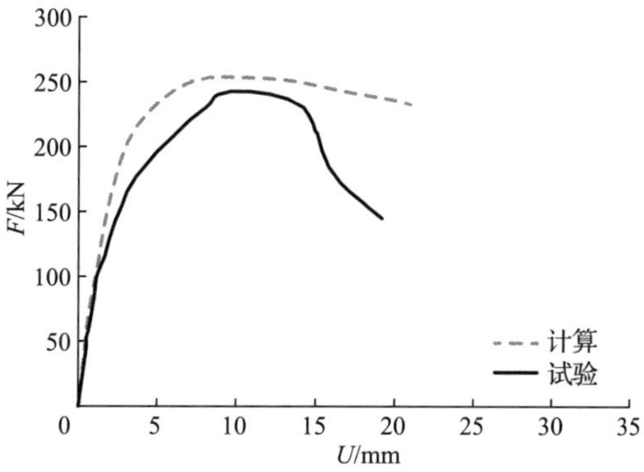

（e）DZ-7

图 8-12（续）

不同配箍率再生混凝土柱开裂荷载 F_{cr} 和峰值荷载 F_p 的数值模拟计算与试验比较见表 8-13。柱开裂荷载的误差较大，而峰值荷载的误差小于 12%，计算结果与试验结果符合较好。

表 8-13　不同配箍率再生混凝土柱的承载力数值模拟计算和试验结果比较

试件编号	F_{cr}/kN			F_p/kN		
	计算	试验	计算/试验	计算	试验	计算/试验
DZ-3	85.39	100.00	0.854	236.55	220.84	1.071
DZ-4	92.54	109.00	0.849	270.81	253.82	1.067
DZ-5	72.31	108.00	0.670	211.50	189.59	1.116
DZ-6	88.67	116.50	0.761	236.80	229.92	1.030
DZ-7	81.29	106.50	0.763	253.00	226.10	1.119

8.2　再生混凝土足尺柱抗震性能

8.2.1　试验概况

本节设计制作了 8 个钢筋混凝土足尺柱，柱的变量为再生粗骨料取代率、剪跨比和轴压比，其中 6 个试件为掺入再生粗骨料但细骨料采用天然砂的再生混凝土柱，设计参数见表 8-14，几何尺寸及配筋如图 8-13 所示。采用 4000t 加载装置加载，柱顶距加载装置球铰 250mm。表 8-14 中，剪跨比为 1.92 的柱称为低柱，剪跨比为 2.92 的柱称为高柱。

表 8-14　足尺柱的设计参数

试件编号	混凝土设计强度等级	再生粗骨料取代率ρ_c/%	剪跨比	轴压比	纵筋配筋率/%	配箍率/%
RC1	C60	0	1.92	0.54	1.82	1.13
RC2		50	1.92	0.54		
RC3		100	1.92	0.54		
RC4		0	2.92	0.54		
RC5		50	2.92	0.54		
RC6		100	2.92	0.54		
RC7		50	2.92	0.35		
RC8		100	2.92	0.35		

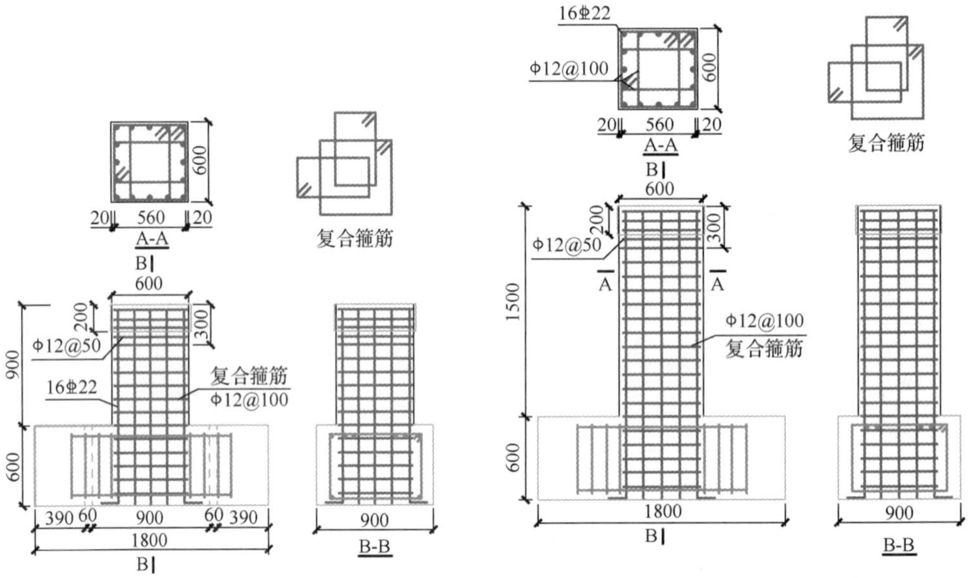

图 8-13　足尺柱几何尺寸及配筋（单位：mm）

足尺柱混凝土实测力学性能见表 8-15，钢筋实测力学性能见表 8-16。

表 8-15　足尺柱混凝土实测力学性能

混凝土等级	再生粗骨料取代率ρ_c/%	立方体抗压强度f_{cu}/MPa
C60	0	63.8
	50	66.6
	100	60.8

表 8-16 足尺柱钢筋实测力学性能

钢筋等级	直径 D/mm	屈服强度 f_y/MPa	极限强度 f_u/MPa	弹性模量 E_s/(10^5MPa)
HPB300	12	335	553	2.10
HRB400	22	431	621	2.00

采用 4000t 加载装置试验，先施加轴力并保持恒定，然后施加低周反复水平力，采用位移控制加载。足尺柱抗震试验加载装置如图 8-14 所示。

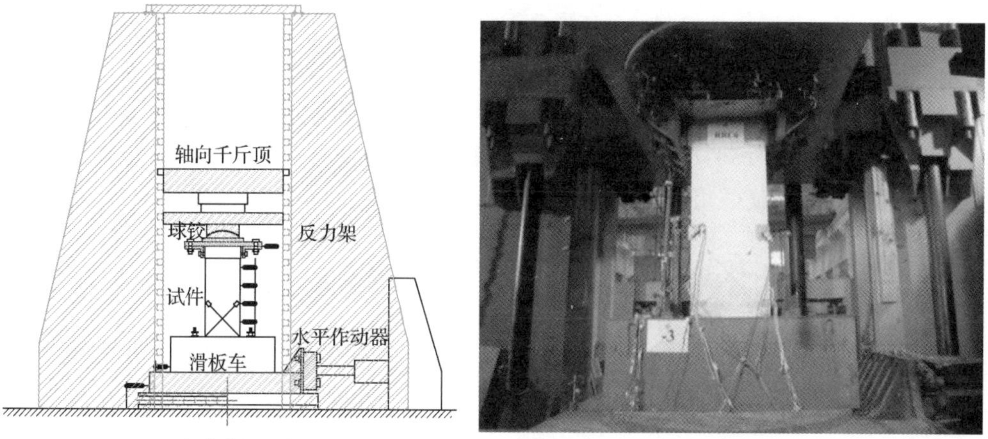

（a）加载装置示意　　（b）试验加载

图 8-14 足尺柱抗震试验加载装置

8.2.2 破坏特征

足尺低柱的最终破坏形态如图 8-15 所示，足尺高柱的最终破坏形态如图 8-16 所示。

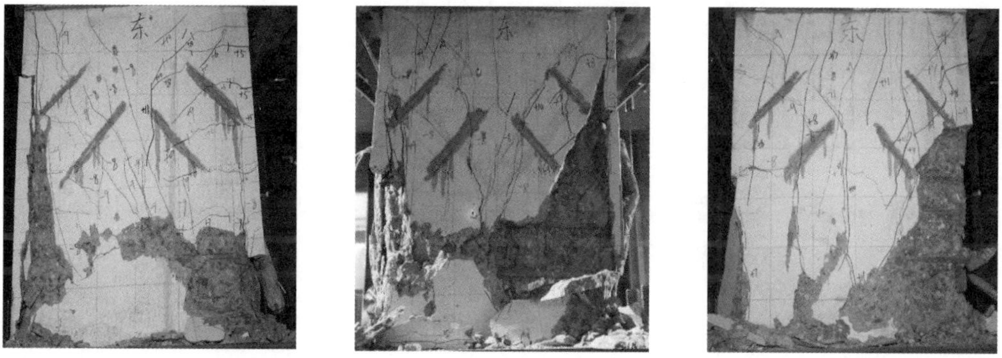

（a）RC1　　（b）RC2　　（c）RC3

图 8-15 足尺低柱的最终破坏形态

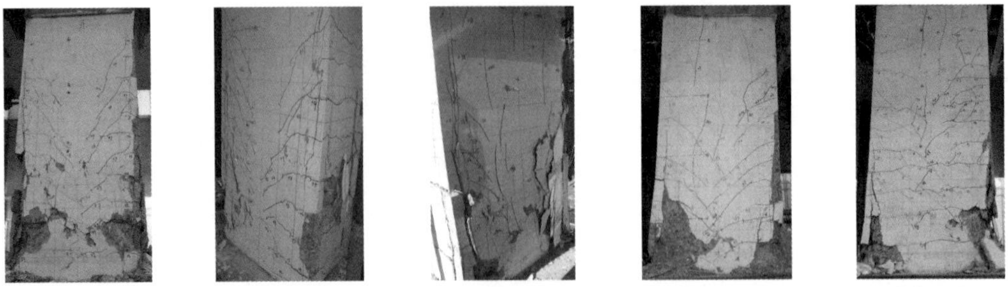

（a）RC4　（b）RC5　（c）RC6　（d）RC7　（e）RC8

图 8-16　足尺高柱的最终破坏形态

由图 8-15 和图 8-16 可见：①各试件均以弯曲破坏为主，足尺低柱剪切裂缝开展相对较大。②随再生粗骨料取代率增大，混凝土裂缝增多，混凝土保护层剥落程度加重。③随剪跨比增大，试件剪切裂缝和竖向裂缝减少，弯曲裂缝更明显，混凝土剥落程度减轻，最终破坏时水平位移角更大。④随轴压比增大，再生混凝土柱角竖向裂缝高度增加，斜裂缝与水平方向夹角变大。

8.2.3　滞回特性

足尺柱的 *F-U* 滞回曲线和骨架曲线分别如图 8-17 和图 8-18 所示。

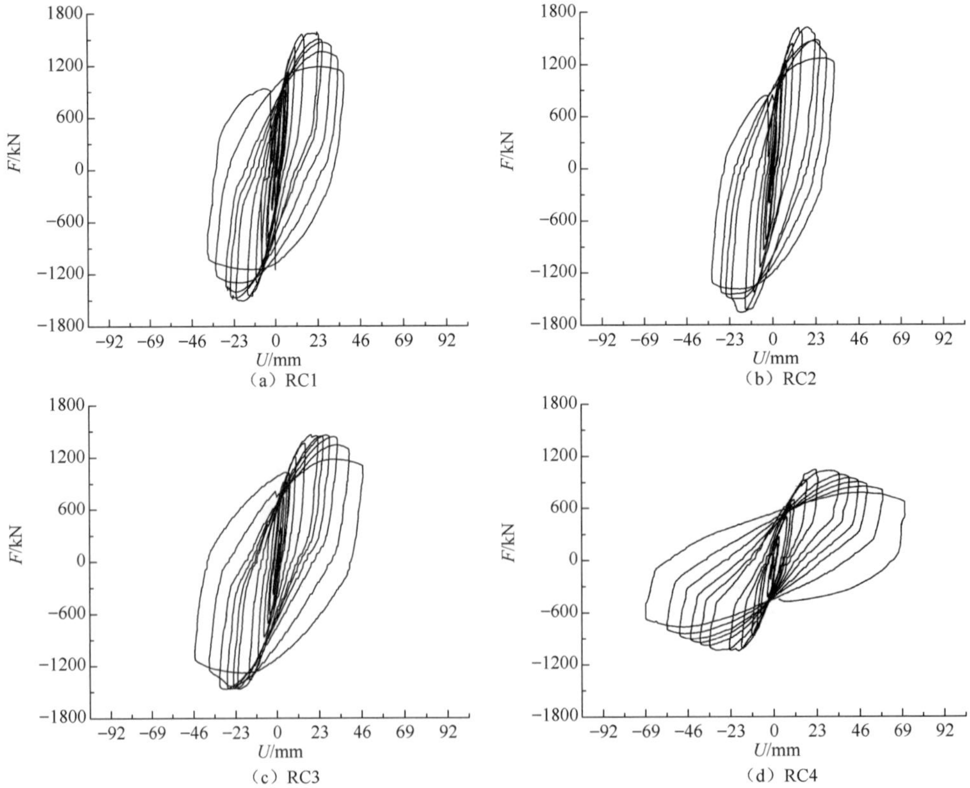

（a）RC1　（b）RC2　（c）RC3　（d）RC4

图 8-17　足尺柱的 *F-U* 滞回曲线

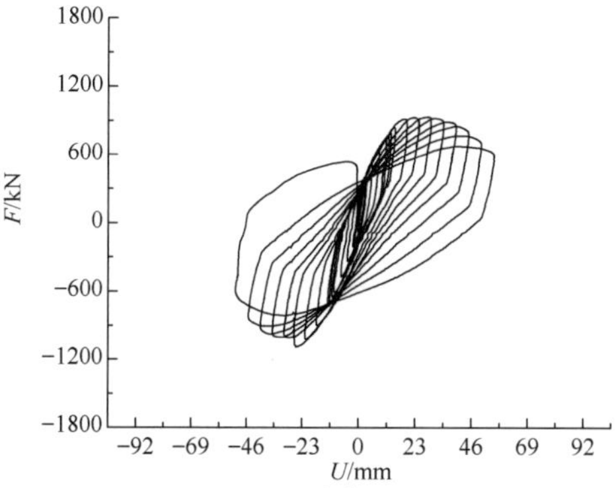

（e）RC5

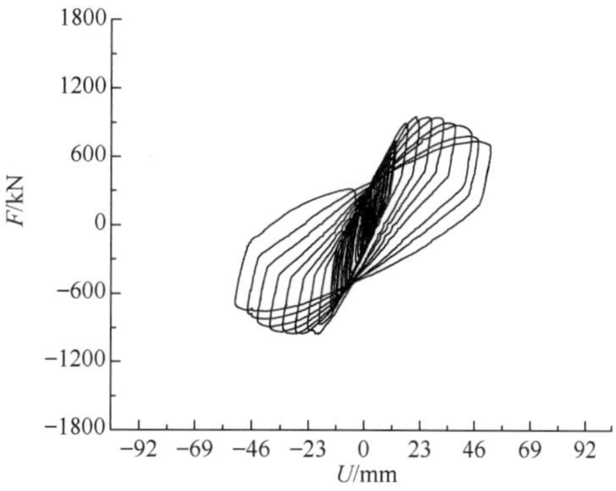

（f）RC6

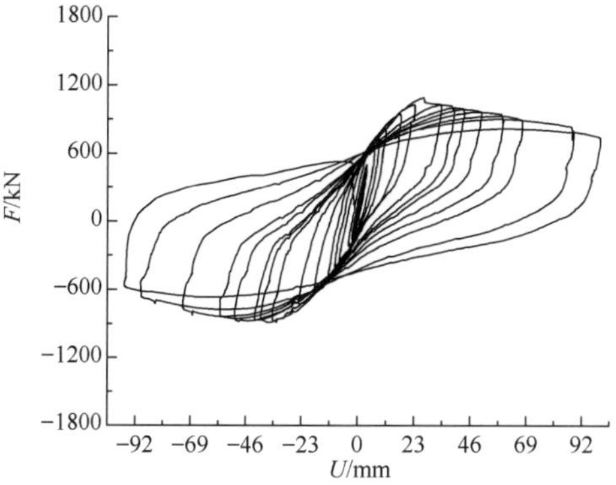

（g）RC7

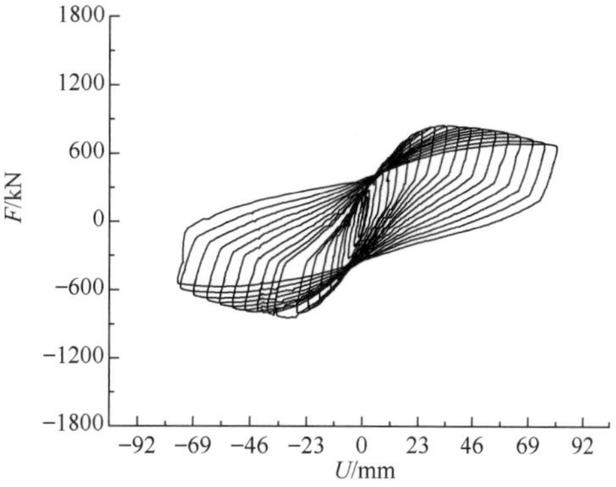

（h）RC8

图 8-17（续）

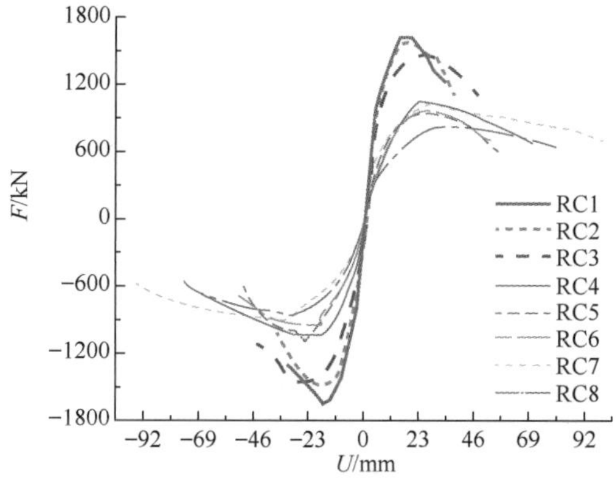

图 8-18　足尺柱的骨架曲线

由图 8-17、图 8-18 可见：①再生混凝土足尺柱的滞回曲线较饱满，滞回性能良好。②加载初期各试件水平荷载随位移线性增长，卸载后残余变形很小；试件开裂后，刚度开始退化，卸载后残余变形增大，随后混凝土保护层不断剥落，钢筋外露屈曲，试件水平荷载逐渐降低。③试件混凝土开裂前滞回曲线为梭形，但屈服后逐渐变为弓形。④随轴压比增大，再生混凝土足尺柱承载力提高，但下降段变陡，且轴压比对再生粗骨料取代率为 100%的试件的承载力影响更明显。

8.2.4 特征荷载

足尺柱的开裂荷载 F_{cr}、屈服荷载 F_y、峰值荷载 F_p、极限荷载 F_u 的实测值见表 8-17。

表 8-17 足尺柱的特征荷载实测值

试件编号	F_{cr}/kN	F_y/kN	F_p/kN	F_u/kN
RC1	1243.00	1284.09	1641.45	1395.23
RC2	923.00	1211.71	1537.65	1307.00
RC3	917.00	1159.53	1463.43	1243.91
RC4	700.00	860.29	1044.04	887.43
RC5	747.00	831.77	1012.88	860.95
RC6	646.18	791.06	955.17	811.89
RC7	443.00	744.77	978.18	831.45
RC8		664.06	847.75	720.59

由表 8-17 可见：①随再生粗骨料取代率增大，足尺柱的开裂荷载、峰值荷载和极限荷载降低。②剪跨比较大的试件的特征荷载较低。③轴压比较大的试件的水平承载力较大。

8.2.5 刚度及退化

定义柱的各特征刚度为水平特征荷载与对应位移的比值，各试件初始刚度 K_0、屈服刚度 K_y、峰值刚度 K_p 和极限刚度 K_u 的实测值见表 8-18，刚度-柱顶水平位移角（K-θ）曲线如图 8-19 所示。

表 8-18 足尺柱的特征刚度实测值

试件编号	K_0/(kN/mm)	K_y/(kN/mm)	K_p/(kN/mm)	K_u/(kN/mm)
RC1	234.96	157.93	90.16	50.56
RC2	209.81	141.12	76.20	42.06
RC3	181.22	110.72	68.07	31.50
RC4	112.23	63.70	50.78	18.47
RC5	113.98	57.81	37.44	18.38
RC6	109.32	54.60	47.64	18.13
RC7	112.10	46.79	32.91	12.29
RC8	105.66	40.81	26.73	11.08

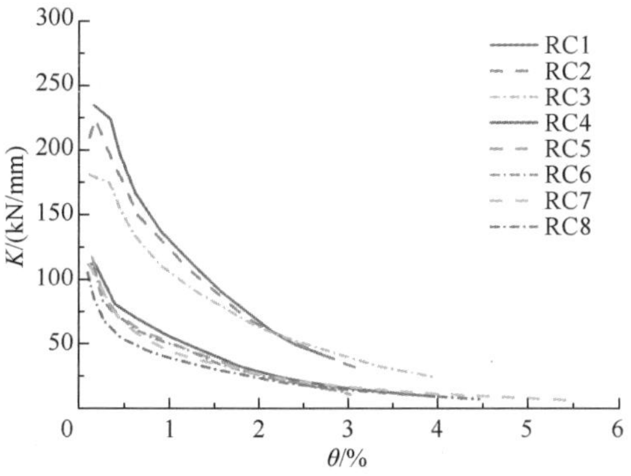

图 8-19　足尺柱的 K-θ 曲线

由表 8-18 和图 8-19 可见：①各再生混凝土足尺柱刚度退化规律接近，可分为速降阶段、次速降阶段，加载初期柱的刚度退化较快，达到屈服位移时刚度退化速率明显变缓。②随再生粗骨料取代率增大，柱的初始刚度、屈服刚度均降低，初始刚度下降较明显，主要原因是再生粗骨料取代率增大后混凝土弹性模量降低。③剪跨比较小的柱的刚度较大。④轴压比较大的柱的刚度较大。

8.2.6　延性

足尺柱的开裂位移 U_{cr}、屈服位移 U_y、峰值位移 U_p、极限位移 U_u 的实测值见表 8-19。μ为位移延性系数，即极限位移 U_u 与屈服位移 U_y 的比值。

表 8-19　足尺柱的特征位移实测值

试件编号	U_{cr}/mm	U_y/mm	U_p/mm	U_u/mm	μ
RC1	7.79	8.13	18.21	27.59	3.39
RC2	5.44	8.59	20.18	31.07	3.62
RC3	5.93	10.47	21.50	39.48	3.77
RC4	11.31	13.51	20.56	48.04	3.56
RC5	11.66	14.39	27.06	42.84	2.98
RC6	10.24	14.49	20.05	44.77	3.09
RC7	7.31	15.92	29.73	67.64	4.25
RC8		16.27	31.71	65.01	4.00

由表 8-19 可见：①随再生粗骨料取代率增大，低柱的延性系数相差不大，而高柱的延性系数逐渐减小。②轴压比增大使再生混凝土柱的延性及变形能力降低，因此实际工程中可通过合理控制轴压比来提高柱的延性及变形能力。

8.2.7 耗能能力

足尺柱的累积耗能 E_p 实测值见表 8-20。其中，耗能相对值 n 为各试件与对应再生粗骨料取代率为 0 的试件的累积耗能的比值。

表 8-20 足尺柱的累积耗能 E_p 实测值

试件编号	E_p/（kN・mm）	n
RC1	439.68	1.000
RC2	558.24	1.270
RC3	585.19	1.331
RC4	493.66	1.000
RC5	471.20	0.955
RC6	471.53	0.955
RC7	560.51	1.135
RC8	585.86	1.187

由表 8-20 可见：①普通混凝土试件 RC1 和 RC4 的耗能能力随剪跨比增大而提高，而再生混凝土柱的耗能能力随剪跨比增大而降低。②随轴压比的减小，柱的耗能能力提高。

8.2.8 恢复力模型

1. 骨架曲线的确定

将试验骨架曲线无量纲化（图 8-20），并采用四折线恢复力模型，选用开裂点、屈服点、峰值点及破坏点作为骨架曲线模型的四个特征点，各特征点与原点的割线刚度分别为 K_{cr}、K_y、K_p、K_u，如图 8-21 所示。

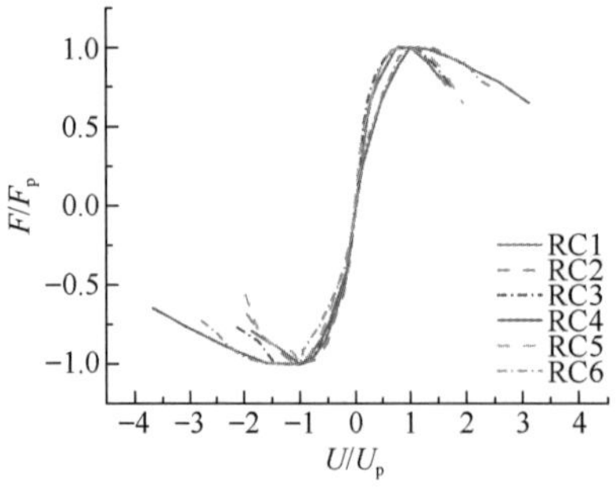

图 8-20 无量纲化试验骨架曲线

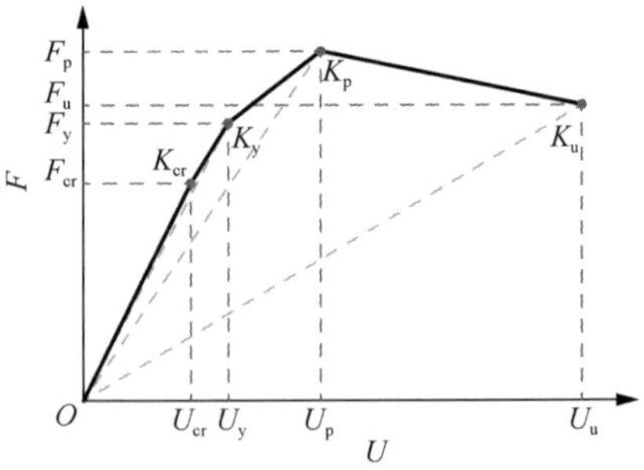

图 8-21 试件骨架模型

2. 各阶段刚度的计算

1）初始刚度

柱的初始刚度 K_0 只考虑弯曲变形。

$$K_0 = \frac{1}{U} = \frac{3E_c I}{H^3} \tag{8-1}$$

式中，E_c 为混凝土弹性模量，其中再生混凝土弹性模量为 $E_c=10^5/(2.8+40.1/f_{cu})$[134]；$I$ 为等效惯性矩，采用有效惯性矩法。

2）开裂点刚度

对 K_0 进行折减，剪跨比为 1.92 的试件开裂点刚度 K_{cr} 取 $0.211K_0$，剪跨比为 2.92 的试件取 $0.285K_0$。

3）屈服点刚度和峰值点刚度

通过对不同剪跨比柱的骨架曲线数据线性拟合，屈服点刚度 K_y、峰值点刚度 K_p 与开裂点刚度 K_{cr} 的关系为

$$\begin{cases} K_y = 0.756K_{cr} \\ K_p = 0.476K_{cr} \end{cases} \tag{8-2}$$

4）极限点刚度 K_u

各柱下降段刚度 K_u 受到轴压比 n 和含钢率 α 的影响[135]，对数据进行拟合分析，得到 K_u 与开裂点刚度 K_{cr} 的关系表达式如下。

$$K_u = (an + b\alpha + c)K_{cr} \tag{8-3}$$

式中，a=0.30855；b=−2.27148；c=0.08785。

较高轴压比足尺柱刚度计算与试验比较见表 8-21。

表 8-21　较高轴压比足尺柱刚度计算和试验比较

试件编号	开裂点刚度/(kN/mm)			屈服点刚度/(kN/mm)			峰值点刚度/(kN/mm)			极限点刚度/(kN/mm)		
	计算 $K_{cr.c}$	试验 $K_{cr.t}$	$K_{cr.c}/K_{cr.t}$	计算 $K_{y.c}$	试验 $K_{y.t}$	$K_{y.c}/K_{y.t}$	计算 $K_{p.c}$	试验 $K_{p.t}$	$K_{p.c}/K_{p.t}$	计算 $K_{u.c}$	试验 $K_{u.c}$	$K_{u.c}/K_{u.t}$
RC1	187.77	159.56	1.177	142.03	157.93	0.899	89.40	90.16	0.992	50.56	47.78	1.058
RC2	157.11	169.67	0.926	118.84	141.12	0.842	74.80	76.20	0.982	42.06	39.98	1.052
RC3	154.99	154.64	1.002	117.24	110.72	1.059	73.79	68.07	1.084	31.50	39.44	0.799
RC4	71.84	61.89	1.161	54.34	63.70	0.853	34.20	50.78	0.673	18.47	18.28	1.010
RC5	60.10	64.07	0.938	45.46	57.81	0.786	28.62	37.44	0.764	18.38	15.29	1.202
RC6	59.29	63.10	0.940	44.85	54.60	0.821	28.23	47.64	0.593	18.13	15.09	1.201

5）卸载刚度

柱屈服前卸载刚度可近似认为是开裂前的刚度 K_{cr}，柱屈服后卸载刚度 K_d 的数据统计拟合分析如图 8-22 所示，建议卸载刚度按下式计算。

$$K_d = aK_y \left(\frac{U_i}{U_y} \right)^b \tag{8-4}$$

式中，U_i为试验过程中每一级加载最大位移；a=8.29523；b=−1.05822。

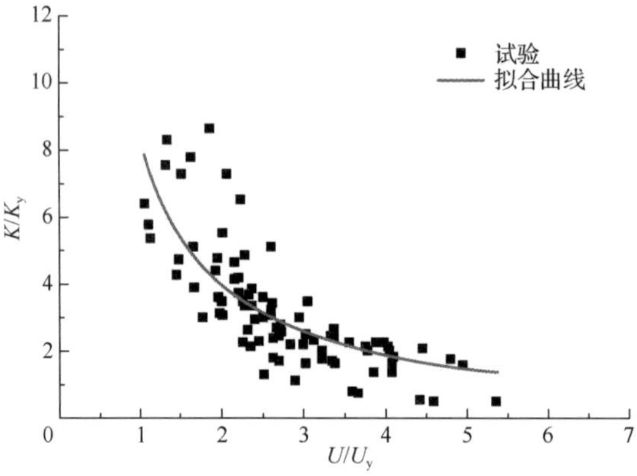

图 8-22　足尺柱卸载刚度拟合曲线

3. 各特征点计算

在计算各特征点承载力前，做如下基本假定：①柱截面应变符合平截面假定；②纵筋屈服前的应力取钢筋应变与其弹性模量的乘积，屈服后的应力取屈服强度值。

特征荷载 F 为

$$F=\frac{Ne_i}{H} \tag{8-5}$$

特征位移 U 为

$$U=\frac{F}{K} \tag{8-6}$$

1）开裂荷载计算

由于各试验柱以弯曲破坏为主，根据平截面假定列受力平衡方程，计算开裂荷载。受拉侧和受压侧混凝土应力呈三角形分布，最外侧纵筋处于弹性阶段，且不考虑箍筋约束作用以及侧面纵筋的影响。

开裂时再生混凝土柱的开裂荷载计算简图如图 8-23 所示。

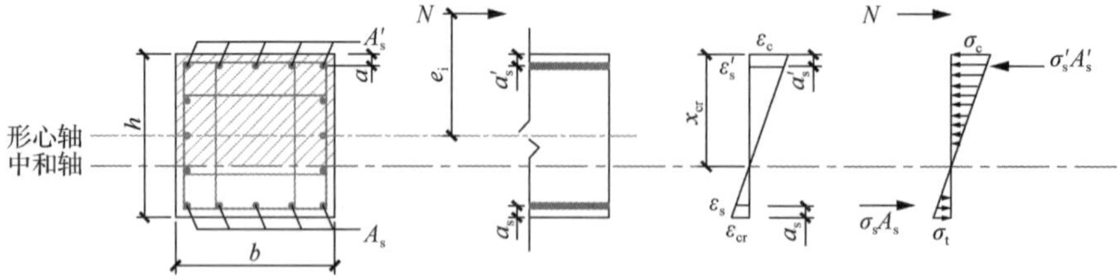

图 8-23　再生混凝土柱的开裂荷载计算简图

由图 8-23 可知，再生混凝土柱的受力平衡方程如下。

$$N=0.5\sigma_c bx_{cr}+\sigma_s'A_s'-0.5\sigma_t b(h-x_{cr})-\sigma_s A_s \tag{8-7}$$

$$M_u=0.5\sigma_c bx_{cr}\left(h-a_s-\frac{x_{cr}}{3}\right)+\sigma_s' A_s'(h-a_s-a_s')+0.5\sigma_t b(h-x_{cr})\left(a_s-\frac{h-x_{cr}}{3}\right)\quad(8\text{-}8)$$

2）屈服点计算

不考虑再生混凝土的受拉作用，通过对受压区应力-应变关系曲线进行积分计算再生混凝土受压区合力，再生混凝土柱的屈服承载力计算简图如图 8-24 所示。

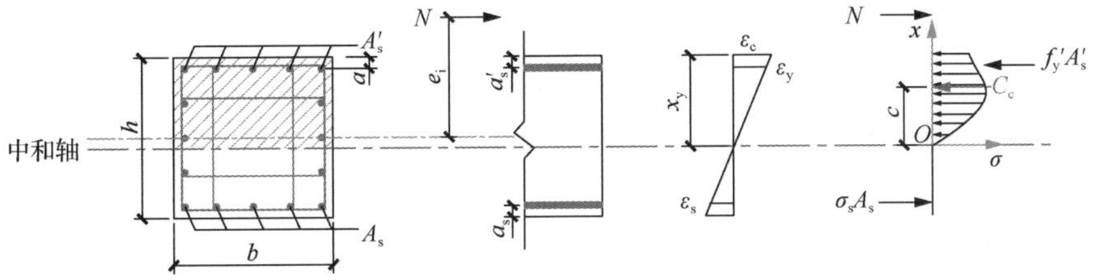

图 8-24　再生混凝土柱屈服承载力计算简图

由图 8-24 可知，根据截面受力平衡条件，对最外侧受拉钢筋中心取矩可得

$$N=C_c+f_y'A_s'-\sigma_s A_s \quad (8\text{-}9)$$

$$M_u=C_c(h-a_s-x_y+c)+f_y'A_s'(h-a_s-a_s') \quad (8\text{-}10)$$

根据平截面假定可得

$$\sigma_s=\varepsilon_{cy}E_s\frac{h-x_y-a_s}{x_y}\leqslant f_y \quad (8\text{-}11)$$

3）峰值点计算

依据《混凝土结构设计规范（2015 年版）》（GB 50010—2010）偏压柱计算公式，再生混凝土柱的峰值承载力计算简图如图 8-25 所示。

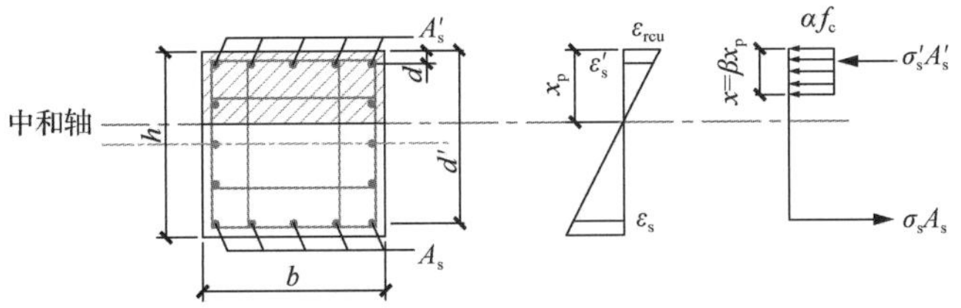

图 8-25　再生混凝土柱峰值承载力计算简图

考虑再生混凝土矩形截面柱的纵筋布置得

$$N_u=\alpha f_c bx+\sum_{i=1}^{n}\sigma_{si}A_{si} \quad (8\text{-}12)$$

$$N_u e=\alpha f_c bx\left(h_0-\frac{x}{2}\right)+\sum_{i=1}^{n}\sigma_{si}A_{si}\left(h_0-h_i\right) \quad (8\text{-}13)$$

式中，σ_{si} 为第 i 层的纵筋应力，拉为正，压为负；h_i 为第 i 层纵筋截面重心到截面压应变最大边缘的距离。

4）极限点计算

承载力下降至峰值荷载的 85%时的荷载定义为极限点荷载。

4. 计算骨架曲线与试验结果比较

计算所得较高轴压比再生混凝土足尺柱的计算曲线和试验曲线比较如图 8-26 所示，可见计算曲线与试验曲线符合较好。

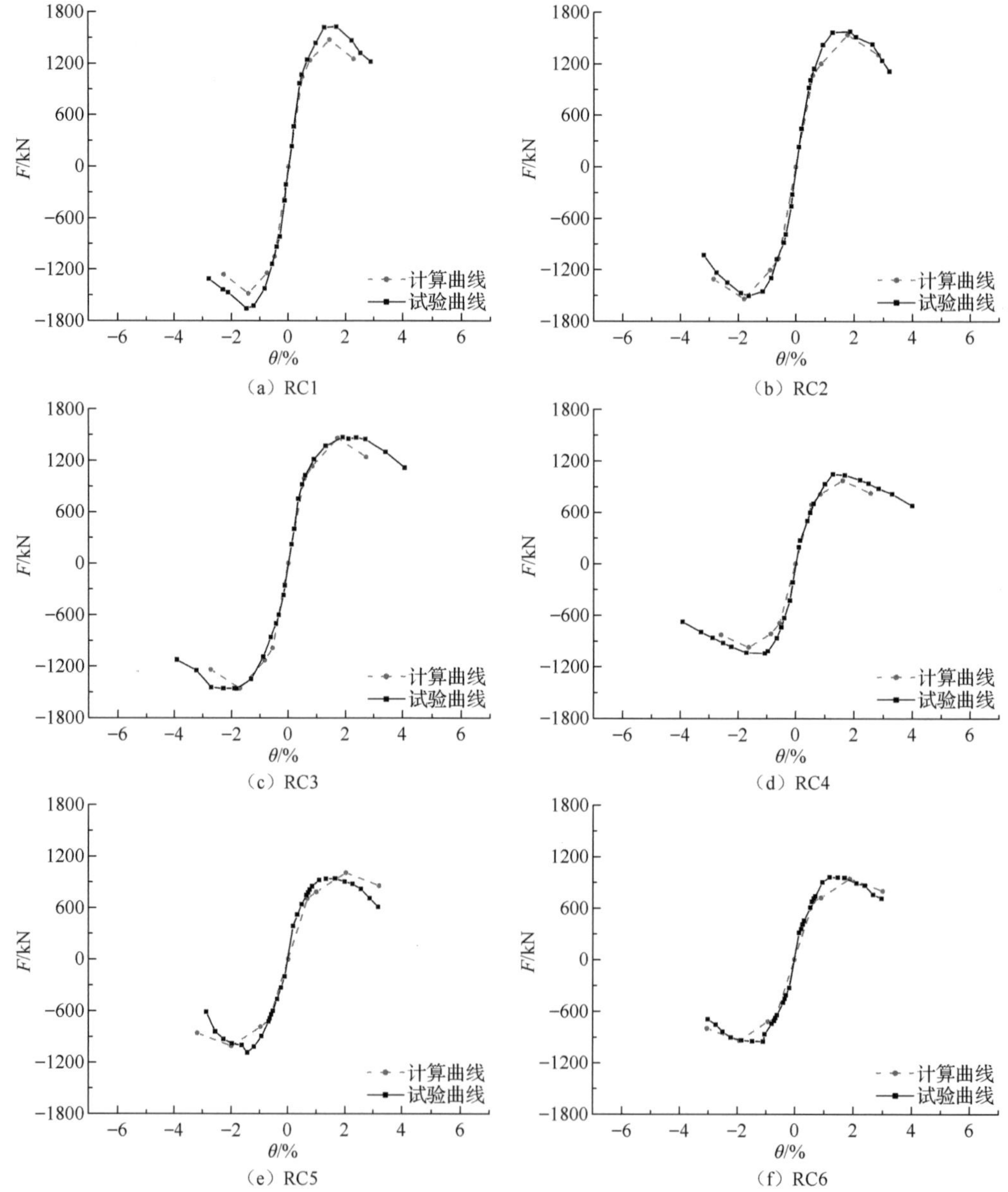

图 8-26　较高轴压比再生混凝土足尺柱的计算曲线和试验曲线比较

5. 恢复力模型及滞回规则

对于低再生混凝土柱，屈服后卸载至荷载为零时为拐点，而对于高再生混凝土柱，屈服后拐点的公式为

$$\begin{cases} F' = (0.4638 - 0.0473U_i/U_y)F_i \\ U' = U_i - (F_i - F')/K_d \end{cases} \tag{8-14}$$

图 8-27 给出了再生混凝土柱的恢复力模型。

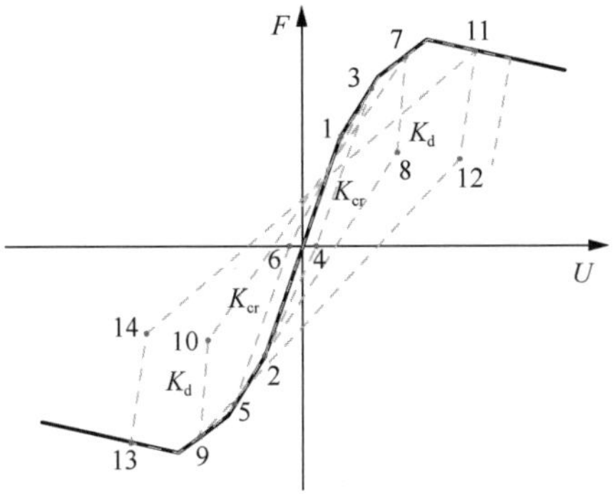

1～14——位移点。

图 8-27 再生混凝土柱的恢复力模型

图 8-27 给出的再生混凝土柱恢复力模型的滞回规则如下。

（1）混凝土开裂前，假定柱处于弹性阶段，加载刚度和卸载刚度均取 K_{cr}。

（2）混凝土开裂后纵筋屈服前，柱的抗侧刚度降低，卸载刚度仍取 K_{cr}，卸载至零荷载点后，负向加载至上一级负向最大位移点后，沿骨架曲线继续加载至本级最大位移点，随后卸载。

（3）柱屈服后，加载刚度降低至屈服后刚度，卸载刚度为退化后的刚度 K_d，卸载至拐点，负向加载至上一级负向最大位移点后，沿骨架曲线继续加载至本级最大位移点，随后卸载，之后继续进行循环。

（4）柱处于下降段时与之前一致，且正负向加载按对称计算。

6. 计算曲线与试验曲线比较

根据上述基于试验数据拟合建议的恢复力模型，较高轴压比再生混凝土足尺柱的计算曲线与试验曲线比较如图 8-28 所示。

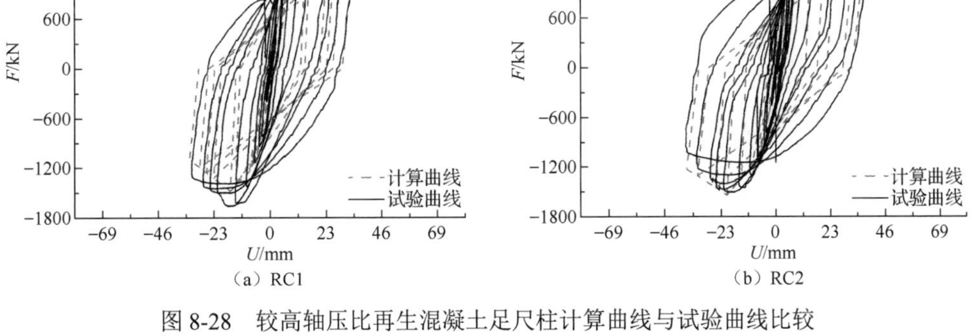

图 8-28 较高轴压比再生混凝土足尺柱计算曲线与试验曲线比较

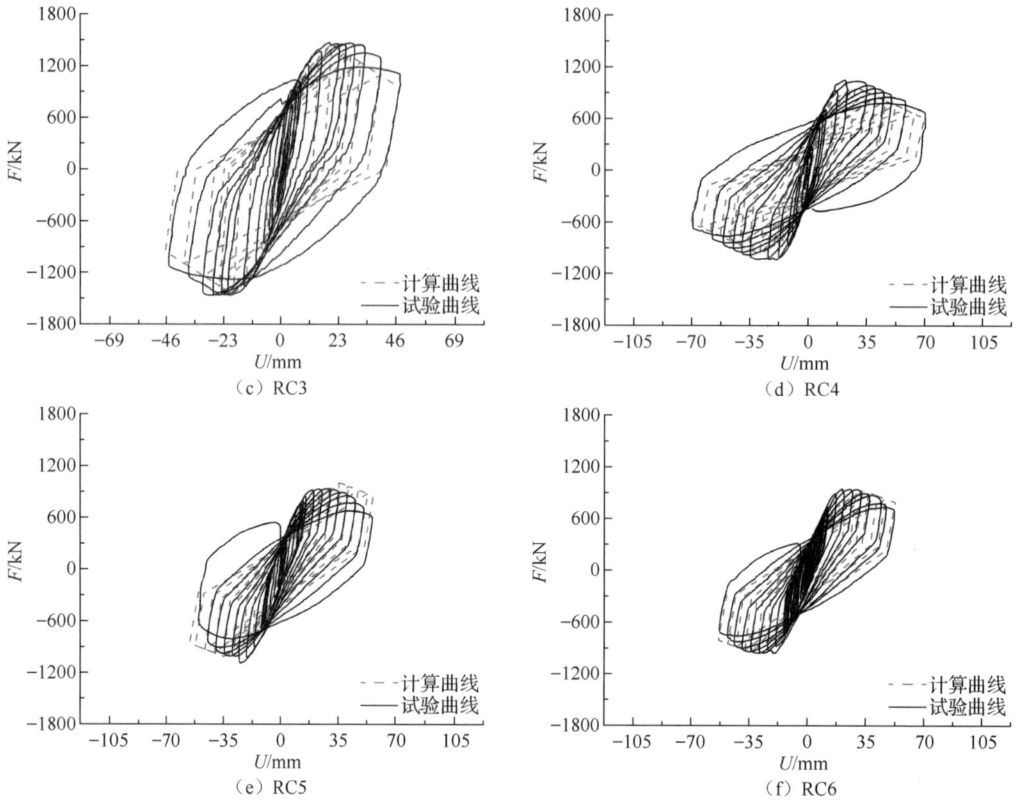

（c）RC3　（d）RC4　（e）RC5　（f）RC6

图 8-28（续）

由图 8-28 可见：①试验柱的计算滞回曲线和试验曲线符合较好。②建议的再生混凝土柱恢复力模型可用于再生混凝土柱抗震计算分析。

8.3　本 章 小 结

本章介绍了全再生骨料混凝土柱和再生混凝土足尺柱低周反复荷载试验，分析了不同设计参数再生混凝土柱的抗震性能，给出了再生混凝土柱承载力计算方法与恢复力模型。研究结果表明：

（1）全再生骨料混凝土柱抗震性能试验表明：随再生骨料取代率增大，再生混凝土柱承载力、刚度、延性及耗能能力略有下降；设置斜筋可显著提高再生混凝土柱的抗震性能；提高柱的配箍率，再生混凝土柱的抗震性能明显提高，但当配箍率较大时，继续增大配箍率对柱的抗震性能提高影响不再明显。

（2）再生混凝土足尺柱抗震性能试验表明：各试件破坏形态接近，均以弯曲破坏为主；随再生骨料取代率增大，再生混凝土足尺柱承载力、刚度和耗能能力略有下降；轴压比增大会提高再生混凝土柱的承载力，但延性相应降低；剪跨比增大，再生混凝土柱水平承载力和刚度相应降低。

（3）再生混凝土柱抗震性能总体上与普通混凝土柱接近，可用于实际工程。

第 9 章　再生混凝土剪力墙抗震性能

9.1　试验概况

本节设计制作了 3 种剪跨比的剪力墙试件，包括 10 个低矮剪力墙（剪跨比为 1.0）、10 个中高剪力墙（剪跨比为 1.5）和 11 个高剪力墙（剪跨比为 2.0）试件，不同剪跨比剪力墙试件编号及设计参数分别见表 9-1～表 9-3，混凝土设计强度等级及实测力学性能见表 9-4。实测钢筋力学性能见表 9-5。不同剪跨比剪力墙试件几何尺寸及配筋如图 9-1～图 9-3 所示。

表 9-1　低矮剪力墙试件编号及设计参数

试件编号	再生粗骨料取代率ρ_c/%	再生细骨料取代率ρ_f/%	分布筋配筋率/%	剪跨比	轴压比	分布筋	格构暗支撑
RCSW1.0-1	0	0	0.3	1.0	0.2	ϕ6@140	
RCSW1.0-2	33	100	0.3	1.0	0.2	ϕ6@140	
RCSW1.0-3	67	100	0.3	1.0	0.2	ϕ6@140	
RCSW1.0-4	100	100	0.3	1.0	0.2	ϕ6@140	
RCSW1.0-5	100	100	0.3	1.0	0.4	ϕ6@140	
RCSW1.0-6	100	0	0.3	1.0	0.2	ϕ6@140	
RCSW1.0-7	50	0	0.3	1.0	0.2	ϕ6@140	
RCSW1.0-8	100	100	0.2	1.0	0.2	ϕ6@230	
RCSW1.0-9	100	100	0.4	1.0	0.2	ϕ6@90	
RCSW1.0-10	100	100	0.3	1.0	0.2	ϕ6@140	4ϕ8

表 9-2　中高剪力墙试件编号及设计参数

试件编号	再生粗骨料取代率ρ_c/%	再生细骨料取代率ρ_f/%	分布筋配筋率/%	剪跨比	轴压比	分布筋	格构暗支撑
RCSW1.5-1	0	0	0.3	1.5	0.2	ϕ6@140	
RCSW1.5-2	33	33	0.3	1.5	0.2	ϕ6@140	
RCSW1.5-3	67	67	0.3	1.5	0.2	ϕ6@140	
RCSW1.5-4	100	100	0.3	1.5	0.2	ϕ6@140	
RCSW1.5-5	100	50	0.3	1.5	0.2	ϕ6@140	
RCSW1.5-6	100	0	0.3	1.5	0.2	ϕ6@140	
RCSW1.5-7	100	100	0.3	1.5	0.4	ϕ6@140	

续表

试件编号	再生粗骨料取代率ρ_c/%	再生细骨料取代率ρ_f/%	分布筋配筋率/%	剪跨比	轴压比	分布筋	格构暗支撑
RCSW1.5-8	100	100	0.4	1.5	0.2	Φ6@90	
RCSW1.5-9	100	100	0.2	1.5	0.2	Φ6@230	
RCSW1.5-10	100	100	0.3	1.5	0.2	Φ6@140	4Φ8

表 9-3 高剪力墙试件编号及设计参数

试件编号	再生粗骨料取代率ρ_c/%	再生细骨料取代率ρ_f/%	分布筋配筋率/%	剪跨比	轴压比	水平分布筋	竖直分布筋	格构暗支撑	暗柱箍筋
RCSW2.0-1	0	0	0.3	2.0	0.2	Φ4@60	Φ4@60		Φ4@80
RCSW2.0-2	0	0	0.2（上） 0.3（下）	2.0	0.2	Φ6@100 Φ4@60	Φ4@60		Φ4@80
RCSW2.0-3	50	50	0.2（上） 0.3（下）	2.0	0.2	Φ6@100 Φ4@60	Φ4@120 Φ4@60		Φ4@80
RCSW2.0-4	50	50	0.2（上） 0.3（下）	2.0	0.4	Φ6@100 Φ4@60	Φ4@120 Φ4@60		Φ4@80
RCSW2.0-5	100	100	0.2（上） 0.3（下）	2.0	0.2	Φ6@100 Φ4@60	Φ4@120 Φ4@60		Φ4@80
RCSW2.0-6	0	100	0.2（上） 0.3（下）	2.0	0.2	Φ6@100 Φ4@60	Φ4@120 Φ4@60		Φ4@80
RCSW2.0-7	100	100	0.2（上） 0.3（下）	2.0	0.4	Φ6@100 Φ4@60	Φ4@120 Φ4@60		Φ4@80
RCSW2.0-8	100 （0）	100 （0）	0.2（上） 0.3（下）	2.0	0.2	Φ6@100 Φ4@60	Φ4@120 Φ4@60		Φ4@80
RCSW2.0-9	0 （0）	100 （0）	0.2（上） 0.3（下）	2.0	0.2	Φ6@100 Φ4@60	Φ4@120 Φ4@60		Φ4@80
RCSW2.0-10	100 （0）	100 （0）	0.2（上） 0.3（下）	2.0	0.4	Φ6@100 Φ4@60	Φ4@120 Φ4@60		Φ4@80
RCSW2.0-11	100	100	0.2（上） 0.3（下）	2.0	0.2	Φ6@100 Φ4@60	Φ4@120 Φ4@60	4Φ8 4Φ10	Φ4@80

表 9-4 混凝土设计强度等级及实测力学性能

混凝土设计强度等级	再生粗骨料取代率ρ_c/%	再生细骨料取代率ρ_f/%	立方体抗压强度f_{cu}/MPa	弹性模量E_c/(10^4MPa)
C30	0	0	34.8	3.13
	50	0	33.6	2.60
	100	0	33.1	2.74

续表

混凝土设计强度等级	再生粗骨料取代率 ρ_c/%	再生细骨料取代率 ρ_f/%	立方体抗压强度 f_{cu}/MPa	弹性模量 E_c/(10^4MPa)
C30	33	33	32.5	2.50
	50	50	32.7	2.56
	67	67	32.2	2.43
	33	100	32.5	2.50
	67	100	32.2	2.43
	100	100	32.0	2.35

表 9-5　实测钢筋力学性能

钢筋等级	直径 D/mm	屈服强度 f_y/MPa	极限强度 f_u/MPa	弹性模量 E_s/(10^5MPa)
8#铅丝	4	683.5	804.1	1.80
HPB235	6	535.8	590.6	1.77
HPB235	8	338.2	492.9	1.98
HPB235	10	427.8	527.1	1.71

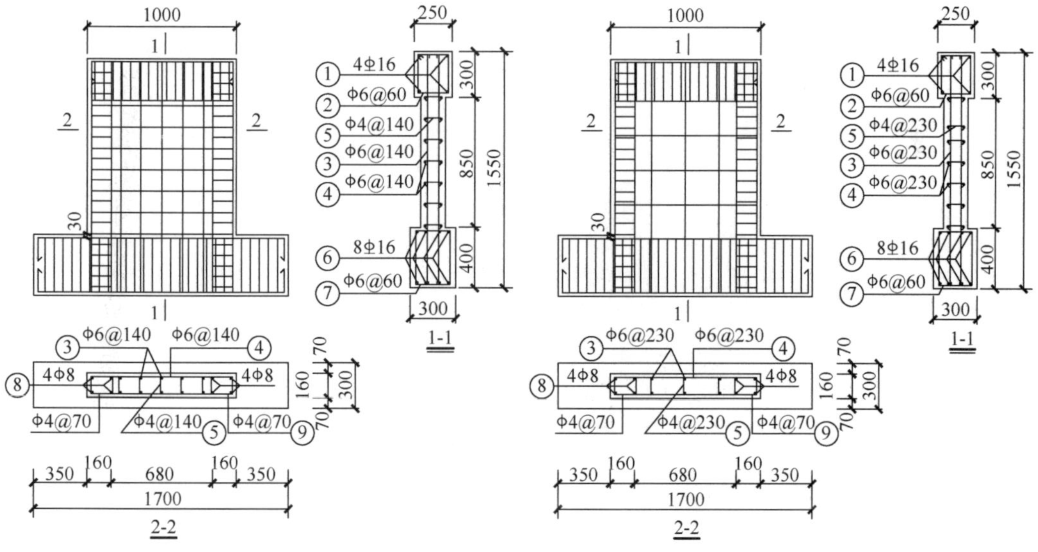

(a) RCSW1.0-1～RCSW1.0-7　　(b) RCSW1.0-8

图 9-1　低矮剪力墙试件几何尺寸及配筋图（单位：mm）

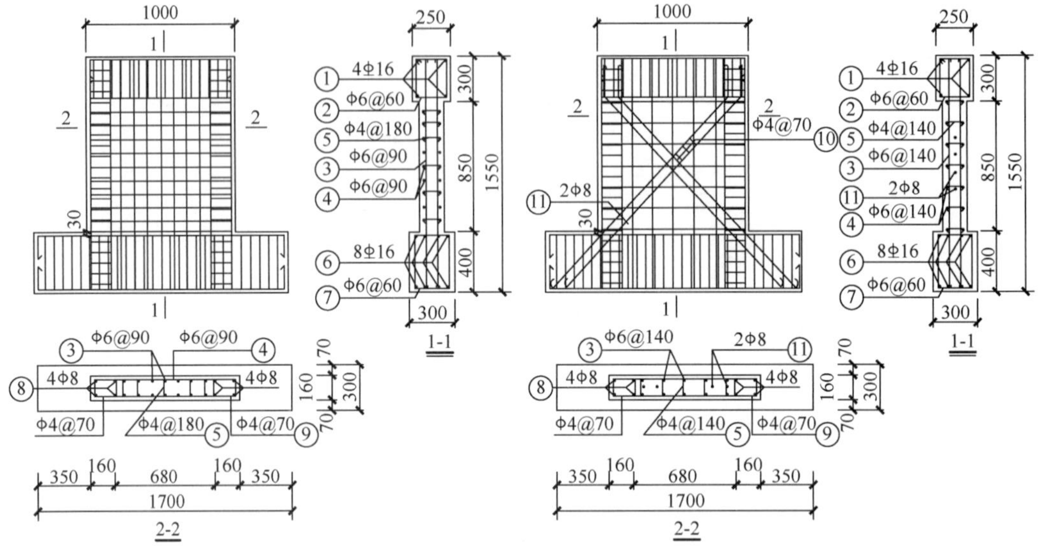

(c) RCSW1.0-9　　(d) RCSW1.0-10

图 9-1（续）

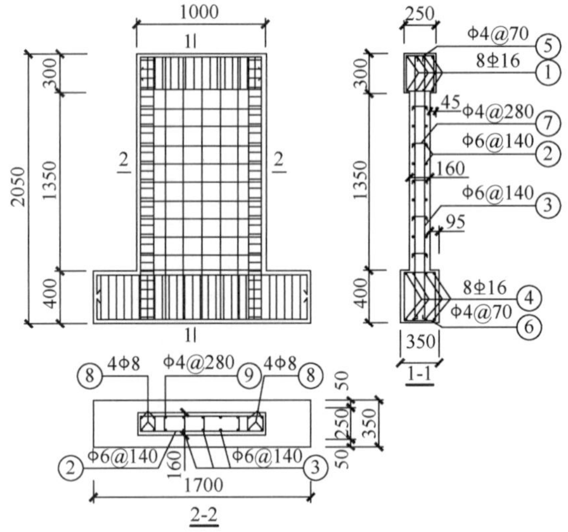

(a) RCSW1.5-1～RCSW1.5-7

图 9-2　中高剪力墙试件几何尺寸及配筋图（单位：mm）

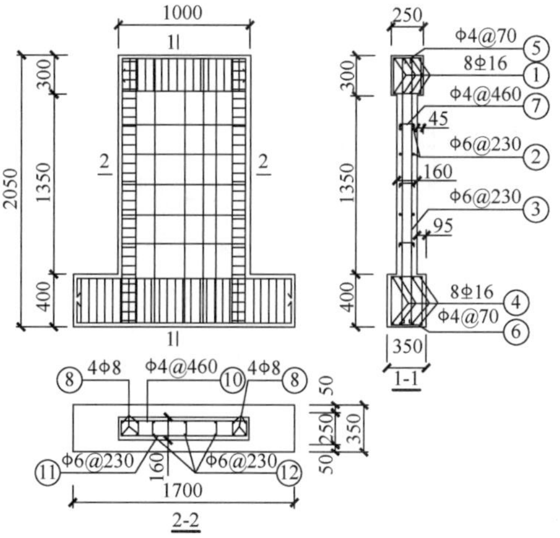

（b）RCSW1.5-8

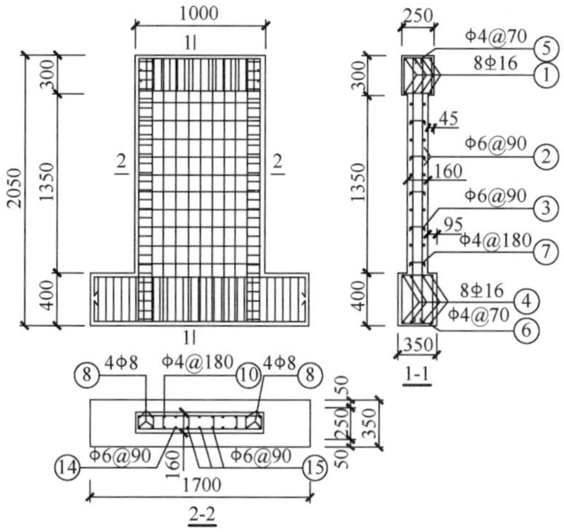

（c）RCSW1.5-9

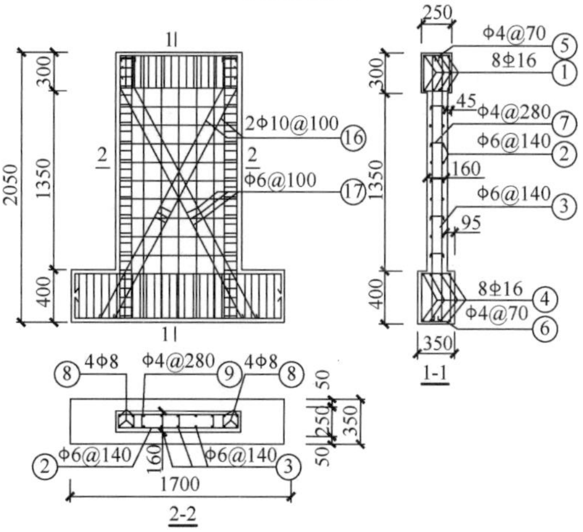

（d）RCSW1.5-10

图 9-2（续）

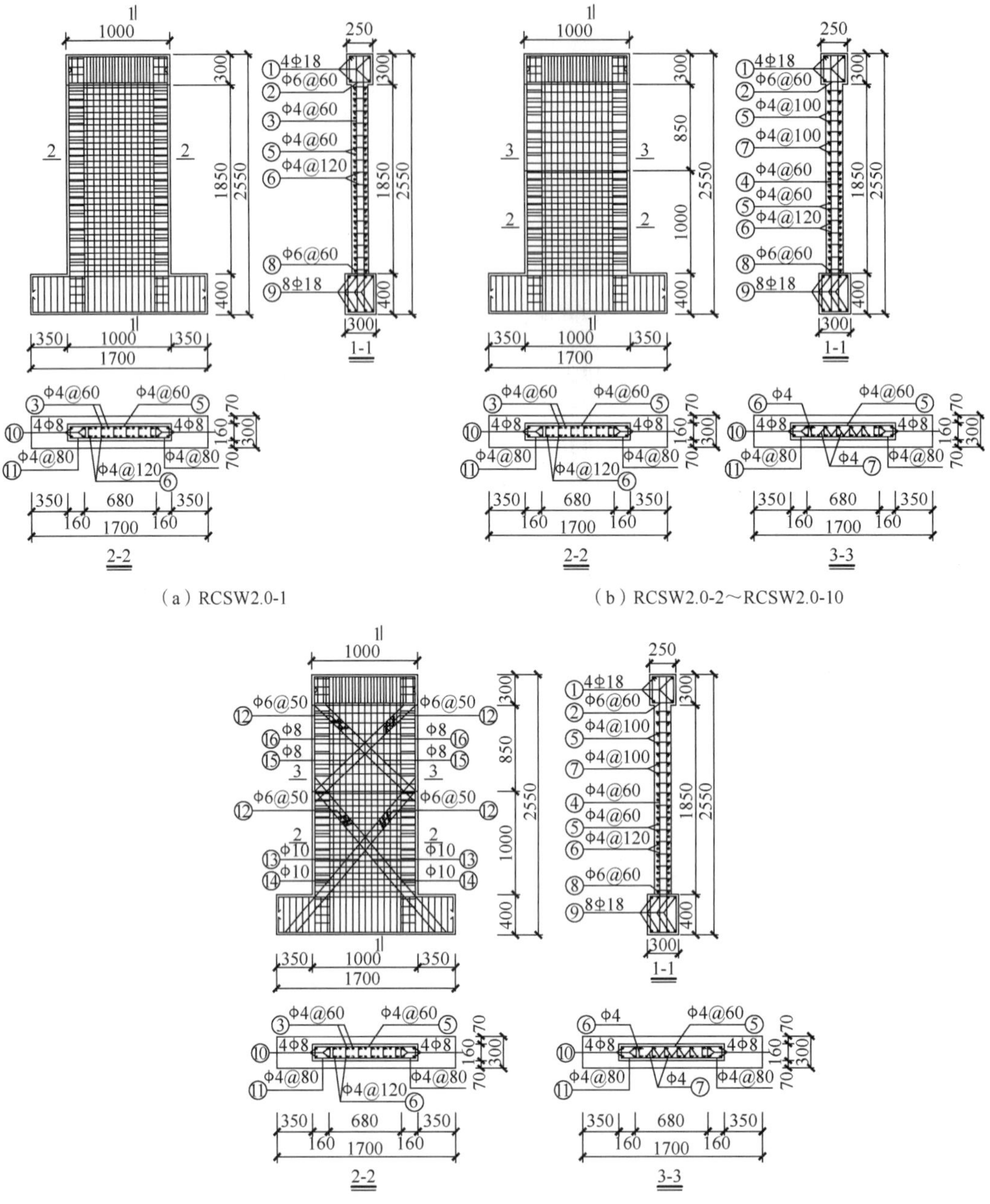

（a）RCSW2.0-1

（b）RCSW2.0-2～RCSW2.0-10

（c）RCSW2.0-11

图 9-3 高剪力墙试件几何尺寸及配筋图（单位：mm）

试验采用低周反复荷载的加载方式。首先在试件上施加竖向荷载，并在试验过程中保持不变，然后在加载高度施加水平低周反复荷载。试验分两个阶段进行：第一阶段为弹性阶段，采用荷载和位移联合控制加载的方法；第二段为弹塑性阶段，采用位移控制加载的方法。其中低矮剪力墙试验加载装置及仪表布置如图 9-4 所示。

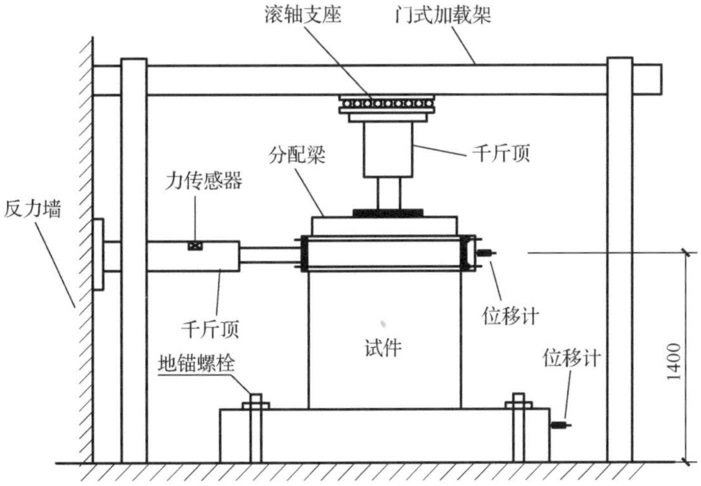

图 9-4　低矮剪力墙试验加载装置及仪表布置（单位：mm）

9.2　低矮剪力墙

9.2.1　破坏特征

低矮剪力墙最终破坏形态如图 9-5 所示。

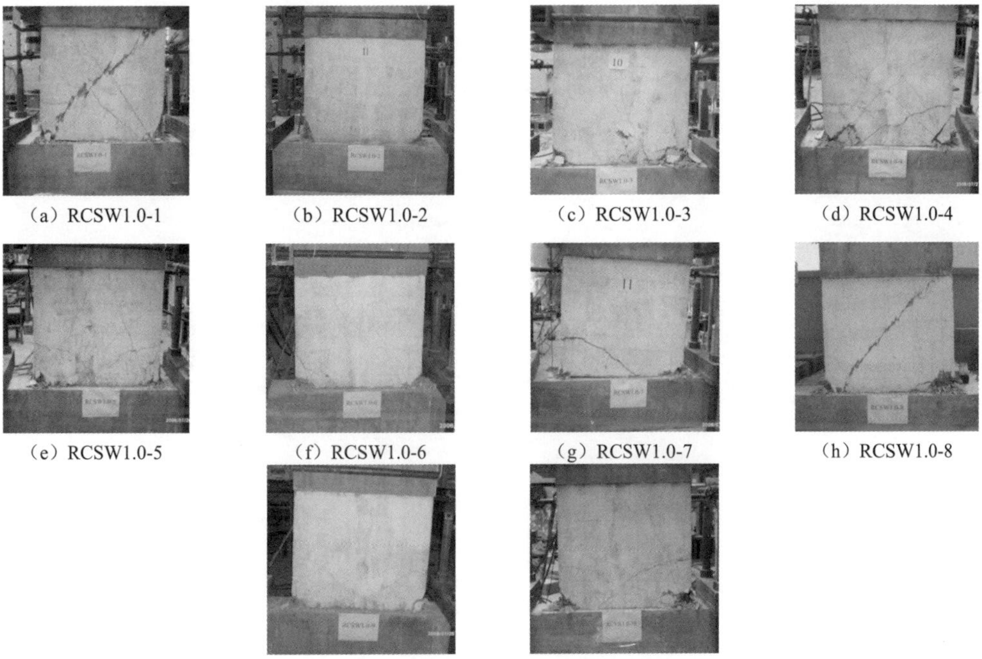

（a）RCSW1.0-1　（b）RCSW1.0-2　（c）RCSW1.0-3　（d）RCSW1.0-4

（e）RCSW1.0-5　（f）RCSW1.0-6　（g）RCSW1.0-7　（h）RCSW1.0-8

（i）RCSW1.0-9　（j）RCSW1.0-10

图 9-5　低矮剪力墙最终破坏形态

由图 9-5 可见：①普通混凝土低矮剪力墙试件 RCSW1.0-1 和分布钢筋配筋率较小的试件 RCSW1.0-8 为剪切破坏，其他试件为弯剪破坏。②相同分布钢筋配筋率和相同轴压比下，再生粗、细骨料取代率为 100%的试件 RCSW1.0-4 损伤破坏较重。③相同轴压比下，再生粗、细骨料取代率为 100%的试件 RCSW1.0-8 和 RCSW1.0-9，增大分布钢筋配筋率的试件 RCSW1.0-9 提高了抗剪能力并避免了剪切破坏。④相同分布钢筋配筋率下，再生粗、细骨料取代率为 100%的试件 RCSW1.0-4 和 RCSW1.0-5，增大轴压比的试件 RCSW1.0-5 提高了抗剪能力并避免了剪切破坏。⑤相同分布钢筋配筋率和相同轴压比下，再生粗、细骨料取代率为 100%的试件 RCSW1.0-4 和 RCSW1.0-10，带格构暗支撑钢筋的试件 RCSW1.0-10 提高了抗剪能力并避免了剪切破坏。

9.2.2 滞回特性

低矮剪力墙滞回曲线、骨架曲线如图 9-6 和图 9-7 所示。

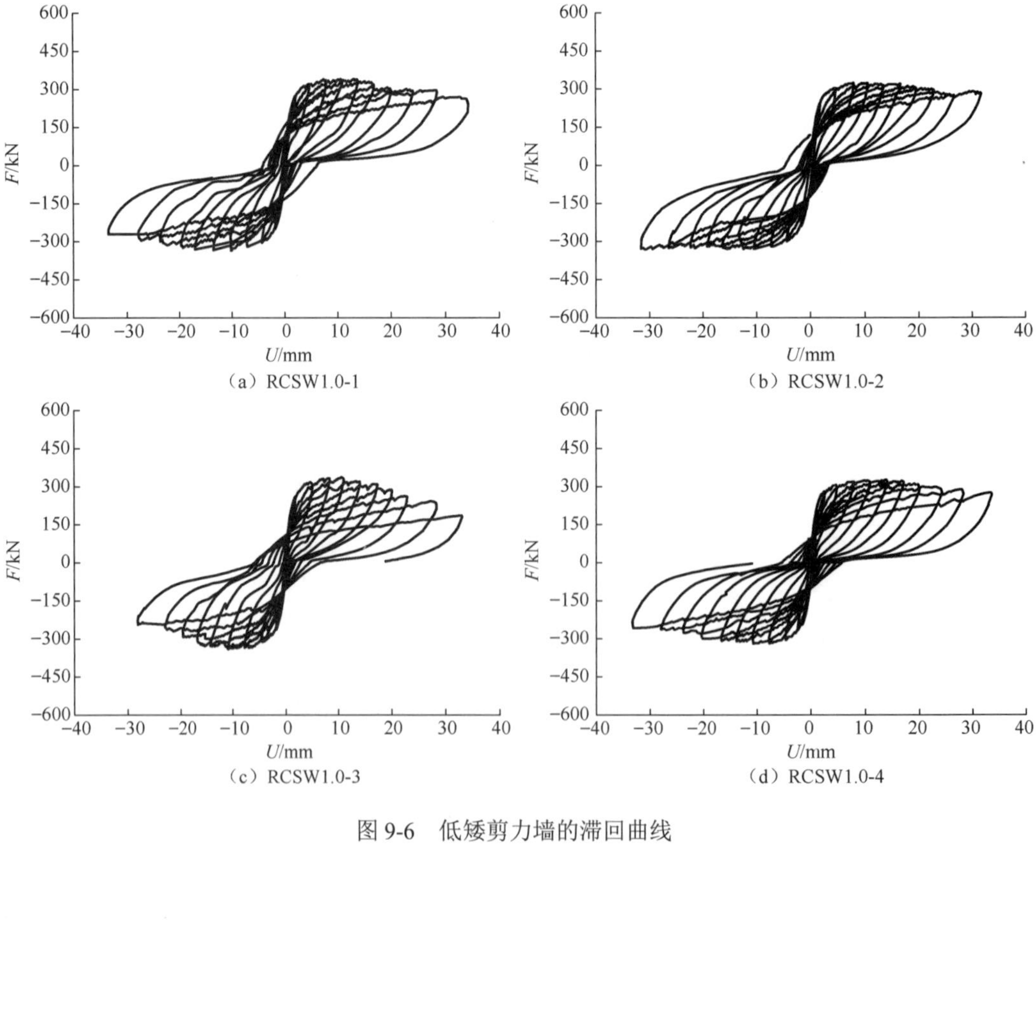

图 9-6 低矮剪力墙的滞回曲线

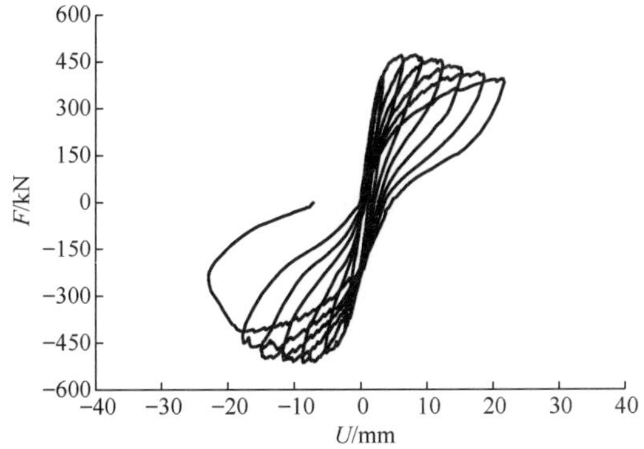

（e）RCSW1.0-5

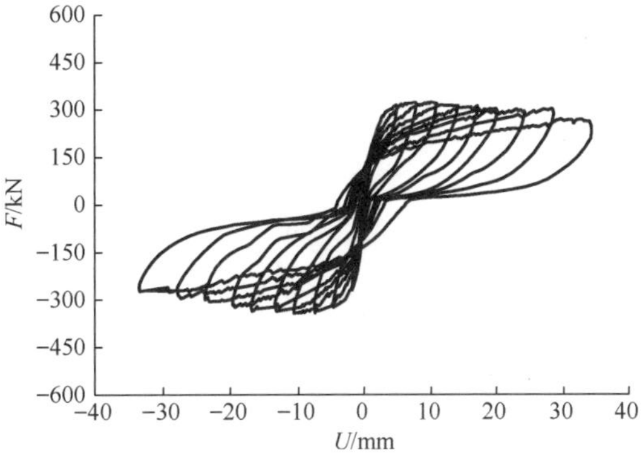

（f）RCSW1.0-6

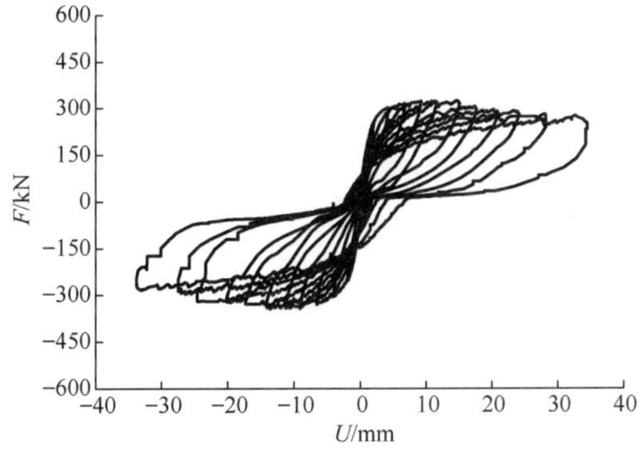

（g）RCSW1.0-7

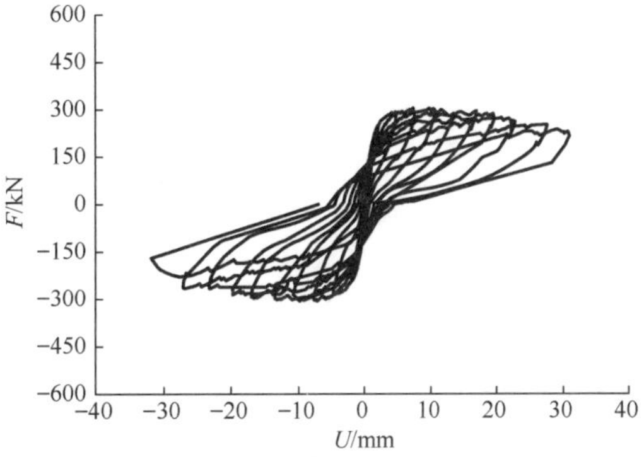

（h）RCSW1.0-8

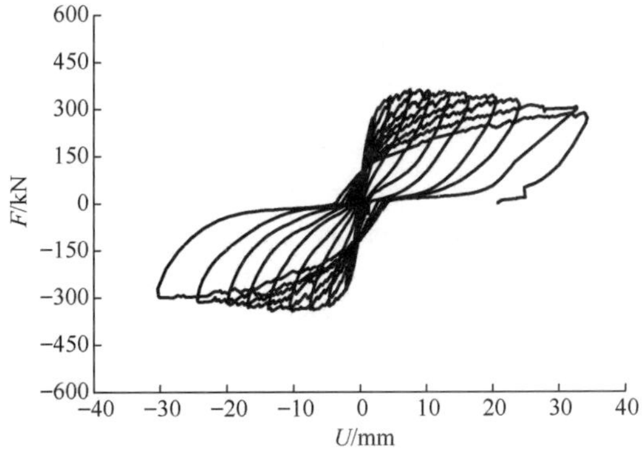

（i）RCSW1.0-9

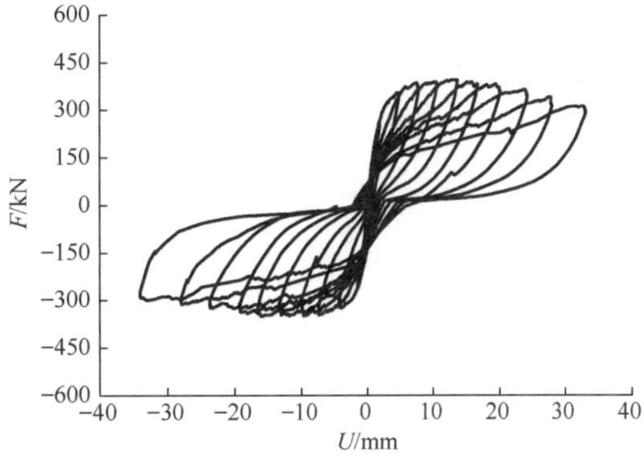

（j）RCSW1.0-10

图 9-6（续）

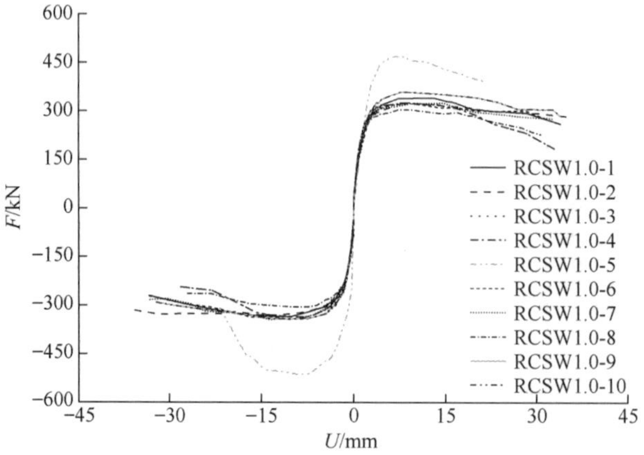

图 9-7　低矮剪力墙的骨架曲线

分析图 9-6、图 9-7 可见：①试件滞回曲线形状基本相同，普通混凝土低矮剪力墙滞回曲线比再生混凝土低矮剪力墙略饱满。②较高轴压比下，再生混凝土低矮剪力墙承载力提高，但滞回环捏拢严重，抗震性能降低。③分布钢筋配筋率较大的再生混凝土低矮剪力墙滞回环面积增大。④带格构暗支撑钢筋的再生混凝土低矮剪力墙滞回环饱满。

9.2.3　承载力与变形

再生混凝土低矮剪力墙的开裂荷载 F_{cr}、屈服荷载 F_y、峰值荷载 F_p、极限荷载 F_u 及各荷载对应的位移 U_{cr}、U_y、U_p、U_u 见表 9-6。表 9-6 中，μ为延性系数，$\mu=U_u/U_y$。

表 9-6　再生混凝土低矮剪力墙的特征荷载与位移实测值

试件编号	U_{cr}/mm	F_{cr}/kN	U_y/mm	F_y/kN	U_p/mm	F_p/kN	U_u/mm	F_u/kN	μ
RCSW1.0-1	0.60	134.50	4.17	308.48	13.05	338.25	29.25	287.51	7.01
RCSW1.0-2	0.62	131.48	4.25	299.32	7.95	329.12	27.76	279.75	6.53
RCSW1.0-3	0.63	133.13	4.01	298.51	10.60	332.04	23.97	282.23	5.98
RCSW1.0-4	0.64	132.50	4.21	300.46	13.94	326.99	27.28	277.94	6.48
RCSW1.0-5	1.31	213.89	3.74	443.22	8.18	490.00	19.08	416.50	5.10
RCSW1.0-6	0.61	131.03	4.08	308.43	9.99	337.53	28.43	286.90	6.97
RCSW1.0-7	0.63	132.20	4.15	305.93	14.66	337.95	28.96	287.26	6.98
RCSW1.0-8	0.70	127.67	4.19	285.36	7.27	304.84	22.91	259.11	5.47
RCSW1.0-9	0.59	137.47	3.98	318.30	7.55	351.56	29.88	298.83	7.51
RCSW1.0-10	0.58	136.54	3.97	334.95	13.46	372.47	31.00	316.60	7.81

由表 9-6 可见：①再生混凝土低矮剪力墙比普通混凝土低矮剪力墙承载力略低，延性也略有下降。②再生粗骨料掺量对再生混凝土低矮剪力墙承载力及延性影响不明显，但再生细骨料对试件受力性能的影响要大于再生粗骨料的影响。③改变轴压比或分布筋

配筋率对再生混凝土低矮剪力墙的承载力、延性有明显影响。④设置暗支撑可有效提高再生混凝土低矮剪力墙的承载力与延性。

9.2.4　刚度与退化

再生混凝土低矮剪力墙试件的初始刚度 K_0、开裂刚度 K_{cr}、屈服刚度 K_y 见表 9-7。各试件从明显开裂到破坏的 K-θ曲线如图 9-8 所示。其中，试件刚度为水平荷载与对应位移的比值。

表 9-7　再生混凝土低矮剪力墙试件的特征刚度实测值

试件编号	K_0/(kN/mm)	K_{cr}/(kN/mm)	K_y/(kN/mm)
RCSW1.0-1	794.1	224.2	74.0
RCSW1.0-2	777.6	210.7	70.4
RCSW1.0-3	774.7	211.3	74.4
RCSW1.0-4	773.3	207.0	71.4
RCSW1.0-5	772.3	163.3	118.7
RCSW1.0-6	782.0	214.8	75.6
RCSW1.0-7	785.2	209.8	73.8
RCSW1.0-8	771.3	193.4	68.2
RCSW1.0-9	774.7	231.4	80.0
RCSW1.0-10	789.9	233.8	84.5

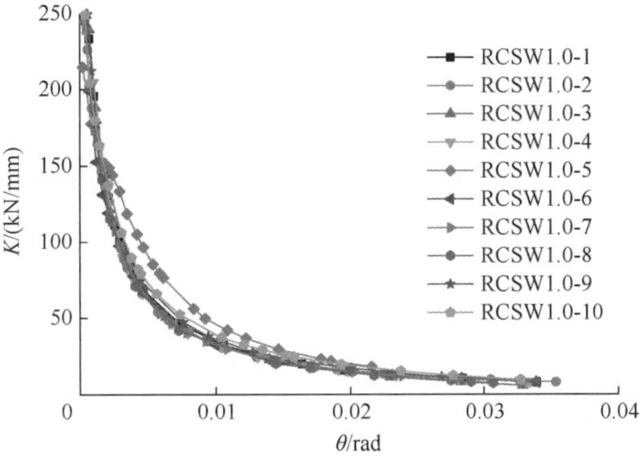

图 9-8　再生混凝土低矮剪力墙试件的 K-θ曲线

由表 9-7、图 9-8 可见：①各低矮剪力墙试件的初始刚度接近，再生混凝土低矮剪力墙的刚度退化速率比普通混凝土墙略快。②较高轴压比试件的后期刚度明显大于其他试件。③设置暗支撑可使再生混凝土低矮剪力墙的刚度退化速率减慢。

9.2.5　耗能能力

再生混凝土低矮剪力墙的累积耗能 E_p 的实测值见表 9-8。表 9-8 中，耗能相对值 n 为各试件与对比试件 RCSW1.0-1 累积耗能的比值。

表 9-8　再生混凝土低矮剪力墙的累积耗能实测值

试件编号	E_p/(kN・mm)	n
RCSW1.0-1	17047	1.000
RCSW1.0-2	16933	0.993
RCSW1.0-3	15969	0.937
RCSW1.0-4	16821	0.987
RCSW1.0-5	15305	0.898
RCSW1.0-6	16853	0.989
RCSW1.0-7	16587	0.973
RCSW1.0-8	12892	0.756
RCSW1.0-9	17506	1.027
RCSW1.0-10	19207	1.127

由表 9-8 可见：①再生混凝土低矮剪力墙的耗能能力与普通混凝土低矮剪力墙接近，再生粗骨料掺量对再生混凝土低矮剪力墙的耗能能力影响很小。②增大轴压比会降低低矮剪力墙的累积耗能，原因是较高轴压比下，低矮剪力墙的延性明显降低。③墙体分布筋配筋率减小会使再生混凝土低矮剪力墙的累积耗能明显降低。④设置暗支撑的再生混凝土低矮剪力墙的耗能能力提高，表明暗支撑对提高再生混凝土低矮剪力墙的抗震耗能能力作用明显。

9.3　中高剪力墙

9.3.1　破坏特征

中高剪力墙的最终破坏形态如图 9-9 所示。

(a) RCSW1.5-1　(b) RCSW1.5-2　(c) RCSW1.5-3　(d) RCSW1.5-4

图 9-9　中高剪力墙最终破坏形态

（e）RCSW1.5-5

（f）RCSW1.5-6

（g）RCSW1.5-7

（h）RCSW1.5-8

（i）RCSW1.5-9

（j）RCSW1.5-10

图 9-9（续）

由图 9-9 可见：①各试件破坏形态接近，均发生弯曲为主的破坏。②增大再生骨料取代率和加大轴压比均会使中高剪力墙损伤加重。③设置暗支撑的中高剪力墙主裂缝出现较晚且发展较慢，裂缝有向暗支撑靠近的趋势，表明中高剪力墙的暗支撑对约束墙体斜裂缝开展、提升剪力墙变形能力具有显著的作用。

9.3.2 滞回特性

中高剪力墙滞回曲线、骨架曲线如图 9-10 和图 9-11 所示。

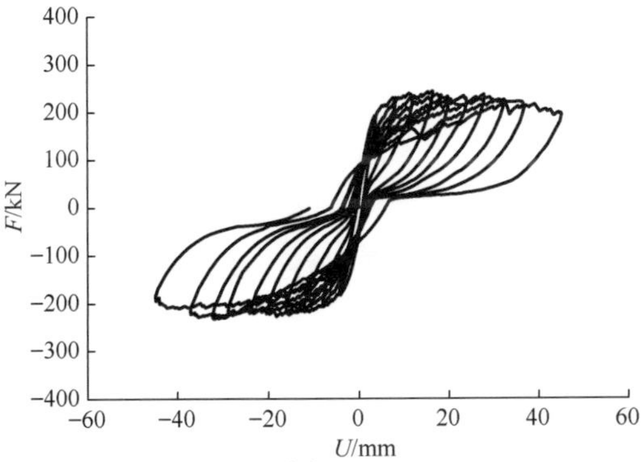

（a）RCSW1.5-1

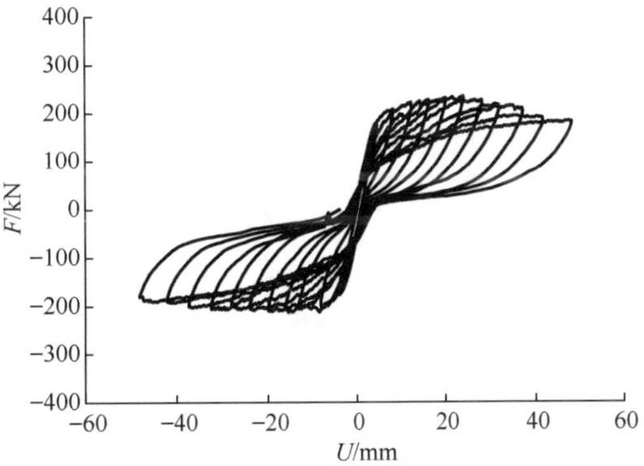

（b）RCSW1.5-2

图 9-10　中高剪力墙的滞回曲线

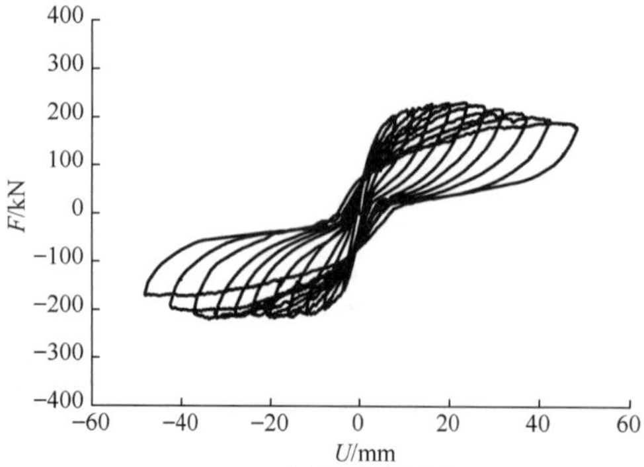

（c）RCSW1.5-3

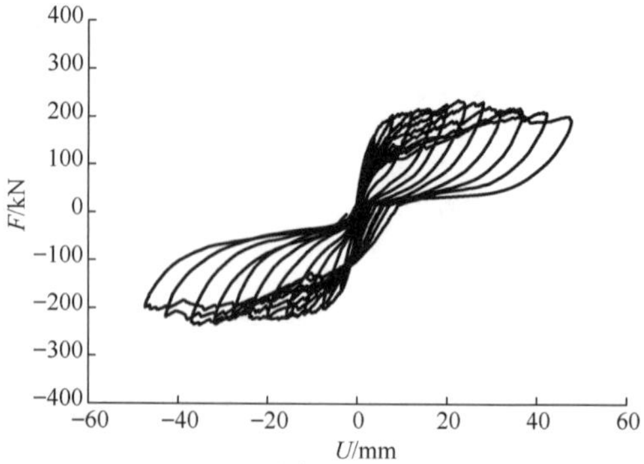

（d）RCSW1.5-4

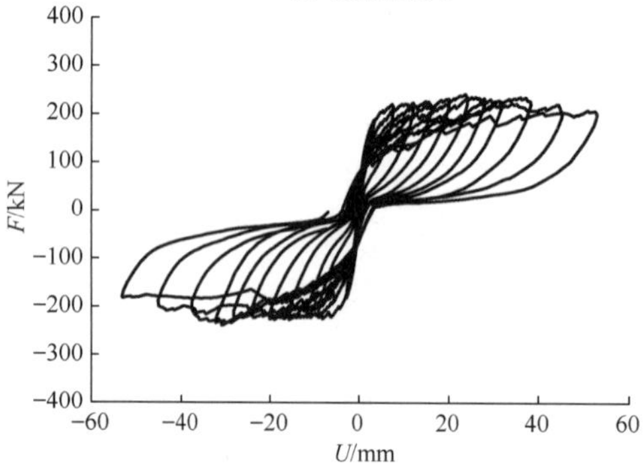

（e）RCSW1.5-5

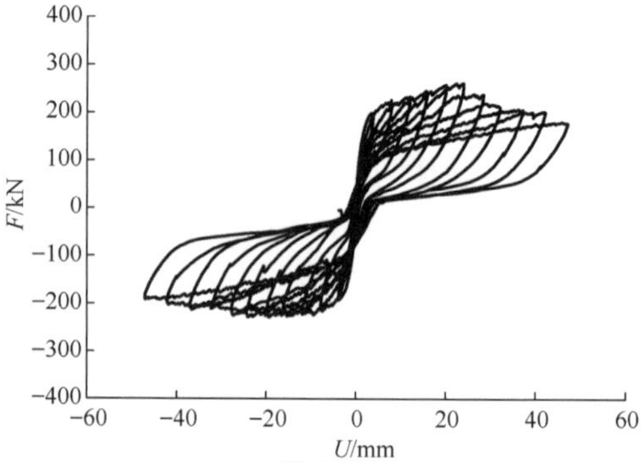

（f）RCSW1.5-6

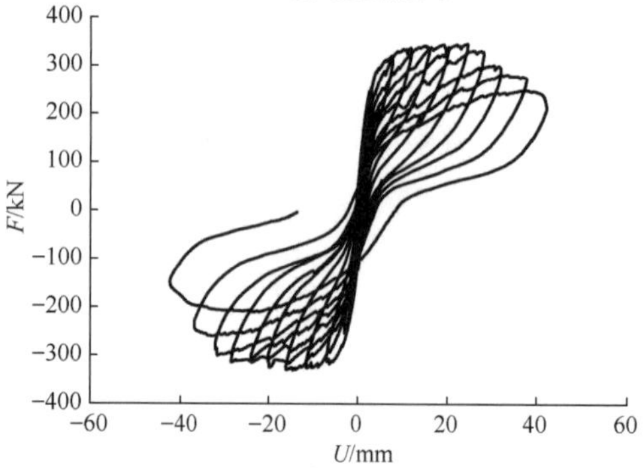

（g）RCSW1.5-7

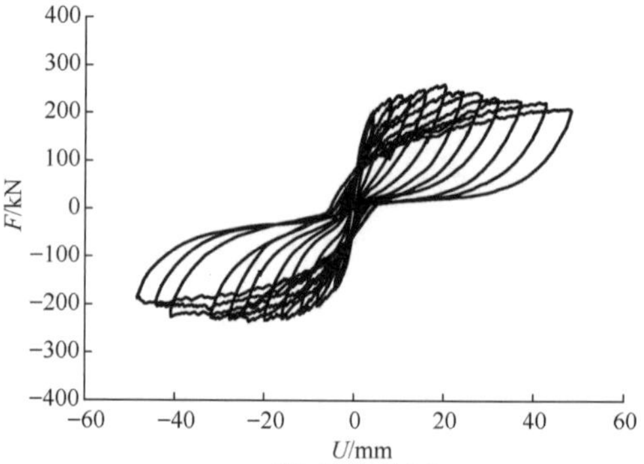

（h）RCSW1.5-8

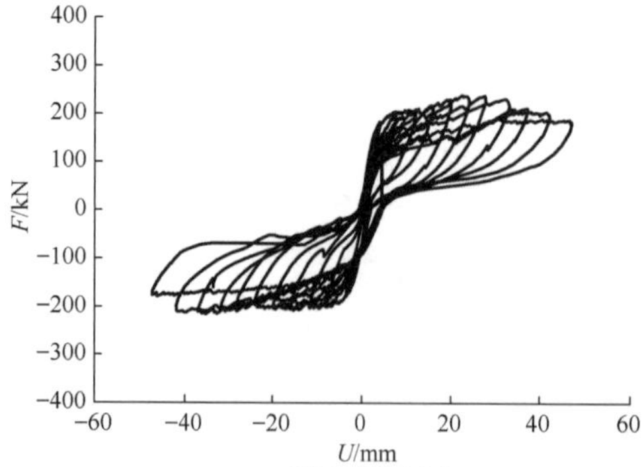

（i）RCSW1.5-9

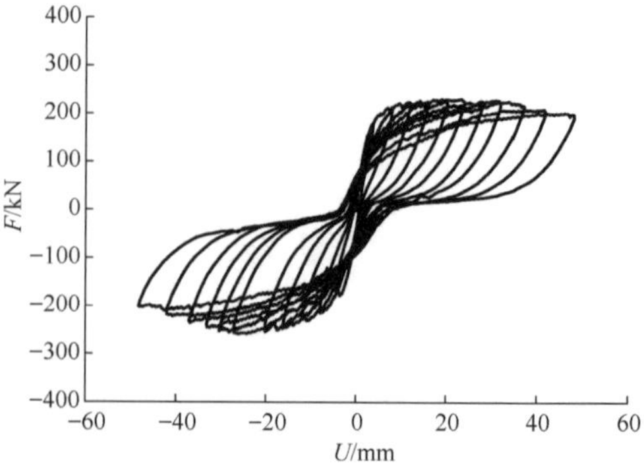

（j）RCSW1.5-10

图 9-10（续）

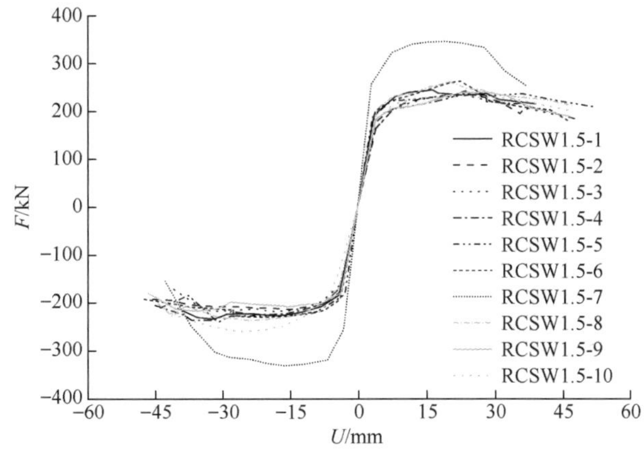

图 9-11　中高剪力墙的骨架曲线

由图 9-10、图 9-11 可见：①中高剪力墙试件的滞回曲线形状基本相同，且较为饱满，表明墙体具有良好的耗能能力。②再生混凝土中高剪力墙比普通混凝土中高剪力墙滞回环捏拢现象略明显，表明耗能能力有所降低。③再生粗骨料取代率变化对中高剪力墙耗能能力影响较小。④随分布筋配筋率增大，中高剪力墙的滞回环中部捏拢程度减轻，耗能能力提高。⑤设置暗支撑的再生混凝土中高剪力墙，滞回环相对饱满，刚度退化慢，承载力、延性、耗能能力均有明显的提高。

9.3.3　承载力与变形

再生混凝土中高剪力墙的开裂荷载 F_{cr}、屈服荷载 F_y、峰值荷载 F_p、极限荷载 F_u 及各荷载对应的位移 U_{cr}、U_y、U_p、U_u 见表 9-9。表 9-9 中，μ为延性系数，$\mu=U_u/U_y$。

表 9-9　再生混凝土中高剪力墙的特征荷载与位移实测值

试件编号	U_{cr}/mm	F_{cr}/kN	U_y/mm	F_y/kN	U_p/mm	F_p/kN	U_u/mm	F_u/kN	μ
RCSW1.5-1	0.84	94.51	6.09	203.33	16.41	237.80	42.74	202.13	7.02
RCSW1.5-2	1.02	91.72	6.59	199.12	23.96	230.21	42.12	195.68	6.39
RCSW1.5-3	1.07	91.26	6.61	196.95	23.16	225.79	41.93	191.92	6.34
RCSW1.5-4	1.08	91.03	6.63	193.57	22.52	221.95	41.89	188.66	6.32
RCSW1.5-5	1.06	92.43	6.46	197.78	23.66	232.27	41.82	197.43	6.47
RCSW1.5-6	1.05	92.97	6.07	202.60	23.94	233.27	41.02	198.28	6.76
RCSW1.5-7	0.83	142.59	5.13	302.36	24.40	336.84	31.11	286.31	6.06
RCSW1.5-8	1.08	91.02	6.70	204.20	20.08	227.16	42.17	193.09	6.29
RCSW1.5-9	1.09	90.94	6.65	195.31	22.44	247.98	40.01	210.78	6.02
RCSW1.5-10	0.88	91.03	6.30	230.18	23.19	245.24	47.03	208.45	7.47

由表 9-9 可见：①不同再生骨料取代率的中高剪力墙试件的特征荷载与位移接近，

但有随再生骨料取代率增大而减小的趋势。②轴压比增大，再生混凝土中高剪力墙的承载力提高、延性降低。③随分布钢筋配筋率增大，再生混凝土中高剪力墙的承载力略有提高，延性变化不明显。④设置暗支撑可有效提高再生混凝土中高剪力墙的承载力与延性。

9.3.4　刚度及退化

再生混凝土中高剪力墙的初始刚度 K_0、开裂刚度 K_{cr}、屈服刚度 K_y 见表 9-10，各试件从明显开裂到破坏的 K-θ曲线如图 9-12 所示。

表 9-10　再生混凝土中高剪力墙的特征刚度实测值

试件编号	K_0/(kN/mm)	K_{cr}/(kN/mm)	K_y/(kN/mm)
RCSW1.5-1	300.0	112.5	33.4
RCSW1.5-2	293.8	89.9	30.2
RCSW1.5-3	292.7	85.3	29.6
RCSW1.5-4	292.1	84.3	28.9
RCSW1.5-5	295.4	87.2	30.6
RCSW1.5-6	296.6	88.5	33.4
RCSW1.5-7	292.1	171.8	58.9
RCSW1.5-8	292.5	84.2	30.5
RCSW1.5-9	291.5	83.5	29.4
RCSW1.5-10	292.1	82.0	32.2

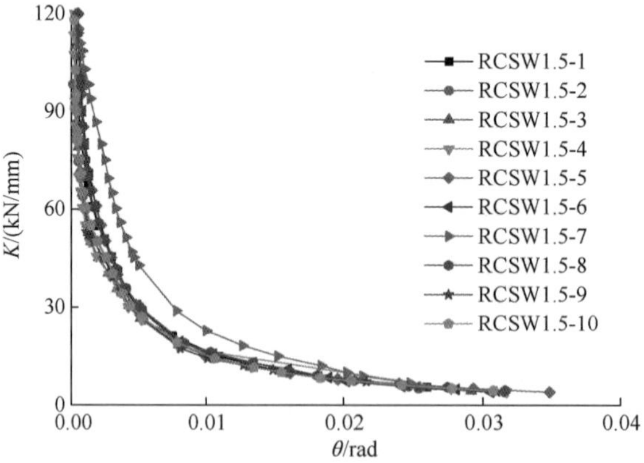

图 9-12　再生混凝土中高剪力墙的 K-θ曲线

由表 9-10、图 9-12 可见：①加载初期各试件刚度退化较快，随位移增加，塑性变形不断发展，刚度退化变慢。②不同再生粗骨料取代率的中高剪力墙的刚度退化速率基本一致，表明再生粗骨料取代率对再生混凝土中高剪力墙的抗侧刚度退化规律影响不大。③较高轴压比的中高剪力墙的刚度明显大于其他试件。④设置暗支撑的再生混凝土中高剪力墙刚度退化速率减慢。

9.3.5 耗能能力

再生混凝土中高剪力墙的累积耗能 E_p 的实测值见表 9-11。表 9-11 中，耗能相对值 n 为各试件与对比试件 RCSW1.5-1 累积耗能的比值。

表 9-11　再生混凝土中高剪力墙的累积耗能实测值

试件编号	E_p/(kN/mm)	n
RCSW1.5-1	15998	1.000
RCSW1.5-2	14588	0.912
RCSW1.5-3	14480	0.905
RCSW1.5-4	14454	0.903
RCSW1.5-5	14636	0.915
RCSW1.5-6	15020	0.939
RCSW1.5-7	15520	0.970
RCSW1.5-8	16372	1.023
RCSW1.5-9	13057	0.816
RCSW1.5-10	17412	1.088

由表 9-11 可见：①与普通混凝土中高剪力墙相比，再生混凝土中高剪力墙的耗能能力有所下降，且有随再生骨料取代率增加而降低的趋势。②较低轴压比再生混凝土中高剪力墙的累积耗能高于高轴压比剪力墙。③设置暗支撑的再生混凝土中高剪力墙的耗能能力提高，表明暗支撑对提高再生混凝土中高剪力墙的耗能能力作用明显。

9.4 高 剪 力 墙

9.4.1 破坏特征

高剪力墙的最终破坏形态如图 9-13 所示。

由图 9-13 可见：①各试件破坏形态接近，均以弯曲破坏为主。②试件随再生骨料掺量增大损伤略有加重，但对下部普通混凝土、上部再生混凝土高剪力墙试件的损伤影响不明显。③减小高剪力墙上部分布筋配筋率对试件损伤影响不明显。④随轴压比增加，试件损伤程度略重。⑤设置暗支撑试件的主裂缝出现较晚且发展较慢，裂缝有沿暗支撑方向发展的趋势，表明暗支撑在高剪力墙破坏过程中对斜裂缝开展有明显的制约作用。

（a）RCSW2.0-1

（b）RCSW2.0-2

（c）RCSW2.0-3

（d）RCSW2.0-4

（e）RCSW2.0-5

（f）RCSW2.0-6

（g）RCSW2.0-7

（h）RCSW2.0-8

（i）RCSW2.0-9

（j）RCSW2.0-10

（k）RCSW2.0-11

图 9-13　高剪力墙最终破坏形态

9.4.2 滞回特性

高剪力墙的滞回曲线、骨架曲线如图 9-14 和图 9-15 所示。

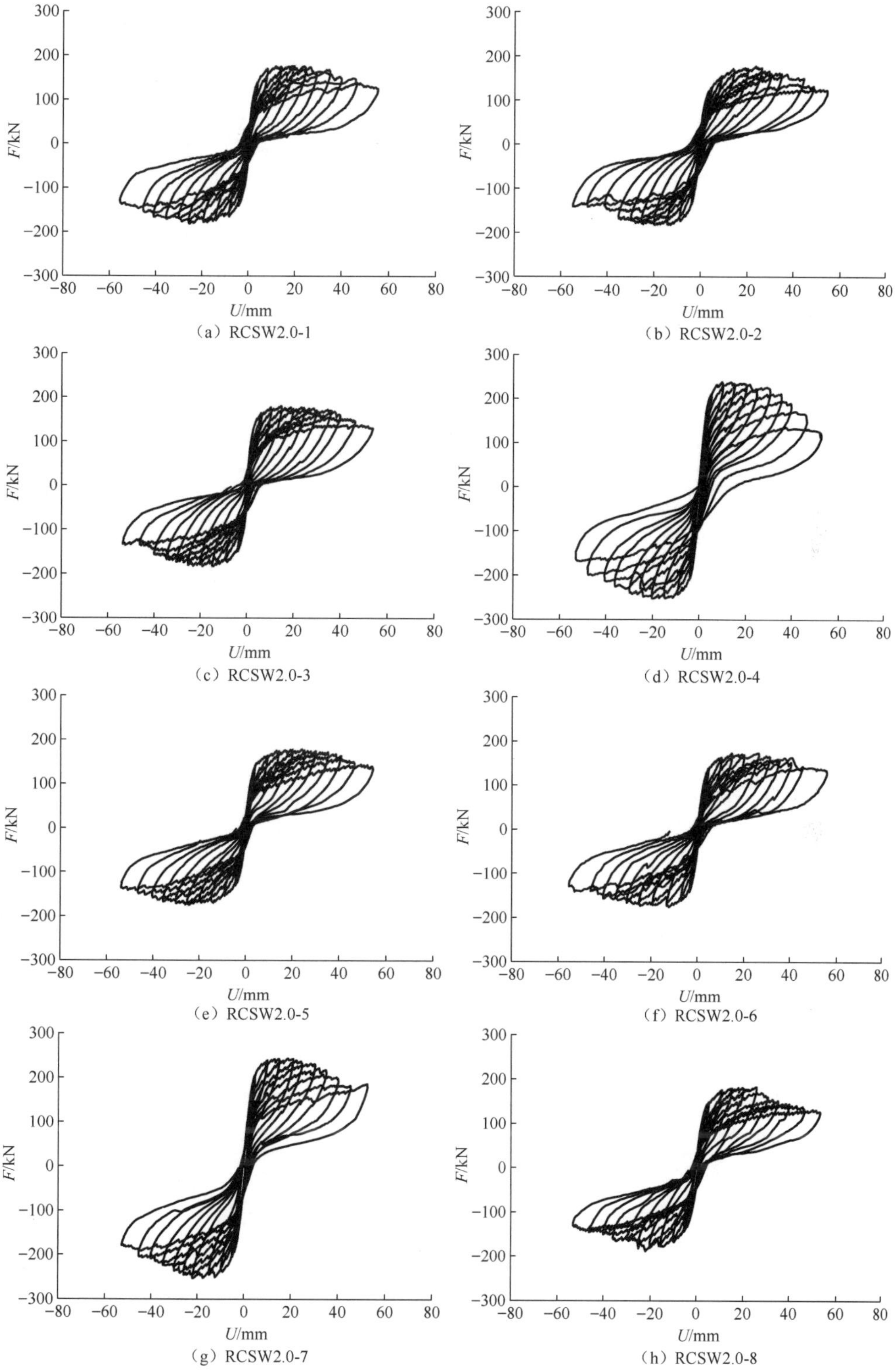

（a）RCSW2.0-1　（b）RCSW2.0-2

（c）RCSW2.0-3　（d）RCSW2.0-4

（e）RCSW2.0-5　（f）RCSW2.0-6

（g）RCSW2.0-7　（h）RCSW2.0-8

图 9-14　高剪力墙的滞回曲线

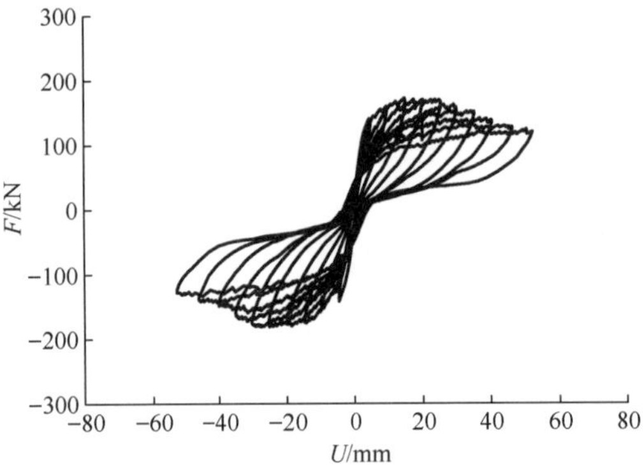

（i）RCSW2.0-9

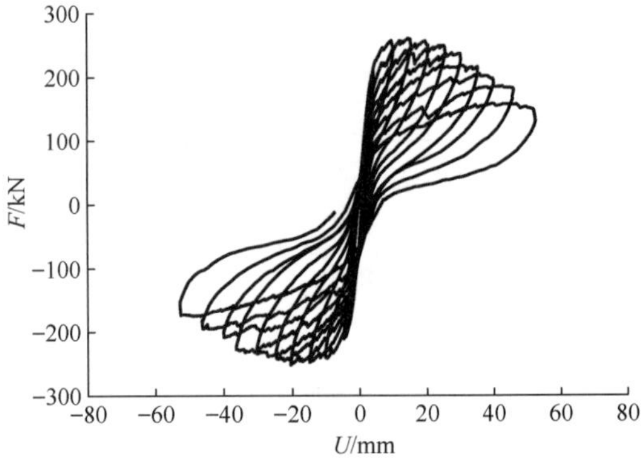

（j）RCSW2.0-10

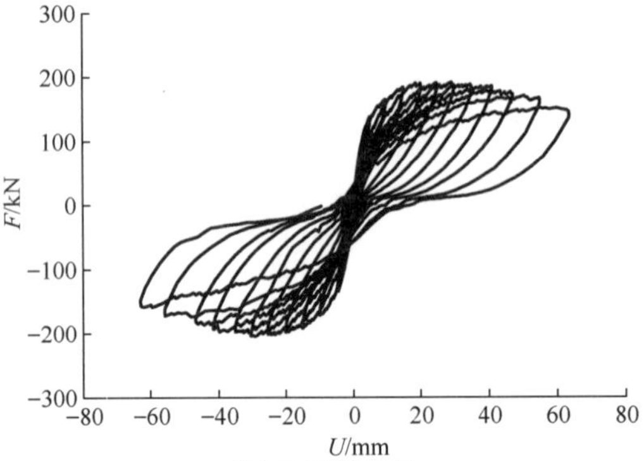

（k）RCSW2.0-11

图 9-14（续）

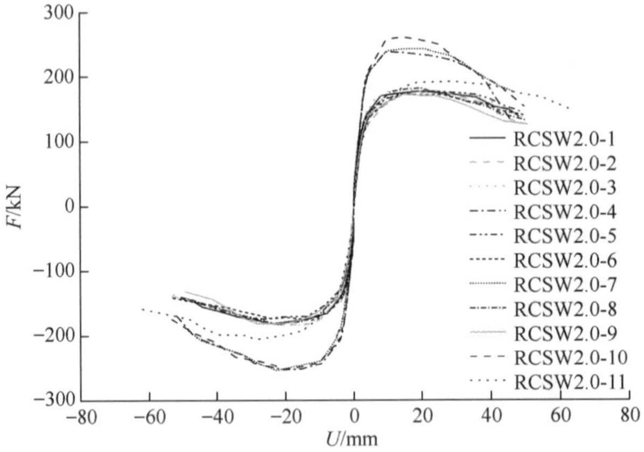

图 9-15　高剪力墙的骨架曲线

由图 9-14、图 9-15 可见：①随再生骨料掺量提高，高剪力墙试件的滞回环捏拢现象略加明显。②较高轴压比试件的承载力明显提高，耗能能力有所提高。③设置暗支撑可有效提高再生混凝土高剪力墙的耗能能力。

9.4.3　承载力与变形

再生混凝土高剪力墙的开裂荷载 F_{cr}、屈服荷载 F_y、峰值荷载 F_p、极限荷载 F_u 及各荷载对应的位移 U_{cr}、U_y、U_p、U_u 见表 9-12。表 9-12 中，μ为延性系数，$\mu=U_u/U_y$。

表 9-12　再生混凝土高剪力墙的特征荷载与位移实测值

试件编号	U_{cr}/mm	F_{cr}/kN	U_y/mm	F_y/kN	U_p/mm	F_p/kN	U_u/mm	F_u/kN	μ
RCSW2.0-1	1.08	70.84	5.70	149.82	19.68	178.59	44.70	151.80	7.84
RCSW2.0-2	1.06	70.81	5.60	147.17	23.46	177.92	41.90	151.23	7.48
RCSW2.0-3	1.07	69.68	5.55	149.77	14.77	178.45	41.20	151.68	7.42
RCSW2.0-4	1.72	108.36	4.99	206.61	9.63	244.89	39.80	208.16	7.98
RCSW2.0-5	1.05	68.23	5.50	147.51	24.05	176.18	40.50	149.75	7.36
RCSW2.0-6	1.04	69.28	5.30	142.60	26.07	174.44	41.20	148.27	7.77
RCSW2.0-7	1.61	106.91	5.77	221.43	18.67	247.99	41.10	210.79	7.12
RCSW2.0-8	1.06	69.53	5.48	150.29	25.51	185.26	38.80	157.47	7.08
RCSW2.0-9	1.05	70.06	5.40	154.81	14.85	176.61	39.10	150.12	7.24
RCSW2.0-10	1.70	108.73	5.53	217.77	14.65	256.20	38.40	217.77	6.94
RCSW2.0-11	1.01	78.23	6.25	166.38	29.19	193.45	54.90	164.43	8.78

由表 9-12 可见：①不同再生粗骨料取代率的高剪力墙的承载力与延性较为接近，表明再生粗骨料取代率对再生混凝土高剪力墙的抗震性能影响不明显。②减小剪力墙上部分布筋配筋率，可降低墙体用钢量，而再生混凝土高剪力墙的抗震性能并没有明显减弱。③轴压比增大，再生混凝土高剪力墙的承载力提高。④设置暗支撑可有效提高再生混凝土高剪力墙承载力和延性。

9.4.4　刚度及退化

再生混凝土高剪力墙的初始刚度 K_0、开裂刚度 K_{cr}、屈服刚度 K_y 见表 9-13，各试件的 K-θ曲线如图 9-16 所示。

表 9-13　再生混凝土高剪力墙的抗侧刚度实测值

试件编号	K_0/(kN/mm)	K_{cr}/(kN/mm)	K_y/(kN/mm)
RCSW2.0-1	139.9	65.6	26.3
RCSW2.0-2	139.8	66.8	26.3
RCSW2.0-3	138.1	65.1	27.0
RCSW2.0-4	138.1	63.0	41.4
RCSW2.0-5	136.0	65.0	26.8
RCSW2.0-6	137.7	66.6	26.9

续表

试件编号	K_0/(kN/mm)	K_{cr}/(kN/mm)	K_y/(kN/mm)
RCSW2.0-7	136.0	66.4	38.4
RCSW2.0-8	137.9	65.6	27.5
RCSW2.0-9	138.7	66.7	28.7
RCSW2.0-10	138.7	64.0	39.4
RCSW2.0-11	136.5	77.5	26.6

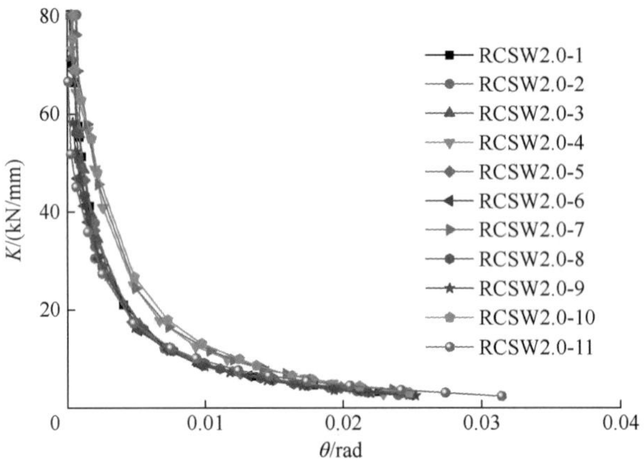

图 9-16 再生混凝土高剪力墙的 K-θ曲线

由表 9-13、图 9-16 可见：①各试件从开裂到明显屈服阶段的刚度退化规律基本相同。②再生混凝土高剪力墙下部分布钢筋配筋率相同、上部分布钢筋配筋率减小，试件刚度退化速率与采用普通混凝土的高剪力墙受力性能接近，表明沿剪力墙高度优化分布钢筋配筋率，可在减少用钢量的同时保证高剪力墙仍具有良好的受力性能。③较高轴压比再生混凝土高剪力墙的刚度明显大于其他试件。④设置暗支撑可以延缓再生混凝土高剪力墙的刚度退化，设置暗支撑再生混凝土高剪力墙试件的屈服刚度 K_y 比未设置暗支撑试件高。

9.4.5 耗能能力

再生混凝土高剪力墙的累积耗能 E_p 的实测值见表 9-14。表 9-14 中耗能相对值 n 为各试件与对比试件 RCSW2.0-1 累积耗能的比值。

表 9-14 再生混凝土高剪力墙的累积耗能实测值

试件编号	E_p/(kN·mm)	n
RCSW2.0-1	13823	1.000
RCSW2.0-2	13305	0.963

续表

试件编号	E_p/(kN·mm)	n
RCSW2.0-3	13186	0.954
RCSW2.0-4	18709	1.353
RCSW2.0-5	12570	0.909
RCSW2.0-6	13209	0.956
RCSW2.0-7	15803	1.143
RCSW2.0-8	11533	0.834
RCSW2.0-9	11849	0.857
RCSW2.0-10	18133	1.312
RCSW2.0-11	18717	1.354

由表 9-14 可见：①减少高剪力墙上部分布筋，试件耗能能力与普通混凝土高剪力墙耗能能力接近，表明合理布置分布筋可以减少用钢量，同时保证高剪力墙具有良好的耗能能力。②随再生粗骨料取代率提高，再生混凝土高剪力墙的耗能能力降低。③较高轴压比下，再生混凝土高剪力墙的累积耗能明显高于低轴压比剪力墙。④设置暗支撑再生混凝土高剪力墙的耗能能力提高，表明暗支撑对提高再生混凝土高剪力墙的耗能能力作用显著。

9.5　剪跨比影响

再生混凝土低矮、中高及高剪力墙的骨架曲线如图 9-17 所示。

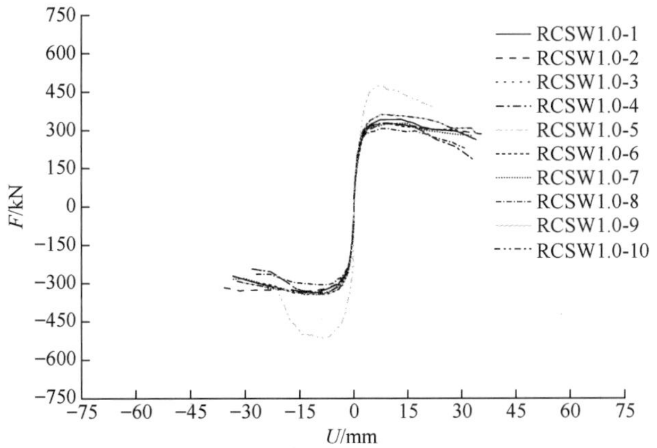

（a）再生混凝土低矮剪力墙骨架曲线

图 9-17　再生混凝土低矮、中高及高剪力墙的骨架曲线

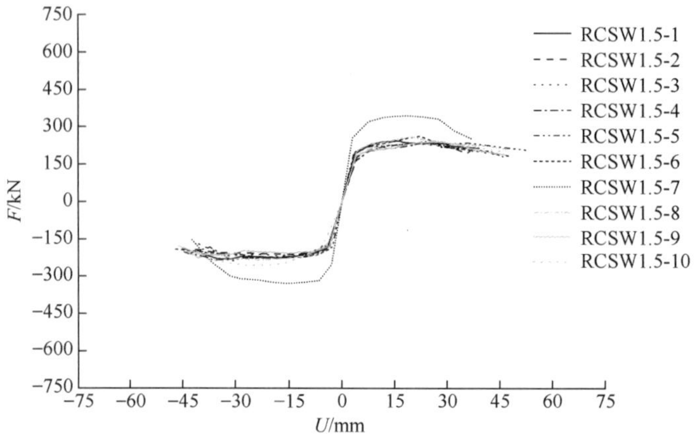

（b）再生混凝土中高剪力墙骨架曲线

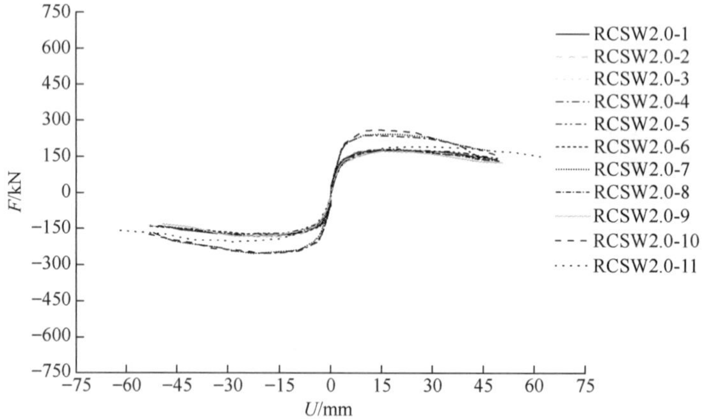

（c）再生混凝土高剪力墙骨架曲线

图 9-17（续）

由图 9-17 可见：①随剪力墙剪跨比减小，其刚度与峰值荷载随之增大，这是由于随着剪力墙剪跨比减小，剪力墙破坏形式逐渐由受弯破坏向弯剪破坏转变。②再生混凝土剪力墙的变形能力随剪跨比减小而降低，延性和耗能能力均有明显下降。

9.6 承载力计算

9.6.1 计算假定

计算假定如下。

（1）达到截面极限状态时，截面仍满足平截面假定。

（2）不考虑受拉区混凝土的抗拉作用。

（3）按《混凝土结构设计规范（2015 年版）》（GB 50010—2010）确定混凝土受压应力-应变关系曲线，$\varepsilon_c<0.002$ 时为抛物线，$0.002\leqslant\varepsilon_c<0.0033$ 时为水平直线，混凝土极限压应变取 0.0033，相应的最大压应力取混凝土立方体抗压强度实测值换算得到的混凝土轴心抗压强度。

（4）试件受拉区钢筋只计入 h_w-1.5x 范围内的受拉钢筋。

（5）为简化计算，各试件的钢筋强度均取屈服强度值。

9.6.2　正截面承载力计算

1. 无暗支撑剪力墙

对于无暗支撑剪力墙，根据图 9-18（a）的力学模型计算承载力。

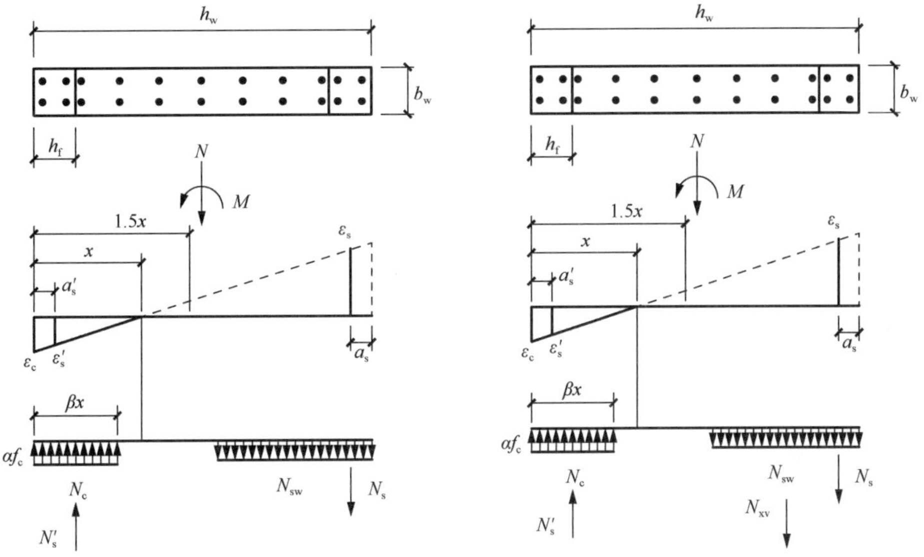

(a) 无暗支撑剪力墙　(b) 有暗支撑剪力墙

图 9-18　剪力墙正截面承载力计算模型

根据平衡条件可得出以下公式，并计算极限弯矩 M_p。

$$N = N_c + N_s' - N_s - N_{sw} \tag{9-1}$$

$$N_c = \alpha f_c b_w \beta x \tag{9-2}$$

$$N_{sw} = f_{sw}\rho_{sw}b_w\left(h_w - h_f - 1.5x\right) \tag{9-3}$$

$$N_s' = E_s\left[\varepsilon_c\left(x - a_s'\right)/x\right]A_s' \leqslant f_{sy}A_s' \tag{9-4}$$

$$N_s = E_s\left[\varepsilon_c\left(h_w - x - a_s\right)/x\right]A_s \leqslant f_{sy}A_s \tag{9-5}$$

$$M_p = 0.5N_c\left(h_w - \beta x\right) + N_s'\left(0.5h_w - a_s'\right) + N_s\left(0.5h_w - a_s\right) + N_{sw}\left(0.75x - 0.5h_f\right) \tag{9-6}$$

式中，N 为试验的轴向压力；N_c 为受压区混凝土所受压力；N_s'为受压区边缘暗柱中纵筋压力；N_s 为受拉区边缘暗柱中纵筋拉力；N_{sw} 为墙腹板竖向分布钢筋拉力；f_c 为混凝土轴心抗压强度；x 为受压区混凝土高度；ρ_{sw} 为墙腹板竖向分布钢筋配筋率；f_{sw}、f_{sy} 为墙腹板竖向分布钢筋屈服强度、边缘暗柱中纵筋屈服强度；b_w、h_w、h_f分别为墙体横截面宽度、横截面高度、边缘暗柱的高度；a_s、a_s'分别为受拉纵筋和受压纵筋的合力点到墙体边缘的距离；A_s、A_s'分别为边缘暗柱中受拉钢筋和受压钢筋的截面积

2. 有暗支撑剪力墙

对于有暗支撑剪力墙，根据图 9-18（b）的力学模型计算承载力。

根据平衡条件可得出以下公式，并计算极限弯矩 M_p。

$$N = N_c + N'_s - N_s - N_{sw} - N_{xv} + N'_{xv} \tag{9-7}$$

$$N_{xv}=E_s\left[\varepsilon_c\left(h_w - x - a_{xv}\right)/x\right]A_{xv}\sin\varphi \tag{9-8}$$

$$N'_{xv} = E_s\left[\varepsilon_c\left(x - a'_{xv}\right)/x\right]A'_{xv}\sin\varphi$$

$$\begin{aligned} M_p &= 0.5N_c\left(h_w - \beta x\right) + N'_s\left(0.5h_w - a'_s\right) + N_s\left(0.5h_w - a_s\right) + N_{sw}\left(0.75x - 0.5h_f\right) \\ &\quad + N_{xv}\left(0.5h_w - a_{xv}\right) + N'_{xv}\left(0.5h_w - a'_{xv}\right) \end{aligned} \tag{9-9}$$

式中，N_{xv}、N'_{xv} 分别为受拉、受压暗支撑钢筋的垂直方向分力；φ为暗支撑钢筋与水平方向的夹角，a_{xv} 和 a'_{xv} 为受拉、受压暗支撑钢筋合力点到墙体边缘的距离；A_{xv}、A'_{xv} 分别为受拉暗支撑和受拉暗支撑钢筋截面积。

根据上述公式求出各试件的极限弯矩 M_p。按照式（9-10）可求出各试件的水平承载力为

$$F = \frac{M_p}{H} \tag{9-10}$$

式中，H 为水平力加载点到墙体基础顶部的距离。

9.6.3 斜截面承载力计算

矩形截面墙肢的斜截面承载力计算模型如图 9-19 所示。剪力墙斜截面受剪承载力由三部分组成：考虑轴压力贡献的混凝土剪压区的剪力；与斜裂缝相交的水平分布筋对受剪承载力的贡献值；与斜裂缝相交的暗支撑钢筋对受剪承载力的贡献值。

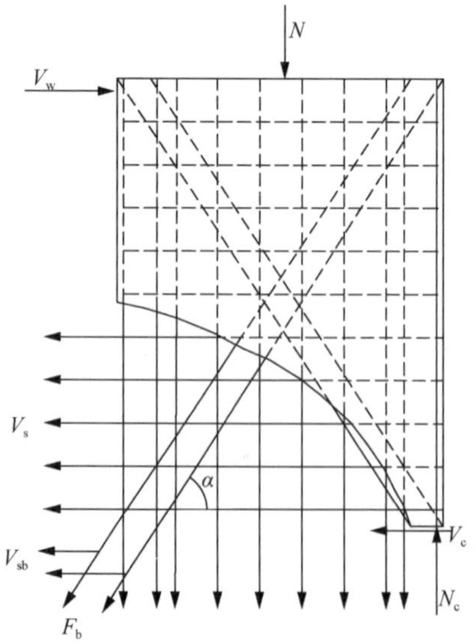

图 9-19 矩形截面墙肢的斜截面受剪承载力计算模型

当偏心受压时，剪力墙的斜截面承载力可以如下公式计算。

$$V_{\mathrm{w}} = V_{\mathrm{c}} + V_{\mathrm{s}} + V_{\mathrm{sb}} \tag{9-11}$$

V_{c} 为考虑轴压力贡献的混凝土剪压区对受剪承载力的贡献值。

$$V_{\mathrm{c}} = \frac{1}{\lambda - 0.5}\left(0.5 f_{\mathrm{t}} b_{\mathrm{w}} h_{\mathrm{w0}} + 0.13 N \frac{A_{\mathrm{w}}}{A}\right) \tag{9-12}$$

V_{s} 为与斜裂缝相交的水平分布筋对受剪承载力的贡献值。

$$V_{\mathrm{s}} = f_{\mathrm{yh}} \frac{A_{\mathrm{sh}}}{s} h_{\mathrm{w0}} \tag{9-13}$$

V_{sb} 为与斜裂缝相交的暗支撑钢筋对受剪承载力的贡献值。

$$V_{\mathrm{sb}} = f_{\mathrm{yb}} A_{\mathrm{sb}} \cos\alpha \tag{9-14}$$

综上可得

$$V_{\mathrm{w}} = \frac{1}{\lambda - 0.5}\left(0.5 f_{\mathrm{t}} b_{\mathrm{w}} h_{\mathrm{w0}} + 0.13 N \frac{A_{\mathrm{w}}}{A}\right) + f_{\mathrm{yh}} \frac{A_{\mathrm{sh}}}{s} h_{\mathrm{w0}} + f_{\mathrm{yb}} A_{\mathrm{sb}} \cos\alpha \tag{9-15}$$

式中，b_{w} 为墙肢截面宽度；f_{t} 为混凝土的抗拉强度；h_{w} 为墙肢截面高度；h_{w0} 为墙肢截面有效高度；A、A_{w} 为截面的全截面面积和腹板面积；N 为轴向压力；f_{yh} 为墙肢水平分布钢筋的抗拉屈服强度；A_{sh} 为配置在同一水平截面内的水平分布钢筋的全部截面面积；s 为水平分布钢筋的间距；λ为计算截面处的剪跨比，当$\lambda<1.5$ 时，λ取 1.5，当$\lambda>2.2$ 时，λ 取 2.2；α 为暗支撑与水平轴的夹角；f_{yb}、A_{yb} 分别为暗支撑钢筋的屈服强度和全截面面积。

9.6.4　承载力计算结果与实测结果比较

试件承载力计算值取正截面和斜截面承载力计算值中的较小值。剪力墙承载力计算结果与实测结果比较见表 9-15。可见：计算结果 F_{cal} 与实测结果 F_{exp} 的相对误差为 0.1%～12.1%，计算与实测符合较好。

表 9-15　剪力墙承载力计算结果与实测结果比较

试件编号	F_{cal}/kN	F_{exp}/kN	$F_{\mathrm{cal}}/F_{\mathrm{exp}}$
RCSW1.0-1	340.39	338.25	1.006
RCSW1.0-2	336.71	329.12	1.023
RCSW1.0-3	336.05	332.04	1.012
RCSW1.0-4	335.72	326.99	1.027
RCSW1.0-5	430.50	490.00	0.879
RCSW1.0-6	337.70	337.53	1.001
RCSW1.0-7	338.42	337.95	1.001
RCSW1.0-8	293.09	304.84	0.961
RCSW1.0-9	364.72	351.56	1.037
RCSW1.0-10	384.56	372.47	1.032
RCSW1.5-1	225.36	237.80	0.948

续表

试件编号	F_{cal}/kN	F_{exp}/kN	F_{cal}/F_{exp}
RCSW1.5-2	222.12	230.21	0.965
RCSW1.5-3	220.55	225.79	0.977
RCSW1.5-4	215.81	221.95	0.972
RCSW1.5-5	222.74	232.27	0.959
RCSW1.5-6	223.10	233.27	0.956
RCSW1.5-7	347.53	336.84	1.032
RCSW1.5-8	234.76	247.98	0.947
RCSW1.5-9	213.13	227.16	0.938
RCSW1.5-10	240.19	245.24	0.979
RCSW2.0-1	168.83	178.59	0.945
RCSW2.0-2	169.20	177.92	0.951
RCSW2.0-3	168.58	178.45	0.945
RCSW2.0-4	240.38	244.89	0.982
RCSW2.0-5	168.58	176.18	0.957
RCSW2.0-6	166.78	174.44	0.956
RCSW2.0-7	240.38	247.99	0.969
RCSW2.0-8	172.79	185.26	0.933
RCSW2.0-9	169.20	176.61	0.958
RCSW2.0-10	246.69	256.20	0.963
RCSW2.0-11	183.05	193.45	0.946

9.7 本章小结

本章介绍了再生混凝土低矮、中高及高剪力墙低周反复试验，分析了各剪力墙的破坏特征、滞回特性、耗能能力、承载力、变形等性能。基于试验，给出了再生混凝土剪力墙水平承载力计算公式。研究结果表明：

（1）再生粗骨料掺量对剪力墙抗震性能影响较小，随再生骨料取代率增大，再生混凝土剪力墙承载力、延性、刚度和耗能能力略有下降。

（2）增大轴压比，再生混凝土剪力墙承载力增大，但延性相应下降；增大分布筋配筋率可提高再生混凝土剪力墙抗震性能；设置暗支撑可有效提高再生混凝土剪力墙的承载力、延性和抗震耗能能力。

（3）再生粗骨料混凝土剪力墙和带钢筋暗支撑再生混凝土剪力墙经过合理设计，能够满足《建筑抗震设计规范（2016 年版）》（GB 50011—2010）的抗震要求，可应用于实际工程。

第 10 章　再生混凝土双肢剪力墙抗震性能

10.1　试 验 概 况

本节设计制作了 7 个 1/4 缩尺四层双肢剪力墙试件，试件变量包括再生粗骨料取代率、分布筋配筋率和连梁跨高比，设计参数见表 10-1。再生混凝土设计强度等级 C30。双肢剪力墙试件尺寸及配筋如图 10-1 所示。

表 10-1　混凝土双肢剪力墙的设计参数

试件编号	再生粗骨料取代率/%	配筋率/%	连梁跨高比	轴压比
RCSW1	0	上 0.15+下 0.25	1.0	0.2
RCSW2	50	上 0.15+下 0.25	1.0	0.2
RCSW3	100	上 0.15+下 0.25	1.0	0.2
RCSW4	100	上 0.15+下 0.25（加暗支撑）	1.0	0.2
RCSW5	100	上 0.25+下 0.25	1.5	0.2
RCSW6	100	上 0.15+下 0.25	1.5	0.2
RCSW7	上 100+下 0	上 0.15+下 0.25	1.5	0.2

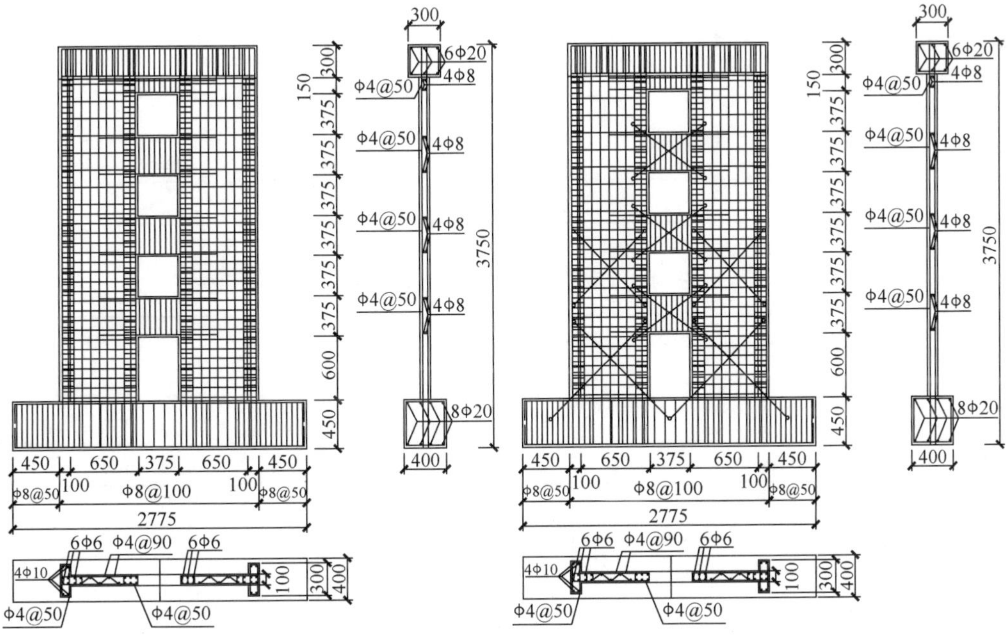

（a）RCSW1～RCSW3　　（b）RCSW4

图 10-1　双肢剪力墙试件尺寸及配筋图（单位：mm）

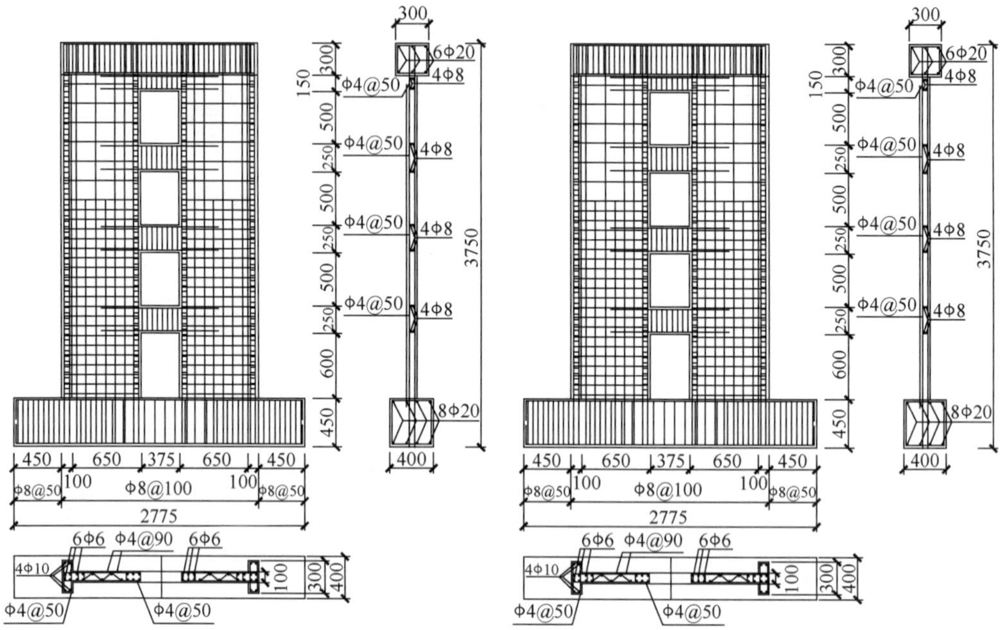

（c）RCSW5　　（d）RCSW6、RCSW7

图 10-1（续）

双肢剪力墙混凝土实测力学性能见表 10-2。双肢剪力墙钢筋实测力学性能见表 10-3。

表 10-2　双肢剪力墙混凝土实测力学性能

混凝土强度设计等级	再生粗骨料取代率 ρ_c/%	再生细骨料取代率 ρ_f/%	立方体抗压强度 f_{cu}/MPa	弹性模量 E_c/(10^4MPa)
C30	0	0	34.8	3.13
	50	50	32.7	2.56
	100	100	32.0	2.35

表 10-3　双肢剪力墙钢筋实测力学性能

钢筋等级	屈服强度 f_y/MPa	极限强度 f_u/MPa	弹性模量 E_s/(10^5MPa)
8#铅丝		803.7	1.80
HPB235	535.8	590.6	1.77
HPB235	338.2	492.9	1.98
HPB235	427.8	527.1	1.71

试验采用低周反复加载，在距基础顶面 3150mm 高度处施加水平荷载，试验加载装置如图 10-2 所示。

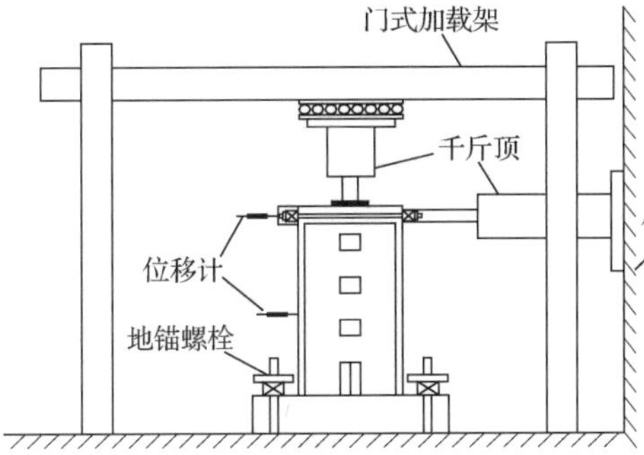

图 10-2　双肢剪力墙试验加载装置

10.2　破 坏 特 征

双肢剪力墙的最终破坏形态如图 10-3 所示。

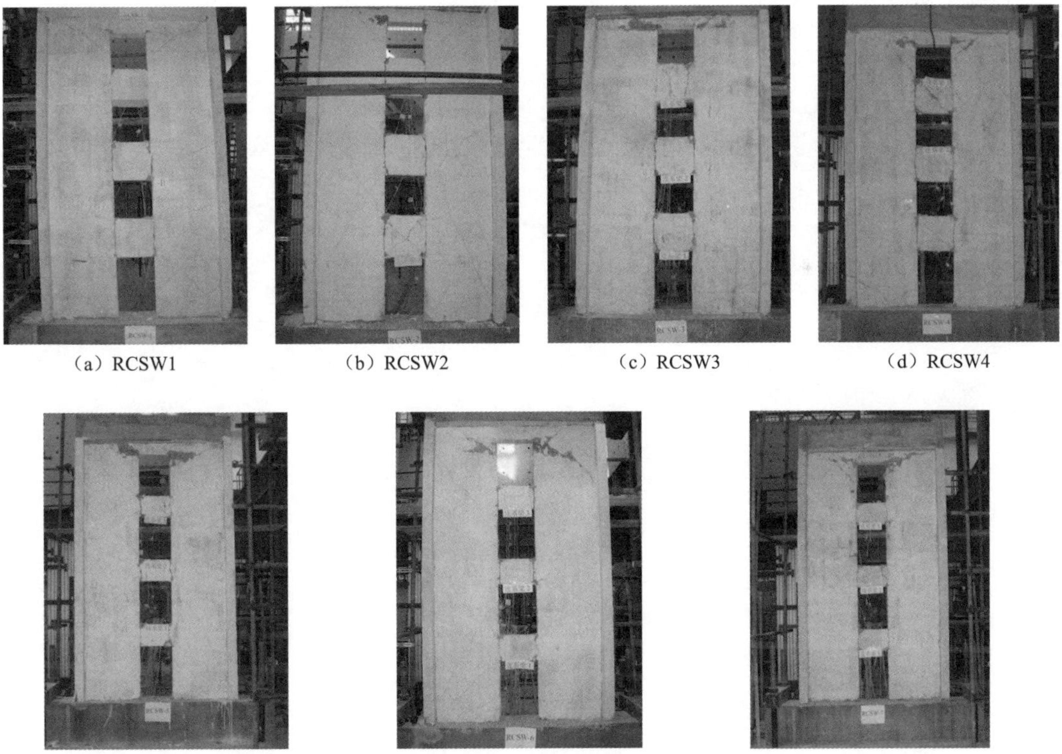

（a）RCSW1　（b）RCSW2　（c）RCSW3　（d）RCSW4

（e）RCSW5　（f）RCSW6　（g）RCSW7

图 10-3　双肢剪力墙的最终破坏形态

由图 10-3 可见：①各双肢剪力墙最终破坏形态大致相同，表现为明显的“强墙肢、弱连梁”类型，特别是连梁跨高比较大的试件，连梁两端首先形成塑性铰，而后墙肢底部才形成塑性铰，最终破坏时混凝土脱落，墙肢根部混凝土压碎严重。②随再生骨料取代率增大，双肢剪力墙损伤程度加重，但裂缝发展较为充分。③设置暗支撑再生混凝土双肢剪力墙承载力大，混凝土的斜裂缝延伸较长。④上部配筋率较小、下部配筋率较大有利于扩大再生混凝土双肢剪力墙裂缝在整个墙面范围开展，损伤分布较为均匀。⑤底部采用普通混凝土、上部采用再生混凝土双肢剪力墙，与再生混凝土双肢剪力墙相比，损伤略轻。

10.3 滞回特性

双肢剪力墙水平力-水平位移（*F-U*）滞回曲线如图 10-4 所示。

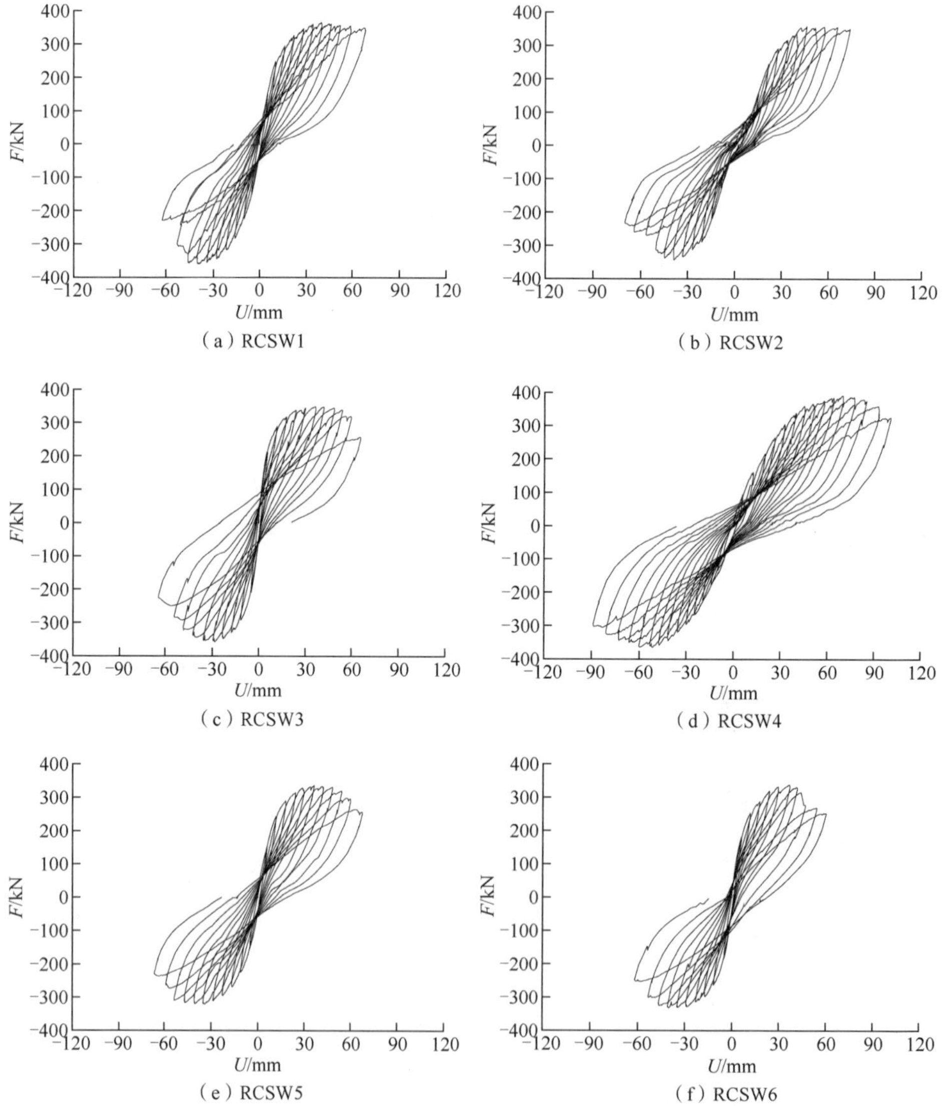

图 10-4　双肢剪力墙的 *F-U* 滞回曲线

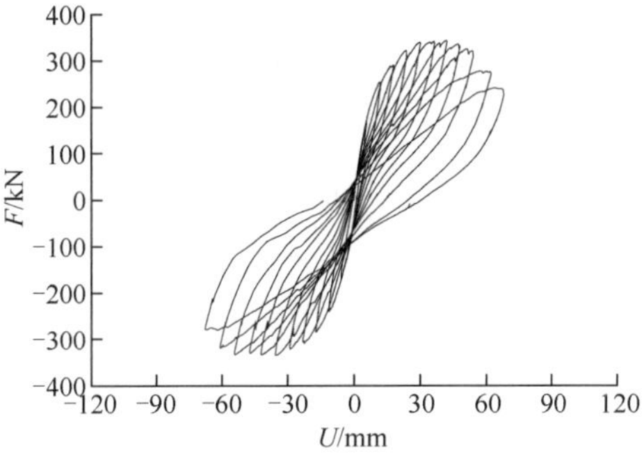

（g）RCSW7

图 10-4（续）

双肢剪力墙骨架曲线比较如图 10-5 所示。

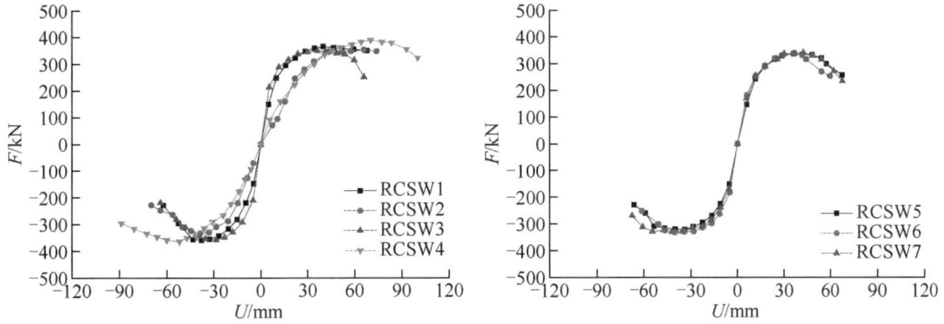

（a）连梁跨高比1.0　　（b）连梁跨高比1.5

图 10-5　双肢剪力墙的骨架曲线比较

由图 10-4、图 10-5 可见：①各双肢剪力墙试件的滞回曲线形状基本相同，普通混凝土双肢剪力墙滞回曲线比再生混凝土双肢剪力墙略饱满。②与普通双肢剪力墙相比，带暗支撑双肢剪力墙滞回环较饱满、承载力较高、耗能能力较强且峰值位移后试件承载力下降不明显，具有更好的延性。③连梁跨高比为 1.0 的双肢剪力墙与连梁跨高比为 1.5 的双肢剪力墙相比变形能力相对好，其中连梁跨高比为 1.5 的双肢剪力墙在位移角 1/80～1/50 的变形过程中承载力下降较快。④普通混凝土双肢剪力墙与下部普通混凝土上部再生混凝土双肢剪力墙相比，骨架曲线较为接近。⑤减小再生混凝土双肢剪力墙上部分布筋配筋率，对双肢剪力墙的骨架曲线影响较小，因此在设计时可通过合理配置分布筋，保证双肢剪力墙抗震性能的同时减小用钢量。

10.4　承载力及刚度退化

10.4.1　承载力

再生混凝土双肢剪力墙的开裂荷载 F_{cr}、屈服荷载 F_y、峰值荷载 F_p 的实测值见表 10-4。

表 10-4 再生混凝土双肢剪力墙的特征荷载实测值

试件编号	F_{cr}/kN	F_y/kN	F_p/kN
RCSW1	65.00	307.79	362.07
RCSW2	65.00	304.67	352.16
RCSW3	65.00	299.82	353.49
RCSW4	70.00	325.01	376.65
RCSW5	55.00	298.20	335.19
RCSW6	55.00	279.34	325.32
RCSW7	55.00	295.59	330.48

由表 10-4 可见：①连梁跨高比为 1.0、轴压比为 0.2 的试件，再生混凝土双肢剪力墙与普通混凝土双肢剪力墙的开裂荷载接近，屈服荷载、峰值荷载略有降低。②设置暗支撑可明显提高再生混凝土双肢剪力墙的开裂荷载、屈服荷载、极限荷载。③连梁跨高比较大的双肢剪力墙的开裂荷载、屈服荷载、峰值荷载相对小。

10.4.2 刚度退化

再生混凝土双肢剪力墙的刚度退化曲线如图 10-6 所示。

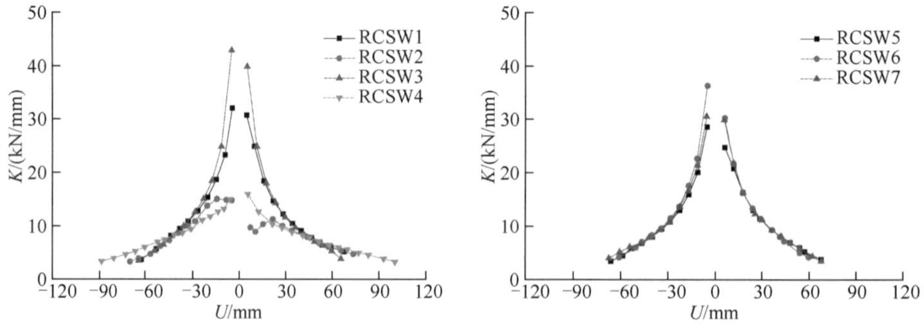

（a）连梁跨高比1.0 （b）连梁跨高比1.5

图 10-6 双肢剪力墙的刚度退化曲线

由图 10-6 可见：①再生混凝土双肢剪力墙刚度退化比普通混凝土双肢剪力墙略快。②带暗支撑双肢剪力墙的刚度退化明显减慢，表明设置暗支撑可有效延缓墙体破坏，提高双肢剪力墙的抗震性能。③试件 RCSW5 和 RCSW6 的刚度退化规律接近，表明减小再生混凝土双肢剪力墙上部分布筋配筋率对剪力墙刚度退化影响并不明显。

10.5 延性及耗能能力

10.5.1 延性

再生混凝土双肢剪力墙顶部开裂位移 U_{cr}、屈服位移 U_y、极限位移 U_u 及延性系数μ 见表 10-5。

表 10-5　再生混凝土双肢剪力墙顶部特征位移实测值

试件编号	U_{cr}/mm	U_y/mm	U_u/mm	μ
RCSW1	1.42	18.51	59.65	3.22
RCSW2	1.44	18.69	58.90	3.15
RCSW3	1.45	20.01	55.56	2.78
RCSW4	1.51	17.25	66.01	3.83
RCSW5	1.38	18.12	57.45	3.17
RCSW6	1.41	17.90	53.98	3.02
RCSW7	1.39	17.99	56.80	3.16

由表 10-5 可见：①随再生骨料取代率增大，双肢剪力墙的极限位移与延性系数有所下降，其中再生骨料取代率为 100%试件的延性下降相对明显。②带暗支撑再生混凝土双肢剪力墙的延性系数明显提高，表明设置暗支撑可显著提高再生混凝土双肢剪力墙的延性。

10.5.2　耗能能力

再生混凝土双肢剪力墙的实测累积耗能 E_p 的实测值见表 10-6。表 10-6 中，耗能相对值 n 为各试件与对比试件 RCSW1 累积耗能的比值。

表 10-6　再生混凝土双肢剪力墙的累积耗能实测值

试件编号	E_p/（kN·mm）	n
RCSW1	29207.26	1.000
RCSW2	28896.52	0.989
RCSW3	28348.42	0.971
RCSW4	41672.17	1.427
RCSW5	15304.84	1.000
RCSW6	14852.97	0.975
RCSW7	15287.11	1.030

由表 10-6 可见：①再生混凝土双肢剪力墙的累积耗能与普通混凝土双肢剪力墙接近。②带暗支撑试件 RCSW4 比 RCSW1、RCSW3 试件耗能能力分别提高了 42.6%和 47.0%，表明设置暗支撑可显著提高再生混凝土双肢剪力墙的耗能能力。

10.6　承载力计算

10.6.1　墙肢正截面承载力

1. 偏压墙肢正截面承载力

双肢剪力墙的墙肢受力为偏拉或偏压。假定墙肢受拉一侧的纵筋全部屈服，中和轴附近的受拉纵筋及墙板受压纵筋不予考虑。偏压墙肢力学模型如图 10-7 所示。

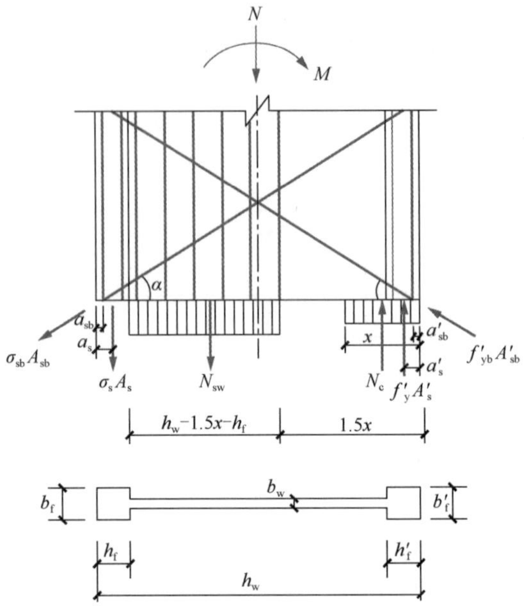

图 10-7 偏压墙肢力学模型

由平衡条件得

$$N = A_s' f_y' - A_s \sigma_s + A_{sb}' f_{yb}' \sin\alpha' - A_{sb}\sigma_{sb}\sin\alpha - N_{sw} + N_c \tag{10-1}$$

$$N\left(e_0 + h_{w0} - \frac{h_w}{2}\right) = A_s' f_y'\left(h_{w0} - a_s'\right) + A_{sb}' f_{yb}'\left(h_{w0} - a_{sb}'\right)\sin\alpha' + A_{sb}\sigma_{sb}\left(a_s - a_{sb}\right)\sin\alpha - M_{sw} + M_c \tag{10-2}$$

当 $x>h_f'$时

$$N_c = f_{cm} b_w x + f_{cm}\left(b_f' - b_w\right)h_f' \tag{10-3}$$

$$M_c = f_{cm} b_w x\left(h_{w0} - \frac{x}{2}\right) + f_{cm}\left(b_f' - b_w\right)h_f'\left(h_{w0} - \frac{h_f'}{2}\right) \tag{10-4}$$

当 $x\leqslant h_f'$时

$$N_c = f_{cm} b_f' x \tag{10-5}$$

$$M_c = f_{cm} b_f' x\left(h_{w0} - \frac{x}{2}\right) \tag{10-6}$$

当 $x\leqslant \xi_b h_{w0}$ 时

$$\sigma_s = f_y \tag{10-7}$$

$$\sigma_{sb} = f_{yb} \tag{10-8}$$

$$N_{sw} = \left(h_w - 1.5x - h_f\right) b_w f_{yw} \rho_w \tag{10-9}$$

$$M_{sw} = \frac{1}{2}\left(h_w - 1.5x - h_f\right)\left(h_w - 1.5x + h_f - 2a_s\right) b_w f_{yw} \rho_w \tag{10-10}$$

当 $x>\xi_b h_{w0}$ 时

$$\sigma_s=\frac{f_y}{\xi_b-0.8}\left(\frac{x}{h_{w0}}-0.8\right) \tag{10-11}$$

$$\sigma_{sb}=\frac{f_{yb}}{\xi_b-0.8}\left(\frac{x}{h_{w0}}-0.8\right) \tag{10-12}$$

$$N_{sw}=0 \tag{10-13}$$

$$M_{sw}=0 \tag{10-14}$$

$$\xi_b=\frac{0.8}{1+\dfrac{f_y}{0.0033E_s}} \tag{10-15}$$

式中，f_y、f_y'、f_{yw}、f_{yb}'分别为剪力墙端部受拉、受压钢筋、墙体竖向分布钢筋和斜向受压钢筋的屈服强度；f_{cm}为混凝土弯曲抗压强度；e_0为偏心距，$e_0=M/N$；h_{w0}为剪力墙截面有效高度，$h_{w0}=h_w-a_s'$；a_s'为剪力墙受压区端部钢筋合力点到受压区边缘的距离；ρ_w为剪力墙竖向分布钢筋配筋率；ξ_b为界限相对受压区高度。

2. 偏拉墙肢正截面承载力

剪力墙试件未发生小偏心受拉破坏，这里仅介绍大偏心受拉破坏。$e_0=M/N>h_c-a_s$时，即为大偏心受拉。在大偏心受拉情况下，截面部分受压，极限状态下的截面应力分布与大偏心受压类似，仍采用忽略受压区及中和轴附近分布钢筋作用的假定，仅轴力的方向不同。偏拉墙肢力学模型如图 10-8 所示。

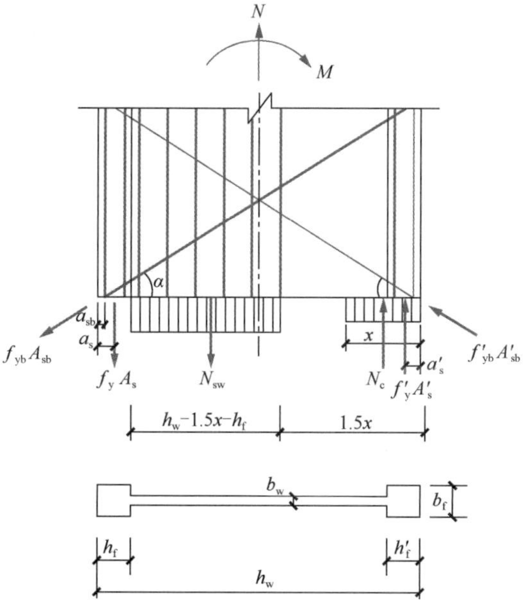

图 10-8　偏拉墙肢力学模型

由平衡条件可得

$$-N = A_s' f_y' - A_s f_y + A_{sb}' f_{yb}' \sin\alpha' - A_{sb} f_{yb} \sin\alpha - N_{sw} + N_c \tag{10-16}$$

$$N\left(e_0 - h_{w0} + \frac{h_w}{2}\right) = A_s' f_y' \left(h_{w0} - a_s'\right) + A_{sb}' f_{yb}' \left(h_{w0} - a_{sb}'\right)\sin\alpha' + A_{sb} f_{yb} \left(a_s - a_{sb}\right)\sin\alpha - M_{sw} + M_c \tag{10-17}$$

式中

$$N_{sw} = \left(h_w - 1.5x - h_f\right) b_w f_{yw} \rho_w \tag{10-18}$$

$$M_{sw} = \frac{1}{2}\left(h_w - 1.5x - h_f'\right)\left(h_w - 1.5x\right) b_w f_{yw} \rho_w \tag{10-19}$$

当 $x > h_f'$ 时

$$N_c = f_{cm} b_w x + f_{cm}\left(b_f' - b_w\right) h_f' \tag{10-20}$$

$$M_c = f_{cm} b_w x\left(h_{w0} - \frac{x}{2}\right) + f_{cm}\left(b_f' - b_w\right) h_f' \left(h_{w0} - \frac{h_f'}{2}\right) \tag{10-21}$$

当 $x \leqslant h_f'$ 时

$$N_c = f_{cm} b_f' x \tag{10-22}$$

$$M_c = f_{cm} b_f' x\left(h_{w0} - \frac{x}{2}\right) \tag{10-23}$$

3. 双肢墙呈整体墙破坏的承载力

当双肢墙呈整体墙破坏形态时，承载力力学模型如图 10-9 所示。

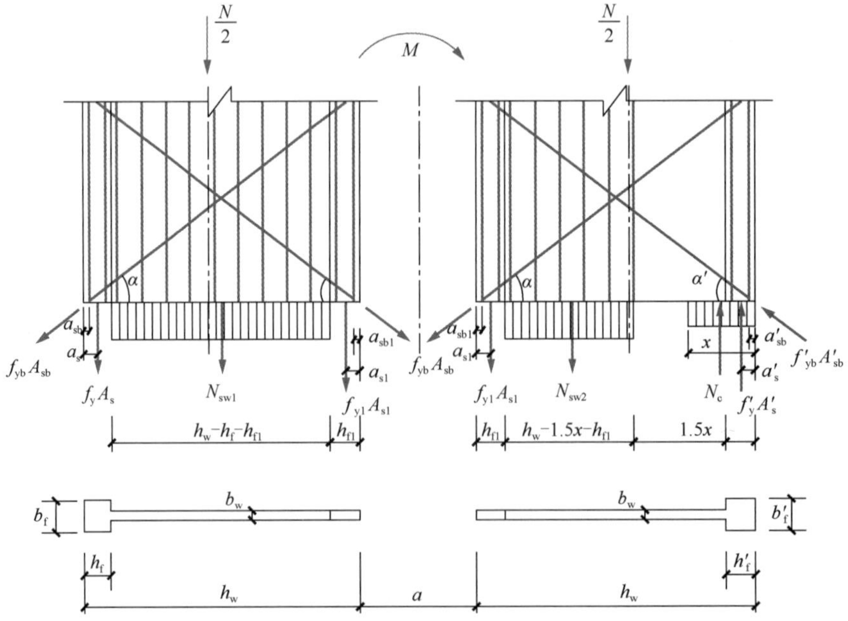

图 10-9 双肢墙呈整体墙破坏的承载力力学模型

$$N = A_s'f_y' - A_sf_y - 2A_{s1}f_{y1} - 2A_{sb}f_{yb}\sin\alpha - N_{sw1} - N_{sw2} + N_c \tag{10-24}$$

$$M = \left(A_sf_y + A_s'f_y'\right)\left(h_w + \frac{a}{2} - a_s\right) + \left(A_{sb}f_{yb} + A_{sb}'f_{yb}'\right)\left(h_w + \frac{a}{2} - a_{sb}\right)\sin\alpha + M_{sw1} - M_{sw2} + M_c \tag{10-25}$$

取 $a_s=a'_s$，$a_{sb}=a'_{sb}$。

$$N_{sw1} = \left(h_w - h_f - h_{f1}\right)b_wf_{yw}\rho_w \tag{10-26}$$

$$N_{sw2} = \left(h_w - 1.5x - h_{f1}\right)b_wf_{yw}\rho_w \tag{10-27}$$

$$M_{sw1} = \frac{1}{2}\left(h_w - h_f - h_{f1}\right)\left(h_w - h_f + h_{f1} + a\right)b_wf_{yw}\rho_w \tag{10-28}$$

$$M_{sw} = \frac{1}{2}\left(h_w - 1.5x - h_{f1}\right)\left(h_w - 1.5x + h_{f1} + a\right)b_wf_{yw}\rho_w \tag{10-29}$$

当 $x>h_f'$时

$$N_c = f_{cm}b_wx + f_{cm}\left(b_f' - b_w\right)h_f' \tag{10-30}$$

$$M_c = f_{cm}b_wx\left(h_w - \frac{x}{2} + \frac{a}{2}\right) + f_{cm}\left(b_f' - b_w\right)h_f'\left(h_w - \frac{h_f'}{2} + \frac{a}{2}\right) \tag{10-31}$$

当 $x\leqslant h_f'$时

$$N_c = f_{cm}\mathrm{b}_f'x \tag{10-32}$$

$$M_c = f_{cm}b_f'x\left(h_w - \frac{x}{2} + \frac{a}{2}\right) \tag{10-33}$$

10.6.2　墙肢斜截面承载力

1. 偏心受压时斜截面受剪承载力

墙肢内轴向压力的存在提高了剪力墙的受剪承载力，其计算公式为

$$V_w = \frac{1}{\lambda - 0.5}\left(0.5f_tb_wh_{w0} + 0.13N\frac{A_w}{A}\right) + f_{yh}\frac{A_{sh}}{s}h_{w0} \tag{10-34}$$

式中，f_t 为混凝土抗拉强度；b_w、h_{w0} 为墙肢腹板截面宽度和截面有效高度；A、A_w 为 I 形或 T 形截面的全截面面积和腹板面积；N 为与剪力 V_w 相应的轴压力；f_{yh} 为墙肢水平分布钢筋的抗拉强度；A_{sh} 为配置在同一水平截面内的水平分布钢筋的全部截面面积；s 为水平分布钢筋间距；λ为计算截面处的剪跨比。

当 V_w 不大于 $\frac{1}{\lambda - 0.5}\left(0.5f_tb_wh_{w0} + 0.13N\frac{A_w}{A}\right)$时，可不进行受剪承载力计算。

2. 偏心受拉时斜截面受剪承载力

墙肢内轴向拉力的存在降低了剪力墙的受剪承载力，在大偏心受拉情况下构件抗剪承载力的计算公式为

$$V_w = \frac{1}{\lambda - 0.5}\left(0.5f_tb_wh_{w0} - 0.13N\frac{A_w}{A}\right) + f_{yh}\frac{A_{sh}}{s}h_{w0} \tag{10-35}$$

式中，N 为与剪力 V_w 相应的轴向拉力，其余符号意义同前。当式（10-35）右边计算值小于 $f_{yh}\dfrac{A_{sh}}{s}h_{w0}$ 时，取等于 $f_{yh}\dfrac{A_{sh}}{s}h_{w0}$。

10.6.3 双肢剪力墙连梁承载力

连梁正截面受弯承载力及斜截面受剪承载力的计算同普通构件，只是当配置斜向钢筋时应考虑斜筋的作用。

1. 连梁斜截面受剪承载力

$$V_b \leqslant 0.07f_c b_b h_{b0} + f_{yv}\frac{A_{sv}}{s}h_{b0} + 2A_{sb}f_{yb}\sin\alpha \tag{10-36}$$

式中，A_{sb} 为每肢交叉斜筋总面积；f_{yb} 为交叉斜筋的屈服强度。

2. 连梁正截面受弯承载力

连梁两端承受同一方向的弯矩，因而连梁有反弯点，通常连梁纵筋采用上下对称配筋方式。连梁受弯承载力计算时，由于受压区很小，受弯承载力可近似为

$$M_b \leqslant f_y A_s\left(h_b - 2a_s\right) \tag{10-37}$$

10.6.4 承载力计算结果与实测结果比较

各双肢剪力墙试件承载力计算结果 F_{cal} 与实测结果 F_{exp} 的比较见表 10-7。

表 10-7 双肢剪力墙承载力计算结果与实测结果比较

试件编号	F_{cal}/kN	F_{exp}/kN	F_{cal}/F_{exp}
RCSW1	349.44	362.07	0.965
RCSW2	339.10	352.16	0.963
RCSW3	334.04	353.49	0.945
RCSW4	347.95	376.65	0.924
RCSW5	325.45	335.19	0.971
RCSW6	314.48	325.32	0.967
RCSW7	322.45	330.48	0.976

由表 10-7 可见：①计算结果与实测结果误差为 2.1%～7.6%，计算与实测符合较好。②所给出的双肢剪力墙承载力计算方法与公式比较适用。

10.7 本 章 小 结

本章介绍了四层带翼缘再生混凝土双肢剪力墙低周反复试验，分析了各双肢剪力墙试件的破坏特征、滞回特性、承载力、刚度、延性及耗能能力，给出了再生混凝土双肢

剪力墙承载力计算模型与公式。研究结果表明：

（1）随再生骨料取代率增大，再生混凝土双肢剪力墙破坏程度略有加重，刚度退化略快，特征荷载和延性均有所降低，但耗能能力变化不大；其中再生骨料取代率为 100%试件的延性下降相对明显。

（2）连梁跨高比较大的双肢剪力墙试件的开裂荷载、屈服荷载、峰值荷载相对小。

（3）减少再生混凝土双肢剪力墙上部分布筋对剪力墙的抗震性能影响较小，双肢剪力墙仍具有较好的抗震性能，实际工程中可合理配置分布筋，在保证抗震性能的同时减少用钢量。

（4）再生混凝土双肢剪力墙的累积耗能与普通混凝土双肢剪力墙接近；带暗支撑试件 RCSW4 比 RCSW1、RCSW3 试件耗能能力分别提高了 42.6%和 47.0%，表明设置暗支撑显著提高再生混凝土双肢剪力墙的耗能能力。

第 11 章　再生混凝土框架与框剪结构抗震性能

11.1　再生混凝土框架结构抗震性能

11.1.1　试验概况

本节设计制作了 2 榀 1/2.5 缩尺的两层两跨框架结构。试件编号分别为全再生混凝土框架 KJ-1，一层普通混凝土、二层再生混凝土的结构 KJ-2。两榀框架的配筋均对称布置，考虑到楼板对框架梁刚度的贡献，各层梁截面均设计成 T 形截面，每边悬挑出 6 倍的楼板厚度，即 300mm。两榀框架外形尺寸、截面配筋和构造均相同，其几何尺寸及配筋如图 11-1 所示。

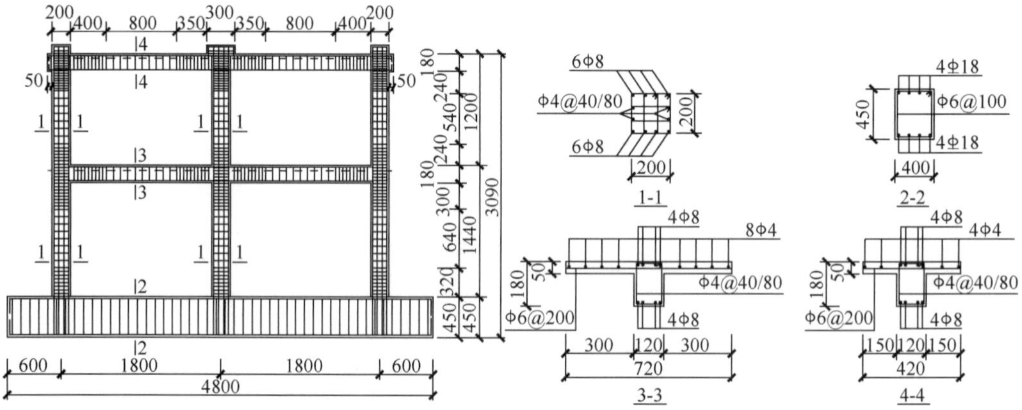

图 11-1　再生混凝土框架结构几何尺寸及配筋（单位：mm）

实测框架结构混凝土力学性能见表 11-1，实测钢筋力学性能见表 11-2。

表 11-1　实测框架结构混凝土力学性能

混凝土强度设计等级	再生粗骨料取代率ρ_c/%	再生细骨料取代率ρ_f/%	立方体抗压强度f_{cu}/MPa	弹性模量E_c/(10^4MPa)
C30	0	0	34.8	3.13
	100	100	32.0	2.35

表 11-2　实测框架结构钢筋力学性能

钢筋等级	直径 D/mm	使用位置	屈服强度 f_y/MPa	极限强度 f_u/MPa	延伸率 δ/%	弹性模量 E_s/(10^5MPa)
HPB235	4	楼板纵向钢筋		804.1	10.2	1.80
HPB235	6	楼板横向钢筋	535.8	590.6	10.6	1.77
HPB235	8	框架柱、梁受力纵筋	338.2	492.9	30.3	1.98
8#铅丝	4	框架柱、梁箍筋	312.4	351.7	18.9	1.79

试验采用低周反复荷载的加载方式，加载点到模型基础表面的距离为 2577mm。在结构屈服之前采用荷载控制加载，屈服之后采用荷载和位移联合控制加载。框架结构试验加载装置如图 11-2 所示。

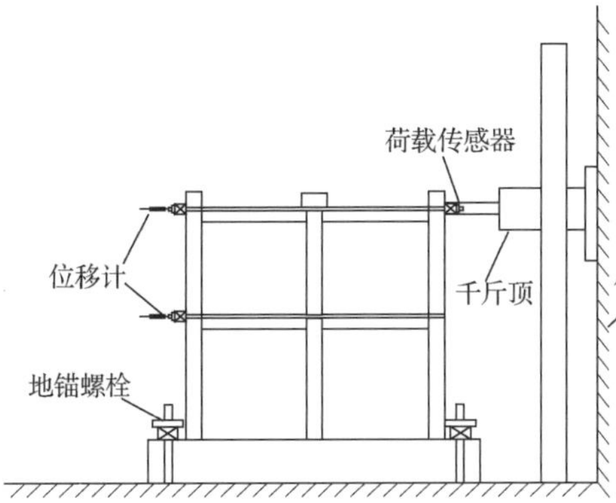

图 11-2　框架结构试验加载装置

11.1.2　破坏特征

再生混凝土框架结构的最终破坏形态及裂缝分布如图 11-3 所示。

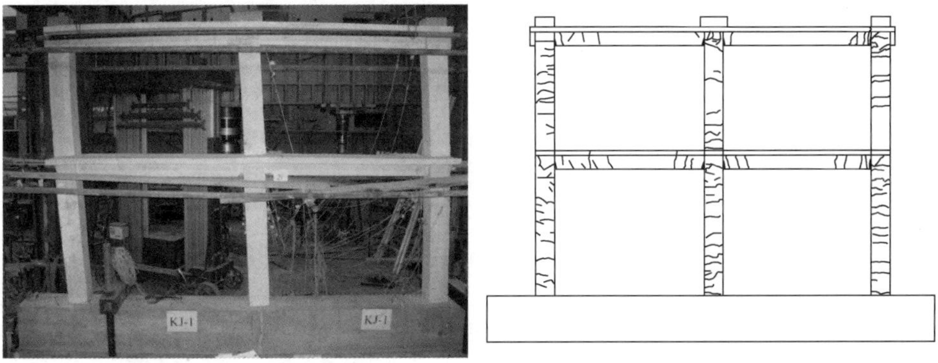

（a）KJ-1最终破坏形态　（b）KJ-1最终裂缝分布

图 11-3　再生混凝土框架结构的最终破坏形态及裂缝分布

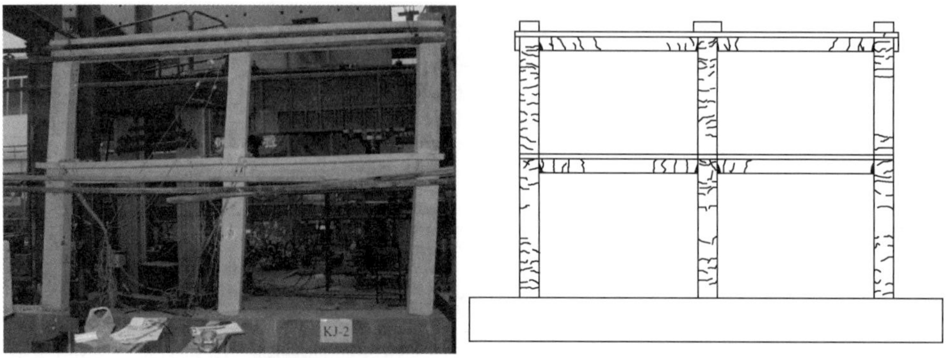

（c）KJ-2最终破坏形态　　（d）KJ-2最终裂缝分布

图 11-3（续）

由图 11-3 可见：①KJ-1 和 KJ-2 破坏形态相近，均是底层柱底屈服后，框架结构发生明显的弹塑性变形。②两个框架模型最终下部破坏程度较重，上部破坏程度较轻，破坏机制为“强柱弱梁”型。

11.1.3 滞回曲线

再生混凝土框架结构的 *F-U* 滞回曲线如图 11-4 所示。U_2 表示顶部加载点所对应的水平位移，U_1 表示一层梁形心高度水平位移。

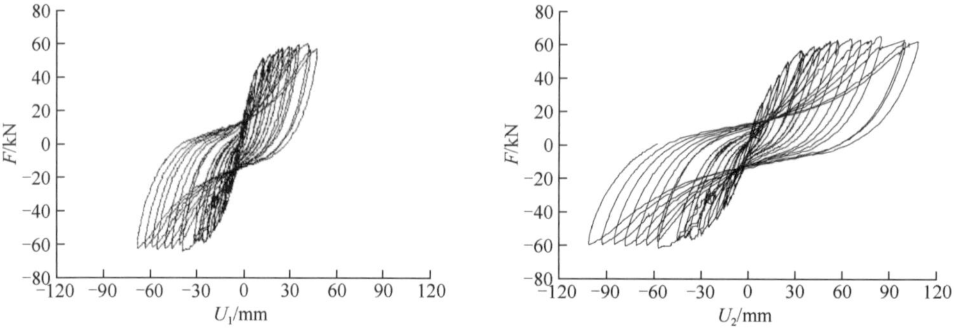

（a）KJ-1

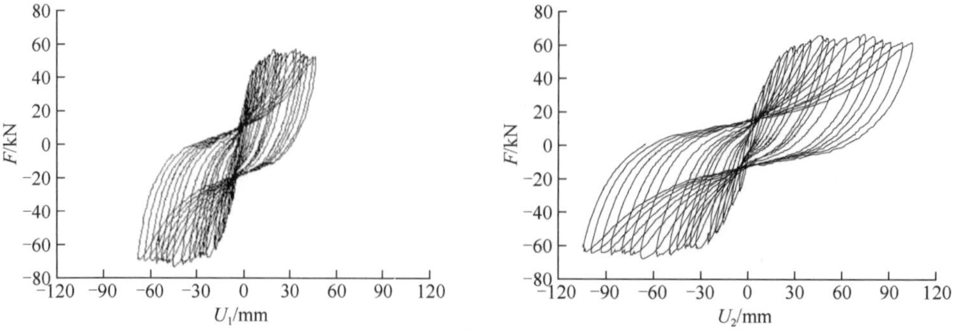

（b）KJ-2

图 11-4　再生混凝土框架结构的 *F-U* 滞回曲线

由图 11-4 可见：①KJ-1 和 KJ-2 滞回曲线形状基本相同，二者的滞回环均有一定程度的捏拢，KJ-2 的滞回曲线比 KJ-1 略为饱满。②加载初期，两个试验模型的力与位移基本呈线性发展，卸载后试验模型的残余变形很小；一层梁端出现塑性铰之后，随着加载循环次数的增加和水平位移的增大，滞回曲线切线斜率明显减小，卸载后残余变形增大，结构刚度逐步退化。③当水平荷载达到极限荷载后，承载力随水平位移增大稍有下降，结构表现出良好的延性。

KJ-1 和 KJ-2 的骨架曲线如图 11-5 所示。

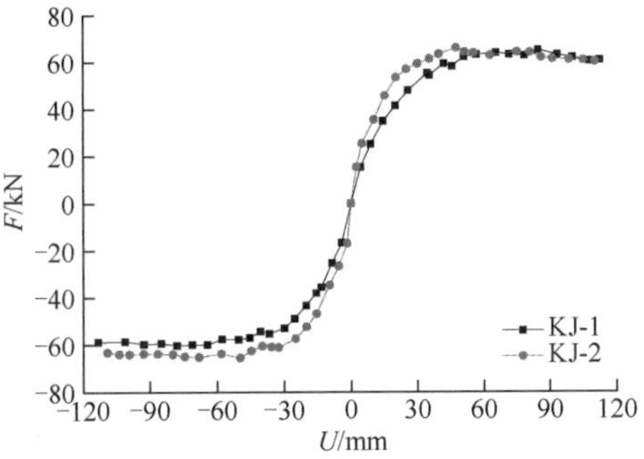

图 11-5　KJ-1 和 KJ-2 的骨架曲线

由图 11-5 可见：①KJ-1 和 KJ-2 的骨架曲线形状相似，KJ-1 的承载力略低于 KJ-2。②KJ-1 屈服刚度略小于 KJ-2，框架 KJ-1 开裂后的刚度退化也略快于 KJ-2。③KJ-1 与 KJ-2 均有良好的延性。

11.1.4　承载力及刚度退化

再生混凝土框架结构的开裂荷载 F_{cr}、屈服荷载 F_y、峰值荷载 F_p、极限荷载 F_u 的实测值见表 11-3。由于框架结构后期荷载未明显下降，故取位移角为 1/25 时的水平荷载作为最终荷载。

表 11-3　再生混凝土框架结构的特征荷载实测值

试件编号	F_{cr}/kN	F_y/kN	F_p/kN	F_u/kN
KJ-1	15.81	46.45	62.45	59.53
KJ-2	17.38	50.97	65.77	62.35

由表 11-3 可见：①全再生混凝土框架结构 KJ-1 的特征荷载均小于一层普通混凝土、二层再生混凝土框架结构 KJ-2，KJ-1 的开裂荷载和屈服荷载比 KJ-2 减小了约 9%，峰值荷载和极限荷载减小不超过 5%，KJ-1 的结构屈强比略小于 KJ-2。②两个试验模型从屈服到最终破坏的发展过程略长，这对抗震有利，说明框架结构中采用再生混凝土可保障其延性性能。

再生混凝土框架结构的刚度退化曲线如图 11-6 所示。

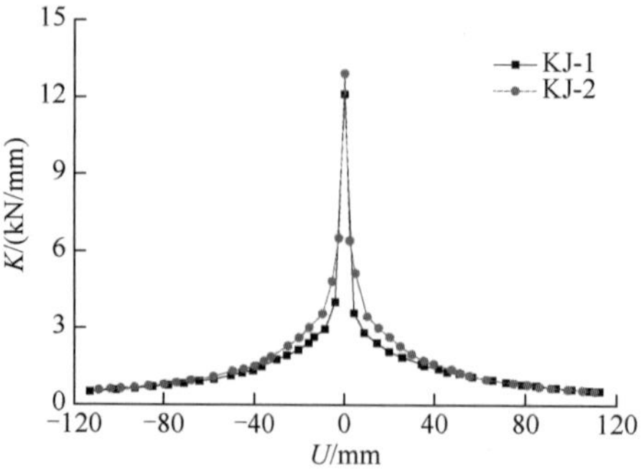

图 11-6 再生混凝土框架结构的刚度退化曲线

由图 11-6 可见：①KJ-1 和 KJ-2 的刚度退化规律基本相同，KJ-1 在加载初期的刚度退化速率略快于 KJ-2，随着位移的增大，二者的刚度退化速度逐步接近。②KJ-1 和 KJ-2 刚度退化呈现速降阶段、次速降阶段、缓降阶段的特征，在加载初期，刚度退化较快；当框架的水平位移达到屈服位移时，刚度退化速率明显变缓；后期刚度退化进一步变慢。

11.1.5 延性及耗能能力

再生混凝土框架结构的整体开裂位移 U_{cr}、屈服位移 U_y、峰值位移 U_p 和极限位移 U_u 及延性系数μ见表 11-4。再生混凝土框架结构的层间开裂位移 u_{cr}、屈服位移 u_y、峰值位移 u_p 和极限位移 u_u 见表 11-5。

表 11-4 再生混凝土框架结构的整体位移实测值

试件编号	U_{cr}/mm	U_y/mm	U_p/mm	U_u/mm	μ
KJ-1	3.63	23.52	54.13	103.96	4.42
KJ-2	2.92	18.76	48.62	104.46	5.57

表 11-5 再生混凝土框架结构的层间位移实测值

试件编号	楼层	u_{cr}/mm	u_y/mm	u_p/mm	u_u/mm
KJ-1	一层	2.89	12.61	30.78	58.84
	二层	1.55	10.91	23.35	45.12
KJ-2	一层	1.49	9.86	27.68	58.80
	二层	1.44	8.91	20.94	45.82

由表 11-4、表 11-5 可见：①KJ-1 和 KJ-2 的位移延性系数均值已分别达 4.42 和 5.57，表明再生混凝土框架具有良好的延性。②各阶段 KJ-1 的开裂位移、屈服位移与峰值位移均大于 KJ-2，当结构达到峰值荷载时，KJ-1 与 KJ-2 的峰值位移之比为 1.11。

再生混凝土框架结构的耗能代表值（滞回曲线的包络线围成的面积）及等效黏滞阻尼系数见表 11-6。

表 11-6　再生混凝土框架结构的耗能代表值及等效黏滞阻尼系数

试件编号	耗能 E_p/(kN·mm)	等效黏滞阻尼系数 h_e
KJ-1	10003	0.25
KJ-2	11212	0.28

由表 11-6 可见：①KJ-1 的耗能代表值和等效黏滞阻尼系数均稍低于 KJ-2，说明全再生混凝土框架的耗能能力低于一层为普通混凝土、二层为再生混凝土框架的耗能能力，KJ-1 比 KJ-2 累积耗能减小 10.8%。②两个框架试验模型均具有较好的耗能能力，表明再生混凝土框架结构具有良好的抗震性能。

11.1.6　有限元分析

应用结构分析软件 ETABS 对框架结构进行静力非线性分析。计算时，混凝土力学性能和钢材力学性能均采用实测值。实测所得 KJ-1 和 KJ-2 的塑性铰分布如图 11-7 所示，图中塑性铰位置用圆点表示，圆点大的表示塑性铰开展得较大，圆点小的表示塑性铰初步开展。计算所得 KJ-1 和 KJ-2 的塑性铰分布如图 11-8 所示。

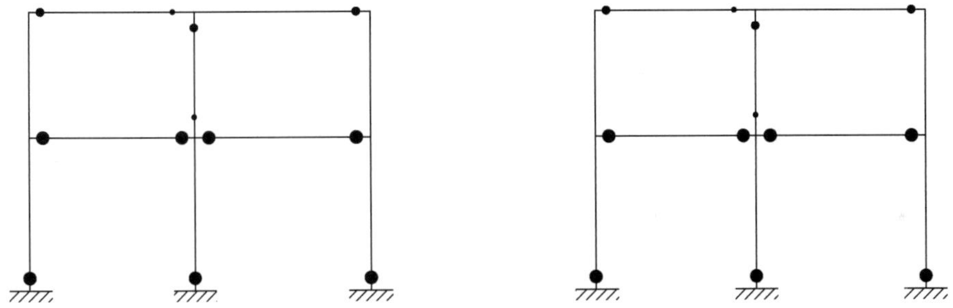

（a）KJ-1　　（b）KJ-2

图 11-7　实测再生混凝土框架的塑性铰分布

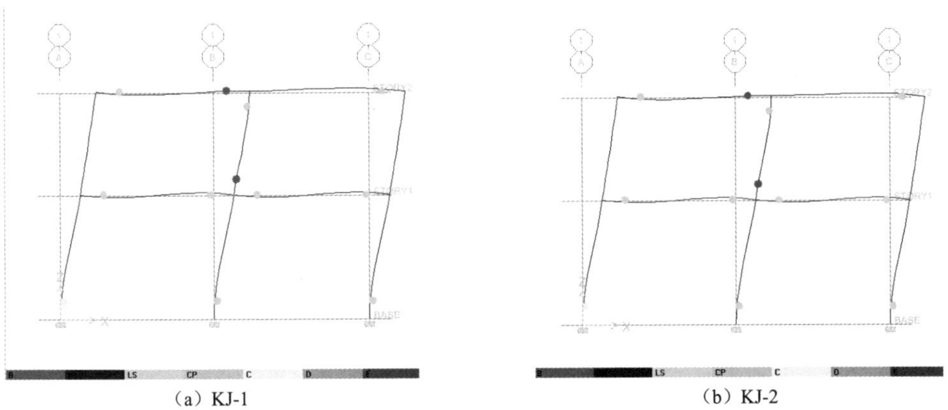

（a）KJ-1　　（b）KJ-2

图 11-8　数值模拟再生混凝土框架的塑性铰分布

再生混凝土框架结构的承载力计算值与实测值比较见表 11-7。

表 11-7　再生混凝土框架结构的承载力计算值与实测值比较

试件编号	F_{cal}/kN	F_{exp}/kN	F_{cal}/F_{exp}
KJ-1	67.83	62.45	1.086
KJ-2	69.68	65.77	1.059

由图 11-7、图 11-8 和表 11-7 可见：①数值模拟分析所得到的塑性铰分布与实测结果符合较好。②KJ-1 和 KJ-2 具有相同的屈服机制，均为“强柱弱梁”型。③KJ-1 和 KJ-2 的峰值荷载模拟结果和实测结果的相对误差分别为 8.6%、5.9%，两者符合较好。

11.2　再生混凝土框架-剪力墙结构抗震性能

11.2.1　试验概况

本节设计制作了两榀 1/2.5 缩尺的两层三跨框架-剪力墙结构，简称框剪结构。试验模型编号分别为全再生混凝土框架-剪力墙结构 KJQ-1 和一层普通混凝土、二层再生混凝土框架-剪力墙结构 KJQ-2。试验模型为对称结构，考虑到楼板对框架梁刚度的贡献，各层梁截面均设计为 T 形截面，每边悬挑出 6 倍的楼板厚度，即 300mm。两榀试验模型几何尺寸、截面配筋及构造均相同，一层剪力墙水平和竖直分布钢筋的配筋率均为 0.3%，二层配筋率为 0.25%。框架-剪力墙结构几何尺寸及配筋如图 11-9 所示。

框架-剪力墙结构混凝土实测力学性能见表 11-8，钢筋实测力学性能见表 11-9。

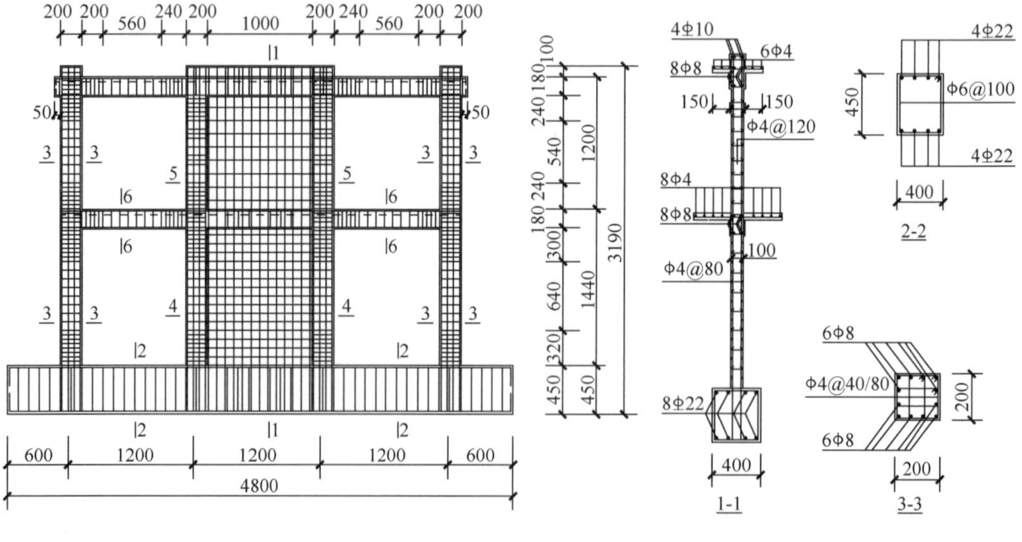

图 11-9　框架-剪力墙结构几何尺寸及配筋（单位：mm）

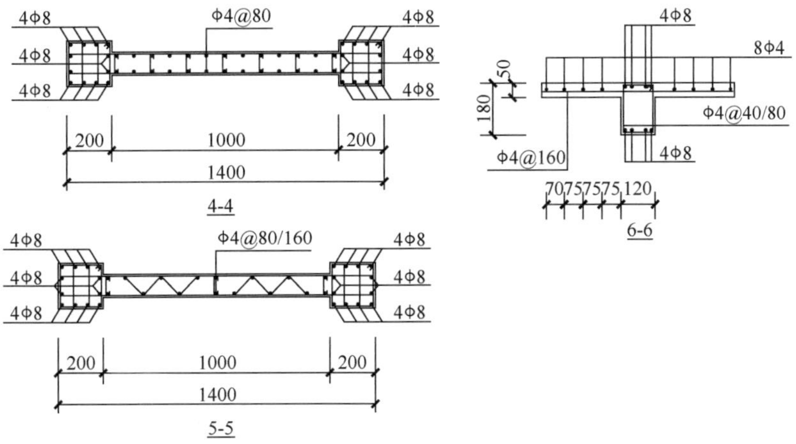

图 11-9（续）

表 11-8　框架-剪力墙结构混凝土实测力学性能

混凝土强度设计等级	再生粗骨料取代率 ρ_c/%	再生细骨料取代率 ρ_f/%	立方体抗压强度 f_{cu}/MPa	弹性模量 E_c/(10^4MPa)
C30	0	0	34.8	3.13
	100	100	32.0	2.35

表 11-9　框架-剪力墙结构钢筋实测力学性能

钢筋类型	使用位置	屈服强度 f_y/MPa	极限强度 f_u/MPa	延伸率 δ/%	弹性模量 E_s/(10^5MPa)
Φ4 冷拔钢筋	楼板纵向钢筋		804.1	10.2	1.80
Φ6 热轧钢筋	楼板横向钢筋	535.8	590.6	10.6	1.77
Φ8 热轧钢筋	框架柱、梁受力纵筋	338.2	492.9	30.3	1.98
8#铅丝（Φ4）	框架柱、梁箍筋	312.4	351.7	18.9	1.79

试验采用低周反复加载，加载点到试件基础表面的距离为 2577mm。试验中采用荷载和位移联合控制加载。框架-剪力墙结构试验加载装置如图 11-10 所示。

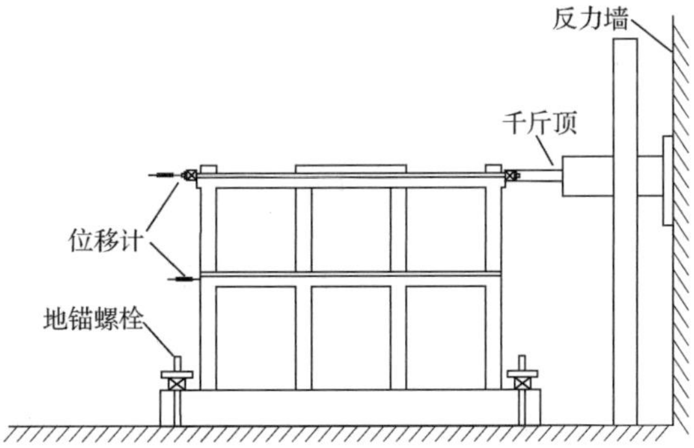

图 11-10　框架-剪力墙结构试验加载装置

11.2.2 破坏特征

再生混凝土框架-剪力墙结构的最终破坏形态及裂缝分布如图 11-11 所示。

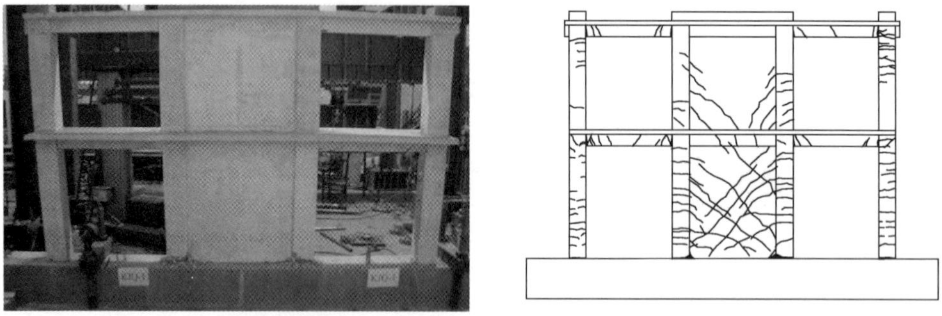

（a）KJQ-1最终破坏形态　　（b）KJQ-1最终裂缝分布

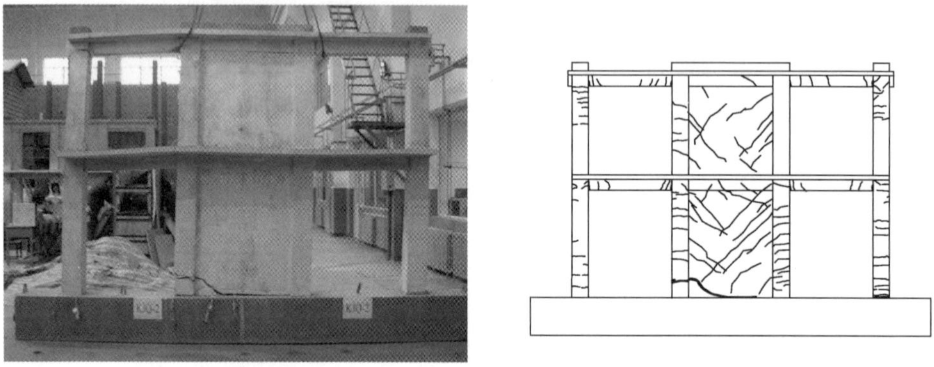

（c）KJQ-2最终破坏形态　　（d）KJQ-2最终裂缝分布

图 11-11　再生混凝土框架-剪力墙结构的最终破坏形态及裂缝分布

由图 11-11 可见：①2 个框架-剪力墙结构的剪力墙墙底已经严重破坏，其中 KJQ-2 受拉主裂缝宽度达到 16mm，受压侧混凝土压酥剥落十分严重；框架梁塑性铰开展较充分，框架柱底受压侧混凝土压碎明显。②框架-剪力墙结构的剪力墙作为结构第一道防线，在结构承载初期对结构的抗侧刚度和承载力贡献较大，当剪力墙破坏严重时，框架部分仍与剪力墙部分共同工作，给结构提供稳定的承载力；KJQ-1 二层的梁柱破坏程度总体上轻于一层的梁柱破坏程度，最后严重破坏部位均为底层柱底。

11.2.3 滞回曲线

再生混凝土框架-剪力墙结构的滞回曲线如图 11-12 所示。其中，试件 KJQ-2 在加载中发生了平面外扭转，因此在加载后期只进行正向循环加载。

由图 11-12 可见：①试验模型开裂之前，荷载随位移线性增长，加载后期，模型滞回曲线开始出现“捏拢现象”，滞回曲线由原来的“梭形”逐渐变为反“S”形。②KJQ-1 和 KJQ-2 明显体现了两阶段抗震特征：加载初期，剪力墙抗侧刚度比框架更大，在抵抗水平荷载中发挥主要作用，整体结构承载力高，抗侧刚度大；加载中后期，剪力墙发生破坏，结构抗侧力明显减小，此时，框架作为第二道抗震防线，保证结构仍具有较好的承载能力。

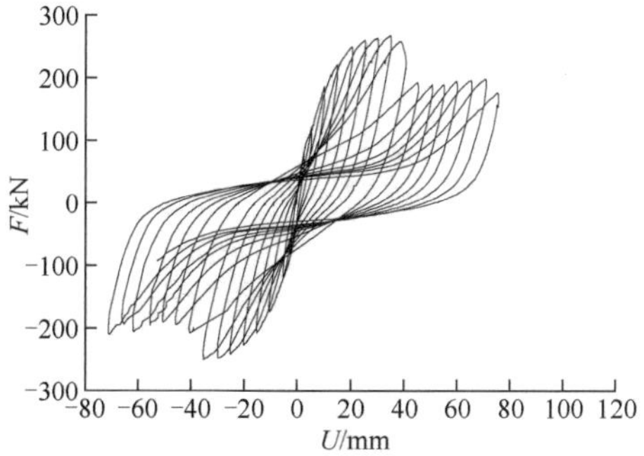

（a）KJQ-1

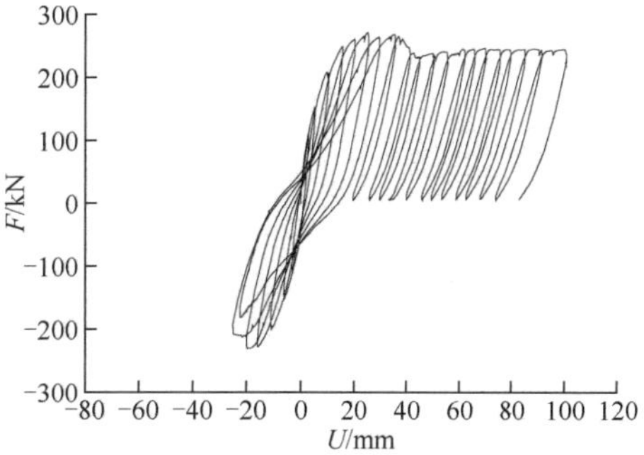

（b）KJQ-2

图 11-12 再生混凝土框架-剪力墙结构的滞回曲线

再生混凝土框架-剪力墙结构的骨架曲线比较如图 11-13 所示。

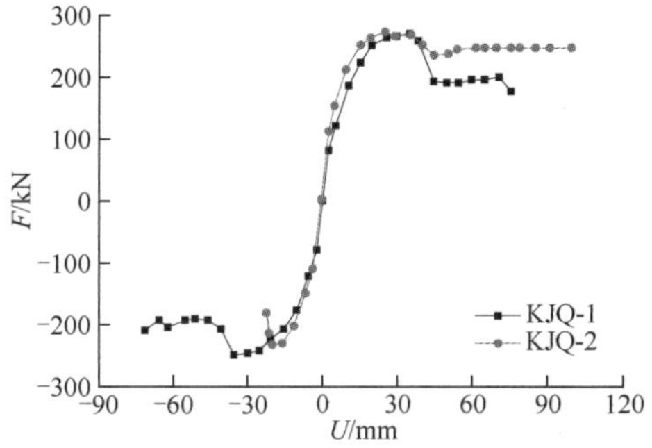

图 11-13 再生混凝土框架-剪力墙结构的骨架曲线比较

由图 11-13 可见：①两个试验模型的骨架曲线走势接近，充分体现了框架-剪力墙结构具有两道抗震防线的特点，当结构的剪力墙破坏后，框架部分充当第二道抗震防线保证结构仍具有较好的承载能力。②对比 KJQ-1 和 KJQ-2 的骨架曲线，KJQ-2 在峰值荷载前的刚度稍大于 KJQ-1，KJQ-2 的下降段比 KJQ-1 平缓，并且下降后的平缓段较长，承受的水平荷载较大，表明一层为普通混凝土、二层为再生混凝土的框架-剪力墙结构的后期承载力及延性均优于全再生混凝土框架-剪力墙结构。

11.2.4 承载力及刚度退化

再生混凝土框架-剪力墙结构的开裂荷载 F_{cr}、屈服荷载 F_y、峰值荷载 F_p、极限荷载 F_u 见表 11-10。再生混凝土框架-剪力墙结构的刚度退化曲线如图 11-14 所示。

表 11-10 再生混凝土框架-剪力墙结构的特征荷载实测值

试件编号	F_{cr}/kN	F_y/kN	F_p/kN	F_u/kN
KJQ-1	55.00	199.47	267.15	178.27
KJQ-2	75.00	211.61	268.34	243.56

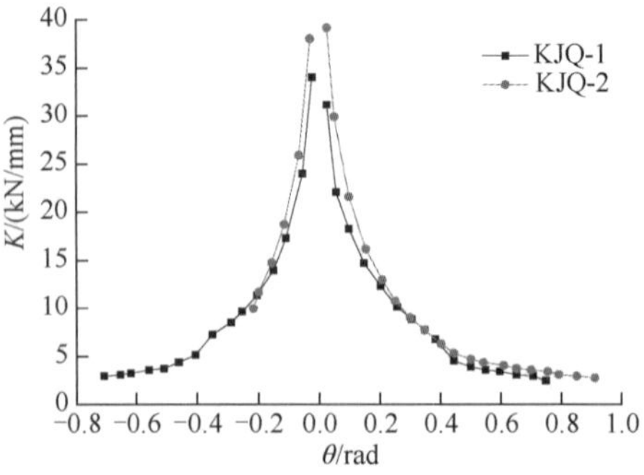

图 11-14 再生混凝土框架-剪力墙结构的刚度退化曲线

由表 11-10、图 11-14 可见：①KJQ-1 前期承载能力与 KJQ-2 接近，加载后期，由于 KJQ-1 剪力墙墙脚压碎比较严重，刚度明显下降。②KJQ-1 初始刚度低于 KJQ-2，但 KJQ-1 在加载初期的刚度退化速率比 KJQ-2 快，随位移增大二者的退化速率又趋于一致。

11.2.5 延性及耗能能力

再生混凝土框架-剪力墙结构的整体开裂位移 U_{cr}、屈服位移 U_y、峰值位移 U_p、极限位移 U_u 和延性系数μ见表 11-11，再生混凝土框架-剪力墙结构的层间开裂位移 u_{cr}、屈服位移 u_y、峰值位移 u_p 和极限位移 u_u 见表 11-12。

表 11-11 再生混凝土框架-剪力墙结构的整体位移实测值

试件编号	U_{cr}/mm	U_y/mm	U_p/mm	U_u/mm	μ
KJQ-1	1.52	12.32	35.03	75.00	5.98
KJQ-2	1.47	10.01	35.24	75.00	7.36

表 11-12 再生混凝土框架-剪力墙结构的层间位移实测值

试件编号	楼层	u_{cr}/mm	u_y/mm	u_p/mm	u_u/mm
KJQ-1	一层	0.77	5.94	16.22	37.06
	二层	0.75	6.38	18.81	37.94
KJQ-2	一层	0.76	4.76	16.61	35.37
	二层	0.71	5.25	18.63	39.63

由表 11-11、表 11-12 可见：①KJQ-1 和 KJQ-2 达到峰值荷载时，弹塑性位移角均约达到了 1/74，超过了现行规范对框架-剪力墙结构弹塑性极限位移角 1/100 的限值，具有较好的抗震性能。②KJQ-1 和 KJQ-2 位移延性系数均大于 5，表明全再生混凝土框架-剪力墙结构和一层为普通混凝土、二层为再生混凝土的框架-剪力墙结构均具有较好

的延性性能。③KJQ-1 和 KJQ-2 的变形能力接近，最大弹塑性位移角约为 1/35，两者均有较好的变形能力。

由于 KJQ-2 后期只进行了正向循环加载，为比较两个模型的耗能能力，取结构滞回曲线正向的骨架曲线所围面积作为结构耗能能力代表值。分别计算位移为 45mm、75mm 时 2 个模型的耗能能力代表值 E_{p45}、E_{p75}，结果见表 11-13。

表 11-13　再生混凝土框架-剪力墙结构的耗能能力代表值

试件编号	E_{p45}/(kN·mm)	E_{p75}/(kN·mm)
KJQ-1	9776	15362
KJQ-2	10142	17640

由表 11-13 可见：①结构承载力下降前，全再生混凝土框架-剪力墙结构 KJQ-1 的耗能能力与一层普通混凝土、二层再生混凝土框架-剪力墙结构 KJQ-2 相近。②随水平位移增大，由于模型 KJQ-1 后期承载力下降明显，其耗能能力代表值比模型 KJQ-2 减小了 12.9%。

11.2.6　有限元分析

实测所得再生混凝土框架-剪力墙结构的塑性铰分布如图 11-15 所示。使用 SAP2000 软件对结构进行了静力非线性有限元分析，其中，混凝土力学性能和钢筋力学性能均采用实测值，剪力墙单元采用弹塑性墙单元，剪力墙墙板钢筋弥散到墙单元中。数值模拟再生混凝土框架-剪力墙结构的塑性铰分布如图 11-16 所示，图中塑性铰位置用圆点表示，圆点大表示塑性铰开展得较大，圆点小表示塑性铰初步开展。

由图 11-15、图 11-16 可见：①分析所得塑性铰分布与试验结果符合较好。②KJQ-1 和 KJQ-2 具有相同的屈服机制，随加载位移增大，结构依次在剪力墙墙底、框架梁两端、底层框架柱柱底形成塑性铰，结构屈服破坏。③结构具有两道抗震防线，剪力墙为第一道防线，框架为第二道防线。④框架的设计符合“强柱弱梁”准则，结构整体具有较好的延性。

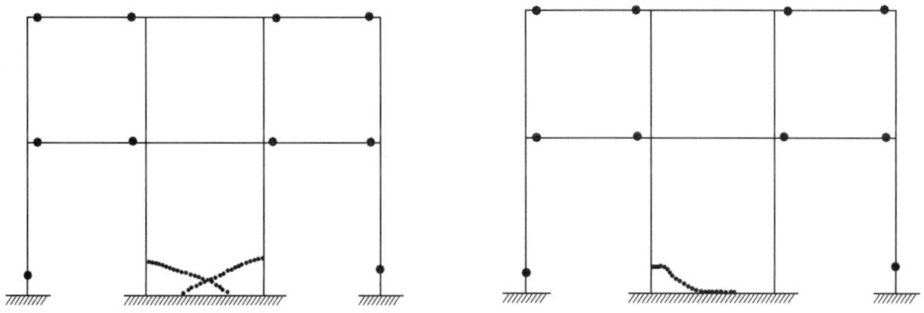

(a) KJQ-1　　(b) KJQ-2

图 11-15　实测再生混凝土框架-剪力墙结构的塑性铰分布

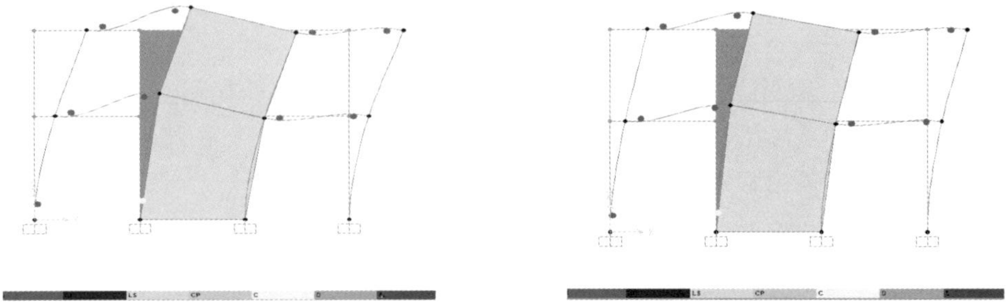

（a）KJQ-1　　（b）KJQ-2

图 11-16　数值模拟再生混凝土框架-剪力墙结构的塑性铰分布

静力非线性有限元计算所得试验模型的承载力计算值 F_{cal} 与实测值 F_{exp} 比较见表 11-14。

表 11-14　再生混凝土框架-剪力墙结构的承载力计算值与实测值比较

试件编号	F_{cal}/kN	F_{exp}/kN	F_{cal}/F_{exp}
KJQ-1	271.72	267.15	1.017
KJQ-2	282.93	268.34	1.054

由表 11-14 可见：①2 个试验模型的计算结果与实测结果误差分别为 1.7%、5.4%，表明计算结果与试验符合较好。②所采用的有限元分析模型与方法比较合理。

11.3　本 章 小 结

本章介绍了再生混凝土框架结构模型、再生混凝土框架-剪力墙结构模型低周反复试验，分析了 2 个试验模型的破坏特征、滞回特性、承载力、刚度、变形、耗能能力等，并进行了非线性有限元分析，数值模拟结果与试验结果符合较好。研究结果表明：

（1）再生混凝土框架结构具有较好的抗震性能，全再生混凝土框架结构和一层普通混凝土、二层再生混凝土框架结构的破坏形态接近，但全再生混凝土框架结构的承载力、刚度、延性及耗能略有降低。

（2）全再生混凝土框架-剪力墙结构和一层普通混凝土、二层再生混凝土框架-剪力墙结构相比，其破坏特征、滞回特性、承载力、刚度、变形、耗能能力相差不大；再生混凝土框架-剪力墙结构能够满足抗震设计要求，可用于建筑结构设计。

第 12 章　再生混凝土剪力墙与框剪结构振动台试验

12.1　再生混凝土剪力墙振动台试验

12.1.1　试验概况

1. 试件设计

本节设计制作了 3 种剪跨比的混凝土剪力墙进行振动台试验，包括 5 个低矮剪力墙（剪跨比为 1.0）、5 个中高剪力墙（剪跨比为 1.5）和 2 个高剪力墙（剪跨比为 2.3），各剪跨比试件编号及设计参数见表 12-1，试件几何尺寸及配筋如图 12-1～图 12-3 所示。

表 12-1　混凝土剪力墙振动台试验试件设计参数

试件编号	剪跨比	再生粗骨料取代率 ρ_c/%	再生细骨料取代率 ρ_f/%	墙体配筋率 ρ/%	水平分布筋	纵向分布筋	暗支撑
RSW1.0-1	1.0	0	0	0.25	ϕ4@125	ϕ4@125	无
RSW1.0-2	1.0	100	0	0.25	ϕ4@125	ϕ4@125	无
RSW1.0-3	1.0	100	100	0.25	ϕ4@125	ϕ4@125	无
RSW1.0-4	1.0	100	100	0.46	ϕ4@65	ϕ4@65	无
RSW1.0-5	1.0	100	100	0.46	ϕ4@125	ϕ4@125	有
RSW1.5-1	1.5	0	0	0.25	ϕ4@125	ϕ4@125	无
RSW1.5-2	1.5	100	0	0.25	ϕ4@125	ϕ4@125	无
RSW1.5-3	1.5	100	100	0.25	ϕ4@125	ϕ4@125	无
RSW1.5-4	1.5	100	100	0.46	ϕ4@65	ϕ4@65	无
RSW1.5-5	1.5	100	100	0.46	ϕ4@125	ϕ4@125	有
RSW2.3-1	2.3	0	0	0.25	ϕ4@65	ϕ4@125	无
RSW2.3-2	2.3	100	100	0.25	ϕ4@65	ϕ4@125	无

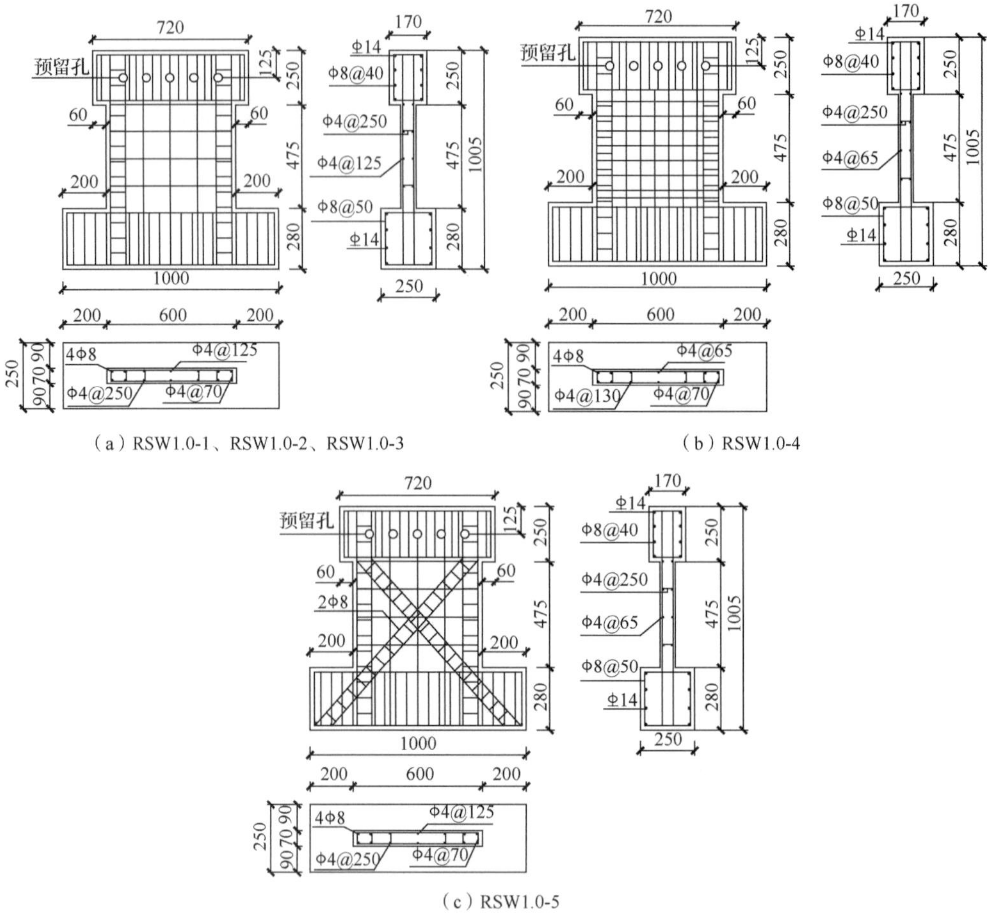

（a）RSW1.0-1、RSW1.0-2、RSW1.0-3

（b）RSW1.0-4

（c）RSW1.0-5

图 12-1 混凝土低矮剪力墙振动台试验试件几何尺寸及配筋图（单位：mm）

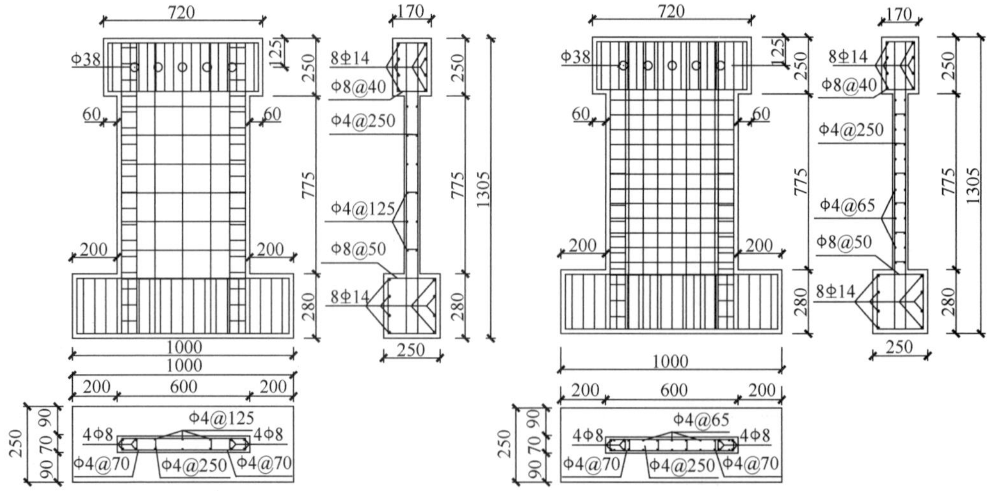

（a）RSW1.5-1、RSW1.5-2、RSW1.5-3

（b）RSW1.5-4

图 12-2 混凝土中高剪力墙振动台试验试件几何尺寸及配筋图（单位：mm）

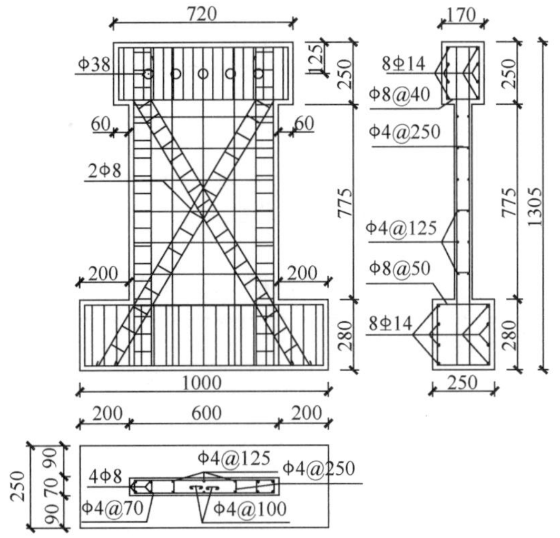

（c）RSW1.5-5

图 12-2（续）

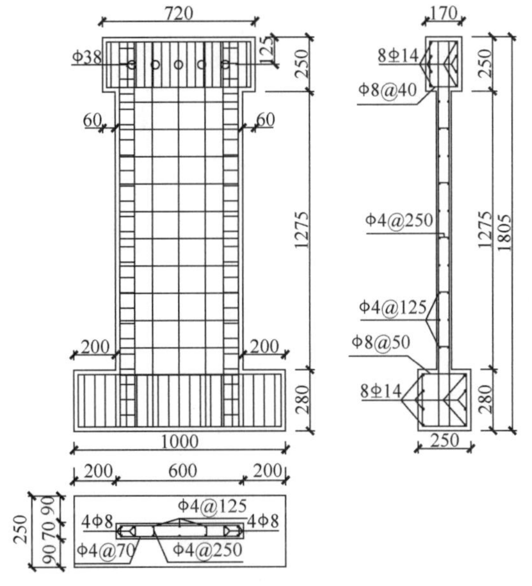

图 12-3　混凝土高剪力墙振动台试验试件几何尺寸及配筋图（单位：mm）

2. 材料性能

实测剪力墙所用混凝土力学性能见表 12-2，实测钢筋力学性能见表 12-3。

表 12-2 实测混凝土力学性能

强度等级	再生粗骨料取代率/%	再生细骨料取代率/%	立方体抗压强度/MPa	弹性模量/(10^4MPa)
C30	0	0	34.8	3.13
	100	0	32.6	2.68
	100	100	31.2	2.35

表 12-3 实测钢筋力学性能

钢筋直径/mm	屈服强度 f_y/MPa	极限强度 f_u/MPa	弹性模量 E_s/(10^5MPa)
8	338.2	492.9	1.98
4	312.4	351.7	1.79

3. 加载方案

剪力墙振动台试验试件加载装置如图 12-4 所示。

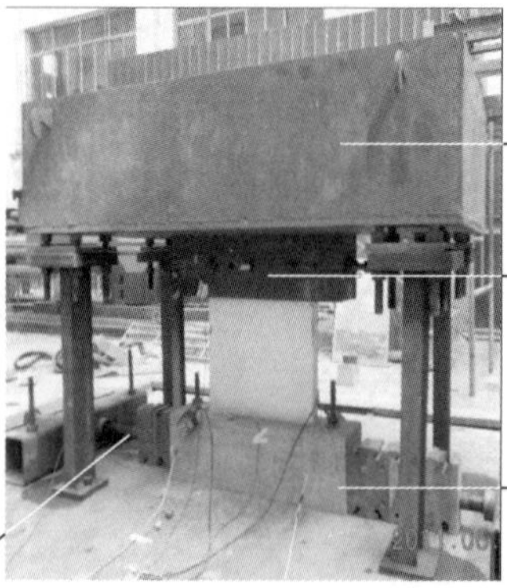

图 12-4 剪力墙振动台试验试件加载装置

试验选用 EL Centro N-S 地震波（X 方向）激振，表 12-4～表 12-6 中地震波加速度峰值 PGA 以试验过程中台面上加速度的实测值为准。

表 12-4 低矮剪力墙振动台试验台面实际输入加速度峰值

序号	地震烈度	PGA/g				
		RSW1.0-1	RSW1.0-2	RSW1.0-3	RSW1.0-4	RSW1.0-5
1	7 度基本烈度	0.137	0.109	0.112	0.108	0.099
2	7 度罕遇烈度	0.194	0.179	0.171	0.169	0.173
3		0.224	0.229	0.202	0.177	0.212
4	8 度罕遇烈度	0.305	0.329	0.328	0.327	0.341
5		0.425	0.402	0.402	0.414	0.412
6	9 度罕遇烈度	0.560	0.478	0.412	0.580	0.474

续表

序号	地震烈度	PGA/g				
		RSW1.0-1	RSW1.0-2	RSW1.0-3	RSW1.0-4	RSW1.0-5
7	9 度罕遇烈度	0.622	0.603	0.489	0.659	0.657
8		0.700	0.696	0.597	0.768	0.731
9		0.713	0.858	0.763	0.779	0.856
10		0.759	0.896	0.875	0.918	0.899
11		0.898	1.210	0.927	0.975	1.080
12		0.952	1.190	1.273	1.015	1.140
13		1.020	1.300	1.411	1.071	1.231
14		1.020	1.340	1.455	1.257	1.240
15		1.050	1.450	1.522	1.467	1.395
16		1.281	1.500	1.652	1.542	1.400
17		1.774	1.760	1.677	1.598	1.465
18		1.765	1.780	1.793	1.626	1.555
19		1.720			1.789	1.602
20		1.760				1.826

表 12-5 中高剪力墙振动台试验台面实际输入加速度峰值

序号	地震烈度	PGA/g				
		RSW1.5-1	RSW1.5-2	RSW1.5-3	RSW1.5-4	RSW1.5-5
1	7 度基本烈度	0.142	0.105	0.143	0.105	0.109
2	7 度罕遇烈度	0.182	0.153	0.172	0.182	0.172
3		0.222	0.200	0.198	0.249	0.225
4	8 度罕遇烈度	0.321	0.283	0.322	0.338	0.323
5		0.397	0.396	0.330	0.525	0.484
6	9 度罕遇烈度	0.436	0.506	0.466	0.636	0.570
7		0.530	0.566	0.486	0.809	0.664
8		0.613	0.614	0.640	0.882	0.740
9		0.691	0.626	0.680	0.900	0.910
10		0.693	0.736	0.748	0.942	0.925
11		0.859	0.797	0.841	1.000	0.985
12		0.930	0.888	0.850	1.010	1.000
13		1.005	1.014	0.953	1.159	1.076
14		1.042	1.062	0.972	1.175	1.150
15		1.183	1.317	1.072	1.231	1.270

续表

序号	地震烈度	PGA/g				
		RSW1.5-1	RSW1.5-2	RSW1.5-3	RSW1.5-4	RSW1.5-5
16	9 度罕遇烈度	1.342	1.475	1.245	1.360	1.520
17		1.566	1.610	1.467	1.554	1.549
18		1.805	1.818	1.800	1.710	1.619
19			1.820	1.820	1.922	1.835

表 12-6 高剪力墙振动台试验台面实际输入加速度峰值

序号	地震烈度	PGA/g	
		RSW2.3-1	RSW2.3-2
1	7 度基本烈度	0.113	0.101
2	7 度罕遇烈度	0.174	0.167
3		0.193	0.202
4	8 度罕遇烈度	0.283	0.254
5		0.393	0.422
6	9 度罕遇烈度	0.476	0.494
7		0.579	0.567
8		0.691	0.681
9		0.805	0.805
10		0.944	0.884
11		1.066	0.967
12		1.141	1.077
13		1.233	1.188
14		1.300	
15		1.420	

4. 测试内容

1）加速度

为测量振动过程中加速度反应，在剪力墙试件的 4 个位置布置加速度传感器，分别测量地震波施加过程中台面、剪力墙基础、剪力墙顶部和荷重槽质心产生的实际加速度，加速度计的测点布置如图 12-5 所示。

2）位移

为测量试件在试验过程中顶部的位移时程，在试件对角线方向布置 2 个斜向的位移计，根据几何关系换算试件顶部在水平方向的位移时程，得到试件顶部的最大水平位移，进而求得试件在试验过程中的最大位移角。位移计的布置也如图 12-5 所示。

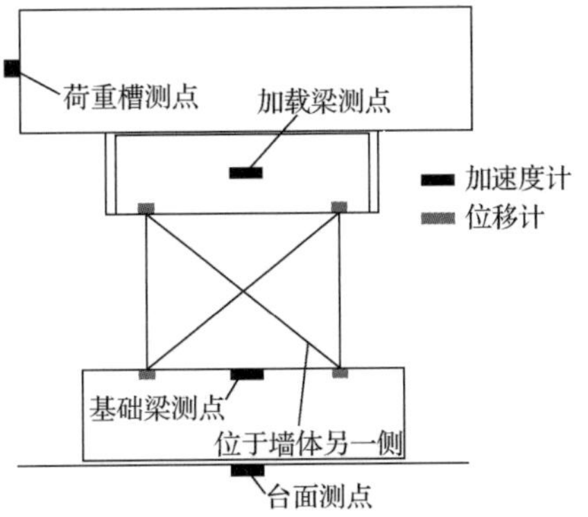

图 12-5　加速度计及位移计测点布置

12.1.2　破坏特征

1. 低矮剪力墙

低矮剪力墙试件最终破坏形态如图 12-6 所示。

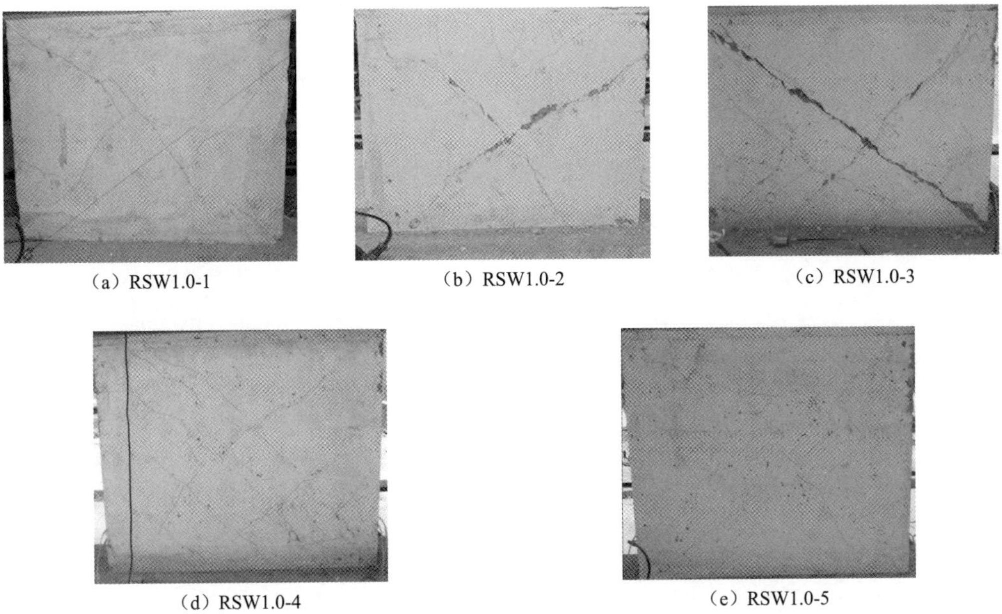

（a）RSW1.0-1　（b）RSW1.0-2　（c）RSW1.0-3　（d）RSW1.0-4　（e）RSW1.0-5

图 12-6　低矮剪力墙最终破坏形态

由图 12-6 可见：①低矮剪力墙试件破坏形态均为剪切破坏。②与普通混凝土低矮剪力墙试件相比，再生混凝土低矮剪力墙试件裂缝开展早且裂缝较宽，墙体损伤相对严重。③仅掺入再生粗骨料的试件比同时掺入再生粗骨料和再生细骨料的试件破坏程度明显轻。④分布钢筋配筋率高的试件破坏轻。⑤设置暗支撑试件的暗支撑有效限制了试件主斜裂缝的开展，提升了抗震能力。

2. 中高剪力墙

中高剪力墙试件最终破坏形态如图 12-7 所示。

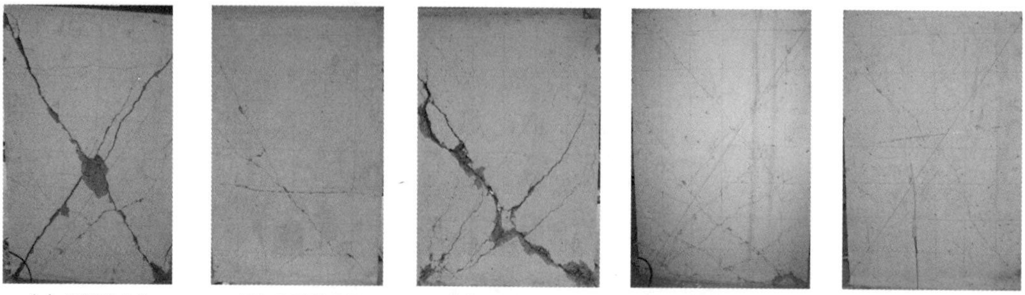

（a）RSW1.5-1 （b）RSW1.5-2 （c）RSW1.5-3 （d）RSW1.5-4 （e）RSW1.5-5

图 12-7 中高剪力墙最终破坏形态

由图 12-7 可见：①普通混凝土中高剪力墙试件 RSW1.5-1 和粗、细骨料均采用再生骨料的中高剪力墙试件 RSW1.5-3 为剪切破坏，且粗、细骨料全部采用再生骨料的中高剪力墙试件的剪切破坏相对严重。②试件 RSW1.5-2、RSW1.5-4 为弯剪破坏。③RSW1.5-5 为弯曲破坏。④配筋率为 0.46%的两个试件 RSW1.5-4、RSW1.5-5 裂缝分布均匀且宽度较小，其中带暗支撑剪力墙试件 RSW1.5-5 裂缝宽度最小且裂缝分布域广，表明带暗支撑试件的抗震耗能能力强。

3. 高剪力墙

高剪力墙试件最终破坏形态如图 12-8 所示。

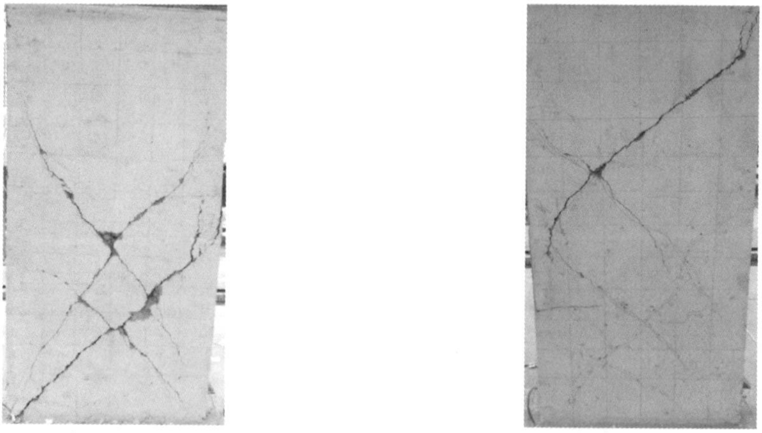

（a）RSW2.3-1 （b）RSW2.3-2

图 12-8 高剪力墙最终破坏形态

由图 12-8 可见：①普通混凝土高剪力墙试件和全再生混凝土高剪力墙试件的破坏形态均为弯剪破坏。②在基本相同的地震输入下，与普通混凝土高剪力墙试件相比，全再生混凝土高剪力墙试件破坏相对严重，变形也相对大。

12.1.3　自振频率

1. 低矮剪力墙

低矮剪力墙试件在不同工况地震波加速度峰值 PGA 输入下实测的自振频率见表 12-7。

表 12-7　低矮剪力墙试件实测自振频率

RSW1.0-1		RSW1.0-2		RSW1.0-3		RSW1.0-4		RSW1.0-5	
PGA/g	f/Hz	PGA/g	f/Hz	PGA/g	f/Hz	PGA/g	f/Hz	PGA/g	f/Hz
0.07（白噪声）	8.32	0.07（白噪声）	8.05	0.07（白噪声）	9.18	0.07（白噪声）	8.25	0.07（白噪声）	8.27
0.224	8.29	0.229（初裂）	7.40	0.202（初裂）	8.36	0.327（初裂）	7.99	0.341（初裂）	7.85
0.305（初裂）	7.88	0.402	7.15	0.597	8.04	0.659	7.00	0.605	7.37
0.713	7.21	0.603	6.80	1.411	7.92	1.015	6.48	0.856	6.90
1.020	6.82	1.190	6.53	1.455	7.45	1.254	6.08	1.231	6.86
1.720	6.78	1.760	6.48	1.793	7.39	1.626	5.19	1.602	6.54

由表 12-7 可见：①对比 3 个分布筋配筋率均为 0.25%的低矮剪力墙试件，再生混凝土低矮剪力墙试件 RSW1.0-2、RSW1.0-3 的自振频率下降幅度均为 19.5%，普通混凝土低矮剪力墙试件 RSW1.0-1 自振频率下降幅度为 18.5%，地震作用下再生混凝土低矮剪力墙的刚度退化比普通混凝土低矮剪力墙略快。②带钢筋暗支撑的低矮剪力墙试件 RSW1.0-5 地震前自振频率与普通混凝土低矮剪力墙试件 RSW1.0-1 相近，但 RSW1.0-5 的自振频率衰减速度慢，表明设置暗支撑可以限制剪切斜裂缝开展，延缓剪力墙刚度退化。

2. 中高剪力墙

中高剪力墙试件在不同工况地震波加速度峰值 PGA 输入下实测的自振频率见表 12-8。

表 12-8　中高剪力墙实测自振频率

RSW1.5-1		RSW1.5-2		RSW1.5-3		RSW1.5-4		RSW1.5-5	
PGA/g	f/Hz	PGA/g	f/Hz	PGA/g	f/Hz	PGA/g	f/Hz	PGA/g	f/Hz
0.07（白噪声）	10.90	0.07（白噪声）	10.70	0.07（白噪声）	10.90	0.07（白噪声）	10.35	0.07（白噪声）	10.38
0.693（初裂）	9.80	0.626（初裂）	9.25	0.466（初裂）	10.21	0.525（初裂）	9.86	0.910（初裂）	9.81
1.342	8.01	0.797	8.51	0.748	9.01	1.010	8.36	1.000	8.35
1.805	5.84	0.888	8.20	0.953	8.30	1.360	7.33	1.150	7.81

续表

RSW1.5-1		RSW1.5-2		RSW1.5-3		RSW1.5-4		RSW1.5-5	
PGA/g	f/Hz	PGA/g	f/Hz	PGA/g	f/Hz	PGA/g	f/Hz	PGA/g	f/Hz
		1.610	8.07	1.467	6.83	1.554	6.55	1.549	6.83
		1.820	5.40	1.820	5.25	1.710	4.27	1.619	5.25

由表 12-8 可见：①分布筋配筋率均为 0.25%中高剪力墙试件的初始自振频率基本相同，弹性阶段自振频率下降速度也基本相同；再生混凝土中高剪力墙试件 RSW1.5-2、RSW1.5-4 比普通混凝土中高剪力墙试件 RSW1.5-1 开裂相对早，且破坏时的自振频率降低相对快。②带暗支撑中高剪力墙试件 RSW1.5-5，钢筋暗支撑对斜裂缝开展有制约作用，其裂缝分布细而密，自振频率衰减速度相对慢。

3. 高剪力墙

高剪力墙试件在不同工况地震波峰值加速度PGA输入下实测的自振频率见表 12-9。

表 12-9 高剪力墙实测自振频率

RSW2.3-1		RSW2.3-2	
PGA/g	f/Hz	PGA/g	f/Hz
0.07（白噪声）	6.71	0.07（白噪声）	6.67
0.393（初裂）	6.05	0.254（初裂）	6.07
0.597	5.21	0.422	5.25
0.805	4.30	0.567	4.25
1.066	3.52	0.805	3.15
1.223	2.80	0.967	3.03

由表 12-9 可见：①两个混凝土高剪力墙试件的初始自振频率基本相同。②全再生混凝土高剪力墙试件开裂相对早、自振频率衰减较快，全再生混凝土高剪力墙试件相对于普通混凝土高剪力墙试件刚度退化快。

12.1.4 加速度反应

1. 低矮剪力墙

低矮剪力墙试件在不同工况地震波峰值加速度 PGA 下所对应的顶部加速度峰值 $a_{\max}$ 见表 12-10；不同再生骨料取代率的低矮剪力墙试件、不同配筋构造的低矮剪力墙试件各阶段顶部加速度反应时程曲线比较如图 12-9 和图 12-10 所示。

表 12-10 低矮剪力墙试件的顶部加速度峰值

RSW1.0-1			RSW1.0-2			RSW1.0-3			RSW1.0-4			RSW1.0-5		
PGA/g	$a_{\max}/g$	θ/rad	PGA/g	$a_{\max}/g$	θ/rad	PGA/g	$a_{\max}/g$	θ/rad	PGA/g	$a_{\max}/g$	θ/rad	PGA/g	$a_{\max}/g$	θ/rad
0.137	0.155	1/3200	0.109	0.117	1/3548	0.112	0.103	1/2914	0.108	0.125	1/3232	0.099	0.119	1/3627
0.194	0.172	1/2205	0.179	0.175	1/3548	0.171	0.213	1/2914	0.169	0.187	1/2162	0.173	0.197	1/2675

续表

RSW1.0-1			RSW1.0-2			RSW1.0-3			RSW1.0-4			RSW1.0-5		
PGA/g	a_{max}/g	θ/rad	PGA/g	a_{max}/g	θ/rad	PGA/g	a_{max}/g	θ/rad	PGA/g	a_{max}/g	θ/rad	PGA/g	a_{max}/g	θ/rad
0.224	0.231	1/1126	0.229	0.208	1/2675	0.202	0.226	1/1784	0.177	0.204	1/1343	0.212	0.242	1/2133
0.305	0.378	1/722	0.329	0.315	1/1528	0.328	0.402	1/1525	0.327	0.377	1/1067	0.341	0.363	1/1525
0.425	0.465	1/78	0.402	0.451	1/1187	0.402	0.467	1/1187	0.414	0.453	1/629	0.412	0.46	1/1451
0.560	0.631	1/396	0.482	0.555	1/1183	0.412	0.632	1/1187	0.580	0.653	1/535	0.474	0.621	1/1187
0.622	0.883	1/285	0.603	0.858	1/629	0.489	0.715	1/892	0.659	0.806	1/414	0.657	0.861	1/764
0.700	0.896	1/285	0.696	0.875	1/593	0.597	0.852	1/764	0.768	0.892	1/223	0.731	0.995	1/595
0.713	0.912	1/278	0.858	1.199	1/534	0.763	0.954	1/566	0.779	0.923	1/194	0.856	1.078	1/428
0.759	0.925	1/167	0.896	1.431	1/446	0.875	1.271	1/412	0.918	1.121	1/191	0.899	1.154	1/323
0.898	0.931	1/250	1.210	1.53	1/412	0.926	1.438	1/314	0.975	1.125	1/167	1.080	1.297	1/249
0.952	0.942	1/238	1.190	1.789	1/382	0.927	1.478	1/289	1.015	1.281	1/149	1.140	1.386	1/232
1.020	1.021	1/236	1.300	1.835	1/281	1.273	1.784	1/218	1.071	1.321	1/124	1.231	1.452	1/214
1.020	1.117	1/233	1.340	1.838	1/254	1.411	1.993	1/206	1.257	1.654	1/120	1.240	1.498	1/165
1.050	1.279	1/164	1.450	2.151	1/232	1.455	2.112	1/188	1.467	1.895	1/119	1.395	1.512	1/147
1.281	1.369	1/148	1.500	2.171	1/175	1.522	2.135	1/155	1.542	1.985	1/113	1.400	1.726	1/142
1.774	2.21	1/126	1.760	2.192	1/147	1.677	2.178	1/102	1.598	2.106	1/109	1.465	1.911	1/122
1.765	2.397	1/122	1.780	2.291	1/109	1.793	2.189	1/88	1.626	2.164	1/101	1.555	2.219	1/120
1.720	2.386	1/119							1.789	2.419	1/88	1.602	2.338	1/109
1.760	2.397	1/109										1.826	2.817	1/106

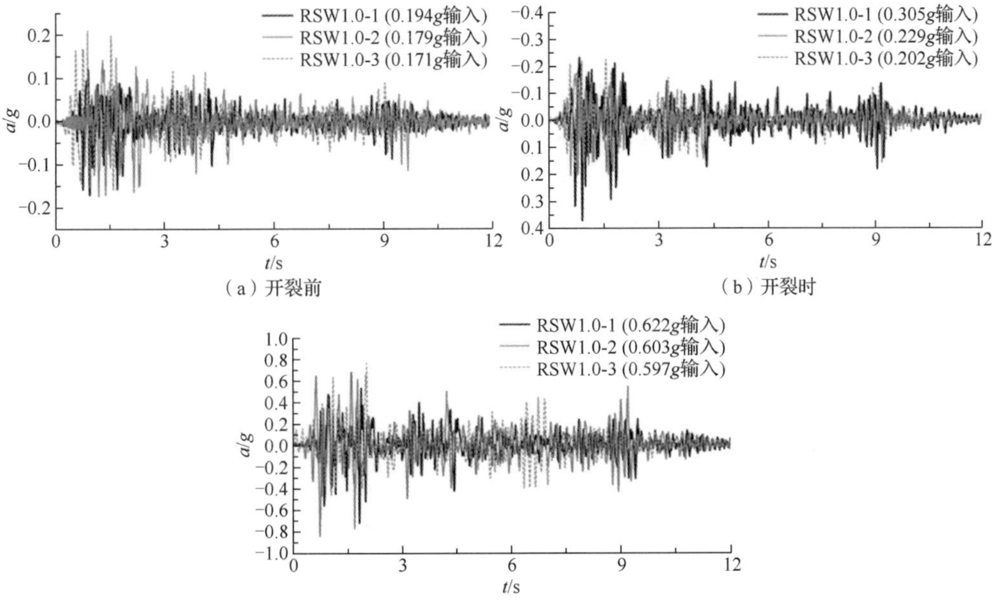

（a）开裂前 （b）开裂时 （c）开裂后

图 12-9 不同再生骨料取代率的低矮剪力墙试件各阶段顶部加速度反应时程曲线比较

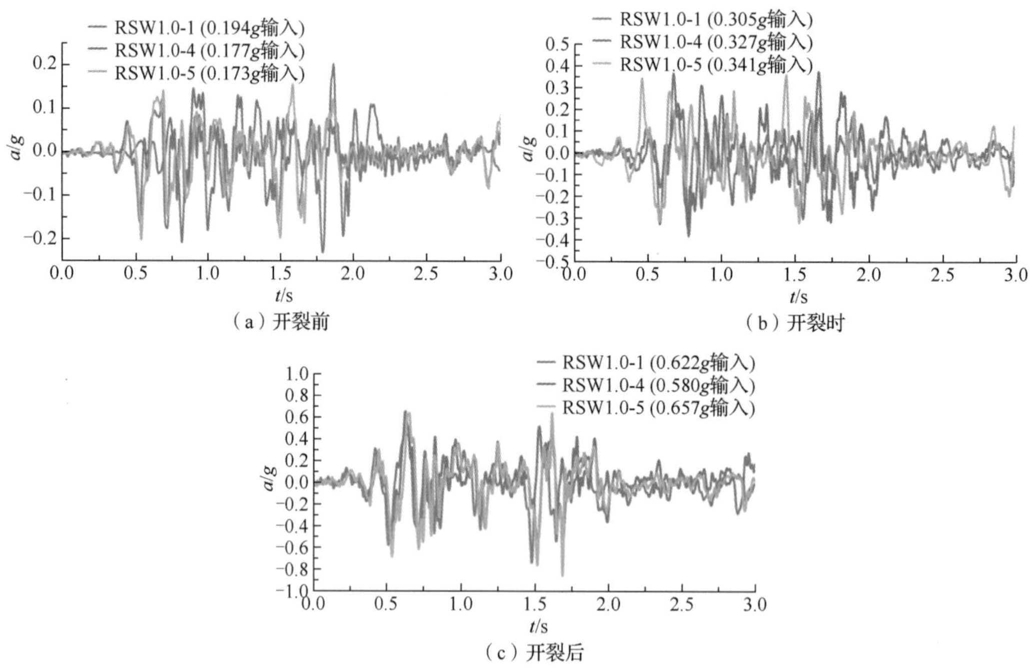

图 12-10　不同配筋构造的低矮剪力墙试件各阶段顶部加速度反应时程曲线比较

由表 12-10、图 12-9 和图 12-10 可见：①再生混凝土低矮剪力墙试件开裂时的台面加速度峰值比普通混凝土低矮剪力墙试件明显降低，试件 RSW1.0-2、RSW1.0-3 分别比 RSW1.0-1 降低了 24.9%、33.8%；当层间位移角达到 1/120 时，仅掺入再生粗骨料的低矮剪力墙试件地震波加速度峰值与普通混凝土低矮剪力墙试件相近。②开裂时，再生混凝土低矮剪力墙试件的顶部加速度峰值较普通混凝土低矮剪力墙试件均有所降低。③输入的地震峰值加速度较小时，分布筋配筋率为 0.46%的两个低矮剪力墙试件顶部加速度反应接近；破坏阶段时，设置暗支撑的低矮剪力墙试件顶部最大加速度比不带暗支撑的剪力墙提高了。可见设置暗支撑可有效减缓低矮剪力墙试件在地震作用中的刚度退化。④设置暗支撑的再生混凝土低矮剪力墙试件加速度反应峰值与普通混凝土低矮剪力墙试件接近。

2. 中高剪力墙

实测所得混凝土中高剪力墙试件试验时不同工况地震波峰值加速度 PGA 所对应的顶部加速度峰值 a_{max} 见表 12-11；不同再生骨料取代率中高剪力墙试件、不同配筋构造中高剪力墙试件各阶段顶部加速度反应时程曲线比较如图 12-9 和图 12-10 所示。

表 12-11　中高剪力墙试件顶部加速度峰值

RSW1.5-1		RSW1.5-2		RSW1.5-3		RSW1.5-4		RSW1.5-5	
PGA/g	a_{max}/g	PGA/g	a_{max}/g	PGA/g	a_{max}/g	PGA/g	a_{max}/g	PGA/g	a_{max}/g
0.142	0.210	0.105	0.140	0.143	0.206	0.105	0.172	0.109	0.200

续表

RSW1.5-1		RSW1.5-2		RSW1.5-3		RSW1.5-4		RSW1.5-5	
PGA/g	a_{max}/g	PGA/g	a_{max}/g	PGA/g	a_{max}/g	PGA/g	a_{max}/g	PGA/g	a_{max}/g
0.182	0.256	0.153	0.235	0.172	0.291	0.182	0.254	0.172	0.258
0.222	0.335	0.200	0.312	0.198	0.345	0.249	0.311	0.225	0.352
0.321	0.452	0.283	0.471	0.322	0.559	0.338	0.506	0.323	0.449
0.397	0.703	0.396	0.596	0.330	0.573	0.525	0.659	0.484	0.535
0.436	0.823	0.506	0.626	0.466	0.664	0.636	0.842	0.570	0.683
0.530	0.914	0.566	0.895	0.486	0.604	0.809	0.927	0.664	0.723
0.613	0.936	0.614	0.900	0.640	1.165	0.882	0.967	0.740	0.816
0.691	1.044	0.626	0.920	0.680	1.230	0.900	1.057	0.910	0.849
0.693	1.226	0.736	1.025	0.748	1.378	0.942	1.094	0.925	0.930
0.859	1.359	0.797	1.159	0.841	1.384	1.000	1.106	0.985	1.065
0.930	1.438	0.888	1.581	0.850	1.820	1.010	1.249	1.000	1.150
1.005	1.575	1.014	1.671	0.953	2.137	1.159	1.326	1.076	1.141
1.042	1.810	1.062	1.912	0.972	2.236	1.175	1.912	1.150	1.153
1.183	1.902	1.317	2.132	1.072	2.361	1.231	2.132	1.270	1.214
1.342	2.171	1.475	2.387	1.245	2.384	1.360	2.387	1.520	1.842
1.566	2.387	1.610	2.386	1.467	2.332	1.554	2.376	1.549	2.372
1.805	2.387	1.818	2.369	1.800	2.330	1.710	2.348	1.619	2.330
		1.820	2.348	1.820	2.310	1.922	2.345	1.835	2.310

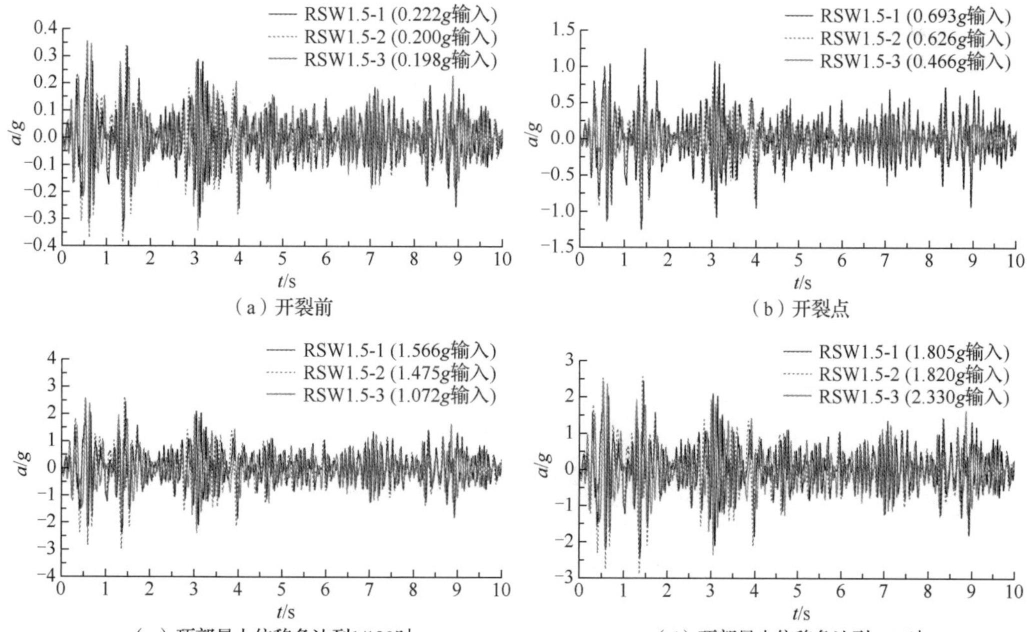

(a) 开裂前　(b) 开裂点
(c) 顶部最大位移角达到1/120时　(d) 顶部最大位移角达到1/50时

图 12-11　不同再生骨料取代率中高剪力墙试件各阶段顶部加速度反应时程曲线比较

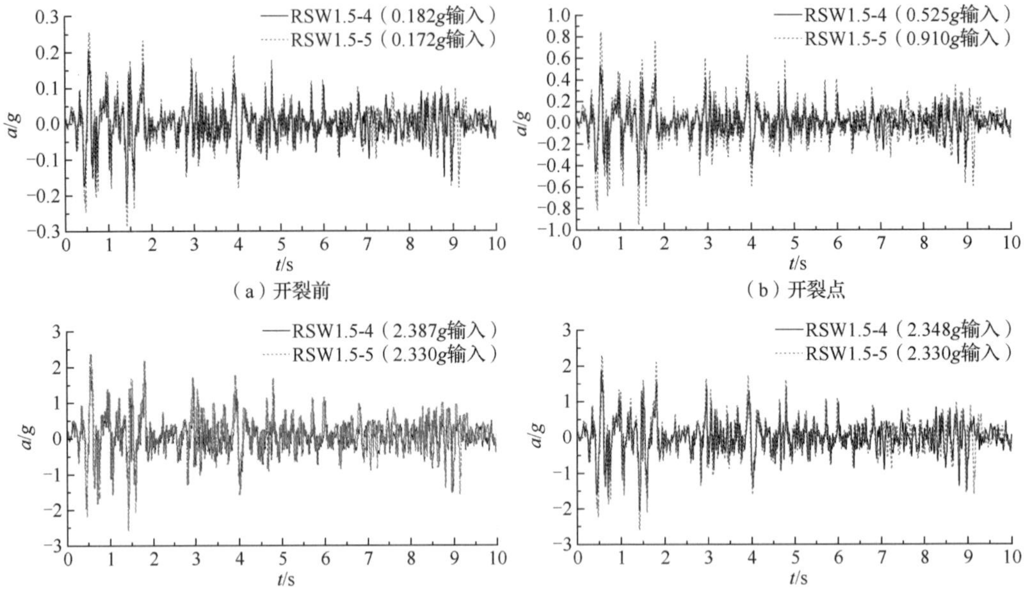

（a）开裂前　（b）开裂点

（c）顶部最大位移角达到1/120时　（d）顶部最大位移角达到1/50时

图 12-12　不同配筋构造中高剪力墙试件各阶段顶部加速度反应时程曲线比较

由表 12-11、图 12-11、图 12-12 可见：①在开裂前的弹性阶段，相比普通混凝土中高剪力墙试件，再生混凝土中高剪力墙试件加速度响应略有增大；混凝土开裂时，试件 RSW1.5-2、RSW1.5-3 的台面加速度分别比 RSW1.5-1 降低了 9.7%、32.8%。②当层间位移角达到 1/120 时，仅掺入再生粗骨料混凝土中高剪力墙试件与全再生混凝土中高剪力墙试件的地震波加速度峰值分别比普通混凝土中高剪力墙试件降低了 5.8%、31.5%。③配筋率为 0.46%的中高剪力墙试件，弹性阶段的顶部加速度响应接近，设置暗支撑中高剪力墙试件的混凝土开裂时的台面加速度比不设置暗支撑中高剪力墙试件提高了 73.3%，表明设置暗支撑可以延缓再生混凝土中高剪力墙的开裂。④层间位移角达到 1/120 时，带暗支撑中高剪力墙试件 RSW1.5-5 比相同再生骨料取代率的中高剪力墙试件 RSW1.5-3 的台面加速度峰值提高了 117.4%，说明设置暗支撑可以显著提高再生混凝土中高剪力墙的抗震性能。

3. 高剪力墙

高剪力墙试件试验时不同工况地震波峰值加速度 PGA 下所对应的顶部加速度峰值 a_{max} 见表 12-12，混凝土高剪力墙试件各个阶段顶部加速度反应时程曲线比较如图 12-13 所述。

表 12-12　高剪力墙试件顶部加速度峰值

RSW2.3-1		RSW2.3-2	
PGA/g	a_{max}/g	PGA/g	a_{max}/g
0.113	0.201	0.101	0.194
0.174	0.318	0.167	0.322

续表

RSW2.3-1		RSW2.3-2	
PGA/g	a_{max}/g	PGA/g	a_{max}/g
0.193	0.391	0.202	0.390
0.283	0.616	0.254（开裂）	0.517
0.393（开裂）	0.674	0.422	0.754
0.476	0.938	0.494	0.897
0.579	0.986	0.567	0.998
0.691	1.037	0.681	1.056
0.805	1.339	0.805	1.258
0.944	1.385	0.884	1.364
1.066	1.421	0.967	1.401
1.141	1.509	1.077	1.514
1.223	1.717	1.188	1.525

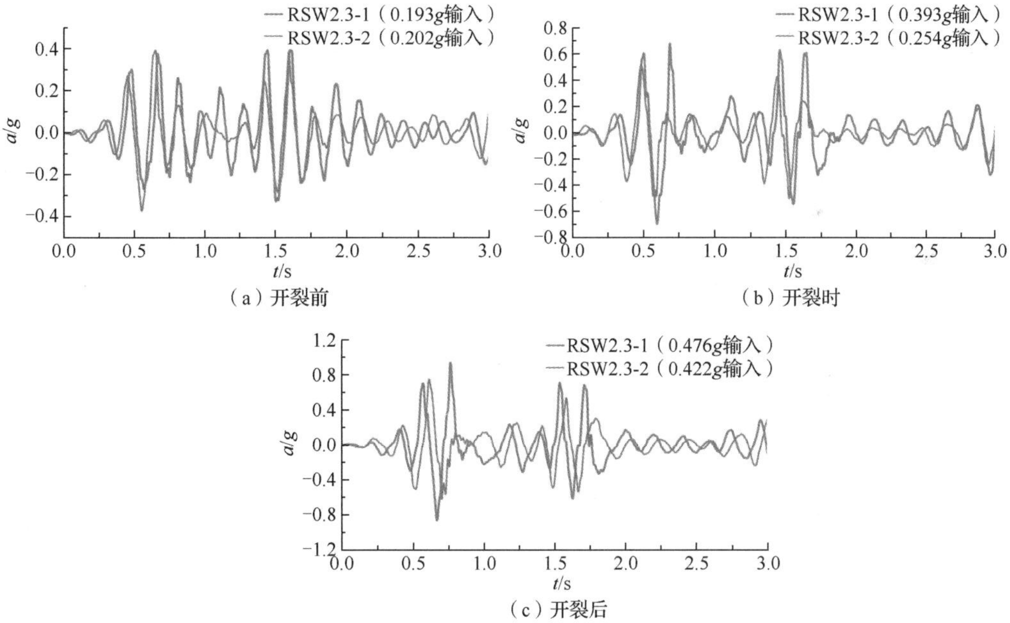

（a）开裂前　（b）开裂时　（c）开裂后

图 12-13　高剪力墙试件各阶段顶部加速度反应时程曲线比较

由表 12-12 和图 12-13 可见：①全再生混凝土高剪力墙试件混凝土开裂时的台面加速度峰值比普通混凝土高剪力墙试件降低了 35.4%。②台面加速度较小时，2 个混凝土高剪力墙试件的顶部加速度响应接近，破坏阶段全再生混凝土高剪力墙试件的顶部最大加速度较普通混凝土高剪力墙试件降低了 11.2%。

12.1.5 位移反应

1. 低矮剪力墙

低矮剪力墙试件在不同工况地震波峰值加速度 PGA 下的顶部最大位移 u 及最大位移角 θ 见表 12-13 和表 12-14，低矮剪力墙试件破坏阶段的顶部位移时程曲线比较如图 12-14 所示。

表 12-13 低矮剪力墙试件顶部位移反应最大值（一）

RSW1.0-1			RSW1.0-2			RSW1.0-3		
PGA/g	u/mm	θ/rad	PGA/g	u/mm	θ/rad	PGA/g	u/mm	θ/rad
0.137	0.19	1/3200	0.109	0.17	1/3548	0.112	0.21	1/2914
0.194	0.27	1/2205	0.179	0.17	1/3548	0.171	0.28	1/2133
0.224	0.53	1/1126	0.229	0.22	1/2675	0.202	0.34	1/1784
0.325	0.83	1/722	0.329	0.39	1/1528	0.328	0.39	1/1525
0.425	1.26	1/478	0.402	0.51	1/1187	0.402	0.51	1/1187
0.560	1.51	1/396	0.482	0.51	1/1183	0.412	0.51	1/1187
0.622	2.10	1/285	0.603	0.95	1/629	0.489	0.67	1/892
0.700	2.10	1/285	0.696	1.01	1/593	0.597	0.78	1/764
0.713	2.16	1/278	0.858	1.12	1/534	0.763	1.06	1/566
0.759	2.24	1/267	0.896	1.35	1/446	0.875	1.46	1/412
0.898	2.40	1/250	1.210	1.46	1/412	0.926	1.91	1/314
0.952	2.53	1/238	1.190	1.57	1/382	0.927	2.08	1/289
1.020	2.55	1/236	1.300	2.13	1/281	1.273	2.75	1/218
1.020	2.58	1/233	1.340	2.36	1/254	1.411	2.92	1/206
1.050	3.65	1/164	1.450	2.58	1/232	1.455	3.20	1/188
1.281	4.06	1/148	1.500	3.42	1/175	1.522	3.87	1/155
1.774	4.76	1/126	1.760	4.10	1/147	1.677	5.89	1/102
1.765	4.92	1/122	1.780	5.50	1/109	1.793	6.79	1/88
1.720	5.05	1/119						
1.760	5.51	1/109						

表 12-14 低矮剪力墙试件顶部位移反应最大值（二）

RSW1.0-1			RSW1.0-4			RSW1.0-5		
PGA/g	u/mm	θ/rad	PGA/g	u/mm	θ/rad	PGA/g	u/mm	θ/rad
0.137	0.19	1/3200	0.108	0.19	1/3232	0.099	0.17	1/3627
0.194	0.27	1/2205	0.169	0.28	1/2162	0.171	0.22	1/2675

续表

RSW1.0-1			RSW1.0-4			RSW1.0-5		
PGA/*g*	*u*/mm	*θ*/rad	PGA/*g*	*u*/mm	*θ*/rad	PGA/*g*	*u*/mm	*θ*/rad
0.224	0.53	1/1126	0.177	0.45	1/1343	0.208	0.28	1/2133
0.305	0.83	1/722	0.327	0.56	1/1067	0.341	0.39	1/1525
0.425	1.26	1/478	0.414	0.95	1/629	0.412	0.41	1/1451
0.560	1.51	1/396	0.580	1.12	1/535	0.474	0.51	1/1187
0.622	2.10	1/285	0.659	1.45	1/414	0.605	0.78	1/764
0.700	2.10	1/285	0.768	2.69	1/223	0.731	1.01	1/595
0.713	2.16	1/278	0.779	3.09	1/194	0.856	1.40	1/428
0.759	2.24	1/267	0.918	3.14	1/191	0.899	1.86	1/323
0.898	2.40	1/250	0.975	3.59	1/167	1.080	2.41	1/249
0.952	2.53	1/238	1.015	4.04	1/149	1.140	2.58	1/232
1.020	2.55	1/236	1.071	4.82	1/124	1.231	2.81	1/214
1.020	2.58	1/233	1.257	4.99	1/120	1.240	3.65	1/165
1.050	3.65	1/164	1.389	5.05	1/119	1.395	4.09	1/147
1.281	4.06	1/148	1.542	5.33	1/113	1.400	4.22	1/142
1.774	4.76	1/126	1.598	5.50	1/109	1.465	4.94	1/122
1.765	4.92	1/122	1.626	5.94	1/101	1.555	4.99	1/120
1.720	5.05	1/119	1.789	6.79	1/88	1.602	5.50	1/109
1.760	5.51	1/109				1.826	5.67	1/106

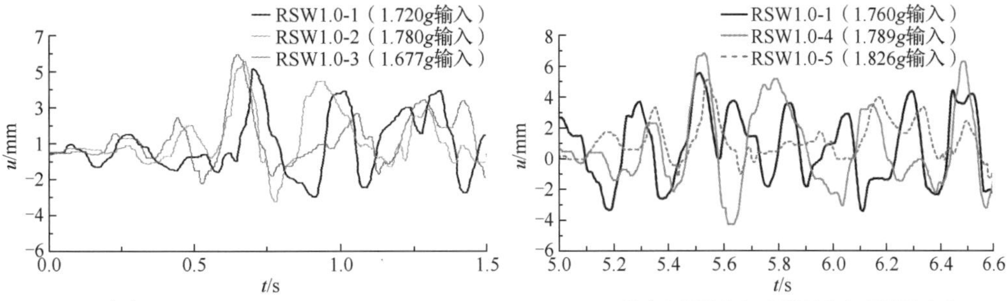

（a）RSW1.0-1、RSW1.0-2、RSW1.0-3　　（b）RSW1.0-1、RSW1.0-4、RSW1.0-5

图 12-14　低矮剪力墙试件破坏阶段的顶部位移时程曲线比较

由表 12-13、表 12-14 和图 12-14 可见：①当输入的台面峰值加速度基本相同时，再生粗骨料混凝土低矮剪力墙试件的顶部位移接近普通混凝土低矮剪力墙试件，而全再生混凝土低矮剪力墙试件的顶部位移明显大。②试件破坏时，输入台面峰值加速度基本相同下，再生混凝土低矮剪力墙试件顶部最大位移较大，试件 RSW1.0-2、RSW1.0-3 比试件 RSW1.0-1 顶部最大位移分别增大了 8.9%和 16.6%。③最终破坏时，输入台面峰值加速度基本相同下，带钢筋暗支撑低矮剪力墙试件 RSW1.0-5 的最大层间位移角比相同再生骨料取代率低矮剪力墙试件减小了 16.5%，表明设置钢筋暗支撑可明显提高剪力墙的抗震性能。

2. 中高剪力墙

中高剪力墙试件在不同工况地震波峰值加速度 PGA 下的最大位移 u 及最大位移角 θ 见表 12-15 和表 12-16，中高剪力墙试件破坏阶段的顶部位移时程曲线比较如图 12-15 所示。

表 12-15 中高剪力墙试件顶部位移反应最大值（一）

RSW1.5-1			RSW1.5-2			RSW1.5-3		
PGA/g	u/mm	θ/rad	PGA/g	u/mm	θ/rad	PGA/g	u/mm	θ/rad
0.142	0.17	1/4558	0.105	0.34	1/2279	0.143	0.34	1/2279
0.182	0.217	1/3571	0.153	0.452	1/1715	0.172	0.566	1/1369
0.222	0.284	1/2729	0.2	0.622	1/1246	0.198	0.622	1/1246
0.321	0.566	1/1369	0.283	1.076	1/720	0.322	0.682	1/1136
0.397	0.622	1/1246	0.396	1.082	1/716	0.33	0.792	1/979
0.436	0.85	1/912	0.506	1.11	1/698	0.466	0.906	1/855
0.53	0.906	1/855	0.566	1.132	1/685	0.486	0.962	1/806
0.613	1.132	1/685	0.614	1.142	1/679	0.64	1.02	1/760
0.691	1.246	1/622	0.626	1.19	1/651	0.68	1.132	1/685
0.693	1.472	1/526	0.736	1.586	1/489	0.748	2.038	1/380
0.859	1.586	1/489	0.797	1.868	1/415	0.841	2.372	1/327
0.930	2.322	1/334	0.888	1.982	1/391	0.85	2.604	1/298
1.005	3.058	1/253	1.014	3.17	1/244	0.953	3.879	1/200
1.042	3.454	1/224	1.062	3.85	1/201	0.972	5.521	1/140
1.183	4.213	1/184	1.317	4.134	1/187	1.072	6.4	1/121
1.342	4.756	1/163	1.475	5.21	1/149	1.245	8.324	1/93
1.566	6.284	1/123	1.61	6.624	1/117	1.467	9.23	1/84
1.805	15.91	1/49	1.818	6.852	1/113	1.8	16.2	1/48
			1.82	18.12	1/43	1.82	24.18	1/32

表 12-16 中高剪力墙试件顶部位移反应最大值（二）

RSW1.5-1			RSW1.5-4			RSW1.5-5		
PGA/g	u/mm	θ/rad	PGA/g	u/mm	θ/rad	PGA/g	u/mm	θ/rad
0.142	0.17	1/4558	0.105	0.118	1/6568	0.109	0.128	1/6054
0.182	0.217	1/3571	0.182	0.192	1/4036	0.172	0.140	1/5535

续表

RSW1.5-1			RSW1.5-4			RSW1.5-5		
PGA/g	u/mm	θ/rad	PGA/g	u/mm	θ/rad	PGA/g	u/mm	θ/rad
0.222	0.284	1/2729	0.249	0.312	1/2484	0.225	0.178	1/4354
0.321	0.566	1/1369	0.338	0.424	1/1828	0.323	0.256	1/3027
0.397	0.622	1/1246	0.525	0.550	1/1409	0.484	0.312	1/2484
0.436	0.85	1/912	0.636	0.724	1/1070	0.570	0.526	1/1473
0.53	0.906	1/855	0.809	0.816	1/950	0.664	0.628	1/1234
0.613	1.132	1/685	0.882	1.122	1/690	0.740	0.800	1/968
0.691	1.246	1/622	0.900	1.240	1/625	0.910	1.002	1/773
0.693	1.472	1/526	0.942	1.614	1/480	0.925	1.054	1/735
0.859	1.586	1/489	1.000	2.226	1/348	0.985	1.296	1/598
0.93	2.322	1/334	1.010	2.474	1/313	1.000	2.316	1/335
1.005	3.058	1/253	1.159	3.368	1/230	1.076	2.362	1/328
1.042	3.454	1/224	1.175	3.680	1/210	1.150	2.500	1/310
1.183	4.213	1/184	1.231	5.044	1/154	1.270	2.870	1/270
1.342	4.756	1/163	1.360	7.750	1/100	1.520	4.000	1/194
1.566	6.284	1/123	1.554	11.200	1/69	1.549	6.000	1/129
1.805	15.91	1/49	1.710	14.000	1/55	1.619	6.200	1/125
			1.922	18.120	1/43	1.835	7.000	1/111

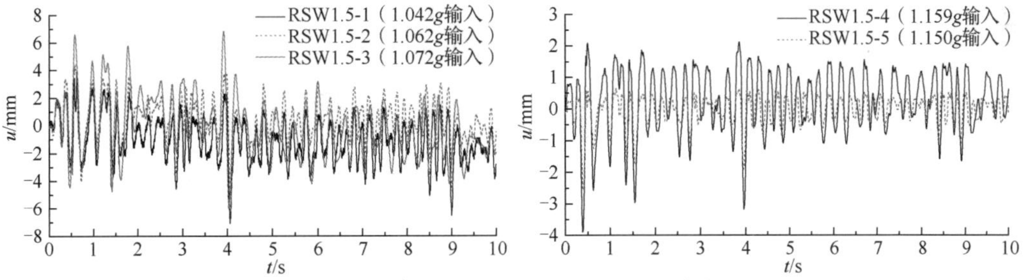

（a）RSW1.5-1、RSW1.5-2、RSW1.5-3　　（b）RSW1.5-4、RSW1.5-5

图 12-15　中高剪力墙试件破坏阶段的顶部位移时程曲线比较

由表 12-15、表 12-16 和图 12-15 可见：①混凝土开裂前，中高剪力墙试件 RSW1.5-1、RSW1.5-2、RSW1.5-3 的顶部最大位移及位移角相差不大；混凝土开裂后，3 个试件的顶部最大位移和位移角随再生骨料取代率的增大呈增大趋势。②试件破坏时，再生混凝土中高剪力墙试件比普通混凝土中高剪力墙试件顶部最大位移增大明显，RSW1.5-2、RSW1.5-3 分别比 RSW1.5-1 增大了 13.9%、51.9%。③混凝土开裂前，配筋率为 0.46% 的 2 个中高剪力墙试件顶部最大位移及位移角相差不大；混凝土开裂后，带钢筋暗支撑中高剪力墙试件 RSW1.5-5 与无暗支撑试件 RSW1.5-4 相比，顶部最大位移和顶部最大位移角增长速度明显减小，表明设置钢筋暗支撑可以有效延缓剪力墙裂缝开展。④试件破坏时，带钢筋暗支撑中高剪力墙试件 RSW1.5-5 比无暗支撑中高剪力墙试件 RSW1.5-4 顶部最大位移减小了 61.4%。

3. 高剪力墙

高剪力墙试件在不同工况地震波峰值加速度 PGA 下顶部最大位移 u 和最大位移角 θ 见表 12-17，高剪力墙试件破坏阶段的顶部位移时程曲线比较如图 12-16 所示。

表 12-17 高剪力墙试件顶部位移反应最大值

RSW2.3-1			RSW2.3-2		
PGA/g	u/mm	θ/rad	PGA/g	u/mm	θ/rad
0.113	0.234	1/2030	0.101	0.31	1/1532
0.174	0.407	1/1167	0.167	0.504	1/942
0.193	0.543	1/875	0.202	0.678	1/701
0.283	0.910	1/522	0.254	0.968	1/491
0.393	1.394	1/341	0.422	1.550	1/306
0.476	1.704	1/279	0.494	2.382	1/199
0.579	2.556	1/186	0.567	3.389	1/140
0.691	3.215	1/148	0.681	4.260	1/112
0.805	4.060	1/117	0.805	5.228	1/91
0.944	4.492	1/106	0.884	5.616	1/85
1.066	4.977	1/95	0.967	6.293	1/75
1.141	5.403	1/88	1.077	7.069	1/67
1.223	5.886	1/81	1.188	8.215	1/58
1.300	7.282	1/65			
1.420	12.393	1/38			

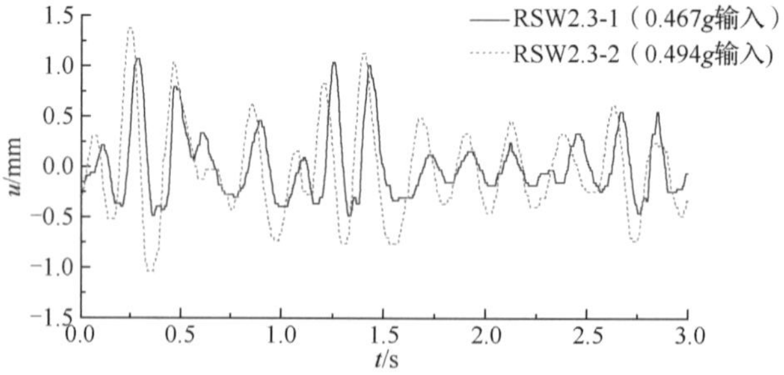

图 12-16 高剪力墙试件破坏阶段的顶部位移时程曲线比较

由表 12-17 和图 12-16 可见：在地震波峰值加速度相同时，全再生混凝土高剪力墙试件顶部最大位移较普通混凝土高剪力墙试件明显增大。

12.1.6　基底剪力

1. 低矮剪力墙

低矮剪力墙试件在不同工况地震波峰值加速度 PGA 下的基底剪力最大值见表 12-18。

表 12-18　低矮剪力墙试件各阶段基底剪力最大值

RSW1.0-1		RSW1.0-2		RSW1.0-3		RSW1.0-4		RSW1.0-5	
PGA/*g*	*F*/kN	PGA/*g*	*F*/kN	PGA/*g*	*F*/kN	PGA/*g*	*F*/kN	PGA/*g*	*F*/kN
0.137	10.85	0.109	8.19	0.112	7.210	0.108	8.75	0.099	8.33
0.194	12.04	0.179	12.25	0.171	14.91	0.169	13.09	0.173	13.79
0.224	16.17	0.229	14.56	0.202	15.82	0.177	14.28	0.212	16.94
0.325	26.46	0.329	22.05	0.328	28.14	0.327	26.39	0.341	25.41
0.425	32.55	0.402	31.57	0.402	32.69	0.414	31.71	0.412	32.20
0.56	44.17	0.482	38.85	0.412	44.24	0.580	45.71	0.474	43.47
0.622	61.81	0.603	60.06	0.489	50.05	0.659	56.42	0.657	60.27
0.700	62.72	0.696	61.25	0.597	59.64	0.768	62.44	0.731	69.65
0.713	63.84	0.858	83.93	0.763	66.78	0.779	64.61	0.856	75.46
0.759	64.75	0.896	100.17	0.875	88.97	0.918	78.47	0.899	80.78
0.898	65.17	1.210	107.10	0.926	100.66	0.975	78.75	1.080	90.79
0.952	65.94	1.190	125.23	0.927	103.46	1.015	89.67	1.140	97.02
1.020	71.47	1.300	128.45	1.273	124.88	1.071	92.47	1.231	101.64
1.020	78.19	1.340	128.66	1.411	139.51	1.257	115.78	1.240	104.86
1.050	89.53	1.450	150.57	1.455	147.84	1.467	132.65	1.395	105.84
1.281	95.83	1.500	151.97	1.522	149.45	1.542	138.95	1.400	120.82
1.774	154.70	1.760	153.44	1.677	152.46	1.598	147.42	1.465	133.77
1.765	167.79	1.780	160.37	1.793	153.23	1.626	151.48	1.555	155.33
1.720	167.02					1.789	169.33	1.602	163.66
1.760	167.79							1.826	197.19

由表 12-18 可见：①随再生骨料取代率增大，低矮剪力墙试件最大基底剪力呈下降趋势。②输入的台面峰值加速度较大时，带钢筋暗支撑低矮剪力墙试件 RSW1.0-5 的最大基底剪力明显大于未设置钢筋暗支撑的低矮剪力墙试件 RSW1.0-4，提高了低矮剪力墙的刚度，延缓了刚度退化。

2. 中高剪力墙

中高剪力墙试件在不同工况地震波加速度峰值 PGA 下的基底剪力最大值见表 12-19。

表 12-19 中高剪力墙试件各阶段基底剪力最大值

RSW1.5-1		RSW1.5-2		RSW1.5-3		RSW1.5-4		RSW1.5-5	
PGA/*g*	*F*/kN	PGA/*g*	*F*/kN	PGA/*g*	*F*/kN	PGA/*g*	*F*/kN	PGA/*g*	*F*/kN
0.142	10.73	0.105	7.15	0.143	10.53	0.105	8.79	0.109	10.28
0.182	13.09	0.153	12.01	0.172	14.88	0.182	12.98	0.172	13.19
0.222	17.13	0.2	15.95	0.198	17.64	0.249	15.85	0.225	18.00
0.321	23.11	0.283	24.08	0.322	28.58	0.338	25.87	0.323	22.96
0.397	35.95	0.396	30.47	0.33	29.30	0.525	33.70	0.484	27.35
0.436	42.08	0.506	32.01	0.466	33.95	0.636	43.05	0.570	34.92
0.53	46.74	0.566	45.77	0.486	30.88	0.809	47.40	0.664	36.97
0.613	47.86	0.614	46.02	0.64	59.57	0.882	49.45	0.740	41.73
0.691	53.39	0.626	47.04	0.68	62.90	0.900	54.05	0.910	43.41
0.693	62.69	0.736	52.41	0.748	70.47	0.942	55.94	0.925	47.56
0.859	69.49	0.797	59.27	0.841	70.77	1.000	56.56	0.985	54.46
0.930	73.53	0.888	80.85	0.85	93.07	1.010	63.87	1.000	58.81
1.005	80.54	1.014	118.18	0.953	109.28	1.159	67.81	1.076	58.35
1.042	92.56	1.062	119.71	0.972	114.34	1.175	97.77	1.150	58.96
1.183	97.26	1.317	121.35	1.072	120.74	1.231	109.03	1.270	62.08
1.342	111.02	1.475	122.07	1.245	121.91	1.360	122.07	1.520	94.19
1.566	122.07	1.61	122.02	1.467	119.25	1.554	121.50	1.549	121.30
1.805	122.07	1.818	121.15	1.8	119.15	1.710	120.07	1.619	119.15
		1.82	120.07	1.82	118.13	1.922	119.92	1.835	118.13

由表 12-19 可见：①与普通混凝土中高剪力墙试件相比，再生粗骨料混凝土中高剪力墙试件达到最大基底剪力时的台面峰值加速度降低了 5.8%，全再生混凝土中高剪力墙试件的台面峰值加速度降低了 20.5%。②带钢筋暗支撑中高剪力墙试件 RSW1.5-5 达到最大基底剪力时，台面加速度峰值比未设置钢筋暗支撑的中高剪力墙试件 RSW1.5-4 提高了 13.9%，表明设置钢筋暗支撑可显著提高中高剪力墙试件的抗剪能力。

3. 高剪力墙

高剪力墙试件在不同工况地震波加速度峰值 PGA 下的基底剪力最大值见表 12-20。

表 12-20　高剪力墙试件各阶段基底剪力最大值

RSW2.3-1		RSW2.3-2	
PGA/g	F/kN	PGA/g	F/kN
0.113	14.07	0.101	13.58
0.174	22.26	0.167	22.54
0.193	27.37	0.202	27.3
0.283	43.12	0.254	36.19
0.393	47.18	0.422	52.78
0.476	65.66	0.494	62.79
0.579	69.02	0.567	69.86
0.691	72.59	0.681	73.92
0.805	93.73	0.805	88.06
0.944	96.95	0.884	95.48
1.066	99.47	0.967	98.07
1.141	105.63	1.077	105.98
1.223	120.19	1.188	106.75

由表 12-20 可见：①再生混凝土高剪力墙试件基底剪力比普通混凝土高剪力墙明显降低。②最终破坏时，全再生混凝土高剪力墙试件最大基底剪力比普通混凝土高剪力墙试件降低了 11.1%。

12.1.7　有限元分析

1. 模型建立

利用通用有限元软件 ABAQUS 对混凝土剪力墙试件进行了弹塑性有限元分析。钢材采用弹塑性模型，混凝土采用损伤塑性模型模拟受力性能，再生混凝土的本构关系参照《混凝土结构设计规范（2015 年版）》（GB 50010—2010）建议的混凝土应力-应变关系确定。

混凝土和钢板均采用 C3D8R 单元，钢筋选用 T3D2 单元进行计算；选用嵌入（embedded）来考虑混凝土和钢筋的相互作用；地震波以边界条件的形式施加在剪力墙试件的底部，荷重块质量通过增大加载梁的密度实现。

2. 自振频率对比

混凝土剪力墙试件在地震波激振前的初始自振频率计算值与实测值的比较见表 12-21。可见，自振频率模拟结果 f_{cal} 与试验结果 f_{exp} 误差绝对值为 0.8%～14.0%。

表 12-21　混凝土剪力墙试件的自振频率计算值与实测值的比较

试件编号	f_{cal}/Hz	f_{exp}/Hz	f_{cal}/f_{exp}
RSW1.0-1	9.45	8.32	1.136
RSW1.0-2	8.92	8.05	1.108
RSW1.0-3	9.18	8.45	1.086
RSW1.0-4	9.20	8.25	1.115
RSW1.0-5	9.31	8.27	1.126
RSW1.5-1	10.81	10.9	0.992
RSW1.5-2	10.17	10.7	0.950
RSW1.5-3	9.69	10.9	0.889
RSW1.5-4	9.71	10.35	0.938
RSW1.5-5	9.84	10.38	0.948
RSW2.3-1	7.51	6.71	1.119
RSW2.3-2	7.18	6.67	1.076

3. 加速度反应对比

混凝土剪力墙试件顶部计算加速度时程曲线与实测加速度时程曲线结果比较如图 12-17 所示。可见计算结果与试验符合较好。

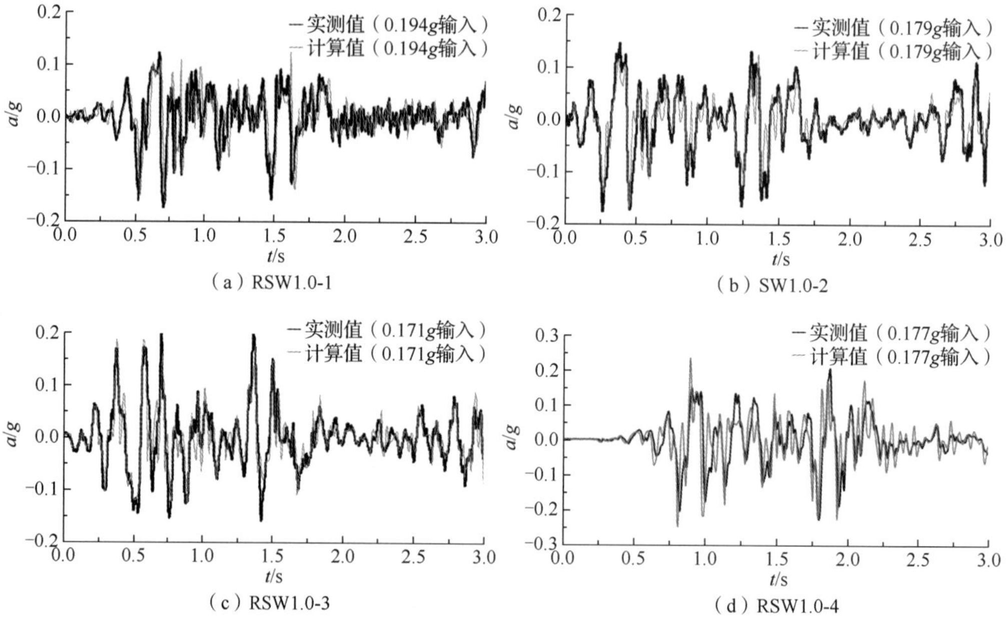

（a）RSW1.0-1　（b）SW1.0-2　（c）RSW1.0-3　（d）RSW1.0-4

图 12-17　混凝土剪力墙试件实测加速度时程曲线与计算加速度时程曲线比较

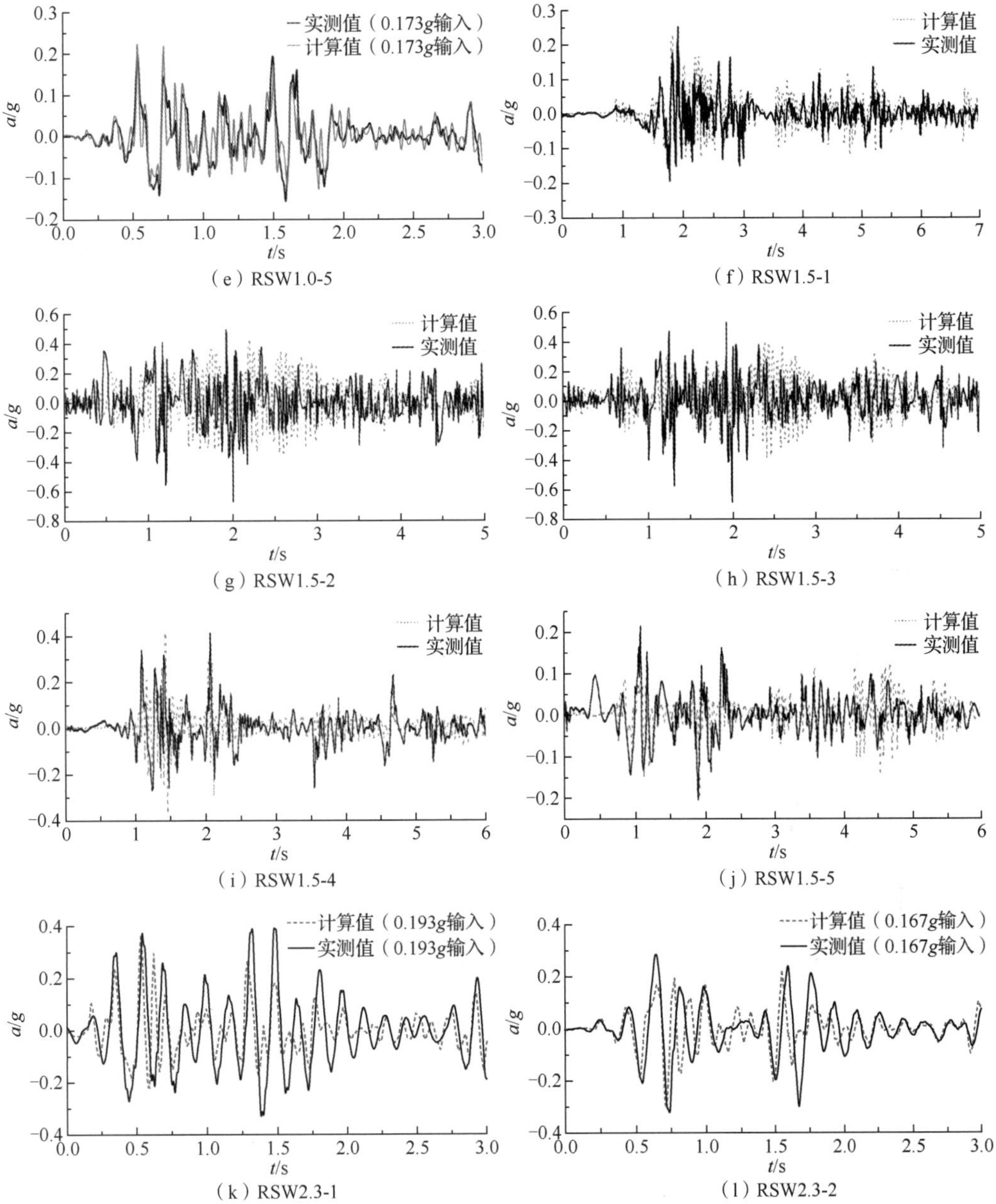

（e）RSW1.0-5　（f）RSW1.5-1
（g）RSW1.5-2　（h）RSW1.5-3
（i）RSW1.5-4　（j）RSW1.5-5
（k）RSW2.3-1　（l）RSW2.3-2

图 12-17（续）

12.2 再生混凝土框架-剪力墙结构振动台试验

12.2.1 试验概况

本节设计制作了 4 个 1/5 缩尺的框架-剪力墙结构模型和 2 个带耗能支撑的框架-剪力墙结构模型振动台试验试件，带耗能支撑的框架-剪力墙结构模型振动台试验试件也可称为框架-剪力墙-耗能支撑结构模型振动台试验试件，试件的轴压比均为 0.1。试件设计变量包括再生骨料取代率、是否设置暗支撑及是否设置耗能支撑，试件编号及设计参数见表 12-22。试件尺寸及配筋如图 12-18 所示。图 12-18 中，耗能支撑的芯材采用 Q235 钢板，耗能支撑的外包混凝土的设计强度等级为 C25。

表 12-22 混凝土框架-剪力墙结构试件设计参数

构件编号	再生粗骨料取代率ρ_c/%	再生细骨料取代率ρ_f/%	墙体配筋率ρ/%	暗支撑	耗能支撑
FSW-1	0	0	0.25	无	无
FSW-2	100	0	0.25	无	无
FSW-3	100	100	0.25	无	无
FSW-4	100	100	0.25	有	无
FSWB-1	100	0	0.25	无	有
FSWB-2	100	100	0.25	无	有

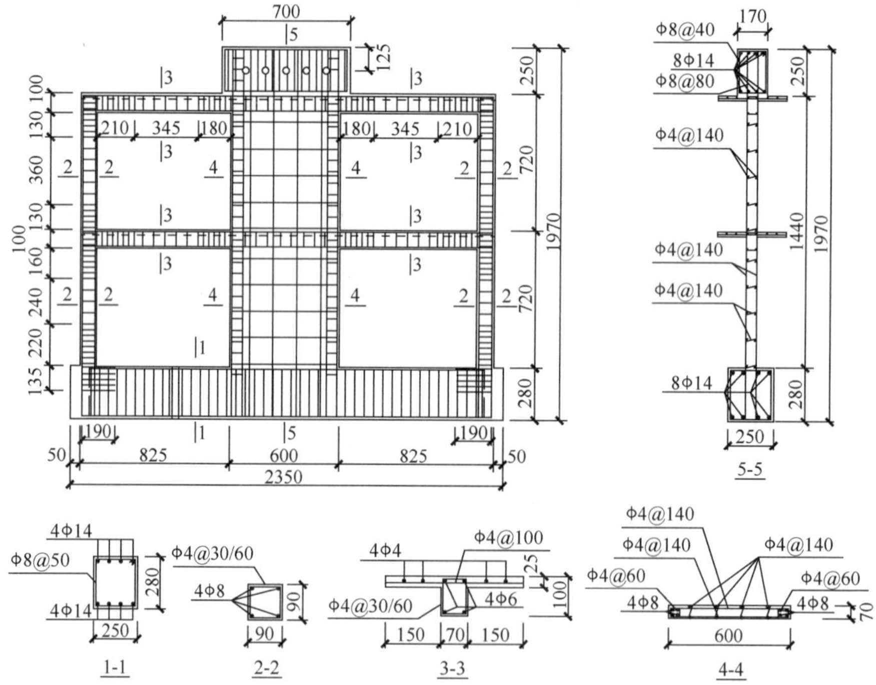

(a) FSW-1～FSW-3

图 12-18 试件尺寸及配筋（单位：mm）

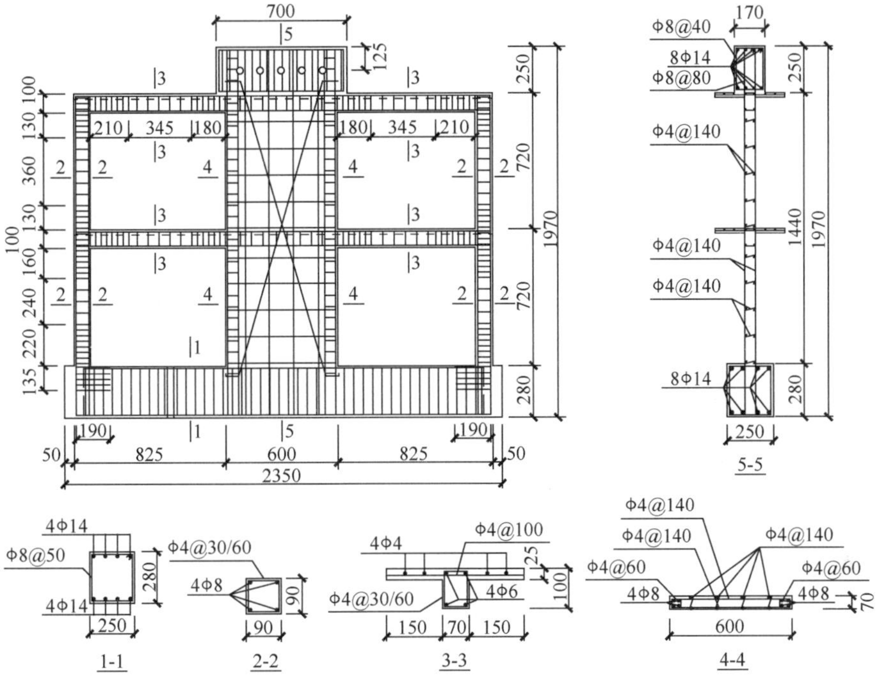

(b) FSW-4

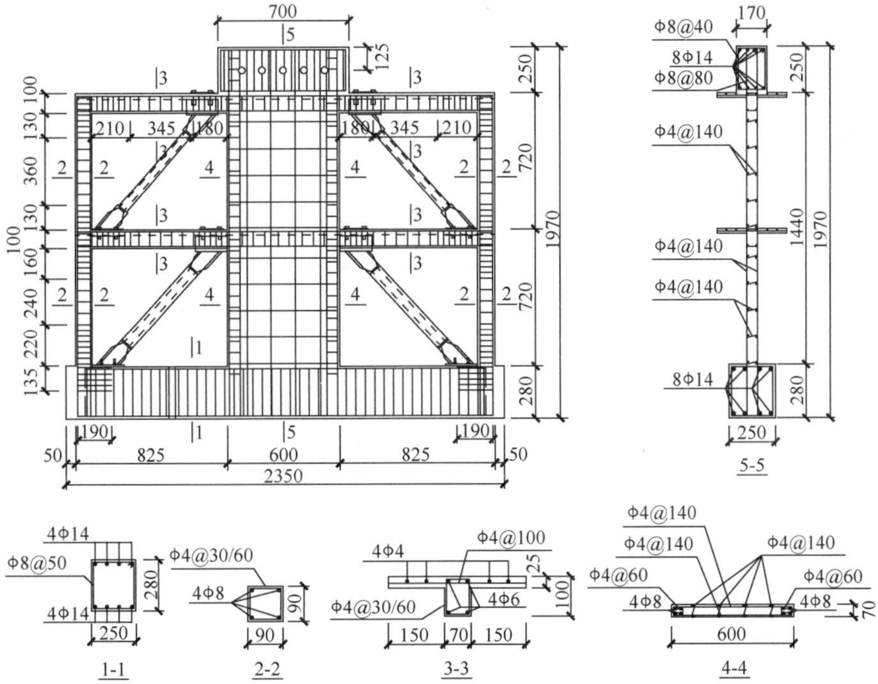

图 12-18（续）

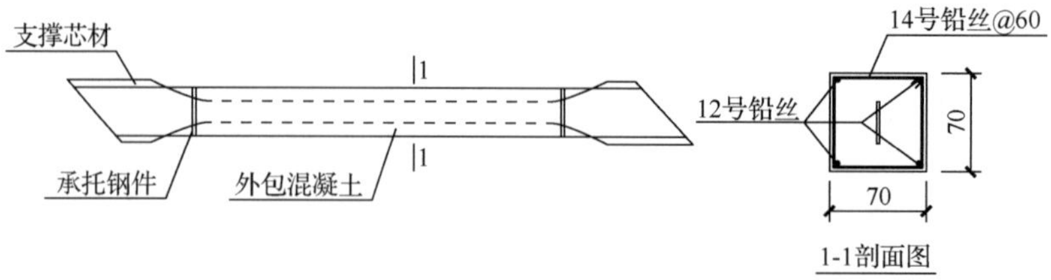

一层支撑

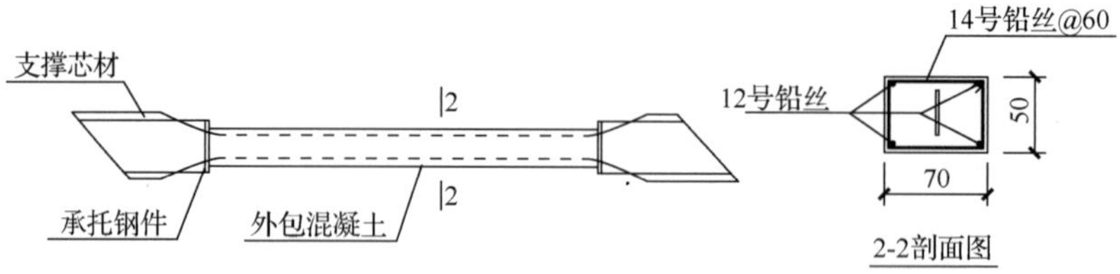

二层支撑

（c）FSWB-1～FSWB-2

图 12-18（续）

框架-剪力墙结构试件混凝土实测力学性能见表 12-23。试件的剪力墙暗柱及框架柱纵筋均采用直径为 8mm 的钢筋，框架梁纵筋采用直径为 6mm 的钢筋，梁柱箍筋及墙体内分布钢筋均采用直径为 4mm 的钢筋，钢筋实测力学性能见表 12-24。

表 12-23 框架-剪力墙结构试件混凝土实测力学性能

试件编号	立方体抗压强度 f_{cu}/MPa	弹性模量 E_c/(10^4MPa)
FSW-1	35.5	3.13
FSW-2	32.6	2.68
FSW-3	31.2	2.35
FSW-4	31.2	2.35
FSWB-1	32.6	2.68
FSWB-2	31.2	2.35

表 12-24 框架-剪力墙结构试件钢筋实测力学性能

钢筋直径 D/mm	屈服强度 f_y/MPa	极限强度 f_u/MPa	弹性模量 E_s/(10^5MPa)
4	312	352	1.79
6	383	453	1.77
8	338	493	1.98

试验在台面尺寸为 3m×3m 的振动台上进行，荷重槽与模型顶部加载梁之间通过螺栓固定，并采取构造措施保证试验过程中二者之间无相对位移；试件周围设置 4 根支杆，与荷重槽之间通过可滑动螺栓连接，以保持整体结构振动时的稳定性。框架-剪力墙结构模型试件、框架-剪力墙-耗能支撑结构模型试件振动台试验装置如图 12-19 所示。

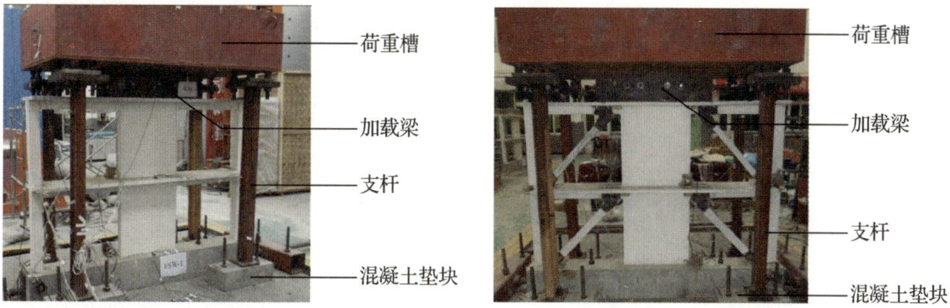

（a）框架-剪力墙模型　　（b）试件框架-剪力墙-耗能支撑模型

图 12-19　振动台试验装置

试验时选用 EL Centro N-S 地震波（X 方向）激振。试验前采用低幅白噪声对试件进行激振以测试初始自振频率，地震波加速度峰值首先分别按照 7 度基本烈度、7 度罕遇烈度、8 度罕遇烈度、9 度罕遇烈度进行加载，之后逐级增加 0.1g 直至试件破坏。同时，在地震波施加结束后进行白噪声激振以测试试件自振频率。实测振动台台面地震波加速度峰值见表 12-25。

表 12-25　实测振动台台面地震波加速度峰值

序号	PGA/g					
	FSW-1	FSW-2	FSW-3	FSW-4	FSWB-1	FSWB-2
1	0.119	0.120	0.125	0.144	0.144	0.120
2	0.173	0.179	0.175	0.145	0.221	0.164
3	0.231	0.193	0.192	0.195	0.227	0.168
4	0.281	0.245	0.286	0.248	0.310	0.310
5	0.372	0.330	0.326	0.430	0.426	0.372
6	0.440	0.435	0.388	0.431	0.461	0.470
7	0.495	0.497	0.437	0.566	0.520	0.513
8	0.579	0.586	0.583	0.647	0.540	0.528
9	0.743	0.710	0.848	0.857	0.770	
10	0.796	0.925	1.034	0.921	0.774	
11	1.034	1.119	1.147	1.007	0.829	
12	1.037	1.162	1.244	1.152	1.000	
13	1.339	1.398	1.323	1.189	1.254	1.079
14	1.487	1.465	1.562	1.322	1.397	1.280
15	1.843	1.469		1.416	1.530	1.598
16	1.867	1.779		1.958	1.817	1.635
17					1.967	1.657
18					1.919	1.786

在试件上布置加速度传感器量测振动过程中加速度反应，共布置5个加速度传感器，分别量测台面，试件基础，一、二层顶部楼板，配重质心加速度。在试件一层对角方向以及结构整体对角方向布置拉线位移计，量测试验过程中试件的位移反应，通过几何关系可分别换算得到试件一、二层层间相对位移及顶部位移反应。加速度计及位移计布置如图 12-20 所示。

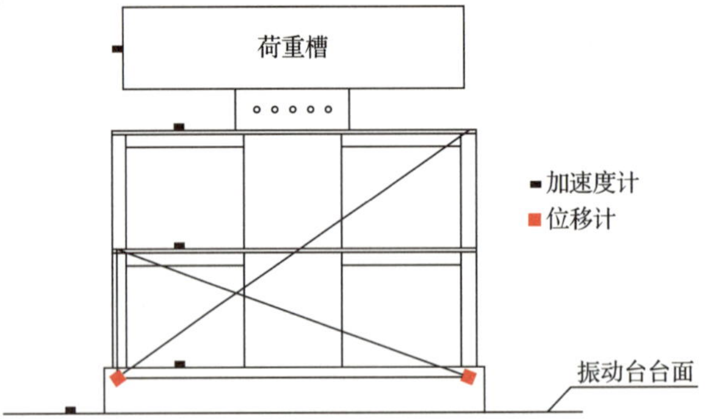

图 12-20 加速度计及位移计布置

12.2.2 破坏特征

框架-剪力墙结构试件、框架-剪力墙-耗能支撑结构试件的最终破坏形态如图 12-21 所示。

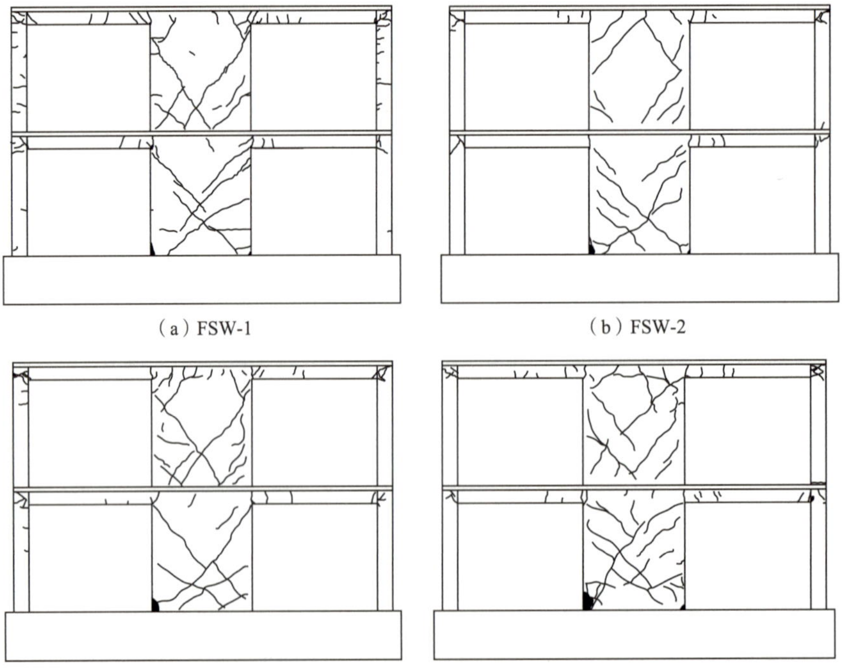

（a）FSW-1　（b）FSW-2　（c）FSW-3　（d）FSW-4

图 12-21 框架-剪力墙结构试件、框架-剪力墙-耗能支撑结构试件最终破坏形态

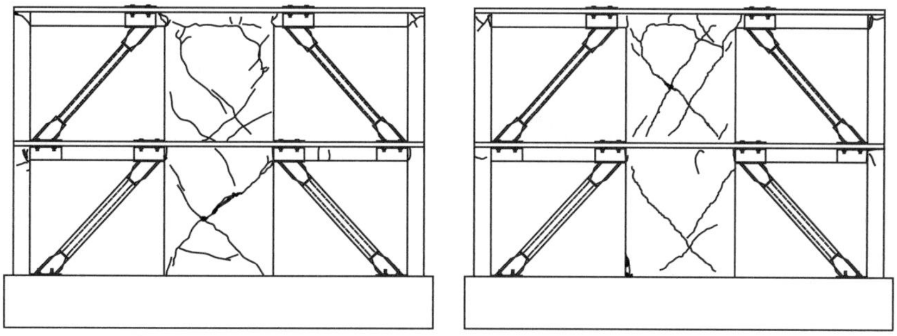

（e）FSWB-1　　（f）FSWB-2

图 12-21（续）

由图 12-21 可见：①各试件均为剪力墙先发生剪切破坏，之后框架梁端部、框架柱端部先后形成塑性铰，体现了框剪结构“两道抗震防线”以及“强柱弱梁”的延性破坏特征。②试件 FSW-1、FSW-2 与试件 FSW-3、FSW-4 相比，剪力墙斜裂缝出现较晚，并迅速发展为贯通的主裂缝，试件 FSW-3、FSW-4 的剪力墙斜裂缝发展为主斜裂缝的过程相对长。③试件 FSW-1、FSW-2、FSW-3 的剪力墙破坏时裂缝较少，主裂缝明显且宽度较大，墙体带暗支撑试件 FSW-4 剪力墙斜裂缝发展受到明显限制，裂缝较多且宽度较小。④在地震波加速度峰值基本相同时，设置耗能支撑的试件 FSWB-1、FSWB-2 的剪力墙上裂缝少，这是因为耗能支撑发挥了抗震耗能作用，试件 FSWB-1、FSWB-2 框架梁柱端部和节点部位的破坏程度也较试件 FSW-2、FSW-3 显著减轻。

12.2.3 自振频率

在不同工况地震波加速度峰值 PGA 输入下框架-剪力墙结构试件、框架-剪力墙-耗能支撑结构试件的实测自振频率见表 12-26。

表 12-26　框架-剪力墙结构试件、框架-剪力墙-耗能支撑结构试件实测自振频率

序号	FSW-1		FSW-2		FSW-3		FSW-4		FSWB-1		FSWB-2	
	PGA/g	f/Hz	PGA/g	f/Hz	PGA/g	f/Hz	PGA/g	f/Hz	PGA/g	f/Hz	PGA/g	f/Hz
1	0.07（白噪声）	5.86	0.07（白噪声）	5.27	0.07（白噪声）	4.25	0.07（白噪声）	4.32	0.07（白噪声）	6.85	0.07（白噪声）	6.84
2	0.281（初裂）	5.23	0.193（初裂）	4.96	0.175（初裂）	3.96	0.248（初裂）	3.98	0.461（初裂）	6.75	0.372（初裂）	6.76
3	0.440	4.91	0.435	4.69	0.437	3.87	0.430	3.92	0.829	6.13	0.513	5.85
4	0.743	4.64	0.710	4.35	0.848	3.53	0.857	3.54	1.254	5.84	1.079	4.30
5	1.034	4.59	1.119	3.53	1.147	3.52	1.189	3.52	1.530	4.64	1.598	4.24
6	1.843	3.53	1.469	3.52	1.323	3.44	1.416	3.50	1.919	3.53	1.786	3.52

由表 12-26 可见：①再生混凝土弹性模量偏低，结构的初始自振频率随再生骨料取代率增大而降低；与试件 FSW-1 的初始自振频率相比，FSW-2 降低了 10.1%，FSW-3 降低了 27.5%，表明全再生混凝土结构的初始刚度下降明显，FSW-4 初始自振频率与 FSW-3 相近，设置钢筋暗支撑对结构初始刚度没有明显影响。②加设耗能支撑后，结构整体抗侧刚度提升，试件自振频率显著提高，试件 FSWB-1 初始自振频率较 FSW-2 提高了 30.0%，FSWB-2 初始自振频率较 FSW-3 提高了 60.9%。③最终破坏时，各试件自振频率衰减到相近值，试件 FSWB-1 输入的地震波加速度峰值较 FSW-2 提高了 71.5%，FSWB-2 输入的地震波加速度峰值较 FSW-3 提高了 55.7%，表明加设耗能支撑可以有效提升结构整体刚度，减缓结构刚度退化。

12.2.4 加速度反应

在不同工况加速度峰值地震波 PGA 输入下的一、二层的顶部加速度峰值 $a_{1\max}$、$a_{2\max}$ 见表 12-27 和表 12-28，各试件在混凝土开裂前、开裂时、开裂后不同加载阶段二层顶部加速度时程曲线比较（截取时程曲线中包含峰值部分时间段）如图 12-22 所示。

表 12-27 一、二层顶部加速度峰值（一）

序号	FSW-1			FSW-2			FSW-3		
	PGA/g	$a_{1\max}/g$	$a_{2\max}/g$	PGA/g	$a_{1\max}/g$	$a_{2\max}/g$	PGA/g	$a_{1\max}/g$	$a_{2\max}/g$
1	0.119	0.092	0.123	0.120	0.132	0.171	0.125	0.149	0.203
2	0.173	0.151	0.175	0.179	0.186	0.267	0.175	0.224	0.303
3	0.231	0.227	0.290	0.193	0.186	0.282	0.192	0.234	0.346
4	0.281	0.384	0.343	0.245	0.328	0.408	0.286	0.433	0.518
5	0.372	0.403	0.523	0.330	0.340	0.456	0.326	0.474	0.637
6	0.440	0.449	0.631	0.435	0.416	0.520	0.388	0.475	0.655
7	0.495	0.490	0.669	0.497	0.598	0.613	0.437	0.506	0.717
8	0.579	0.667	0.819	0.586	0.621	0.752	0.583	0.804	1.065
9	0.743	0.775	1.000	0.710	0.767	1.161	0.848	1.028	1.592
10	0.796	0.953	1.454	0.925	0.966	1.503	1.034	2.398	2.397
11	1.034	1.066	2.387	1.119	1.167	2.390	1.147	2.398	2.398
12	1.037	1.084	2.391	1.162	1.342	2.397	1.244	2.398	2.398
13	1.339	1.289	2.397	1.398	1.685	2.398	1.323	2.398	2.398
14	1.487	1.418	2.398	1.465	1.726	2.398	1.562	2.398	2.398
15	1.843	2.145	2.398	1.469	2.094	2.398			
16	1.867	2.182	2.398	1.779	2.317	2.398			

表 12-28　一、二层顶部加速度峰值（二）

序号	FSW-4			FSWB-1			FSWB-2		
	PGA/g	a_{1max}/g	a_{2max}/g	PGA/g	a_{1max}/g	a_{2max}/g	PGA/g	a_{1max}/g	a_{2max}/g
1	0.144	0.152	0.219	0.144	0.178	0.181	0.120	0.130	0.149
2	0.145	0.175	0.290	0.221	0.256	0.276	0.164	0.184	0.192
3	0.195	0.312	0.461	0.227	0.244	0.289	0.168	0.222	0.237
4	0.248	0.374	0.606	0.310	0.353	0.428	0.310	0.345	0.346
5	0.430	0.636	0.957	0.426	0.471	0.573	0.372	0.447	0.513
6	0.431	0.649	1.053	0.461	0.504	0.578	0.470	0.540	0.614
7	0.566	0.739	1.273	0.520	0.593	0.666	0.513	0.614	0.710
8	0.647	0.922	1.420	0.540	0.635	0.695	0.528	0.634	0.764
9	0.857	0.982	1.562	0.770	0.837	0.819			
10	0.921	1.052	1.604	0.774	0.851	0.859			
11	1.007	1.071	1.642	0.829	0.986	1.289			
12	1.152	1.422	1.759	1.000	1.309	1.336			
13	1.189	1.428	1.946	1.254	1.388	1.397	1.079	1.318	1.571
14	1.322	2.028	2.398	1.397	1.616	1.655	1.280	1.365	1.595
15	1.416	2.398	2.398	1.530	1.869	1.994	1.598	1.696	1.676
16	1.958	2.398	2.398	1.817	2.158	2.184	1.635	1.757	1.857
17	2.273	2.398	2.398	1.967	2.202	2.517	1.657	1.803	1.882
18				1.919	2.218	2.477	1.786	1.933	1.984

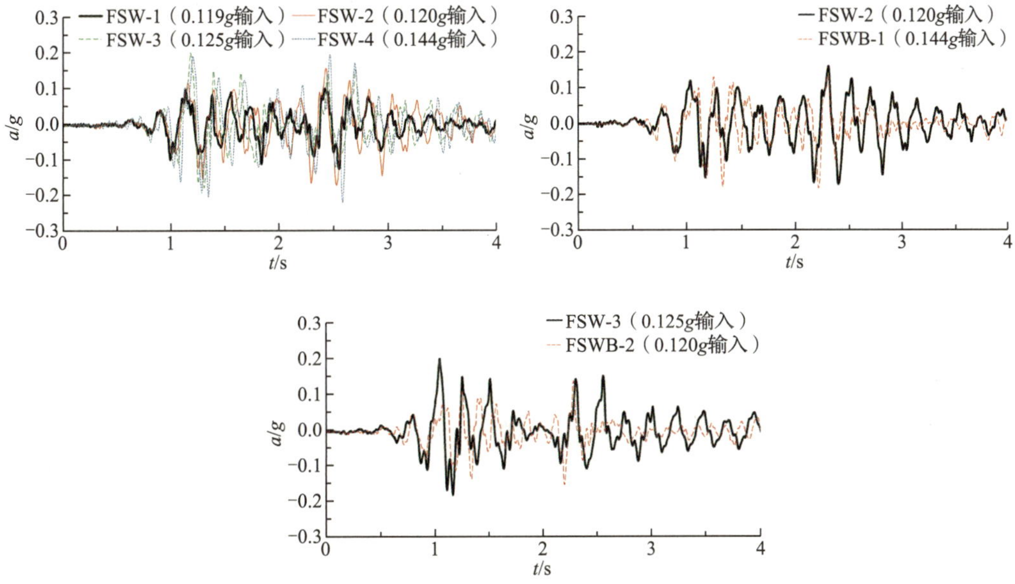

（a）开裂前

图 12-22　试件不同阶段二层顶部加速度时程曲线比较

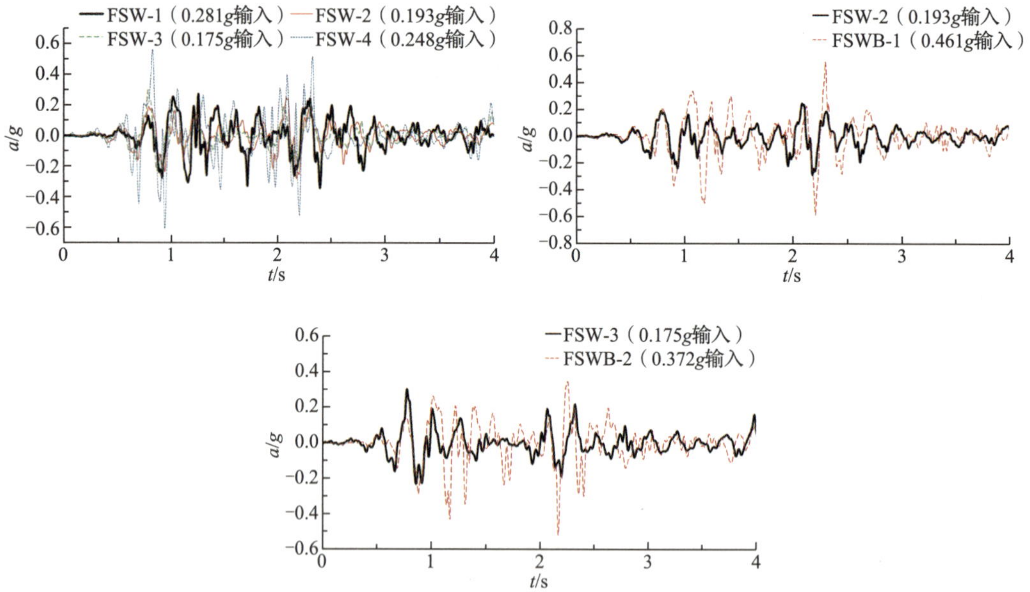

（b）开裂时

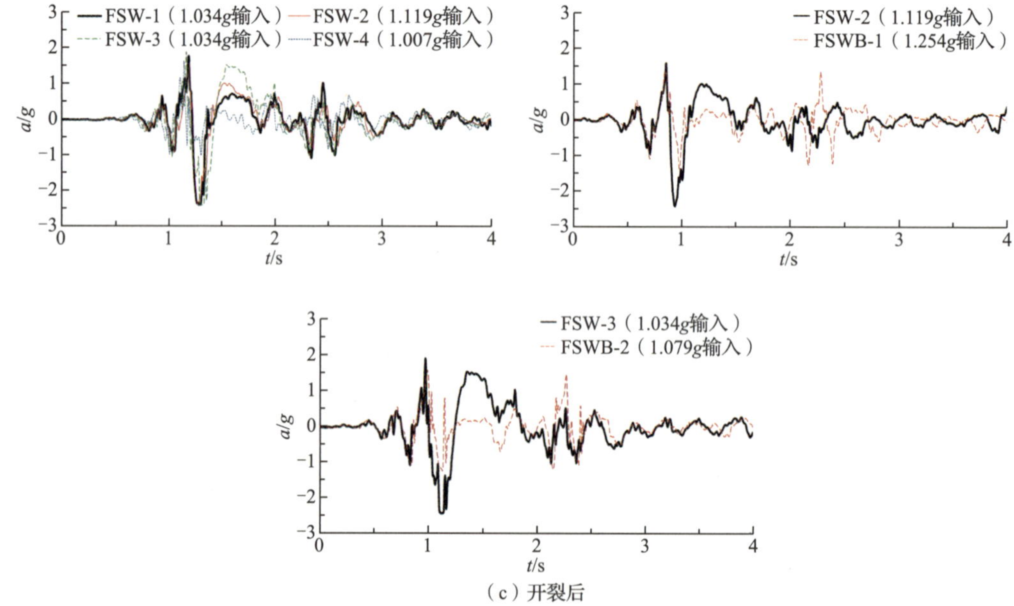

（c）开裂后

图 12-22（续）

由图 12-22 可见：①混凝土开裂前，FSW-2 较 FSW-1 的加速度峰值降低了 37.7%，FSW-3 较 FSW-2 的加速度峰值提高了 41.7%，表明再生混凝土结构抗开裂能力比普通混凝土结构下降，剪力墙带钢筋暗支撑的试件 FSW-4 抗开裂能力显著提高。②输入的地震加速度峰值基本相同时，试件加速度反应随再生骨料取代率增大而增大；墙体开裂后，结构的剪力墙带暗支撑试件的加速度反应较结构的剪力墙未设置暗支撑试件明显减小。③输入的地震加速度峰值基本相同时，试件 FSWB-1、FSWB-2 的加速度反应与试件

FSW-1、FSW-2 相比明显减小；初始开裂时，试件 FSWB-1 地震加速度峰值较试件 FSW-1 提高了 138.9%，试件 FSWB-2 较试件 FSW-2 提高了 86.9%，表明加设耗能支撑能显著提升结构抗震能力。

12.2.5 位移反应

实测所得各试件开裂后输入的地震波加速度峰值基本相同时，各试件顶部位移时程曲线比较如图 12-23 所示；实测所得在不同工况加速度峰值地震波 PGA 作用下的一、二层的层间位移最大值 δ_1、δ_2，顶部位移最大值 $\varDelta$ 及一、二层的位移角最大值 θ_1、θ_2 见表 12-29～表 12-31。

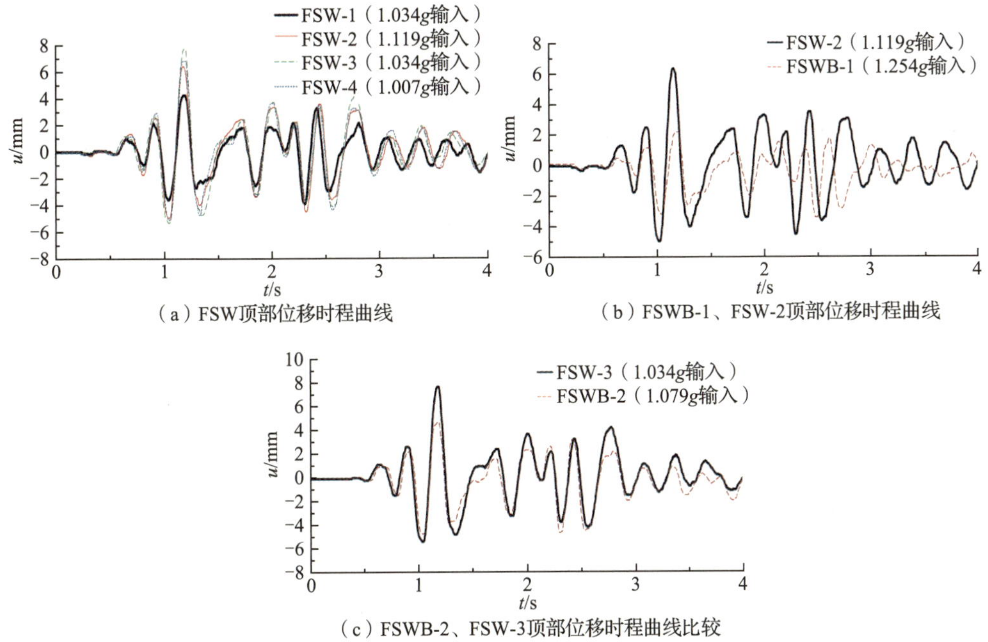

（a）FSW顶部位移时程曲线

（b）FSWB-1、FSW-2顶部位移时程曲线

（c）FSWB-2、FSW-3顶部位移时程曲线比较

图 12-23　试件顶部位移时程曲线比较

表 12-29　试件各层层间位移及顶部位移最大值（一）

PGA/g	FSW-1					PGA/g	FSW-2				
	δ_1/mm	δ_2/mm	$\varDelta$/mm	θ_1	θ_2		δ_1/mm	δ_2/mm	$\varDelta$/mm	θ_1	θ_2
0.119	0.130	0.306	0.370	1/5552	1/3889	0.120	0.324	0.165	0.518	1/2221	1/2778
0.173	0.195	0.360	0.518	1/3702	1/2778	0.179	0.648	0.236	0.889	1/1110	1/1621
0.231	0.195	0.432	0.704	1/3702	1/2045	0.193	0.648	0.257	0.963	1/1110	1/1496
0.281	0.324	0.549	0.741	1/2221	1/1945	0.245	0.843	0.406	1.260	1/854	1/1143
0.372	0.519	0.586	1.112	1/1388	1/1295	0.330	1.038	0.582	1.482	1/693	1/972
0.440	0.713	0.637	1.445	1/1010	1/997	0.435	1.103	0.614	1.630	1/653	1/883

续表

PGA/g	FSW-1					PGA/g	FSW-2				
	δ_1/mm	δ_2/mm	Δ/mm	θ_1	θ_2		δ_1/mm	δ_2/mm	Δ/mm	θ_1	θ_2
0.495	1.168	0.705	1.630	1/616	1/883	0.497	1.233	0.652	1.778	1/584	1/810
0.579	1.363	0.716	2.075	1/528	1/694	0.586	1.557	0.757	2.149	1/462	1/670
0.743	1.524	0.970	2.445	1/472	1/589	0.710	2.725	1.714	3.631	1/264	1/397
0.796	2.465	2.207	3.335	1/292	1/432	0.925	3.374	1.789	4.445	1/213	1/324
1.034	2.660	2.308	4.223	1/271	1/341	1.119	4.996	2.129	6.372	1/144	1/226
1.037	3.114	2.530	5.261	1/231	1/274	1.162	5.449	2.149	7.262	1/132	1/198
1.339	4.412	3.492	7.410	1/163	1/194	1.398	7.007	2.623	9.559	1/103	1/151
1.487	5.060	3.514	8.373	1/142	1/172	1.465	7.396	2.761	9.781	1/97	1/147
1.843	7.136	3.567	10.743	1/101	1/134	1.469	7.915	3.561	10.077	1/91	1/143
1.867	7.720	3.593	11.041	1/93	1/130	1.779	8.045	3.585	10.743	1/89	1/134

表 12-30 试件各层层间位移及顶部位移最大值（二）

PGA/g	FSW-3					PGA/g	FSW-4				
	δ_1/mm	δ_2/mm	Δ/mm	θ_1	θ_2		δ_1/mm	δ_2/mm	Δ/mm	θ_1	θ_2
0.125	0.519	0.211	0.666	1/1388	1/2161	0.144	0.342	0.389	0.713	1/2106	1/2020
0.175	0.778	0.286	1.000	1/925	1/1440	0.145	0.513	0.481	0.951	1/1404	1/1514
0.192	0.941	0.396	1.112	1/765	1/1295	0.195	0.856	0.543	1.494	1/842	1/964
0.286	1.168	0.612	1.630	1/616	1/883	0.248	1.254	1.096	1.629	1/574	1/884
0.326	1.557	0.692	2.149	1/462	1/670	0.430	2.166	1.735	2.715	1/332	1/530
0.388	1.622	1.022	2.149	1/444	1/670	0.431	2.223	1.838	2.919	1/324	1/493
0.437	1.816	1.053	2.445	1/396	1/589	0.566	2.907	2.174	4.005	1/248	1/360
0.583	2.530	1.099	3.557	1/285	1/405	0.647	2.964	2.322	4.141	1/243	1/348
0.848	3.438	1.440	5.706	1/209	1/252	0.857	4.219	2.597	5.702	1/171	1/253
1.034	5.125	2.018	7.706	1/140	1/187	0.921	4.390	2.605	6.245	1/164	1/231
1.147	6.747	2.640	9.114	1/107	1/158	1.007	4.902	2.617	6.789	1/147	1/212
1.244	7.136	3.232	9.410	1/100	1/153	1.152	5.016	2.627	7.263	1/144	1/198
1.323	7.655	3.235	9.559	1/94	1/151	1.189	5.530	2.635	7.399	1/130	1/195
1.562	9.667	3.619	11.263	1/74	1/128	1.322	6.784	2.976	8.893	1/106	1/162
						1.416	7.182	3.274	9.096	1/100	1/158
						1.958	8.950	3.658	11.607	1/80	1/124

表 12-31　试件各层层间位移及顶部位移最大值（三）

PGA/g	FSWB-1					PGA/g	FSWB-2				
	δ_1/mm	δ_2/mm	Δ/mm	θ_1	θ_2		δ_1/mm	δ_2/mm	Δ/mm	θ_1	θ_2
0.144	0.068	0.139	0.444	1/10594	1/3241	0.120	0.000	0.096	0.260		1/5543
0.221	0.068	0.190	0.444	1/10594	1/3241	0.164	0.000	0.104	0.296		1/4862
0.227	0.068	0.191	0.444	1/10594	1/3241	0.168	0.130	0.174	0.408	5552	1/3530
0.310	0.136	0.305	0.666	1/5297	1/2161	0.310	0.195	0.402	0.482	3702	1/2988
0.426	0.340	0.531	0.666	1/2119	1/2161	0.372	0.292	0.406	0.704	2463	1/2045
0.461	0.340	0.797	0.741	1/2119	1/1945	0.470	0.519	0.456	0.815	1388	1/1768
0.520	0.408	0.862	0.963	1/1766	1/1496	0.513	0.552	0.459	1.186	1305	1/1214
0.540	0.680	1.013	1.296	1/1059	1/1111	0.528	0.713	0.534	1.408	1010	1/1023
0.770	0.918	1.431	1.408	1/784	1/1023						
0.774	1.089	1.507	1.741	1/661	1/827						
0.829	1.734	2.130	2.334	1/415	1/617						
1.000	2.005	2.197	2.557	1/359	1/563						
1.254	2.380	3.064	3.335	1/303	1/432	1.079	3.049	3.570	4.742	236	1/304
1.397	2.516	3.333	4.113	1/286	1/350	1.280	3.503	4.311	5.039	206	1/286
1.530	3.400	4.413	4.149	1/212	1/347	1.598	4.412	4.794	6.224	163	1/231
1.817	3.468	4.478	4.520	1/208	1/319	1.635	5.320	4.892	7.188	135	1/200
1.967	4.897	5.824	6.298	1/147	1/229	1.657	5.579	4.926	7.336	129	1/196
1.919	5.984	5.800	7.329	1/120	1/196	1.786	6.423	4.978	8.150	112	1/177

由图 12-23 及表 12-29～表 12-31 可见：①地震波峰值加速度基本相同时，再生混凝土框架-剪力墙结构试件 FSW-2、FSW-3 与普通混凝土框架-剪力墙结构试件 FSW-1 相比，顶部位移最大值明显增大。②剪力墙开裂后，剪力墙带暗支撑试件 FSW-4 与相同再生骨料取代率的剪力墙无暗支撑试件 FSW-3 相比，顶部位移最大值明显减小。③地震波加速度峰值基本相同时，框架-剪力墙-耗能支撑结构试件 FSWB-1、FSWB-2 与相应的框架-剪力墙试件 FSW-2、FSW-3 相比，顶部位移最大值显著降低，破坏时的试件 FSWB-1、FSWB-2 一层层间位移角均未超过《建筑抗震设计规范（2016 年版）》（GB 50011—2010）规定的框架-剪力墙结构弹塑性层间位移角限值（1/100），表明加设耗能支撑可有效降低结构动力反应，提升结构抗震能力。

12.2.6　有限元分析

1. 模型建立及网格划分

利用 ABAQUS 软件建立了混凝土框架-剪力墙结构试件、混凝土框架-剪力墙-耗能支撑结构试件的有限元模型并进行了网格划分，如图 12-24 所示。

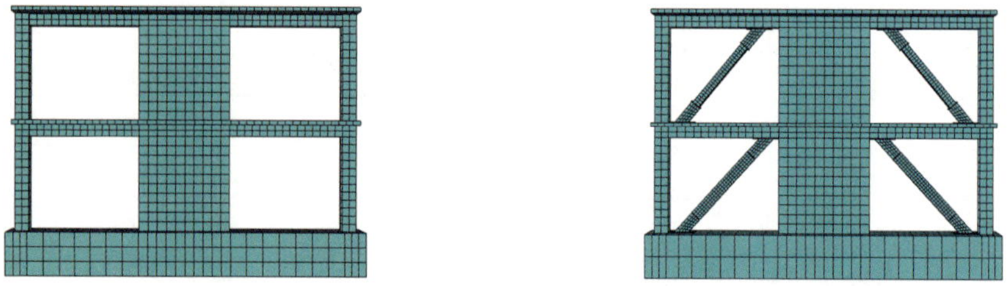

（a）FSW （b）FSWB

图 12-24 框架-剪力墙结构与框架-剪力墙-耗能支撑结构模型网格划分

2. 动力时程分析

对框架-剪力墙结构模型试件、框架-剪力墙-耗能支撑结构模型试件进行了不同加载阶段实测地震波作用下的动力时程模拟计算分析，并将计算的加速度值与实测数据进行了对比。计算所得各试件弹性阶段、弹塑性阶段加速度时程曲线与试验结果比较如图 12-25 和图 12-26 所示。

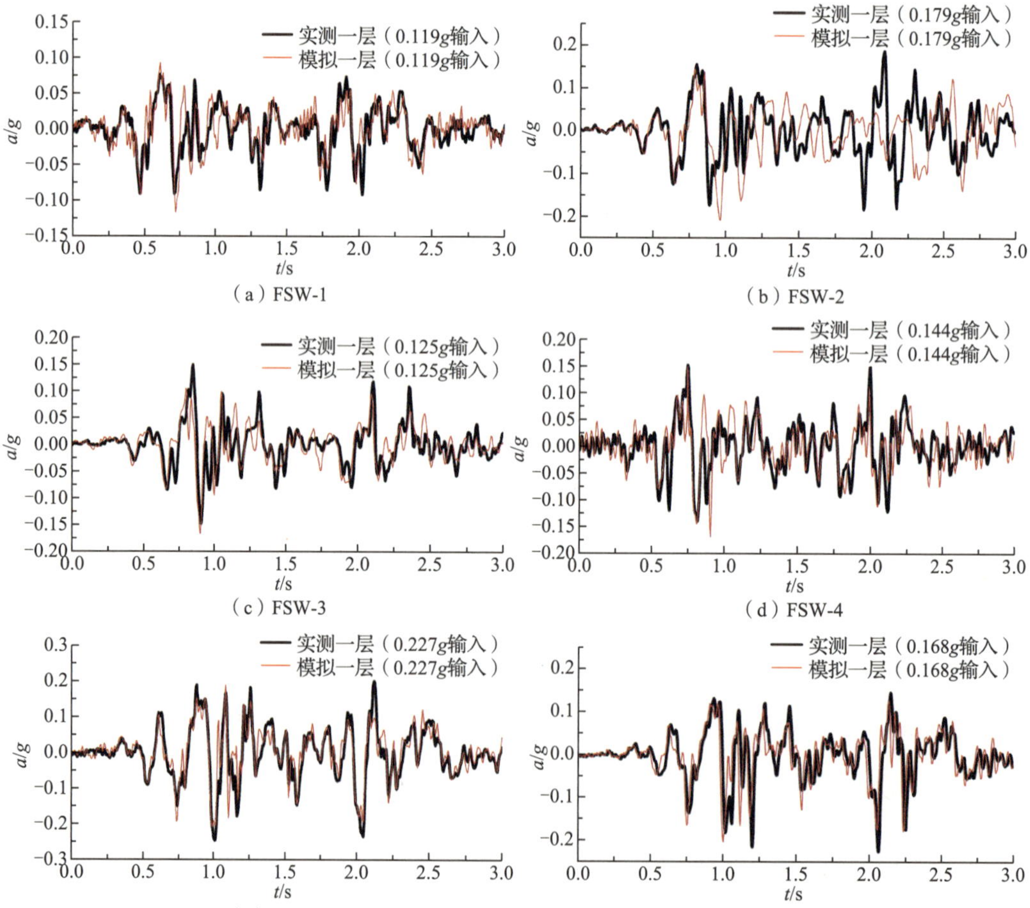

（a）FSW-1 （b）FSW-2

（c）FSW-3 （d）FSW-4

（e）FSWB-1 （f）FSWB-2

图 12-25 试件弹性阶段实测与计算加速度时程曲线比较

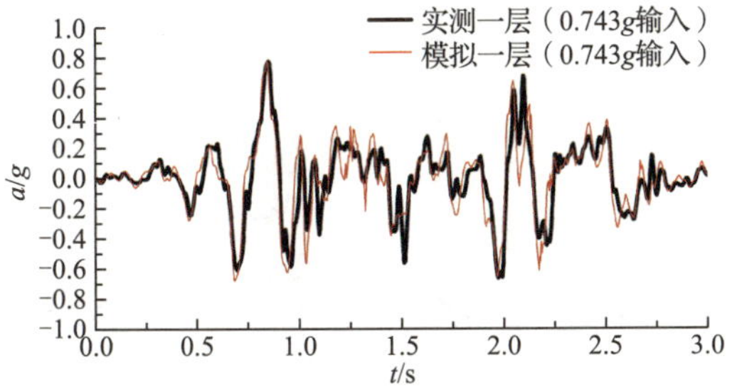

（a）FSW-1

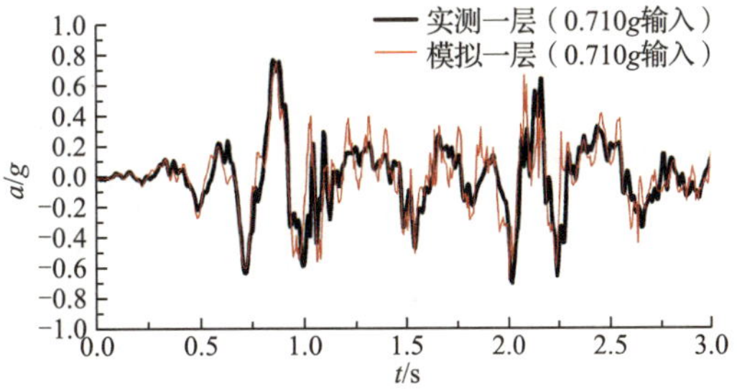

（b）FSW-2

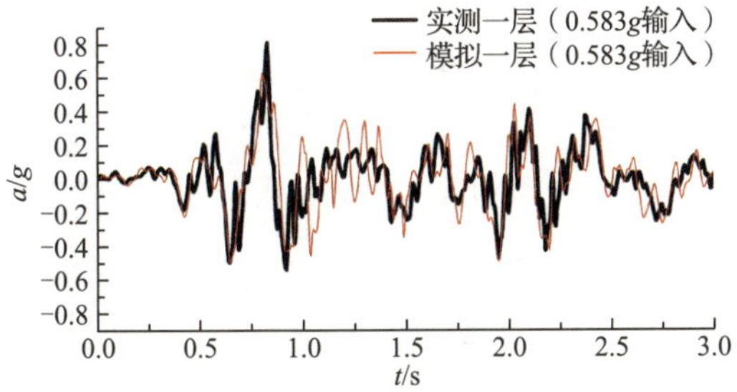

（c）FSW-3

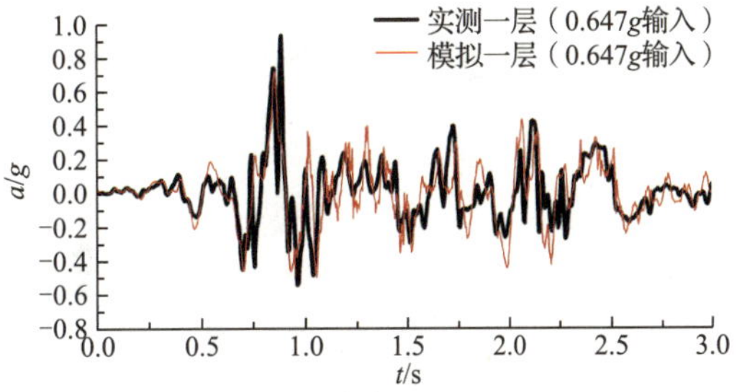

（d）FSW-4

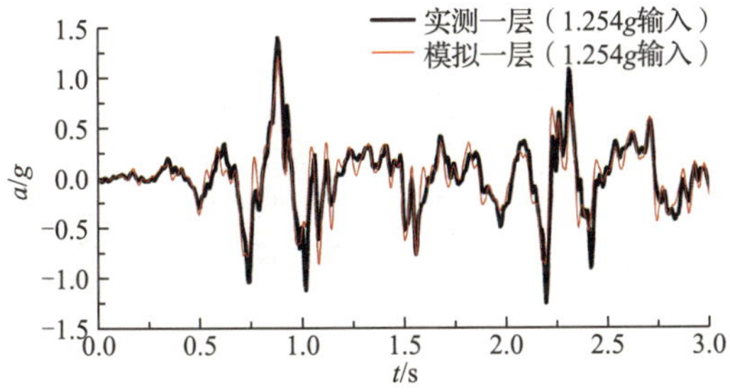

（e）FSWB-1

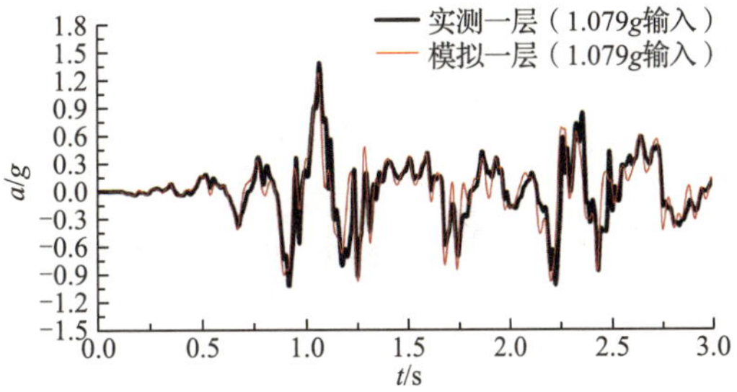

（f）FSWB-2

图 12-26　试件弹塑性阶段实测与计算加速度时程曲线比较

当某点的拉伸等效塑性应变及最大主塑性应变均为正值时，初始裂纹就会在此出现[136]。混凝土框架-剪力墙结构试件初裂时模拟加载后得到的拉伸等效塑性应变（PEEQT）云图如图 12-27 所示；混凝土框架-剪力墙结构试件初裂时模拟加载后得到的最大主塑性应变（PE，Max.Principal）云图如图 12-28 所示；混凝土框架-剪力墙结构试件在开裂后弹塑性阶段某级地震波模拟加载后的拉伸损伤云图如图 12-29 所示。

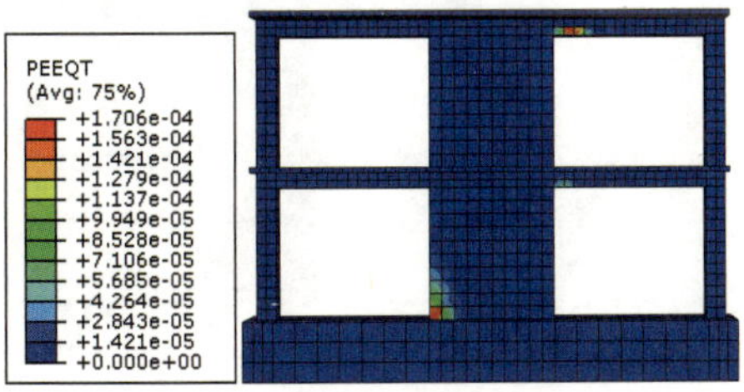

（a）FSW-1

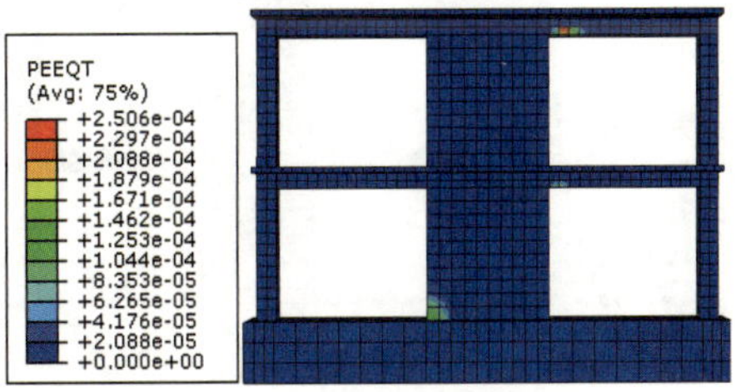

（b）FSW-2

图 12-27　混凝土框架-剪力墙结构试件初裂时最大主塑性应变云图

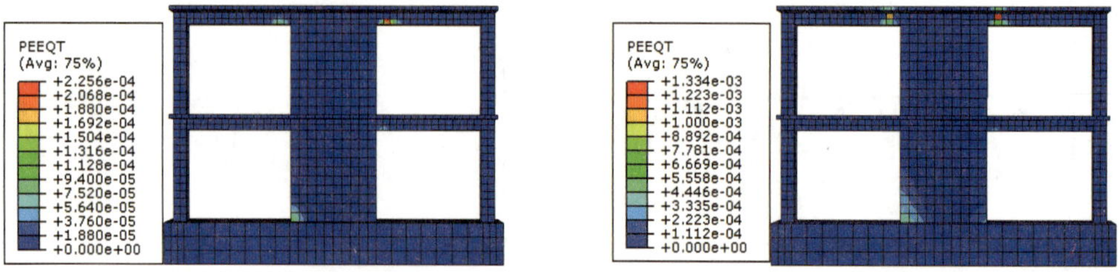

（c）FSW-3　　（d）FSW-4

图 12-27（续）

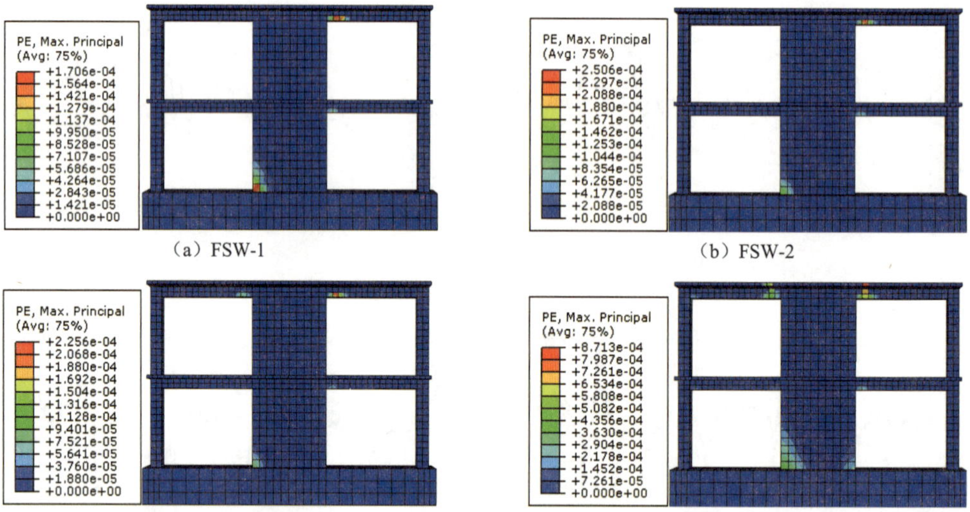

（a）FSW-1　　（b）FSW-2

（c）FSW-3　　（d）FSW-4

图 12-28　混凝土框架-剪力墙结构试件初裂时最大主塑性应变云图

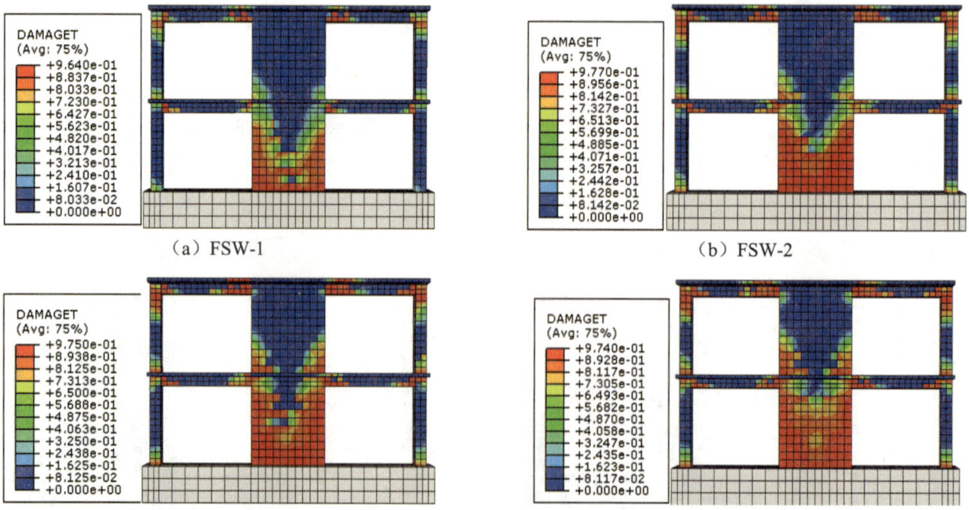

（a）FSW-1　　（b）FSW-2

（c）FSW-3　　（d）FSW-4

图 12-29　混凝土框架-剪力墙结构试件开裂后弹塑性阶段拉伸损伤云图

混凝土框架-剪力墙-耗能支撑结构试件 FSWB-1 的支撑混凝土压溃前，不同阶段模拟加载后得到的最大主塑性应变云图如图 12-30 所示，可见耗能支撑消耗了地震输入结构的能量，使得整体结构地震反应显著减小。框架-剪力墙-耗能支撑结构试件 FSWB-1 在开裂后弹塑性阶段某级地震波模拟加载后受拉损伤云图如图 12-31 所示。

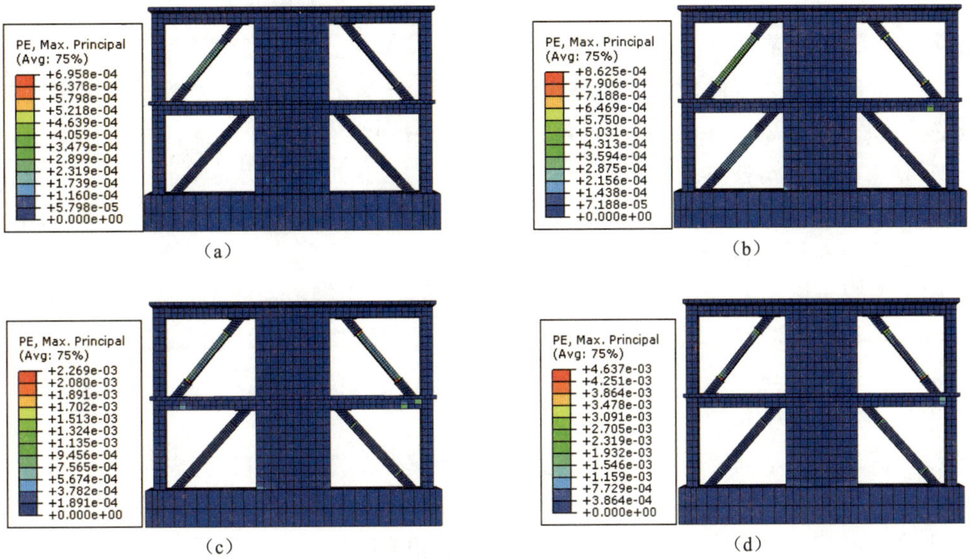

图 12-30 混凝土框架-剪力墙-耗能支撑结构试件 FSWB-1 不同阶段的最大主塑性应变云图

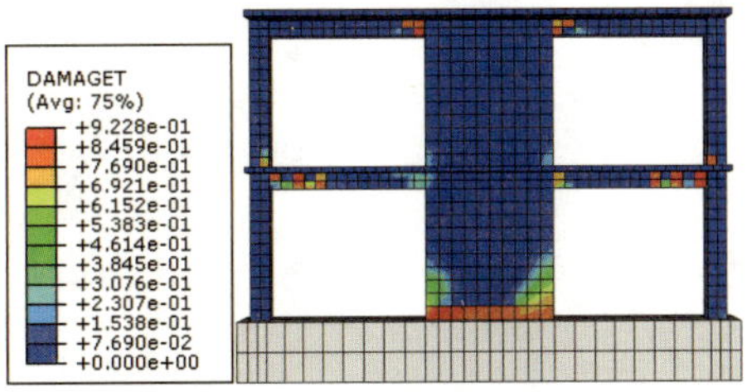

图 12-31 混凝土框架-剪力墙-耗能支撑结构试件 FSWB-1 弹塑性阶段受拉损伤云图

试验及分析表明：①再生混凝土框架-剪力墙-耗能支撑结构试件 FSWB-1 与相同再生混凝土的框架-剪力墙结构试件 FSW-2 相比，其框架梁柱节点区域损伤较轻。②混凝土框架-剪力墙结构试件、混凝土框架-剪力墙-耗能支撑结构试件在地震波作用下的有限元模拟结果与试验结果符合较好。③《混凝土结构设计规范（2015 年版）》（GB 50010—2010）中给出的混凝土本构关系适用于再生混凝土框架-剪力墙结构、再生混凝土框架-剪力墙-耗能支撑结构的地震反应有限元时程分析。

12.3 本 章 小 结

本章介绍了 12 个不同剪跨比的混凝土低矮剪力墙、中高剪力墙、高剪力墙模型试件的振动台试验，4 个混凝土框架-剪力墙结构模型试件的振动台试验，2 个混凝土框架-剪力墙-耗能支撑结构模型试件的振动台试验；分析了低矮剪力墙、中高剪力墙、高剪力墙试件的破坏特征、动力特性、刚度、时程地震反应、底部剪力，给出了承载力计算模型与公式，计算结果与试验符合较好；分析了 4 个框架-剪力墙结构试件和 2 个框架-剪力墙-耗能支撑结构试件的破坏特征、动力特性、刚度、加速度反应和位移时程地震反应，进行了有限元模拟，计算结果与试验符合较好。主要结论如下。

（1）混凝土剪力墙模型试件振动台试验表明：与普通混凝土剪力墙试件相比，再生粗骨料混凝土剪力墙试件达到最大基底剪力时的台面峰值加速度略有减小；再生粗、细骨料混凝土剪力墙试件达到最大基底剪力时的台面峰值加速度明显减小；带暗支撑剪力墙试件达到最大基底剪力时的台面加速度峰值比未设置暗支撑剪力墙试件显著提高，表明设置暗支撑对提高剪力墙抗震能力效果显著。

（2）混凝土框架-剪力墙结构模型试件振动台试验表明：各试件均体现了框架-剪力墙结构“两道抗震防线”以及“强柱弱梁”的延性破坏特征；普通混凝土试件、再生粗骨料混凝土试件，与全再生骨料混凝土试件相比，结构破坏程度较轻；剪力墙加设钢筋暗支撑可显著提升结构抗震能力。

（3）再生混凝土框架-剪力墙-耗能支撑结构模型试件振动台试验表明：再生混凝土框架-剪力墙-耗能支撑结构试件与相应的再生混凝土框架-剪力墙结构相比，其结构抗侧力刚度明显增大，结构刚度退化减慢，结构的加速度反应和位移反应明显减小，结构抗震能力显著提高。

第 13 章　再生混凝土梁长期工作性能

13.1　再生混凝土梁徐变性能

13.1.1　试验概况

本节设计制作了 16 个钢筋混凝土梁徐变试验试件，各试件的几何尺寸及配筋相同，试件设计变量包括混凝土设计强度等级、再生骨料取代率、应力比。试件的纵筋配筋率为 1.15%，配箍率为 0.65%。试件编号、设计参数、实测混凝土立方体抗压强度、实际应力比见表 13-1。定义实际应力比小于 0.4 的试件为低应力比试件，实际应力比大于等于 0.4 的试件为高应力比试件。试件几何尺寸及配筋如图 13-1 所示。

表 13-1　再生混凝土梁徐变试验试件

试件编号	混凝土设计强度等级	再生粗骨料取代率 ρ_c/%	再生细骨料取代率 ρ_f/%	立方体抗压强度/MPa	实际加载弯矩 M/(kN·m)	屈服弯矩 M_y/(kN·m)	实际应力比 M/M_y
D0/0-L	C40	0	0	36.5	17.48	66.50	0.26
D33/0-L	C40	33	0	51.0	19.09	67.50	0.28
D66/0-L	C40	66	0	39.6	19.09	57.50	0.33
D0/0-H	C40	0	0	36.5	30.86	66.50	0.46
D33/0-H	C40	33	0	51.0	32.46	67.50	0.48
D66/0-H	C40	66	0	39.6	30.86	57.50	0.54
D100/0-H	C40	100	0	48.5	32.46	61.00	0.53
D66/50-H	C40	66	50	38.2	32.46	53.00	0.61
D100/50-H	C40	100	50	41.5	30.86	57.50	0.54
D100/100-H	C40	100	100	37.5	30.86	52.50	0.59
G0/0-L	C60	0	0	51.8	22.43	77.80	0.29
G100/0-L	C60	100	0	54.1	22.43	77.60	0.29
G0/0-H	C60	0	0	51.8	35.81	77.80	0.46
G33/0-H	C60	33	0	59.7	35.81	76.20	0.47
G66/0-H	C60	66	0	61.8	35.81	76.10	0.47
G100/0-H	C60	100	0	54.1	35.81	77.60	0.46

实测钢筋力学性能：直径为 6mm 的 HPB300 级钢筋的屈服强度为 470.7MPa，极限强度为 670.0MPa，弹性模量为 1.98×10^5MPa；直径为 12mm 的 HRB400 级钢筋的屈服强度为 487.3MPa，极限强度为 627.3MPa，弹性模量为 1.99×10^5MPa；直径为 14mm 的

HRB400 级钢筋的屈服强度为 496.7MPa，极限强度为 645.0MPa，弹性模量为 2.03×10^5MPa。

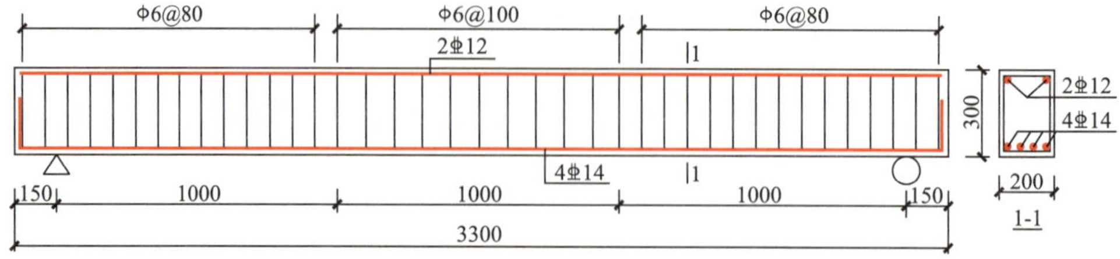

图 13-1 混凝土梁徐变试验试件几何尺寸及配筋（单位：mm）

进行了混凝土梁持荷 744d 的徐变性能试验，加载装置如图 13-2 所示。试件在室内自然条件下进行长期加载，温度和湿度时程曲线如图 13-3 所示，其中 T 表示温度，H 表示湿度。

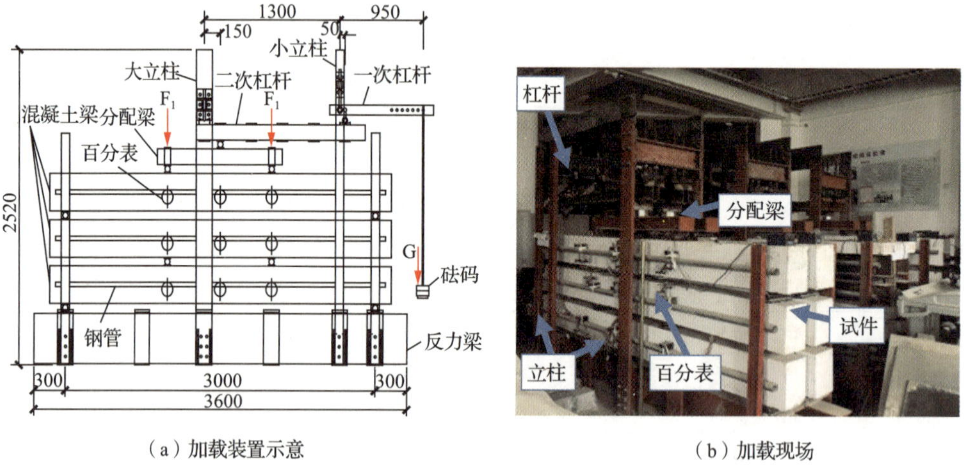

（a）加载装置示意　　（b）加载现场

图 13-2 加载装置（单位：mm）

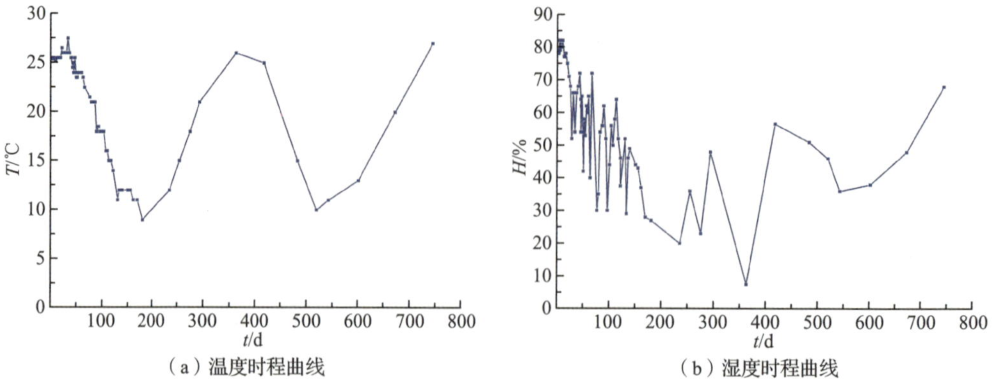

（a）温度时程曲线　　（b）湿度时程曲线

图 13-3 温度和湿度时程曲线

13.1.2　影响因素及试验结果

实测所得混凝土梁徐变试件的挠度-持荷时间（f-t）、徐变挠度-持荷时间（f_m-t）曲线如图 13-4 所示。可见，再生混凝土梁的徐变大致分为三个阶段：第一阶段发生在加载初期，为徐变快速增长期，此时再生混凝土的龄期较短，梁试件由收缩和徐变产生的挠度较大，因此跨中挠度增长迅速，大约持续 150d，此阶段梁的挠度可以达到总挠度的 85%左右；第二阶段为徐变平稳增长期，梁的挠度增长速率减慢，约发生在加载 150～500d，此阶段梁的挠度可以达到总挠度的 98%左右；第三阶段为徐变稳定期，约发生在加载 500～744d，此时梁的挠度变化幅值很小，逐渐趋于稳定。

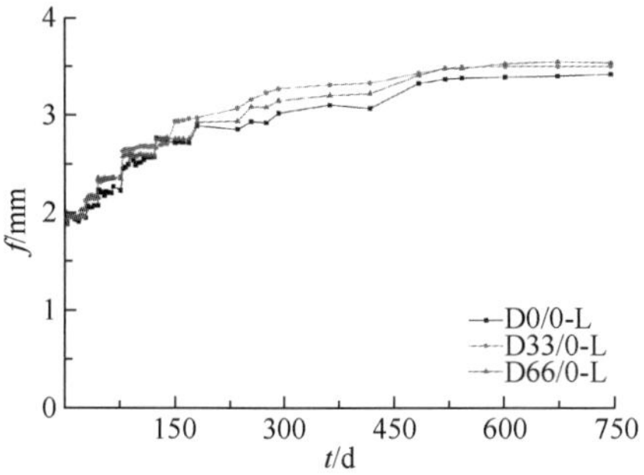

（a）低应力比中强再生粗骨料混凝土梁的 f-t 曲线

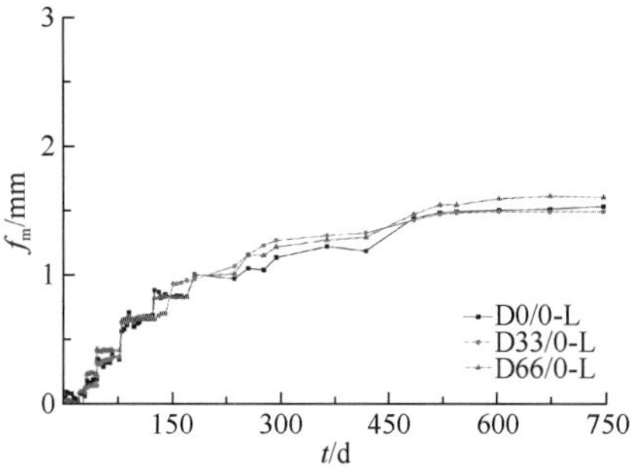

（b）低应力比中强再生粗骨料混凝土梁的 f_m-t 曲线

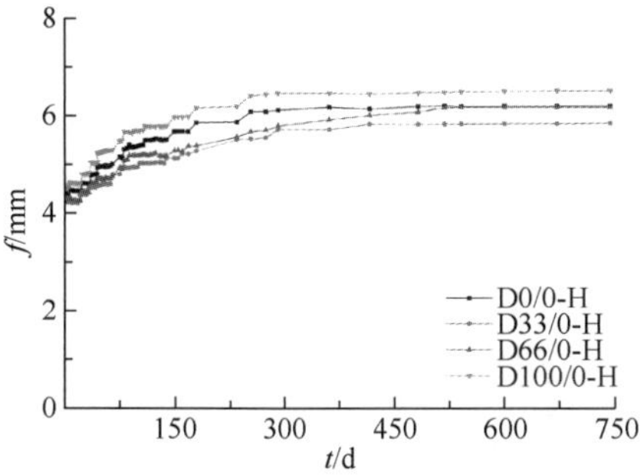

（c）高应力比中强再生粗骨料混凝土梁的 f-t 曲线

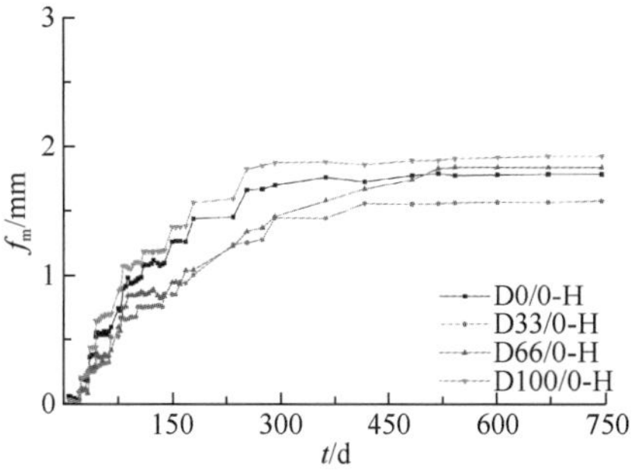

（d）高应力比中强再生粗骨料混凝土梁的 f_m-t 曲线

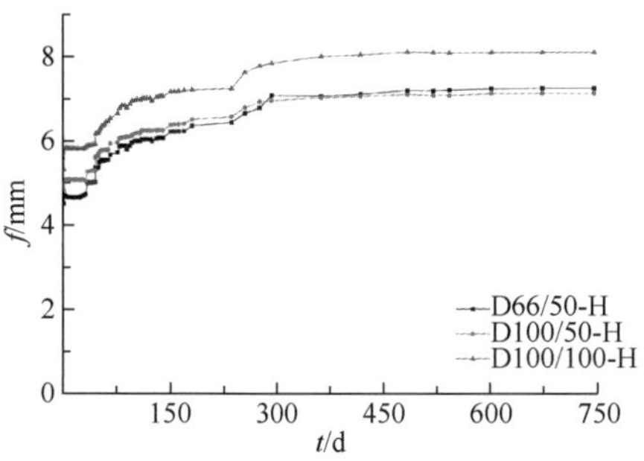

（e）高应力比中强再生混凝土梁的 f-t 曲线

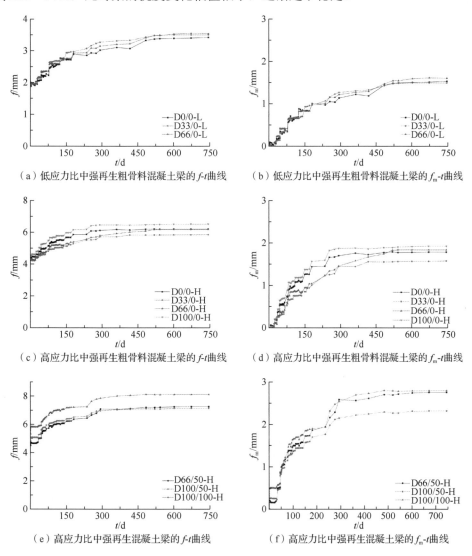

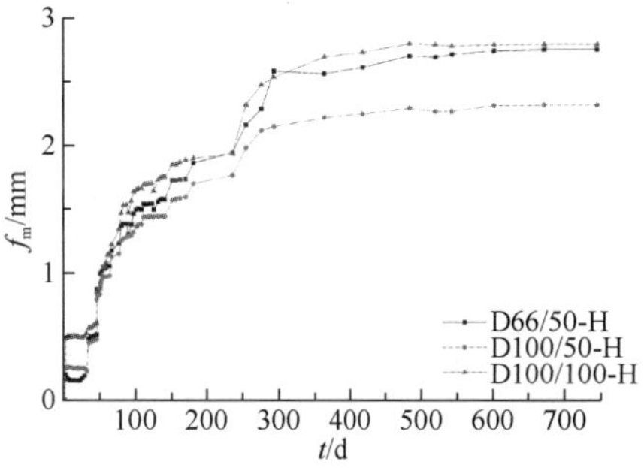

（f）高应力比中强再生混凝土梁的 f_m-t 曲线

图 13-4　再生混凝土梁的 f-t 和 f_m-t 曲线

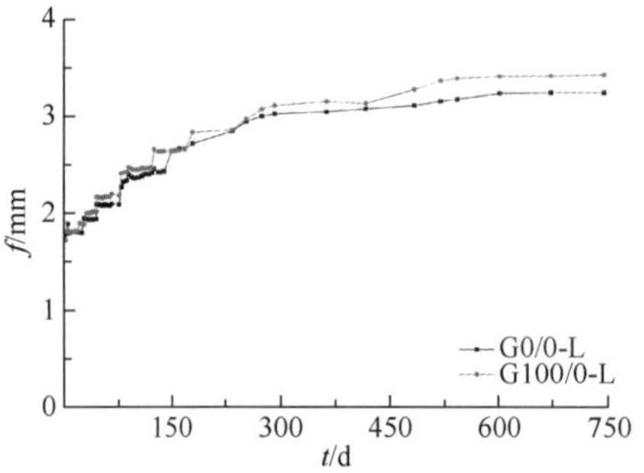

（g）低应力比高强再生粗骨料混凝土梁的 f-t 曲线

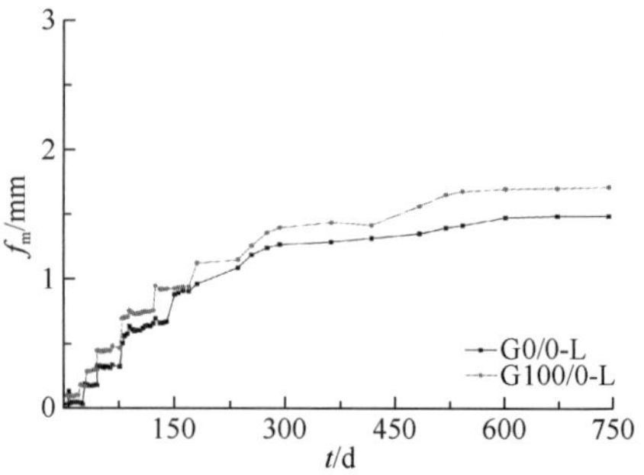

（h）低应力比高强再生粗骨料混凝土梁的 f_m-t 曲线

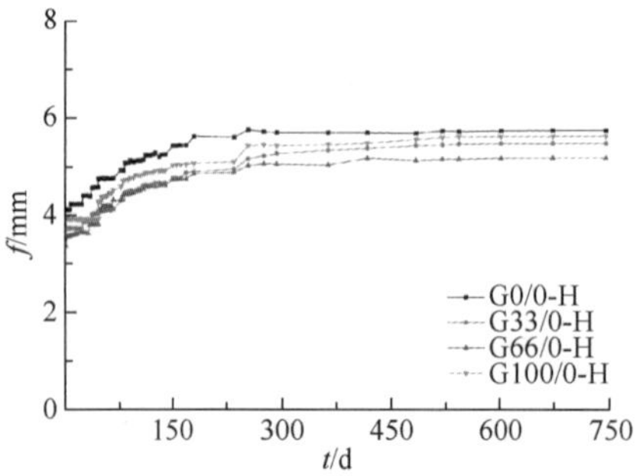

（i）高应力比高强再生粗骨料混凝土梁的 f-t 曲线

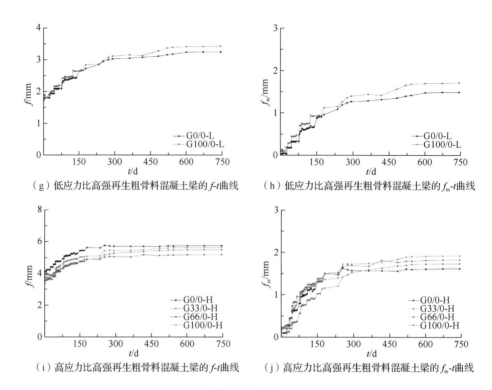

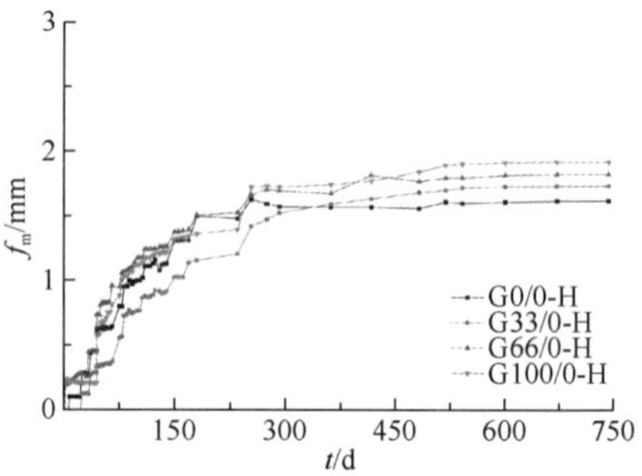

（j）高应力比高强再生粗骨料混凝土梁的 f_m-t 曲线

图 13-4（续）

实测所得混凝土梁徐变试验试件在不同持荷时间下的挠度见表 13-2。表 13-2 中，f_0 为初始挠度，即加载完成后梁的跨中挠度，持荷时间为 0d；f_1 为第一时间点梁跨中总挠度，$f_{m1}=f_1-f_0$ 为第一时间点梁跨中徐变挠度，持荷时间为 150d；f_2 为第二时间点梁跨中总挠度，$f_{m2}=f_2-f_0$ 为第二时间点梁跨中徐变挠度，持荷时间为 300d；f_3 为第三时间点梁跨中总挠度，$f_{m3}=f_3-f_0$ 为第三时间点梁跨中徐变挠度，持荷时间为 500d；f_4 为第四时间点梁跨中总挠度，$f_{m4}=f_4-f_0$ 为第四时间点梁跨中徐变挠度，持荷时间为 744d，第四时间点为结束试验的时间，因此 f_{m4} 即总徐变挠度。

表 13-2 实测混凝土梁徐变试验试件不同持荷时间点总挠度和徐变挠度

试件编号	初始挠度 f_0/mm	不同持荷时间下试件总挠度及徐变挠度/mm							
		150d		300d		500d		744d	
		f_1	f_{m1}	f_2	f_{m2}	f_3	f_{m3}	f_4	f_{m4}
D0/0-L	1.883	2.715	0.832	3.020	1.137	3.348	1.465	3.420	1.537
D33/0-L	2.004	2.937	0.933	3.272	1.268	3.455	1.451	3.500	1.496
D66/0-L	1.930	2.757	0.827	3.147	1.217	3.442	1.512	3.537	1.607
D0/0-H	4.411	5.674	1.263	6.114	1.703	6.196	1.785	6.199	1.788
D33/0-H	4.269	5.124	0.855	5.719	1.450	5.826	1.557	5.850	1.581
D66/0-H	4.333	5.282	0.949	5.790	1.457	6.119	1.786	6.172	1.839

续表

试件编号	初始挠度 f_0/mm	不同持荷时间下试件总挠度及徐变挠度/mm							
		150d		300d		500d		744d	
		f_1	f_{m1}	f_2	f_{m2}	f_3	f_{m3}	f_4	f_{m4}
D100/0-H	4.590	5.967	1.377	6.467	1.877	6.484	1.894	6.517	1.927
D66/50-H	4.512	6.235	1.723	7.095	2.583	7.210	2.698	7.265	2.753
D100/50-H	4.826	6.396	1.570	6.974	2.148	7.107	2.281	7.144	2.318
D100/100-H	5.324	7.174	1.850	7.859	2.535	8.119	2.795	8.119	2.795
G0/0-L	1.767	2.651	0.884	3.034	1.267	3.141	1.374	3.254	1.487
G100/0-L	1.721	2.649	0.928	3.119	1.398	3.329	1.608	3.435	1.714
G0/0-H	4.136	5.444	1.308	5.714	1.578	5.724	1.588	5.759	1.623
G33/0-H	3.885	4.783	0.898	5.283	1.398	5.451	1.566	5.493	1.608
G66/0-H	3.368	4.748	1.380	5.068	1.700	5.155	1.787	5.198	1.830
G100/0-H	3.719	5.042	1.323	5.447	1.728	5.592	1.873	5.642	1.923

1. 再生粗骨料

实测所得不同再生粗骨料取代率混凝土梁徐变试件在 0d、150d、300d、500d 和 744d 的 f-t 曲线、f_m-t 曲线如图 13-5 和图 13-6 所示。

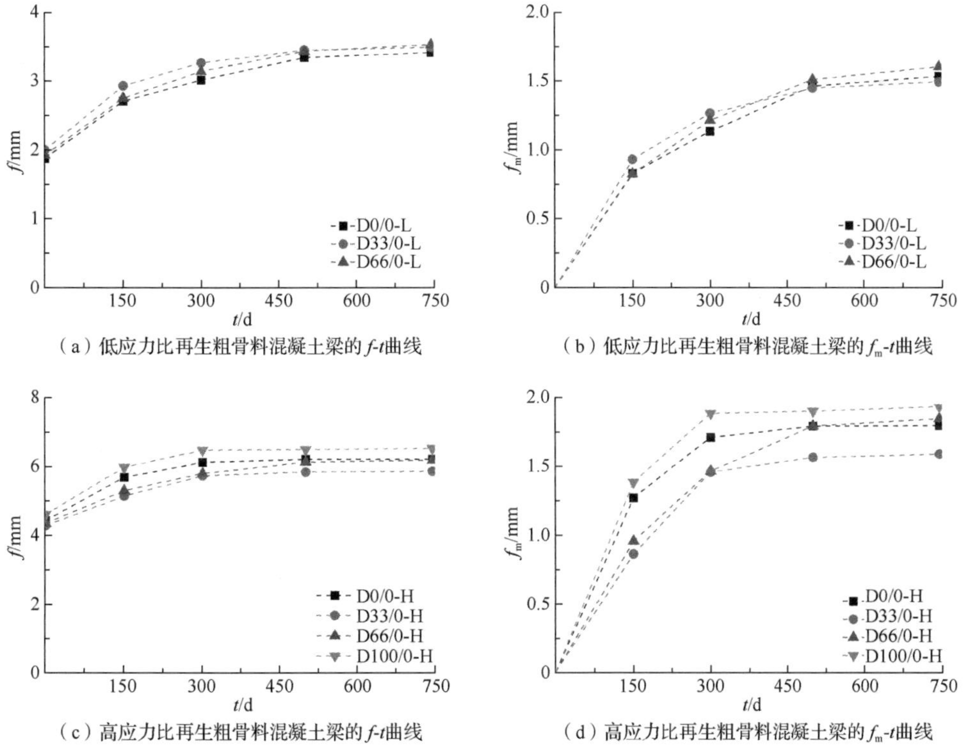

（a）低应力比再生粗骨料混凝土梁的 f-t 曲线

（b）低应力比再生粗骨料混凝土梁的 f_m-t 曲线

（c）高应力比再生粗骨料混凝土梁的 f-t 曲线

（d）高应力比再生粗骨料混凝土梁的 f_m-t 曲线

图 13-5　不同再生粗骨料取代率中强混凝土梁试件的 f-t 曲线和 f_m-t 曲线

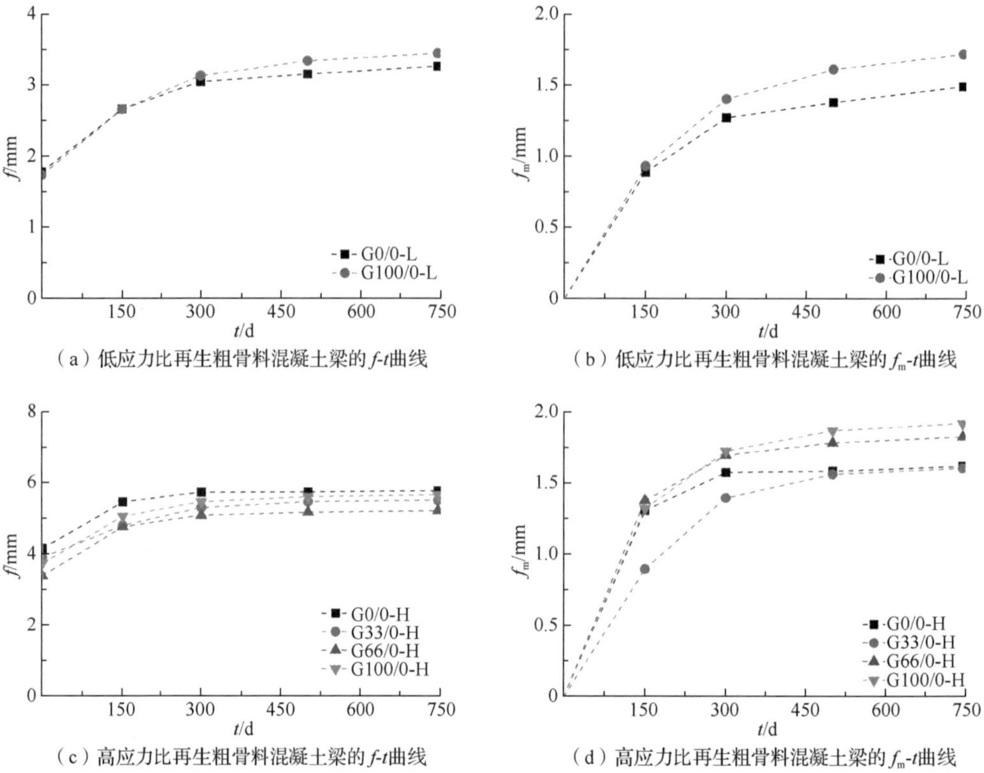

（a）低应力比再生粗骨料混凝土梁的f-t曲线

（b）低应力比再生粗骨料混凝土梁的f_m-t曲线

（c）高应力比再生粗骨料混凝土梁的f-t曲线

（d）高应力比再生粗骨料混凝土梁的f_m-t曲线

图 13-6　不同再生粗骨料取代率高强混凝土梁试件的 f-t 曲线和 f_m-t 曲线

由表 13-2、图 13-5 和图 13-6 可见：①再生粗骨料混凝土梁试件的徐变总体上随再生粗骨料取代率的增大略有增大；②低应力比试件的初始挠度相差不大，掺入再生粗骨料梁试件的徐变挠度略大于普通混凝土梁，原因是再生骨料界面复杂、微裂缝更多，再生混凝土的徐变和收缩都略大于普通混凝土；③试件 D0/0-H 和 G0/0-H 对比相同混凝土强度等级的试件挠度较大，原因是试件的混凝土强度较低；④高应力比试件的初始挠度和徐变挠度差异较大，原因是高应力比下梁会发生非线性徐变，其变形受应力比和再生粗骨料取代率共同影响。

2. 再生细骨料

实测所得不同再生细骨料取代率梁试件在 0d、150d、300d、500d 和 744d 的 f-t 曲线、f_m-t 曲线如图 13-7 所示。由图 13-7 可见，再生混凝土梁试件的徐变随再生细骨料取代率的增大明显增大，表明再生细骨料的掺入会大幅降低梁抵抗徐变的能力，使其总挠度和徐变挠度显著增大。

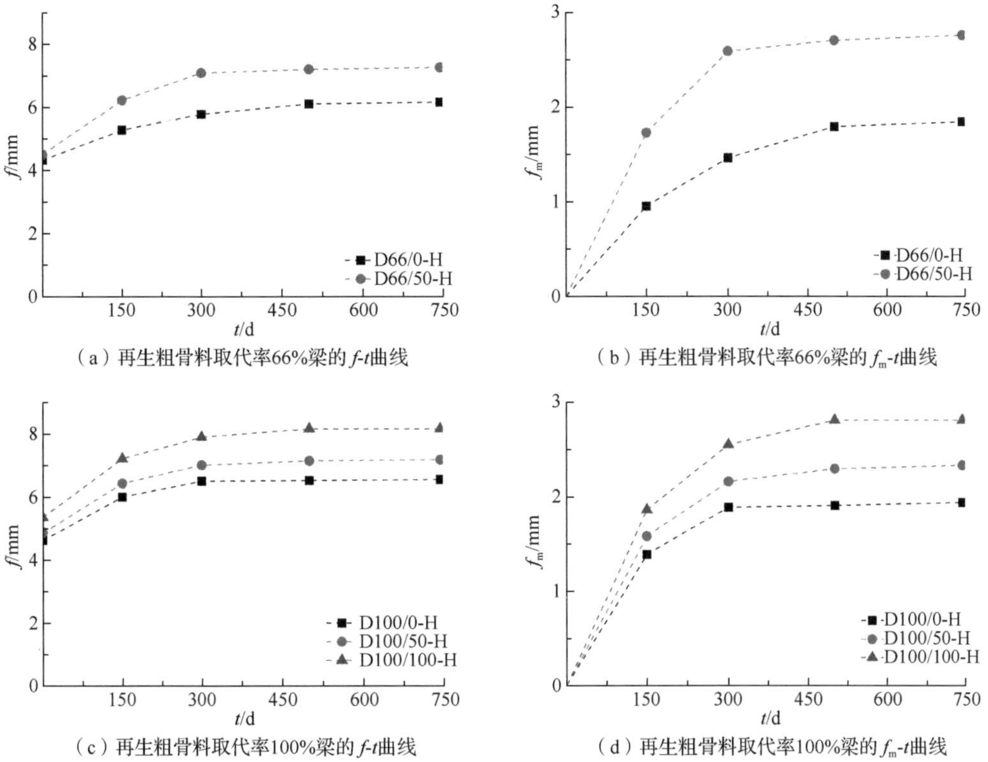

（a）再生粗骨料取代率66%梁的 f-t 曲线　（b）再生粗骨料取代率66%梁的 f_m-t 曲线

（c）再生粗骨料取代率100%梁的 f-t 曲线　（d）再生粗骨料取代率100%梁的 f_m-t 曲线

图 13-7　不同再生细骨料中强再生混凝土梁的 f-t 曲线和 f_m-t 曲线

3. 混凝土强度

不同混凝土强度梁在 0d、150d、300d、500d 和 744d 的 f-t 曲线和 f_m-t 曲线如图 13-8 所示。

分析可知：①再生粗骨料混凝土梁试件的徐变整体有随混凝土强度提高而减小的趋势；②在制备相同强度的混凝土时，水灰比、骨料品质与骨料级配等也会影响混凝土的徐变性能[137-139]，应予以考虑。

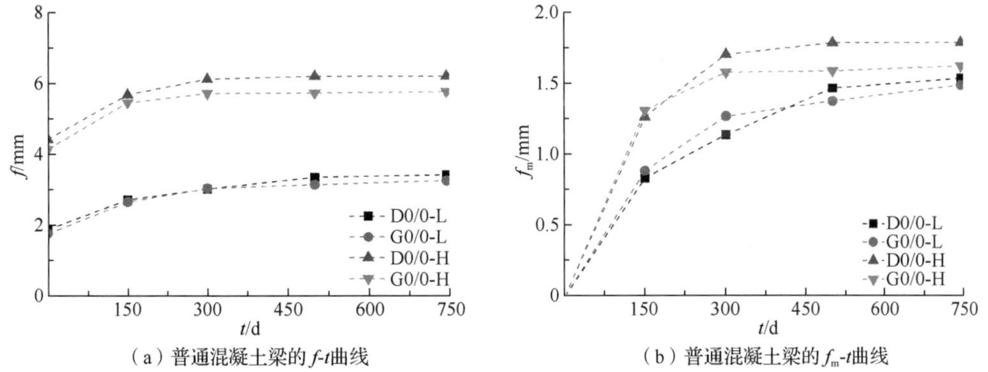

（a）普通混凝土梁的 f-t 曲线　（b）普通混凝土梁的 f_m-t 曲线

图 13-8　不同混凝土强度梁的 f-t 曲线和 f_m-t 曲线

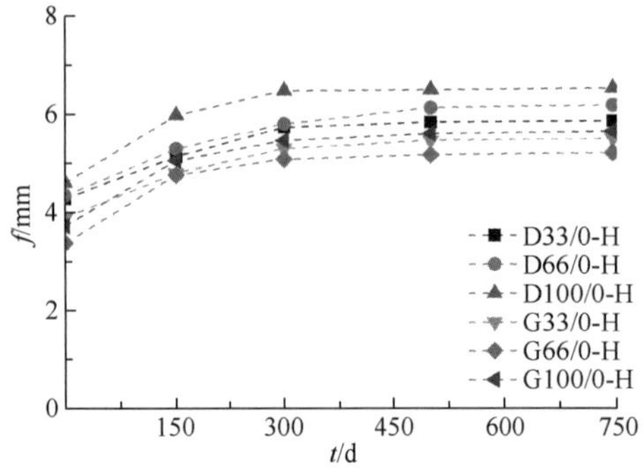

（c）再生混凝土梁的 f-t 曲线

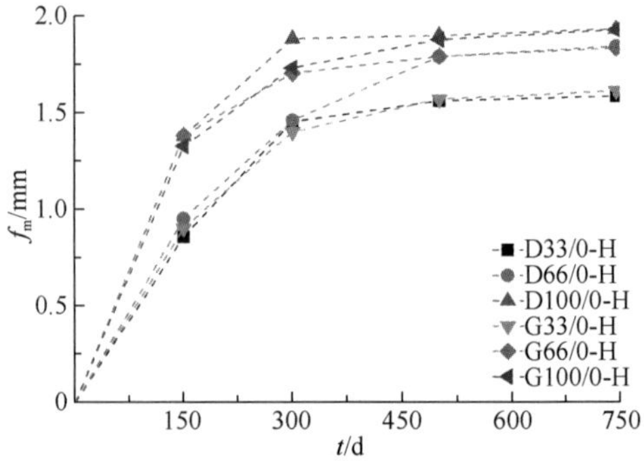

（d）再生混凝土梁的 f_m-t 曲线

图 13-8（续）

4. 应力比

不同应力比混凝土梁在 0d、150d、300d、500d 和 744d 的 f-t 曲线和 f_m-t 曲线如图 13-9 所示。

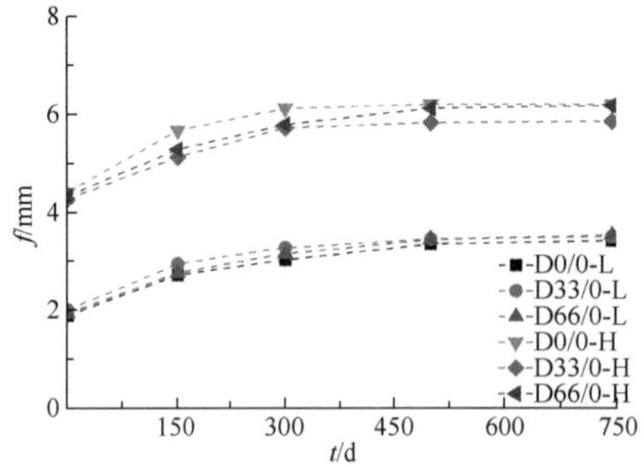

（a）中强混凝土梁的 f-t 曲线

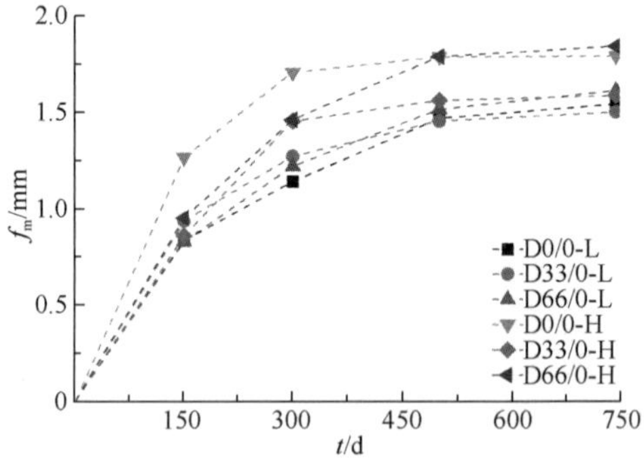

（b）中强混凝土梁的 f_m-t 曲线

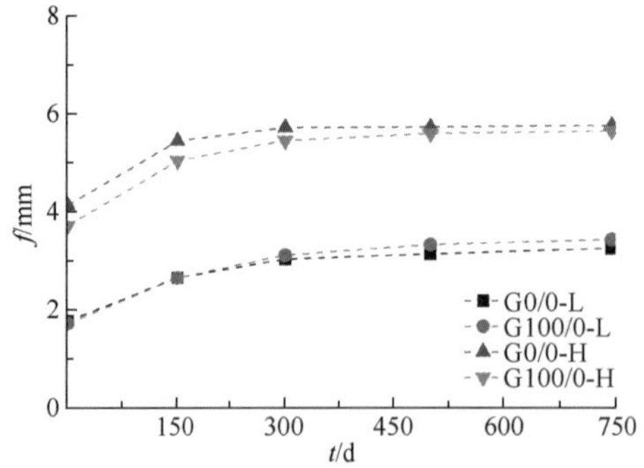

（c）高强混凝土梁的 f-t 曲线

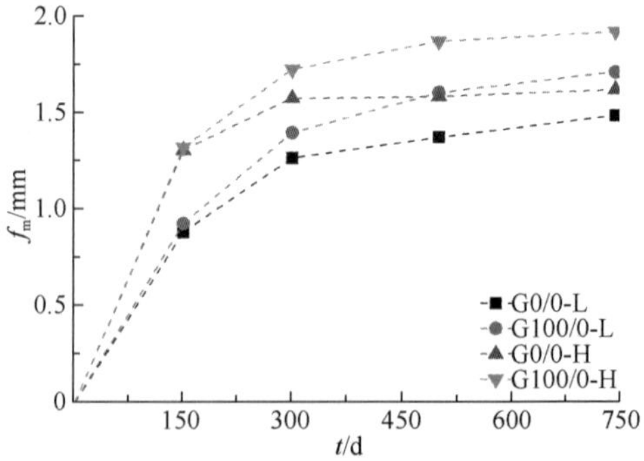

（d）高强混凝土梁的 f_m-t 曲线

图 13-9　不同应力比混凝土梁的 f-t 曲线和 f_m-t 曲线

分析可知：①相同混凝土强度条件下，高应力比梁初始挠度明显大于低应力比梁，原因是再生混凝土梁会在较大荷载作用下，产生较大的瞬时变形，且高应力比梁会发生非线性徐变，造成徐变挠度略有增长；②提高试件应力比会明显加快其徐变发展速率；③对于低应力比试件，持荷前 300d 徐变挠度增长较快，之后挠度增长逐渐减慢，持荷约 500d 时，徐变挠度逐渐趋于稳定；④对于高应力比试件，持荷前 150d 徐变挠度增长较快，之后挠度增长逐渐减慢，持荷约 300d 时，徐变挠度逐渐趋于稳定。

13.1.3　计算分析

1. 变形分析

再生混凝土梁在长期荷载作用下产生的变形主要有：①加载产生的初始变形 f_0；②再生混凝土徐变产生的变形；③再生混凝土自身收缩产生的变形。

在长期荷载的作用下，混凝土梁截面的应力应变分布如图 13-10 所示。

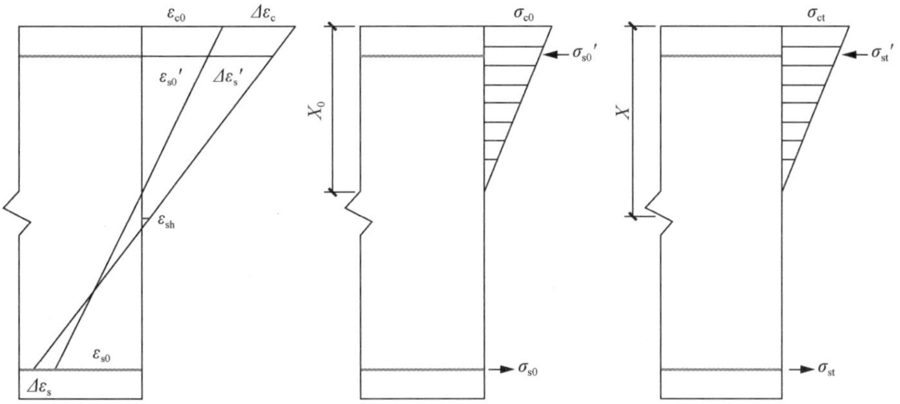

（a）t_0+t时刻梁截面应变　（b）t_0时刻梁截面应力　（c）t时刻梁截面应力

图 13-10　混凝土梁截面的应力应变分布

定义 t_0 为梁加载至目标荷载且该荷载保持稳定的初始时刻，t_0=0，t 为长期加载过程中任一时间点。由于徐变及收缩的影响，受压区混凝土的应变随时间增长而增大，而钢筋的徐变相对较小，可忽略不计，故受压区混凝土的变形受到钢筋约束。混凝土中的压应力向钢筋传递，内力不断重分布，为保持截面受力平衡，混凝土受压区高度增大。因此，混凝土的收缩和徐变造成梁的变形随时间增长而不断增大。

在混凝土梁的长期变形计算中，假定：①不考虑受拉区混凝土拉应力；②在长期荷载作用下，钢筋与混凝土共同工作，平截面假定依然成立；③忽略受拉钢筋的应力变化；④混凝土在长期荷载作用下的弹性模量不是固定的，需要用龄期调整有效弹性模量法来计算混凝土徐变过程中的弹性模量。

由 t_0 至 t 时间段内，内力和弯矩增量为零，可得

$$\Delta N_c(t,t_0)+\Delta N_s'(t,t_0)+\Delta N_s(t,t_0)=0 \tag{13-1}$$

$$N_c(t)\left(h_0-\frac{x}{3}\right)-N_c(t_0)\left(h_0-\frac{x_0}{3}\right)+\Delta N_s'(t,t_0)(h_0-a_s')=0 \tag{13-2}$$

$$\Delta N_c(t,t_0)=0.5\sigma_{ct}bx-0.5\sigma_{c0}bx_0 \tag{13-3}$$

$$\Delta N_s'(t,t_0) = A_s' \Delta \sigma_s' \tag{13-4}$$

$$\Delta N_s(t,t_0) = A_s \Delta \sigma_s \tag{13-5}$$

式中，$\Delta N_c(t,t_0)$为 t_0 至 t 时刻混凝土的合力改变值；$\Delta N'_s(t,t_0)$为 t_0 至 t 时刻受压钢筋的合力改变值；$\Delta N_s(t,t_0)$为 t_0 至 t 时刻受拉钢筋的合力改变值，根据假定，$\Delta N_s(t,t_0)=0$；$N_c(t)$、$N_c(t_0)$分别为 t、t_0 时刻混凝土压合力；h_0 为梁的截面有效高度；x、x_0 分别为 t、t_0 时刻梁截面的受压区高度；a'_s 为受压钢筋合力点到混凝土受压区边缘的距离。

根据平截面假定和龄期调整有效弹性模量法可得

$$\Delta \psi = \frac{\Delta \varepsilon_c}{d} = \frac{\Delta \varepsilon_s'}{d - a_s'} = \frac{\Delta \varepsilon_s}{h_0 - d} \tag{13-6}$$

$$E_c(t,t_0) = \frac{E_{c0}}{\left[1 + \chi(t,t_0)\varphi(t,t_0)\right]} \tag{13-7}$$

式中，$\Delta\varepsilon_c$ 为 t_0 至 t 时刻梁受压区混凝土的应变改变值；$\Delta\varepsilon_s$、$\Delta\varepsilon'_s$ 分别为 t_0 至 t 时刻受拉、受压钢筋的应变改变值；d 为梁顶到截面转动轴的距离；$E_c(t,\ t_0)$为 t 时刻通过龄期调整的混凝土有效弹性模量；E_{c0} 为 t_0 时刻混凝土的弹性模量；$\chi(t,\ t_0)$为 t_0 至 t 时刻的龄期调整系数，简写为 χ；$\varphi(t,\ t_0)$为 t_0 至 t 时刻的混凝土徐变系数，徐变系数为混凝土徐变应变 ε_{cc} 与加载时初始弹性应变 ε_{c0} 的比值，简写为 φ。

t_0 至 t 时刻，梁截面受压区混凝土的压应变改变值$\Delta\varepsilon_c$ 为

$$\Delta \varepsilon_c = \varepsilon_{c0} \cdot \varphi + \frac{\Delta \sigma_c}{E_c(t,t_0)} + \varepsilon_{sh}(t,t_0) \tag{13-8}$$

式中，$\Delta\sigma_c$ 为 t_0 至 t 时刻混凝土的压应力改变值；$\varepsilon_{sh}(t,t_0)$为 t_0 至 t 时刻混凝土的收缩应变，简写为 ε_{sh}。

通过上述公式计算梁的截面曲率增量，整理后可得

$$\Delta \psi = \frac{\Delta \varepsilon_c}{d} = \frac{\varepsilon_{c0}\left[\varphi - 1 - \chi\varphi + \dfrac{x_0}{x}(\chi\varphi + 1)\right] + \varepsilon_{sh}}{h_0\left[1 + \dfrac{2\alpha_E \rho'\left(1 - a_s'/h_0\right)}{x/h_0}(\chi\varphi + 1)\right]} \tag{13-9}$$

截面曲率增量公式中涉及了较多参数，为便于计算，在满足精度的前提下，对部分参数进行简化[140]：①a'_s/h_0，在满足梁截面配筋的构造要求下，将 a'_s/h_0 取值为 0.1；②龄期调整系数 χ 一般取 0.8；③x/h_0 可以看作$(x/x_0)\cdot(x_0/h_0)$，可分别近似取为 1.25、0.3。

经过简化后，曲率增量$\Delta\psi$ 的表达式为

$$\Delta \psi = \Delta \psi_1 + \Delta \psi_2 = \frac{\varepsilon_{c0}}{h_0}\frac{0.84\varphi - 0.2}{1 + 12.5\alpha_E \rho'} + \frac{\varepsilon_{sh}}{h_0}\frac{1}{1 + 12.5\alpha_E \rho'} \tag{13-10}$$

式中，$\Delta\psi_1$ 为徐变曲率；$\Delta\psi_2$ 为收缩曲率。

徐变挠度可以利用虚功原理通过徐变曲率求得，收缩挠度可通过假定收缩曲率沿梁长近似保持一致求得。整理后，得到混凝土梁在长期荷载作用下的跨中挠度为

$$f = f_0 + \frac{f_0 x_0}{h_0}\frac{0.84\varphi - 0.2}{12.5\alpha_E \rho' + 1} + \frac{l^2 \varepsilon_{sh}}{8h_0}\frac{1}{12.5\alpha_E \rho' + 1} \tag{13-11}$$

通过式（13-11），只需确定梁的徐变系数和收缩应变就可以得到其在长期荷载作用下的跨中挠度。

2. 徐变计算模型

在所得到的计算公式中，φ 和 ε_{sh} 一般采用混凝土的收缩徐变预测模型计算。常用的收缩徐变预测模型有欧洲混凝土协会提出的 CEB-FIP2010 模型[122]、美国混凝土协会建议的 GL2000 模型[141]和 ACI209R-92 模型[142]。应用三种模型得到普通混凝土梁的 f-t 曲线如图 13-11 所示。CEB-FIP2010 模型与试验数据符合较好，选用该模型作为再生混凝土梁徐变计算的基本模型。

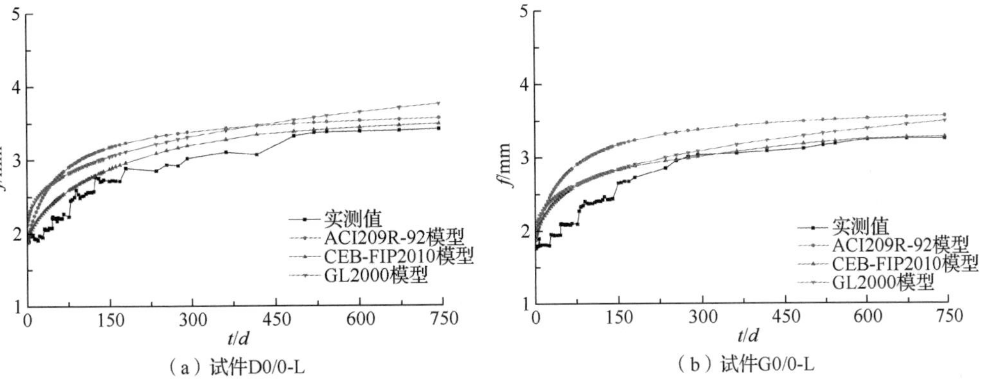

图 13-11　普通混凝土梁三种模型的 f-t 曲线

结合试验结果，在 CEB-FIP2010 徐变收缩模型中收缩应变影响系数 ε_{cso} 的基础上，引入新的影响因子：再生粗骨料影响系数 ε_{RCA} 和再生细骨料影响系数 ε_{RFA}。

$$\varepsilon_{RCA}=\begin{cases}1 & (\alpha\leqslant 30\%)\\ 1.25 & (30\%<\alpha\leqslant 70\%)\\ 1.4 & (70\%<\alpha\leqslant 100\%)\end{cases}\qquad \varepsilon_{RFA}=\begin{cases}1.5 & (\alpha\leqslant 50\%)\\ 1.8 & (\alpha>50\%)\end{cases}\tag{13-12}$$

再生混凝土梁 f-t 曲线的计算值与实测值比较如图 13-12 所示。不同持荷时间点梁总挠度计算值与实测值的比值见表 13-3。

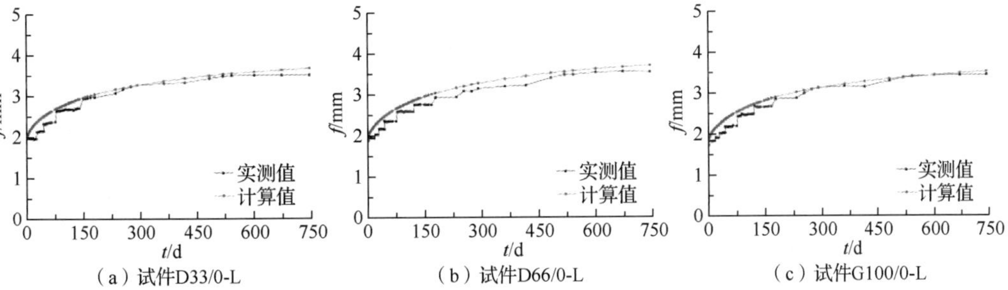

图 13-12　再生混凝土梁 f-t 曲线计算值与实测值比较

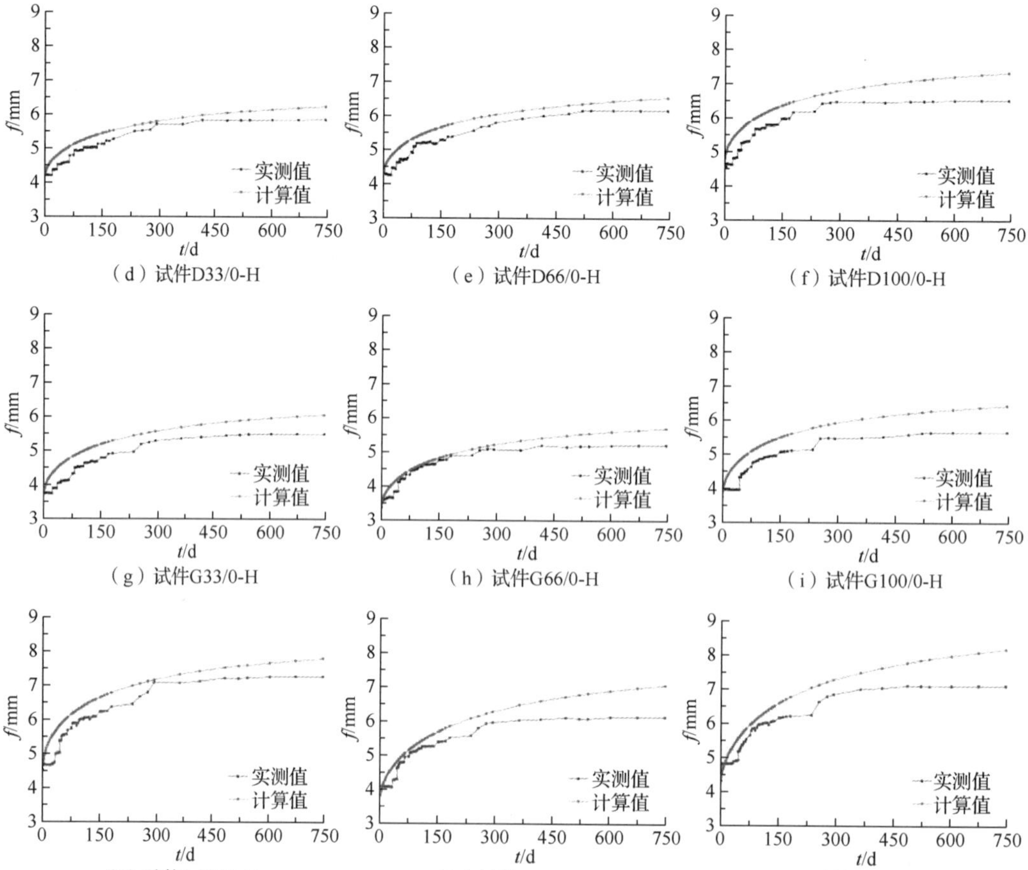

（d）试件D33/0-H （e）试件D66/0-H （f）试件D100/0-H

（g）试件G33/0-H （h）试件G66/0-H （i）试件G100/0-H

（j）试件D66/50-H （k）试件D100/50-H （l）试件D100/100-H

图 13-12（续）

表 13-3 不同持荷时间点梁总挠度计算值与实测值的比值

试件编号	f_{cal}/f_{exp}						
	1d	28d	90d	180d	360d	540d	744d
D33/0-L	1.00	1.07	1.04	1.03	1.03	1.03	1.04
D66/0-L	1.03	1.18	1.06	1.06	1.07	1.04	1.06
G100/0-L	1.07	1.18	1.05	1.02	1.05	1.00	1.02
D66/50-H	1.03	1.18	1.08	1.07	1.04	1.05	1.07
D100/50-H	1.01	1.10	1.03	1.05	1.06	1.10	1.13
D100/100-H	1.01	1.08	1.05	1.08	1.06	1.10	1.13
D33/0-H	0.99	1.08	1.05	1.05	1.03	1.05	1.07
D66/0-H	0.99	1.10	1.04	1.07	1.04	1.04	1.06
D100/0-H	1.02	1.05	1.07	1.05	1.07	1.10	1.12
G33/0-H	1.01	1.13	1.08	1.08	1.06	1.08	1.10

续表

试件编号	f_{cal}/f_{exp}						
	1d	28d	90d	180d	360d	540d	744d
G66/0-H	1.02	1.11	1.02	1.01	1.06	1.07	1.10
G100/0-H	1.03	1.17	1.08	1.10	1.10	1.11	1.14
平均值	1.02	1.20	1.05	1.06	1.06	1.06	1.09

由图 13-12 和表 13-3 可见：①持荷时间 28d 之前，因前期徐变易受外界因素影响，徐变离散性较大，而公式计算偏于理想，并未考虑外界因素，故前期计算所得结果与实测误差相对较大；②基于 CEB-FIP2010 模型修正的再生混凝土徐变模型计算结果与试验符合较好。

13.2　再生混凝土梁氯离子侵蚀下受弯性能

13.2.1　试验概况

1. 试件设计

本节设计制作了 11 个钢筋混凝土梁试件，各试件尺寸及配筋均相同，试验研究变量包括混凝土设计强度等级、再生骨料取代率。钢筋锈蚀混凝土梁的设计参数见表 13-4，几何尺寸及配筋如图 13-13 所示。

表 13-4　钢筋锈蚀混凝土梁设计参数

试件编号	混凝土设计强度等级	再生粗骨料取代率ρ_c/%	再生细骨料取代率ρ_f/%	钢筋目标锈蚀率/%
MB0/0	C30	0	0	5.00
MB33/0	C30	33	0	
MB66/0	C30	66	0	
MB100/0	C30	100	0	
MB66/50	C30	66	50	
MB100/50	C30	100	50	
MB100/100	C30	100	100	
HB0/0	C60	0	0	
HB33/0	C60	33	0	
HB66/0	C60	66	0	
HB100/0	C60	100	0	

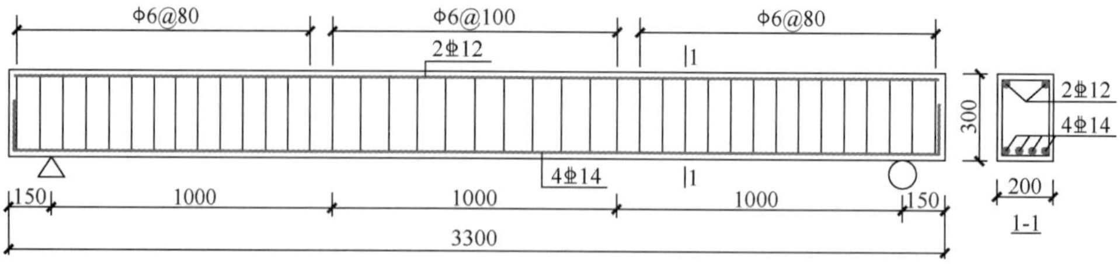

图 13-13　钢筋锈蚀混凝土梁的几何尺寸及配筋（单位：mm）

混凝土实测力学性能见表 13-5，钢筋实测力学性能见表 13-6。

表 13-5　混凝土实测力学性能

混凝土强度等级	再生粗骨料取代率 ρ_c/%	再生细骨料取代率 ρ_f/%	立方体抗压强度 f_{cu}/MPa	弹性模量 E_c/(10^4MPa)
C30	0	0	36.1	3.18
	33	0	36.4	3.05
	66	0	37.4	3.05
	100	0	36.6	2.38
	66	50	39.0	2.12
	100	50	45.8	2.10
	100	100	38.7	1.93
C60	0	0	63.9	3.72
	33	0	57.1	3.30
	66	0	57.9	3.02
	100	0	56.6	2.96

表 13-6　钢筋实测力学性能

钢筋类型	钢筋直径 D/mm	屈服强度 f_y/MPa	极限强度 f_u/MPa	弹性模量 E_s/(10^5MPa)
HPB300	6	470.7	670.0	1.98
HRB400	12	487.3	627.3	1.99
HRB400	14	496.7	645.0	2.03

为使梁中钢筋均发生锈蚀，将纵筋、箍筋及架立钢筋绑扎成钢筋笼，并在所有钢筋交叉点处进行点焊，如图 13-14 所示。

图 13-14　钢筋交叉点焊接

2. 试验方法

采用通电加速锈蚀法实现钢筋锈蚀，电源阳极接目标锈蚀钢筋，电源阴极接不锈钢管，通过 NaCl 溶液形成回路，实现阳极钢筋锈蚀。施加的腐蚀电流大小用直流稳压电源监测，电流强度根据目标锈蚀钢筋面积控制在 1～2mA/cm^2[132]内。

完成锈蚀后，试验梁采用三分点加载，试验加载示意如图 13-15 所示。加载时，先采用单调分级方式加载，加载到预估屈服荷载的 80%时，改用单向重复加载，直至试件破坏。

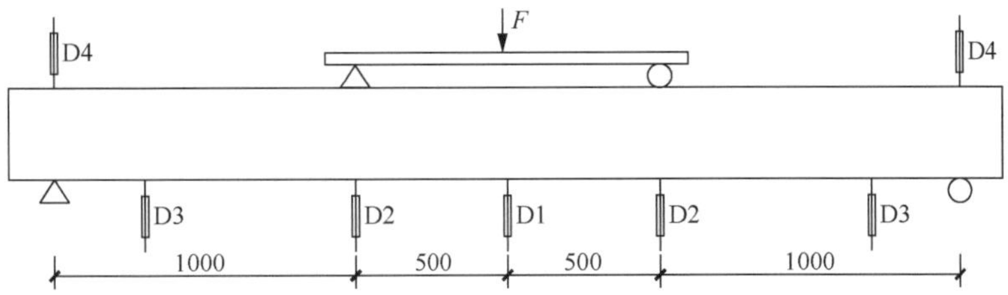

图 13-15　试验加载装置示意（单位：mm）

13.2.2　破坏特征

1. 钢筋锈胀

随着通电时间增加，箍筋外锈迹面积不断增大，出现锈迹部位增多，有锈迹产生部位均有锈胀裂缝出现，梁端锈蚀产物较其他部位多，且渗出的锈蚀产物堆积在混凝土表面。通电后期，混凝土表面漏锈严重，锈胀裂缝不断变宽并扩展延伸，梁底部有明显裂缝，为钢筋锈胀所致，梁端局部混凝土脱落，锈蚀过程中部分照片如图 13-16 所示。

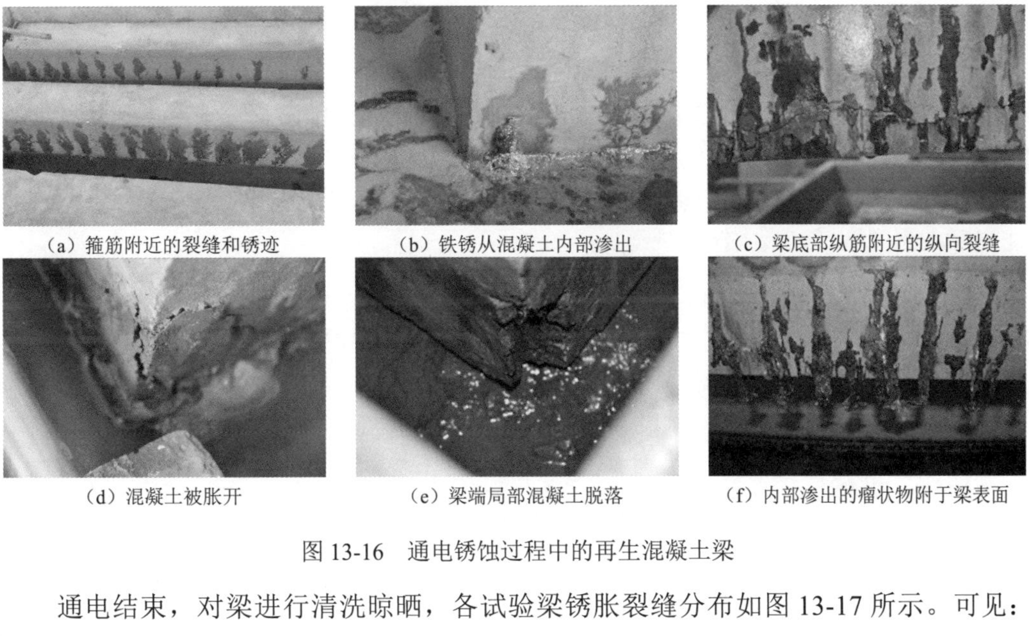

（a）箍筋附近的裂缝和锈迹　（b）铁锈从混凝土内部渗出　（c）梁底部纵筋附近的纵向裂缝

（d）混凝土被胀开　（e）梁端局部混凝土脱落　（f）内部渗出的瘤状物附于梁表面

图 13-16　通电锈蚀过程中的再生混凝土梁

通电结束，对梁进行清洗晾晒，各试验梁锈胀裂缝分布如图 13-17 所示。可见：

①锈胀裂缝的位置主要集中在箍筋和纵筋附近，梁底部纵筋附近裂缝较长，且随着再生粗、细骨料取代率增大，梁底部裂缝数量增多，原因是再生骨料孔隙率和吸水率比天然骨料大，造成再生混凝土的抗氯离子侵蚀能力比普通混凝土差，且其抗氯离子侵蚀能力随再生骨料取代率增大而降低[29]；②相同再生粗骨料取代率条件下，随着混凝土强度提高，混凝土密实性增强，但同时脆性增加，因此通电初期，梁表现出较好的抗氯离子侵蚀能力，而混凝土锈胀裂缝一旦形成，裂缝发展比较迅速，最终在梁表面形成多条细小锈胀裂缝。

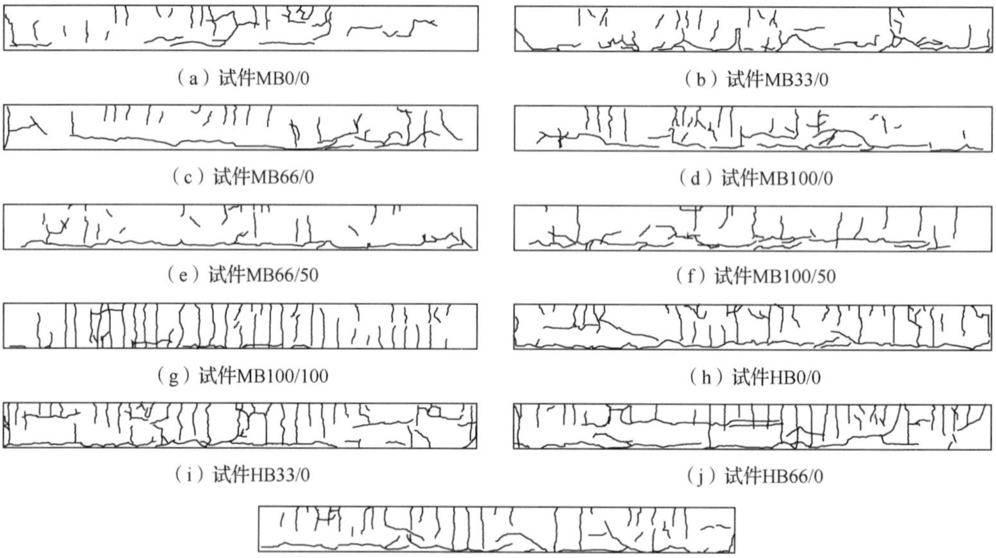

（a）试件MB0/0　（b）试件MB33/0　（c）试件MB66/0　（d）试件MB100/0　（e）试件MB66/50　（f）试件MB100/50　（g）试件MB100/100　（h）试件HB0/0　（i）试件HB33/0　（j）试件HB66/0　（k）试件HB100/0

图 13-17　再生混凝土梁锈胀裂缝分布

测量梁表面锈胀裂缝宽度，结果见表 13-7。表 13-7 中，n 为再生混凝土梁最大锈胀裂缝宽度与相同混凝土强度等级下普通混凝土梁最大锈胀裂缝宽度的比值。可见：①随再生骨料取代率增加，最大锈胀裂缝宽度增大，原因是再生骨料的孔隙率和吸水率比天然骨料大，氯盐更易到达钢筋表面，钢筋锈蚀更严重；②当再生粗骨料取代率相同时，随混凝土强度增大，最大锈胀裂缝宽度减小。

表 13-7　再生混凝土梁的最大锈胀裂缝宽度

试件编号	最大锈胀裂缝宽度ω_{max}/mm	n
MB0/0	1.00	1.000
MB33/0	1.12	1.120
MB66/0	1.36	1.360
MB100/0	1.56	1.560
MB66/50	1.54	1.540
MB100/50	1.68	1.680

续表

试件编号	最大锈胀裂缝宽度ω_{max}/mm	n
MB100/100	1.76	1.760
HB0/0	0.94	1.000
HB33/0	1.08	1.149
HB66/0	1.28	1.362
HB100/0	1.52	1.617

为测量钢筋实际锈蚀情况，加载完成后截取部分锈蚀钢筋，进行酸洗除锈和力学性能试验。

钢筋实际锈蚀率η_m计算见式（13-13）。由于腐蚀过程的复杂性，各试验梁中的纵向受拉钢筋锈蚀程度并不相同，为便于计算，以 4 根纵向受拉钢筋的平均锈蚀率η_{am}来评价梁的锈蚀情况，见式（13-14）。

$$\eta_m = \frac{m_0 - m}{m_0} \times 100\% \tag{13-13}$$

$$\eta_{am} = \frac{1}{4}\sum_{k=1}^{4}\eta_{mk} \tag{13-14}$$

式中，η_m为钢筋实际锈蚀率；m_0为钢筋未锈蚀前质量；m 为钢筋酸洗除锈后的质量；η_{am}为钢筋实际锈蚀率平均值；η_{mk}为第 k 根钢筋实际锈蚀率。

受拉锈蚀钢筋的实际锈蚀率及钢筋力学性能见表 13-8。

表 13-8　受拉锈蚀钢筋的实际锈蚀率及钢筋力学性能

试件编号	实际锈蚀率η_{am}/%	理论锈蚀率η_0/%	实际与理论锈蚀率比值κ	锈蚀后屈服强度f_{yc}/MPa	锈蚀后极限强度f_{uc}/MPa	伸长率δ/%
MB0/0	5.23	5.18	1.010	493	598	10.4
MB33/0	5.26	5.23	1.006	488	590	10.1
MB66/0	5.33	5.09	1.047	463	579	7.6
MB100/0	5.45	5.27	1.034	452	584	9.4
MB66/50	5.55	5.01	1.108	468	566	7.1
MB100/50	5.57	5.02	1.110	489	579	6.1
MB100/100	5.65	5.02	1.125	465	572	8.7
HB0/0	5.15	4.99	1.032	489	594	10.9
HB33/0	5.27	4.99	1.056	495	595	11.1
HB66/0	5.36	5.01	1.070	484	600	11.1
HB100/0	5.40	5.01	1.078	475	590	11.1

由表 13-8 可见：①所有试验梁纵向受拉钢筋的实际锈蚀率均大于理论锈蚀率，原因是在计算理论锈蚀率时，电流强度取平均值有一定误差；在用稀盐酸浸泡锈蚀钢筋时，

稀盐酸和钢筋未锈蚀部分有轻微反应；②随再生粗、细骨料取代率增大，钢筋实际锈蚀率呈增大趋势；③锈蚀钢筋屈服强度随再生粗骨料取代率增大而减小。

2. 受弯破坏形态

各试验梁破坏过程相似，均因梁的裂缝宽度过大而结束试验。加载初期，混凝土表面无明显现象，混凝土应变值及挠度值均较小；随荷载增加，跨中和加载点附近开始出现细小的垂直裂缝；继续加载，梁在纯弯段及锈胀裂缝附近不断产生新裂缝，已有裂缝不断延伸并加宽；当梁屈服后，挠度迅速增加，而荷载增幅较小；跨中主裂缝宽度达到2mm时，加载点附近受压区混凝土也被压酥，停止加载。

各试件破坏时裂缝分布如图13-18所示。

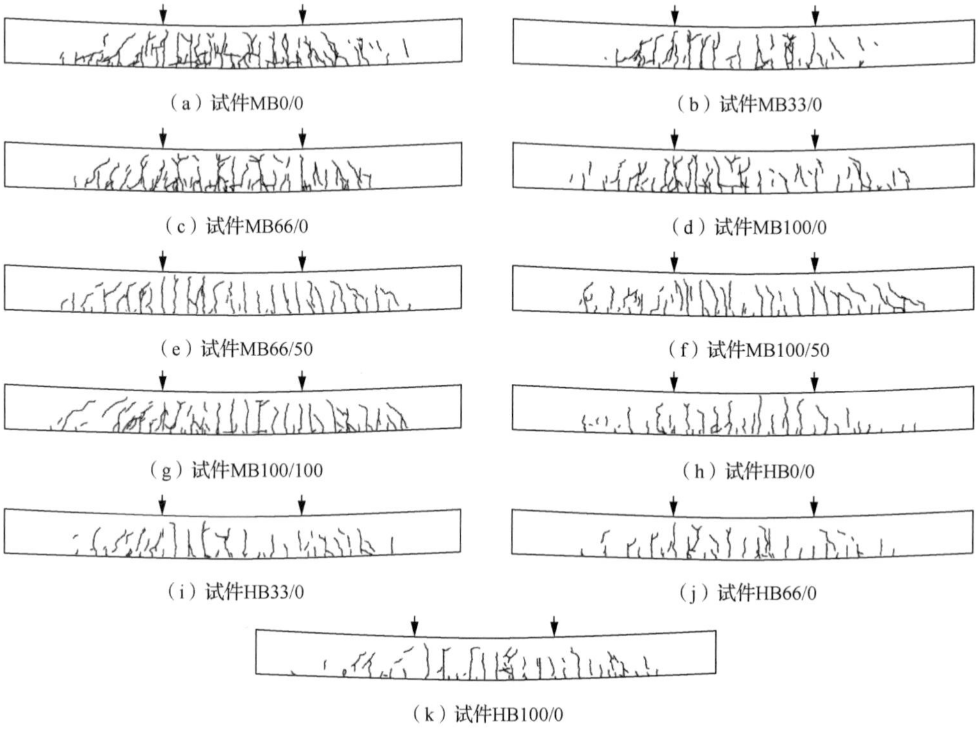

（a）试件MB0/0　（b）试件MB33/0　（c）试件MB66/0　（d）试件MB100/0　（e）试件MB66/50　（f）试件MB100/50　（g）试件MB100/100　（h）试件HB0/0　（i）试件HB33/0　（j）试件HB66/0　（k）试件HB100/0

图13-18　试件破坏时裂缝分布情况

由图13-18可见：①普通混凝土梁受弯裂缝数量较再生混凝土梁多，且全再生混凝土梁比再生粗骨料混凝土梁的裂缝间距大；②中强混凝土梁最终破坏时的受弯裂缝数量比高强混凝土梁多，裂缝间距小。

13.2.3　受弯性能及计算分析

1. 荷载-挠度曲线

各试验梁的荷载-跨中挠度（F-f）曲线如图13-19所示，骨架曲线如图13-20所示。

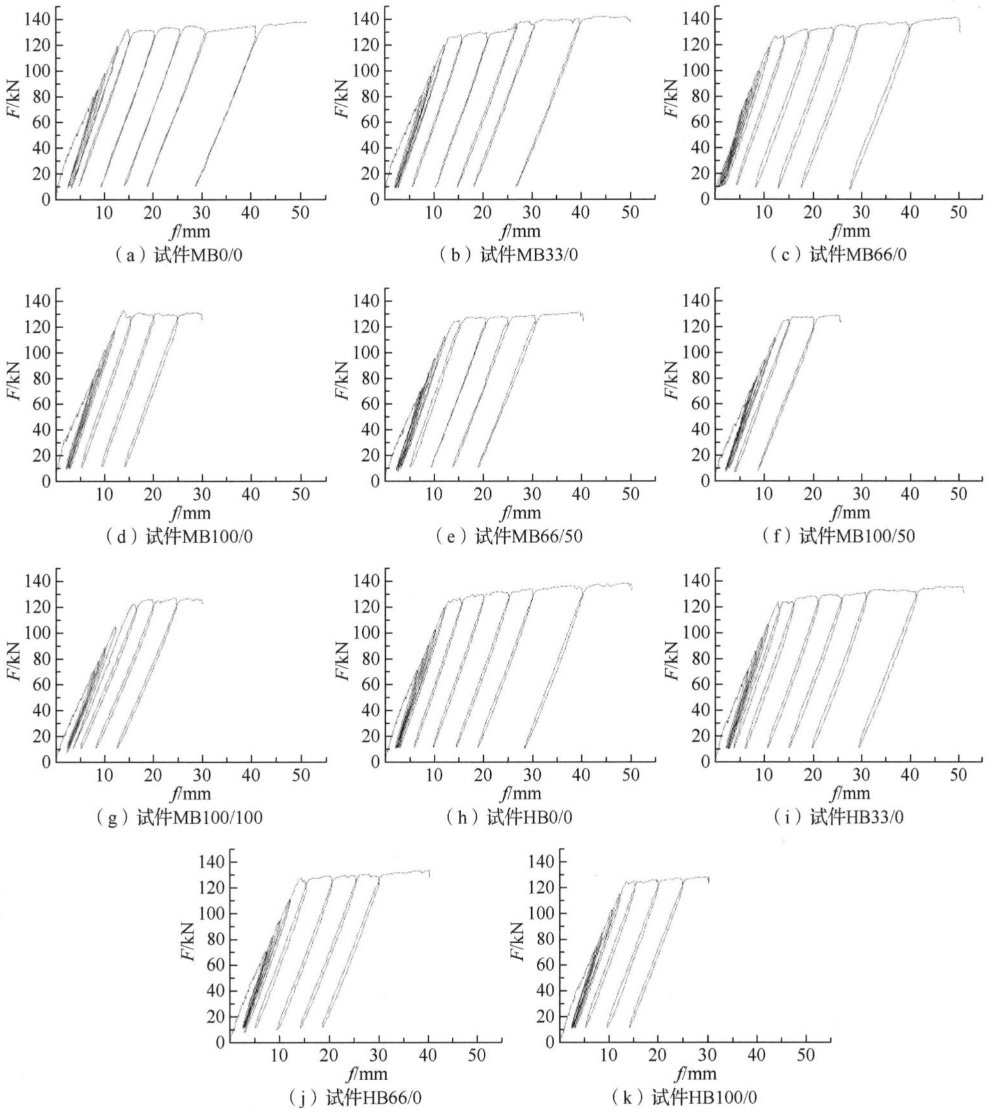

图 13-19　梁的 F-f 曲线

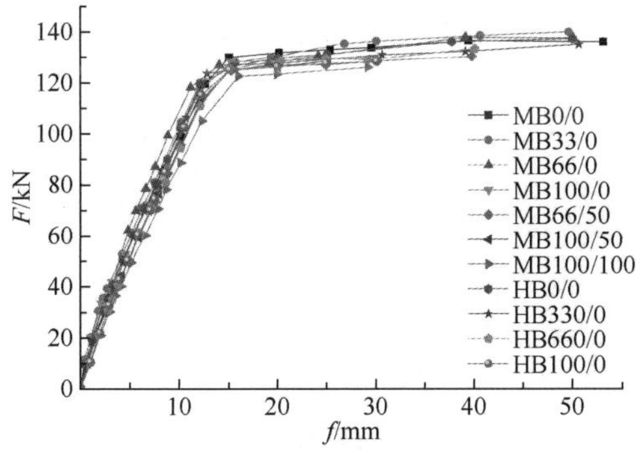

图 13-20　梁的骨架曲线

由图 13-19 可见：①各试验梁在加载过程中均经历了四个阶段，仅有锈胀裂缝而无受力裂缝的类弹性阶段、既有锈胀裂缝又有受力裂缝的弹塑性阶段、屈服阶段和破坏阶段；②开始加载时，荷载与挠度变化趋于线性，梁的残余变形较小；随着荷载增加，残余变形逐渐变大；③钢筋屈服后曲线变平缓，跨中挠度迅速增加，梁截面抗弯刚度逐渐退化，卸载后梁的残余变形明显增大。

由图 13-20 可见：①对比不同取代率的中强和高强再生混凝土梁，各试件曲线基本重合，再生粗骨料取代率对刚度及承载力影响不明显；②相比只掺入再生粗骨料的试验梁，试件 MB100/100 屈服前抗弯刚度更低，承载力和变形能力有一定下降。

2. 特征荷载

实测所得各试验梁的开裂荷载 F_{cr}、屈服荷载 F_y、极限荷载 F_u 见表 13-9。

表 13-9　梁的受弯承载力实测值

试件编号	F_{cr}/kN	F_y/kN	F_u/kN
MB0/0	29.7	132.2	138.3
MB33/0	30.2	125.6	142.7
MB66/0	30.3	126.3	141.5
MB100/0	20.5	131.4	132.8
MB66/50	21.5	123.3	131.3
MB100/50	19.7	123.4	128.6
MB100/100	21.5	121.9	127.1
HB0/0	30.2	123.9	138.3
HB33/0	30.3	123.6	135.5
HB66/0	20.7	126.6	133.4
HB100/0	21.0	123.9	128.3

由表 13-9 可知：①再生骨料取代率对锈蚀钢筋再生混凝土梁的开裂荷载影响较为明显，尤其是再生粗骨料取代率较大和掺有再生细骨料的再生混凝土梁，与普通混凝土梁相比，其开裂荷载降幅接近 30%；②不同再生骨料取代率试验梁的屈服荷载、极限荷载较为接近，表明再生骨料取代率对梁的屈服荷载和极限荷载影响不明显。

3. 延性及耗能

实测所得各试验梁跨中屈服挠度 f_y、跨中最大挠度 f_u、位移延性系数 μ 见表 13-10。其中，μ/μ_0 为该试件的位移延性系数与相同混凝土强度下普通混凝土试件的位移延性系数之比。可见：①当再生粗骨料取代率较小时，再生粗骨料对锈蚀钢筋再生混凝土梁的延性影响较小；②当再生粗骨料取代率较大或同时掺入再生粗、细骨料时，梁的延性明显下降。

表 13-10　钢筋锈蚀再生混凝土梁的变形实测值

试件编号	f_y/mm	f_u/mm	μ	μ/μ_0
MB0/0	14.94	51.24	3.43	1.000
MB33/0	14.04	50.04	3.56	1.038
MB66/0	13.29	50.23	3.78	1.102
MB100/0	14.32	30.20	2.11	0.615
MB66/50	15.16	40.40	2.66	0.776
MB100/50	14.90	25.62	1.72	0.501
MB100/100	16.36	29.98	1.83	0.534
HB0/0	13.89	50.24	3.62	1.000
HB33/0	13.95	50.93	3.65	1.008
HB66/0	15.50	40.21	2.59	0.715
HB100/0	15.26	30.21	1.98	0.547

取骨架曲线所围面积作为试验梁的耗能能力代表值，各试件耗能能力代表值 E_p、耗能相对值 n 见表 13-11。可见：①与承载力和变形规律一致，当再生粗骨料取代率较小时，各试验梁耗能能力接近；而当再生粗骨料取代率较大或同时掺入再生粗、细骨料时，梁的耗能能力明显下降；②不同混凝土强度试件的耗能能力接近，表明混凝土强度对梁的耗能能力影响不明显。

表 13-11　梁的耗能能力

试件编号	E_p/(kN·mm)	n
MB0/0	6008.03	1.000
MB33/0	5877.43	0.978
MB66/0	6044.27	1.006
MB100/0	3090.23	0.514
MB66/50	4311.09	0.718
MB100/50	2416.32	0.402
MB100/100	2625.65	0.437
HB0/0	5813.11	1.000
HB33/0	5799.32	0.998
HB66/0	4309.04	0.741
HB100/0	2995.92	0.515

4. 计算分析

按《混凝土结构设计规范（2015 年版）》（GB 50010—2010）的基本假定和计算公式计算锈蚀钢筋再生混凝土梁的极限承载力 P_u^c，计算结果见表 13-12。表 13-12 中，f_{cu}

为混凝土立方体抗压强度；P_u^t 为极限承载力实测值；P_u^c 为根据《混凝土结构设计规范（2015 年版）》（GB 50010—2010）得到的极限承载力计算值。可见：虽然试验梁的实测值与按《混凝土结构设计规范（2015 年版）》（GB 50010—2010）计算值的误差均在 15%以内，但各试验梁实测值均小于计算值，没有安全储备，偏于不安全，故对其进行修正。

钢筋锈蚀对试验梁的影响主要有钢筋有效截面积减小、钢筋力学性能降低、钢筋与混凝土间黏结性能退化。因此，从上述 3 个方面对公式进行修正。修正方式为①按实测的钢筋锈蚀率计算锈蚀后的钢筋面积；②按钢筋锈蚀后实测屈服强度进行计算；③基于金伟良教授研究结果[143]修正钢筋锈蚀率对钢筋与混凝土黏结滑移的影响。修正后的计算公式如下。

$$\alpha_1 f_c bx = f_{yc} A_{sc} \tag{13-15}$$

$$M_u^{c1} = \alpha_1 f_c bx\left(h_0 - \frac{x}{2}\right) \tag{13-16}$$

$$M_u^{c2} = \gamma M_u^{c1} \tag{13-17}$$

$$A_{sc} = A_s(1-\eta_{am}) \tag{13-18}$$

$$\gamma = \begin{cases} 1 & \eta_{am} < 1.2 \\ 1.0168 - 0.014\eta_{am} & 1.2 \leqslant \eta_{am} \leqslant 6.0 \end{cases} \tag{13-19}$$

式中，f_c 为实测混凝土轴心抗压强度；b 为梁截面宽度；x 为梁截面等效受压区高度；f_{yc} 为受拉钢筋锈蚀后的屈服强度实测值；A_{sc} 为考虑实测锈蚀率的受拉纵筋面积；M_u^{c1} 为考虑钢筋截面减小和强度变化的极限受弯承载力；h_0 为梁截面有效高度；M_u^{c2} 为考虑钢筋锈蚀率对钢筋和混凝土协调工作影响的极限受弯承载力；γ 为考虑实际锈蚀率的钢筋与混凝土的协同工作系数；A_s 为未锈蚀的受拉纵筋面积；η_{am} 为受拉纵筋实测锈蚀率，见式（13-14）。考虑钢筋锈蚀影响的极限承载力修正值 F_u^{c2} 也列于表 13-12 中。

表 13-12 锈蚀钢筋再生混凝土梁的受弯极限承载力实测值与修正值比较

试件编号	f_{cu}/MPa	F_u^t/kN	F_u^c/kN	F_u^t/P_u^c	F_u^{c2}/kN	F_u^t/P_u^{c2}
MB0/0	36.1	138.3	144.4	0.958	129.2	1.070
MB33/0	36.4	142.7	149.4	0.955	132.0	1.081
MB66/0	37.4	141.5	145.1	0.975	122.4	1.156
MB100/0	36.6	132.8	149.7	0.887	122.7	1.082
MB66/50	39.0	131.3	145.8	0.901	123.5	1.063
MB100/50	45.8	128.6	148.2	0.868	130.3	0.987
MB100/100	38.7	127.1	145.7	0.872	122.4	1.038
HB0/0	63.9	138.3	152.0	0.910	134.8	1.026
HB33/0	57.1	135.5	150.9	0.898	134.9	1.004
HB66/0	57.9	133.4	151.0	0.883	132.0	1.011
HRB100/0	56.6	128.3	150.8	0.851	129.4	0.991

分析表 13-12 可知：①锈蚀钢筋再生混凝土梁需考虑钢筋锈蚀的影响，以修正现行规范中梁受弯承载力计算公式；②修正后的计算结果与试验结果符合较好，且绝大部分试验梁均留有一定的安全储备。

13.3　再生混凝土梁氯离子侵蚀下受剪性能

13.3.1　试验概况

在 13.2 节通过三分点加载进行的氯离子侵蚀下梁正截面受弯性能试验，加载梁两端弯剪区段损伤较轻，可将加载点向梁两端移动，继续进行锈蚀钢筋再生混凝土梁端弯剪区段的斜截面受剪性能试验。各试件编号及设计参数见表 13-4，试验梁的体积配箍率ρ_{sv}为 0.648%，剪跨比λ为 1.13。

实测混凝土和钢筋力学性能同表 13-5 和表 13-6。

加载时，先采用单调分级方式加载，继而改用单向重复加载，并分别采用力和位移控制加载，直至试件破坏。梁受剪性能试验加载示意如图 13-21 所示。

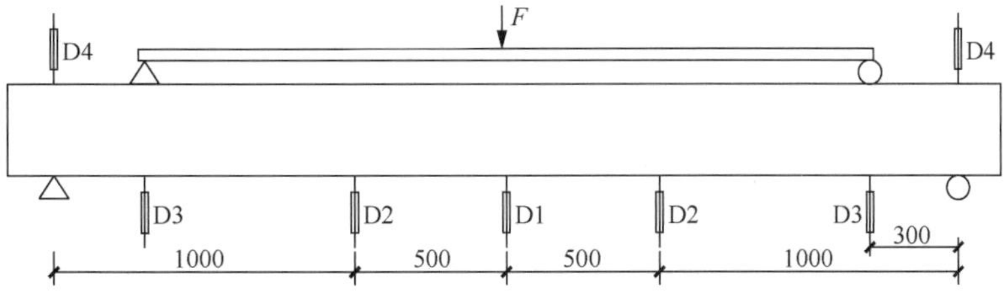

图 13-21　梁受剪性能试验加载示意（单位：mm）

13.3.2　破坏特征

1. 钢筋锈胀

采用式（13-13）和式（13-14）计算出架立钢筋和箍筋的实际锈蚀率，结果见表 13-13。

表 13-13　架立钢筋和箍筋的实际锈蚀率

试件编号	架立钢筋			箍筋		
	实际锈蚀率 η_{am}/%	理论锈蚀率 η_0/%	实际与理论锈蚀率的比值 κ	实际锈蚀率 η_{am}/%	理论锈蚀率 η_0/%	实际与理论锈蚀率的比值 κ
MB0/0	5.02	5.18	0.969	5.60	5.18	1.081
MB33/0	5.11	5.23	0.977	5.63	5.23	1.076
MB66/0	5.21	5.09	1.024	5.59	5.09	1.098
MB100/0	5.27	5.27	1.000	5.48	5.27	1.040
MB66/50	5.30	5.01	1.058	5.79	5.01	1.156
MB100/50	5.30	5.02	1.056	6.03	5.02	1.201

续表

试件编号	架立钢筋			箍筋		
	实际锈蚀率 η_{am}/%	理论锈蚀率 η_0/%	实际与理论锈蚀率的比值 κ	实际锈蚀率 η_{am}/%	理论锈蚀率 η_0/%	实际与理论锈蚀率的比值 κ
MB100/100	5.52	5.02	1.100	6.45	5.02	1.285
HB0/0	4.98	4.99	0.998	5.56	4.99	1.114
HB33/0	5.13	4.99	1.028	5.60	4.99	1.122
HB66/0	5.13	5.01	1.024	5.69	5.01	1.136
HB100/0	5.25	5.01	1.048	5.57	5.01	1.112

由表 13-13 可知：①梁中架立钢筋和箍筋的实际锈蚀率整体上随再生粗、细骨料取代率增加而增大；②梁中箍筋的锈蚀较架立钢筋严重，这与箍筋所处位置靠外以及箍筋直径较小有关。

2. 受剪破坏形态

各试验梁破坏过程相似，均发生剪压破坏。加载初期，纯弯段内梁底已有的竖向裂缝逐渐变宽并延伸。随荷载增加，弯剪区段的腹部产生斜向裂缝。随着荷载增大，腹部斜裂缝向加载点和支座处延伸。继续加载，斜裂缝继续变宽并延伸，形成中间宽两头窄的腹剪斜裂缝。当斜裂缝宽度达到 2mm 时，梁端混凝土被剪坏，结束加载。

实测各试验梁受剪破坏时裂缝分布如图 13-22 所示。

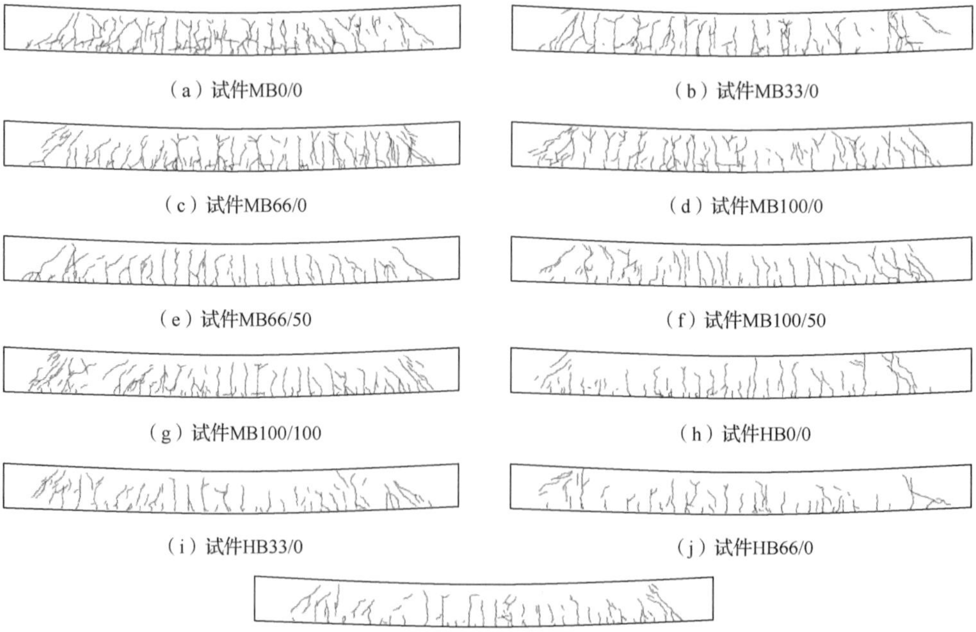

（a）试件MB0/0　（b）试件MB33/0

（c）试件MB66/0　（d）试件MB100/0

（e）试件MB66/50　（f）试件MB100/50

（g）试件MB100/100　（h）试件HB0/0

（i）试件HB33/0　（j）试件HB66/0

（k）试件HB100/0

图 13-22　梁受剪破坏裂缝分布

由图 13-22 可见：①混凝土强度较高试验梁的弯剪段内斜裂缝数量明显减少；②相同混凝土强度下，随再生粗骨料取代率增加，梁弯剪区段内的斜裂缝数量及长度均增加。

13.3.3　受剪性能及计算分析

1. 荷载-挠度曲线

各试验梁的荷载-跨中挠度（*F*-*f*）曲线如图 13-23 所示，骨架曲线如图 13-24 所示。

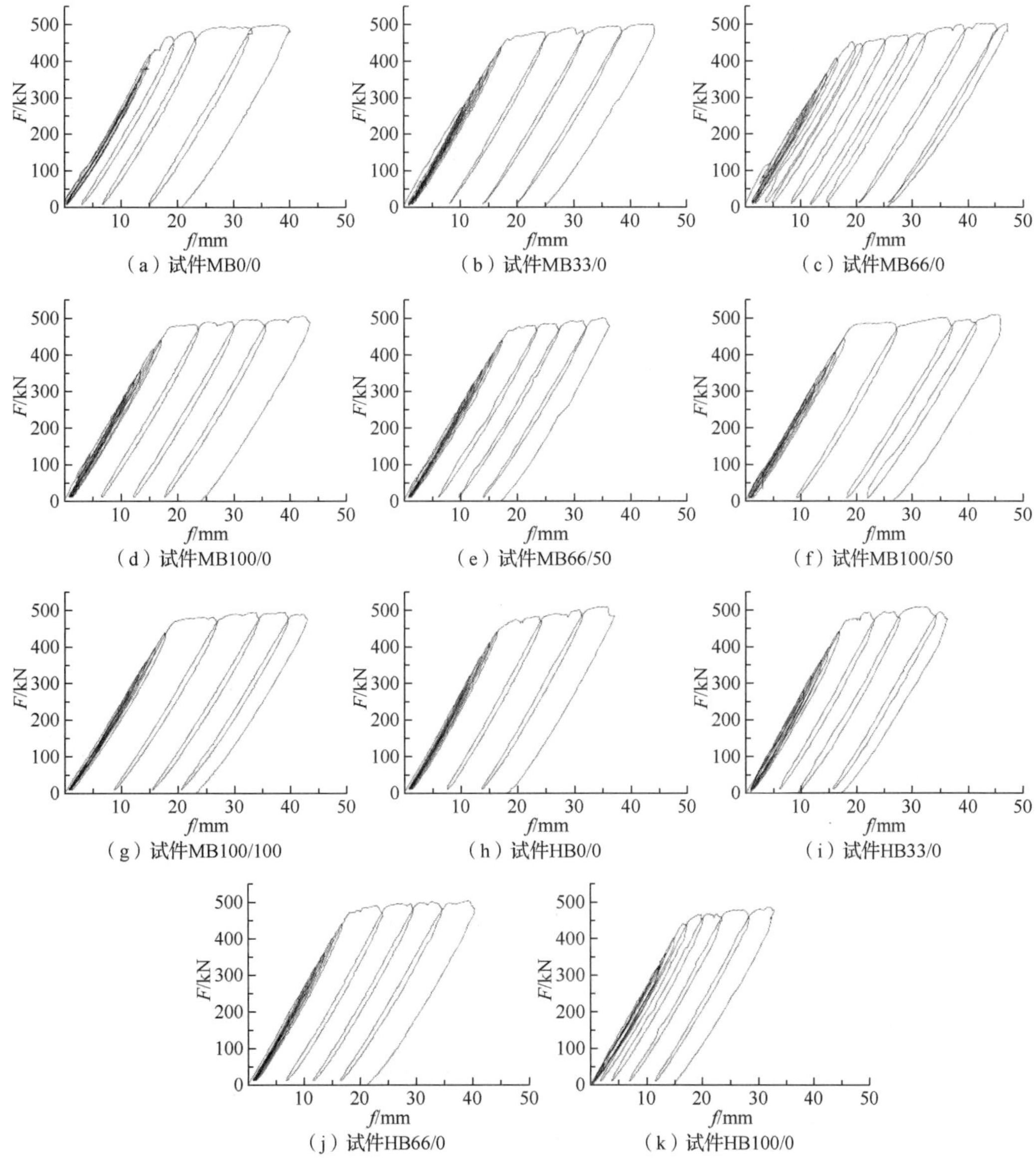

图 13-23　梁受剪的 *F*-*f* 曲线

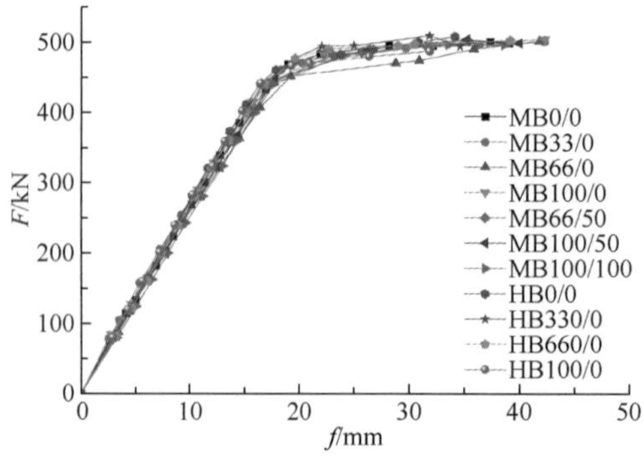

图 13-24 梁受剪的骨架曲线

由图 13-23 和图 13-24 可见：①各试验梁在试验过程中主要经历了四个阶段：仅有锈胀裂缝无斜裂缝的类弹性阶段、既有锈胀裂缝又有斜裂缝的弹塑性阶段、屈服阶段、破坏阶段；②不同再生粗、细骨料取代率和混凝土强度试验梁的刚度和承载力接近。

2. 特征荷载

钢筋锈蚀再生混凝土梁的开裂荷载 F_{cr}、屈服荷载 F_y、极限荷载 F_u 见表 13-14。定义弯剪区段首次出现斜裂缝的荷载值为 F_{cr}。可见：①普通混凝土梁的开裂荷载高于再生混凝土梁；②不同再生粗、细骨料取代率和不同混凝土强度等级再生混凝土梁的屈服荷载、极限荷载较为接近。

表 13-14 钢筋锈蚀再生混凝土梁受剪承载力实测结果

试件编号	F_{cr}/kN	F_{cr}/P_{cr0}	F_y/kN	F_y/P_{y0}	F_u/kN	F_u/P_{u0}
MB0/0	240.3	1.000	456.3	1.000	500.6	1.000
MB33/0	201.8	0.840	451.3	0.989	501.0	1.001
MB66/0	201.0	0.836	442.0	0.969	502.3	1.003
MB100/0	207.0	0.861	463.6	1.016	504.9	1.009
MB66/50	200.8	0.836	457.9	1.004	501.9	1.003
MB100/50	200.0	0.832	473.1	1.037	512.7	1.024
MB100/100	162.3	0.675	463.4	1.016	496.6	0.992
HB0/0	240.3	1.000	467.3	1.000	514.6	1.000
HB33/0	239.8	0.998	463.0	0.991	509.6	0.990
HB66/0	200.3	0.834	456.2	0.976	503.0	0.977
HB100/0	201.0	0.836	442.5	0.947	487.5	0.947

3. 计算分析

依据《混凝土结构设计规范（2015 年版）》（GB 50010—2010）给出的普通混凝土适筋梁在集中荷载作用下的受剪承载力计算公式［式（13-20)］计算梁的极限受剪承载

力，各试件的计算结果见表 13-15。

$$F_{cal}=\frac{1.75}{1+\lambda}f_t bh_0+f_{yv}A_{sv}\frac{h_0}{s} \tag{13-20}$$

$$f_t=0.1f_{cu} \tag{13-21}$$

式中，F_{cal}为构件斜截面上混凝土和箍筋的极限受剪承载力计算值；λ为剪跨比；f_t为混凝土轴心抗拉强度；f_{yv}为箍筋的屈服强度实测值；A_{sv}为配置在同一截面内箍筋各肢的全部截面面积；b为梁横截面宽度；h_0为梁横截面有效高度；s为沿构件长度方向的箍筋间距。

由表 13-15 可见：①参照规范计算锈蚀钢筋再生混凝土梁的受剪承载力，中强混凝土试件的计算结果与试验结果符合较好；②对于高强混凝土试件，式（13-21）中混凝土的轴心抗拉强度f_t取值偏大，计算中采用了式（13-22）修正。

$$f_t'=0.23f_{cu}^{2/3} \tag{13-22}$$

表 13-15　受剪承载力计算值与实测值比较

试件编号	f_t	F_u/kN	F_{cal}/kN	F_u/F_{cal}	f'_t	F'_{cal}/kN	F_u/F'_{cal}
MB0/0	3.61	250.0	246.05	1.016	2.51	198.27	1.261
MB33/0	3.64	250.5	247.36	1.013	2.53	198.87	1.260
MB66/0	3.74	251.2	251.71	0.998	2.57	200.88	1.250
MB100/0	3.66	252.5	248.23	1.017	2.54	199.28	1.267
MB66/50	3.90	251.0	258.68	0.970	2.65	204.05	1.230
MB100/50	4.58	256.4	288.29	0.889	2.94	217.08	1.181
MB100/100	3.87	248.3	257.37	0.965	2.63	203.46	1.220
HB0/0	6.39	257.3	367.11	0.701	3.68	248.95	1.034
HB33/0	5.71	254.8	337.49	0.755	3.41	237.38	1.073
HB66/0	5.79	251.5	340.98	0.738	3.44	238.77	1.053
HB100/0	5.66	243.8	335.32	0.727	3.39	236.51	1.031

由表 13-15 可见：①修正后锈蚀钢筋再生混凝土梁的受剪承载力计算值与实测结果符合较好，且有一定的安全储备；②当钢筋锈蚀不严重时，用式（13-20）和式（13-22）来预估锈蚀钢筋再生混凝土梁的受剪承载力是可行的。

13.4　本 章 小 结

本章介绍了 16 根再生混凝土梁的徐变试验与 11 根梁在氯离子侵蚀下的受弯和受剪试验，并给出了钢筋锈蚀再生混凝土梁徐变以及受弯、受剪承载力计算方法。研究结果表明：

（1）与普通混凝土梁相比，再生混凝土梁的长期工作性能有所下降。

（2）随再生骨料取代率增加，再生混凝土梁的徐变增加；低应力比下，再生细骨料对再生混凝土梁徐变的影响比再生粗骨料影响明显；高应力比再生混凝土梁的初始挠度明显增加，徐变挠度小幅增长。

（3）氯离子侵蚀再生混凝土梁正截面受弯破坏过程中，随再生粗骨料取代率增加，最大锈胀裂缝宽度增大，受弯裂缝数量减少；同时掺入再生粗、细骨料的梁，其受弯承载力、刚度、延性和耗能能力呈下降趋势；随混凝土强度提高，再生混凝土梁的最大锈胀裂缝宽度减小，裂缝数量减少。

（4）氯离子侵蚀再生混凝土梁截面受剪破坏过程中，随混凝土强度提高，弯剪区段内的斜裂缝数量减少；混凝土强度相同时，随再生粗骨料取代率增加，弯剪区段内的斜裂缝数量及长度均增加。

第 14 章　再生混凝土柱与筒体耐火性能

14.1　再生混凝土柱耐火性能

14.1.1　试验概况

1. 试件设计

本节设计制作了 5 个钢筋混凝土柱足尺试件，试件尺寸及配筋均相同，试件主要变量包括混凝土强度设计等级、再生骨料取代率，设计参数见表 14-1，柱几何尺寸及配筋如图 14-1 所示。

表 14-1　柱的设计参数

试件编号	混凝土强度设计等级	再生粗骨料取代率ρ_c/%	再生细骨料取代率ρ_f/%	轴向荷载 N/kN	轴压比
RCC-1	C20	0	0	3000	1.74
RCC-2	C30	0	0	5250	1.76
RCC-3	C30	100	0	4800	1.74
RCC-4	C40	100	0	6900	1.75
RCC-5	C35	100	100	6000	1.74

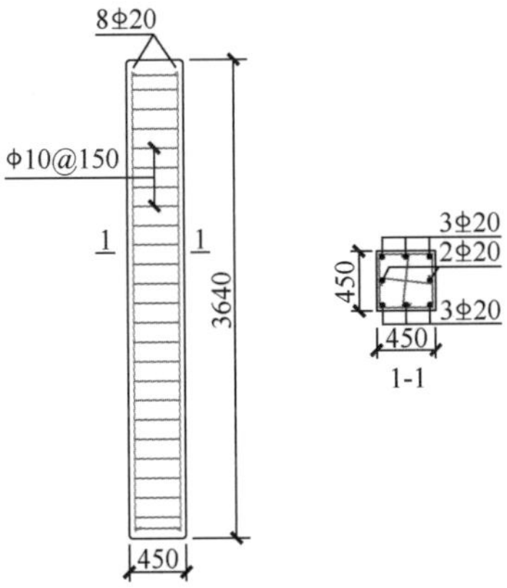

图 14-1　柱几何尺寸及配筋（单位：mm）

实测混凝土力学性能见表 14-2，实测钢筋力学性能见表 14-3。

表 14-2 实测混凝土力学性能

混凝土强度设计等级	再生粗骨料取代率 ρ_c/%	再生细骨料取代率 ρ_f/%	立方体抗压强度 f_{cu}/MPa	弹性模量 E_c/(10^4MPa)
C20	0	0	17.8	2.3
C30	0	0	30.9	3.0
C30	100	0	28.6	2.7
C40	100	0	40.7	3.2
C35	100	100	35.6	2.8

表 14-3 实测钢筋力学性能

钢筋等级	直径 D/mm	屈服强度 f_y/MPa	极限强度 f_u/MPa	弹性模量 E_s/(10^5MPa)
HRB335	20	375	559	2.02
HPB300	10	433	497	1.99

2. 材料高温性能

试验采用国际标准 ISO834 升温曲线[$T=T_0+345\lg(8t+1)$]进行升温控制。实测试验炉体升温曲线与 ISO834 升温曲线的对比如图 14-2 所示。图 14-2 中，T 表示温度，t 表示升温时间。高温前后实测立方体标准试块抗压强度及强度损失率见表 14-4。

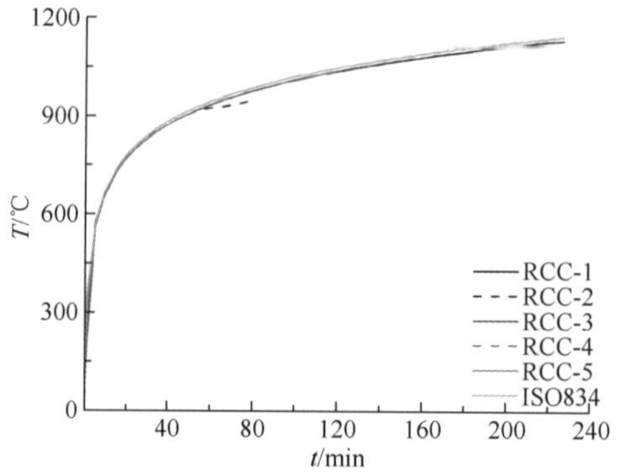

图 14-2 混凝土柱实测升温曲线与 ISO834 升温曲线对比

表 14-4 高温前后混凝土柱立方体抗压强度实测值及强度损失率

试件编号	混凝土强度设计等级	升温时间 t/min	升温前立方体抗压强度实测值 f_{cu}/MPa	升温后立方体抗压强度实测值 f'_{cu}/MPa	强度损失率 δ/%
RCC-1	C20	227	17.8	0.0	100.0
RCC-2	C30	78	30.9	16.1	47.9
RCC-3	C30	118	28.6	10.1	64.7

续表

试件编号	混凝土强度设计等级	升温时间 t/min	升温前立方体抗压强度实测值 f_{cu}/MPa	升温后立方体抗压强度实测值 f'_{cu}/MPa	强度损失率 δ/%
RCC-4	C40	39	40.7	35.2	13.5
RCC-5	C35	44	35.6	22.6	36.5

14.1.2　破坏特征

混凝土柱受火后的整体破坏形态如图 14-3 所示，局部破坏形态如图 14-4 所示。由图 14-3 和图 14-4 可见：①各柱的中部损伤最为严重，柱中部混凝土大面积脱落，钢筋外露，部分钢筋屈曲外凸达到 50～60mm。②沿柱高中部四边均存在一条宽约 2mm 的纵向贯通裂缝。

（a）试件 RCC-1　（b）试件 RCC-2　（c）试件 RCC-3　（d）试件 RCC-4　（e）试件 RCC-5

图 14-3　混凝土柱受火后整体破坏形态

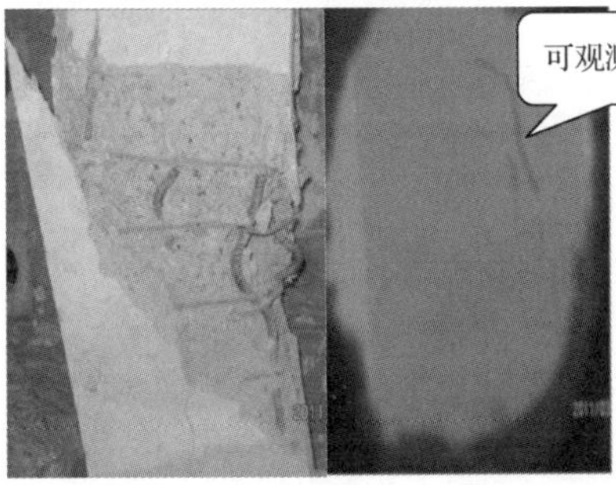

（a）试件RCC-1

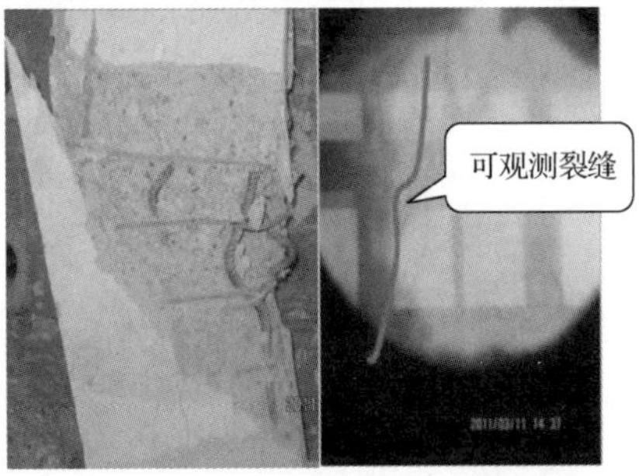

（b）试件RCC-2

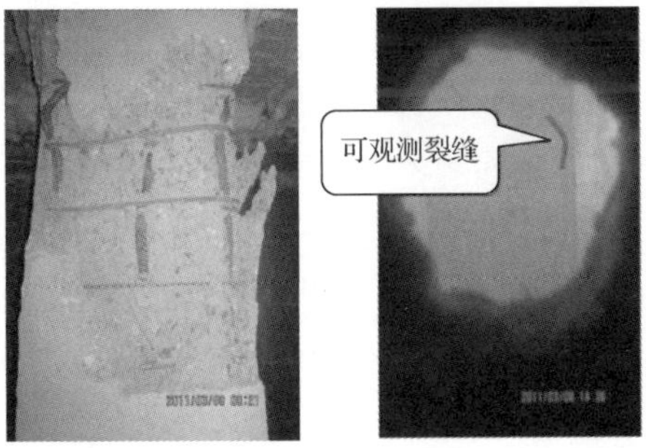

（c）试件RCC-3

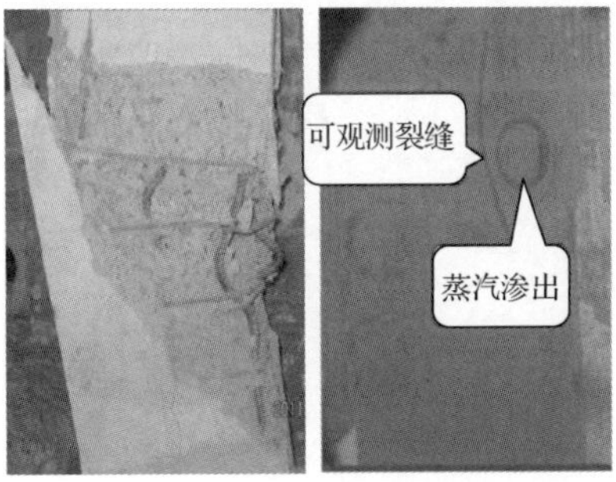

（d）试件RCC-4

图 14-4　混凝土柱受火后局部破坏形态

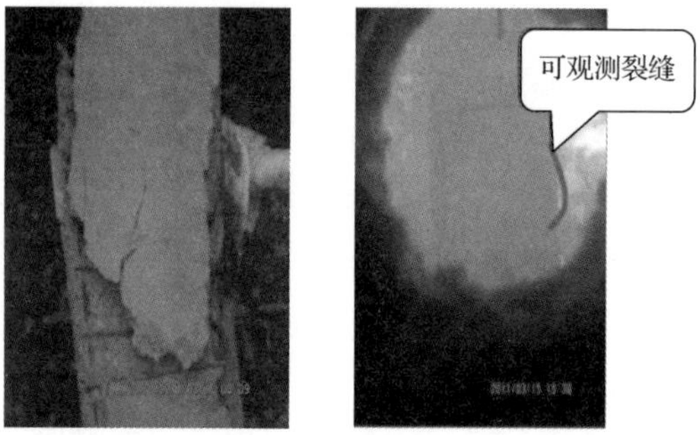

（e）试件RCC-5

图 14-4（续）

14.1.3 耐火极限

《建筑构件耐火试验方法 第 1 部分：通用要求》（GB/T 9978.1—2008）[144]中对试件耐火极限进行了规定，即在标准耐火试验条件下，建筑构件、配件或结构从受到火的作用时起，至失去承载能力、完整性或隔热性时止所用时间。当试件轴向变形大于或等于（H/100）mm（H 是试件有效受火高度），或者轴向变形速率达到或超过（3H/1000）mm/min 时，认为试件达到耐火极限。依据规范，本试验各试件达到耐火极限的标准是轴向变形不小于 30mm，或轴向变形速率不小于 9mm/min。实测所得各试件耐火极限见表 14-5。

表 14-5 实测混凝土柱试件耐火极限

试件编号	RCC-1	RCC-2	RCC-3	RCC-4	RCC-5
耐火极限/min	227	78	118	39	44

由表 14-5 可见：①相同混凝土强度下，试件 RCC-3 的耐火极限比试件 RCC-2 的耐火极限增长了 51.3%，表明再生混凝土柱耐火性能优于普通混凝土柱。②相同轴压比和再生骨料取代率条件下，混凝土强度较高的再生混凝土柱受火后热量从柱表面向柱内的传导速率快于混凝土强度较低的再生混凝土柱，且由于荷载和高温的耦合作用，其耐火极限较小。

14.1.4 测点温度

混凝土柱试件的耐火试验，在柱中部截面分别布置 3 个热电偶测点，分别距柱截面边缘 15mm、112mm 和 225mm，各热电偶测点布置如图 14-5 所示。

3 个热电偶测点的实测温度增量-时间（T-t）曲线以及受火 39min 时刻各测点温度增量如图 14-6 和表 14-6 所示。

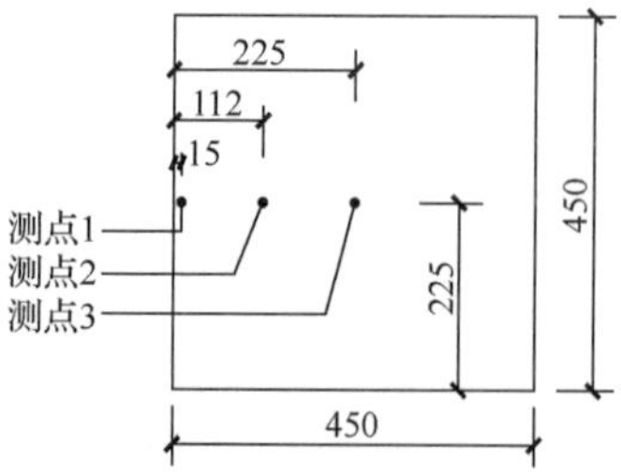

图 14-5 热电偶测点布置示意图（单位：mm）

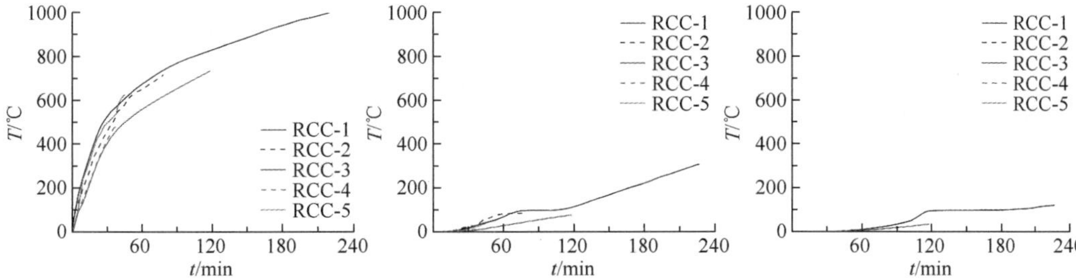

（a）测点1　（b）测点2　（c）测点3

图 14-6　混凝土柱各温度测点的 T-t 曲线

表 14-6　受火 39min 时刻混凝土柱各测点温度增量

热电偶测点	T_{RCC-1}/℃	T_{RCC-2}/℃	T_{RCC-3}/℃	T_{RCC-4}/℃	T_{RCC-5}/℃
测点 1	578.5	538.2	468.4	479.2	579.4
测点 2	32.5	35.5	9.6	10.5	27
测点 3	1.3	1.6	1.2	1.4	2.1

由图 14-6 和表 14-6 可见：①随截面边缘距离增加，各测点升温速率逐步减慢。②受火 39min 时，试件 RCC-1 和 RCC-2 在测点 1 和测点 2 的升温较快，此时试件裂缝明显发展；试件 RCC-3 升温较慢，原因是再生混凝土导热系数较小，温度延迟和隔热性能较好，一定程度上可延缓因高温引起的混凝土强度退化，有利于提高再生粗骨料混凝土柱的耐火性能。③试件 RCC-5 测点升温快于试件 RCC-3 和 RCC-4，原因是全再生混凝土开裂较早，其截面升温变快，隔热性能变差，受火过程中混凝土强度退化较快，耐火性能降低。④不同混凝土强度试件各测点温度增量发展规律接近，表明混凝土强度对温度场的影响较小。

14.1.5　侧向挠度

在轴向荷载及高温作用下，试件会发生挠曲变形。实测所得各柱试件的中部与底部的侧向挠度-时间（f-t）曲线如图 14-7 所示。

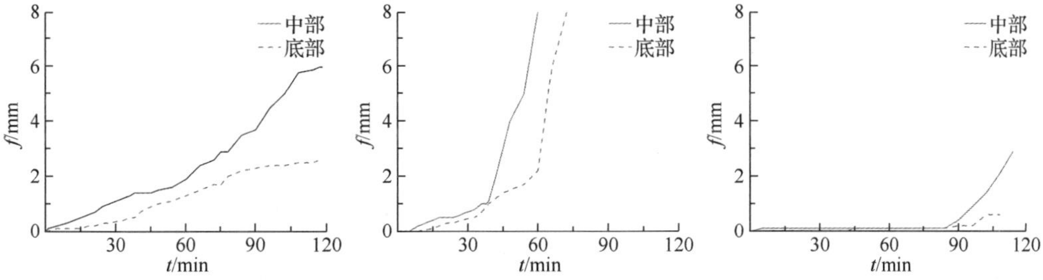

（a）试件RCC-1　（b）试件RCC-2　（c）试件RCC-3

图 14-7　轴向压力和高温作用下混凝土柱试件 f-t 曲线

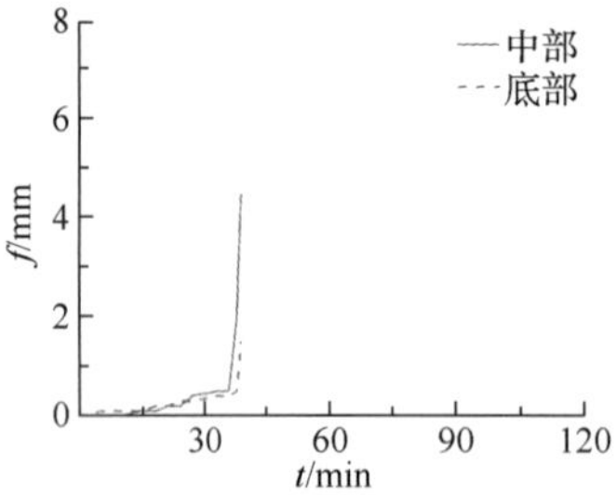

（d）试件RCC-4

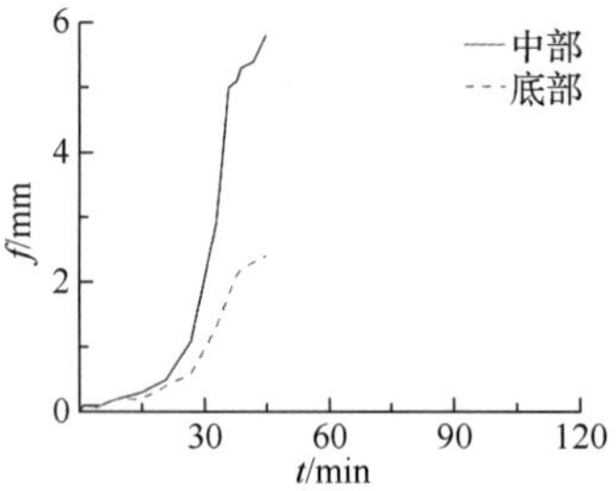

（e）试件RCC-5

图 14-7（续）

实测所得各试件不同时刻侧向挠度值及其比值见表 14-7，其中 n 为同一试件的中部挠度与底部挠度的比值。

表 14-7　混凝土柱不同时刻侧向挠度值

试件编号	t/min	中部挠度/mm	底部挠度/mm	n
RCC-1	40	1.40	1.00	1.400
	80	3.00	1.70	1.765
	120	6.00	2.60	2.308
RCC-2	25	0.50	0.30	1.667
	50	4.00	1.50	2.667
	60	8.00	2.20	3.636
RCC-3	40	0.12	0.10	1.200
	80	0.20	0.15	1.333
	118	2.90	0.60	4.833
RCC-4	15	0.13	0.10	1.300
	27	0.40	0.25	1.600
	39	4.50	1.50	3.000
RCC-5	15	0.30	0.20	1.500
	27	1.10	0.60	1.833
	39	5.10	2.20	2.318

由图 14-7 和表 14-7 可见：①随受火时间增加，各柱的侧向挠度增长经历了由平缓发展向快速发展的过程。②相同受火时间下，各柱的中部挠度总是高于底部挠度，且随受火时间增加，柱侧向挠度发展速率加快，中部侧向挠度与底部侧向挠度的比值后期增长较快。③相同混凝土强度下，试件 RCC-3 侧向挠度变形较试件 RCC-2 小，且变形发展相对稳定，原因是再生混凝土的孔隙率较高，在受火后期可起到稳定变形发展的作用。④试件 RCC-5 的侧向挠度大于试件 RCC-3 和 RCC-4，原因是受火后期，全再生混凝土损伤不均匀。⑤混凝土强度较高的柱，裂缝发展较快且耐火极限明显缩短。

14.1.6　轴向变形

各试件在轴向荷载和高温共同作用下，实测所得轴向变形–时间（Δl-t）曲线如图 14-8 所示，其中，Δl 表示柱轴向变形，正值表示柱轴向压缩变形，负值表示柱轴向伸长变形。

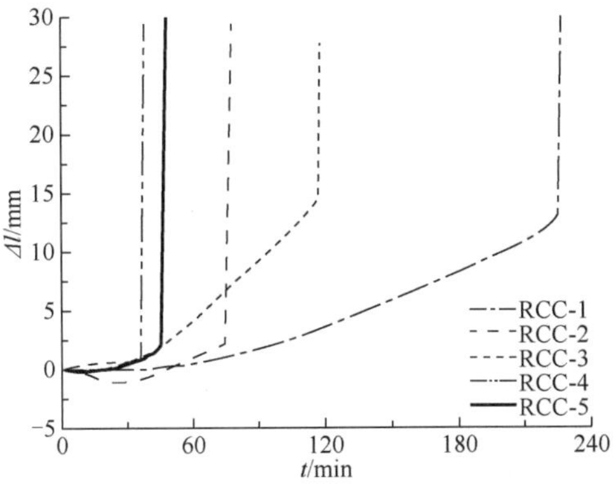

图 14-8　轴向荷载和高温作用下混凝土柱试件Δl-t 曲线

由图 14-8 可见：①试件 RCC-2 在受火初始阶段出现伸长变形，而其余试件基本未出现轴向伸长现象，这与材料受火后损伤不均匀有关。②试件 RCC-3 和 RCC-4 孔隙率较高，高温作用下内部蒸汽应力可得到一定释放，孔隙率随之减小，轴向压缩变形增大。③全再生混凝土的导热速率比再生粗骨料混凝土慢，但受火后试件 RCC-5 损伤的不均匀性相比试件 RCC-3 和 RCC-4 更严重，试件 RCC-5 受火 44min 后竖向裂缝迅速开展，发生失稳破坏，其破坏为脆性破坏。④随混凝土强度提高，柱轴向压力增加，裂缝出现更早，且内部孔隙变小，导热速率更快，柱耐火极限缩短。

14.1.7　有限元分析

1. 热工参数选取

采用文献[145]中提出的导热系数和比热随再生粗骨料取代率的变化规律进行温度场有限元分析，见式（14-1）～式（14-4）。

1）导热系数[W/(m·℃)]

当再生粗骨料取代率为 0%时：

$$\lambda_c = 1.556 - 0.24(T/120) + 0.012(T/120)^2 \quad 20℃ \leqslant T \leqslant 1200℃ \tag{14-1}$$

当再生粗骨料取代率为 100%时：

$$\lambda_c = 1.380 - 0.24(T/120) + 0.012(T/120)^2 \quad 20℃ \leqslant T \leqslant 1200℃ \tag{14-2}$$

2）比热［J/(kg·℃)］

当再生粗骨料取代率为 0%时：

$$c_c = 892.5 + 80(T/120) - 4(T/120)^2 \quad 20℃ \leqslant T \leqslant 1200℃ \tag{14-3}$$

当再生粗骨料取代率为 100%时：

$$c_c = 935.0 + 80(T/120) - 4(T/120)^2 \qquad 20℃ \leqslant T \leqslant 1200℃ \tag{14-4}$$

2. 有限元计算结果及分析

选用 8 节点连续扩散热传导三维实体单元 DC3D8 进行网格划分。计算所得 5 个试件的截面温度云图如图 14-9 所示。

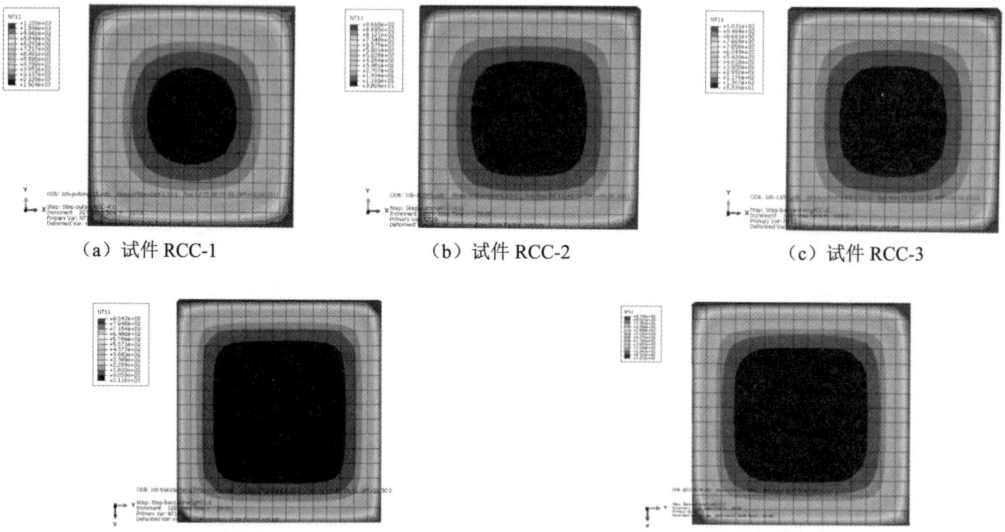

（a）试件 RCC-1　（b）试件 RCC-2　（c）试件 RCC-3

（d）试件 RCC-4　（e）试件 RCC-5

图 14-9　再生混凝土柱温度云图

由图 14-9 可见：①各柱截面四角由于受到双向火场的共同作用，温度云图呈圆弧状。②随再生骨料取代率增加，混凝土核心区附近的温度逐渐降低，表明掺入再生骨料可有效延缓柱内部温度升高。

各试件实测热电偶测点温度变化曲线与有限元分析结果的对比如图 14-10 所示，实测结果与模拟结果符合较好。

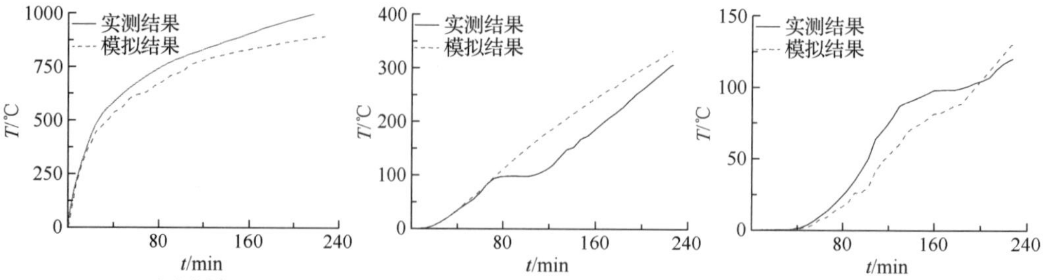

（a）测点1　（b）测点2　（c）测点3

（1）试件RCC-1

图 14-10　混凝土柱试件热电偶测点 T-t 曲线实测与模拟结果对比

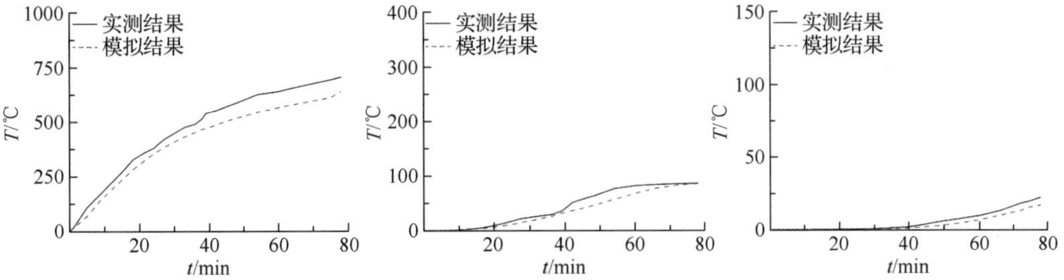

（a）测点1　（b）测点2　（c）测点3

（2）试件RCC-2

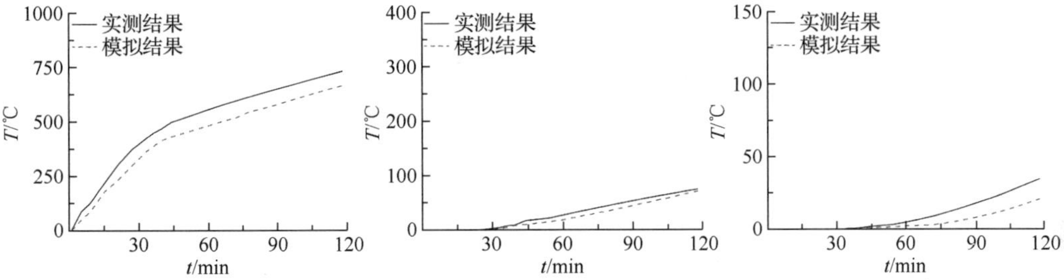

（a）测点1　（b）测点2　（c）测点3

（3）试件RCC-3

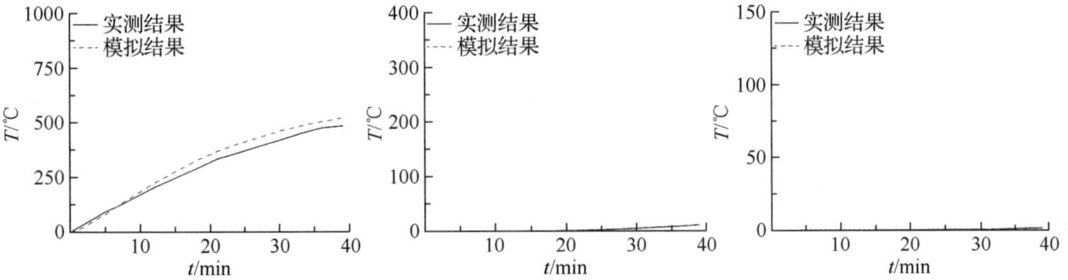

（a）测点1　（b）测点2　（c）测点3

（4）试件RCC-4

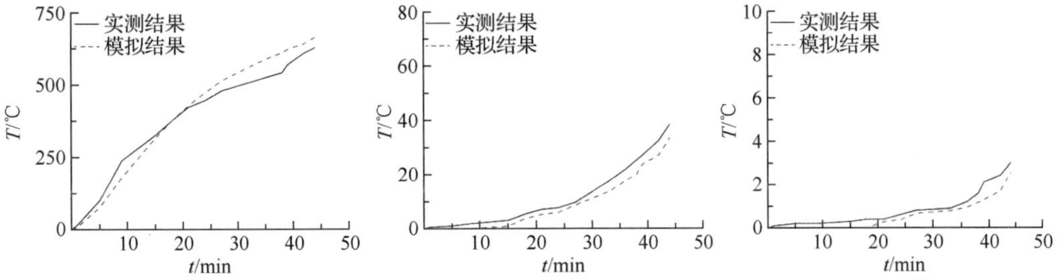

（a）测点1　（b）测点2　（c）测点3

（5）试件RCC-5

图 14-10（续）

14.2 再生混凝土筒体耐火性能

14.2.1 试验概况

1. 试件设计

本节设计制作了 4 个钢筋混凝土筒体试件，试件尺寸及配筋均相同，试件主要变量包括混凝土强度设计等级、再生骨料取代率，试件设计参数见表 14-8，筒体试件的几何尺寸及配筋如图 14-11 所示。

表 14-8 混凝土筒体耐火试验试件的设计参数

试件编号	混凝土强度设计等级	再生粗骨料取代率ρ_c/%	再生细骨料取代率ρ_f/%	轴向荷载N/kN	轴压比
RC-1	C20	0	0	3000	1.0
RC-2	C20	100	50	1700	0.5
RC-3	C20	100	100	3000	1.0
RC-4	C40	100	100	4000	1.0

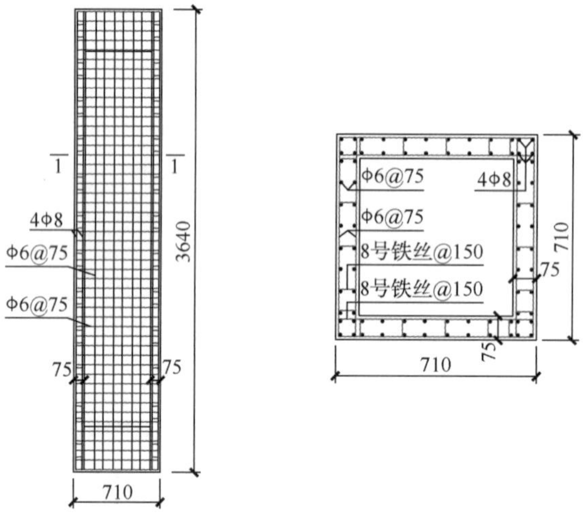

图 14-11 混凝土筒体试件的几何尺寸及配筋（单位：mm）

2. 材料高温性能

实测炉温与标准升温曲线对比如图 14-12 所示。

混凝土筒体试件高温加热 2h 前后，立方体试块抗压强度实测值及强度损失率见表 14-9。

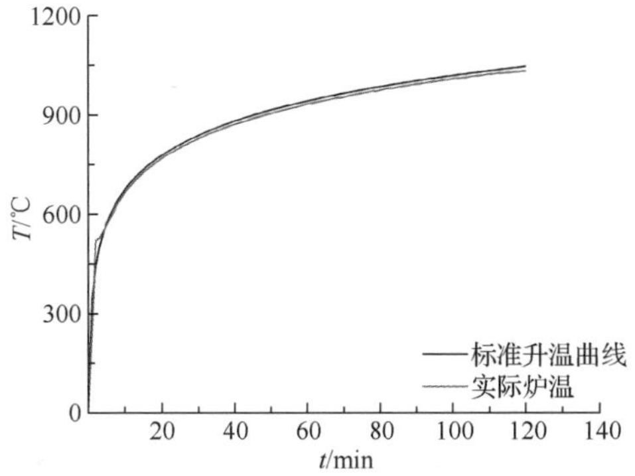

图 14-12　筒体试件的实测炉温与标准升温曲线对比

表 14-9　混凝土筒体试件高温加热 2h 前后立方体抗压强度实测值及强度损失率

试块编号	混凝土强度设计等级	高温前混凝土立方体抗压强度 f_{cu}/MPa	高温后混凝土立方体抗压强度 f_{cu}'/MPa	强度损失率 δ/%
RC-1	C20	22.7	6.5	71.4
RC-2	C20	24.5	7.1	71.0
RC-3	C20	23.0	6.2	73.0
RC-4	C40	34.5	12.1	64.9

由表 14-9 可见：①经过 2h 高温作用后，混凝土抗压强度明显下降。②相同混凝土强度下，再生骨料取代率对试块抗压强度的影响较小。③较高强度的混凝土试块，经历高温前后强度降低的幅值明显更大。

按标准升温曲线升温 2h，混凝土筒体试件表面及暗柱均出现明显裂缝，但其竖向变形远小于《建筑构件耐火试验方法　第 1 部分：通用要求》（GB/T 9978.1—2008）对耐火极限的规定。图 14-13 为筒体试件 RC-2 的竖向位移曲线-受火时间（*U*-*t*）曲线，其中负值表示筒体在高温作用下发生膨胀变形。可见，筒体试件 RC-2 经历 2h 高温后的位移与位移初始值相比仍为负值，表明筒体试件 RC-2 还远未达到耐火极限。为缩短筒体受火时间，考虑高轴压比可缩短耐火极限，参考筒体试件 RC-2 试验结果，高温试验过程中将筒体试件 RC-1、RC-3、RC-4 轴压比提高到 1.0。

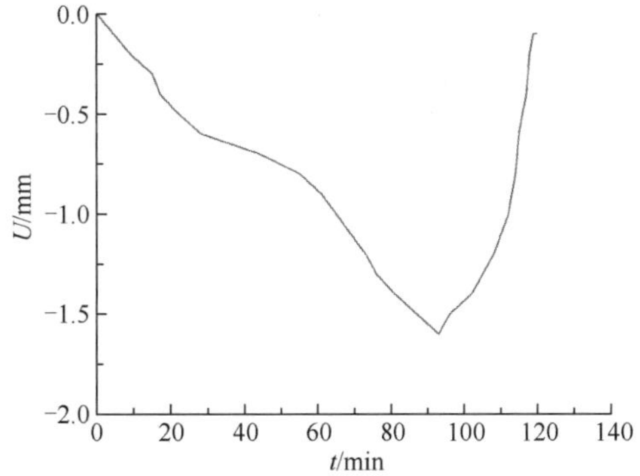

图 14-13　筒体试件 RC-2 的 *U*-*t* 曲线

14.2.2 破坏特征

混凝土筒体耐火试验试件的整体破坏形态及局部破坏形态分别如图 14-14 和图 14-15 所示。

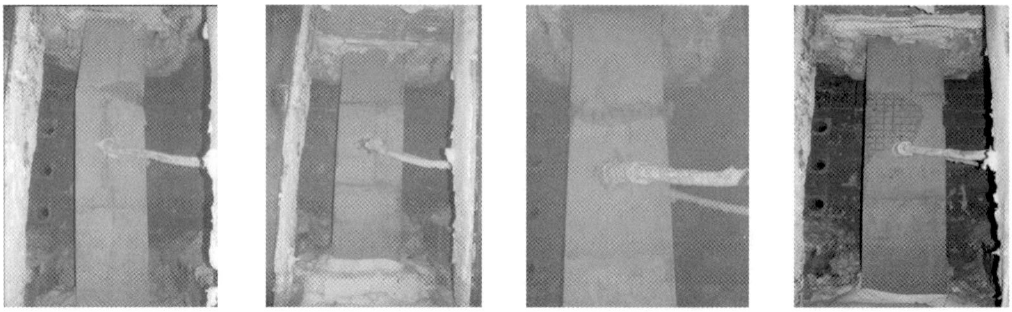

（a）试件 RC-1　（b）试件 RC-2　（c）试件 RC-3　（d）试件 RC-4

图 14-14　混凝土筒体耐火试验试件整体破坏形态

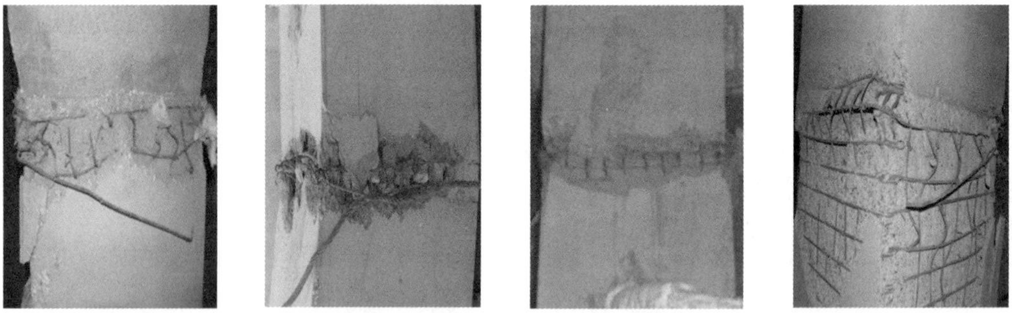

（a）试件 RC-1　（b）试件 RC-2　（c）试件 RC-3　（d）试件 RC-4

图 14-15　混凝土筒体耐火试验试件局部破坏形态

由图 14-14 和图 14-15 可见：①在受火初期，筒体试件表面产生水蒸气，有明显的白色液体痕迹；随温度升高，白色痕迹逐渐消失，墙体变为灰色，并逐渐变为暗红色，最终变成灰白色；高温作用下，受火后期墙体表面有白色烧焦颗粒产生。②筒体试件 RC-1 和 RC-3 均在距顶部约 1/3 高度处发生破坏，筒体试件 RC-1 发生偏压破坏，筒体试件 RC-3 发生轴压破坏；在两个筒体的破坏处，混凝土脱落，钢筋外漏严重鼓曲。③筒体试件 RC-2 经过 2h 高温后，四周墙体表面出现明显的裂缝，最大裂缝宽度为 2mm。④筒体试件 RC-4 四周墙体均发生膨胀爆裂，钢筋网外侧再生混凝土爆裂脱落，钢筋严重外露。

14.2.3 测点温度

混凝土筒体耐火试验试件的内部温度场通过布置在筒体高度中部截面的热电偶采集，热电偶测点布置如图 14-16 所示。

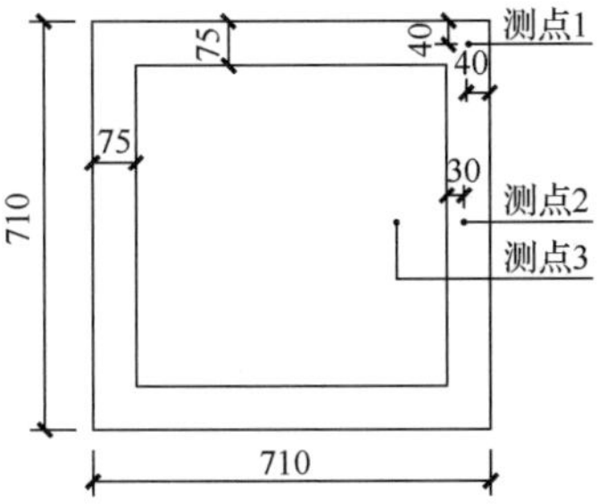

图 14-16　混凝土筒体耐火试验试件热电偶测点布置示意图

实测所得筒体试件 RC-1、RC-2、RC-3、RC-4 在相同位置处通过热电偶采集的温度增量-时间（T-t）曲线如图 14-17 所示。

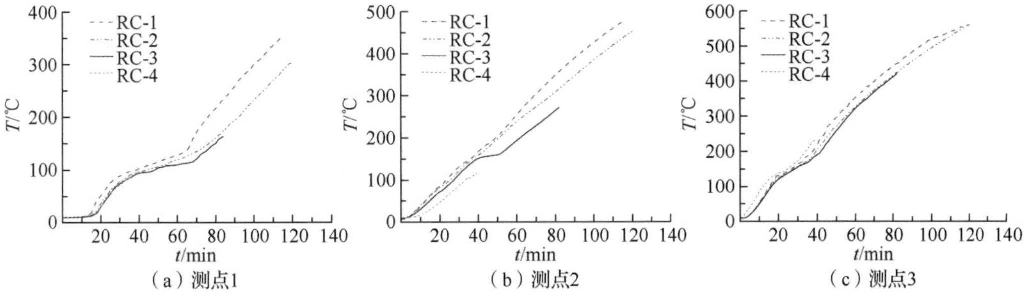

图 14-17　混凝土筒体试件各温度测点的 T-t 曲线

由图 14-17 可见：①筒体试件 RC-1、RC-2、RC-3，随再生骨料取代率增加，筒体试件同一位置处温度和温度增速逐渐降低。②筒体试件 RC-3、RC-4 的温度增长过程接近，表明温度增长受再生混凝土强度的影响不大。

14.2.4　侧向挠度

实测所得各筒体试件的 f-t 曲线如图 14-18 所示。

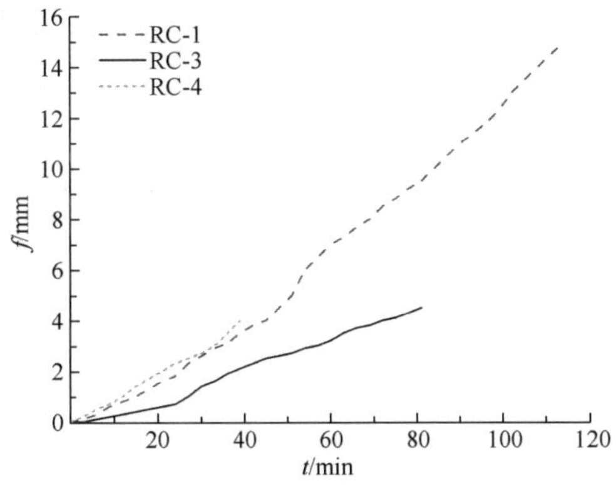

图 14-18　混凝土筒体试件的 f-t 曲线

由图 14-18 可见：①筒体试件 RC-1 的挠度大于筒体试件 RC-3 的挠度，表明全再生混凝土筒体在整个受火过程中侧向挠度相对小。②与筒体试件 RC-3 相比，筒体试件 RC-4 的挠度增长较快，这是因为混凝土强度提高后更易发生高温膨胀变形。

14.2.5 轴向变形

实测所得各筒体试件的Δl-t 曲线如图 14-19 所示。

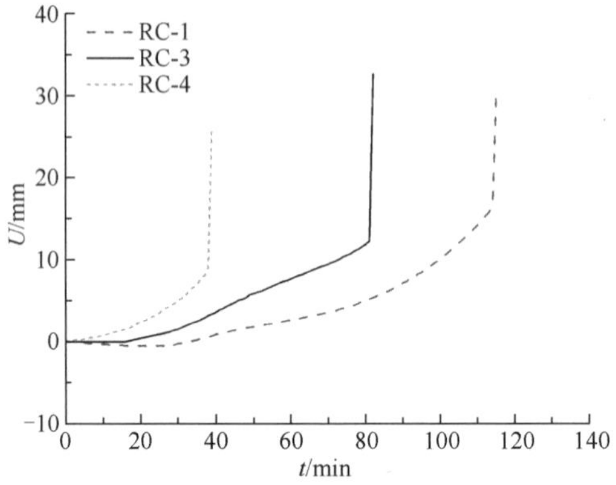

图 14-19 混凝土筒体Δl-t 曲线

由图 14-19 可见：①同一时刻，筒体试件 RC-3 的轴向变形及轴向变形速率均大于筒体试件 RC-1，表明全再生混凝土筒体的耐火性能低于普通混凝土筒体。②筒体试件 RC-3 的轴向变形小于筒体试件 RC-4，表明随混凝土强度提高，筒体的耐火性能有所降低。

14.2.6 有限元分析

对 4 个筒体耐火试验试件进行了有限元模拟，其中单元类型、关键参数选取等均参照 14.1.7 节，计算所得各筒体试件温度云图如图 14-20 所示。

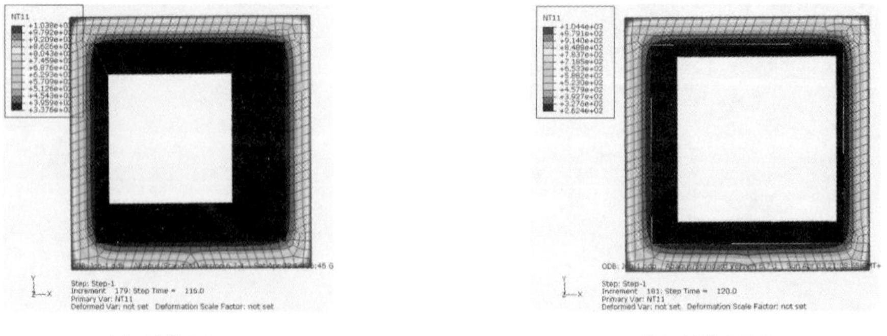

（a）试件 RC-1　　（b）试件 RC-2

图 14-20 混凝土筒体耐火试验温度云图

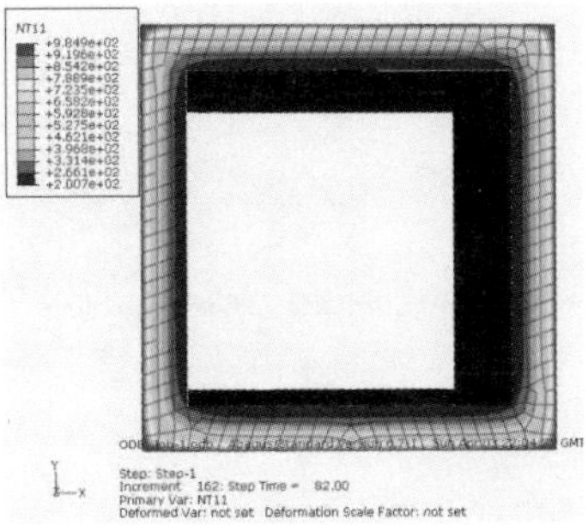

（c）试件 RC-3

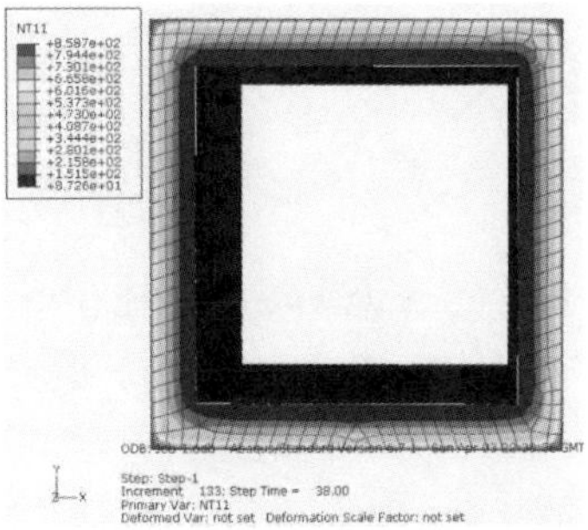

（d）试件 RC-4

图 14-20（续）

由图 14-20 可见：①各筒体试件温度从外到内逐渐降低，墙体外侧温度接近炉温。②相同测点的温度随再生骨料取代率的提高逐渐降低，表明掺入再生骨料可以延缓试件内部温度升高。③筒体试件 RC-4 试验时间较短，耐火性能较差。

各筒体试件在测点 2 的实测结果和模拟结果对比如图 14-21 所示。可见，有限元模拟结果与实测结果符合较好，温度变化趋势基本一致，且相同时刻测点温度随再生骨料取代率提高而降低。

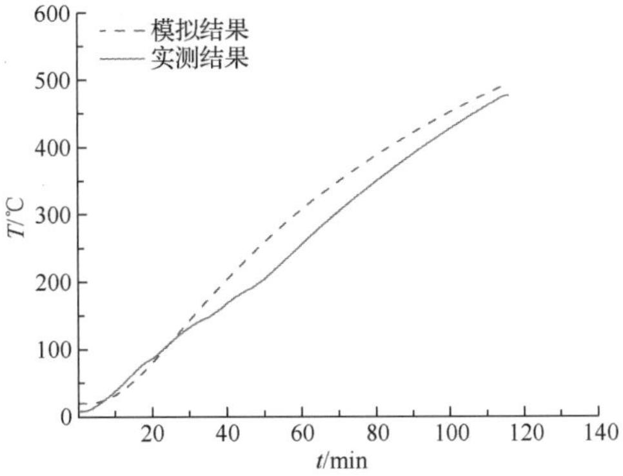

（a）试件RC-1

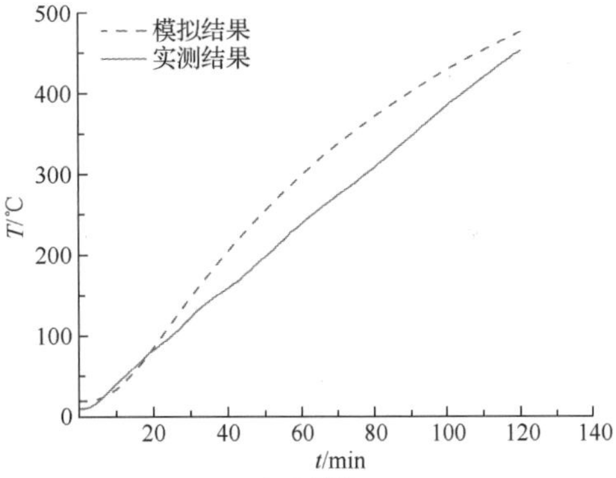

（b）试件RC-2

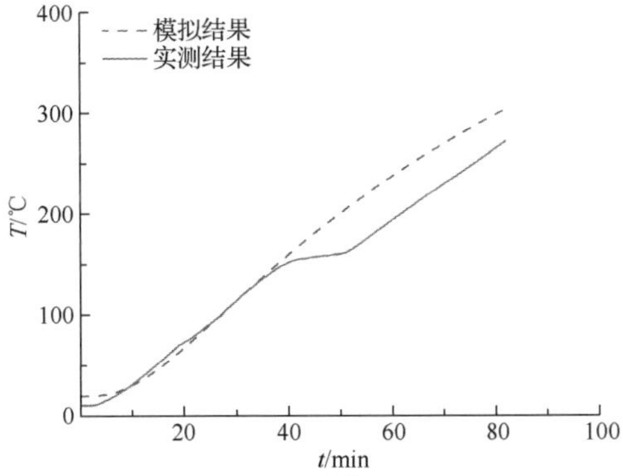

（c）试件RC-3

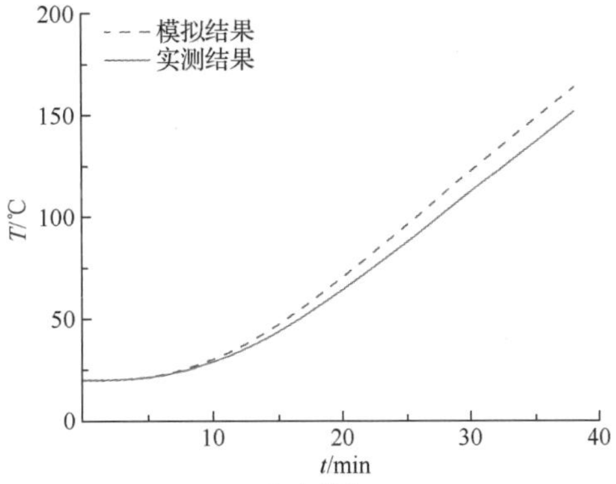

（d）试件RC-4

图 14-21　各筒体试件测点 2 的 T-t 曲线模拟结果与实测结果对比

14.3 本章小结

本章介绍了再生混凝土柱和再生混凝土筒体耐火试验，分析了各试件的破坏特征，以及耐火极限、测点温度、侧向挠度、轴向变形等，进行了有限元模拟计算分析。结果表明：

（1）与普通混凝土柱试件、普通混凝土筒体试件相比，再生混凝土柱试件、再生混凝土筒体试件的裂缝发展相对较慢，耐火极限较长，耐火性能较好。

（2）再生粗骨料混凝土柱试件和再生粗骨料混凝土筒体试件，随再生粗骨料取代率提高再生混凝土的孔隙率增大，导热较慢，耐火性能提高。

（3）全再生骨料混凝土柱试件和全再生骨料混凝土筒体试件，由于全再生混凝土受火后开裂较早，再生混凝土柱试件和再生混凝土筒体试件的损伤不均匀，导致耐火性能较差。

（4）与较低混凝土强度试件相比，较高强度混凝土试件的混凝土孔隙率减小，导热较快，在高温作用下再生混凝土柱试件和再生混凝土筒体试件开裂较早，且裂缝发展速率较快，易出现高温爆裂现象，导致延性变差，耐火性能降低。

（5）给出的再生混凝土柱试件和再生混凝土筒体试件有限元分析模型，模拟计算结果和试验结果符合较好。

第 15 章　钢-再生混凝土组合构件力学性能

15.1　钢-再生混凝土组合梁受弯性能

15.1.1　型钢再生混凝土矩形截面梁受弯性能

1. 试验概况

本节设计制作了 6 个型钢混凝土梁试件，试件尺寸及配筋均相同，试件设计变量包括再生粗骨料取代率及混凝土强度，再生混凝土采用再生粗骨料混凝土，设计参数见表 15-1，几何尺寸及配筋如图 15-1 所示。

表 15-1　型钢混凝土梁的设计参数

试件编号	混凝土设计强度等级	再生粗骨料取代率ρ_c/%	纵筋配筋率/%	含钢率/%
MB-0-A	C30	0	1.15	4.35
MB-50-A		50		
MB-100-A		100		
HB-0-A	C60	0		
HB-50-A		50		
HB-100-A		100		

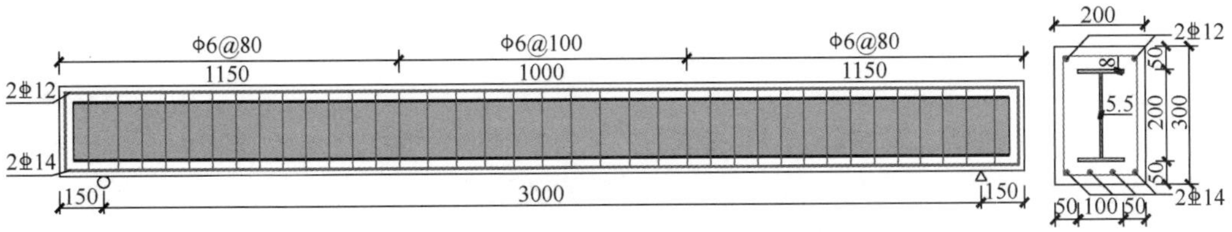

图 15-1　型钢混凝土梁的几何尺寸及配筋（单位：mm）

实测混凝土力学性能见表 15-2，实测钢材力学性能见表 15-3。

表 15-2　实测混凝土力学性能

混凝土强度等级	再生粗骨料取代率ρ_c/%	立方体抗压强度f_{cu}/MPa	弹性模量E_s/(10^4MPa)
C30	0	31.4	3.17
	50	32.9	3.08
	100	30.7	2.98

续表

混凝土强度等级	再生粗骨料取代率ρ_c/%	立方体抗压强度f_{cu}/MPa	弹性模量 E_s/(10^4MPa)
C60	0	60.1	3.60
	50	63.2	3.30
	100	58.5	3.23

表 15-3 实测钢材力学性能

钢材类型	直径 D/mm	屈服强度 f_y/MPa	极限强度 f_u/MPa	弹性模量 E_s/(10^5MPa)
HPB300 钢筋	4	328	435	2.00
	6	335	443	1.98
HRB400 钢筋	12	438	595	1.99
	14	448	609	2.03
Q345 型钢		368	520	2.01

试验采用三分点加载，在梁跨中形成 1000mm 纯弯段。试件屈服前采用单向逐级加载，屈服后改为单向重复加载，采用力和位移分别控制弹性和弹塑性阶段加载，直至受压区混凝土破坏结束试验，试件各位移测点布置如图 15-2 所示。

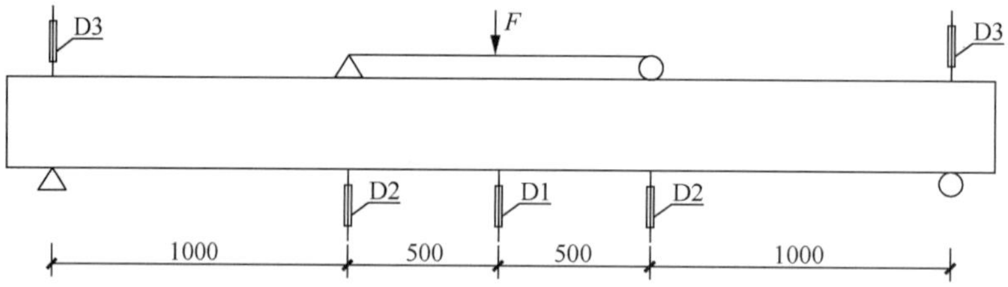

图 15-2 型钢混凝土梁各位移测点布置（单位：mm）

2. 破坏特征

试验表明：①各试件破坏过程相似，均呈典型受弯破坏特征。②破坏前产生较大塑性变形，有明显预兆，破坏形式为延性破坏。③型钢再生混凝土梁的混凝土剥落比普通钢筋混凝土梁更明显，梁在加载后期仍具有较好的承载能力和变形性能。实测所得各试件最终破坏形态及裂缝分布如图 15-3 所示。

（a）试件 MB-0-A

（b）试件 MB-50-A

（c）试件 MB-100-A

（d）试件 HB-0-A

图 15-3 型钢混凝土梁最终破坏形态及裂缝分布

（e）试件 HB-50-A

（f）试件 HB-50-A

图 15-3（续）

3. 荷载–挠度曲线

实测所得各型钢混凝土梁的荷载–跨中挠度（*F*-*f*）曲线如图 15-4 所示，骨架曲线如图 15-5 所示。

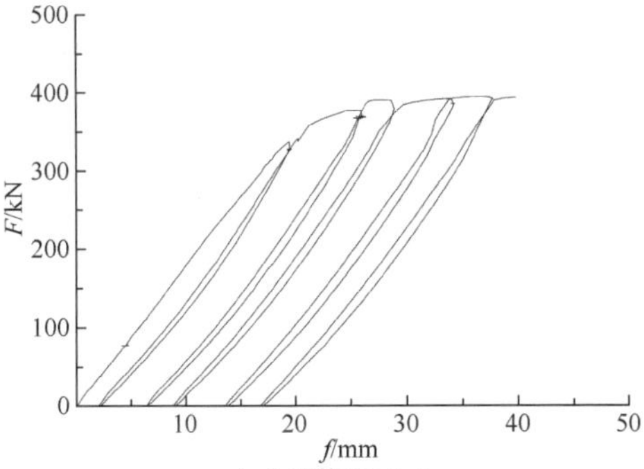

（a）试件MB-0-A

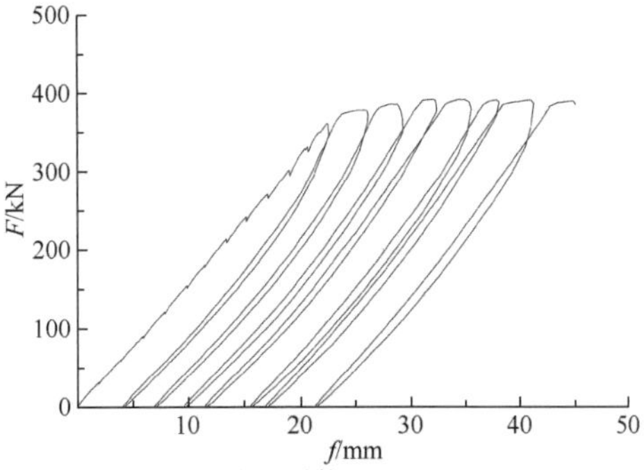

（b）试件MB-50-A

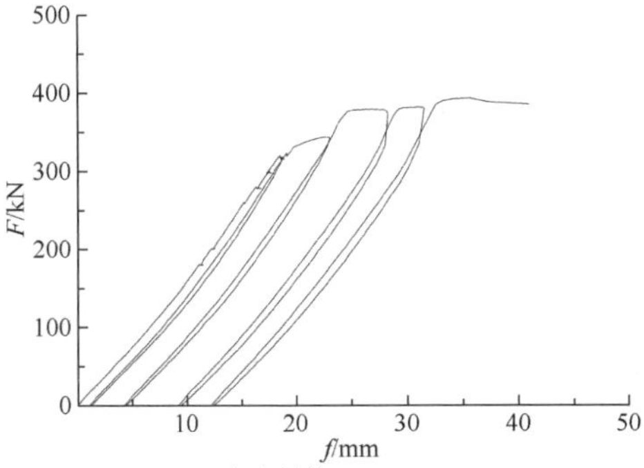

（c）试件MB-100-A

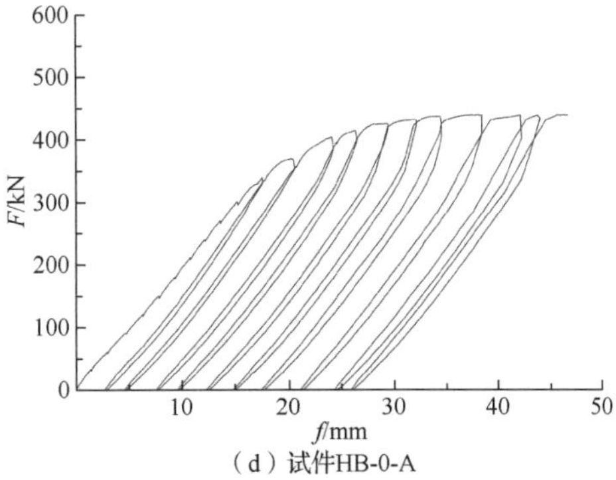

（d）试件HB-0-A

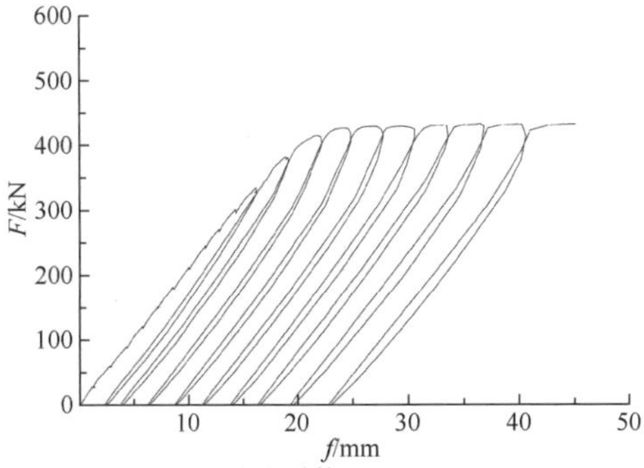

（e）试件HB-50-A

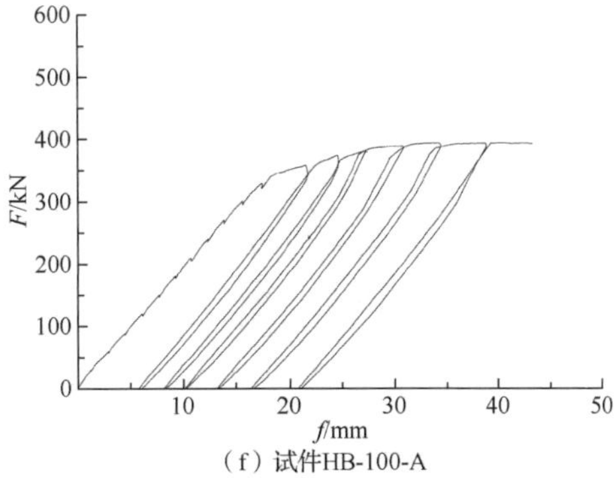

（f）试件HB-100-A

图 15-4 型钢混凝土梁的 *F*-*f* 曲线

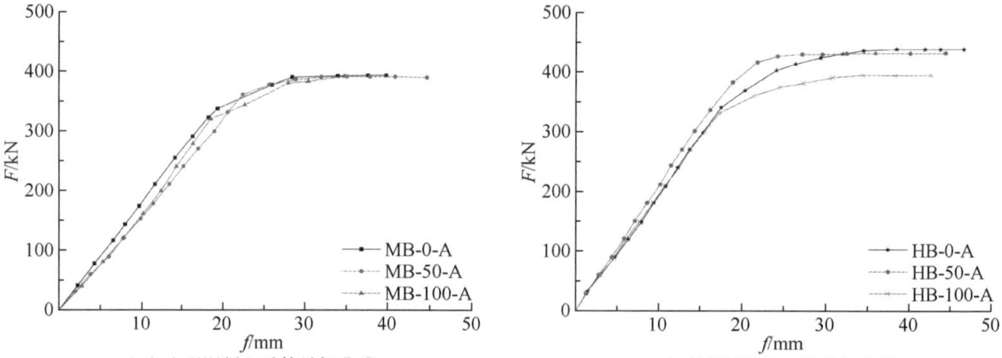

（a）中强混凝土试件骨架曲线　　（b）高强混凝土试件骨架曲线

图 15-5　型钢混凝土梁的骨架曲线

实测所得各试件的开裂荷载 F_{cr}、屈服荷载 F_y、极限荷载 F_u、跨中屈服挠度 f_y、跨中最大挠度 f_u、位移延性系数 μ 见表 15-4，其中位移延性系数 μ 是跨中最大挠度与跨中屈服挠度的比值。

表 15-4　型钢混凝土梁的特征荷载、特征挠度实测值

试件编号	F_{cr}/kN	F_y/kN	F_u/kN	f_y/mm	f_u/mm	μ
MB-0-A	33.6	338.4	393.9	19.40	39.83	2.05
MB-50-A	33.5	349.8	393.2	22.45	44.68	1.99
MB-100-A	31.1	325.7	391.0	18.55	34.80	1.88
HB-0-A	43.5	339.3	439.0	17.52	46.63	2.66
HB-50-A	42.5	362.0	432.0	18.92	44.43	2.35
HB-100-A	40.0	336.0	395.0	20.20	42.65	2.11

分析图 15-4、图 15-5 和表 15-4 可见：①各试件的 F-f 曲线发展趋势相同，可分为三个阶段，即弹性阶段、弹塑性阶段及破坏阶段。加载初期，各试件处于弹性阶段，卸载后残余变形较小；随荷载增大，试件进入弹塑性阶段，跨中挠度迅速增大，直至试件破坏。②三个中强混凝土试件承载力接近，再生粗骨料取代率为 100%的试件变形能力有一定下降，位移延性系数随着试件再生粗骨料取代率的增大略有减小，其中试件 MB-100-A 较 MB-0-A 的位移延性系数减小了 8.3%。③三个高强混凝土试件中，再生粗骨料取代率为 0 和 50%的两个试件变形能力和承载力接近，再生粗骨料取代率为 100%的试件变形能力和承载力有所下降，位移延性系数随着试件再生粗骨料取代率的增大而减小，其中试件 HB-100-A 比 HB-0-A 的位移延性系数减小了 20.7%。

4. 耗能能力

根据各试件的骨架曲线，取骨架曲线所围面积作为试件耗能能力代表值 E，其中 E/E_0 为该试件的耗能能力代表值与普通混凝土试件耗能能力代表值之比，结果见表 15-5。由

表 15-5 可知：①相同混凝土强度下，试件耗能能力整体上随再生粗骨料取代率增加而下降；②增大混凝土强度可有效提高型钢再生混凝土梁的耗能能力。

表 15-5　耗能能力代表值

试件编号	E/(kN·mm)	E/E_0
MB-0-A	11140.54	1.000
MB-50-A	12558.26	1.127
MB-100-A	8719.42	0.783
HB-0-A	15161.59	1.000
HB-50-A	14634.09	0.965
HB-100-A	12563.80	0.829

5. 计算分析

参照《组合结构设计规范》（JGJ 138—2016）中型钢混凝土梁受弯承载力计算公式，计算各型钢再生混凝土梁试件受弯承载力。其中，再生混凝土抗压强度结合《再生混凝土结构技术标准》（JGJ 443—2018）进行折减。各试件相应实测值 $F_{u,exp}$ 与计算值 $F_{u,cal}$ 见表 15-6。

表 15-6　型钢混凝土梁的极限承载力计算值与实测值

试件编号	$F_{u,exp}$/kN	$F_{u,cal}$/kN	$F_{u,exp}/F_{u,cal}$
MB-0-A	393.9	364.2	1.082
MB-50-A	393.2	365.8	1.075
MB-100-A	391.0	361.2	1.083
HB-0-A	439.0	401.6	1.093
HB-50-A	432.0	404.9	1.067
HB-100-A	395.0	382.8	1.032

由表 15-6 可知，各试件承载力计算值与实测值接近，型钢再生混凝土梁可近似采用型钢混凝土梁受弯承载力计算公式进行计算。

15.1.2　钢-再生混凝土板组合 T 形截面梁受弯性能

1. 试验概况

本节设计制作了 6 个钢-混凝土板组合梁试件，试件尺寸及配筋均相同，研究变量为再生粗骨料取代率及混凝土设计强度等级，设计参数见表 15-7，试件尺寸及配筋如图 15-6 所示。试验各位移测点布置同图 15-2。

表 15-7 钢-混凝土板组合梁设计参数

试件编号	混凝土设计强度等级	再生粗骨料取代率ρ_c/%	纵筋配筋率/%
MB-0-B	C30	0	0.37
MB-50-B		50	
MB-100-B		100	
HB-0-B	C60	0	
HB-50-B		50	
HB-100-B		100	

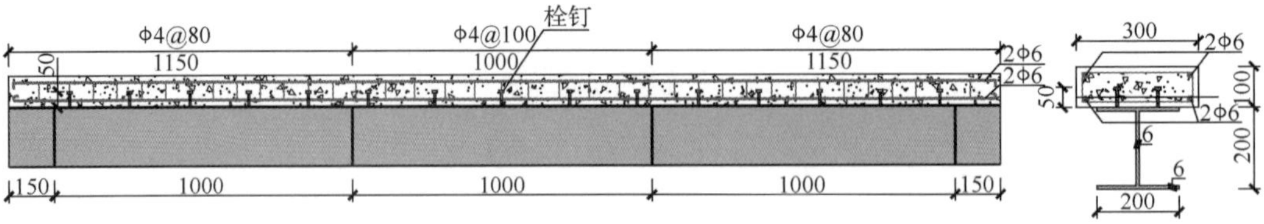

图 15-6 钢-混凝土板组合梁的几何尺寸及配筋（单位：mm）

实测混凝土力学性能见表 15-8，实测钢材力学性能同表 15-3。

表 15-8 实测混凝土力学性能

混凝土设计强度等级	再生粗骨料取代率ρ_c/%	立方体抗压强度f_{cu}/MPa	弹性模量E_s/(10^4MPa)
C30	0	35.8	3.18
	50	30.2	3.08
	100	33.1	3.02
C60	0	64.3	3.53
	50	62.0	3.25
	100	59.8	3.25

2. 破坏特征

试验表明：各试件破坏过程相似；整个加载过程中，H 型钢与再生混凝土板共同工作性能良好。各试件最终破坏形态如图 15-7 所示。

（a）试件 MB-0-B

（b）试件 MB-50-B

（c）试件 MB-100-B

（d）试件 HB-0-B

图 15-7 钢-混凝土板组合梁最终破坏形态

（e）试件 HB-50-B

（f）试件 HB-100-B

图 15-7（续）

3. 荷载-挠度曲线

实测所得钢-混凝土板组合梁试件的荷载-跨中挠度（*F*-*f*）曲线如图 15-8 所示，骨架曲线如图 15-9 所示。

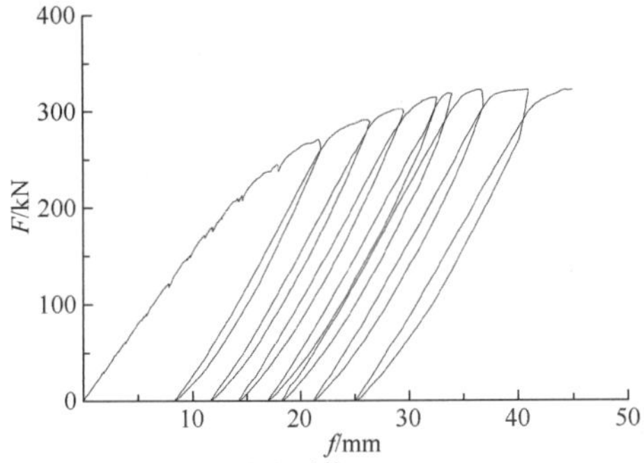

（a）试件MB-0-B

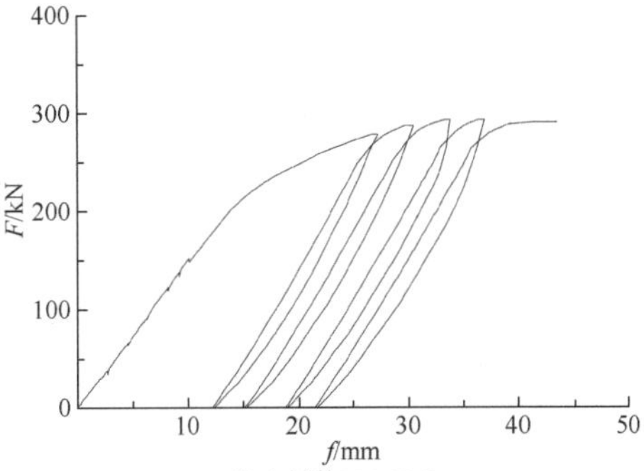

（b）试件MB-50-B

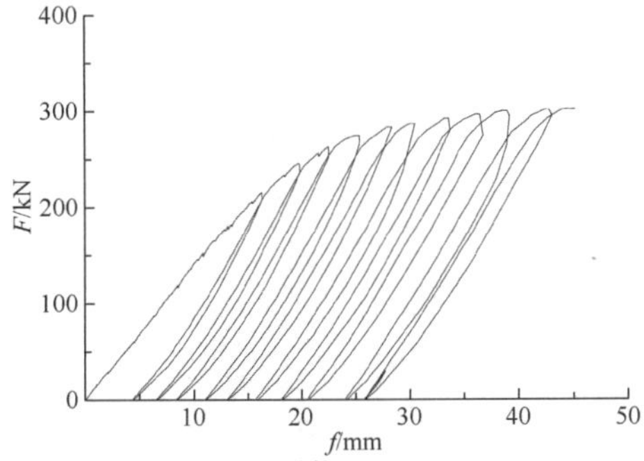

（c）试件MB-100-B

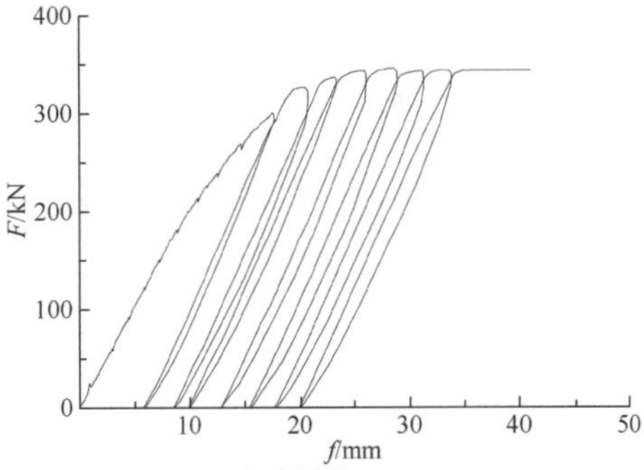

（d）试件HB-0-B

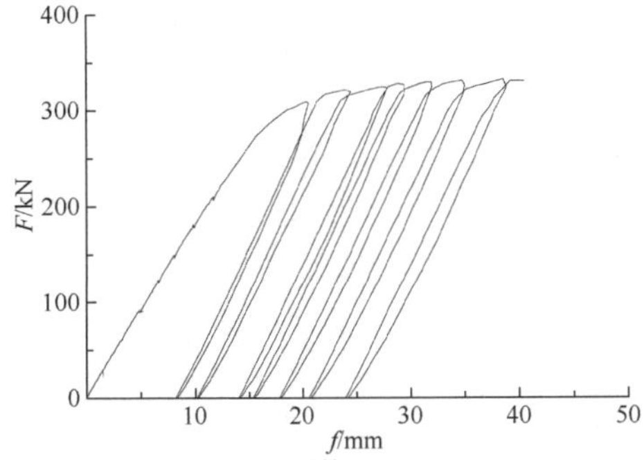

（e）试件HB-50-B

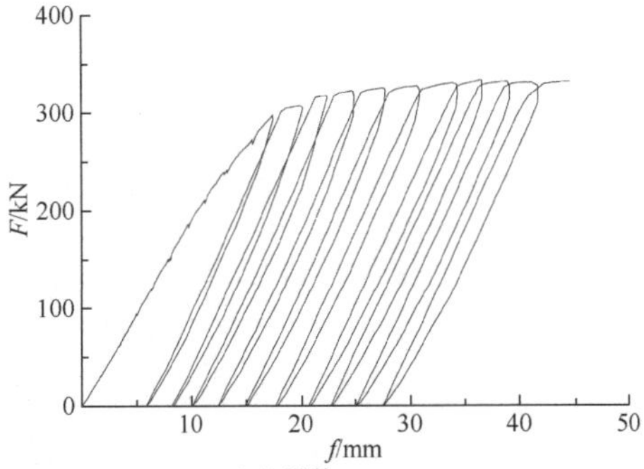

（f）试件HB-100-B

图 15-8　钢-混凝土板组合梁的 *F*-*f* 曲线

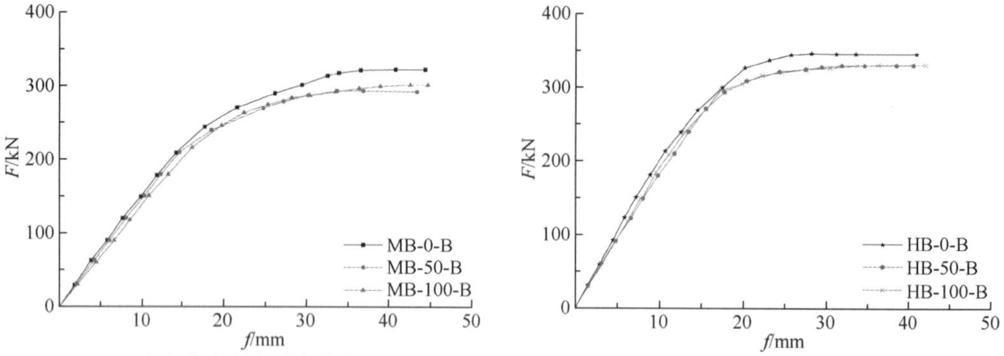

（a）中强混凝土骨架曲线　　（b）高强混凝土骨架曲线

图 15-9　钢-混凝土板组合梁的骨架曲线

分析图 15-8 及图 15-9 可见：①各试件的 F-f 曲线发展趋势相同，可分为三个阶段，即弹性阶段、弹塑性阶段及破坏阶段。加载初期，各试件处于弹性阶段，卸载后残余变形较小；随荷载增大，试件进入弹塑性阶段，跨中挠度迅速增大，卸载后残余变形也不断增大，直至试件破坏。②相同混凝土强度下，试件的变形能力接近，但掺入再生粗骨料后试件的承载力略有下降。

4. 特征荷载

实测所得各试件的开裂荷载 F_{cr}、屈服荷载 F_y、极限荷载 F_u、屈服挠度 f_y、跨中最大挠度 f_u、位移延性系数μ及μ/μ_0见表 15-9。可见，相同混凝土强度下，各试件的特征荷载及位移延性系数大致接近，再生粗骨料取代率的影响不明显。

表 15-9　钢-混凝土板组合梁的特征荷载实测值

试件编号	F_{cr}/kN	F_y/kN	F_u/kN	f_y/mm	f_u/mm	μ	μ/μ_0
MB-0-B	271.5	271.5	323.2	21.56	44.37	2.06	1.00
MB-50-B	270.3	270.3	294.0	22.27	43.40	1.95	0.95
MB-100-B	264.2	264.2	302.2	22.48	44.68	1.99	0.96
HB-0-B	300.8	300.8	345.9	17.44	41.00	2.35	1.00
HB-50-B	300.7	300.7	330.5	18.62	40.60	2.18	0.93
HB-100-B	300.1	300.1	331.0	18.10	42.12	2.33	0.99

5. 耗能能力

实测所得各试件的耗能能力代表值（取骨架曲线所围面积作为试件耗能能力代表值）见表 15-10。可见，掺入再生粗骨料后，中、高强混凝土试件耗能能力均有一定下降，高强混凝土试件耗能能力整体优于中强混凝土试件。

表 15-10　钢-再生混凝土板组合梁的耗能代表值

试件编号	E/(kN·mm)	E/E_0
MB-0-B	10364.51	1.000
MB-50-B	9432.08	0.910
MB-100-B	9763.73	0.942
HB-0-B	10936.61	1.000
HB-50-B	10203.41	0.933
HB-100-B	10759.46	0.984

6. 计算分析

参照《组合结构设计规范》(JGJ 138—2016)中钢与混凝土组合梁受弯承载力计算公式，计算各钢-混凝土板组合梁试件受弯承载力。其中，再生混凝土抗压强度结合《再生混凝土结构技术标准》(JGJ/T 443—2018)进行折减。各试件受弯极限承载力实测值 $F_{u,exp}$ 与计算值 $F_{u,cal}$ 比较见表 15-11。

表 15-11　钢-混凝土板组合梁的极限承载力实测值与计算值对比

试件编号	$F_{u,exp}$/kN	$F_{u,cal}$/kN	$F_{u,exp}/F_{u,cal}$
MB-0-B	323.2	304.9	1.060
MB-50-B	294.0	272.9	1.077
MB-100-B	302.2	285.1	1.060
HB-0-B	345.9	330.3	1.047
HB-50-B	330.5	318.9	1.036
HB-100-B	331.0	309.9	1.068

由表 15-11 可见，各试件极限承载力计算值与实测值接近，钢-混凝土板组合梁可近似采用钢-混凝土组合梁受弯承载力计算公式进行计算。

15.2　钢-再生混凝土组合梁受剪性能

15.2.1　型钢再生混凝土矩形截面梁受剪性能

1. 试验概况

15.1.1 节通过三分点加载进行了型钢再生混凝土梁正截面受弯性能试验，加载梁两端弯剪区段损伤很轻，故将加载点向梁两端移动，进行型钢再生混凝土梁端弯剪区段的斜截面受剪性能试验。试验梁的体积配箍率 ρ_{sv} 为 0.648%，剪跨比 λ 为 1.13。试件编号及设计参数同表 15-1，几何尺寸及配筋同图 15-1，所用混凝土和钢材的实测力学性能同表 15-2 和表 15-3。试验采用单调逐级加载，并由力和位移分别控制弹性和弹塑性阶段加载，直至受压区混凝土压溃，试件加载点及各位移测点布置如图 15-10 所示。

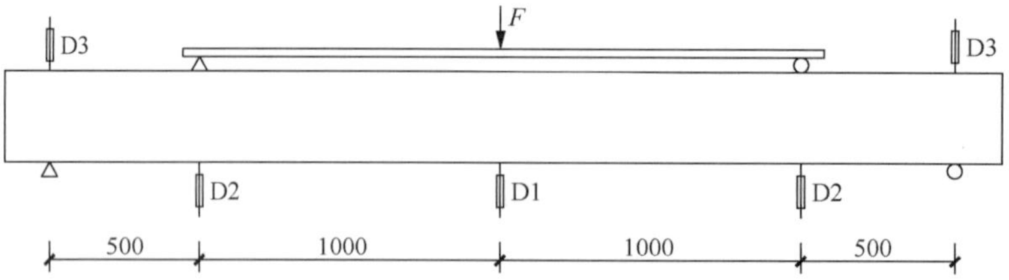

图 15-10 型钢混凝土梁受剪试验加载点及测点布置（单位：mm）

2. 破坏特征

试验表明：型钢再生混凝土梁的斜截面受剪破坏过程基本一致，均发生剪压破坏；试件 MB-100-A 试验前损伤严重，故只比较分析其余试件的受剪性能。各试件的破坏形态如图 15-11 所示。

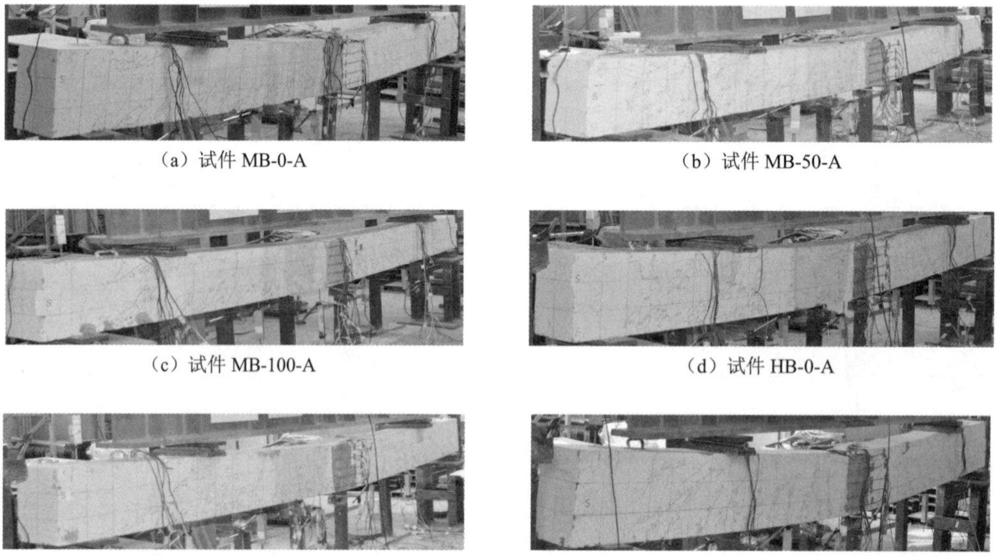

（a）试件 MB-0-A （b）试件 MB-50-A

（c）试件 MB-100-A （d）试件 HB-0-A

（e）试件 HB-50-A （f）试件 HB-100-A

图 15-11 型钢混凝土梁的受剪破坏形态

3. 荷载-挠度曲线

实测所得各试件的 F-f 曲线如图 15-12 所示。

由图 15-12 可见：①中强混凝土试件 MB-0-A 和 MB-50-A 的抗剪性能接近，再生粗骨料取代率对其影响不明显；②高强混凝土试件 HB-50-A、HB-100-A 的承载力和变形能力均略低于 HB-0-A，表明掺入再生粗骨料后，型钢高强再生混凝土梁的抗剪性能略有下降。

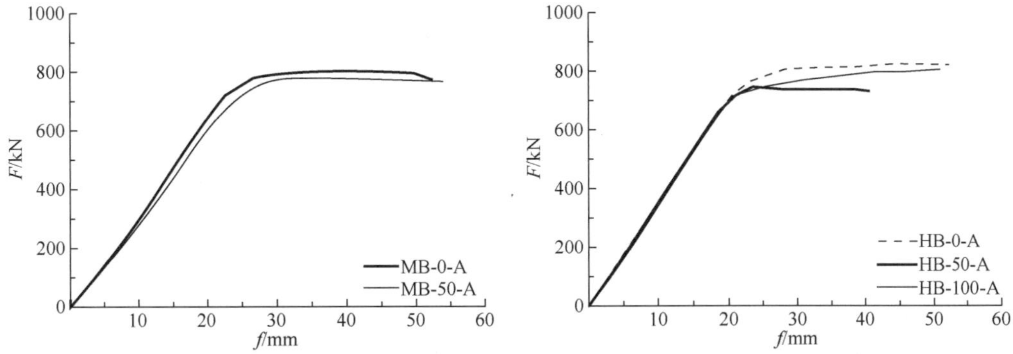

（a）中强混凝土试件骨架曲线　　（b）高强混凝土试件骨架曲线

图 15-12　各试件的 F-f 曲线

4. 特征荷载

实测所得各试件的开裂荷载 F_{cr}、极限荷载 F_u 见表 15-12。

表 15-12　型钢混凝土梁的特征荷载实测值

试件编号	F_{cr}/kN	F_u/kN
MB-0-A	330.0	806.3
MB-50-A	298.7	781.2
HB-0-A	333.2	827.5
HB-50-A	301.8	754.8
HB-100-A	300.5	804.4

由表 15-12 可见：①相同混凝土强度下，梁的开裂荷载随再生粗骨料取代率增加有所下降；②不同混凝土强度试件的抗剪承载力接近，混凝土强度对梁的承载力影响较小。

5. 计算分析

参照《组合结构设计规范》（JGJ 138—2016）中型钢混凝土梁受剪承载力计算公式，计算各型钢再生混凝土梁试件受剪承载力。其中，再生混凝土抗压强度按照《再生混凝土结构技术标准》（JGJ/T 443—2018）进行折减。各试件受剪承载力实测值 $F_{u,exp}$ 与计算值 $F_{u,cal}$ 比较见表 15-13。

表 15-13　试件受剪承载力实测值与计算值比较

试件编号	$F_{u,exp}$/kN	$F_{u,cal}$/kN	$F_{u,exp}/F_{u,cal}$
MB-0-A	806.3	754.5	1.069
MB-50-A	781.2	760.9	1.027
HB-0-A	827.5	761.6	1.087
HB-50-A	744.8	737.5	1.010
HB-100-A	804.4	736.3	1.092

由表 15-13 可见，各试件承载力计算值与实测值接近，型钢再生混凝土梁可近似采用型钢混凝土梁受剪承载力计算公式进行计算。

15.2.2 钢-再生混凝土板组合 T 形截面梁受剪性能

1. 试验概况

本节进行了钢-再生混凝土板组合 T 形截面梁弯剪区段的斜截面受剪性能试验，设计参数同表 15-7，几何尺寸及配筋同图 15-6。混凝土和钢材的实测力学性能同表 15-8、表 15-3。加载试验方法同 15.2.1 节，试件加载点及测点布置同图 15-10。

2. 破坏特征

试验表明：各试件的斜截面受剪破坏过程基本一致，均属于混凝土剪压破坏。试件 MB-100-B 试验前损伤严重，故只比较分析其余试件的受剪性能。各试件的破坏形态如图 15-13 所示。

（a）试件 MB-0-B

（b）试件 MB-50-B

（c）试件 MB-100-B

（d）试件 HB-0-B

（e）试件 HB-50-B

（f）试件 HB-100-B

图 15-13　钢-再生混凝土板组合 T 形截面梁的受剪破坏形态

3. 荷载-挠度曲线

实测所得各试件的 F-f 曲线如图 15-14 所示。

由图 15-14 可见：①对比相同混凝土强度等级钢-再生混凝土板组合 T 形截面梁的抗剪性能，不同再生粗骨料取代率试件全过程抗剪性能接近，表明再生粗骨料取代率对试件全过程抗剪性能的影响并不明显；②试件屈服后，混凝土强度高的试件抗剪性能明显提高，表明增大混凝土强度可有效提高型钢与混凝土板的共同工作性能。

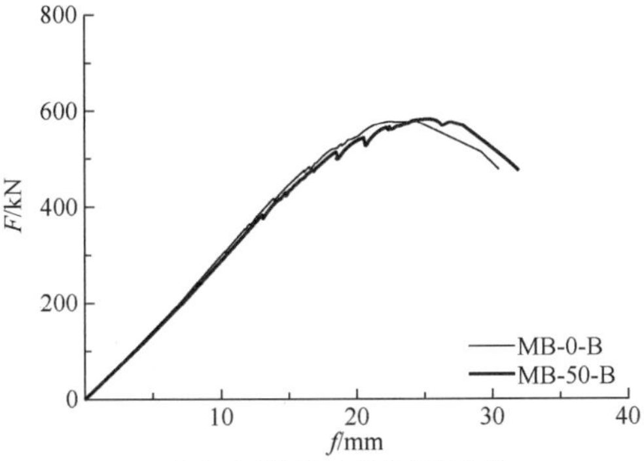

（a）中强混凝土试件骨架曲线

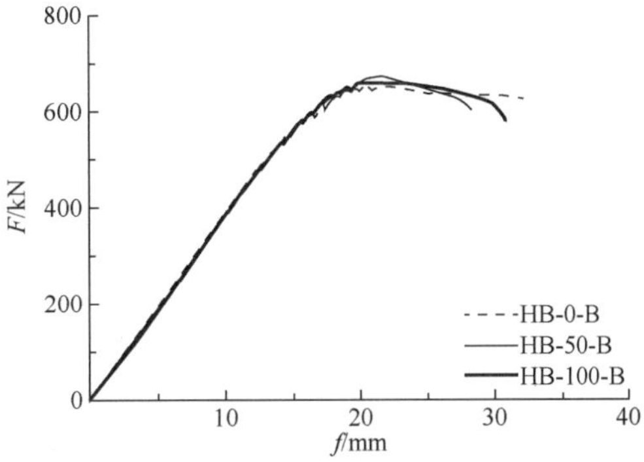

（b）高强混凝土试件骨架曲线

图 15-14　试件的 F-f 曲线

4. 特征荷载

实测所得各试件的极限荷载 F_u 及 F_u/F_{u0} 见表 15-14。表中，F_{u0} 为再生粗骨料取代率为 0 的试件的极限荷载。

表 15-14　钢-再生混凝土板组合 T 形截面梁试件的特征荷载实测值

试件编号	F_u/kN	F_u/F_{u0}
MB-0-B	577.7	1.000
MB-50-B	581.7	1.007
MB-100-B	475.2	0.823
HB-0-B	653.5	1.000
HB-50-B	673.6	1.031
HB-100-B	659.6	1.009

由表 15-14 可见：①相同混凝土强度下，各试件抗剪承载力接近，再生粗骨料取代率影响不明显；②提高混凝土强度，试件的承载力明显提高，原因是这种构造形式下混凝土主要分布在受压区，型钢对受压区贡献较小，在剪压破坏中梁的受压区破坏主要受混凝土强度的影响。

5. 计算分析

参照《组合结构设计规范》（JGJ 138—2016）中钢与混凝土组合梁受剪承载力计算公式，计算各钢-再生混凝土板组合 T 形截面梁试件受剪承载力。其中，再生混凝土抗压强度按照《再生混凝土结构技术标准》（JGJ/T 443—2018）中相关规定进行折减。试验梁受剪承载力实测值实测值 $F_{u,exp}$ 与计算值 $F_{u,cal}$ 见表 15-15。

表 15-15 试验梁受剪承载力实测值与计算值比较

试件编号	$F_{u,exp}$/kN	$F_{u,cal}$/kN	$F_{u,exp}/F_{u,cal}$
MB-0-B	577.7	557.8	1.036
MB-50-B	581.7	545.5	1.066
HB-0-B	653.5	622.5	1.050
HB-50-B	673.6	616.7	1.092
HB-100-B	659.6	611.8	1.078

由表 15-15 可见，各试件计算值与实测值接近，钢-再生混凝土板组合梁可近似采用钢-混凝土板组合梁受剪承载力计算公式进行计算。

15.3 钢-再生混凝土组合梁徐变性能

15.3.1 型钢再生混凝土矩形截面梁徐变性能

1. 试验概况

本节设计制作了 6 个型钢混凝土矩形截面梁试件，试件编号、试件几何尺寸及配筋与 15.1.1 节试件相同，见表 15-1 和图 15-1，实测混凝土及钢材力学性能同表 15-2 和表 15-3。试验中，将型钢中强混凝土梁的应力比控制为 0.43，以研究再生粗骨料取代率和混凝土强度对型钢再生混凝土梁徐变性能的影响。

进行型钢再生混凝土矩形截面梁持荷 365d 的徐变性能试验，加载装置同图 13-2。试件在室内自然条件下进行长期加载，实测温度、湿度随时间变化曲线如图 15-15 所示。

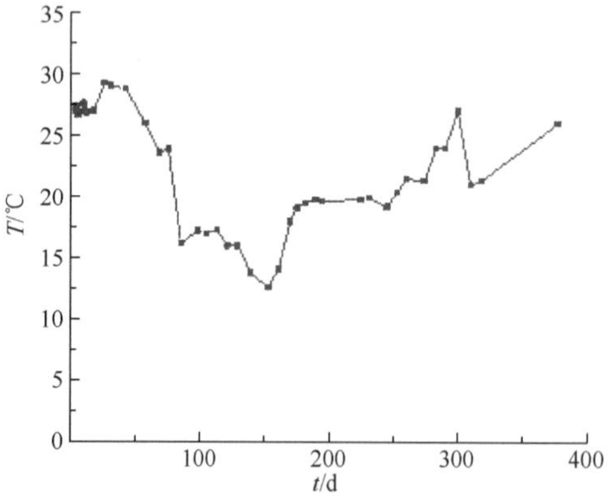

（a）温度时程曲线

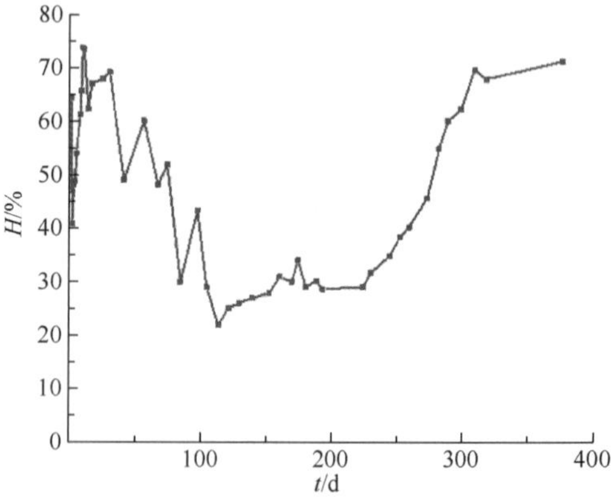

（b）湿度时程曲线

图 15-15 温度、湿度时程曲线

2. 徐变发展规律

实测所得型钢再生混凝土矩形截面梁徐变试件的 f-t 曲线如图 15-16 所示。图 15-16 中，f_m 为试件因长期持荷产生的徐变挠度，f 为试件的总挠度。

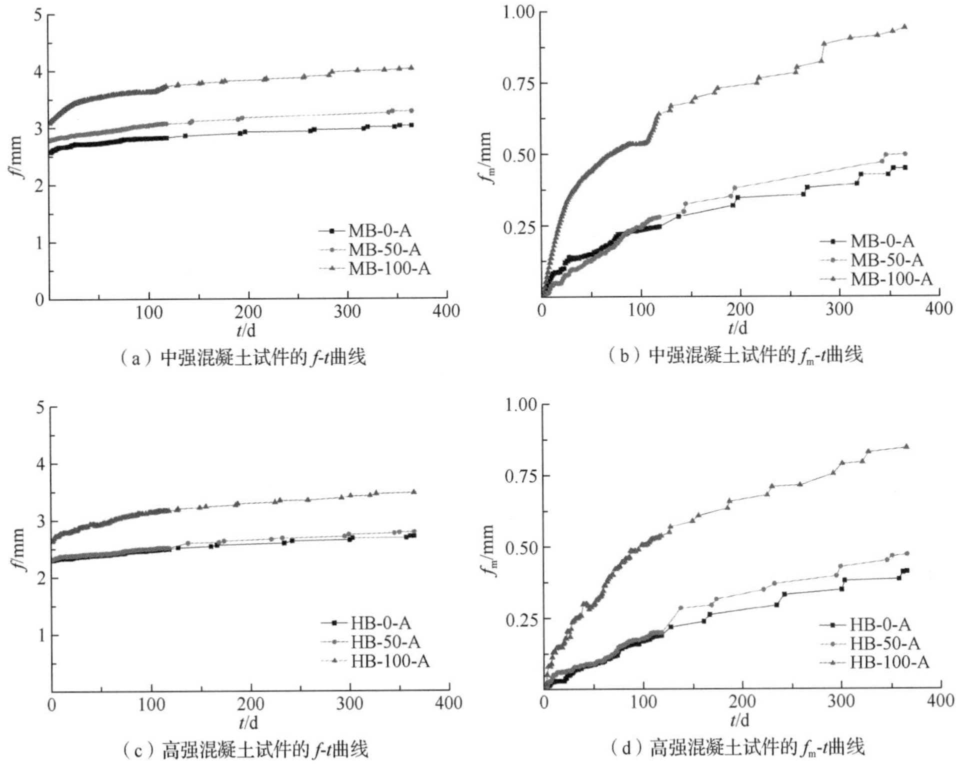

（a）中强混凝土试件的 f-t 曲线

（b）中强混凝土试件的 f_m-t 曲线

（c）高强混凝土试件的 f-t 曲线

（d）高强混凝土试件的 f_m-t 曲线

图 15-16　型钢再生混凝土矩形截面梁的 f-t 曲线和 f_m-t 曲线

持荷 365d 后，各试件的实测挠度见表 15-16。表 15-16 中，初始挠度 f_0 为试件加载至长期荷载值时产生的初始变形，徐变挠度 f_m 为试件因长期持荷产生的徐变变形，两者之和为试件的总挠度 f。

表 15-16　各试件持荷 365d 的实测挠度值

试件编号	f_0/mm	不同持荷时间下试件总挠度及徐变挠度/mm							
		90d		180d		270d		365d	
		f_1	f_{m1}	f_2	f_{m2}	f_3	f_{m3}	f_4	f_{m4}
MB-0-A	2.587	2.822	0.235	2.900	0.313	2.978	0.391	3.038	0.451
MB-50-A	2.798	3.025	0.227	3.141	0.343	3.235	0.437	3.297	0.499
MB-100-A	3.069	3.650	0.581	3.829	0.760	3.924	0.855	4.043	0.974
HB-0-A	2.303	2.462	0.159	2.563	0.260	2.641	0.338	2.715	0.412
HB-50-A	2.317	2.501	0.184	2.641	0.324	2.704	0.387	2.789	0.472
HB-100-A	2.635	3.119	0.484	3.268	0.633	3.369	0.734	3.481	0.846

3. 不同因素对徐变的影响

1）再生粗骨料取代率

不同再生粗骨料取代率的型钢再生混凝土矩形截面梁试件持荷 365d 的 f-t 曲线和 f_m-t 曲线如图 15-17 所示。

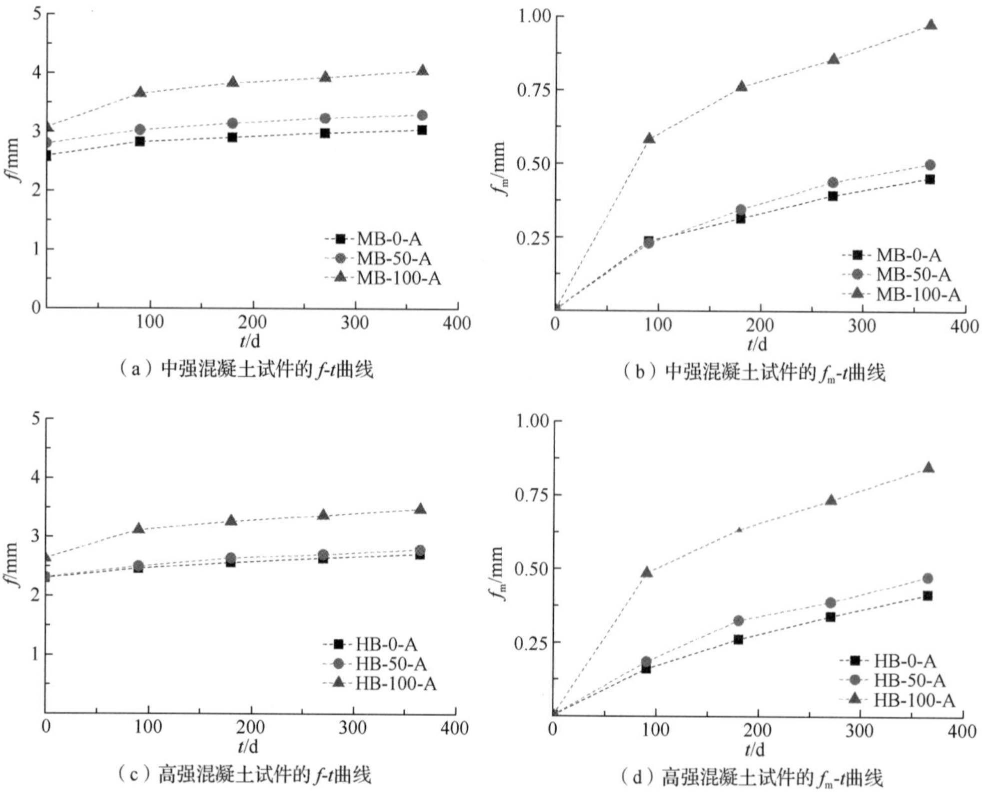

（a）中强混凝土试件的 f-t 曲线

（b）中强混凝土试件的 f_m-t 曲线

（c）高强混凝土试件的 f-t 曲线

（d）高强混凝土试件的 f_m-t 曲线

图 15-17 不同再生粗骨料取代率试件的 f-t 曲线和 f_m-t 曲线

由图 15-17 可见，再生粗骨料取代率为 50%时，试件的初始挠度和徐变性能与型钢普通混凝土梁试件接近；当再生粗骨料取代率为 100%时，试件的徐变挠度比型钢普通混凝土梁试件明显增大。

2）混凝土强度

不同混凝土强度的型钢再生混凝土梁试件持荷 365d 的 f-t 曲线和 f_m-t 曲线如图 15-18 所示。

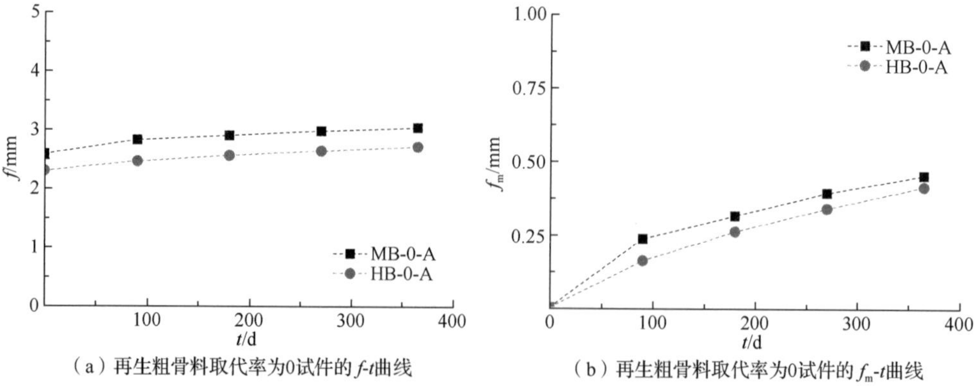

（a）再生粗骨料取代率为0试件的 f-t 曲线

（b）再生粗骨料取代率为0试件的 f_m-t 曲线

图 15-18 不同混凝土强度试件的 f-t 曲线和 f_m-t 曲线

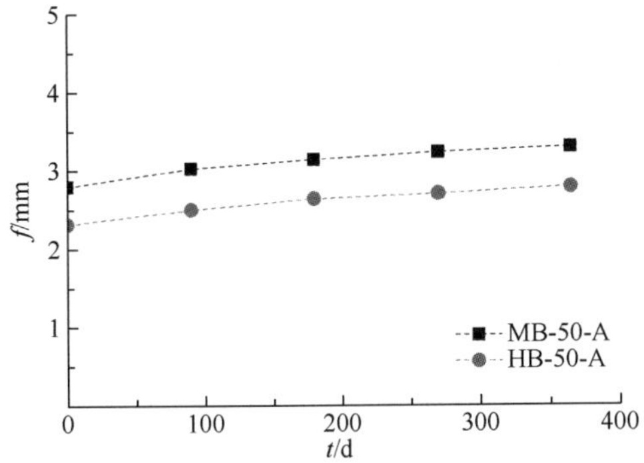

（c）再生粗骨料取代率为50%试件的 f-t 曲线

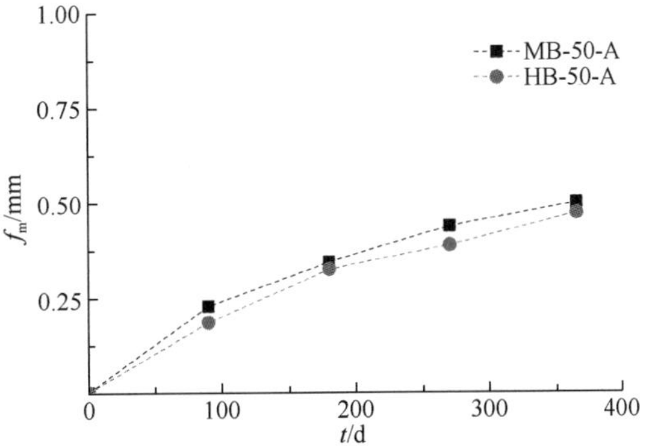

（d）再生粗骨料取代率为50%试件的 f_m-t 曲线

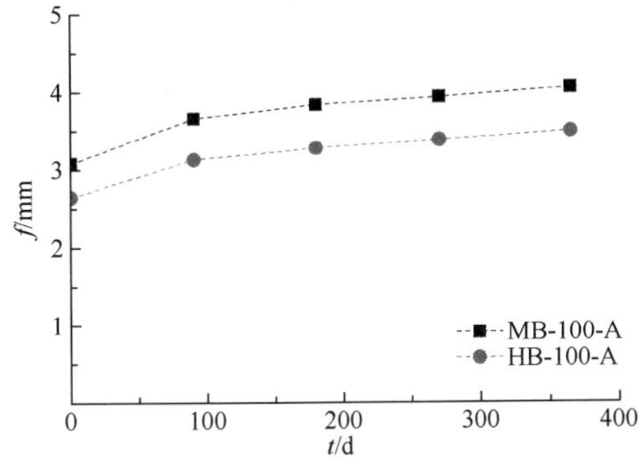

（e）再生粗骨料取代率为100%试件的 f-t 曲线

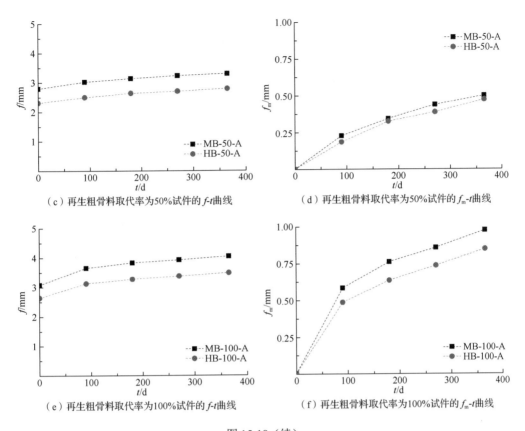

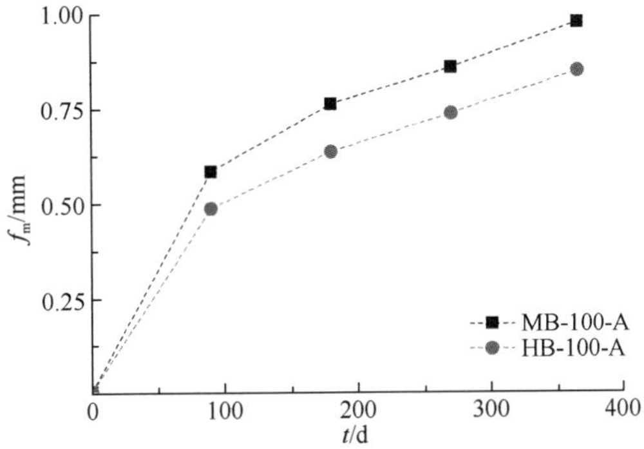

（f）再生粗骨料取代率为100%试件的 f_m-t 曲线

图 15-18（续）

由图 15-18 可见：不同混凝土强度下，各试件挠度发展规律基本一致；中强混凝土试件初始挠度明显大于高强混凝土试件，徐变挠度差别不大；高强混凝土试件初始挠度和徐变挠度均明显大于高强混凝土试件。

15.3.2　钢-再生混凝土板组合 T 形截面梁徐变性能

1. 试验概况

本节设计制作了 6 个钢-再生混凝土板组合 T 形截面梁试件，试件编号、几何尺寸及配筋与 15.1.2 节试件相同，见表 15-7 和图 15-6。试验中，将钢-再生混凝土板组合 T 形截面梁的应力比控制为 0.43，以研究再生粗骨料取代率和混凝土强度对钢-再生混凝土板组合梁徐变性能的影响。

所用混凝土及钢材实测力学性能同表 15-2 和表 15-3。

2. 徐变发展规律

实测所得钢-再生混凝土板组合 T 形截面梁徐变试件的 f-t 曲线和 f_m-t 曲线如图 15-19 所示。图 15-19 中，f_m 为试件因长期持荷产生的徐变挠度，f 为试件的总挠度。

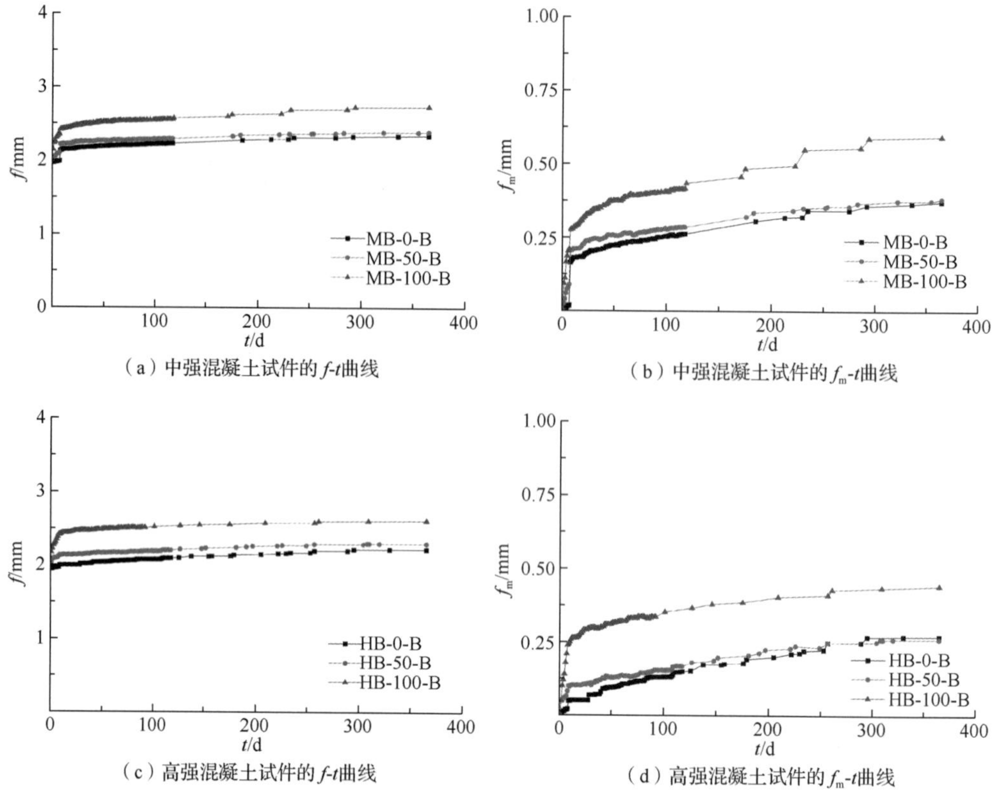

图 15-19 钢-再生混凝土板组合 T 形截面梁的 f-t 曲线和 f_m-t 曲线

持荷 365d 后，各试件的实测挠度见表 15-17。

表 15-17 各试件持荷 365d 的挠度实测值

试件编号	f_0/mm	不同持荷时间下试件总挠度及徐变挠度/mm							
		90d		180d		270d		365d	
		f_1	f_{m1}	f_2	f_{m2}	f_3	f_{m3}	f_4	f_{m4}
MB-0-B	1.971	2.216	0.245	2.279	0.308	2.309	0.338	2.343	0.372
MB-50-B	2.013	2.287	0.274	2.348	0.335	2.371	0.358	2.394	0.381
MB-100-B	2.145	2.546	0.401	2.633	0.488	2.701	0.556	2.738	0.593
HB-0-B	1.946	2.065	0.119	2.138	0.192	2.189	0.243	2.216	0.270
HB-50-B	2.034	2.181	0.147	2.247	0.213	2.284	0.250	2.295	0.261
HB-100-B	2.170	2.511	0.341	2.562	0.392	2.599	0.429	2.612	0.442

3. 不同因素对徐变的影响

1）再生粗骨料取代率

不同再生粗骨料取代率钢-再生混凝土板组合 T 形截面梁试件持荷 365d 的 f-t 曲线和 f_m-t 曲线如图 15-20 所示。

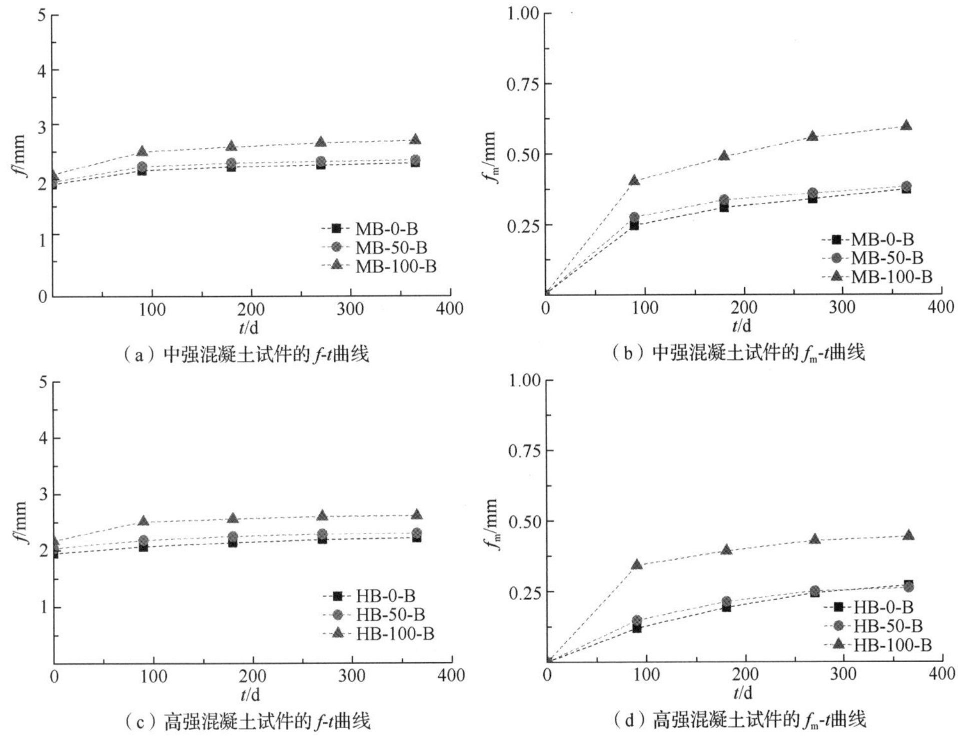

（a）中强混凝土试件的 f-t 曲线　（b）中强混凝土试件的 f_m-t 曲线

（c）高强混凝土试件的 f-t 曲线　（d）高强混凝土试件的 f_m-t 曲线

图 15-20　不同再生粗骨料取代率试件的 f-t 曲线和 f_m-t 曲线

由图 15-20 可见：①不同再生粗骨料取代率钢-再生混凝土板组合 T 形截面梁的初始变形较接近，原因是试件的受拉区为型钢，其弹性模量相比混凝土更大，相同应力比条件下产生的变形相对较小。②钢-再生混凝土板组合 T 形截面梁的徐变挠度均随再生粗骨料取代率的增大而增大，考虑到型钢的徐变较小，试件徐变性能下降主要受到再生骨料取代率的影响。

2）混凝土强度

不同混凝土强度的试件持荷 365d 的 f-t 曲线和 f_m-t 曲线如图 15-21 所示。可见，提高混凝土强度，试件初始挠度接近，徐变挠度略有减小，整体上混凝土强度的影响有限。

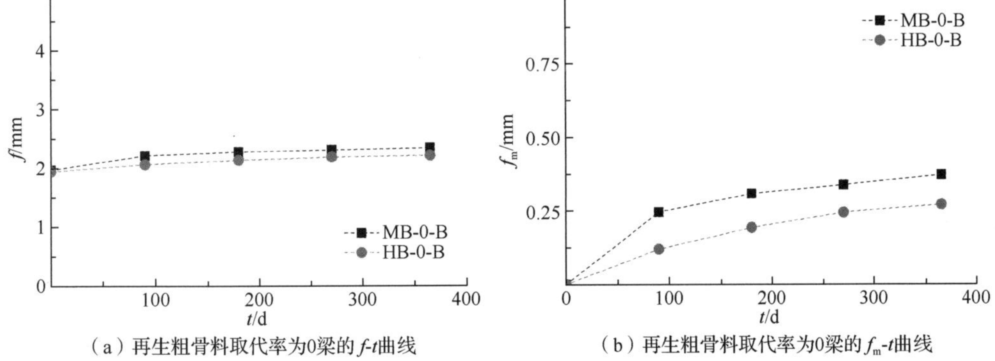

（a）再生粗骨料取代率为0梁的 f-t 曲线　（b）再生粗骨料取代率为0梁的 f_m-t 曲线

图 15-21　不同混凝土强度试件的 f-t 曲线和 f_m-t 曲线

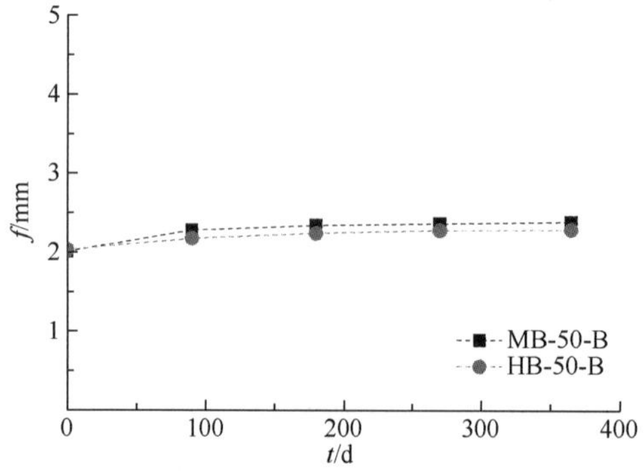

（c）再生粗骨料取代率为50%梁的f-t曲线

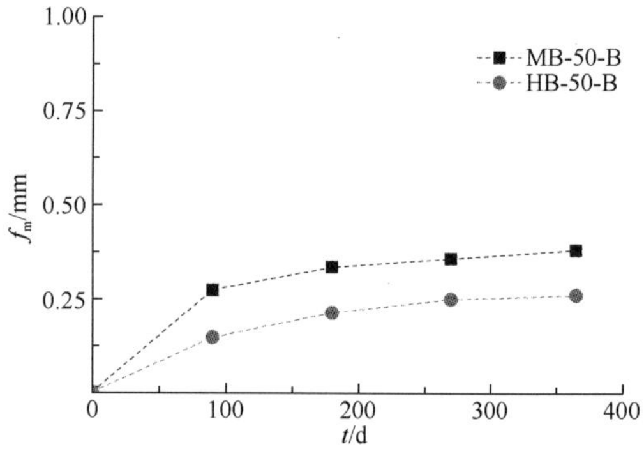

（d）再生粗骨料取代率为50%梁的f_m-t曲线

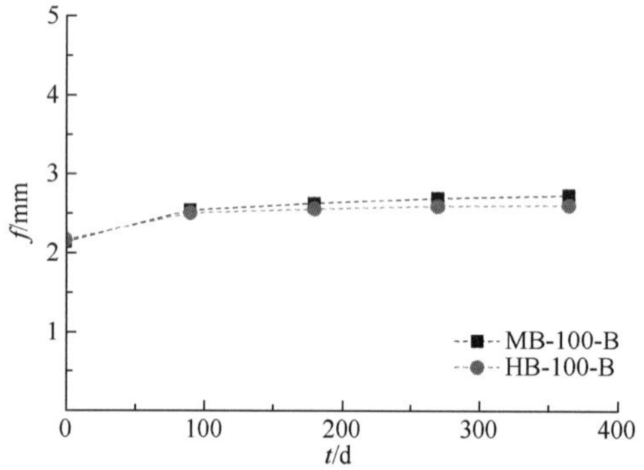

（e）再生粗骨料取代率为100%梁的f-t曲线

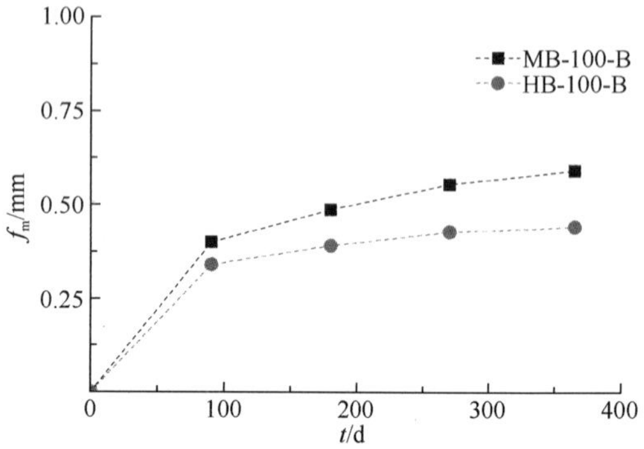

（f）再生粗骨料取代率为100%梁的f_m-t曲线

图 15-21（续）

15.4 钢-压型钢板再生混凝土板组合 T 形截面梁受弯性能

15.4.1 试验概况

本节设计制作了 4 块钢-压型钢板再生混凝土板组合 T 形截面梁试件，各试件尺寸及配筋均相同，研究变量包括再生粗骨料取代率及栓钉布置形式。试件设计参数见表 15-18，几何尺寸及配筋如图 15-22 所示。共设计了三种栓钉布置形式，分别为 1 型、2 型和 3 型，具体布置形式如图 15-23 所示。

表 15-18 试件设计参数

编号	板厚/mm	再生粗骨料取代率ρ_c/%	栓钉布置形式	剪跨比λ	H 型钢型号
SRCB-1	120	100	1	3.125	I 20a
SRCB-2		100	2		
SRCB-3		100	3		
SRCB-4		0	3		

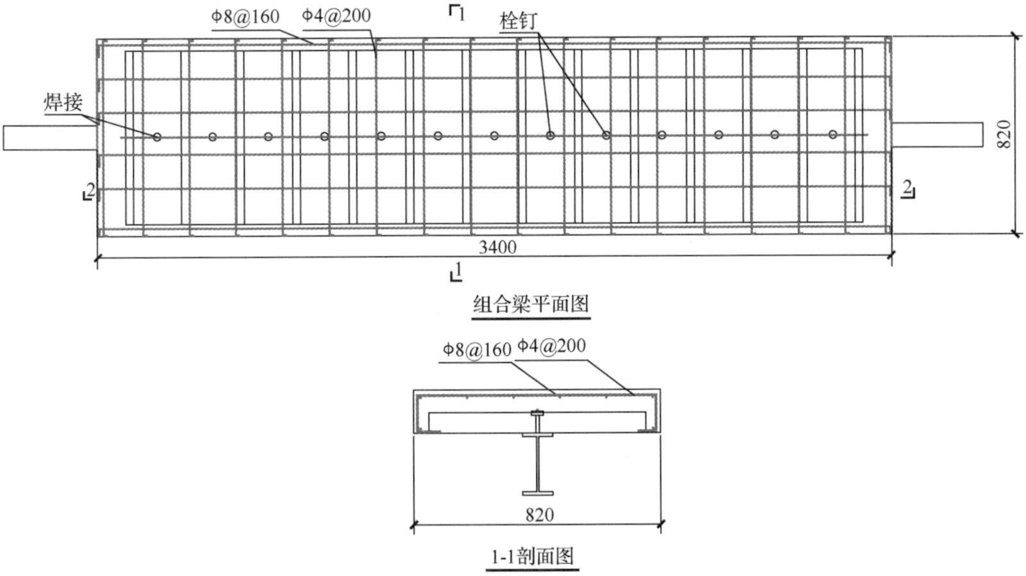

图 15-22　试件的几何尺寸及配筋（单位：mm）

（a）单排单个（1 型）　（b）单排两个（2 型）　（c）双排单个（3 型）

图 15-23　试件的栓钉布置形式

实测混凝土力学性能见表 15-19，实测钢材力学性能见表 15-20，其中，压型钢板采用闭口型 DW66-240-720 型，宽为 720mm，厚为 1.0mm。

表 15-19　实测混凝土力学性能

混凝土设计强度等级	再生粗骨料掺量/%	立方体抗压强度/MPa	弹性模量/(10^4MPa)
C50	0	65.8	3.67
	100	55.9	3.55

表 15-20　实测钢材力学性能

钢材类别	钢材型号	屈服强度/MPa	极限强度/MPa	弹性模量/(10^5MPa)
钢筋	ϕ8	424	489	2.01
	ϕ4	654	752	2.06
H 型钢	I 20a	298	447	2.05
压型钢板	DW66-240-720	235	320	2.00

荷载通过分配梁加载至试件的三分点。采用单向逐级加载，采用力和位移分别控制弹性阶段和弹塑性阶段加载，当试件承载力明显下降或者受压区混凝土压坏时停止加载。测点布置与加载示意如图 15-24 所示。

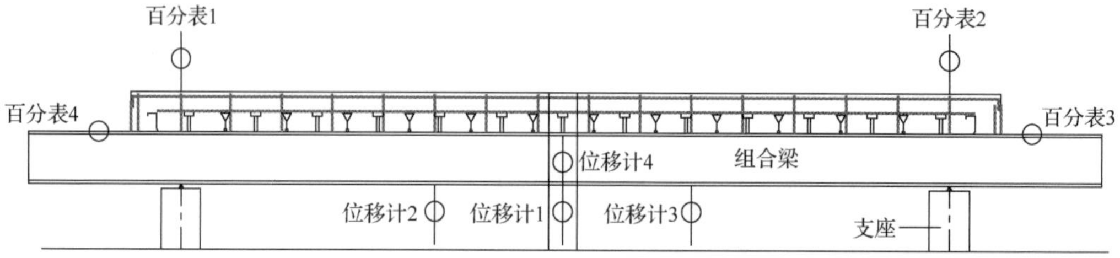

图 15-24 测点布置与加载示意图

15.4.2 破坏特征

实测各试件最终破坏形态如图 15-25～图 15-28 所示。各试件破坏过程接近，均经历了混凝土开裂、混凝土裂缝由下向上扩展、上部混凝土受压破坏、承载力下降。各试件破坏形态均为弯曲破坏，裂缝分布也较接近，相同荷载下，采用再生粗骨料混凝土试件的挠度相对大些。

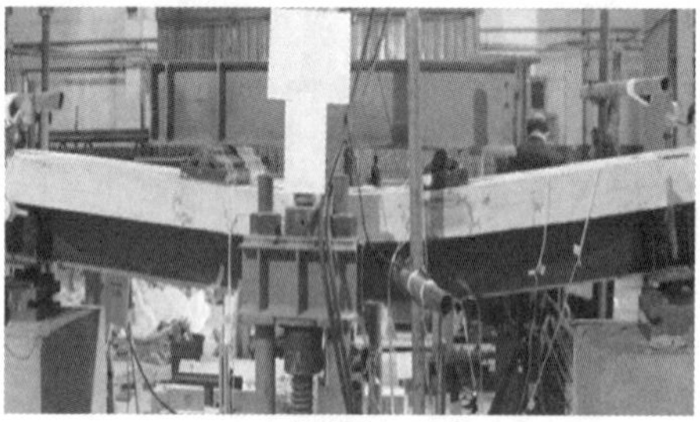

（a）整体破坏形态

（b）跨中裂缝

图 15-25 SRCB-1 破坏形态

（a）整体破坏形态

（b）跨中裂缝

图 15-26 SRCB-2 破坏形态

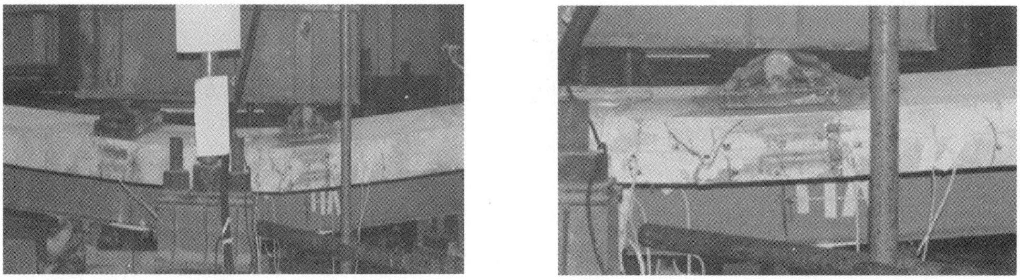

（a）整体破坏形态　　（b）跨中裂缝

图 15-27　SRCB-3 破坏形态

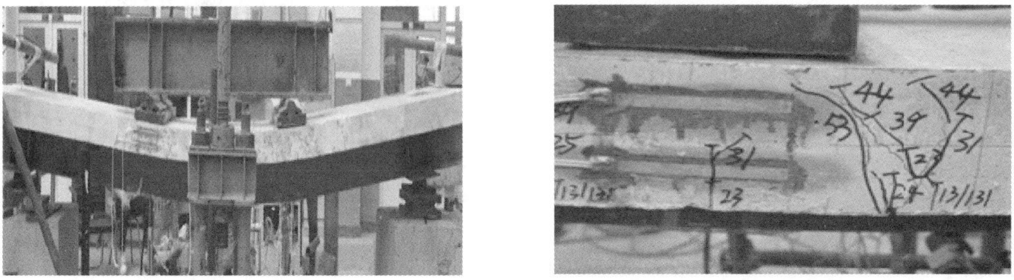

（a）整体破坏形态　　（b）跨中裂缝

图 15-28　SRCB-4 破坏形态

15.4.3　受弯性能及计算分析

1. 荷载-挠度曲线

实测各试件跨中的弯矩-跨中挠度（*M-f*）曲线如图 15-29 所示，骨架曲线如图 15-30 所示。

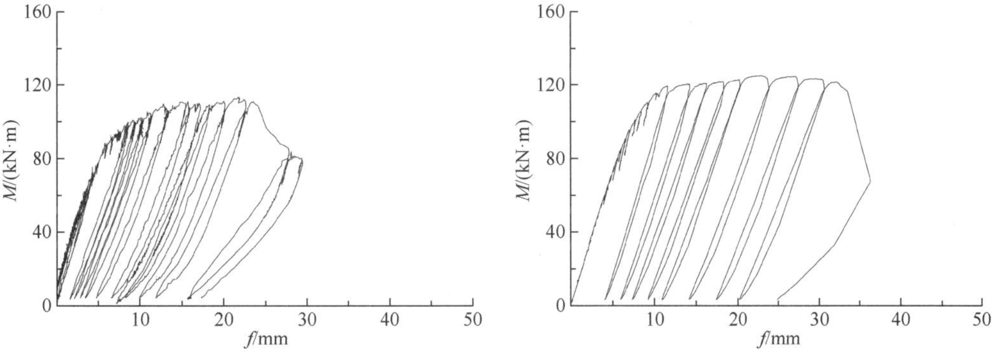

（a）试件SRCB-1　　（b）试件SRCB-2

图 15-29　各试件跨中 *M-f* 曲线

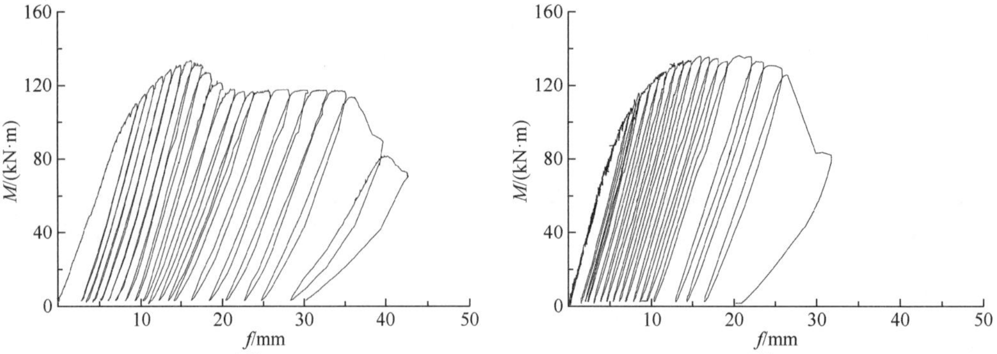

（c）试件SRCB-3　　（d）试件SRCB-4

图 15-29（续）

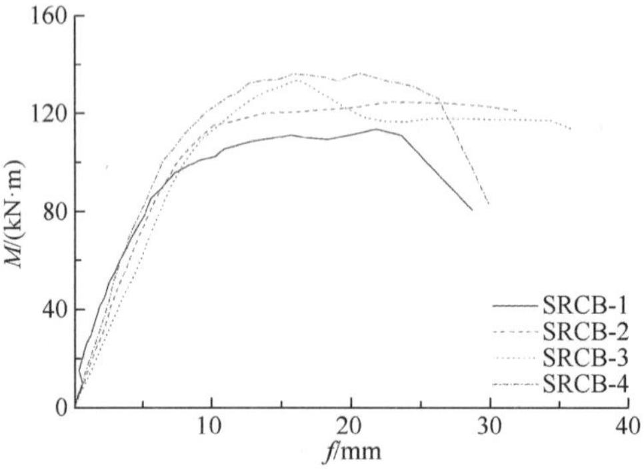

图 15-30　各试件骨架曲线

由图 15-29 可见，各试件整个加载过程可分为三个阶段，即弹性阶段、弹塑性阶段和破坏阶段。加载初期，试件处于弹性阶段，M-f 曲线基本呈线性；随着荷载增加，试件承载力增长较慢，挠度增长较快；加载后期，试件承载力下降，试件破坏。

由图 15-30 可见：①加载初期，各试件骨架曲线接近。②加载后期，试件 SRCB-2、SRCB-3 的承载力及变形性能优于 SRCB-1，表明增加栓钉数量可有效提高钢-压型钢板再生混凝土板组合 T 形截面梁的受弯性能。③试件 SRCB-3、SRCB-4 承载力接近，表明采用再生粗骨料混凝土与采用普通混凝土对钢-压型钢板混凝土板组合 T 形截面梁承载力无明显影响。

2. 特征荷载

实测所得各试件的屈服弯矩 M_y、极限弯矩 M_u 见表 15-21。由表 15-21 可知：①试件 SRCB-2 和 SRCB-3 的屈服弯矩分别比 SRCB-1 提高了 12.3%、15.7%，极限弯矩分别提高了 11.0%、19.9%，表明增加栓钉数量可有效提高试件的承载力；②试件 SRCB-4 与 SRCB-3 的屈服弯矩、极限弯矩接近。

表 15-21　试件承载力实测值

试件编号	M_y/(kN·m)	M_u/(kN·m)
SRCB-1	105.12	113.58
SRCB-2	118.09	126.06
SRCB-3	121.61	136.22
SRCB-4	124.67	137.72

3. 计算分析

参照《组合结构设计规范》(JGJ 138—2016)，计算了钢-压型钢板再生混凝土板组合 T 形截面梁的挠度，其中，刚度采用折减刚度法计算，见式（15-1）。

$$B=\frac{E_s I_{eq}}{1+\zeta} \tag{15-1}$$

式中：E_s 为钢梁的弹性模量；I_{eq} 为组合梁换算截面惯性矩，对于有压型钢板的组合梁取较弱截面的换算截面计算，不考虑压型钢板的影响；ζ 为刚度折减系数。

现行规范没有充分考虑钢梁与压型钢板混凝土板间的滑移，抗弯刚度计算结果偏大，挠度计算值偏小。聂建国等[146]在折减刚度法基础上，考虑钢梁与压型钢板-混凝土组合板间滑移效应。采用以上方法，根据《再生混凝土结构技术标准》(JGJ/T 443—2018)，对再生混凝土强度折减；分别按照《组合结构设计规范》(JGJ 138—2016) 及文献[146]提出的挠度计算方法计算了各试件挠度，本书采用 $0.6M_u$ 对应挠度进行计算和比较，计算挠度 f_c 与实测值 f_t 比较见表 15-22。表 15-22 中，f_{c1} 为采用现行规范计算结果，f_{c2} 为采用文献[146]方法计算结果。由表 15-22 可见，采用文献[146]方法计算结果与实测值符合较好。

表 15-22　钢-压型钢板再生混凝土板组合 T 形截面梁挠度计算值与实测值

试件编号	$0.6M_u$/(kN·m)	f_t/mm	f_{c1}/mm	f_{c1}/f_t	f_{c2}/mm	f_{c2}/f_t
SRCB-1	68.15	4.08	3.06	0.750	4.33	1.061
SRCB-2	75.64	5.10	3.16	0.620	5.17	1.014
SRCB-3	81.73	6.35	3.54	0.557	6.14	0.967
SRCB-4	82.63	4.91	3.51	0.715	5.33	1.086

15.5　钢管再生混凝土柱压弯性能

15.5.1　足尺钢管再生混凝土柱轴心受压性能

1. 试验概况

本节设计制作了 5 个足尺轴压钢管高强混凝土柱试件，研究变量包括截面形状、再生粗骨料取代率及钢管内是否设置钢筋笼。轴压钢管高强混凝土柱设计参数见表 15-23，几何尺寸及配筋如图 15-31 所示。

表 15-23　轴压钢管高强混凝土柱设计参数

试件编号	截面形状	混凝土设计强度等级	再生粗骨料取代率ρ_c/%	是否设置钢筋笼	截面尺寸	钢管尺寸
FGZY-1	方形	C70	0	否	450mm×450mm	450mm×450mm×7.8mm
FGZY-2			100	否		
FGZY-3			100	是		
YGZY-1	圆形		0	否	Φ508mm	Φ508mm×8.8mm
YGZY-2			100	否		

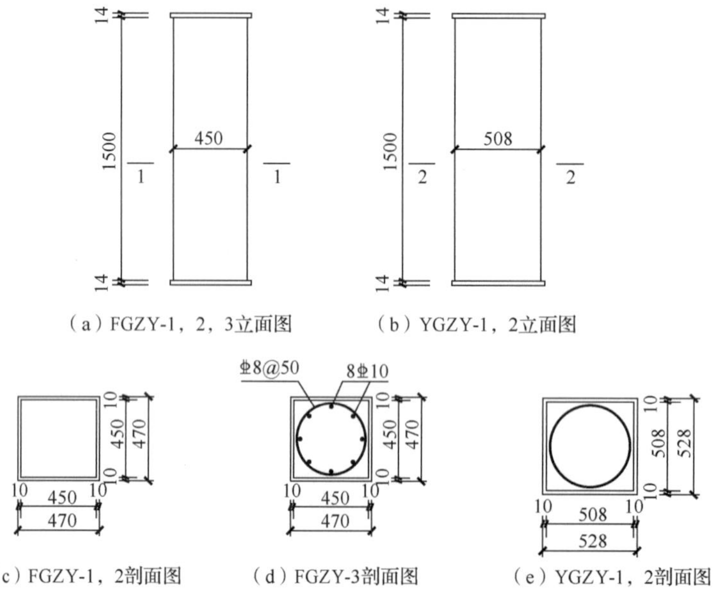

图 15-31　轴压钢管高强混凝土柱几何尺寸及配筋（单位：mm）

实测混凝土力学性能见表 15-24，实测钢材力学性能见表 15-25。

表 15-24　实测混凝土力学性能

混凝土设计强度等级	再生粗骨料取代率ρ_c/%	立方体抗压强度f_{cu}/MPa	弹性模量E_c/(10^4MPa)
C70	0	70.91	3.54
	100	72.36	3.17

表 15-25　实测钢材力学性能

钢材类型	管厚（直径）D/mm	屈服强度 f_y/MPa	极限强度 f_u/MPa	弹性模量 E_s/(10^5MPa)
Q345B 钢管	7.8	360	498	2.06
	8.8	356	442	2.06
HRB400	8	610	639	2.03
	10	620	688	2.07

试验采用竖向重复加载，当试件承载力下降至极限荷载的 85%时，试验结束。试验加载装置如图 15-32 所示。

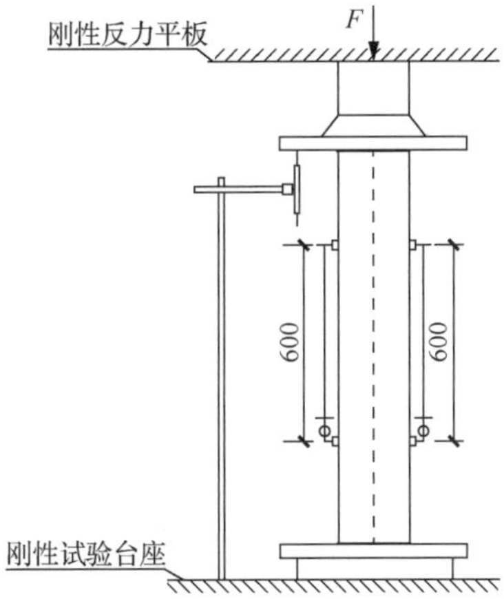

图 15-32　试验加载装置示意图（单位：mm）

2. 破坏特征

实测各轴压钢管混凝土柱的破坏形态如图 15-33 所示。

（a）FGZY-1　（b）FGZY-2　（c）FGZY-3　（d）YGZY -1　（e）YGZY -2

图 15-33　轴压钢管混凝土柱破坏形态

试验表明：①相同截面形式试件的轴压破坏过程相似。②轴压钢管再生混凝土柱与钢管普通混凝土柱轴压性能接近。③方形钢管混凝土轴压柱钢管壁先出现鼓凸条带，角部褶皱加重，漆皮脱落；加载后期，钢管中部出现鼓凸，向角部延伸，最终各面鼓凸在角部连成一体，试件损伤严重。④方钢管内加入钢筋笼可以有效约束混凝土，钢管鼓凸出现较晚。⑤圆形钢管混凝土试件的变形沿柱高较均匀；加载后期，柱两端钢管壁出现均匀分布的斜向剪切滑移线，柱高中部钢管表面漆皮褶皱并逐渐加剧。

3. 承载力、刚度与变形

实测所得各轴压钢管混凝土柱屈服荷载N_y、峰值荷载N_u及N_y/N_u见表15-26。表15-26中，N_y表示外钢管应变达到钢材屈服应变时对应的荷载实测值。

表 15-26 轴压钢管混凝土柱的承载力实测值

试件编号	N_y/kN	N_u/kN	N_y/N_u
FGZY-1	11513	13198	0.872
FGZY-2	11528	13611	0.847
FGZY-3	13625	16636	0.819
YGZY-1	15813	18539	0.853
YGZY-2	16022	19662	0.815

由表15-26可见：①轴压钢管再生混凝土柱的屈服荷载、峰值荷载均高于普通混凝土试件，这与再生混凝土强度比普通混凝土略高有关。②圆截面与方截面面积相同且钢管面积相同条件下，圆钢管混凝土柱试件的轴压承载力显著高于方钢管混凝土柱试件，YGZY-1的屈服荷载和峰值荷载分别比FGZY-1提高了37.3%、40.5%；YGZY-2的屈服荷载和峰值荷载分别比FGZY-2提高了39.0%、44.5%。③方钢管内设置钢筋笼可明显提高试件的轴压承载力，设置钢筋笼的试件FGZY-3比没有钢筋笼的试件FGZY-2屈服荷载与峰值荷载分别提高18.2%、22.2%。

实测各轴压钢管混凝土柱试件的轴向荷载-位移（N-U）曲线如图15-34所示，骨架曲线比较如图15-35所示。

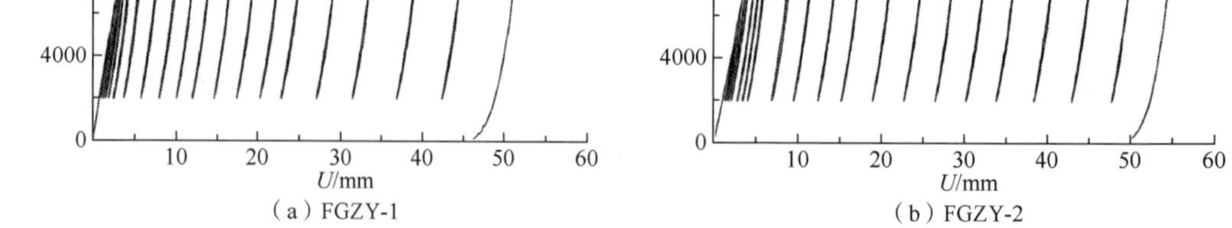

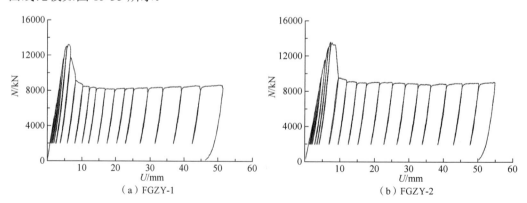

图15-34 轴压钢管混凝土柱试件的N-U曲线

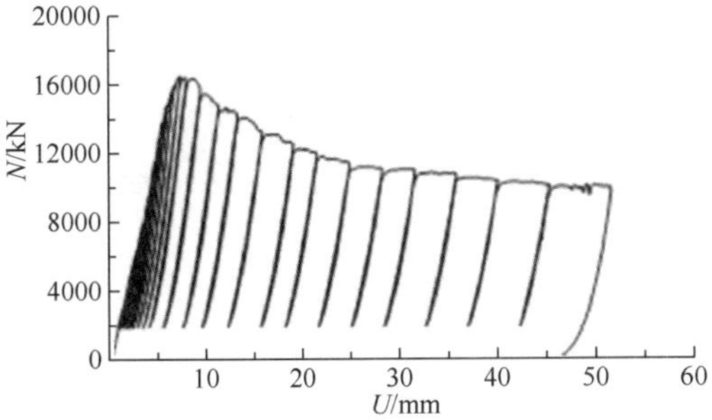

（c）FGZY-3

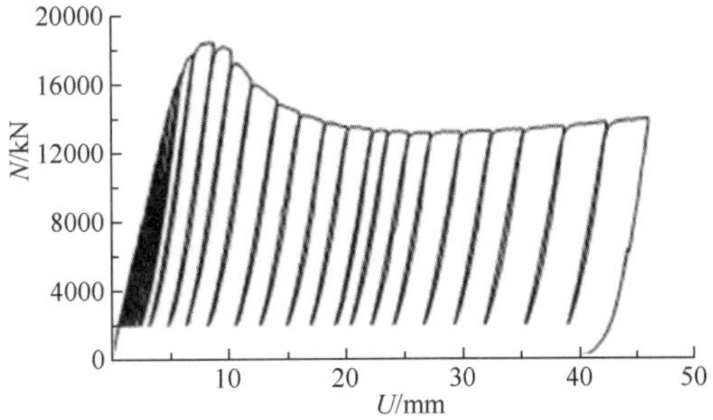

（d）YGZY-1

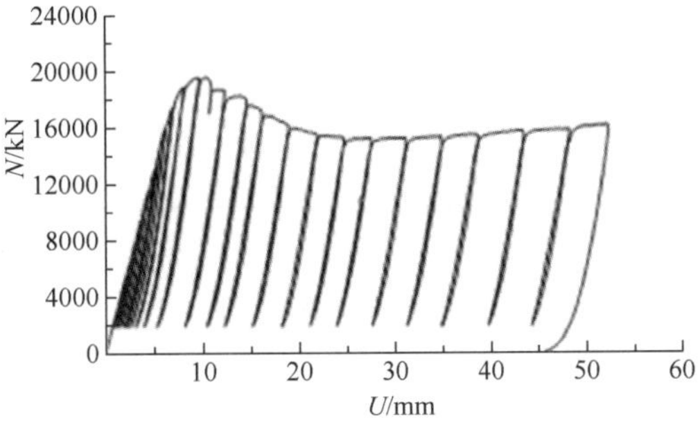

（e）YGZY-2

图 15-34（续）

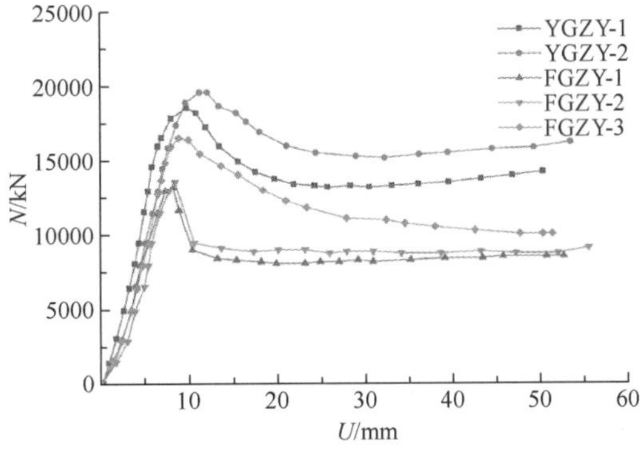

图 15-35　轴压钢管混凝土柱试件的 *N-U* 骨架曲线比较

由图 15-34 和图 15-35 可见：①加载初期，各轴压试件残余变形小，随荷载增大，卸载后残余变形有所增加；加载至极限荷载后，卸载后残余变形显著增大。②加载初期，各轴压试件刚度接近；加载后期，圆形截面试件较方形截面试件刚度退化慢。③轴压方形截面试件延性较圆形截面试件差，原因是圆钢管对混凝土约束能力较强。④方钢管内设置钢筋笼的试件 FGZY-3，由于钢筋笼有效地约束了再生混凝土的横向变形，故轴压性能显著提升。⑤轴压钢管再生混凝土柱变形能力整体好于钢管普通混凝土柱，其中圆钢管混凝土柱试件更为突显。

4. 耗能能力

取试件骨架曲线与坐标横轴所围面积作为该试件耗能的代表值，实测所得各钢管混凝土柱试件在屈服点、峰值点和极限点的耗能代表值 E_y、E_p 和 E_u 见表 15-27。各试件耗能代表值对比如图 15-36 所示。

表 15-27 轴压钢管混凝土柱试件的耗能代表值

试件编号	E_y/(kN·mm)	E_p/(kN·mm)	E_u/(kN·mm)
FGZY-1	30768.2	52012.8	61866.5
FGZY-2	32306.6	55287.8	73590.3
FGZY-3	37733.7	68374.4	172742.4
YGZY-1	47650.7	106889.4	178468.8
YGZY-2	53022.8	133224.3	255156.6

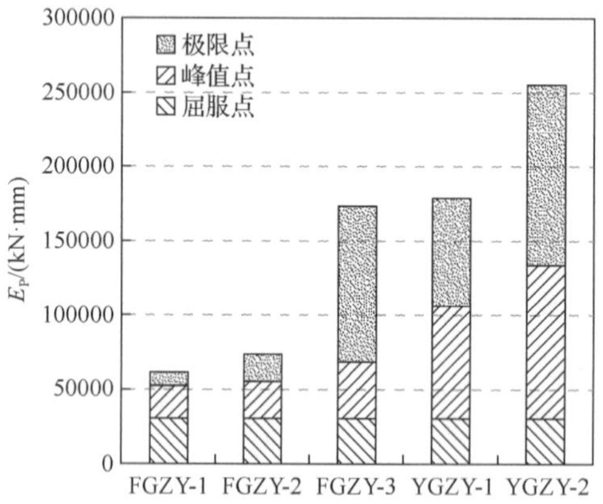

图 15-36 轴压钢管混凝土柱试件耗能代表值对比

由表 15-27 和图 15-36 可见：①钢管再生混凝土试件的耗能能力优于普通混凝土试件；②圆形截面柱试件耗能能力显著优于方形截面柱试件；③内部设置钢筋笼可显著提高方钢管混凝土柱的耗能能力。

15.5.2 足尺钢管混凝土柱小偏心受压性能

1. 试验概况

本节设计制作了 5 个足尺小偏压钢管高强混凝土柱试件，研究变量包括截面形状、再生粗骨料取代率及是否设置钢筋笼。小偏压钢管混凝土柱试件设计参数见表 15-28。为防止柱两端局部受压破坏，在柱端部设置牛腿，牛腿按构造要求配筋，试件几何尺寸及配筋如图 15-37 所示。

表 15-28　小偏压钢管混凝土柱试件设计参数

试件编号	截面形状	混凝土设计强度等级	再生粗骨料取代率ρ_c/%	是否设置钢筋笼	偏心率	截面尺寸
FGXPY-1	方形	C70	0	否	0.20	450mm×450mm×7.8mm
FGXPY-2			100	否		
FGXPY-3			100	是		
YGXPY-1	圆形		0	否		ϕ508mm×8.8mm
YGXPY-2			100	否		

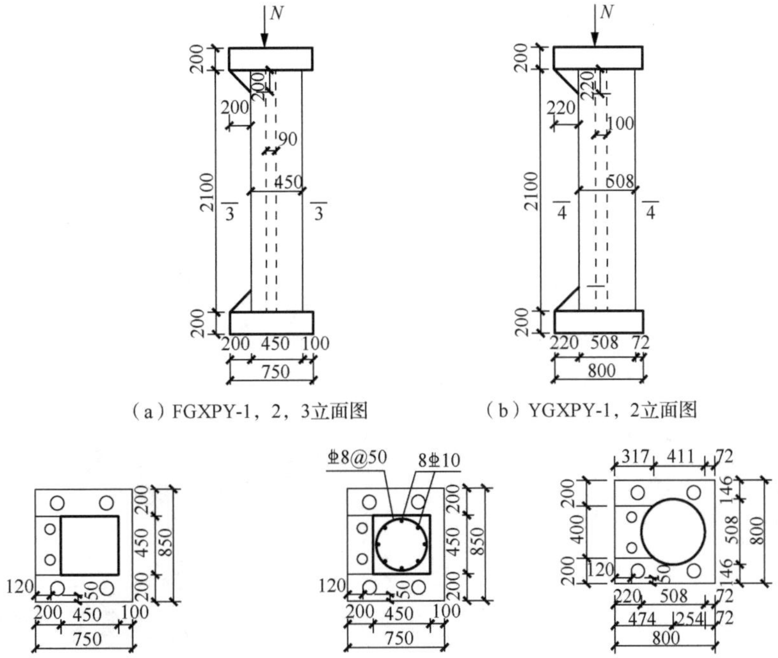

（a）FGXPY-1，2，3立面图　（b）YGXPY-1，2立面图

（c）FGXPY1，2剖面图　（d）FGXPY-3剖面图　（e）YGXPY-1，2剖面图

图 15-37　小偏压钢管混凝土柱几何尺寸及配筋（单位：mm）

实测混凝土力学性能同表 15-24，实测钢材力学性能同表 15-25。小偏压钢管混凝土柱加载装置及测点布置如图 15-38 所示。

2. 破坏特征

实测各小偏压钢管混凝土柱试件的破坏形态如图 15-39 所示。

试验表明：①相同截面形式试件的破坏过程相似；②方钢管混凝土柱试件出现鼓凸且角部漆皮剥落严重，圆钢管混凝土柱试件漆皮剥落，钢管无明显鼓凸；③钢管再生混凝土试件的破坏形态与钢管普通混凝土试件基本相同；④钢管内加入钢筋笼可有效约束混凝土，延缓钢管鼓凸出现。

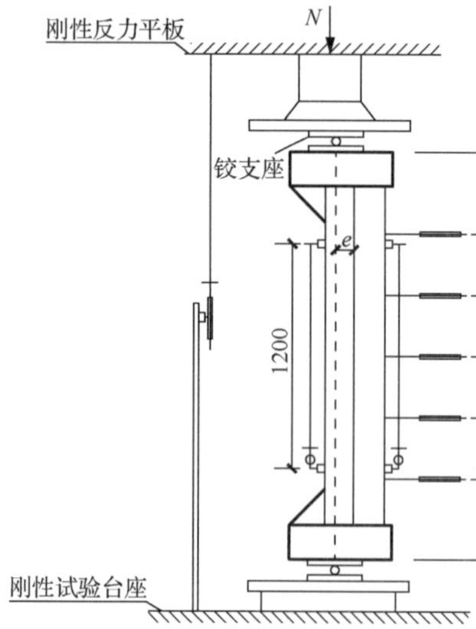

图 15-38 小偏压钢管混凝土柱加载装置及测点布置（单位：mm）

（a）FGXPY-1 （b）FGXPY-2 （c）FGXPY-3 （d）YGXPY-1 （e）YGXPY-2

图 15-39 小偏压钢管混凝土柱试件的破坏形态

3. 承载力、刚度与变形

实测所得各小偏压钢管混凝土柱试件竖向承载力 N_y、N_u 及 N_y/N_u 见表 15-29。表 15-29 中，N_y 表示屈服荷载，即外钢管应变达到钢材屈服应变时对应的荷载实测值；N_u 表示峰值荷载。

表 15-29 小偏压钢管混凝土柱试件的承载力实测值

试件编号	N_y/kN	N_u/kN	N_y/N_u
FGXPY-1	7187	8841	0.813
FGXPY-2	7278	9506	0.766

续表

试件编号	N_y/kN	N_u/kN	N_y/N_u
FGXPY-3	7435	10227	0.727
YGXPY-1	7970	10236	0.779
YGXPY-2	8064	11258	0.716

由表 15-29 可见：①小偏压钢管再生混凝土柱试件的屈服荷载、峰值荷载均比钢管普通混凝土柱试件略大，这与再生混凝土强度略高有关；②试件 YGXPY-2 的屈服荷载、峰值荷载分别比试件 FGXPY-3 高 8.5%、10.1%，说明圆截面与方截面面积相同且钢管面积相同条件下，圆钢管混凝土柱试件的小偏压承载力高于方钢管混凝土柱试件，但提高的程度明显小于相应的轴压试件；③设置钢筋笼试件 FGXPY-3 比无钢筋笼试件 FGXPY-2 的屈服荷载、峰值荷载分别提高了 2.2%、7.6%，说明方钢管内配置钢筋笼可提高小偏压试件的承载力，但提高的程度明显小于相应的轴压试件。

实测各小偏压钢管混凝土柱试件的竖向荷载-柱高中部侧向位移（*N-U*）曲线如图 15-40 所示，骨架曲线如图 15-41 所示。

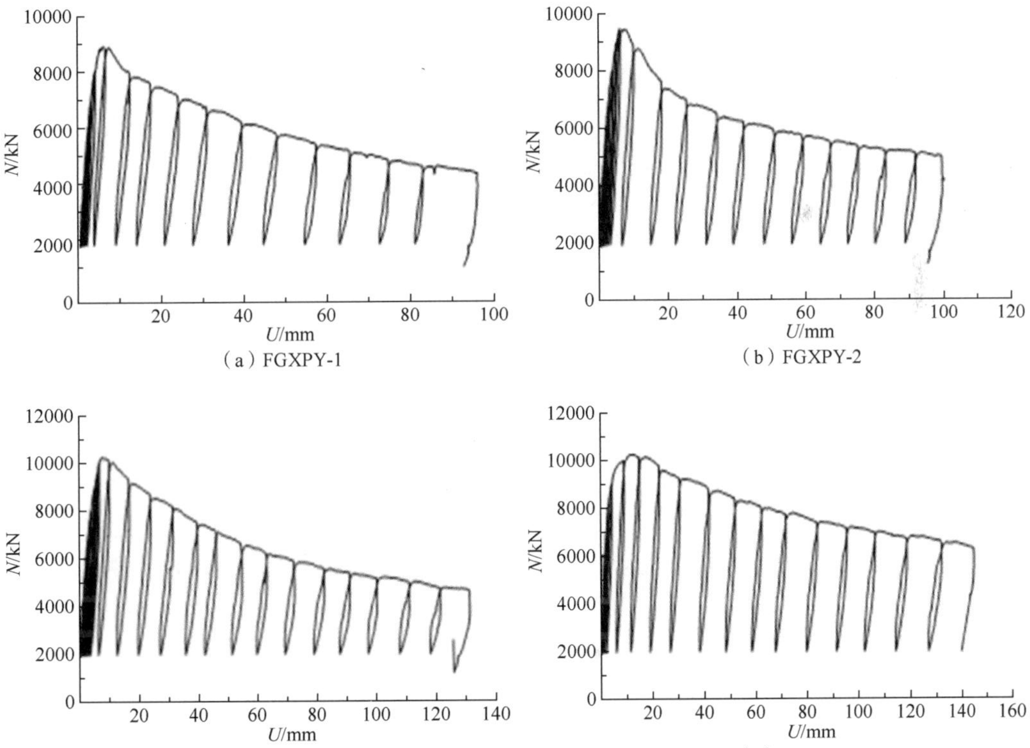

（a）FGXPY-1　（b）FGXPY-2　（c）FGXPY-3　（d）YGXPY-1

图 15-40　小偏压钢管混凝土柱试件的 *N-U* 曲线

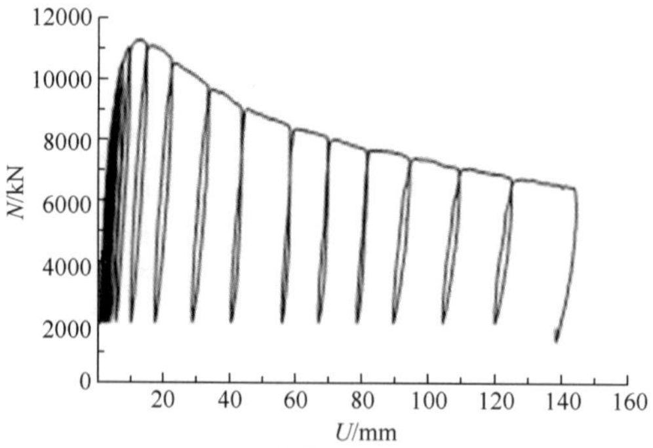

（e）YGXPY-2

图 15-40（续）

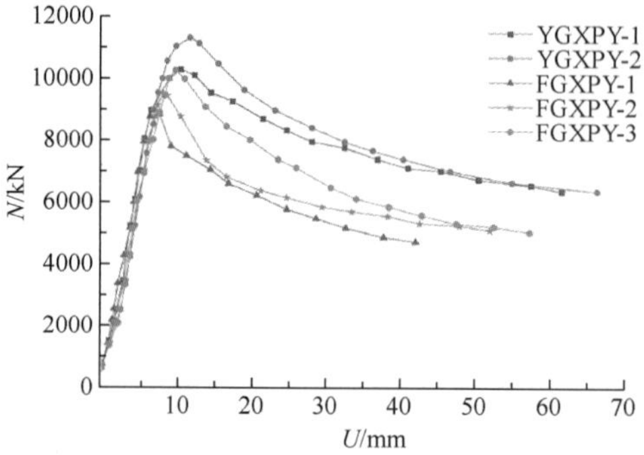

图 15-41　小偏压钢管混凝土柱试件的 N-U 骨架曲线

由图 15-40 和图 15-41 可见：①加载初期，各试件残余变形小，随荷载增大，卸载后残余变形有所增加；加载初期的各试件刚度接近；加载后期的圆形截面试件较方形截面试件刚度退化慢。②圆钢管对混凝土约束能力较方钢管强，圆截面试件的延性好于方截面试件。③方钢管内设置钢筋笼，可提升试件的小偏压承载力。④钢管再生混凝土柱变形能力整体好于钢管普通混凝土柱。

实测各小偏压钢管混凝土柱试件刚度退化曲线如图 15-42 所示。纵坐标 K 为考虑二阶挠曲效应的侧向抗弯刚度，$K=NL^2\cdot[e/(8f)+1/\pi^2]$；$f$ 为对应的侧向挠度；L 为柱高；横坐标 f/L 为相对值，用 ε 表示。

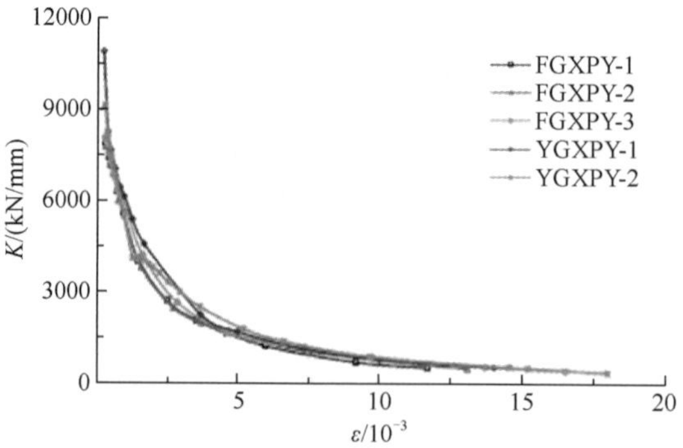

图 15-42　小偏压钢管混凝土柱试件的刚度退化曲线

由图 15-42 可见：①圆形截面试件初始刚度略大于方形试件，这与圆钢管约束效应较强有关；②圆形截面试件较方形截面试件刚度退化略慢。

4. 耗能能力

取小偏压下试件骨架曲线与坐标横轴所围面积作为该试件的耗能代表值，实测所得各小偏压钢管混凝土柱试件在屈服点、峰值点和极限点的耗能代表值 E_y、E_p 和 E_u（取峰值荷载的 85%）见表 15-30，各试件耗能代表值对比如图 15-43 所示。

表 15-30　小偏压钢管混凝土柱特征点耗能能力代表值

试件编号	E_y/(kN·mm)	E_p/(kN·mm)	E_u/(kN·mm)
FGXPY-1	15360.2	33372.2	61424.7
FGXPY-2	16199.9	36081.6	68944.2
FGXPY-3	17955.3	49788.4	103513.2
YGXPY-1	18048.0	60488.5	142919.2
YGXPY-2	19474.1	66372.4	158903.9

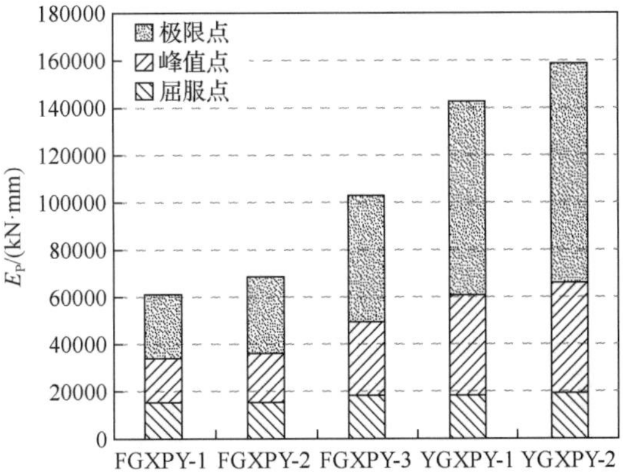

图 15-43　小偏压钢管混凝土柱试件耗能代表值对比

由表 15-30 和图 15-43 可见：①钢管再生混凝土试件达到各特征点荷载的耗能值均比普通混凝土试件高；②圆形截面试件耗能能力显著优于方形截面试件；③设置钢筋笼可有效提高方钢管试件的耗能能力。

5. 承载力计算

目前，计算钢管混凝土偏压承载力的规程主要有我国的《钢管混凝土结构技术规程》（CECS 28—2012）[147]、《矩形钢管混凝土结构技术规程》（CECS 159—2004）[148]、《钢管混凝土结构技术规范》（GB 50936—2014）[149]，日本 AIJ 规范[150]等。利用上述规范或规程计算各试件极限承载力，圆形截面试件计算结果见表 15-31，方形截面试件计算结果见表 15-32。其中，N_{ut} 为试验值，N_{uc} 为计算值。

表 15-31 小偏压圆形柱试件的承载力计算值和实测值比较

试件编号	N_{ut}/kN	CECS 28—2012		AIJ		GB 50936—2014	
		N_{uc}/kN	N_{ut}/N_{uc}	N_{uc}/kN	N_{ut}/N_{uc}	N_{uc}/kN	N_{ut}/N_{uc}
YGXPY-1	10236	9749	1.050	9842	1.040	8890	1.151
YGXPY-2	11258	9875	1.140	9963	1.130	9153	1.230

表 15-32 小偏压方形柱试件的承载力计算值和实测值比较

试件编号	试验值 N_{ut}/kN	CECS 159—2012		AIJ		GB 50936—2014	
		N_{uc}/kN	N_{ut}/N_{uc}	N_{uc}/kN	N_{ut}/N_{uc}	N_{uc}/kN	N_{ut}/N_{uc}
FGXPY-1	8841	8779	1.007	7306	1.210	8334	1.060
FGXPY-2	9506	9036	1.052	7526	1.263	8511	1.117

由表 15-31 及表 15-32 可见：①采用《钢管混凝土结构技术规程》(CECS 28—2012)、AIJ 规范计算圆钢管再生混凝土柱小偏心受压极限承载力，计算结果与试验符合较好。②采用《矩形钢管混凝土结构技术规程》（CECS 159—2004)、《钢管混凝土结构技术规范》（GB 50936—2014）计算方钢管再生混凝土柱小偏心受压极限承载力，计算结果与试验符合较好。

15.5.3 足尺钢管再生混凝土柱大偏心受压性能

1. 试验概况

本节设计制作了 5 个足尺大偏压钢管混凝土柱试件，试验研究变量包括截面形状、再生粗骨料取代率及是否设置钢筋笼，试件设计参数见表 15-33。为防止柱两端局部受压破坏，在柱端部设置牛腿，牛腿按构造要求配筋，各试件几何尺寸及配筋如图 15-44 所示。

表 15-33 大偏压钢管混凝土柱试件的设计参数

试件编号	截面形状	混凝土设计强度等级	再生粗骨料取代率ρ_c/%	是否设置钢筋笼	偏心率	截面尺寸
FGDPY-1	方形	C70	0	否	0.31	450mm×450mm×7.8mm
FGDPY-2			100	否		
FGDPY-3			100	是		
YGDPY-1	圆形		0	否		Φ508mm×8.8mm
YGDPY-2			100	否		

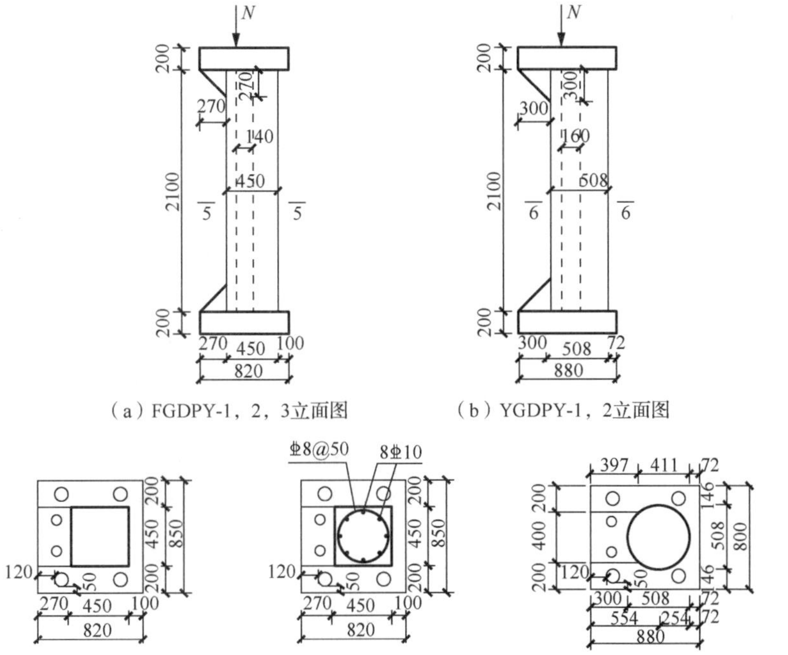

（a）FGDPY-1，2，3立面图　（b）YGDPY-1，2立面图

（c）FGXPY-1，2剖面图　（d）FGDPY-3剖面图　（e）YGDPY-1，2剖面图

图 15-44　大偏压钢管混凝土柱试件的几何尺寸及配筋（单位：mm）

实测混凝土力学性能同表 15-24，实测钢材力学性能同表 15-25。加载装置及位移计布置同图 15-38。

2. 破坏特征

实测各大偏压钢管混凝土柱试件的破坏形态如图 15-45 所示。

试验表明：①相同截面形式的大偏压钢管混凝土柱试件的破坏过程相似；②大偏压方钢管混凝土柱出现鼓凸，角部漆皮剥落严重；③大偏压圆钢管混凝土柱钢管无明显鼓凸现象，两端管壁出现斜向剪切滑移线；④大偏压下，方钢管内加入钢筋笼的试件延缓了钢管出现鼓凸。

（a）FGDPY-1　（b）FGDPY-2　（c）FGDPY-3　（d）YGDPY-1　（e）YGDPY-1

图 15-45　大偏压钢管混凝土柱的破坏形态

3. 承载力、刚度与变形

实测各大偏压钢管混凝土柱试件的各特征点竖向屈服荷载 N_y、峰值荷载 N_u 及 N_y/N_u 见表 15-34。

表 15-34 大偏压钢管混凝土柱试件的承载力实测值

试件编号	N_y/kN	N_u/kN	N_y/N_u
FGDPY-1	5444	7154	0.761
FGDPY-2	5466	7367	0.742
FGDPY-3	5628	7973	0.706
YGDPY-1	5954	7890	0.755
YGDPY-2	6019	8633	0.697

由表 15-34 可见：①大偏压钢管再生混凝土试件的屈服荷载、峰值荷载均比普通混凝土试件略大，这与再生混凝土强度略高有关；②方钢管内配置钢筋笼可提高大偏压试件的承载力，试件 FGDPY-3 的屈服荷载、峰值荷载比 FGDPY-2 分别高 3.0%、8.2%，但提高的程度明显小于相应的轴压试件；③圆截面与方截面面积相同且钢管面积相同条件下，大偏压圆形截面试件的承载力高于方截面试件，试件 YGDPY-2 的屈服荷载、峰值荷载分别比 FGDPY-3 高 6.9%、8.3%，但高的程度明显小于相应的轴压试件。

实测各大偏压钢管混凝土柱试件的竖向荷载-柱高中部侧向位移（N-U）曲线如图 15-46 所示，骨架曲线如图 15-47 所示。

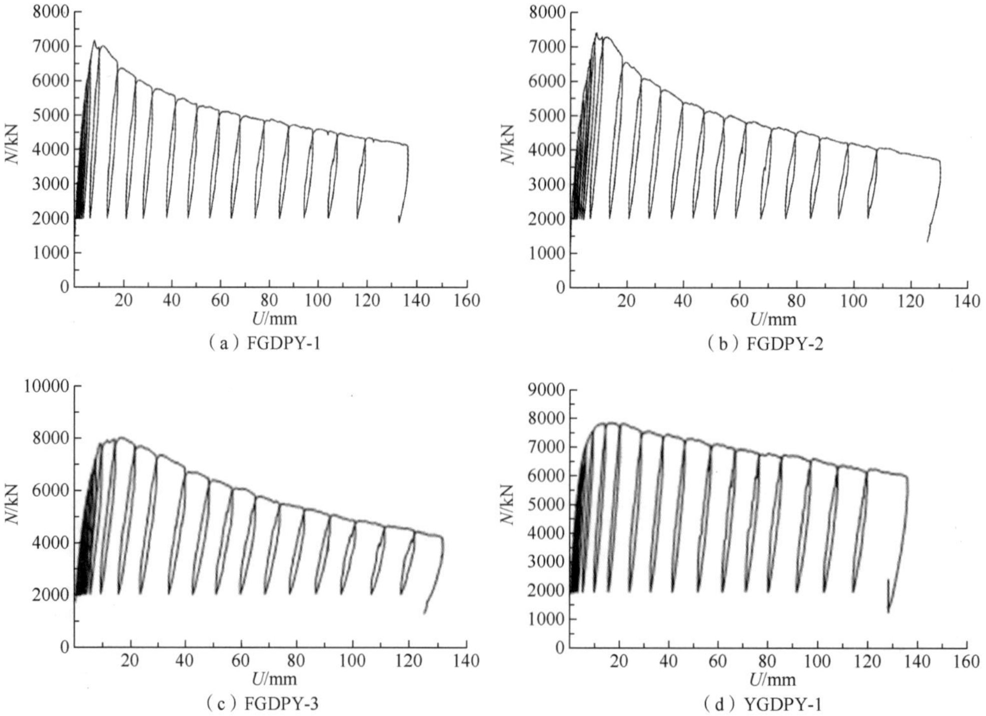

图 15-46 大偏压钢管混凝土柱试件的 N-U 曲线

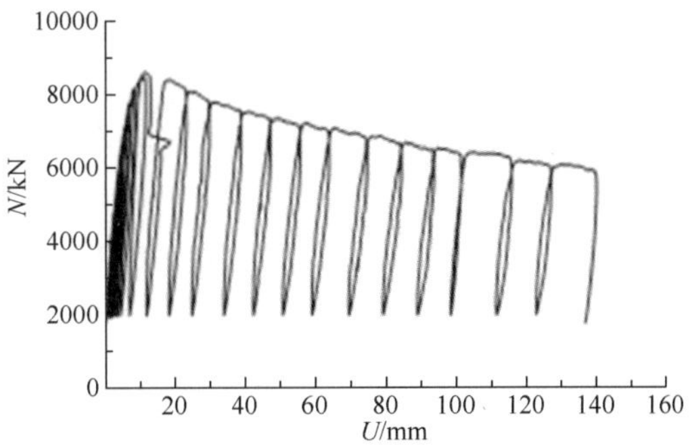

（e）YGDPY-2

图 15-46（续）

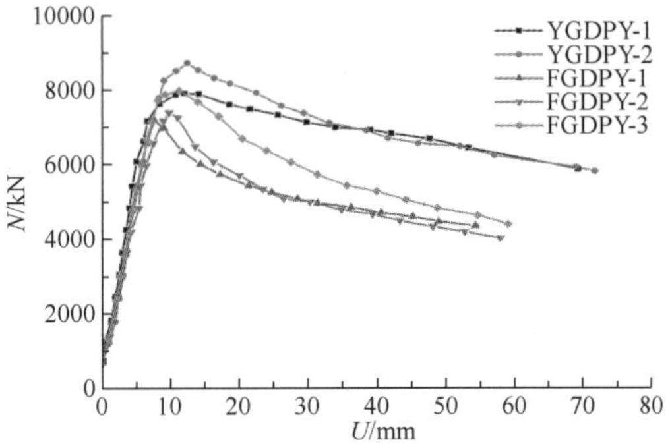

图 15-47　大偏压钢管混凝土柱试件的 *N-U* 骨架曲线

由图 15-46、图 15-47 可见：①大偏压下，相同截面试件的 *N-U* 曲线形状相似；②圆形截面试件大偏压时的竖向承载力比方形截面试件大，且圆形截面试件峰值后荷载下降缓慢，具有比方形截面试件更好的延性；③方钢管中加入钢筋笼可以提高钢管混凝土柱试件的大偏压承载力及延性。

实测各大偏压钢管混凝土柱试件的侧向弯曲刚度退化曲线如图 15-48 所示。纵坐标 K 为考虑二阶挠曲效应的侧向抗弯刚度，$K=NL^2\cdot[e/(8f)+1/\pi^2]$；$f$ 为对应的侧向挠度；L 为柱高；横坐标 f/L 为相对值，用 ε 表示。

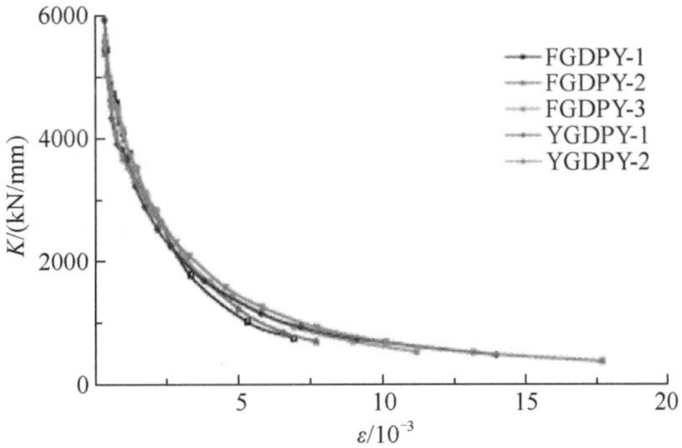

图 15-48　大偏压钢管混凝土柱试件的侧向弯曲刚度退化曲线

由图 15-48 可见：①加载初期，各大偏压试件刚度退化速率较快，刚度退化曲线较为接近；②大偏压圆形截面试件的初始刚度略大于方形截面试件，这是圆钢管具有较强约束效应的缘故；③大偏压试件进入弹塑性阶段，刚度退化速率减缓；④达到峰值荷载后，圆形截面试件和设置钢筋笼的方形截面试件刚度退化曲线接近，具有较好的变形能力；⑤大偏压钢管再生混凝土柱试件与钢管普通混凝土柱试件刚度退化规律没有明显差异。

4. 耗能能力

取大偏压下试件骨架曲线与坐标横轴所围面积作为该试件的耗能代表值，实测所得各试件在屈服点、峰值点和极限点的耗能代表值 E_y、E_p 和 E_u（取峰值荷载的 85%）见表 15-35，各试件耗能代表值对比如图 15-49 所示。

表 15-35 大偏压钢管混凝土柱试件特征点耗能代表值

试件编号	E_y/(kN·mm)	E_p/(kN·mm)	E_u/(kN·mm)
FGDPY-1	10994.5	26334.5	61939. 7
FGDPY-2	12660.9	35344.4	69520.5
FGDPY-3	13867.5	53264.0	111052.1
YGDPY-1	12598.5	56174.7	163073.5
YGDPY-2	13404.8	62466.3	185614.5

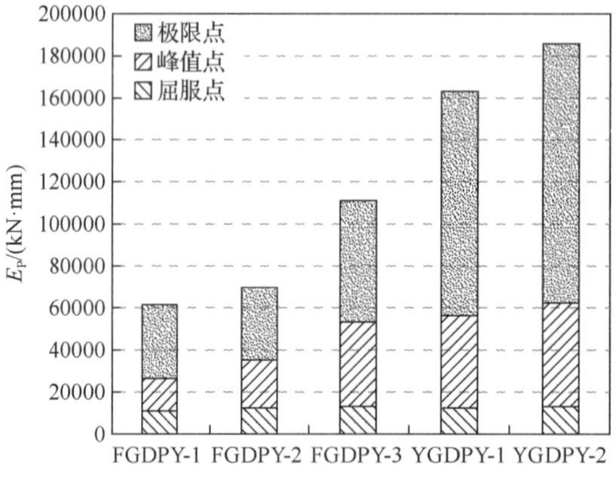

图 15-49 大偏压钢管混凝土柱试件耗能代表值对比

由表 15-35 和图 15-49 可见：①大偏压钢管混凝土柱试件达到各特征点荷载的耗能代表值均大于钢管普通混凝土试件；②大偏压圆形截面试件达到峰值荷载直至破坏全过程的耗能能力显著高于方形截面试件；③方钢管内配置钢筋笼的大偏压钢管混凝土柱试件的耗能能力显著提升。

5. 承载力计算

采用我国的《钢管混凝土结构技术规程》(CECS 28—2012)、《矩形钢管混凝土结构技术规程》(CECS 159—2004)、《钢管混凝土结构技术规范》(GB 50936—2014)，日本 AIJ 规范计算了各大偏压钢管混凝土柱试件的极限承载力，圆截面试件计算结果见表 15-36，方截面试件计算结果见表 15-37。其中，N_{ut} 为试验值，N_{uc} 为计算值。

表 15-36　大偏压圆形截面试件承载力计算值与实测值比较

试件编号	试验值 N_{ut}/kN	CECS 28		AIJ		GB 50936	
		N_{uc}/kN	N_{ut}/N_{uc}	N_{uc}/kN	N_{ut}/N_{uc}	N_{uc}/kN	N_{ut}/N_{uc}
YGDPY-1	7890	7108	1.110	7173	1.100	6870	1.148
YGDPY-2	8633	7194	1.200	7255	1.190	7019	1.230

表 15-37　大偏压方形截面试件承载力计算值与实测值比较

试件编号	试验值 N_{ut}/kN	CECS 159		AIJ		GB 50936	
		N_{uc}/kN	N_{ut}/N_{uc}	N_{uc}/kN	N_{ut}/N_{uc}	N_{uc}/kN	N_{ut}/N_{uc}
FGDPY-1	7154	7277	0.983	6063	1.180	6729	1.063
FGDPY-2	7367	7411	0.994	6170	1.194	6872	1.072

由表 15-36 及表 15-37 可见：①采用 CECS 28 或 AIJ 计算所得圆钢管再生混凝土柱大偏心受压承载力与试验符合较好；②采用规程 CECS 159 和 GB 50936 计算所得方钢管再生混凝土柱大偏心受压承载力与试验符合较好。

15.6　钢-再生混凝土组合柱抗震性能

15.6.1　足尺型钢再生混凝土柱抗震性能

1. 试验概况

本节设计制作了 5 个足尺型钢混凝土柱试件，试件的几何尺寸及配筋均相同，研究变量包括再生粗骨料取代率和设计轴压比。型钢混凝土柱试件的设计参数见表 15-38，几何尺寸及配筋如图 15-50 所示。

表 15-38　型钢混凝土柱试件的设计参数

试件编号	剪跨比 λ	再生粗骨料取代率 ρ_c/%	设计轴压比 n_d
SRRC1	2.92	0	0.8
SRRC2		50	0.8

续表

试件编号	剪跨比λ	再生粗骨料取代率ρ_c/%	设计轴压比 n_d
SRRC3	2.92	100	0.8
SRRC4		50	0.5
SRRC5		100	0.5

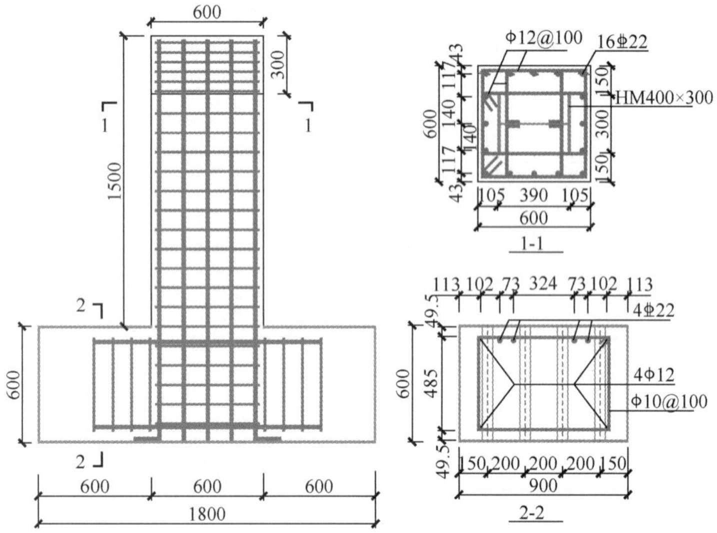

图 15-50　型钢混凝土柱的几何尺寸及配筋（单位：mm）

实测混凝土力学性能见表 15-39，实测钢材力学性能见表 15-40。

表 15-39　实测混凝土力学性能

混凝土设计强度等级	再生粗骨料取代率ρ_c/%	立方体抗压强度f_{cu}/MPa
C60	0	63.75
	50	66.55
	100	60.76

表 15-40　实测钢材力学性能

钢材种类	钢板厚度或钢筋直径/mm	屈服强度f_y/MPa	极限强度f_u/MPa	弹性模量 E_s/(10^5MPa)
Q345	10	375	563	2.06
Q345	16	377	565	2.06
HRB400	22	431	621	2.00
HPB300	12	335	553	2.10

采用 4000t 竖向加载能力的大型试验装置进行试件的低周反复荷载试验，试验加载示意及加载现场如图 15-51 所示。

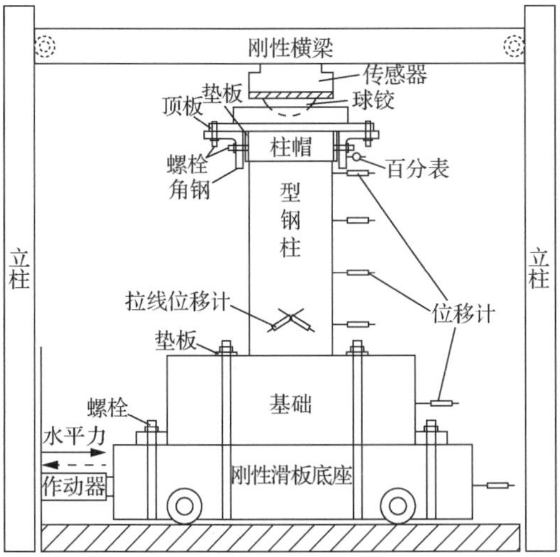

（a）试验加载示意

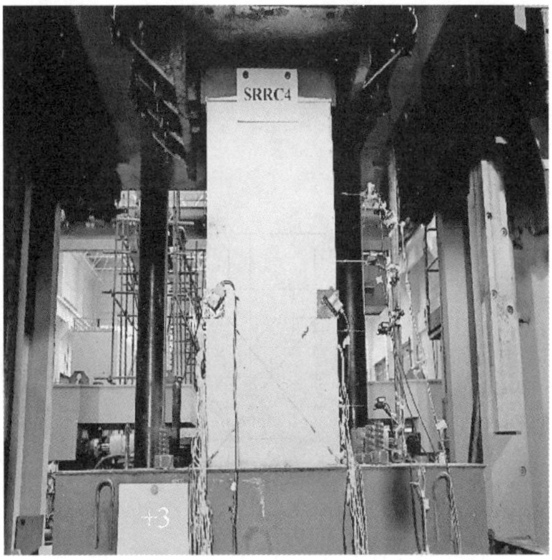

（b）4000t加载装置及加载现场

图 15-51　试验加载示意及加载现场

2. 破坏特征

实测各型钢混凝土柱最终破坏形态如图 15-52 所示。

（a）SRRC1

（b）SRRC2

（c）SRRC3

（d）SRRC4

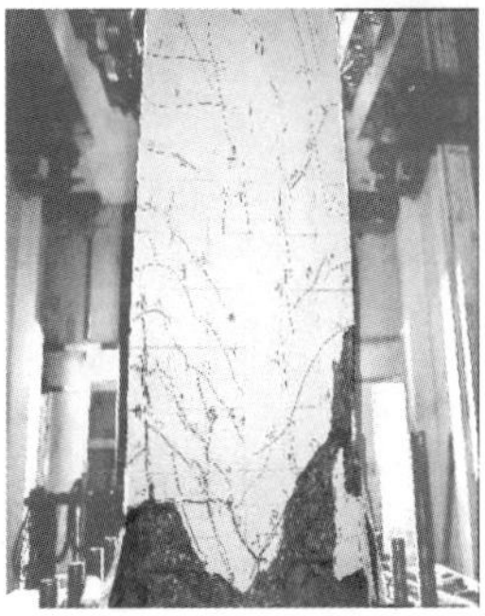

（e）SRRC5

图 15-52　型钢混凝土柱最终破坏形态

试验表明：①各试件破坏过程相似，均发生弯剪破坏；②最终破坏时，各试件柱脚混凝土均有不同程度的压碎剥落，柱底箍筋外露；③轴压比较高的试件最终破坏程度较严重，混凝土剥落的面积较大；④随再生粗骨料取代率增大，试件产生的裂缝增多。

3. 滞回特性

实测各型钢混凝土试件的水平荷载-水平位移（*F-U*）滞回曲线及骨架曲线分别如图 15-53、图 15-54 所示。

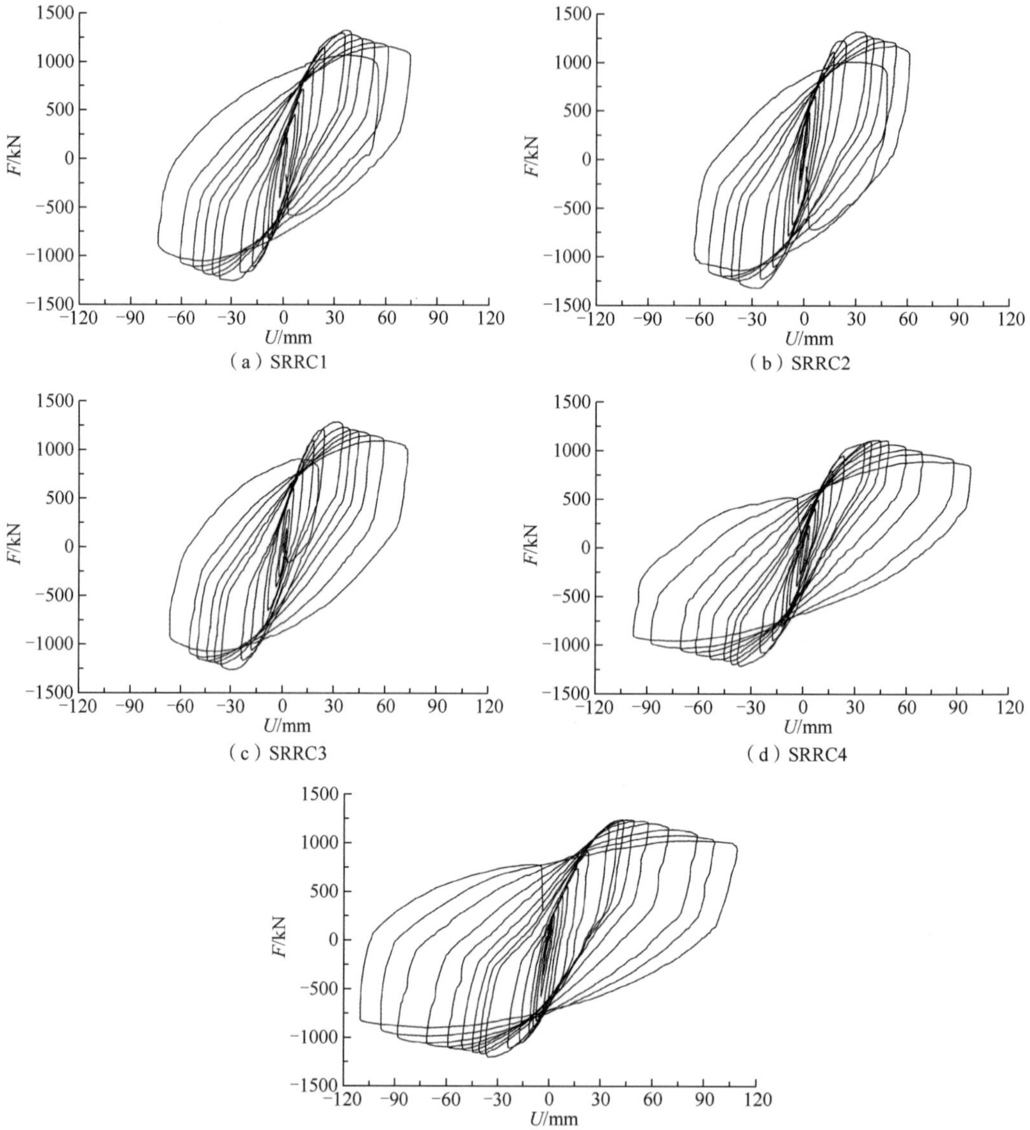

图 15-53　各型钢混凝土柱试件 *F-U* 滞回曲线

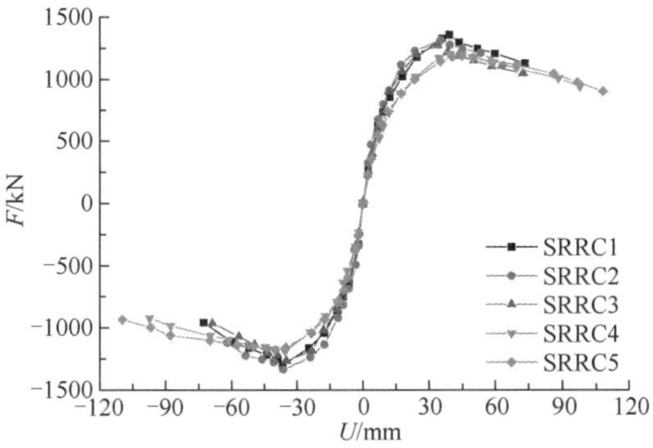

图 15-54　各型钢混凝土柱试件 F-U 骨架曲线

由图 15-53 和图 15-54 可见：①各试件的滞回曲线和骨架曲线形状相似，滞回曲线均较饱满；②骨架曲线大致分为弹性阶段、弹塑性阶段、负刚度阶段；③再生粗骨料取代率对试件滞回性能影响较小；④试件的承载力及刚度随轴压比的增大有所提高，但延性下降。

4. 特征荷载

实测各型钢混凝土柱试件正、负两向水平荷载特征值均值，即开裂荷载 F_{cr} 、屈服荷载 F_y、峰值荷载 F_p、极限荷载 F_u 见表 15-41。

表 15-41　各试件水平荷载特征值的实测值

试件编号	F_{cr}/kN	F_y/kN	F_p/kN	F_u/kN
SRRC1	758.7	1111.4	1351.3	1140.4
SRRC2	736.9	1133.8	1327.9	1116.8
SRRC3	726.4	1078.0	1271.7	1077.9
SRRC4	534.3	984.9	1187.9	1004.3
SRRC5	529.4	987.1	1182.0	1005.1

由表 15-41 可见：①型钢混凝土柱试件的再生粗骨料取代率对试件承载力影响较小；②较高轴压比的型钢混凝土柱试件的承载力较高，试件 SRRC2 比试件 SRRC4 峰值荷载高 11.8%，试件 SRRC3 比试件 SRRC5 峰值荷载高 7.6%。

5. 刚度及退化

实测各型钢混凝土柱试件的抗侧刚度-水平位移（K-U）曲线对比如图 15-55 所示。实测各型钢混凝土柱试件刚度特征值，即初始刚度 K_0、屈服刚度 K_y、峰值刚度 K_p、极限刚度 K_u 值见表 15-42。表 15-42 中，$\beta_{y0}=K_y/K_0$，$\beta_{uy}=K_u/K_y$。

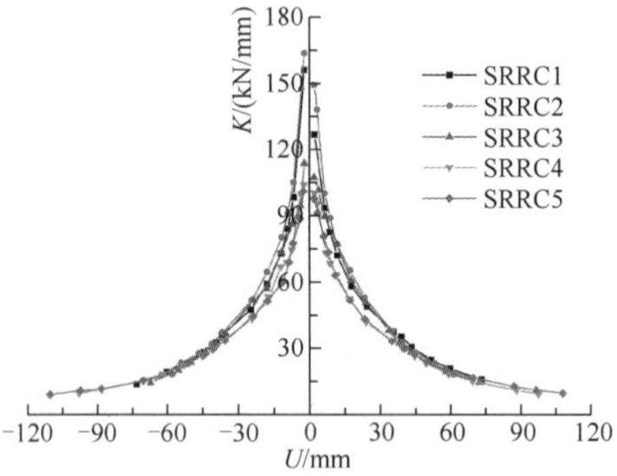

图 15-55 各试件 *K-U* 曲线

表 15-42 各试件刚度特征值

试件编号	K_0/(kN/mm)	K_y/(kN/mm)	K_p/(kN/mm)	K_u/(kN/mm)	β_{y0}	β_{uy}
SRRC1	150.45	51.98	34.63	17.24	0.345	0.332
SRRC2	150.42	62.95	37.07	17.83	0.418	0.283
SRRC3	137.55	65.29	36.80	17.50	0.475	0.268
SRRC4	101.31	43.95	31.69	11.70	0.434	0.266
SRRC5	98.47	45.49	27.92	10.73	0.461	0.236

由图 15-55 和表 15-42 可见：①各试件的刚度退化规律接近；②较高轴压比试件的刚度较大，但其刚度退化也相对快；③再生粗骨料取代率对试件的刚度影响不明显。

6. 延性

实测各型钢混凝土柱试件正、负两向水平位移特征值均值，即屈服位移 U_y、峰值位移 U_p、极限位移 U_u、极限位移角θ_u、位移延性系数$\mu=U_u/U_y$ 见表 15-43。

表 15-43 实测各试件水平位移特征值及延性系数

试件编号	U_y/mm	U_p/mm	U_u/mm	θ_u	μ
SRRC1	21.38	39.03	66.16	1/26	3.10
SRRC2	18.01	35.82	62.64	1/28	3.48
SRRC3	16.51	34.55	61.60	1/29	3.78
SRRC4	22.42	37.49	85.84	1/20	3.83
SRRC5	21.71	42.34	93.69	1/19	4.31

由表 15-43 可知：①各型钢混凝土柱试件的延性系数均大于 3，极限位移角均满足国家标准《建筑抗震设计规范（2016 年版）》（GB 50011—2010）规定的框架结构的弹塑性层间位移角限值要求；②再生粗骨料取代率对试件的延性影响不明显；③轴压比较大的试件延性较低。

7. 耗能能力

实测各型钢混凝土柱试件达到极限荷载及之前的滞回环围成的面积之和即累积耗能值 E，各试件的累积耗能值-水平位移（E-U）关系曲线如图 15-56 所示。

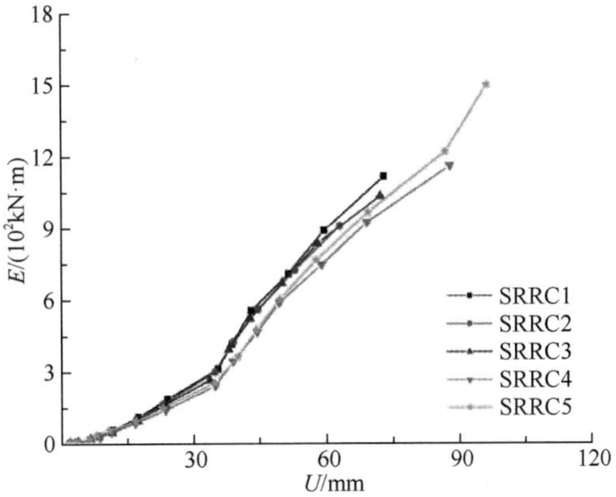

图 15-56　各型钢混凝土柱试件的 E-U 关系曲线

由图 15-56 可见：①相同位移条件下，较高轴压比试件累积耗能较大；②较小轴压比试件的延性较好，总的累积耗能较大。

15.6.2　足尺钢管再生混凝土柱抗震性能

1. 试验概况

本节设计制作了 7 个足尺圆钢管混凝土柱试件，研究变量包括再生粗骨料取代率ρ_c、剪跨比λ及轴压比 n，设计参数见表 15-44，圆钢管再生混凝土柱几何尺寸及设计图如图 15-57 所示。

表 15-44　圆钢管混凝土柱试件设计参数

试件编号	ρ_c/%	λ	L/mm	n	N/kN
RCFST1	0	2	762	0.8	7600
RCFST2	50	2	762	0.8	7800
RCFST3	100	2	762	0.8	7400
RCFST4	0	3	1270	0.8	7600
RCFST5	50	3	1270	0.8	7800
RCFST6	100	3	1270	0.8	7400
RCFST7	100	3	1270	0.5	4600

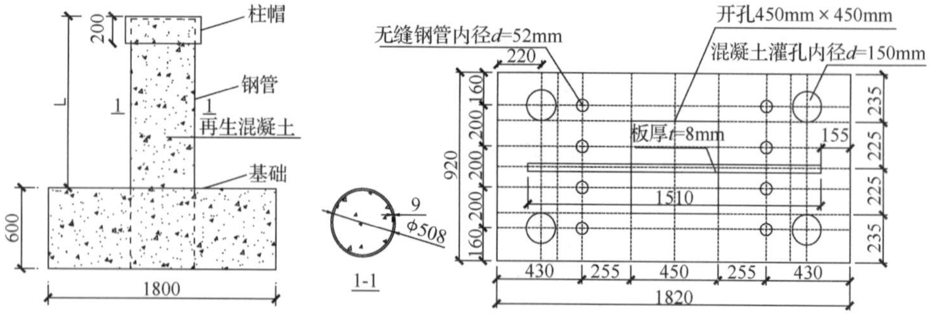

（a）试件立面图　（b）基础平面图

图 15-57　圆钢管再生混凝土柱试件几何尺寸及设计图（单位：mm）

实测混凝土力学性能见表 15-45，实测钢材力学性能见表 15-46。

表 15-45　实测混凝土力学性能

混凝土设计强度等级	再生粗骨料取代率ρ_c/%	立方体抗压强度f_{cu}/MPa
C60	0	63.75
	50	66.56
	100	60.76

表 15-46　实测钢材力学性能

钢材等级	屈服强度f_y/MPa	极限强度f_u/MPa	弹性模量E_s/(10^5MPa)
Q345	405	459	2.07

采用 4000t 竖向加载能力的大型试验装置进行试件的低周反复荷载试验，试验加载示意及加载现场如图 15-58 所示。

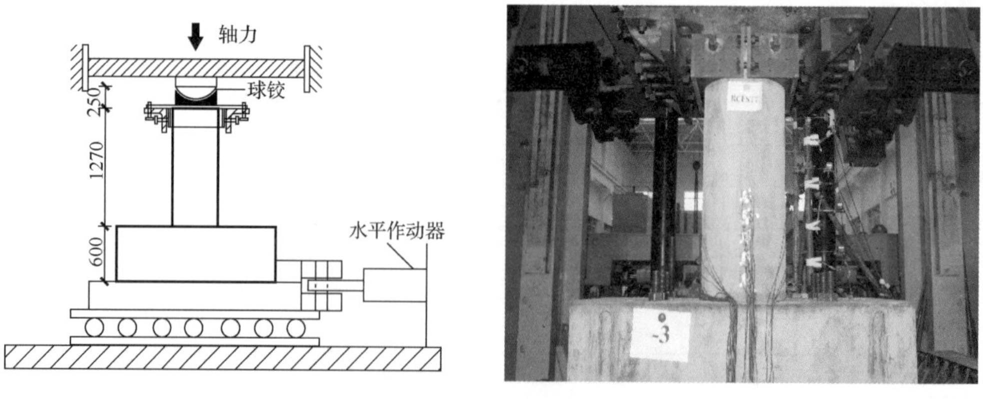

（a）试验加载示意　（b）4000t试验装置及加载现场

图 15-58　试验加载示意及加载现场

2. 破坏特征

试验表明，圆钢管混凝土柱的破坏主要发生在底部区域。实测各圆钢管混凝土柱的底部区域最终破坏形态如图 15-59 所示。

（a）RCFST1

（b）RCFST2

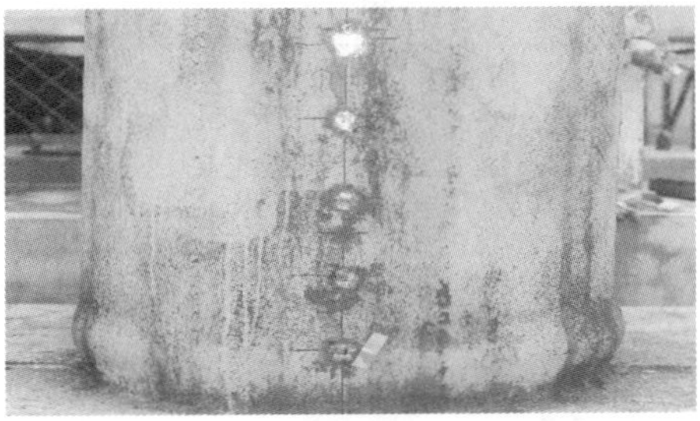

（c）RCFST3

（d）RCFST4

（e）RCFST5

（f）RCFST6

（g）RCFST7

图 15-59　圆钢管混凝土柱底部区域破坏形态

试验表明：①不同再生粗骨料取代率的圆钢管混凝土柱破坏形态接近；②剪跨比小

的圆钢管混凝土柱试件钢管鼓曲相对早，而剪跨比大的试件直至试验结束仅在钢管底部形成一圈环状鼓曲；③轴压比较小的圆钢管混凝土柱试件破坏过程明显缓慢，且直至试验结束钢管鼓曲的程度仍明显较轻。

3. 荷载-位移曲线

实测各圆钢管混凝土柱试件的 *F*-*U* 滞回曲线及骨架曲线分别如图 15-60 和图 15-61 所示。

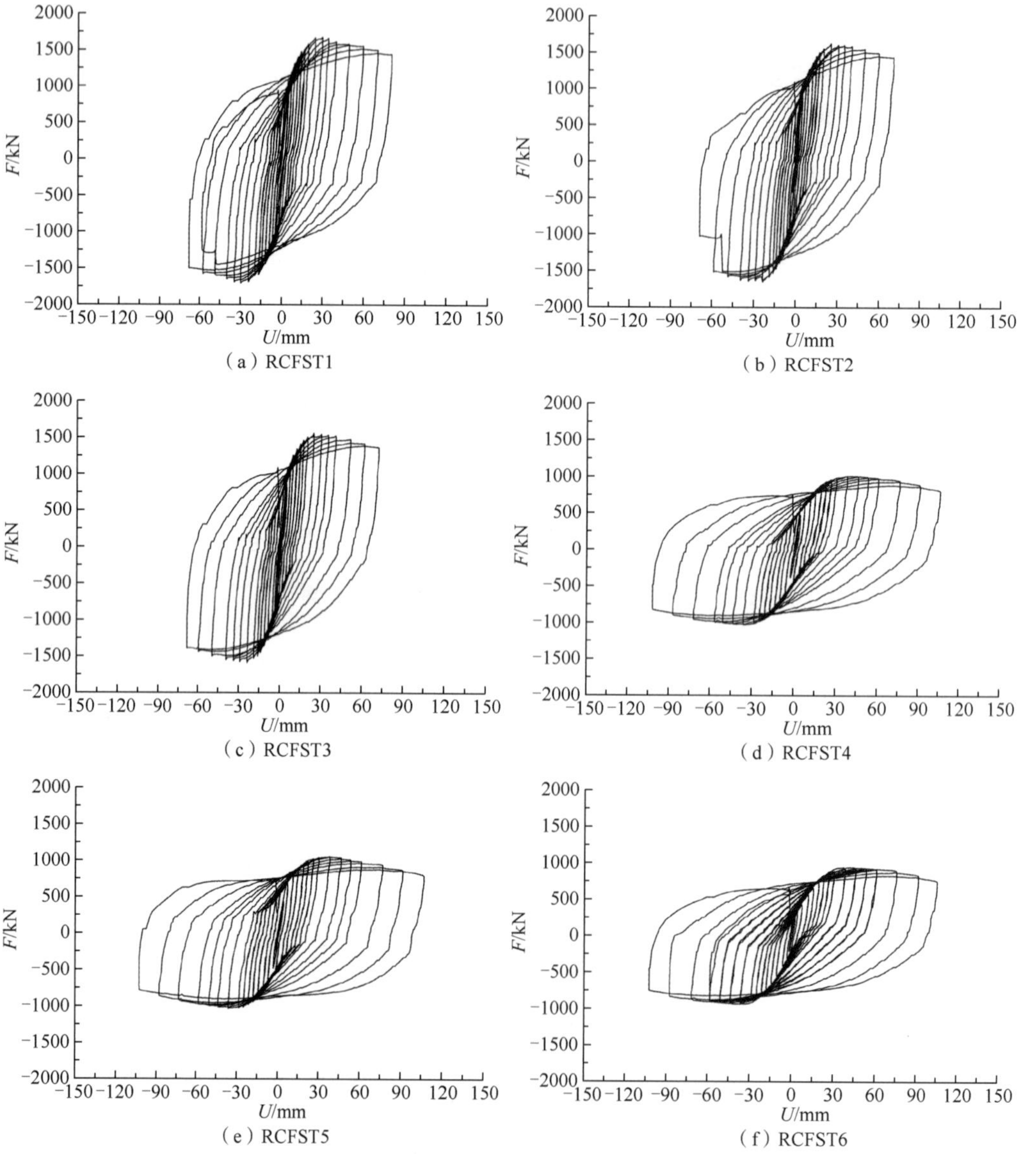

图 15-60 各圆钢管混凝土柱试件 *F*-*U* 滞回曲线

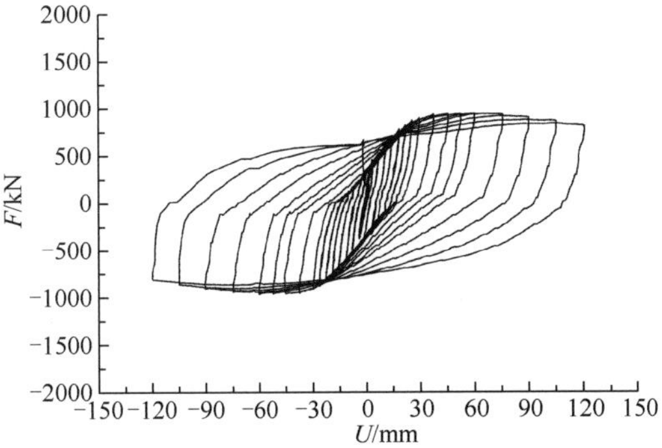

（g）RCFST7

图 15-60（续）

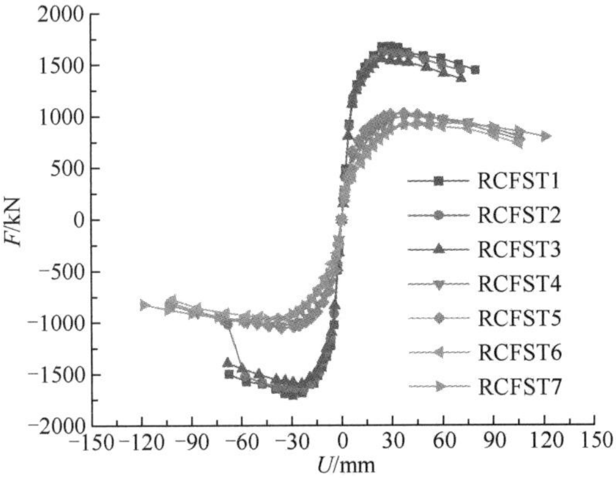

图 15-61 各圆钢管混凝土柱试件 *F-U* 骨架曲线

由图 15-60、图 15-61 可见：①圆钢管混凝土柱的再生粗骨料取代率对试件的滞回性能影响不明显；②剪跨比对圆钢管混凝土柱试件的滞回性能有明显影响，较大剪跨比试件的初始刚度较小，承载力显著减小，但滞回环饱满，耗能能力较强；③轴压比较小的试件滞回曲线饱满，延性较好。

4. 刚度及退化

实测各圆钢管混凝土柱试件的 *K-U* 曲线对比如图 15-62 所示。由图 15-62 可见：①各试件刚度退化可分为速降阶段、次速降阶段、缓降阶段；②相同剪跨比和轴压比下，粗骨料取代率对试件的刚度退化影响不明显；③剪跨比较大的试件初始刚度较小，刚度速降阶段的刚度退化速度较快，次速降阶段、缓降阶段刚度的退化速度则较慢；④轴压比较大的试件刚度退化略快。

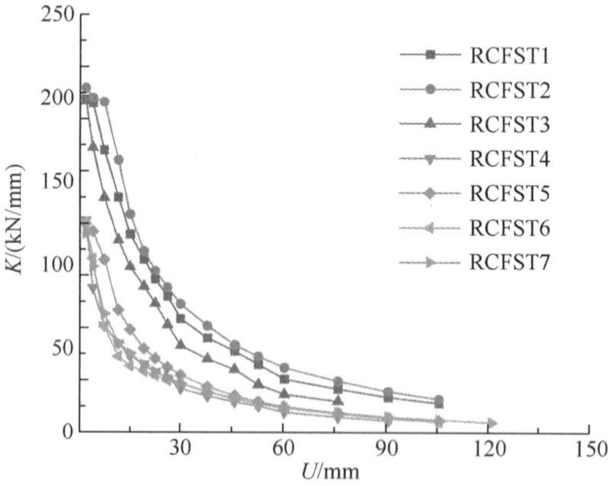

图 15-62　各试件 *K-U* 曲线对比

5. 特征荷载

实测各圆钢管混凝土柱试件正、负两向水平荷载特征值均值，即屈服荷载 F_y、峰值荷载 F_p、极限荷载 F_u 见表 15-47。

表 15-47　各圆钢管再生混凝土柱特征荷载实测值

试件编号	F_y/kN	F_p/kN	F_u/kN
RCFST1	1436.29	1687.96	1519.16
RCFST2	1392.53	1637.00	1473.30
RCFST3	1342.08	1575.98	1418.38
RCFST4	843.48	1016.34	914.70
RCFST5	879.39	1041.92	937.73
RCFST6	788.69	937.51	843.76
RCFST7	792.14	953.02	857.72

由表 15-47 可见：①相同剪跨比圆钢管混凝土柱的再生粗骨料取代率对试件的承载力影响不明显；②剪跨比较小的圆钢管混凝土柱试件的承载力明显提高。

6. 延性

实测各圆钢管混凝土柱试件的屈服位移 U_y、峰值位移 U_p、极限位移 U_u、位移延性系数 $\mu=U_u/U_y$ 见表 15-48。

表 15-48　各圆钢管再生混凝土柱特征位移实测值

试件编号	U_y/mm	U_p/mm	U_u/mm	μ
RCFST1	12.50	29.58	65.76	5.26
RCFST2	12.40	24.26	63.03	5.08
RCFST3	11.74	24.15	62.27	5.30

续表

试件编号	U_y/mm	U_p/mm	U_u/mm	μ
RCFST4	16.19	37.09	83.29	5.14
RCFST5	14.51	36.83	72.57	5.00
RCFST6	21.33	41.65	85.67	4.03
RCFST7	20.23	59.95	106.25	5.26

由表 15-48 可见：①各圆钢管混凝土柱试件的延性系数均大于 4.0，试件延性较好；②再生粗骨料取代率对试件的延性影响不明显；③轴压比较小的试件延性较好。

7. 耗能

实测各圆钢管混凝土柱试件达到极限荷载及之前的滞回环围成的面积之和即累积耗能值 E，各试件的 E-U 关系曲线如图 15-63 所示。

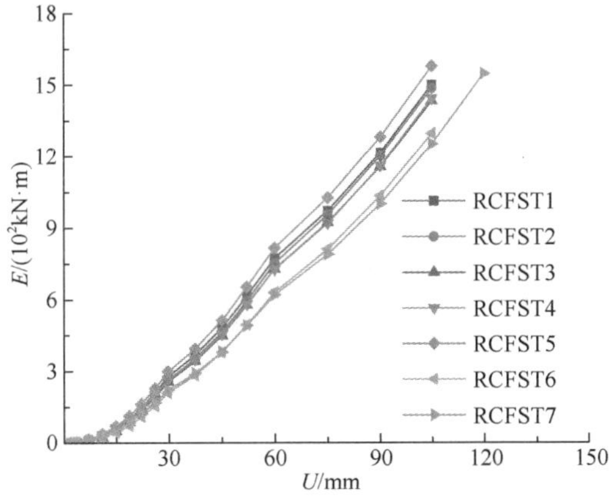

图 15-63 各圆钢管混凝土柱试件的 E-U 关系曲线

由图 15-63 可见：①再生粗骨料取代率对圆钢管混凝土柱试件的累积耗能影响不明显；②相同位移下，剪跨比较小的试件累计耗能较大；③轴压比较小的试件总累计耗能较大。

15.7 本 章 小 结

本章进行了钢-再生混凝土组合梁正截面受弯、斜截面受剪及徐变性能试验，钢-压型钢板再生混凝土板组合梁受弯性能试验，钢管再生混凝土柱轴压及偏压性能试验，以及钢-再生混凝土组合柱抗震性能试验。试验研究了各试件的破坏形态、承载力、刚度、变形等，分析了不同设计参数对钢-再生混凝土组合构件受力性能的影响。研究表明：

（1）钢-再生混凝土组合梁与钢-普通混凝土组合梁正截面受弯及斜截面受剪破坏过程基本一致，承载力计算时需要考虑再生粗骨料取代率的影响。

（2）钢-再生混凝土组合梁与钢-普通混凝土组合梁的徐变发展规律接近。

（3）钢-压型钢板再生混凝土板组合梁与钢-压型钢板普通混凝土板组合梁破坏过程基本一致，合理增加栓钉数量可有效提高钢-压型钢板混凝土板组合梁的受弯性能。

（4）圆钢管再生混凝土柱与钢管普通混凝土柱的轴压、偏压性能接近；圆钢管混凝土柱的压弯性能好于方钢管混凝土柱；方钢管内设置钢筋笼后其压弯性能明显提高。

（5）低周反复荷载作用下，型钢再生混凝土柱与型钢普通混凝土柱的破坏形态接近，轴压比较大的型钢混凝土柱的承载力及刚度相对大，但延性下降；相同轴压比下，型钢混凝土柱试件的再生粗骨料取代率对试件的承载力、刚度、滞回性能、延性、累积耗能影响不明显。

（6）低周反复荷载作用下，圆钢管再生混凝土柱与圆钢管普通混凝土柱的破坏形态接近；轴压比较大的圆钢管混凝土柱的承载能力及刚度相对大，但延性下降；剪跨比较大的圆钢管混凝土柱承载力小，但延性好；相同剪跨比及轴压比下，圆钢管混凝土柱试件的再生粗骨料取代率对试件的承载力、刚度、滞回性能、延性、累积耗能影响不明显。

第 16 章　再生混凝土结构设计

本书作者曹万林作为第一起草人，研究编制了国家行业标准《再生混凝土结构技术标准》（JGJ/T 443—2018）[127]。本章对《再生混凝土结构技术标准》（JGJ/T 443—2018）的部分规定进行简要介绍。

16.1　基 本 要 求

16.1.1　适用规则

再生混凝土房屋的再生混凝土强度等级不应低于 C15，且不宜高于 C50。根据掺用再生粗骨料类别的不同，再生混凝土的应用尚应满足：掺用Ⅰ类再生粗骨料的混凝土可用于预应力混凝土结构构件；掺用Ⅱ类、Ⅲ类再生粗骨料的混凝土可用于跨度不大于 6m 的有黏结预应力混凝土楼板、屋面板和梁。

再生混凝土房屋的再生混凝土，采用Ⅱ类、Ⅲ类再生粗骨料时，取代率宜为 30%～100%；采用Ⅰ类再生粗骨料时，取代率宜为 50%～100%。

再生混凝土房屋的再生混凝土，采用Ⅱ类、Ⅲ类再生粗骨料时，再生粗骨料取代率宜符合下列要求：

（1）多层及高层再生混凝土房屋宜为 30%～50%。

（2）低层再生混凝土房屋宜为 50%～100%。

再生混凝土房屋，同一楼层混凝土构件应符合：

（1）各楼层可全部采用再生混凝土构件，也可下部楼层采用普通混凝土构件。

（2）同一楼层中同类构件应采用同类混凝土。

（3）同一楼层中同类再生混凝土构件，应采用同类再生粗骨料和相同配合比的再生混凝土。

钢筋混凝土结构的再生混凝土强度等级不应低于 C25；采用强度等级 400MPa 及以上的钢筋时，再生混凝土强度等级不应低于 C30；预应力再生混凝土结构的混凝土强度等级不宜低于 C40，且不应低于 C35。

16.1.2　构造要求

1. *保护层*

再生混凝土构件，根据掺用再生粗骨料类别的不同，其保护层厚度应满足如下要求。

（1）仅掺用Ⅰ类再生粗骨料的再生混凝土构件中，普通钢筋及预应力筋的混凝土保护层厚度与相应普通混凝土构件一致。

（2）掺用Ⅱ类、Ⅲ类再生粗骨料的再生混凝土构件中，普通钢筋及预应力筋的混凝土保护层厚度应符合：①构件中受力钢筋的保护层厚度不应小于钢筋的公称直径；②设计使用年限为 50 年的再生混凝土结构，最外层钢筋的保护层厚度应符合《再生混凝土结构技术标准》（JGJ/T 443—2018）[127]的要求。

2. 伸缩缝

根据掺用再生粗骨料类别的不同，钢筋再生混凝土结构伸缩缝应符合下列要求。

（1）仅掺用Ⅰ类再生粗骨料的钢筋再生混凝土结构伸缩缝的最大间距，可与普通钢筋混凝土结构相同。

（2）掺用Ⅱ类、Ⅲ类再生粗骨料的钢筋再生混凝土结构伸缩缝的最大间距，当再生粗骨料取代率不大于 50%时，可与普通混凝土结构一致，当再生粗骨料取代率大于 50%时，伸缩缝的最大间距宜比普通混凝土结构适当减小。

（3）当设置伸缩缝时，再生混凝土框架、排架结构的双柱基础可不断开。

16.1.3 设计规则

仅掺用Ⅰ类再生粗骨料的钢筋再生混凝土结构构件的设计应与普通钢筋混凝土结构一致。

掺用Ⅱ类、Ⅲ类再生粗骨料的钢筋再生混凝土构件受拉钢筋的锚固和连接要求，考虑再生混凝土强度折减系数 α_σ 后可与普通钢筋混凝土构件相同。

掺用Ⅱ类、Ⅲ类再生粗骨料的再生混凝土结构构件中纵向受力钢筋的最小配筋率，可与普通混凝土结构构件相同。

掺用Ⅱ类、Ⅲ类再生粗骨料的再生混凝土板、梁、柱、节点、牛腿、墙、叠合构件、预埋件及连接件的设计，考虑再生混凝土强度折减系数 α_σ[127]后可与普通钢筋混凝土构件相同。

有黏结预应力再生混凝土楼板、屋面板和梁的设计，考虑再生混凝土强度折减系数 α_σ 后可与普通有黏结预应力混凝土楼板、屋面板和梁相同。

装配式再生混凝土结构中，掺用Ⅱ类、Ⅲ类再生粗骨料的各类预制构件及连接构造的设计，应按从生产、施工到使用过程中可能产生的不利工况进行验算，考虑再生混凝土强度折减系数 α_σ[127]后可与装配式普通混凝土结构相同。

16.2 材　　料

16.2.1 配合比

再生混凝土制备时，骨料、水泥以及掺和料等原材料应符合《再生骨料应用技术规程》（JGJ/T 240—2011）[151]、《普通混凝土用砂、石质量及检验方法标准》（JGJ 52—2006）[152]、《通用硅酸盐水泥》（GB 175—2007）[153]、《用于水泥和混凝土中的粉煤灰》（GB/T 1596—2007）[154]以及《混凝土外加剂》（GB/T 8076—2008）[155]等相关规范的有关规定。

进行再生混凝土配合比设计时，在满足《普通混凝土配合比设计规程》（JGJ 55—2011）[118]相关规定前提下，尚应符合下列要求。

（1）再生混凝土应采用质量法进行配合比计算。

（2）总用水量应为净用水量和附加用水量之和。

（3）净用水量宜根据坍落度和粗骨料最大粒径按现行行业标准《普通混凝土配合比设计规程》（JGJ 55—2011）确定，附加用水量应采用再生粗骨料饱和面干吸水量。

（4）按《普通混凝土配合比设计规程》（JGJ 55—2011）计算再生混凝土强度时，水胶比取总水胶比。

16.2.2　力学性能

1. 强度

与普通混凝土相同，再生混凝土强度等级应按其立方体抗压强度标准值确定。为了考虑粗骨料掺用类别的影响，再生混凝土强度轴心抗压强度标准值 f_{ck}、轴心抗拉强度标准值 f_{tk}、轴心抗压强度设计值 f_c 以及轴心抗拉强度设计值 f_t 的选取应满足：仅掺用 I 类再生粗骨料时，按现行国家标准《混凝土结构设计规范（2015 年版）》（GB 50010—2010）取值；掺用 II、III类再生粗骨料时，按现行国家标准《混凝土结构设计规范（2015 年版）》（GB 50010—2010）取值并乘以再生混凝土强度折减系数 α_σ。

再生混凝土强度折减系数 α_σ 的选取满足如下要求。

（1）再生粗骨料取代率为 30%时，α_σ 取 95%。

（2）再生粗骨料取代率为 100%时，α_σ 取 0.85。

（3）再生粗骨料取代率介于 30%和 100%之间时，α_σ 可按线性内插法取用。

2. 弹性模量

仅掺用 I 类再生粗骨料的再生混凝土，其弹性模 E_c 可按现行国家标准《混凝土结构设计规范（2015 年版）》（GB 50010—2010）采用。掺用II类、III类再生粗骨料的再生混凝土弹性模量 E_c 宜通过试验确定；缺乏试验资料时，再生粗骨料取代率为 30%、100%的再生混凝土弹性模量可按表 16-1 采用；当再生粗骨料取代率介于 30%和 100%之间时，再生混凝土弹性模量可采用线性内插法确定。

表 16-1　再生混凝土的弹性模量

强度等级	弹性模量/(10^4N/m^2)		强度等级	弹性模量/(10^4N/m^2)	
	再生粗骨取代率为 30%	再生粗骨取代率为 100%		再生粗骨取代率为 30%	再生粗骨取代率为 100%
C15	1.98	1.76	C35	2.84	2.52
C20	2.30	2.04	C40	2.93	2.60
C25	2.52	2.24	C45	3.02	2.68
C30	2.70	2.40	C50	3.11	2.76

3. 剪切模量

再生混凝土的剪切变形模量 G_c 可按对应弹性模量值的 40%采用，再生混凝土泊松比 υ_c 可按 0.2 采用。

16.2.3 耐久性

再生混凝土结构应根据设计使用年限和环境类别进行耐久性设计，在满足《混凝土结构设计规范（2015 年版）》（GB 50010—2010）相关规定的同时，对于掺用Ⅱ类、Ⅲ类再生粗骨料的再生混凝土房屋结构尚应满足表 16-2 及以下要求。

（1）设计使用年限不应超过 50 年。

（2）多层和高层再生混凝土房屋结构宜在一类、二类环境中应用，不宜在三类环境中应用，不得在四类、五类环境中应用。

（3）低层再生混凝土房屋结构宜在一类、二类环境中应用，可在三类环境中应用，不得在四类、五类环境中应用。

表 16-2 结构用再生混凝土耐久性基本要求

环境等级		最大水胶比	最低强度等级	最大氯离子含量/%	最大碱含量/(kg/m^3)
一		0.60	C25	0.30	不限制
二	a	0.55	C30	0.20	3.0
	b	0.50(0.55)	C35(30)	0.15	
三	a	0.45(0.50)	C40(C35)	0.15	
	b	0.40	C45	0.10	

注：①离子含量系指其占硅胶材料总量的百分比；②应力构件再生混凝土中的最大氯离子含量为 0.05%，其最低再生混凝土强度等级宜按表中的要求提高一个等级；③再生混凝土构件的水胶比及最低强度等级的要求可适当放松；④于严寒和寒冷地区二 b、三 a 类环境中的再生混凝土应使用引气剂，并可采用括号中的有关参数；⑤使用非碱活性骨料时，对再生混凝土中的碱含量可不作要求。

16.3 再生混凝土结构极限状态验算

16.3.1 承载力极限状态

对仅掺用Ⅰ类再生粗骨料的再生混凝土构件，承载能力极限状态与普通混凝土结构一致。

对于掺用Ⅱ、Ⅲ类再生粗骨料的再生混凝土尚应满足下列要求。

1）应力

应根据设计状况和构件性能设计目标确定再生混凝土和钢筋的强度设计值；同时，钢筋应力不应大于钢筋的强度取值，再生混凝土应力不应大于再生混凝土强度取值乘以折减系数 α_σ。

2）本构关系

单轴应力-应变本构关系宜通过试验确定；缺乏试验资料时，按本章相关内容确定再生混凝土的强度和弹性模量后，再生混凝土单轴应力-应变本构关系可按现行国家标准《混凝土结构设计规范（2015 年版）》（GB 50010—2010）有关规定确定。

3）构件设计

结构构件正截面承载力、斜截面承载力、扭曲截面承载力、受冲切承载力、局部受压承载力的计算，考虑再生混凝土强度折减系数 α_σ 后可与普通混凝土结构构件相同。

有黏结预应力再生混凝土楼板、屋面板和梁的设计，除应根据设计状况进行承载力计算外，尚应对施工阶段进行验算；按本章节相关内容确定再生混凝土的强度和弹性模量后，其承载力计算和施工阶段验算可与普通有黏结预应力混凝土楼板、屋面板和梁相同。

16.3.2　正常使用极限状态

对仅掺用Ⅰ类再生粗骨料的再生混凝土构件，正常使用极限状态与普通混凝土结构一致。

对于掺用Ⅱ、Ⅲ类再生粗骨料的再生混凝土构件，正常使用极限状态验算中应考虑再生混凝土强度折减系数 α_σ 和荷载长期作用下再生混凝土构件裂缝、变形附加增大系数 α_θ，尚应满足下列要求。

1）裂缝、变形附加增大系数 α_θ

荷载长期作用下再生混凝土构件裂缝、变形附加增大系数 α_θ 可按下列要求取用：再生粗骨料取代率为 30%时，α_θ 可取 1.03；再生粗骨料取代率为 100%时，α_θ 可取 1.10；再生粗骨料取代率介于 30%和 100%之间时，α_θ 可按线性内插法取用。

2）裂缝控制

钢筋混凝土和预应力混凝土构件按裂缝控制等级进行受拉边缘应力或正截面裂缝宽度验算，裂缝控制等级和最大裂缝限值应与普通混凝土构件和普通预应力混凝土构件一致，并应符合下列要求。

（1）一级、二级裂缝控制等级时，裂缝控制验算应考虑再生混凝土强度折减系数 α_σ。

（2）三级裂缝控制等级时，裂缝控制验算应考虑再生混凝土强度折减系数 α_σ，裂缝计算结果尚应乘以荷载长期作用下再生混凝土构件裂缝附加增大系数 α_θ。

（3）钢筋再生混凝土受拉、受弯和偏心受压构件及有黏结预应力再生混凝土楼板、屋面板和梁，按荷载标准组合或准永久组合并考虑荷载长期作用影响的最大裂缝宽度。考虑再生混凝土强度折减系数 α_σ 后，可按现行国家标准《混凝土结构设计规范（2015 年版）》（GB 50010—2010）有关规定计算，且裂缝宽度计算结果尚应乘以荷载长期作用下再生混凝土构件裂缝附加增大系数 α_θ。

3）变形控制

钢筋再生混凝土受弯构件和有黏结预应力再生混凝土楼板、屋面板和梁的挠度，可依据最小刚度原则按照结构力学方法计算，且挠度限值应与普通钢筋混凝土和预应力混凝土受弯构件一致。

受弯构件考虑荷载长期作用影响的刚度，可按现行国家标准《混凝土结构设计规范（2015 年版）》（GB 50010—2010）相关规定计算，并应按本章确定再生混凝土弹性模量，包含初始挠度和荷载长期作用徐变挠度在内的总挠度计算结果尚应乘以荷载长期作用下再生混凝土构件变形附加增大系数 α_θ。

16.4 多层和高层再生混凝土房屋设计

16.4.1 一般要求

1. 适用高度

（1）仅掺用Ⅰ类再生粗骨料的现浇多层和高层再生混凝土房屋，适用的结构类型和最大高度应与现浇多层和高层普通混凝土房屋一致。

（2）掺用Ⅱ类、Ⅲ类再生粗骨料的现浇多层和高层再生混凝土房屋（不包括大跨度框架结构、部分框支剪力墙结构、筒中筒结构、板柱-剪力墙结构），其适用的结构类型和最大高度应符合表 16-3 的要求；当再生粗骨料取代率介于 30%和 50%之间时，适用的最大高度可按线性内插法采用。

表 16-3 适用结构类型及最大高度

结构类型	再生粗骨料取代率/%	不同设防烈度的最大高度/m				
		6	7	8（0.2*g*）	8（0.3*g*）	9
框架结构	30	45	40	35	30	21
	50	40	35	30	25	15
框架-剪力墙结构	30	90	85	70	60	35
	50	70	65	55	45	25
剪力墙结构	30	100	85	70	60	45
	50	80	70	60	50	35
框架-核心筒结构	30	110	90	75	65	50
	50	90	75	65	55	40

注：①房屋高度指室外地面到主要屋面板板顶的高度不包括局部突出屋顶部分；②表中框架包括层数不超过六层、高度不大于 18m 的异形柱框架，不包括其他异形柱框架；③超过表内高度的房屋，应进行专门研究和论证，采取有效的加强措施。

2. 抗震设计

掺用Ⅱ类、Ⅲ类再生粗骨料的丙类建筑现浇多层和高层再生混凝土房屋（不包括大跨度框架结构、部分框支剪力墙结构、筒中筒结构、板柱-剪力墙结构）的抗震等级应按表 16-4 采用；进行截面抗震验算时，其承载力抗震调整系数 γ_{RE} 取值可与普通混凝土构件相同。

表 16-4　丙类建筑现浇多层和高层再生混凝土房屋的抗震等级

结构类型		设防烈度									
		6		7			8			9	
框架结构	高度/m	≤15	>15	≤15		>15	≤15		>15	≤15	
	框架	四	三	三		二	二		一	一	
框架-剪力墙结构	高度/m	≤40	>40	≤15	15～40	>40	≤15	15～40	>40	≤15	15～36
	框架	四	三	四	三	二	三	二	一	二	一
	剪力墙	三		三	二		二	一		一	
剪力墙结构	高度/m	≤50	>50	≤15	15～50	>50	≤15	15～50	>50	≤15	15～40
	剪力墙	四	三	四	三	二	三	二	一	二	一
框架-核心筒结构	框架	三		二			一			一	
	核心筒	二		二			一			一	

注：接近或等于高度分界时，应允许结合房屋不规则程度及场地、地基条件确定抗震等级。

16.4.2　构造措施

仅掺用Ⅰ类再生粗骨料的多层和高层再生混凝土结构构件的构造措施，应与普通混凝土多层和高层结构构件一致。

对于掺用Ⅱ类、Ⅲ类再生粗骨料的多层和高层再生混凝土结构应符合下列要求。

1）混凝土强度等级

一级抗震等级的框架梁、柱及节点，不应低于 C35；其他各类结构构件，不应低于 C30。

2）截面尺寸

再生混凝土框架柱，其截面尺寸宜符合：矩形截面柱的边长，抗震等级为四级时不宜小于 350mm，抗震等级一、二、三级时不宜小于 450mm；矩形截面柱长边与短边的比值不宜大于 3；圆形截面柱的直径，抗震等级为四级时不宜小于 400mm，抗震等级一、二、三级时不宜小于 500mm；剪跨比宜大于 2。

3）柱轴压比

再生混凝土柱轴压比限值应符合表 16-5 的要求；当再生粗骨料取代率介于 30%和 50%之间时，柱轴压比限值可按线性内插法采用；对于建造于Ⅳ类场地的高层建筑以及异形柱框架结构建筑，柱轴压比限值宜降低 0.05 采用。

表 16-5　多层和高层再生混凝土结构再生混凝土柱轴压比限值

结构类型	再生粗骨料取代率/%	抗震等级			
		一	二	三	四
框架结构	30	0.60	0.70	0.80	0.85
	50	0.55	0.65	0.75	0.80

续表

结构类型	再生粗骨料取代率/%	抗震等级			
		一	二	三	四
框架-剪力墙结构	30	0.70	0.80	0.85	0.90
框架-核心筒结构	50	0.65	0.75	0.80	0.85

注：①轴压比指柱组合的轴压力设计值与柱的全截面面积和混凝土轴心抗压强度设计值乘积之比，计算时混凝土轴心抗压强度设计值应乘以强度折减系数α_σ；②有关柱轴压比限值的其他要求，应符合现行国家标准《建筑抗震设计规范（2015 年版）》（GB 50011—2010）的有关规定。

4）墙肢轴压比

多层和高层建筑再生混凝土剪力墙在重力荷载代表值作用下墙肢的轴压比不宜超过表 16-6 的限值；当再生粗骨料取代率介于 30%和 50%之间时，墙肢的轴压比限值可按线性内插法采用。

表 16-6　多层和高层再生混凝土结构再生混凝土剪力墙轴压比限值

再生粗骨料取代率	抗震等级		
	一级（9 度）	一级（7、8 度）	二级、三级
30%	0.35	0.45	0.55
50%	0.30	0.40	0.50

16.5　低层再生混凝土房屋设计

16.5.1　一般要求

低层再生混凝土房屋的层数不应超过 3 层，层高不宜超过 4m，高度不宜超过 10m。

掺用Ⅱ类、Ⅲ类再生粗骨料的低层再生混凝土房屋：采用剪力墙或框架-剪力墙结构时，剪力墙厚度不大于 140mm 时，可采用单排配筋剪力墙；采用异形柱框架结构时，异形柱截面肢厚不宜小于 140mm，截面肢高与肢厚比不宜小于 3。

掺用Ⅱ类、Ⅲ类再生粗骨料的低层再生混凝土房屋应根据设防类别、烈度、结构类型和房屋高度采用不同的抗震等级，并应符合相应的计算和构造规定；丙类建筑低层再生混凝土房屋的抗震等级应按表 16-7 采用。

表 16-7　丙类建筑低层再生混凝土房屋的抗震等级

结构类型		设防烈度						
		6	7		8		9	
框架结构	高度/m	≤10	≤7	>7	≤7	>7	≤7	>7
	框架	四	四	三	三	二	三	二

续表

结构类型		设防烈度						
		6	7		8		9	
框架-剪力墙结构	高度/m	≤10	≤7	>7	≤7	>7	≤7	>7
	框架	四	四	三	三	三	三	二
	剪力墙	四	四	四	四	四	四	三
剪力墙结构	高度/m	≤10	≤7	>7	≤7	>7	≤7	>7
	剪力墙	四	四	四	四	四	四	三

16.5.2　构造措施

（1）低层再生混凝土框架梁截面尺寸宜符合：截面宽度不应小于 140mm；截面高宽比不宜大于 4；净跨与截面高度之比不宜小于 4。

（2）低层再生混凝土框架柱的截面尺寸宜符合：矩形截面柱的边长，层数不超过 2 层时不宜小于 300mm，层数超过 2 层时不宜小于 350mm；矩形截面柱长边与短边的比值不宜大于 3；圆形截面柱的直径，层数不超过 2 层时不宜小于 350mm，层数超过 2 层时不宜小于 400mm；剪跨比宜大于 2。

（3）低层再生混凝土异形柱设计应符合现行行业标准《混凝土异形柱结构技术规程》（JGJ 149—2017）[156]的相关规定。

（4）低层再生混凝土结构剪力墙宜设置端柱或翼墙，且剪力墙厚度应符合：框架-剪力墙结构剪力墙厚度不应小于 140mm 且不宜小于层高的 1/25，无端柱或翼墙时不宜小于层高的 1/20；剪力墙结构剪力墙厚度，外墙不宜小于 140mm 且不宜小于层高的 1/25，无端柱或翼墙时不宜小于层高的 1/20；内墙不宜小于 120mm 且不宜小于层高的 1/30，无端柱或翼墙时不宜小于层高的 1/25。

16.6　装配式低层建筑单排配筋再生混凝土剪力墙设计

低层房屋采用装配式单排配筋再生混凝土剪力墙结构时，上、下层预制剪力墙竖向钢筋的连接，应满足现行行业标准《装配式混凝土结构技术规程》（JGJ 1—2014）[157]的要求，尚应符合下列规定。

（1）宜选用套筒灌浆连接、挤压套筒连接、金属波纹管浆锚搭接连接、构造钢筋约束预留圆孔浆锚搭接连接等连接方式。

（2）宜根据受力和施工工艺等要求选用全部竖向钢筋连接或部分竖向钢筋连接。

（3）采用部分竖向钢筋连接时，竖向连接钢筋可采用剪力墙增大直径的竖向钢筋或设置连接短钢筋，竖向连接钢筋间距不宜大于 600mm。

低层房屋采用装配式单排配筋再生混凝土剪力墙结构时，上、下层预制单排配筋再生混凝土剪力墙的竖向钢筋采用构造钢筋约束预留圆孔浆锚搭接连接时，应满足下列规定。

（1）上层预制剪力墙连接区域应设置构造钢筋约束预留圆孔，预留圆孔直径不应小于 40mm 且不宜大于 50mm，预留圆孔的高度不应小于下层剪力墙竖向受力钢筋灌浆锚固长度加 20mm。

（2）上层预制剪力墙构造钢筋约束预留圆孔高度加 50mm 范围应为构造钢筋约束区；构造钢筋约束区的构造，可采用间距不大于 50mm、直径不小于 6mm 的双排分布钢筋替代单排水平分布钢筋并在预留圆孔两侧 15～25mm 位置用直径不小于 4mm 的箍筋拉结双排水平分布钢筋。

（3）上层预制剪力墙构造钢筋约束区的预留圆孔的顶部至墙体一侧表面应设置弧形或水平灌浆圆孔，灌浆圆孔直径不应小于 20mm 且不宜大于 30mm。

（4）下层预制剪力墙竖向受力钢筋宜插入上层剪力墙构造钢筋约束预留圆孔正中。

（5）下层预制剪力墙竖向受力搭接钢筋宜墩头，墩头的直径不宜小于 1.5 倍钢筋直径，墩头的高度不宜小于钢筋直径的 500%，当下层剪力墙竖向受力搭接钢筋采用带墩头钢筋时可适当减小竖向钢筋灌浆锚固长度。

（6）下层预制剪力墙竖向受力钢筋插入上层剪力墙构造钢筋约束预留圆孔后，预留圆孔应采用灌浆料灌实，灌浆料的抗压强度不应低于再生混凝土抗压强度的 1.5 倍。

低层房屋装配式单排配筋再生混凝土剪力墙的上、下墙体混凝土结合面应处理成粗糙面或做成齿槽，灌浆缝高度宜为 15～20mm。

16.7 本章小结

本章给出了再生混凝土结构的设计原则与方法，包括基本要求、材料、再生混凝土结构极限状态验算、多层和高层再生混凝土房屋设计、低层再生混凝土房屋设计、装配式低层建筑单排配筋再生混凝土剪力墙设计，可供再生混凝土结构设计参考。

参考文献

[1] 肖建庄, 李佳彬, 孙振平, 等. 再生混凝土的抗压强度研究[J]. 同济大学学报(自然科学版), 2004(12): 1558-1561.

[2] Etxeberria M, Vázquez E, Marí A, et al. Influence of amount of recycled coarse aggregates and production process on properties of recycled aggregate concrete[J]. Cement and Concrete Research, 2007, 37(5): 735-742.

[3] Limbachiya M C, Leelawat T, Dhir R K. Use of recycled concrete aggregate in high-strength concrete[J]. Materials and Structures, 2000, 33(9): 574-580.

[4] 肖建庄, 范玉辉, 林壮斌. 再生细骨料混凝土抗压强度试验[J]. 建筑科学与工程学报, 2011, 28(4): 26-29.

[5] 袁继峰, 冷捷, 段文峰, 等. 硅灰对再生混凝土性能影响的试验研究[J]. 吉林建筑大学学报, 2017, 34(1): 31-35.

[6] 陈少军. 矿物掺和料对再生混凝土性能影响研究[J]. 湖南交通科技, 2017, 43(1): 80-83.

[7] Bairagi N K, Ravande K, Pareek V K. Behaviour of concrete with different proportions of natural and recycled aggregates[J]. Resources, Conservation and Recycling, 1993, 9(1): 109-126.

[8] Duan Z H, Poon C S. Properties of recycled aggregate concrete made with recycled aggregates with different amounts of old adhered mortars[J]. Materials & Design, 2014, 58: 19-29.

[9] 肖建庄, 兰阳. 再生混凝土单轴受拉性能试验研究[J]. 建筑材料学报, 2006, 9(2): 154-158.

[10] Pedro D, de Brito J, Evangelista L. Performance of concrete made with aggregates recycled from precasting industry waste: influence of the crushing process [J]. Materials and Structures, 2014, 48(16): 3965-3978.

[11] Correia J R, de Brito J, Pereira A S. Effects on concrete durability of using recycled ceramic aggregates[J]. Materials and Structures, 2006, 39(2): 169-177.

[12] 张波志, 王社良, 张博, 等. 再生混凝土基本力学性能试验研究[J]. 混凝土, 2011(7): 4-6.

[13] 荆慧斌, 赖海珍, 李阳, 等. 掺粉煤灰再生混凝土劈裂抗拉强度研究[J]. 2017, 33(11): 128-132.

[14] Kou S C, Poon C S, Chan D. Influence of fly ash as cement replacement on the properties of recycled aggregate concrete[J]. Journal of Materials in Civil Engineering, 2007, 19(9): 709-717.

[15] Corinaldesi V. Mechanical and elastic behaviour of concretes made of recycled-concrete coarse aggregates[J]. Construction and Building Materials, 2010, 24(9): 1616-1620.

[16] Manzi S, Mazzotti C, Bignozzi M C. Short and long-term behavior of structural concrete with recycled concrete aggregate[J]. Cement and Concrete Composites, 2013, 37: 312-318.

[17] Choi W C, Yun H D. Compressive behavior of reinforced concrete columns with recycled aggregate under uniaxial loading[J]. Engineering Structures, 2012, 41: 285-293.

[18] Akbarnezhad A, Ong K C G, Zhang M H, et al. Microwave-assisted beneficiation of recycled concrete aggregates[J]. Construction and Building Materials, 2011, 25(8): 3469-3479.

[19] Ferreira L, de Brito J, Barra M. Influence of the pre-saturation of recycled coarse concrete aggregates on concrete properties[J]. Magazine of Concrete Research, 2011, 63(8): 617-627.

[20] Thomas C, Setién J, Polanco J A, et al. Durability of recycled aggregate concrete[J]. Construction and Building Materials, 2013, 40: 1054-1065.

[21] 邢振贤, 周曰农. 再生混凝土的基本性能研究[J]. 华北水利水电学院学报, 1998(2): 30-32.

[22] Silva R V, de Brito J, Dhir R K. Establishing a relationship between modulus of elasticity and compressive strength of recycled aggregate concrete[J]. Journal of Cleaner Production, 2016, 112: 2171-2186.

[23] 黄莹, 邓志恒, 罗延明, 等. 再生混凝土剪切性能试验研究[J]. 混凝土, 2010(2): 14-17.

[24] 陈宇良, 晏方, 张绍松, 等. 再生混凝土直剪力学性能试验及其本构关系[J]. 实验力学, 2022, 37(3): 341-350.

[25] 王丽, 鹿群, 潘秀英. 再生混凝土剪切性能试验研究[J]. 天津城建大学学报, 2015, 21(1): 36-39.

[26] Waseem S A, Singh B. Shear transfer strength of normal and high-strength recycled aggregate concrete-An experimental investigation[J]. Construction and Building Materials, 2016, 125: 29-40.

[27] 吴相豪, 岳鹏君. 再生混凝土中氯离子渗透性能试验研究[J]. 建筑材料学报, 2011, 14(3): 381-384.
[28] Srubar W V. Stochasticservice-life modeling of chloride-induced corrosion in recycled aggregate concrete[J]. Cement and Concrete Composites, 2015, 55: 103-111.
[29] 肖开涛, 李宗寿, 万惠文, 等. 再生混凝土氯离子渗透性研究[J]. 山东建筑, 2004, 25(1): 31-33.
[30] Xiao J, Ma Z, Ding T. Reclamation chain of waste concrete: a case study of Shanghai[J]. Waste Management, 2016, 48: 334-343.
[31] Kou S C, Poon C S. Enhancing the durability properties of concrete prepared with coarse recycled aggregate[J]. Construction and Building Materials, 2012, 35: 69-76.
[32] Zong L, Fei Z, Zhang S. Permeability of recycled aggregate concrete containing fly ash and clay brick waste[J]. Journal of Cleaner Production, 2014, 70: 175-182.
[33] Hu B, Liu B K, Zhang L L. Chloride ion permeability test and analysis for recycled concrete [J]. Journal of Hefei University of Technology (Natural Science), 2009, 32: 1240-1243.
[34] Ryu J S. Improvement on strength and impermeability of recycled concrete made from crushed concrete coarse aggregate[J]. Journal of Materials Science Letters, 2002, 21(20): 1565-1567.
[35] Rao A J, Ha K N, Misra S. Use of aggregates from recycled construction and demolition waste in concrete[J]. Resources Conservation and Recycling, 2007, 50(1): 71-81.
[36] Amorim P, de Brito J, Evangelista L. Concrete made with coarse concrete aggregate: influence of curing on durability[J]. ACI Materials Journal, 2012, 109(2): 195-204.
[37] Buyle-Bodin F, Hadjieva-Zaharieva R. Influence of industrially produced recycled aggregates on flow properties of concrete[J]. Materials and Structures, 2002, 35(8): 504-509.
[38] Soares D, de Brito J, Ferreira J, et al. Use of coarse recycled aggregates from precast concrete rejects: Mechanical and durability performance[J]. Construction and Building Materials, 2014, 71: 263-272.
[39] Silva R V, Neves R, de Brito J, et al. Carbonation behaviour of recycled aggregate concrete[J]. Cement and Concrete Composites, 2015, 62: 22-32.
[40] Ryu J S. An experimental study on the effect of recycled aggregate on concrete properties[J]. Magazine of Concrete Research, 2002, 54(1): 7-12.
[41] Xiao J Z, Lei B, Zhang C Z. On carbonation behavior of recycled aggregate concrete[J]. Science China Technological Sciences, 2012, 55(9): 2609-2616.
[42] 韩古月, 聂立武. 再生粗骨料品质与掺量对再生混凝土抗冻融性能影响规律[J]. 混凝土, 2018(6): 89-92.
[43] 覃银辉, 邓寿昌, 张学兵, 等. 再生混凝土的抗冻性能研究[J]. 混凝土, 2005(12): 49-52.
[44] Dillmann R. Concrete with recycled concrete aggregate[C]//Proceedings of the International Symposium on Sustainable Construction: use of Recycled Concrete aggregate. London, 1998: 239-253.
[45] Salem R M, Burdette E G, Jackson N M. Resistance to freezing and thawing of recycled aggregate concrete[J]. ACI Materials Journal, 2003, 100(3): 216-221.
[46] 罗素蓉, 黄海生, 郑建岚. 再生骨料混凝土徐变性能试验研究[J]. 建筑结构学报, 2016, 37(S2): 115-120.
[47] Ravindrarajah R S, Tam C T. Properties of concrete made with crushed concrete as coarse aggregate[J]. Magazine of Concrete Research, 1985, 37(130): 29-38.
[48] Ravindrarajah R S, Loo Y H, Tam C T. Recycled concrete as fine and coarse aggregates in concrete[J]. Magazine of Concrete Research, 1987, 39(141): 214-220.
[49] Dhir R K, Mccarthy M J, Tittle P A J, et al. Role of cement content in specifications for concrete durability: aggregate type influences[J]. Proceedings of the ICE-Structures and Buildings, 2006, 159(4): 229-242.
[50] 肖建庄, 李丕胜, 秦薇. 再生混凝土与钢筋间的粘结滑移性能[J]. 同济大学学报(自然科学版), 2006, 34(1): 13-16.
[51] 肖建庄, 雷斌. 锈蚀钢筋与再生混凝土间粘结性能试验研究[J]. 建筑结构学报, 2011, 32(1): 57-62.

[52] Etxeberria M, Mari A R, Vazquez E. Recycled aggregate concrete as structural material[J]. Materials and Structures, 2007, 40(5): 529-541.
[53] 郭姿言. 再生混凝土与锈蚀钢筋粘结滑移性能研究[D]. 包头: 内蒙古科技大学, 2013.
[54] 杨海峰, 李雪良, 曾健, 等. 钢筋锈蚀后与再生混凝土间粘结滑移性能试验研究[J]. 硅酸盐通报, 2015, 34(4): 902-908.
[55] 吴瑾, 丁东方, 杨曦. 再生混凝土梁正截面开裂弯矩分析与试验研究[J]. 建筑结构, 2010, 40(2): 112-114.
[56] Sato R, Maruyama I, Sogabe T, et al. Flexural behavior of reinforced recycled concrete beams[J]. Journal of Advanced Concrete Technology, 2007, 5(1): 43-61.
[57] Ignjatović I S, Marinković S B, Mišković Z M, et al. Flexural behavior of reinforced recycled aggregate concrete beams under short-term loading[J]. Materials and Structures, 2013, 46(6): 1045-1059.
[58] Arezoumandi M, Smith A, Volz J S, et al. An experimental study on flexural strength of reinforced concrete beams with 100% recycled concrete aggregate[J]. Engineering Structures, 2015, 88: 154-162.
[59] 中华人民共和国住房和城乡建设部. 混凝土结构设计规范（2015 年版）: GB 50010−2010[S]. 北京: 中国建筑工业出版社, 2015.
[60] 施养杭, 吴泽进, 彭冲. 面向工程的再生混凝土与钢筋粘结性能的研究[J]. 建筑科学, 2012(5): 38-41.
[61] 李彬彬, 王社良. 多种因素影响下的再生混凝土梁受弯性能试验研究[J]. 工业建筑, 2014, 44(9): 114-118.
[62] 张世民, 王社良, 张明明, 等. 改性再生混凝土梁抗弯性能试验与分析[J]. 硅酸盐通报, 2017, 36(10): 3392-3396.
[63] 张明明, 刘康宁, 蒲靖, 等. 不同取代率和配筋率对 RAC 梁受弯性能影响试验研究[J]. 硅酸盐通报, 2018, 37(9): 2748-2753.
[64] Fathifazl G, Razaqpur A G, Isgor O B, et al. Flexural performance of steel-reinforced recycled concrete beams[J]. ACI Structural Journal, 2009, 106(6): 858-867.
[65] 周静海, 郭凯, 孟宪宏, 等. 高掺入量再生骨料混凝土梁正截面受弯性能试验[J]. 沈阳建筑大学学报(自然科学版), 2010, 26(5): 859-864.
[66] 肖建庄, 雷斌, 黄健, 等. 再生混凝土梁抗弯理论与可靠度分析[J]. 东南大学学报(自然科学版), 2010, 40(6): 1247-1251.
[67] Jia Y D, Guo Y K, Sun Z P, et al. Experimental research on behavior of composite beams of steel-reinforced recycled concrete[J]. Advanced Materials Research, 2013, 639: 145-148.
[68] 王庆贺, 尤广迪, 杨金胜, 等. 钢−再生混凝土组合梁受弯性能与设计方法研究[J]. 建筑结构学报, 2023, 44(2): 64-74.
[69] 中华人民共和国住房和城乡建设部. 组合结构设计规范: JGJ 138−2016 [S]. 北京: 中国建筑工业出版社, 2016.
[70] 陈宗平, 陈宇良, 覃文月, 等. 型钢再生混凝土梁受弯性能试验及承载力计算[J]. 工业建筑, 2013, 43(9): 11-16.
[71] 肖建庄, 兰阳. 再生混凝土梁抗剪性能试验研究[J]. 结构工程师, 2004, 20(6): 54-58.
[72] 周彬彬, 孙伟民, 郭樟根, 等. 再生混凝土梁抗剪承载力试验研究[J]. 四川建筑科学研究, 2009, 35(6): 16-18.
[73] Choi H B, Yi C K, Cho H H, et al. Experimental study on the shear strength of recycled aggregate concrete beams[J]. Magazine of Concrete Research, 2010, 62(2): 103-114.
[74] 薛建阳, 王秀振, 马辉, 林建鹏, 陈宗平. 型钢再生混凝土梁受剪性能试验研究[J]. 建筑结构, 2013, 43(07): 69-72.
[75] 陈宗平, 陈宇良, 钟铭. 型钢再生混凝土梁受剪性能试验及承载力计算[J]. 试验力学, 2014, 29(1): 97-104.
[76] 张雷顺, 张晓磊, 闫国新. 再生混凝土无腹筋梁抗剪性能试验研究[J]. 工业建筑, 2007, 37(9): 57-61.
[77] 倪天宇, 孙伟民, 郭樟根, 等. 再生混凝土无腹筋梁抗剪承载力试验研究[J]. 四川建筑科学研究, 2010(1): 5-7.
[78] Fathifazl G B, Razaqpur A G, Isgor O B, et al. Shear strength of reinforced recycled concrete beams without stirrups[J]. Magazine of Concrete Research, 2009, 61(7): 477-490.
[79] Fathifazl G B, Razaqpur A G, Isgor O B, et al. Shear capacity evaluation of steel reinforced recycled concrete (RRC) beams[J]. Engineering Structures, 2011, 33(3): 1025-1033.
[80] 张凯建, 肖建庄, 丁陶, 等. 基于可靠度的再生混凝土梁最小配筋率研究[J]. 同济大学学报(自然科学版), 2016, 44(2): 213-219.

[81] 周静海, 王新波, 于铁汉. 再生混凝土四边简支板受力性能试验[J]. 沈阳建筑大学学报(自然科学版), 2008, 24(3): 411-415.

[82] Mohamad N, Khalifa H, Aziz M S A, et al. Structural performance of recycled aggregate in CSP slab subjected to flexure load[J]. Construction and Building Materials, 2016, 115: 669-680.

[83] 曹万林, 张洁, 董宏英, 等. 中强再生混凝土楼板抗弯性能试验研究[J]. 自然灾害学报, 2015, 24(3): 112-119.

[84] 曹万林, 张洁, 董宏英, 等. 带钢筋桁架高强再生混凝土板受弯性能试验研究[J]. 建筑 结构学报, 2014, 35(10): 31-38.

[85] 张建伟, 祝延涛, 曹万林, 等. 闭口型压型钢板-再生混凝土组合楼板的受弯性能[J]. 北京京工业大学学报, 2014, 40(8): 1197-1203.

[86] 沈宏波. 再生混凝土柱受力性能试验研究[D]. 上海: 同济大学, 2005.

[87] 杜朝华, 郝彤, 赵临涛. 再生混凝土柱受压性能试验研究[J]. 工业建筑, 2012, 42(4): 31-36.

[88] 肖建庄, 沈宏波, 黄运标. 再生混凝土柱受压性能试验[J]. 结构工程师, 2006, 22(6): 73-77.

[89] Ajdukiewicz A B, Kliszczewicz A T. Comparative tests of beams and columns made of recycled aggregate concrete and natural aggregate concrete[J]. Journal of Advanced Concrete Technology, 2007, 5(2): 259-273.

[90] 曹万林, 李东华, 周中一, 等. 再生混凝土柱足尺试件轴心受压性能试验研究[J]. 结构工程师, 2013, 29(6): 144-150.

[91] 张建伟, 申宏权, 曹万林, 等. 高强再生混凝土柱大偏压性能试验研究[J]. 自然灾害学报, 2015, 24(2): 60-67.

[92] 陈宗平, 徐金俊, 薛建阳, 等. 取代率对钢管再生混凝土短柱轴压性能退化的影响分析[J]. 实验力学, 2014, 29(2): 207-214.

[93] 陈宗平, 柯晓军, 薛建阳, 等. 钢管约束再生混凝土的受力机理及强度计算[J]. 土木工程学报, 2013, 46(2): 70-77.

[94] 陈宗平, 李启良, 张向冈, 等. 钢管再生混凝土偏压柱受力性能及承载力计算[J]. 土木工程学报, 2012, 45(10): 72-80.

[95] 王玉银, 陈杰, 纵斌, 等. 钢管再生混凝土与钢筋再生混凝土轴压短柱力学性能对比试验研究[J]. 建筑结构学报, 2011, 32(12): 170-177.

[96] 胡琼, 卢锦. 再生混凝土柱抗震性能试验[J]. 哈尔滨工业大学学报, 2012, 44(2): 23-27.

[97] 白国良, 刘超, 赵洪金, 等. 再生混凝土框架柱抗震性能试验研究[J]. 地震工程与工程振动, 2011, 31(1): 61-66.

[98] 彭有开, 吴徽, 高全臣. 再生混凝土长柱的抗震性能试验研究[J]. 东南大学学报(自然科学版), 2013, 43(3): 576-581.

[99] 吴波, 刘伟, 刘琼祥, 等. 薄壁钢管再生混合短柱轴压性能试验研究[J]. 建筑结构学报, 2010, 31(8): 22-28.

[100] 吴波, 许喆, 刘琼祥, 等. 薄壁钢管再生混合柱的抗剪性能试验[J]. 土木工程学报, 2010, 43(9): 12-21.

[101] 吴波, 张金锁, 赵新宇. 薄壁方钢管再生混合柱抗震性能试验研究[J]. 建筑结构学报, 2012, 33(9): 38-48.

[102] 张向冈, 陈宗平, 薛建阳, 等. 钢管再生混凝土柱抗震性能试验研究[J]. 土木工程学报, 2014, 47(9): 45-56.

[103] 陈丽君, 周安, 陈丽华, 等. 再生混凝土矮剪力墙抗震性能试验研究[J]. 合肥工业大学学报(自然科学版), 2012, 35(8): 1084-1087.

[104] 陈丽华, 肖飞, 柳炳康, 等. 不同轴压比下再生混凝土高剪力墙试验研究[J]. 建筑结构, 2013, 34(9): 101-104.

[105] Xiao J Z, Sun Y D, Falkner H. Seismic performance of frame structures with recycled aggregate concrete[J]. Engineering Structures, 2006, 28(1): 1-8.

[106] 肖建庄, 王长青, 丁陶. 再生混凝土框架结构抗震性能及其评价[J]. 土木工程学报, 2013, 46(8): 55-66.

[107] 肖建庄, 丁陶, 王长青, 等. 现浇与预制再生混凝土框架结构抗震性能对比分析[J]. 东南大学学报, 2014, 44(1): 194-198.

[108] 王长青, 肖建庄. 再生混凝土框架结构模型振动台试验[J]. 2012, 40(12): 1766-1772.

[109] 吕西林, 张翠强, 周颖, 等. 半再生混凝土框架的抗震性能[J]. 中南大学学报(自然科学版), 2014, 45(4): 1214-1226.

[110] 吕西林, 张翠强, 周颖, 等. 全再生混凝土框架的抗震性能[J]. 中南大学学报(自然科学版), 2014, 45(6): 1932-1942.

[111] 中华人民共和国住房和城乡建设部. 建筑抗震设计规范（2016 年版）: GB 50011—2010 [S]. 北京: 中国建筑工业出版社, 2016.

[112] 薛建阳, 高亮, 罗峥, 等. 再生混凝土空心砌块填充墙-型钢再生混凝土框架结构抗震性能试验研究[J]. 建筑结构学报, 2014, 35(3): 77-84.

[113] 高亮, 薛建阳, 汪锦林. 型钢再生混凝土框架-再生砌块填充墙结构恢复力模型试验研究[J]. 工程力学, 2016, 33(9): 85-93.

[114] 樊禹江, 余滨杉, 王社良. 再生混凝土框架结构地震作用下随机损伤与评估分析[J]. 2015, 36(5): 97-102.

[115] 樊禹江, 王社良, 赵均海, 等. 性能增强再生混凝土框架结构模型双向模拟振动台试验[J]. 2015, 48(12): 50-62.

[116] 中华人民共和国住房和城乡建设部. 混凝土用再生粗骨料: GB/T 25177−2010[S]. 北京: 中国建筑工业出版社, 2010.

[117] 中华人民共和国住房和城乡建设部. 混凝土和砂浆用再生细骨料: GB/T 25176−2010 [S]北京: 中国标准出版社, 2011.

[118] 中华人民共和国住房和城乡建设部. 普通混凝土配合比设计规程: JGJ 55−2011 [S]. 北京: 中国建筑工业出版社, 2011.

[119] 中华人民共和国住房和城乡建设部. 混凝土物理力学性能试验方法标准: GB/T 50081−2019 [S]. 北京: 中国建筑工业出版社, 2003.

[120] 李佳彬, 肖建庄, 黄健. 再生粗骨料取代率对混凝土抗压强度的影响[J]. 建筑材料学报, 2006(3): 297-301.

[121] 肖建庄. 再生混凝土单轴受压应力-应变全曲线试验研究[J]. 同济大学学报(自然科学版), 2007(11): 1445-1449.

[122] The International Federation for Structural Concrete (fib)、CEB-FIP Model Code for Concrete Structures 2010. Lausanne: Comité Euro-International du Béton, 2013.

[123] 中华人民共和国住房和城乡建设部. 普通混凝土长期性能和耐久性能试验方法标准: GB/T 50082−2009 [S]. 北京: 中国建筑工业出版社, 2009.

[124] 糜人杰, 潘钢华. 再生混凝土抗碳化性能研究进展[J]. 哈尔滨工程大学学报, 2020, 41(3): 473-480.

[125] 牛海成, 范玉辉, 张向冈, 等. 再生混凝土抗碳化性能试验研究[J]. 硅酸盐通报, 2018, 37(1): 59-66.

[126] 郑文忠, 汤灿, 刘雨晨. 考虑截面应力重分布的钢筋混凝土柱徐变分析[J]. 建筑结构学报, 2016, 37(5): 264-272.

[127] 中华人民共和国住房和城乡建设部. 再生混凝土结构技术标准: JGJ/T 443−2018 [S]. 北京: 中国建筑工业出版社, 2018.

[128] Haraji M H. Development/Splice strength of reinforcing bars embedded in pail and fiber reinforced concrete[J]. ACI Structural Journal, 1994, 91(5): 511-520.

[129] 过镇海. 混凝土的强度和变形试验基础和本构关系[M]. 北京: 清华大学出版社, 1997.

[130] 过镇海. 钢筋混凝土原理[M]. 北京: 清华大学出版社, 2013.

[131] Xiao J Z, Falkner H. Bond behaviour between recycled aggregate concrete and steel rebars[J]. Construction and Building Materials, 2007, 21(2): 395-401.

[132] 金伟良. 氯盐环境下混凝土结构耐久性理论与设计方法[M]. 北京: 科学出版社, 2011.

[133] Brand A S, Amirkhanian A N, Roesler J R. Load capacity of concrete slabs with recycled aggregates[M]// Al-Qadi I L, Murrell S. Airfield and highway pavement 2013: sustainable and efficient pavements. Los Angeles: ASCE Press, 2013: 307-320.

[134] 肖建庄. 再生混凝土[M]. 北京: 中国建筑工业出版社, 2008.

[135] 朱伯龙. 结构抗震试验[M]. 北京: 地震出版社, 1989.

[136] 王金昌. ABAQUS 在土木工程中的应用[M]. 杭州: 浙江大学出版社, 2006.

[137] 范玉辉, 肖建庄, 曹明. 再生骨料混凝土徐变特性基础试验[J]. 东南大学学报, 2014, 44(3): 638-642.

[138] 赵木子, 杨华, 王玉银, 等. 考虑基体混凝土水灰比影响的再生粗(细)骨料混凝土徐变模型[J]. 建筑结构学报, 41(12): 148-155.

[139] 王亮. 高品质再生骨料制备技术及其对再生混凝土性能的影响[J]. 青岛: 青岛理工大学, 2013.

[140] 白国良, 秦朝刚, 张玉, 等. 再生混凝土梁长期受荷时随变形计算方法研究[J]. 土木工程学报, 2016, 49(12): 1-8.

[141] Gardner N J, Lockman M J. Design provisions for drying shrinkage and creep of normal-strength concrete[J]. ACI Materials Journal, 2001, 98(2): 159-167.

[142] ACI Committee209. Prediction of creep, shrinkage and temperature effects in concrete structures: ACI PRC-209-92 [S]. Designing for Effects of Creep, Shrinkage and Temperature in Concrete Structures, ACISP273, Detroit, 1992.

[143] 金伟良, 赵羽习. 锈蚀钢筋混凝土梁抗弯强度的试验研究[J]. 工业建筑 2001, 31(5): 9-11.

[144] 全国消防标准化技术委员会建筑构件耐火性能分技术委员会(SAC/TC 113/SC 8). 建筑构件耐火试验方法 第 1 部分: 通用要求: GB/T 9978. 1–2008 [S]. 北京: 中国标准出版社, 2008.

[145] 黄运标. 再生混凝土高温性能研究[D]. 上海: 同济大学, 2006.

[146] 聂建国, 王挺, 樊键生. 钢-压型钢板混凝土组合梁计算的修正折减刚度法[J]. 土木工程学报, 2002, 35(4): 226-229.

[147] 中国工程建设标准化协会. 钢管混凝土结构技术规程: CECS 28–2012[S]. 北京: 中国计划出版社, 1992.

[148] 中国工程建设标准化协会轻型钢结构专业委员会 CECS/TC28. 矩形钢管混凝土结构技术规程: CECS 159: 2004 [S]. 北京: 中国计划出版社, 2004.

[149] 中华人民共和国住房和城乡建设部. 钢管混凝土结构技术规范: GB 50936–2014 [S]. 北京: 中国建筑工业出版社, 2014.

[150] AIJ 1997. Recommendations for design and construction of concrete filled steel tubular structures[S]. Tokyo: Architectural Institute of Japan(AIJ), 1997.

[151] 中华人民共和国住房和城乡建设部. 再生骨料应用技术规程: JGJ/T 240–2011 [S]. 北京: 中国建筑工业出版社, 2011.

[152] 中华人民共和国建设部. 普通混凝土用砂、石质量及检验方法标准: JGJ 52–2006 [S]. 北京: 中国建筑工业出版社, 2006.

[153] 全国水泥标准化技术委员会(SAC/TC 184). 通用硅酸盐水泥: GB 175–2007/XG3–2018 [S]. 北京: 中国标准出版社, 2018.

[154] 全国水泥标准化技术委员会(SAC/TC 184). 用于水泥和混凝土中的粉煤灰: GB/T 1596–2017[S]. 北京: 中国标准出版社, 2017.

[155] 全国水泥制品标准化技术委员会. 混凝土外加剂: GB/T 8076–2008[S]. 北京: 中国标准出版社, 2009.

[156] 中华人民共和国住房和城乡建设部. 混凝土异形柱结构技术规程: JGJ 149–2017[S]. 北京: 中国建筑工业出版社, 2017.

[157] 中华人民共和国住房和城乡建设部. 装配式混凝土结构技术规程: JGJ 1–2014[S]. 北京: 中国建筑工业出版社, 2014.